猫行为健康和福利

FELINE BEHAVIORAL HEALTH AND WELFARE

编　Ilona Rodan [美]　　Sarah Heath [英]

主译　陈江楠　夏兆飞

中国农业科学技术出版社

著作权合同登记号：图字 01-2017-2777 号

图书在版编目（CIP）数据

猫行为健康和福利 /（美）伊罗娜·罗丹（Ilona Rodan），
（英）莎拉·赫尔斯（Sarah Heath）编；陈江楠，夏兆飞主
译 . —北京：中国农业科学技术出版社，2018.6
书名原文：FELINE BEHAVIORAL HEALTH AND WELFARE
ISBN 978-7-5116-3585-3

Ⅰ . ①猫… Ⅱ . ①伊… ②莎… ③陈… ④夏… Ⅲ . ①猫病 -
诊疗 Ⅳ . ① S858.293

中国版本图书馆 CIP 数据核字（2018）第 059947 号

责任编辑　张志花
责任校对　马广洋

出 版 者	中国农业科学技术出版社
	北京市中关村南大街 12 号　　邮编：100081
电　　话	（010）82106636（编辑室）　　（010）82109702（发行部）
	（010）82109709（读者服务部）
传　　真	（010）82106631
网　　址	http://www.castp.cn
经 销 者	各地新华书店
印 刷 者	固安县京平诚乾印刷有限公司
开　　本	210mm×285mm　1/16
印　　张	29
字　　数	755 千字
版　　次	2018 年 6 月第 1 版　2018 年 6 月第 1 次印刷
定　　价	328.00 元

◁ 版权所有·翻印必究 ▷

ELSEVIER

Elsevier (Singapore) Pte Ltd.
3 Killiney Road
#08-01 Winsland House I
Singapore 239519
Tel: (65) 6349-0200
Fax: (65) 6733-1817

Feline Behavioral Health and Welfare, 1/E
Copyright © 2016 by Elsevier Inc. All rights reserved.
ISBN-13: 9781455774012

Feline Behavioral Health and Welfare, 1/E by Ilona Rodan, Sarah E. Heath was undertaken by China Agricultural Science & Technology Press and is published by arrangement with Elsevier(Singapore) Pte Ltd.

Feline Behavioral Health and Welfare, 1/E by Ilona Rodan, Sarah E. Heath 由中国农业科学技术出版社进行翻译，并根据中国农业科学技术出版社与爱思唯尔（新加坡）私人有限公司的协议约定出版。

猫行为健康和福利（陈江楠，夏兆飞　主译）

ISBN: 9787511635853

Copyright © 2016 by Elsevier (Singapore) Pte Ltd.

All rights reserved. No part of this publication may be reproduced or transmitted in any form or by any means,electronic or mechanical, including photocopying, recording, or any information storage and retrieval system,without permission in writing from Elsevier (Singapore) Pte Ltd. Details on how to seek permission, further information about Elsevier's permissions policies and arrangements with organizations such as the Copyright Clearance Center and the Copyright Licensing Agency, can be found at the website: www.elsevier.com/permissions.

This book and the individual contributions contained in it are protected under copyright by Elsevier (Singapore) PteLtd. and China Agricultural Science & Technology Press (other than as may be noted herein)

注　意

本译本由 Elsevier (Singapore) Pte Ltd. 和中国农业科学技术出版社完成。相关从业及研究人员必须凭借其自身经验和知识对文中描述的信息数据、方法策略、搭配组合、实验操作进行评估和使用。由于医学科学发展迅速，临床诊断和给药剂量尤其需要经过独立验证。在法律允许的最大范围内，爱思唯尔、译文的原文作者、原文编辑及原文内容提供者均不对译文或因产品责任、疏忽或其他操作造成的人身及 / 或财产伤害及 / 或损失承担责任，亦不对由于使用文中提到的方法、产品、说明或思想而导致的人身及 / 或财产伤害及 / 或损失承担责任。

Printed in China by China Agricultural Science & Technology Press under special arrangement with Elsevier(Singapore) Pte Ltd. This edition is authorized for sale in the People's Republic of China only, excluding HongKong SAR, Macau SAR and Taiwan. Unauthorized export of this edition is a violation of the contract.

译者名单

主　译：陈江楠　夏兆飞

译　者：（按姓氏笔画排序）

　　　　田　萌　邝　怡　朱心怡　孙玉祝　孙皓然　李祎宇

　　　　李晋飞　杨紫嫣　余来森　张海霞　陈龙熙　陈江楠

　　　　陈姗姗　陈艳云　林嘉宝　周雳威　耿文静　夏兆飞

　　　　黄　欣　黄丽卿　葛冰倩

译者序

截至2017年，中国约有2800万只宠物犬和1200万只宠物猫（Euromonitor数据），并且数量均在不断增加。与照顾犬相比，需花费在猫身上的时间较少，且猫不需每日牵遛，所需的清洁程序较少等，因此，越来越多的人倾向于选择猫作为伴侣动物。

与过去饲养家猫的方式不同，考虑到猫的安全或福利问题，城市或城镇居民会更倾向于将猫完全养在室内，不再使用"放养"的方式，同时可能饲养不止一只猫。在不了解猫的天生行为表达需求或福利要求时，完全封闭的生活方式可能会导致猫表现出一些人们无法接受的行为或相关问题。这些行为可能本身属于猫的正常行为，但却是人们无法接受的行为，如猫在沙发或木质/皮质家具上磨爪子，在桌脚、盆栽或墙面上喷洒尿液，在黎明时分变得十分兴奋和吵闹等。其他行为则可能属于猫的异常行为，如在屋内随地排尿、排便，突然丧失方向感，突然攻击人类或家里的其他动物等。

除了上述因素外，随着国内小动物诊疗行业的发展，宠物主人开始逐渐意识到为宠物提供健康护理的重要性，会定期带猫前往动物医院或诊所进行疫苗免疫、体检和绝育等。带猫前往动物医院就诊的过程包括将猫装入提箱、航空箱或猫包，带猫乘车到达动物医院，进行体格检查、采样或住院。在进行这些步骤时，若宠物主人不熟悉或不了解猫的天性需求（如需要躲藏、有控制感和熟悉感等），可能会让猫出现恐惧反应，甚至升级为攻击行为，使猫主人或兽医专业人员受伤。猫的不良反应也会影响猫主人的感受，让主人在此过程中充满压力，降低将来再带猫来动物医院的意愿，最终减少猫获得健康护理的机会，不利于维护猫的身体健康和良好的福利。

与犬不同，猫虽属于社交动物，但在平日里多为独行生活，如独自捕食和进食等。同时，猫的野外祖先或流浪猫既是捕食者也是猎物。因此，猫非常擅长掩盖自己的疾病或疼痛症状，避免自己成为其他捕食者的捕猎对象。例如，当猫患口腔疾病、退行性骨关节炎或胰腺炎等疼痛性疾病时，若不仔细观察或了解猫发生疼痛时的行为表现，猫主人或兽医专业人员有可能就错失尽早发现、确诊和治疗这些疾病的时机。

面对这些问题，无论是猫主人还是兽医专业人员，都需要系统了解猫的交流和社交方式、正常行为表达需求、合理的就诊方式和多种疾病（特别是疼痛性疾病）的行为变化或表现。只有当猫主人与猫建立起适当的纽带关系，并满足猫的正常行为表达需求时，才能充分发挥猫作为伴侣动物的益处，避免因行为问题而将其遗弃，增加流浪猫群体的数量，进而引发更大的社会问题。另外，兽医专业人员应根据猫的特性提供适当的就诊或住院环境，采用恰当的检查、保定和采样技术，提高宠物主人的配合度，同时确保专业人员自身的安全。

为帮助猫主人和兽医专业人员达成上述目标，本书系统阐述了猫的基础行为（交流、社交和学习）、猫的家庭护理（饲养选择、健康护理和行为护理）、猫的就诊注意事项（猫友好型诊所设计、就诊和住院准备、如何应对有挑战的猫）、猫的疼痛性疾病的行为表现和猫常见行为问题（排泄异常、不适当行为、攻击行为和老年猫问题等）的解决方案。在描述许多具体的行为表现、解决方案或操作措施时，为了让读者能有更直观的理解，本书配有大量图片、图表或流程图，部分章节也配有案例说明，书本末尾附有适合给猫主人阅读的宣传材料。希望本书能为猫主人、兽医专业人员和对猫行为感兴趣的学习者提供有用信息，帮助更多的猫在中国家庭内和谐生活。

陈江楠　夏兆飞

2018.3.23

前 言

猫不是小型犬。——Barbara Stein

猫不是缩小版的人。我们需要让猫就是猫！

——Ilona Rodan

猫内科学和猫行为医学是密不可分的，因此在首版《猫行为健康和福利》里，来自这两个兽医学科的作者们与疼痛管理、神经学等领域的其他专家同事们共同阐述了猫的行为学在动物诊所的重要性，以及行为和疾病之间的交互作用。

本书结构

本书的目的是改善前往动物诊所就诊的患猫的护理质量，最大化猫和猫主人之间的关系所带来的益处。

本书的第 1 部分阐述行为在动物诊所环境内的重要性，考虑行为对猫福利情况的影响，如缺乏充足的兽医护理，缺乏理解猫的生理、社交和情感需求，存在弃养和安乐死的风险等。

第 2 部分探索正常猫行为引发的问题，鼓励更好地理解猫的社交互动和交流类型。为有关猫学习进程的信息提供重要的背景知识，也为更好地理解患猫打下基础。

第 3 部分和第 4 部分重点阐述预防行为问题的需求，包括在家庭环境和动物诊所内的行为问题。为客户提供关于选择宠物的实际建议时，也从猫的生理和情感角度出发，提供如何给予充足的健康护理的信息。共有 3 个章节阐述了如何预防在动物诊所内发生与行为相关的问题，涵盖了动物就诊的整个流程，也包括诊室和住院区等特定场景下的情况。

接下来的部分探讨行为和疾病之间的交互作用。猫主人常根据行为变化来识别疾病、疼痛或应激，行为变化也是疾病诊断过程中的重要工具。应激是疾病的一种风险因子，这已得到广泛共识，该部分的首篇章节便探讨了该问题。肥胖是广受猫科兽医和猫主人关注的疾病，本书探讨了肥胖和行为在病因和潜在管理方法上的联系。疼痛常引发行为问题，来自动物疼痛管理领域的专家们提供如何识别和管理急性、慢性疼痛患猫的深入分析。该部分也讨论了猫口面疼痛综合征的特定情况。

在处理行为问题时，应很好地理解所涉及的情绪动因，本书的第 6 章围绕该重要话题展开论述。有关费洛蒙、药物和功能性营养物质的章节总结了可用于管理和治疗行为问题的工具。

本书最后两部分的重点首先是动物诊所内的行为问题，其次是家庭环境内的行为问题。有关动物诊所的部分，重点提供了实现猫友好型就诊的方法和如何处理恐惧、疼痛和存在行为挑战的患猫的实用性建议。

最后一部分总结了那些虽然正常，但猫主人不希望在家内出现的猫行为，并提供如何处理这些问题的建议。剩余章节重点阐述了两种最常见的猫行为问题——室内随地排泄和攻击行为，以及老年猫的行为变化引发的问题。

本书还附有可提供给客户的宣传材料，可帮助兽医专业人员教育猫主人。

关键信息

- 行为与猫的健康和福利的关联
- 正常的猫行为及其如何影响室内环境中资源的提供
- 阻碍客户带猫拜访诊所的主要顾虑和障碍
- 猫的情绪以及如何在动物诊所内识别和管理猫的负面情绪状态
- 行为和疾病之间的交互作用
- 可帮助管理和治疗行为问题的工具
- 常见的行为挑战,包括室内随地排泄和攻击行为

目标读者

本书的主要受众是工作中需要接触猫的全科兽医和动物技术员/护士等兽医团队的其他成员,各种类型的诊所均适用。本书也是兽医专业学生、行为学住院医师、兽医技术专业学生和主攻行为专科兽医的重要学习资源。希望行为学专家和其他兽医专家也能从中发现猫行为健康和福利的有趣、启发之处。

目 录

第 1 章　猫行为学在动物诊所的重要作用 ……… 1
第 2 章　猫的行为学和福利 ……… 11
第 3 章　猫的交流 ……… 23
第 4 章　猫的正常社交行为 ……… 34
第 5 章　猫的学习行为 ……… 42
第 6 章　选择宠物 ……… 59
第 7 章　提供适当的健康护理 ……… 83
第 8 章　提供适当的行为学护理 ……… 97
第 9 章　动物诊所里的猫 ……… 109
第 10 章　诊室内的猫 ……… 119
第 11 章　在动物诊所内住院的患猫 ……… 129
第 12 章　疾病的风险因素——应激 ……… 145
第 13 章　猫的肥胖症 ……… 156
第 14 章　急性疼痛与行为 ……… 172
第 15 章　慢性疼痛与行为 ……… 195
第 16 章　猫口面部疼痛综合征 ……… 226
第 17 章　理解猫的情绪 ……… 241
第 18 章　费洛蒙在猫科诊所的应用 ……… 249
第 19 章　行为工具：精神药物学和营养学 ……… 260
第 20 章　提供猫友好型就诊 ……… 286
第 21 章　处理处于疼痛状态的猫 ……… 305
第 22 章　处理有挑战性的猫 ……… 325
第 23 章　猫的正常但不希望发生的行为 ……… 339
第 24 章　室内随地排泄问题 ……… 350
第 25 章　老年猫的行为问题 ……… 365
第 26 章　猫之间的冲突 ……… 381
第 27 章　猫攻击人的行为 ……… 398
附录　宣传材料 ……… 405

第1章
猫行为学在动物诊所的重要作用

Ilona Rodan

引言

宠物猫越来越受欢迎，这带来许多益处，包括提升了猫的安全福利，延长了猫的寿命。猫是受人喜爱的伴侣动物，大多数猫主人视猫为家庭成员[1,2]。许多猫主人领养了猫，照顾猫并为其提供食物和舒适的环境。现今，猫的生活环境更加安全，医疗护理不断进步，这延长了大多数猫的寿命[3]。这些情况听起来很不错，但是大多数猫是否真的拥有优质生活？猫主人和兽医专业人员是否真的为猫提供了最好的待遇？

有数百万的宠物猫很少或几乎从未获得兽医护理，相当数量的宠物猫承受着疾病和疼痛而未被发现，这些现实情况令人难过[4,5]。不适当的居住环境和充满压力的社交情况则使其他猫承受着无聊和应激问题[6,7]。应激源会对猫的身体健康产生负面影响，引发一系列周期性出现的异常身体状况[8,9]。此外，每年都有数百万曾受尽宠爱的伴侣猫，因不被接受的或异常的行为而被遗弃和安乐死[10,11]。这样看来，虽然猫很受欢迎，却并未得到最佳的照顾。

好消息是家猫作为宠物和病患时，如果我们能够理解它大多数会遇到的问题，便可以预防或解决这些问题。大多数猫主人和兽医遇到的问题，并非猫恶意为之，而是对猫的正常行为和需求缺乏理解。猫是一种充满矛盾的生物，虽然具备相当的适应能力，也是一种社会化动物，但猫仍然保留了野外祖先的许多行为[12,13]。

兽医拥有独特的机会，可极大地改善猫的身体和情绪健康状况，提升猫和主人之间的关系质量。这反过来能改善猫的福利状况，兽医专业人员能从中获得更多的满足感，有益于兽医专业人员的发展。行为与身体健康密切相关，因此为猫提供各方面的健康护理时，解决猫的行为问题至关重要。每次就诊都将猫行为问题纳入其中，是优化猫科兽医护理，保持猫健康、满足并留在家中的关键。

猫诊所面临的挑战

兽医专业人员在争取为猫提供最优的健康护理时，需要面对四大挑战。第 1 种挑战是猫主人未给猫提供定期的兽医护理，无法及时发现猫的身体疾病或行为健康问题。相当数量的猫群体缺乏定期预防健康护理，除非它们生病了，否则猫主人不会带它们到兽医处就诊。猫会掩盖疾病和疼痛的症状，因此当猫来就诊时，所患的疾病常已发展至无法治疗的晚期阶段。一些猫主人会带幼猫前往诊所，进行疫苗注射、驱虫和驱除跳蚤等预防护理，但从未带猫再次到诊所进行强化免疫或重复预防治疗。客户教育和意识不足导致许多主人未给猫提供持续的兽医护理，但某些客户会因特定原因而不愿再次拜访诊所，如带猫前往动物诊所时，会伴发应激。动物诊所的员工一直致力于为猫提供高标准的护理服务，养猫客户的拜访频率过低，会令他们感到沮丧，降低工作满意度。此外，养猫客户的拜访频率过低也会影响动物诊所的经济情况。动物诊所无法投资诊所发展和员工优化，间接影响了动物诊所能提供的猫护理的服务质量。

猫诊所面临的第 2 种挑战是与应激相关的疾病高发。在大多数情况下，兽医对患猫的临床症状进行了诊断和治疗，但并未意识到应激和行为因素对疾病的影响。结果只能暂时缓解症状，疾病常常复发。只有以持续、可预见的方式解决猫的环境和社交需求，才能真正解决这类疾病。因此，行为学是猫科兽医不可或缺的知识。

第 3 种挑战是猫群体内行为问题发生率较高。导致猫被遗弃或安乐死的风险因素包括行为问题、正常但不被接受的猫行为或者无法与家庭内的其他猫相处。那些未被遗弃、待在同一家庭的猫也可能存在未被识别的应激和疼痛，甚至是疾病，且无法获得适当的兽医介入，记住这一点也很重要。

第 4 种挑战是兽医专业人员虽然致力于为患猫提供最佳的健康护理，但是许多兽医并不了解如何处理行为因素，而这些行为因素正是前 3 种挑战的重要组成部分。行为医学是一个相对年轻的兽医学科目，许多兽医学院未能提供该领域的针对性教育。猫的社交行为和交流方式与人类的差异很大，这导致人与猫之间很难进行直接互动，结果猫在动物诊所可能无法获得适当的处理。无法从猫的角度考虑问题会产生引发恐惧的保定方法，增加猫的攻击性。这不仅对猫有害，也对诊所员工不利。兽医专业人员目前面对的主要挑战之一就是提升兽医的行为医学教育水平。

本书的目的是解决与猫科诊所相关的重要基础行为问题，阐述如何更好地理解猫的行为，帮助改善患猫的身体和情绪健康（方格 1-1），同时提升与猫一起生活和工作的宠物主人和兽医团队的满意度。

缺乏兽医护理

虽然大多数猫主人将猫视为家庭成员，但许

方格 1-1　与未充分理解猫行为相关的问题

医疗问题
- 缺乏预防护理，原因包括：
  - 未充分意识到预防护理的价值
  - 前往动物诊所就诊时伴发的应激
- 可预防疾病的发病率升高，例如：
  - 糖尿病
  - 肠道寄生虫
  - 外寄生虫
  - 牙科疾病
- 未意识到和未预防疼痛性疾病，例如：
  - 肢体的退行性关节疾病
  - 中轴骨退行性关节病
  - 口腔疾病——再吸收损伤
- 与应激相关的疾病行为——猫特发性膀胱炎
- 与肥胖相关的疾病
- 未发现疼痛和疾病的行为症状，例如：
  - 行为的细微改变
  - 正常行为缺失
  - 异常行为
- 前往诊所就诊伴发的应激
- 依据体检结果很难区分恐惧与疾病或疼痛
  - 心跳过速
  - 呼吸频率升高
- 体温升高
- 表现紧张或攻击，不利于进行全面体检
- 瞳孔放大
- 根据实验室检测结果很难区分恐惧与疾病或疼痛
  - 白大褂高血压
  - 应激性高血糖＋/－糖尿
  - 成熟的中性粒细胞增多症和淋巴细胞减少症
  - 淋巴细胞增多症
  - 碱性尿＋/－鸟粪石结晶
- 客户无法识别疾病和疼痛的细微症状，导致发生晚期疾病或疼痛
- 疾病导致猫的福利状况下降
- 过早死亡

行为问题
- 缺乏理解猫的正常行为
- 缺乏理解猫的社交和情绪需求
- 缺乏猫所需的适当资源
- 家庭内的资源分布无法满足一定数量猫的需求
- 行为问题的预防措施不足
- 猫的福利状况下降
- 行为问题
- 放弃和抛弃在收容所
- 过早死亡

多猫主人仍未了解定期进行兽医护理的重要性。猫主人无法充分理解猫的正常行为，这引发了许多误解。猫主人获得猫的成本很低或基本为零，这使人们认为猫是成本和饲养需求低的宠物[5]。当猫被饲养在人们认为无疾病风险的室内环境，且外表健康时，猫主人认为并无理由要去拜访动物诊所。除了这个原因外，事实上许多猫主人认为对他们的猫及自身来说，拜访兽医这一过程也充满压力[4,5,14]。

当猫处于疼痛和疾病状态时，表现的症状非常细微，许多猫主人无法辨别出他们的宠物需要帮助，这是阻碍猫主人为猫提供定期兽医护理的另一项因素（图1-1）。当猫表现出不希望出现的行为时，猫主人常将这种行为归因于猫步入"老年"或恶意为之，而未考虑潜在诱因可能是疼痛或疾病。

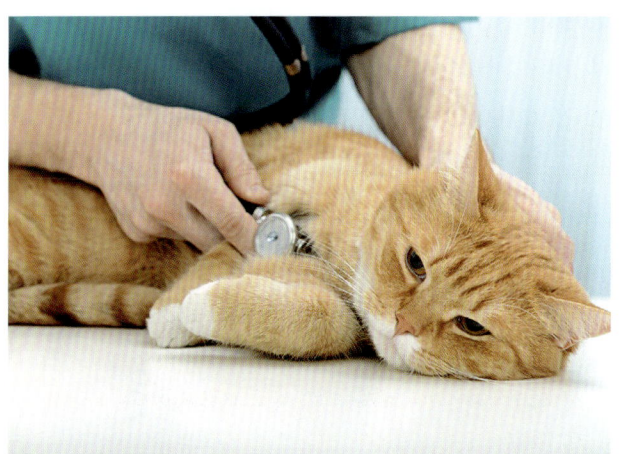

图1-1 由于猫患疾病和处于疼痛状态的症状并不明显，许多猫主人认为猫是健康的，仅当疾病发展至晚期或发生行为问题时，才带其来动物诊所就诊（版权所有©iStock.com）

上述所有因素使兽医专业人员在尝试为猫提供应得的兽医护理时，整个过程充满了巨大的挑战。

2001—2011年，虽然美国的宠物猫数量增加了，且宠物主人视猫为家庭成员，但是动物诊所的猫拜访量几乎下降了15%[1,5]。在2011年，仅55.1%的猫主人带猫拜访了一次兽医，而犬的比例为81.3%[1]。如果同一家庭内同时饲养了犬和猫，那么宠物主人带犬拜访兽医的频率几乎是猫的2倍[4]。在每年或更高频率接受兽医护理的猫群体内，仅48%的猫接受了健康或预防护理[5]。接受健康护理的猫比例下降，这对宠物猫、猫主人和动物诊所提供的兽医护理产生了负面影响。

从2006年开始，大多数与猫相关的美国兽医组织[美国执业猫兽医协会（American Association of Feline Practitioners，AAFP）、美国动物医院协会（American Animal Hospital Association，AAHA）和美国兽医协会（American Veterinary Medical Association，AVMA）投入了大量精力，提高人们为猫提供定期健康护理的意识。兽医行业提供大量支持来完成调查，提高兽医和猫主人的认识及相关的教育水平。在此前提下，动物诊所的猫拜访量仍在持续下降。将2011年的美国数据与2006年的相比，未带猫前去动物诊所的养猫家庭的比例增加了24%，这令人相当震惊[1]。虽然英国和欧洲的国际关爱猫组织也举行了类似的活动，但其他国家的猫健康护理状况也不乐观。

兽医专业人员要解决上述问题，需要了解导致猫的健康护理比例下降的因素，并接受教育，纠正其对猫行为相关的错误认知。这样兽医专业人员才能在教育客户时，同时指导动物诊所员工如何降低猫的应激水平，提高客户定期拜访动物诊所的配合度。

猫主人认为猫能自给自足和容易饲养

一项针对2 000名猫主人的研究发现，81%的猫主人认为猫能自给自足，自己维持健康状态，因此不需要过多的护理。另一项报告指出57%的猫主人认为猫易于饲养，而犬、鱼和鸟的主人们则认为饲养这些宠物时，需要投入更多的护理[15]。不幸的是，猫受欢迎的部分原因就是人们认为猫是"低维护需求的"宠物。随着人类生活方式发生改变，如双亲均需工作，越来越多人合租居住在公寓等，人们认为"低维护需求"或"独立"的猫要比犬更易饲养[4]。

冲动领养或"免费"领养猫

大多数猫是通过冲动获得而进入人的家庭，

收养者并未接受有关猫的需求教育（图1-2）。在领养新猫的人群中，59%的人并未预料到会收养猫，而69%的人以零成本领养了猫。这与犬的情况有巨大的差别，人们一般是经深思熟虑并付出一定代价才领养了犬[5]。此处便出现了两个严重的问题，一是由于领养猫的代价很低或为零，而认为猫是"低成本"宠物；另一个是缺乏必需的兽医护理和家庭护理教育。当一只猫来到某人的家门口，或作为礼物赠送给某人，或进入新家时，对于护理和饲养一只猫的花费，猫主人仅获得了很少或基本为零的相关教育。

图1-2 领养猫时，许多人并无相关计划，原因可能仅仅是猫出现在家门口或者有免费的幼猫待领养。人们在领养这些猫时，未获得家庭护理和兽医护理的相关建议，导致最终放弃饲养（版权所有©iStock.com）

在收养一只猫时，许多人的期待并不现实，这导致在领养后的前2周内，就有54%新领养的猫被退回[16]。猫主人带着兴奋的心情带回家一只新的宠物，但他们最后却不得不退回这只宠物。同时，他们还会觉得伤心，充满失败感，其中41.4%的人认为他们近期不会再领养另一只宠物[16]。大多数人最终意识到，在考虑和进行领养时，他们需要投入更多的时间、思考和计划。其他人则认为他们需要学习更多关于猫行为学的知识[16]。

宠物主人低估了进行定期兽医护理的需求

美国和澳大利亚等国家鼓励将猫饲养在室内，以提高猫的安全状况，预防猫对野生动植物的危害。这引发了两个问题，首先是客户认为室内饲养的猫不需要健康护理；其次，除非家庭环境能够满足猫的需求，否则压力会引发猫的行为问题和易复发的健康问题，使猫主人选择放弃或安乐死曾经受喜爱的猫。有趣的是，AVMA在2001年发布了支持室内饲养猫的立场声明，同年美国拜访动物诊所的猫数量开始下降[17]。该立场声明的目的是为了延长猫的寿命，减少受伤、疾病和人畜共患病[17]，但也应考虑猫的行为需求和生活质量等其他因素。猫主人常会认为当猫生活在室内时，猫就不会受疾病、伤害和寄生虫的侵害，因此没有必要为这类猫提供兽医护理。这种误解使室内猫处于一种危险的状态，虽然大多数宠物猫未患影响生活质量的非传染性疾病[18]，但现已发现随着拜访兽医的次数下降，患可预防疾病的猫比例显著升高。美国的研究发现牙科疾病的患病率升高了10%，体内寄生虫的患病率升高了13%，跳蚤和虱子的感染率升高了16%，糖尿病的患病率升高了16%[19]。美国境内约60%的猫存在超重或肥胖问题，因此我们对糖尿病发病率上升并不感到意外[20]。

猫主人通常热衷和喜爱他们的宠物，认为凭借他们之间的纽带关系，他们能够发现猫是否生病。但是，猫特别擅长掩盖疾病的症状，只有步入晚期后才会发现许多健康问题，此时已很难治疗或控制这些问题。猫主人常常无法发现牙科疾病和退行性关节疾病等会引发疼痛的常见问题；如果不定期拜访兽医，兽医专业人员就没有机会在早期发现这类问题。即使发现了疾病的存在，许多猫主人觉得喂药过于困难，而选择安乐死晚期疾病患猫，或者将猫养在家中，但未给予止疼或其他治疗措施，且无法接受他们所做决定带来的福利效应。

猫主人和猫在拜访兽医期间经历的相关应激

拜访兽医期间所经历的应激是使猫缺乏预防性健康护理的主要诱因，推迟了许多患猫接受兽医护理的时机。在一项调查中，58% 的猫主人认为他们的猫厌恶去拜访兽医，37.6% 的猫主人单单想到要带他们的猫去拜访兽医，都会让他们感到压力[14]。对猫主人来说，令人不安的不仅仅是猫在诊所内的恐惧相关行为，还包括就诊前后的一些相关行为的挑战，例如为了将猫装入提箱需追着猫跑，听猫在车内号叫，到达动物诊所后需要清理提箱内的尿液和粪便，回到家后还需处理来自家里其他猫的敌对行为等。在动物诊所内一次 5～30 分钟的就诊经历，会让猫主人在数天至数周内都处于应激状态。客户需要动物诊所提供详细的建议，来最小化这类应激（参见第 9 章和第 20 章）。

与应激相关的疾病

目前已广泛认可慢性应激对人类身体健康的负面影响。最近的文献也记录了猫的应激源引发的身体健康问题[8,9,21]，虽然猫并不会总表现出应激的明显症状，但是猫主人和兽医应了解不理想的环境和社交条件与猫应激的关系。

猫的应激和慢性疼痛综合征、猫特发性膀胱炎（feline idiopathic cystitis，FIC）之间有密切联系[8,9,22]。FIC 也称为猫的间质性膀胱炎，是猫的下泌尿道疾病最常见的病因，在表现下泌尿道症状的猫群体内，54%～64% 的猫患有特发性疾病[23]。人们起初认为 FIC 仅是单纯的膀胱疾病，现在已认识到脑部的下丘脑应激反应系统激活了该反应[9]。

FIC 常并发其他疾病，影响皮肤、胃肠道或免疫系统等器官[24]。患 FIC 时，猫的多种机体系统受影响，症状的严重程度不断波动，改善猫的环境后反应良好，因此将这些症状统称为"潘多拉综合征"[24]。

已有充足的证据证明应激会引发猫的下泌尿道疾病，除此之外，应激也会对健康产生其他负面影响。例如，在动物保护收容站，应激会减少猫的摄食量，增加上呼吸道的感染率[21]。

在家庭环境、动物诊所和人道主义保护机构内，都会发生与应激相关的疾病。应激源包括不熟悉的环境和个体，缺乏可预测性和控制感。例如，如果护理人员、饲喂和清理程序或者光暗周期变动，就会让住院患猫感到缺乏可预测性和控制感[9]。

研究显示提高环境的丰富度、熟悉度和控制感后，与应激相关的症状的发生率显著降低（图 1-3）[8,22]。有趣的是，恐惧和上呼吸道感染的发生率也会下降[8]。据此，兽医应解决环境应激源，并考虑如何改善猫的环境，提供更好的可预测性。

图 1-3　提供垂直空间可丰富环境，为猫提供安全的爬高区域，猫可以在此处视察环境情况（版权所有 ©iStock.com）

若需要了解更多关于家庭环境引发猫应激的信息，请查阅第 2 章。若需要了解更多关于应激作为风险因素引发机体疾病的详细信息，请查阅第 12 章。

放弃和安乐死宠物猫

在被领养的猫里，有相当大比例的猫无法终

生待在它们的原生家庭里。许多表面健康的猫被送人，释放进入流浪猫群体，遗弃在收容所或者被安乐死（图1-4和图1-5）。虽然猫主人常因猫的行为或特征而做出上述决定，但是猫主人本身的情况发生改变，例如房屋或关系变动，也会导致猫需要离开现有的家庭。在美国，成年猫死亡的头号原因是因行为问题而进行的安乐死[25]，每年都有数百万的猫因行为问题被安乐死。导致猫被遗弃的最常见行为问题是室内随地排泄[10,11]，第二大常见原因是新收养的猫无法与家庭内原有的猫和平共处[11,26,27]。第三大常见原因是攻击人的问题[11]。猫攻击人是一个常见的公共安全问题。一项研究显示被遗弃至收容所的猫内，15%的猫存在攻击人的问题。

图1-4　人们担心将猫移交给收容所后，猫会被安乐死，因此这些曾深受喜爱的猫常被释放进入流浪猫群体。但是，在野猫群体内，这些猫无法适当的照料自己，福利情况通常很差（版权所有 ©iStock.com）

图1-5　人们不希望出现的行为或特征、行为问题或主人情况变化常导致猫被移交给收容所（版权所有 ©iStock.com）

在猫主人的认知误解中，有一种与他们放弃猫相关，那就是他们认为猫表现行为不当的原因是猫怨恨他们[10]。在一项研究中，65.8%的放弃猫的主人认为，他们的猫在猫砂盆外排泄或破坏家具的原因是怨恨他们。应提供客户教育来向这些猫主人解释，猫表现这些行为的动机并不是怨恨。猫也可能因为磨爪等主人不希望出现的正常行为而被遗弃，也可能因为不切实际的预期，导致主人认为他们的猫是"需要太多关注""不友好的""不听话的"或"过于活泼的"，或者认为猫具有其他不希望出现的特征[11]。

许多猫主人无法面对为猫寻找新家或安乐死宠物所需的决策过程，他们转而选择将猫释放进入室外环境。这种行为增加了许多国家的流浪猫群体数量，在那些不允许安乐死无身体疾病的宠物的国家，这个问题可能更严重[28]。将宠物猫释放进入流浪群体会产生许多影响，包括对猫和野生动物福利的不利影响。宠物猫无法适应流浪的生活方式，易于受伤和感染传染性疾病，而流浪猫群体数量增加会加剧对野生动物群体的威胁[26]。

与放弃或安乐死相关的常见猫行为问题

室内随地排泄（见第24章）

一项研究调查了遗弃至12家不同收容所的1 286只猫，发现40%的猫是因室内随地排泄问题而被遗弃[11]。该数据包括遗弃原因为行为因素或混合因素的猫，而行为也可能是混合因素的组成成分[11]。

因室内随地排泄而被遗弃或安乐死的猫中，许多猫的年龄较大或患有疾病[10]。当猫主人错误认为猫在室内随地排泄的原因是怨恨他们时，更可能遗弃或安乐死他们的猫[10]。许多存在排泄不当的猫可能患有未被诊断的潜在疾病，也可能厌恶猫砂盆。兽医均能有效治疗这两种情况，从而减少猫的安乐死比例。当遇到更有挑战性的问题时,向行为学家寻求帮助能进一步降低安乐死数量。

猫之间的争斗(见第 26 章)

同一个研究发现猫的遗弃与家庭内的宠物数量相关,也与向家庭环境内引入新猫相关。通常情况下,猫主人领养新猫是为了与已有的猫做伴。为了减少此种因素导致的遗弃,猫主人应了解猫的社交行为和每只猫的环境需求。这能帮助猫主人做出适当的领养决定,如果他们已决定领养,也能帮助他们以适当的方式引入新猫。

攻击人类(见第 27 章)

与犬相比,猫攻击人类的发生率较低,但仍是一个严重和常见的行为问题,也是一个公共健康关注点[29]。在由猫主人报告的所有行为问题里,攻击人类的行为发生率为 12%～47%[30]。美国的一项研究调查了 12 家收容所的 1 000 多只猫,在因行为问题而被遗弃的猫里,12% 的猫存在攻击人类的行为[11]。

最常报道的攻击发生在人类接触猫或与猫玩耍时,而美国的一项调查显示转向攻击也很常见,这常发生在室内猫通过窗户看到室外猫时,或者猫因噪声受惊时[31,32]。处于恐惧状态的猫产生自我保护或自卫攻击,这是猫攻击家庭成员的另一种原因[29,31]。家庭内发生的猫攻击人的行为主要针对家庭成员[29,31],而一项研究显示该行为较常针对女性和儿童[31]。

要预防这类问题,重要的是应提供如何接触猫和与猫玩耍的客户教育。劝阻客户不要接近一只被激怒的猫,预防发生未预期的严重咬伤或抓伤,这也是很重要的。

不希望出现的正常行为(见第 23 章)

导致许多猫被遗弃的因素与行为问题并无相关性,而更多的是由于猫表现出猫主人不希望出现的正常行为[10,26,27]。例如,磨爪是一种正常的行为,但是猫常因破坏家具和表现标记行为而被遗弃。将猫饲养在室内时,猫主人通常不希望出现这类行为,但这都是正常的行为表现。此处需再次强调客户教育的必要性,应让猫主人学会如何引导不希望出现的行为出现在合适区域,或者改变猫的家庭环境,保证这类行为不再发生在不合适的区域。

老年猫(见第 25 章)

美国的一项研究将遗弃至收容所的猫分为两大类,一类是年龄较大或生病的猫,它们被遗弃至收容所进行安乐死;另一类是年幼的猫,它们被遗弃至收容所等待领养[10]。被遗弃进行安乐死的猫里,59% 的猫是老年猫,年龄至少 8 岁,超过 20% 的猫的年龄至少 16 岁(图 1-6)[10]。在这些猫里,许多已与它们的主人生活了相当长的时间,作为受喜爱的宠物和家庭成员,它们在接近生命终点时,主人却决定遗弃它们,将它们置于不熟悉的环境中,而不是带它们去动物诊所寻求诊断和可能的治疗措施,或者要求兽医来到家中,让猫在舒适的家庭环境中接受安乐死。

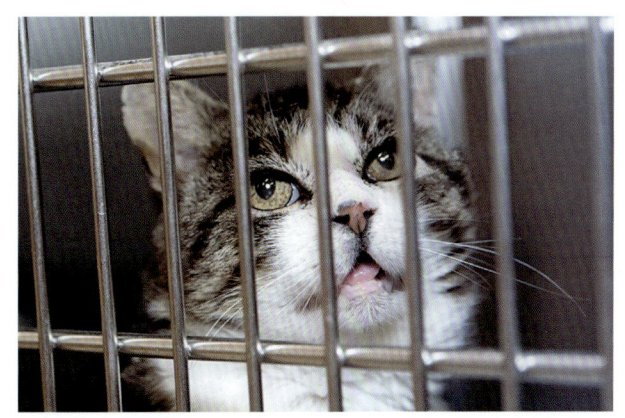

图 1-6 许多被遗弃在收容所的猫是老年猫,它们在被遗弃前已与主人生活了许多年(版权所有 ©iStock.com)

猫主人的个人因素

主人的个人情况发生改变,认为猫的存在"不方便",这是导致猫被遗弃的另一大因素;这类情况包括居所改变、新婴儿诞生或住进新伴侣、离婚或希望去旅行[33]。兽医专业人员倾尽一生来帮助动物,在主人不方便饲养猫时,他们很难理解猫会变成一种可丢弃的"物件"。兽医专业人员可提供领养前咨询，让主人理解与猫共同生活所应承担的责任，帮助潜在的主人了解他们未来遇到这类情况时应如何处理，这都有助于预防上述情况发生。

在猫诊所整合应用行为学

兽医通过提供涉及患病动物的身体健康、心理健康和情绪健康的全方位服务，可以有很大空间来改善宠物猫获得的兽医护理水平，减少放弃和安乐死的发生率（图1-7）。行为问题是客户的主要关注点，意识到这一点非常重要[1]。为潜在的领养者和猫主人提供猫的天性和需求的相关教育，不仅能让猫主人更爱他们的宠物，同时也能让猫主人意识到兽医的专业性，以及为猫提供定期健康护理的重要性。

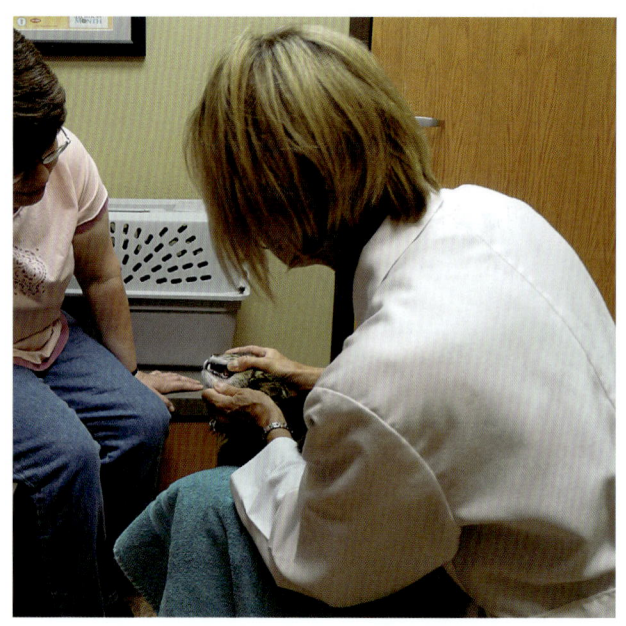

图1-8 每次到医院就诊都是一次为客户提供教育的机会，包括提供猫的需求信息，如何维持或改善猫在就诊时和家庭环境内的身体和情绪健康（感谢 D. Echelberry & M. Miller）

领养前的咨询

在动物诊所内增设领养前咨询服务，这有助于人们建立更符合实际的与猫共同生活的预期，并帮助他们成功布置领养所需的家庭环境。在其他情况下，也可以劝说客户现在并不是他们领养猫的最佳时机。对于家中已有猫的客户，应告诉他们其他猫可能无法接受新猫，帮助他们决定是否能接受这一情况。详细信息见第6章。

如果不提供领养前的咨询服务，在第一次就诊时，就需要提供所有信息。不幸的是，此时客户已经设立了他们认为适当的家庭环境，他们可能很难接受需要进行改变，特别是客户未注意到存在问题时，更难让客户接受信息。客户可能已经开始遇到问题，例如猫在家具上磨爪，或小孩被抓或被咬，此时需为客户提供更详细的建议，保证尽快解决这些问题。员工需要更多的训练来提供适当的建议，也需要分配给这类就诊更多的时间，才能有效满足猫的需求，帮助客户理解猫的行为表现原因。

图1-7 为成年人和小孩提供关于猫的兽医护理和家庭护理知识，可以同时预防疾病和行为问题

在动物诊所内，可以采用多种方式进行客户教育。可在就诊期间提供相关信息（图1-8），也可以通过网站、社交媒体、针对猫主人的讲座以及与收容所合作提供客户教育。

为了提供最好的客户教育，诊所员工应学习猫的正常行为，理解家庭和诊所的环境满足猫的基本需求的重要性。

在每次就诊时整合应用行为学

在猫的所有就诊情况中，行为学知识都有一定的作用，不仅能保证针对猫的操作最有效和符合福利友好要求，也有助于获得准确的病史，帮助建立明确诊断。猫在生病、处于疼痛或应激状态时，都可能发生行为改变。当出现食欲改变、理毛减少或无法到猫砂盆排泄等细微的行为改变时，通常都指示应带猫前往动物诊所就诊。

猫生病时的表现通常非常细微，因此应在猫的所有就诊过程中询问开放式问题[34]，这有助于收集关于猫行为的重要信息。

猫的行为和身体健康之间存在很强的相关性，在许多猫病例中，兽医综合询问行为和疾病相关问题，有助于获得更准确的诊断。

在普通门诊解决行为问题

潜在疾病因素会引发猫的许多行为问题，行为问题也可能与其他健康问题同时发生[9]，面对任何一只表现行为问题的猫，第一步应是准确诊断是否存在疾病因素，需要收集每个病例的完整病史，进行临床检查和诊断性检查。在某些病例中，疾病得到治疗后即解决了行为问题，但是在大多数病例中需要同时关注行为问题。在一个印证上述情况的经典案例中，猫即使不喜欢现有的猫砂盆，例如猫砂盆太小、太脏或讨厌猫砂材质时，也会坚持在猫砂盆内排泄。但是当猫患有泌尿道疾病时，它会开始选择在更加舒适或更喜爱的区域排泄。就算成功治疗了猫的疾病问题，猫可能仍继续选择在更喜爱的区域排泄。此时为完全解决问题，就需要提供关于猫的正常排泄行为的客户教育，建议客户如何为猫提供适当的排泄设施（见第24章）。在初始就诊、后续的行为问题咨询或评估疾病问题的过程中，兽医可以在猫的治疗方案中整合应用行为学相关建议。

总结

随着猫越来越受欢迎，兽医专业人员在为猫群体提供足够和适当的健康护理时，所面对的挑战越来越大。许多猫未获得定期的健康护理，如果动物诊所要鼓励客户更常带他们的宠物拜访动物诊所，就需要建立合适的诊所环境以减少猫的应激，此时了解猫的行为学就变得非常重要。

行为和身体健康密切交织在一起，因此猫诊所必须解决猫的行为问题。在普通门诊整合应用行为学，可以提高客户对猫的生理、社交和环境需求的意识，成功地使客户和猫共同生活，也能让客户担忧猫存在行为问题时，尽快联系动物诊所。这样不仅能帮助预防行为问题的发展，还能尽早发现疾病。

参考文献

[1] American Veterinary Medical Association.U.S. pet ownership & demographics sourcebook. 2012:https://www.avma.org/KB/Resources/Statistics/Pages/Market-research-statistics-US-Pet-Ownership-Demographics-Sourcebook.aspx. Accessed December 12, 2014.

[2] Taylor P, Funk C, Craighill P. Gauging family intimacy: dogs edge cats (dads trail both). Pew Research Center; 2006.

[3] Gunn-Moore D. Considering older cats. J Sm Anim Pract Age. 2006.47:430-431.

[4] Lue TW, Pantenburg DP, Crawford PM. Impact of the owner-pet and client-veterinarian bond on the care that pets receive. JAVMA. 2008.232:531-540.

[5] Bayer HealthCare. Veterinary care usage study III: Feline findings; 2012. http://www.bayerdvm.com/show.aspx/news-release-bvcus-iii-feline-findings. Accessed January 7, 2015.

[6] Heath SE. Behaviour problems and welfare. In: Rochlitz I, ed. The welfare of cats. Dordrecht: Springer; 2005.91-118.

[7] Ellis SH, Rodan I, et al. AAFP and ISFM Feline Environ- mental Needs Guidelines. J Feline Med Surg. 2013.15:219-230.

[8] Buffington CA, Westropp JL, Chew DJ, Bolus RR. Clinical evaluation of multimodal environmental modification (MEMO) in the management of cats with idiopathic cystitis. J Feline Med Surg. 2006.8:261-268.

[9] Stella JL, Lord LK, Buffington CAT. Sickness behaviors

in response to unusual external events in healthy cats and cats with feline interstitial cystitis. J Am Vet Med Assoc. 2011.238:67-73.

[10] Kass PH, New Jr JC, Scarlett JM, Salman MD. Understanding animal companion surplus in the United States: relin- quishment of nonadoptables to animal shelters for euthanasia. J Applied Anim Welfare Sci. 2001.4:237-248.

[11] Salman MD, Hutchison J, Ruch-Gallie R. Behavioral reasons for relinquishment of dogs and cats to 12 shelters. J Applied Anim Welfare Sci. 2000.3:93-106.

[12] Driscoll CA, Menotti-Raymond M, Roca AL, et al. The Near Eastern origin of cat domestication. Science. 2007.317:519.

[13] Bradshaw JWS, Casey RA, Brown SL. The behaviour of the domestic cat. ed 2. CABI Publ; 2012.

[14] Bayer HealthCare LLC. Brakke Consulting, and the National Commission of Veterinary Economics Issues; 2011.

[15] American Pet Products Association's 2009-2010 National Pet Owners Survey. http://www.americanpetproducts.org/. 2010.

[16] Shore ER. Returning a recently adopted companion animal: adopters' reasons for and reactions to the failed adoption experience. J Applied Anim Welfare Sci. 2005.8:187-198.

[17] AVMA animal welfare position statement, free-roaming, owned cats. https://www.avma.org/News/JAVMANews/Pages/s071501e.aspx.

[18] Sturgess K: Disease and welfare. In: Rochlitz I, editor: The welfare of cats. Dordrecht: Springer; 2007.205-225.

[19] Banfield Pet Hospital: State of pet health 2011 report, vol 1. Portland, Ore: Banfield Pet Hospital; 2011. http://www. banfield.com/Banfield/files/bd/bd826667-067d-41e4-994d- 5ea0bd7db86d.pdf.

[20] Association for Pet Obesity Prevention: http://www.petobesityprevention.com/.

[21] Tanaka A, Wagner DC, Kass PH, Hurley KF. Associations among weight loss, stress, and upper respiratory tract infection in shelter cats. J Am Vet Med Assoc. 2012.240:570-576.

[22] Stella J, Croney C, Buffington CAT. Effects of stressors on the behavior and physiology of domestic cats. Appl Anim Behav Sci. 2013.143:157-163.

[23] Defauw PAM, et al. Risk factors and clinical presentation of cats with feline idiopathic cystitis. J Feline Med Surg. 2011.13:967-975.

[24] Buffington CAT. Idiopathic cystitis in domestic cats—beyond the lower urinary tract. J Vet Intern Med. 2011. 25:784-796.

[25] Patronek GJ, Dodman NH. Attitudes, procedures, and delivery of behavior services by veterinarians in small animal practice. J Am Vet Med Assoc. 1999.215:1606-1611.

[26] Fournier AK, Geller ES. Behavior analysis of companion-animal overpopulation: a conceptualization of the problem and suggestions for intervention. Behav Social Issues. 2004.13:51-68.

[27] New JC, Salman MD, King M, Scarlett JM, Kass PH, Hutchison JM. Characteristics of shelter-relinquished animals and their owners compared with animals and their owners in U.S. pet-owning households. J Applied Anim Welfare Sci. 2000.3:179-201.

[28] Slater ML, Di Nardo A, Pediconi O, et al. Free-roaming dogs and cats in central Italy: Public perceptions of the problem. Pre Vet Med. 2008.84:27-47.

[29] Palacio J, León-Artozqui M, Pastor-Villalba E, Carrera-Martín F, García-Belenguer S. Incidence of and risk factors for cat bites: a first step in prevention and treatment of feline aggression. J Feline Med Surg. 2007.9:188-195.

[30] Ramos D, Mills DS. Human directed aggression in Brazilian domestic cats: owner reported prevalence, contexts and risk factors. J Feline Med Surg. 2009.11:835-841.

[31] Amat M, Manteca X, Le Brech S, Ruiz de la Torre JL, Mariotti VM, Fatjó J. Evaluation of inciting causes, alternative targets, and risk factors associated with redir- ected aggression in cats. J Am Vet Med Assoc. 2008.233:586-589.

[32] Curtis TM. The more common causes for human-directed aggression in cats include play, fear, petting intolerance, and redirected aggression. Vet Clin North Am Small Anim Pract. 2008.38:1131-1143.

[33] Scarlett JM, Salman MD, New JG, Kass PH. Reasons for relinquishment of companion animals in U.S. animal shel- ters: selected health and personal issues. J Appl Anim Welf Sci. 1999.2:41-57.

[34] Dysart LMA, Coe JB, Adams CL. Analysis of solicitation of client concerns in companion animal practice. J Am Vet Med Assoc. 2011.238:1609-1615.

第 2 章
猫的行为学和福利

Ilona Rodan and Sarah Heath

引言

兽医和其他兽医专业人员有义务保护动物的福利，并将动物福利当作每日工作重点。如此做的目的是为患病动物提供最佳的健康护理，提高人与宠物之间关系的质量和维持时长。但是，直至近期，兽医训练仍趋向于仅将重点放在身体健康方面。猫是有感情的动物[1,2]，具有意识和感觉，这意味着猫能感受到痛苦，所有兽医专业人员都应采取综合方法来保障患猫的福利。人们对猫的正常行为和猫的需求缺乏理解时，会负面影响猫的福利状况。猫的许多行为问题与福利不佳有关，但往往直至猫出现不希望的行为时，人们才会发现猫的福利状况存在问题。

充足的健康护理能保障猫的身体健康，但无法保障猫获得良好的福利。虽然猫主人常认为他们已为猫提供了尽可能好的生活，甚至认为他们的猫被宠坏了或纵容过度，但一些深受喜爱的猫的福利状况仍是不佳的。当人们对其他动物物种了解甚少时，常会从人类自身的角度（拟人化）来判断何种情况对该动物物种最有利。虽然人们的意图是好的，但这却常危害该动物物种的福利状况。

在解决福利问题时，实际操作要比听起来困难。猫的需求与犬和人有显著差别，意识到这一点是很重要的。即使一只家猫完全生活在室内，与其他宠物或人类相比，家猫也更像它的非洲野猫祖先。在考虑与猫互动的福利影响时，重要的是应从猫的角度考虑问题。人们常会想到的一个例子是一只饥饿、寒冷的流浪猫被接进一个友爱的家庭，获得了营养丰富的食物和温暖的睡床。

一方面，这只猫在外流浪时，虽饱受饥饿和寒冷，但它有自己熟悉的地盘，可以表达猫的一系列正常行为。将该猫接入室内，让它作为家庭的一员，这看起来是一种极好和充满友爱的行为。但是，这只猫可能会害怕人和不熟悉的室内环境。这种恐惧可能需要数周或数月时间才会消失。这只猫也有可能永远无法学会适应新的生活环境。在判断一个决定对福利产生的影响时，重要的是应考虑个体猫的情况，判断是否满足了它的需求。在描述的这个案例中，这只猫可能在两种情况下福利状况都不佳，最好能寻找一种折中的方法使其既能继续独立生活，同时也可为其提供某种形式的室外庇护所和食物。采用这种方式时，这只猫能同时获得最优的身体健康、精神健康和福利。

无论在何种动物诊所里，接待患猫的门诊兽医都有责任和机会来教育客户，为他们提供猫福利的所有相关信息。福利不佳的问题常常发生，在就诊过程中整合应用猫行为学，可以预防或解决这类问题。

猫并不是小型犬，这是一种常听到的说法。现今，许多人将他们的猫当作他们的"孩子"或终身伴侣，但猫同样不是缩小版的人。解决猫的情绪、社交和身体需求，允许它们在丰富的环境中表达正常的行为，这样才能保证猫获得最佳福利。

行为和福利之间的联系

动物福利的定义是一只动物如何应对它所生活的条件[3-5]。好的福利可让动物表达它们的正常行为，解决它们的物种特定需求。一只猫的需求未得到满足，会同时影响猫的身体和心理健康。猫无法表达它们的正常行为，便会常发生人们不希望出现的行为。事实上，行为改变和行为问题是猫的福利状况的重要指标[6]，也是猫需要兽医护理的至关重要的指标。行为问题是引发主人和宠物之间纽带断裂的常见因素，并最终会使宠物被遗弃至收容所或被安乐死[7]。因此，必须满足猫的需求，允许它们表达自然行为，预防发生应激和不希望出现的行为，改善猫的健康和福利状况。

人类－猫的关系及对猫福利的影响

保障动物福利是人的一项责任[2,8]，兽医有义务教育猫主人，猫伴侣的福利需求。猫的福利随着人和猫之间的关系变化而变化。虽然大部分这类变化（特别是20世纪所发生的变化）对猫是有益的，但是对部分猫来说，猫与人类之间更紧密的互动并不是完全有益的。理解人类－猫在过去和现在的关系，能更好地理解所涉及的问题。

人类－猫的关系历史

家猫（Felis catus）的历史及福利与人类的历史直接相关。非洲野猫（Felis sylvestris lybica）进化为家猫后，猫和人类共同生活了约10 000年（图2-1和图2-2）[9,10]。在几个世纪内，人类－猫的关系发生剧烈变化。猫最先被埃及人奉为神明，在中世纪时又被当作恶魔的化身，如今则是一种非常受欢迎的宠物。猫越来越受欢迎，对猫的福利有利也有弊。以初始互惠共生关系及演变过程为前提来理解猫的正常行为，有助于辨别初始关系的优势和现今关系的部分弱点。

在近几个世纪内，人类和猫的历史是相当吸引人的。约10 000年前，人类由捕猎－收集者演化为耕种者，他们的作物吸引来啮齿动物，而啮齿动物吸引来猫。猫接近人类的居所对双方都有益，保护了双方的食物来源。人类－犬的关系更为古老，人类对犬进行了遗传选择以满足自身的需求（如猎犬和放牧犬）。人类－猫的关系与此不同，农夫们发现猫的天生行为已高度满足

图2-1 宠物猫——家猫是由非洲野猫（Felis sylvestris lybica）进化而来（版权所有©iStock.com）

图2-2 非洲野猫（Felis sylvestris lybica）是家猫的祖先，会利用高处休息处来视察它的环境和保护自己。注意非洲野猫的颜色常与其周边环境很相似，起到伪装作用（版权所有©iStock.com）

他们的需求，因此并不需进行遗传选择[11]。这导致现今宠物猫的行为与野外祖先的并无显著差异[11]。

直到50～60年前，猫的主要功能仍是控制啮齿动物的群体数量。大多数猫可以自由出入温暖和舒适的室内环境，同时继续捕猎食物，有机会在室外环境表现其他自然行为。

猫与人类的功利性关系发展为猫作为家庭成员

在过去的一个世纪里，人类生活方式发生改变，这也改变了人类和猫之间的关系。随着城市化的发展，猫也越来越受欢迎[12]。现今在许多国家，猫是最受欢迎的宠物（方格2-1）。随着城市化发展和小家庭的出现，宠物通常替代了其他

家庭成员,同时满足了人类的养育需求,宠物开始代替大家庭模式,为人类的养育需求提供持续的排出途径[13]。人们的工作时长延长,待在家中的时间更少,居住在更为紧凑的居所内,而养猫看起来十分方便且易于护理,因此选择养猫作为宠物似乎更为适当。

方格2-1 猫是最受欢迎的宠物的国家(2008年)	
美国	意大利
俄罗斯	荷兰
英国	土耳其
加拿大	奥地利
法国	瑞士
乌克兰	瑞典
德国	新西兰

摘自 Batson A: World Society for the Protection of Companion Animals (WSPCA) Global Companion Animal Ownership and Trade: Project Summary, June 2008. http://www.worldanimalprotection.org/

1947年,人们发明了猫砂,这使得人们更易接受猫生活在室内[14]。到1970年,美国的一些兽医组织建议将猫饲养在室内,保护猫免受室外危险的伤害,同时避免猫伤害野生动物。人们过去珍爱猫的主要原因是猫的捕猎技巧,随后逐渐转变为将猫视为深受喜爱的宠物。虽然猫不再需要为了生存而捕猎,但是猫保留了这一本能,现如今这一行为常导致人类和猫之间关系紧张。

随着人类和宠物之间的关系发生改变,开始出现人类-动物关系纽带这一术语,反映了主人和宠物之间关系的重要性。毫无疑问,大多数猫主人希望为他们深受喜爱的宠物提供最好的待遇,但不幸的是,人们认为对猫最好的,往往并非对猫最有益。例如,人们常常为了让已有的猫有朋友做伴而收养新猫,却缺乏理解猫的正常社交行为,无法理解往家中引入一只不熟悉的猫,可能会引发应激(图2-3,A-E)。人们常常低估人类的生活方式对家猫情绪状态的潜在影响。猫是领地性动物,保持它们所处环境的熟悉度和一致性,对维持它们的安全感来说非常重要。人类家庭内常发生改变,人们会定期重新装饰、装修和配备家具,也会改变家庭内的人或动物成员,或者移入新家,从而使领地发生物理性变化。这些都在无意中威胁到猫对领地的安全感,同时随着人类的居住小区面积缩小和猫群体密度增大,猫在城市区域的可用领地逐渐缩小,这些都加大了家猫的压力。在家养环境下,人们还会主动压制猫的许多正常行为,例如捕猎和标记等。

兽医专业人员与猫的关系

许多工作中接触到猫的兽医专业人员能意识到患猫的独特性,发现猫的天性和行为相当引人入胜。但是,也有专业人员认为工作中接触到的猫非常有挑战性,一些专业人员承认进行与猫相关的工作是无成就感的,甚至是不愉快的[15]。总体而言,当专业人员进行与猫相关的工作时,若能理解猫及其恐惧,并知道如何在诊所环境内解决这类问题,能比不理解且无法解决问题的人工作得更愉快。

动物诊所面对的最大挑战之一就是如何成功接触患猫。不幸的是,许多猫的保定方法本质上与猫的自然行为相背,但这些方法仍被教授给专业人员。这加剧了猫的恐惧感,恶化伴发恐惧的防御行为,进而增加人受伤的风险,导致兽医员工在工作时接触猫的焦虑感上升。接触猫的训练不足,有时甚至是不正确的,这使得部分兽医专业人员无法理解猫在动物诊所的反应,从而错误地认为猫是一种攻击性强,甚至是恶毒的动物。常可听到兽医和护士描述某些个体猫为"坏脾气""魔鬼"和"坏猫"。第20、第21和第22章描述了尊重猫的处理技术,可降低猫的恐惧和攻击性。

针对猫的医疗护理知识不断积累,这毫无疑问有益于猫。随着传染性和非传染性疾病的治疗水平提升,猫的寿命也显著延长。疼痛预防和针对急、慢性疾病的先进疼痛管理方式也极大改善了患猫的生活质量(第14章和第15章)。兽医会与客户进行常规合作,达成为客户的爱猫控制

图 2-3　A-E，大多数猫无法立即接受引入家庭的新猫。这只橘色虎斑猫的暹罗猫伴侣去世后，该家庭新领养了这只成年暹罗猫。注意橘色虎斑猫对新猫的恐惧反应。F、G，将两只猫分开后，在不同的位置放置多种资源和合成的猫费洛蒙类似物扩散器，有助于增加橘色虎斑猫的安全感。逐步引见两只猫，可以逐渐增加它们之间的熟悉度。由于一开始便立即引见了这两只猫，使得这两只猫在 4 个月后才睡在一起（F），8 个月后两只猫才能完全放松相处

和预防疾病的共同目标，但也需要考虑猫主人和兽医的目标是否解决了猫的福利需求，这是很重要的。

本章将提出与猫的行为和身体健康相关的福利问题，门诊兽医每日都会遇到这些问题，但却常未意识到和忽视这些问题。临床情境常涉及猫的自由受限的情况，包括免受疼痛和疾病的自由，表达大多数正常行为的自由，免受恐惧和痛苦的自由。要理解这些挑战的解决方案，必须意识到这些问题的存在。

不利于猫福利的问题

许多猫生活在社交压力大的环境中，所生活的物理环境条件可能也不充足。出现这种情况时，会限制猫表达正常行为的能力，可能使猫无法应对所生活的环境，引发恐惧和痛苦。

在某些情况下，人类存在严重的精神健康问题，无法认识到猫的福利状况不佳。在人类囤积猫的情况下，几十只至上百只的猫生活在充满粪便和尿液的环境中，甚至还包括死亡的猫只。囤积者确实相信他们为猫提供了最好的条件。关于这种情况的讨论超出了本书的范围，但是兽医专业人员有义务向相关机构报告这类情况，让所涉及的动物和人都得到适当的照顾。

在其他情况下，猫正承受压力的表现并不明显，充满关爱的养猫者和处于职业初期阶段的兽医可能无法发现这一情况。如果不解决这一问题，就会出现行为问题，导致猫和主人之间的纽带断裂，甚至需要将猫遗弃至收容所或安乐死。

最初，人们是针对家畜的问题起草了五大自由原则，如今已公认该原则也是宠物的基本福利，无论宠物在家庭环境、动物诊所或收容所，都应享有五大自由[16]。

1. 免受饥渴的自由：能迅速获得新鲜的水和食物，维持全面健康和活力。

2. 免受不适的自由：提供适当的环境，包括遮蔽处和舒适的休息区域。

3. 免受疼痛、受伤或疾病的自由：预防或迅速诊断和治疗疾病。

4. 表达正常行为的自由：提供充足的空间、适当的设施和同种类动物的陪伴。

5. 免受恐惧和痛苦的自由：保证免受精神折磨的条件和治疗。

本书的多个章节都涵盖了与这几项自由相关的问题。本章节的重点是最后3种自由原则，这几种原则显著影响猫科诊所要面对的行为问题。要避免猫遭受痛苦，改善猫的福利状况，就需要考虑这几项原则的应用情况[3-5]。

猫自由原则的关注点

免受疼痛和疾病的自由

通过预防、快速诊断和治疗疾病，保证猫免受疼痛和疾病的自由，这是大多数兽医都已意识到和努力达成的猫福利原则。不幸的是，数百万的宠物猫极少或根本未获得兽医护理，正承受不同程度的疼痛和疾病，而猫主人却未意识到该问题[15,17]。在两年内甚至更长时间内，患猫可能都未获得任何兽医护理，这种情况并不少见。当客户不再拜访诊所，不再遵循常规就诊提醒时，一般认为他们要么搬离了该区域，要么去了另一家动物诊所。当客户最终确实来到诊所时，常会反映猫的健康状况最近出现问题，而在这之前，猫都表现得很健康，让客户认为此前不过来就诊的选择是正确的。这类客户可能会道歉并解释原因，对他们自己和宠物来说，拜访诊所是一个充满紧张的经历。如果他们的猫是老年猫，他们会认为猫的健康变化是猫步入老年后所不可避免的，特别是食欲和活动情况等变化。他们可能会坚信无法更改这些变化，或者认为给予必要的药物过于困难，这些都让他们认为不需拜访动物诊所。当客户最终不得不带猫前来诊所时，已很难从客户那里获得准确的病史。很难确认该猫是在近几个月逐渐发生健康状况恶化，还是在近几天或几周内突然发生恶化。当客户被告知他们的猫的疾病已发展至晚期阶段时，客户常会为未更早带猫前来就诊的决定而感到内疚。

如果可治疗疾病，同时能恢复猫的舒适和福利状态，客户和他们的猫就可获得良好的结果。目前，可以控制或稳定退行性关节病、甲状腺功能亢进和慢性肾脏疾病等许多慢性疾病。此时，客户提升了对兽医护理的尊敬度和认可度，更可能再次返回诊所，为猫提供适当的后续护理。如果客户的家内不止一只猫，客户更可能接受关于家内其他猫的预防和早期监测疼痛及疾病的教育。

不幸的是，许多疾病结果并不尽如人意。如果确认猫的疾病状态过于严重，不适合进行治疗，需要进行安乐死时，客户尤其会觉得内疚。客户可能无法面对失去所深爱的宠物的可能性，这对他们来说极度困难，因此即使治疗疾病对客户和猫来说都很困难，他们仍决定进行治疗。当客户需要更多的时间来正视宠物疾病的严重程度，并与宠物告别时，短期内应提供高质量的缓解或临终关怀护理，保证猫的福利状况。但提供关于宠物福利的讨论、后续交流和猫生活质量评估（见第 7 章的方格 7-4 生活质量量表），可保证猫在过渡时期的福利，帮助客户意识到在何时安乐死是最有利于患猫的，避免患猫遭受痛苦和疼痛。

同时需要为客户提供关于止疼、营养和支持护理的教育，也应提供如何给予药物的指导。不提供推荐或所提供的推荐不清晰，常会导致不佳的福利状况。一个例子就是客户很难辨认出疼痛的细微状态，其中随之就会决定停止给予止疼药物。另一个例子是动物患病时表现出食欲不振，许多主人不愿使用药物或放置饲管。他们会替代选择使用注射器进行强饲，或者强行将食物塞入猫的嘴中，这对猫来说都是充满痛苦的过程，会引发恶心。提供多种食物或拿着食物一直跟着猫，也会导致猫恶心、厌恶食物和应激，甚至可能会开始躲避它们的主人。这些好意尝试给予营养的方式可能会损害猫的福利，避免发生这些问题可以预防猫遭受痛苦。对客户来说，决定进行安乐死是很痛苦的，对他们的情感也是一种挑战，但这可能是正确的决定，最有利于宠物的福利状态。

猫所患的疾病处于晚期阶段，主人无法做出终结生命的决定时，可能会威胁到猫的福利状况，而未被发现的慢性疾病则是另一种威胁。客户错误地认为当宠物患有牙科或骨科疾病时，会表现食欲不振或跛行等明显症状，从而未发现和治疗由牙周疾病、再吸收损伤和猫退行性关节病（degenerative joint disease，DJD）引起的疼痛。仅在近期，兽医专业人员才发现猫患 DJD 的普遍性。由于在进行临床检查时，该病的症状十分不明显，目前兽医专业人员已承认常会推迟对该病的诊断。不应忽视慢性疼痛对猫福利状态的影响。第 15 章更详细地描述了慢性疼痛问题。第 21 章讨论了接触疼痛患猫的信息。

相反，客户常认为有身体残障的猫的福利状况很差，但有许多出生便有肢体残障或失明的猫的案例表明，只要为这些猫提供可应对残障的对策，这些猫的生活仍具备优质的福利状况（图 2-4）。

图 2-4　这只失明的猫（因先天性 1 型猫疱疹病毒感染继发严重的牛眼和角膜穿孔，从而摘除双侧眼球）生活十分满足，可攀爬家中每处地方。在一家动物诊所内拍摄了该照片，该猫并未意识到周围环境的变化

表达大多数正常行为的自由

要享有良好的福利，应让猫在合适的环境内表达一系列自然行为，合适的环境包括充足的空间、适当的资源和与其他动物的良性互动[3]。猫主人并不希望猫表现捕猎、标记、磨爪、攀爬和跳跃等猫的先天行为。猫常因表达了这些本能行为而被遗弃或安乐死，而一些猫主人则选择采用一些替代的技术措施来预防他们的猫表达这些行为。为了帮助客户达到保留宠物在身边的目的，兽医专业人员给出了一些建议，包括将猫饲养在室内来预防捕猎行为，实施断爪术来预防家具被破坏，使用水枪来预防猫跳到厨台上等。但从猫的福利角度来看，这些介入措施都限制了猫表达先天行为的能力，因此损害了猫的福利。

人类和猫需求不一致的例子就是断爪术。虽然该手术在许多国家是违法的，在其他国家也仍有争议，但美国的许多动物诊所仍将断爪术列为一种常规手术。单纯从临床角度考虑的话，若能够提供出色的手术技巧、优秀的围手术期护理和术后镇痛，许多人能够接受该手术。但从福利角度考虑，该手术会阻止猫表达磨爪这一行为，会引起一些严重的福利问题。客户教育等许多极佳的替代措施可以代替断爪术，包括爪部护理和在适当位置摆放合适的磨爪柱等，都可预防猫在家具上磨爪（图2-5）。关于该主题的更多信息见第8章。

在猫的正常行为表达里，常被严重损害的另一种行为是采食。猫作为独行捕食者，天生需要每日少量多餐，每一餐食物都来自猫的短期、高耗能捕猎活动，这些活动包括追逐、猛扑和捕获它的猎物（图2-6）。相反，猫主人通常每日为家养猫提供一次或两次食物，食物是装在食碗内的。如果猫生活在多猫家庭内，猫主人通常会同时为这些猫提供食物，并期望它们使用同一个食碗，或分别使用摆放在一起的食碗（图2-7）。对人类来说，共同进食代表着社交凝聚力，但进食过程对猫来说并无社交意义。与其他猫一起进食会引发一系列行为问题，例如由于害怕靠近不熟悉或不相容的猫而表现食欲不振，为了缩短接近其他猫的时间而快速进食，进而引发暴食和食物反流。这两种情况都说明猫的福利状况不佳。

图2-5 应将磨爪柱摆放在猫喜爱磨爪的区域，如靠近家具主件或气味发生变化的地方（如靠近门或窗的位置）。最好提供可让猫完全伸展开的磨爪柱（感谢S. Ellis提供）

图2-6 猫是独行捕食者，通过每日少量多餐存活。它们花费大量能量来追逐、猛扑和捕获它们的猎物（感谢A. Dossche提供）

图 2-7　饲喂猫时，如果让猫彼此挨得太近，会引发应激和对食物的竞争。注意图中仅有一只猫在进食，其他猫都在等待。同时，食碗离猫砂盆过近，这不符合猫的正常行为需求（感谢 A. Dossche 提供）

图 2-8　猫偏爱在隐秘的位置排泄。如图中所示，如果猫砂盆的摆放位置非常接近，仅为每只猫提供一个猫砂盆是不足够的。这些猫砂盆摆放位置接近，猫可能会被另一只猫堵在靠内的猫砂盆内，或者无法接近猫砂盆

在家养环境下，猫的先天排泄行为也常受损害，如所用的猫砂盆设施和维护不适当，未经常清理猫砂，将猫砂盆摆放在不适当的位置等（图 2-8 和图 2-9）。这不仅会对猫的福利产生不利影响，还会引发室内随地排泄问题，而该问题是导致猫被遗弃或安乐死的最主要因素之一。

无论是短期居住（如住院或寄养）还是长期居住（在家中），猫的居住条件会显著影响它的福利状况[18,19]。猫通过躲藏或跳高等一系列行为来应对它们的环境（图 2-10 和图 2-11）。在野外环境下，猫通过分散行动或避开它们不熟悉或感到威胁的猫，来维持领地及减少打斗[18]。在家养环境下，猫通常无法利用这些应对方法。猫处于不熟悉的环境、地方（例如，在家内遇到不熟悉的人，或者被带去动物诊所）或生活在多猫家庭内时，这种情况尤其如此。猫主人好意将他们的猫引见给朋友和家庭其他成员时，会让猫在面对陌生人时，同时丧失跳高和躲避的机会。类似的，在多猫家庭内，猫主人会通过共同饲喂或限制猫休息和躲藏的地方，来加强猫的直接接触程度，这所引发的慢性应激会导致猫的一系列行为问题。猫主人若能理解猫的自然行为和交流，就有助于避免这类情况的发生，就能为猫提供一个友好的家庭环境，使猫更好地应对家养环境下的生活。

图 2-9　观察猫在室外的排泄行为，有助于设置合适的室内猫砂盆。猫需要合适的猫砂材质，也需要足够大的空间来转身、刨抓和排泄（版权所有 ©iStock.com）

图 2-10　提供只能一只猫进入的足够大的躲藏空间，来代替强迫猫互动，可以帮助加强猫的安全感，特别是在面对新环境时，这种方法更有效

图 2-11 家庭环境内的垂直空间是不可或缺的。这只猫在它的安全爬高区域视察周围环境,在此处,它能够看见谁正在接近它。该区域能让猫远离犬、年幼的猫、小孩或它想躲避的其他人(感谢 D. Givin 提供)

图 2-12 当猫并不愿意,却强迫猫坐在人的大腿上时,会让猫感到紧张。在图片中,人放松的肢体语言与猫紧张的肢体姿势形成了对比,说明了两个物种间存在的错误交流方式(版权所有 ©iStock.com)

免受恐惧和痛苦的自由

面对潜在的威胁时,恐惧是一种正常的情绪反应。在不熟悉的情况或环境下,恐惧感会增强[20]。任何不熟悉的事物都会让猫感到恐惧,例如前往动物诊所,家庭环境改变,或者面对不熟悉的人或其他宠物。猫面对强制性互动时会发生恐惧,例如人未等猫做好互动的准备,就强制抱住猫,将猫放在大腿上,或者一直跟随猫(图 2-12)。当恐惧与感知相关,而并不是来自真实的威胁时,随着动物适应该种情况,恐惧即会停止。兽医的责任是为这些患猫的主人提供适当的建议,预防患猫遭受精神折磨。应激是恐惧的正常结果,短期应激和长期应激均会损害猫的福利状况[3,21]。猫进行防御的最后一个方法是外显攻击,因为存在使双方均严重受伤的风险,该法并不是猫的防御首选措施。这使得猫更常选择躲避和压抑等消极防御措施[22],许多处于恐惧状态的猫会因负面情绪状态而表现不活跃和更安静(图 2-13)[23]。猫的这种消极表达恐惧和痛苦

图 2-13 猫的恐惧表现是被动和细微的。许多猫偏爱躲避或躲藏,而不是逃跑或打斗(版权所有 ©iStock.com)

的方式，会推迟人发现该情况的时机，从而导致福利状况受损。

当恐惧和痛苦引发慢性应激时，猫可能停止表现正常行为，例如出现食欲不振或被毛蓬乱。但它们也可能表现与应激相关的正常行为，而与它们共同生活的人类却无法接受这类行为。例如，在应激时，猫常会进行尿液标记，或者在猫砂盆外排尿，这会引来猫主人的惩罚或遗弃，进一步加剧猫的应激。无论猫被送人、送去收容所或永久放归进入流浪猫群体，猫都会丢失自有环境的熟悉感和安全感，引发恐惧和痛苦。作为一种社会化动物，猫也会丢失与个人或人们的纽带关系，还可能丢失与其他宠物的纽带关系。

图2-14 当一只好奇的幼犬靠近和研究猫时，处于恐惧状态的猫可能先发出嘶叫声并拍打幼犬。但是，随着时间的推移，猫会选择躲避和逃离这只犬（版权所有©iStock.com）

同时损害多种自由原则的案例

在五项自由原则内，临床情境常涉及损害不止一种自由原则的情况。例如，一只猫患有退行性关节病且未被发现，当往家庭内引入一只陌生犬时，会损害这只猫免受疼痛和疾病的自由原则，但同时也会损害表达大多数正常行为的自由原则，因为这只猫无法跳到高处休息和躲藏区域。这只猫还被迫忍受与它所害怕的幼犬发生互动，从而损害了免受恐惧和痛苦的自由原则。如果这只猫尝试通过对好奇的幼犬发出嘶叫声来保护自己（图2-14），主人可能惩罚这只猫，进一步加剧它的恐惧，损害它的福利状况。为了确保这只猫的福利状况，兽医不仅需要治疗疼痛的关节疾病，还需要告知客户猫的环境需求和社交信息。

兽医专业人员的义务

仅在近期，兽医专业人员才开始重视患病动物的社交和情绪需求，目前大多数的兽医教育仍主要解决身体需求。虽然动物福利问题对兽医专业人员来说并不是新事物，但是目前大多数关注点仍集中于食物、研究、动物园或其他被捕获的动物。一些国家仅在近期重新评估了他们的兽医宣言，开始重视非人类动物的福利。2014年，世界小动物兽医协会（World Small Animal Veterinary Association, WSAVA）重新修订了兽医宣言，将福利内容纳入其中。现在大多数兽医组织已有福利声明，包括主要的猫组织，来帮助兽医专业人员理解和满足猫的需求，猫的需求与我们自身的是如此不同。此外，已建立新的组织来专门推动宠物和非宠物动物的福利，非宠物动物包括了大型野生猫科动物群体。

不同兽医组织的福利原则包括声明使用适用于特定物种的接触技术，以尊敬和有尊严的方式对待动物，提供适当的环境来保证该种动物得到护理，且应适当考虑该种动物的典型行为[24]。护理动物的方式应能最小化它们的恐惧、疼痛、应激和痛苦。这在动物诊所和家庭内都是很重要的[24]。

总结

猫和人的社交行为及交流系统有本质区别，因此人们对猫这个物种缺乏了解，常导致猫的福利状况不佳。这种误解常会使人无意中限制了猫的正常行为，损害了猫的福利。结果常引发问题或异常的行为[25]。本书的目的是帮助兽医和其他兽医专业人员意识到猫的需求，预防或改善不佳的福利状况，同时提升人类-动物之间的纽带关系。

附加资源

Ellis SL, Rodan I, Carney HC et al: AAFP and ISFM feline environmental needs guidelines. J Feline Med Surg 15:219–230, 2013.

http://indoorpet.osu.edu/assets/documents/Herron10_EE_for_Indoor_Cats.pdf. Accessed January 7, 2015.

参考文献

[1] American Animal Hospital Association position statement on animal sentience. https://www.aaha.org/professional/resources/sentient_beings.aspx#gsc.tab=0. Accessed January 27, 2015.

[2] Sparkes AH, Bessant C, Cope K, et al. ISFM Guidelines on population management and welfare of unowned domestic cats (Felis catus). J Feline Med Surg. 2013.15:811-817.

[3] Casey RA, Bradshaw JWS. The assessment of welfare. In: Rochlitz I, ed. The welfare of cats. Dordrecht, The Netherlands: Springer; 2005.23-46.

[4] Bradshaw JWS, Casey RA, Brown SL. Cat welfare. In: The behaviour of the domestic cat. ed 2. 2012. Wallingford, UK: CABI; 2012.175-189.

[5] American Veterinary Medical Association. Animal Welfare: What is It? https://www.avma.org/KB/Resources/Reference/ AnimalWelfare/Pages/what-is-animal-welfare.aspx. Accessed January 27, 2015.

[6] Health S. Behaviour problems and welfare. In: Rochlitz I, ed. The welfare of cats. Dordrecht, The Netherlands: Springer; 2007.91-118.

[7] New JC, Salman MD, King M, et al. Characteristics of shelter relinquished animals and their owners compared with ani- mals and their owners in U.S. pet-owning households. J Appl Anim Welf Sci. 2000.3:179-201.

[8] American Veterinary Medical Association. Animal welfare is a human responsibility. https://www.avma.org/public/AnimalWelfare/Pages/default.aspx. Accessed July 14, 2013.

[9] Driscoll CA, Macdonald DW, O'Brien SJ. From wild animals to domestic pets, an evolutionary view of domestication. Proc Natl Acad Sci USA. 2009.106(Suppl 1):9971-9978.

[10] Driscoll CA, Clutton-Brock J, Kitchener AC, OBrien SJ. The taming of the cat: genetic and archaeological findings hint that wildcats became housecats earlier-and in a different place-than previously thought. Sci Am. 2009.300 (6):68-75.

[11] Bradshaw JWS, Casey RA, Brown SL. The cat: domestication and biology. In: The behaviour of the domestic cat. Wallingford, UK: CABI; 2012.1-15.

[12] Heilig GK. World Urbanization Prospects: The 2011 Revision. Presentation at the Center for Strategic and International Studies (CSIS); June 7, 2012. Washington, DC. http://esa.un.org/wpp/ppt/CSIS/WUP_2011_CSIS_4.pdf. Accessed January 7, 2015.

[13] Neville PF. An ethical viewpoint: the role of veterinarians and behaviourists in ensuring good husbandry for cats. J Feline Med Surg. 2004.6:43-48.

[14] Ed Lowe (businessman). Invention of kitty litter. http://en.wikipedia.org/wiki/Ed_Lowe_%28businessman%29#Invention_of_Kitty_Litter.

[15] Bayer HealthCare. Veterinary care usage study III: Feline findings; 2012. http://www.bayerdvm.com/show.aspx/news- release-bvcus-iii-feline-findings. Accessed January 7, 2015.

[16] Brambell FWR. Report of the technical committee to enquire into the welfare of animals kept under intensive livestock husbandry systems. London: Her Majesty's Stationery Office; 1965.

[17] Lue TW, Pantenburg DP, Crawford PM. Impact of the owner-pet and client-veterinarian bond on the care that pets receive. J Am Vet Med Assoc. 2008.232:531-540.

[18] Rochlitz I. Housing and welfare. In: Rochlitz I, ed. The welfare of cats. Dordrecht, The Netherlands: Springer; 2007.177-203.

[19] Ellis SL, Rodan I, Carney HC, et al. AAFP and ISFM feline environmental needs guidelines. J Feline Med Surg. 2013.15: 219-230.

[20] Griffin B, Hume KR. Recognition and management of stress in housed cats. In: August J, ed. Consultations in feline internal medicine. ed 5. St Louis: Elsevier; 2006.717-734.

[21] Levine ED. Feline fear and anxiety. Vet Clin North Am Small Anim Pract. 2008.38:1065-1079.

[22] Notari L. Stress in veterinary behavioural medicine.

In: Horwitz DF, Mills D, eds. BSAVA manual of canine and feline behavioural medicine. ed 2. Gloucester, UK: British Small Animal Veterinary Association (BSAVA); 2009. 136-145.

[23] Milgram NW, de Rivera C, Landsberg GM. Development of a model to assess anxiety in cats. In: Mills D, da Graca Pereira G, Jacinto DM, eds. Proceedings of the 9th International Veterinary Behaviour Meeting. Lisbon, Portugal: PsiAnimal (Portuguese Association of Animal Behaviour Therapy and Welfare); 2013.46-47.

[24] American Veterinary Medical Association' animal welfare principles. https://www.avma.org/KB/Policies/Pages/ AVMA-Animal-Welfare-Principles.aspx. Accessed January 6, 2013.

[25] Crowell-Davis S. Cat behaviour: social organization, communication and development. In: Rochlitz I, ed. The welfare of cats. Dordrecht, The Netherlands: Springer; 2005.1-22.

第 3 章
猫的交流

Jacqueline M. Ley

引言

养猫过程的一个重要环节是猫和人之间的交流，但相关的研究领域却发展滞后。人们对家猫的整体印象是它们是神秘和孤独的动物[1]。要解决猫的行为问题，需要理解猫的交流行为，这也能帮助猫主人理解猫的正常行为。只有理解了猫的交流方式，兽医和动物诊所员工才能更好地管理和护理猫。若收容所和猫舍的员工能理解猫之间是如何交流恐惧和焦虑的，就能减少猫群体的应激情况。本章的目的是先定义交流，讨论交流的目的，之后详细阐述家猫的交流方式。

交流的定义

交流被定义为个体向其他个体发送信息的过程，目的是改变信息接收者（们）的行为[2]。接收者解读信号，获得发送者的物理特征和情绪状态信息。这可能包括发送者的大小、性别、成熟度和性接受度。发送者对周围环境互动的感知和意图情况，包括身体和社交方面的情况，也能通过信号传达给接收者。这对长期避开社交互动的动物来说尤其重要，特别是资源短缺时，这类动物需要告知其他个体它的性状况，这样在雌性动物的最佳繁殖期，个体才相聚在一起。发送者的领地环境使用情况或对共同通道的分享使用情况对猫是很重要的。这样独行的个体可生活在共同的领地上，并避免不必要的相遇。

只有有效的交流才有价值。接收者需准确获得信息，并能够理解信息所包含的内容。如果视觉信号的接收者都是失明的，那么使用视觉信号来指示危险便没有意义。为了提高信号被接收的机会，动物会使用多种方式来发送重要的信息[2]。不同动物的重要信息具备相同的特征，这对居住地重叠的不同动物是很有用的。危险信号通常是尖锐、高频的叫声或声音，发送者常朝向存在潜在危险的方位。发送者也可能释放臭味分泌物，激发和唤醒接收者的恐惧。例如，一只鸟看到一只潜行的猫时，会发出响亮、重复的叫声，这能提醒该区域内的所有鸟类，无论何种鸟类都能接收到危险信号[3]。跨物种间的信息特征具备相似性，说明这点的另一示例就是威胁行为。发送者在展示威胁时，会尽量显得更大、更威风。任何人在观察一只猫威胁一只犬时，都能发现猫会将毛立起，通过身体姿势和喉咙深部的吼叫，使自己显得更大、更危险，从而使犬无所适从。

为什么要进行交流？

社交动物需要快速辨别它们的社交群体成员，识别它们的情绪状态，避免发生冲突[4,5]。社交群体为了保护资源为己用，必须辨识出陌生个体，才能控制食物、水或休息区域等资源。在群体内，成员之间的冲突不利于生存，需要控制对这些资源的竞争至最低水平[6,7]。猫并不是绝对的社交动物，它们的最主要关注点是个体生存。动物社交群体成员会生活在较近的距离内，通过交流来发送它们的意图信号，避免冲突。

在一种动物群体内，最易受伤害的成员要成功生存，交流是极其重要的。母亲会发送信号，来帮助它们的幼崽生存。随着幼崽发育成长，信号的性质会发生改变。母猫最开始使用喘鸣音（呼噜声）来与幼猫交流，直至幼猫的耳道打开，母猫开始使用叫声与幼猫交流[8]。母猫也会回应幼猫发送的信号，从而满足幼猫对温暖、食物和保护的需求。人们已观察发现幼猫的分离叫声会引发母猫的搜索行为[9]。

交流的方式

发送者和接收者的感官结构及功能决定所用的交流方式[2]。不同动物的交流方式不同。猫的眼睛很大，双目视觉区域很宽，夜视能力很好，但它们无法看清细节情况[10]。它们的双耳很大且很灵活，能听到高达60千赫的声音（图3-1）[11]。猫的嗅觉要比人类敏感，但不如犬，这可能是因为猫较少使用嗅觉来追踪猎物，更多是利用嗅觉来进行交流[12]。猫的身体具有数种气味腺，当它们与周围环境互动时，能留下多种信号。猫的触觉相当发达，这对于相互磨蹭和理毛等亲和行为

是很重要的。猫主要使用视觉信号和存留的气味来管理它们的领地。猫进行社交互动时，声音信号是很重要的，该信号也指示了猫的情绪状态。但是，猫是伏击式捕食者，它们在捕猎时很少发声，以此最小化猎物或其他捕食者定位到它们的风险。

信息类型、信息发送距离和信息被其他动物探测到所需的时间不同，决定了信息的交流方式也是不同的。一些信息是即时的，很快便会消散，而另一些信息则能持续很久。传达危险的信息时，应做到快速传送和接收，一旦危险消失后，该信息需要快速消失[3]。这样动物才不会浪费宝贵的能量来寻找已经消失的危险。表明性接受度的信息应能在一个区域停留较长时间，让尽可能多的潜在交配对象接收到该信息。但该信息也需要发生消散，避免潜在交配对象浪费能量寻找不接受交配的雌性动物。用于界定领地的信息应能持续很长时间，避免占有领地的动物花费时间来重新更新信号，这些时间可花费在采食或哺育幼崽等其他活动上[2]。

信号传达方式包括视觉、嗅觉、听觉和触觉。猫可使用所有信号传达方式，但通常采取混合方法来降低不明确性，最大化每种方法的优势。某些类型的信号更适合使用某些信号传达方式。例如，留存的分泌物是一种很有用的交流方式，不需在同一时间和同一地点，发送者和接收者即可进行交流，使猫之间不需要直接接触。同时，这种信号的留存时间长，增加了可探测时间。表3-1列出了猫的交流方式的优势和弱势。

视觉信号

总体而言，发送视觉信号后，信号能被即刻接收。例如，发送者表现姿势改变、立毛和位置改变时，能为接收者提供情绪状态和行为意图信息（图3-2）。发送者和接收者彼此接近且目视可见时，姿势和脸部表情等视觉信号才能起效。总体而言，身体姿势可传达猫的总体情绪状态情况和意图，而脸部信号能传达实时信息，可根据

图3-1 这张猫的照片显示它具有大的、突出的双眼和大的、可移动的双耳。在捕猎和交流时，猫会用到这些器官

表 3-1　猫使用的交流方式的优势和弱势

信号模式	优势	弱势	示例
视觉	即刻有效；信号被接收后，根据接收者的信息反应，发送者可快速改变信息	发送者必须暴露自己才能发送信号，因此易受攻击；障碍物阻碍信号；大多数视觉信号无法存留	身体姿势、体态
听觉	即刻有效；可远距离传送，同时发送者处于隐蔽状态；可绕过或通过部分障碍物	部分障碍物会阻碍信号；无法在环境里长时间存留，接收者必须在场才能生效；无法指向单一个体	幼猫的分离叫声；母猫发情时的叫声
嗅觉	可长期存留的信号；可扩散绕过障碍物	传递效率低 无法控制信息的传播	喷尿 轻触/磨蹭-标记
触觉	即刻生效；可根据需要改变；可指向单一个体	必须接近和在同一位置，并不持久	同种个体之间相互磨蹭

环境变化情况进行快速改变。因此，应同时解读身体姿势和脸部表情，当这两者所表达的信息相异时，应着重注意更易发生变化的脸部表情，才能准确判断猫正在尝试传达的信息。

直接视觉信号的优势是可快速传达，能根据新的信息进行快速改变（例如，当另一只猫显得更大时，放弃进行威胁）[2]。对发送者来说，发送视觉信号是很危险的，发送者必须暴露自己，让自己可被接收者看到，这使得潜在的捕食者或对手也能发现它们的位置。物理障碍物可轻易阻断视觉信号，因此在具有茂密植被、山坡或其他障碍物的环境内，视觉信号的有用性降低[2]。

在某些情况下，不需要发送者在现场传达信息，此时视觉信号就不是直接的交流方式。例如，猫可以在树上（或家具上）磨爪而留下标记，或者在显眼区域留下粪便，从而留下视觉信息[12,13]。这类视觉信号会吸引接收者来研究它们，并通过嗅觉信号发现更多信息。

听觉信号

猫有巨大的、可移动的双耳。作为夜间捕食者，猫的听觉是非常敏锐的。在尝试定量猫的听觉能力后，发现猫能听到超声波，它们的听觉上限是 60 千赫[11]。从进化角度看，这是有意义的，因为许多猎物的发声是在超声范围内的[14]。这也解释了为何用于阻碍猫的听力的超声设备有效性要低于预期[15-17]。

数位研究者已描述了家猫的发声情况。Moelk[18] 在描述猫的发声时，将猫会发声的互动情况分为 4 类：敌对互动、亲和互动、母猫-幼猫互动和猫-人类互动。在这项研究里，将发声法分为低音、元音声和紧张强度模式。其他研究里的研究者则将猫的叫声分为嘴部紧闭、保持张嘴和张嘴并逐渐闭嘴的发声。猫进行进攻性和防御性攻击时，通过持续张开的嘴部发出声音[18]。已发现家猫的叫声与野猫的不同，当家猫与人类发生敌对互动时，发出的声音频率更高、时长更短[19]。许多猫也会与人进行互动交流，此处需考虑条件反射的作用。

猫的性别、繁殖状态和每年不同的时间点会影响猫的叫喊声。一项关于野猫的研究发现猫具备 3 种叫声：喵叫声、嚎叫声和发情叫声。公猫更常发出发情叫声，且仅在繁殖季节发出这类叫声[20]。表 3-2 列出了更多信息。

嗅觉信号

通过气味发送信号的优势是气味可以扩散绕过和通过障碍物，而这些障碍物会阻碍视觉和听觉信号。气味信号的另一优势是持续时间长，在接收者探测到信息前，发送者可离开留下信号的区域[2]。但是，也可在个体间快速传达嗅觉信号，例如当猫处于恐惧状态时，会排出肛门腺内容物。

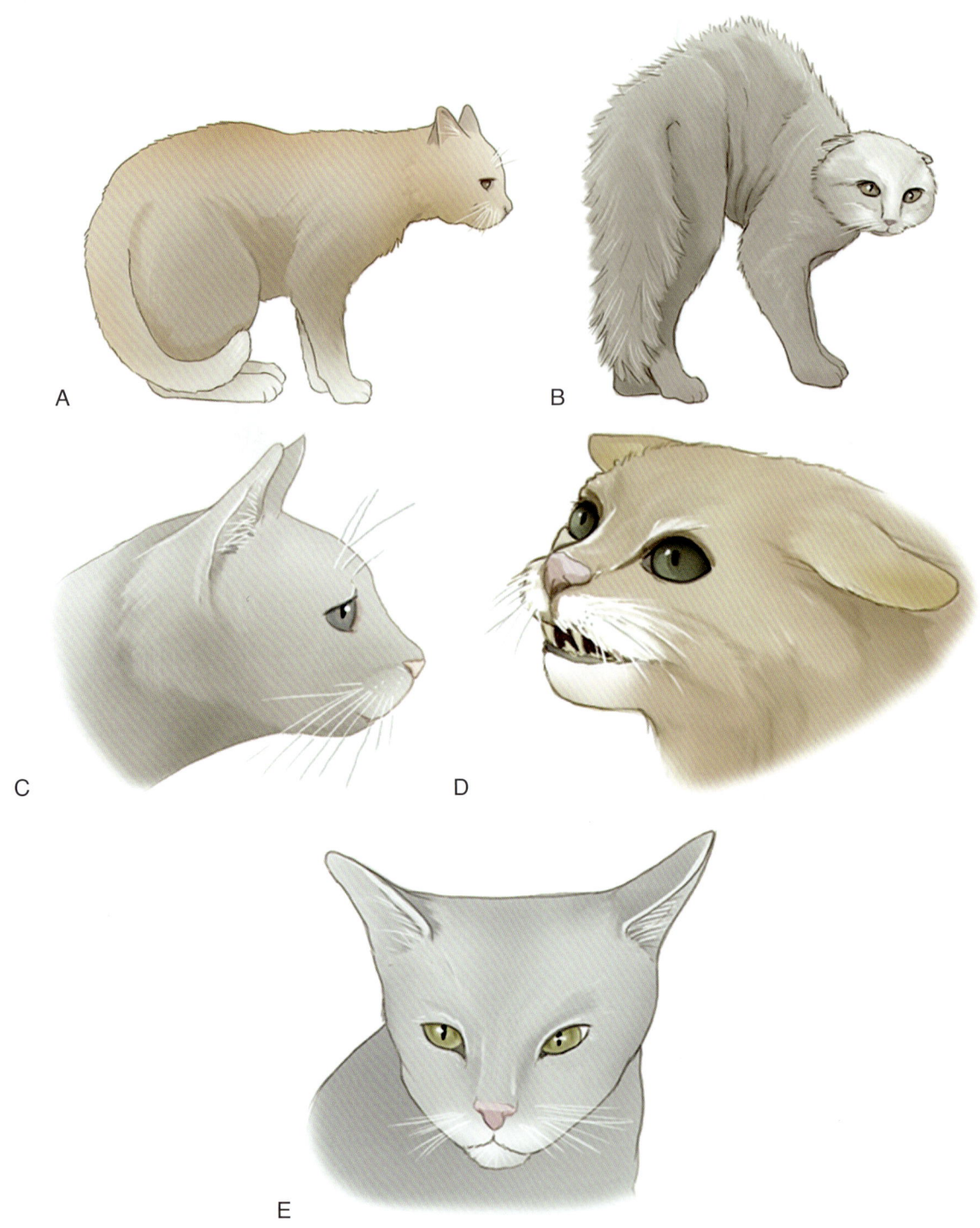

图3-2 A 态度不确定的猫。注意弓背姿势,耳朵转向后方,但并未压平,尾巴卷绕在脚周;B 处于防御状态的"万圣节猫"。表现弓背姿势,立毛,耳朵压平紧贴头部,使猫看起来更大,更具威胁性;C 平静、放松的猫;D 处于恐惧状态的猫将耳朵压平紧贴头部,嘴巴张开,发出威胁性声音、嘶叫和/或咬的动作;E 态度不确定的猫,耳朵半转向后方,嘴巴紧闭

表 3-2 猫能发出的声音

分类	发声	发生情境
嘴部闭着	呼噜声（Purr）	接触熟悉的猫、人或犬时 哺育幼猫 疼痛/慢性疾病 问候
	颤音/吱声（Trill/chirrup）	接触幼猫
嘴部固定张开	咆叫声（Growl）	遭遇攻击
	吼叫声（Yowl）	遭遇攻击
	嚎叫声（Snarl）	遭遇攻击
	嘶叫声（Hiss）	防御性叫声
	呼声（Spit）	防御性叫声
	尖叫声（Shriek）	疼痛或恐惧情境
逐渐合上张开的嘴部	喵叫声（Miaow）	问候、与人类互动
	母猫发情声（Female call）	表达性接受度
	公猫发情声/哞叫声（Male call/mowl）	求偶
	咆哮声（Howl）	遭遇攻击

个体需要对应的感官能力才能探测到嗅觉信号。猫的嗅觉能力优于人，但不如犬和猪的那么让人叹为观止。鼻黏膜的面积部分决定了探测嗅觉信号的能力。鼻黏膜的表面积越大，就有更大的空间让受体探测气味。猫的鼻黏膜面积为 20～40 平方厘米 [21]。

动物物种	嗅黏膜面积	受体数量	敏感度
人类	2～5 平方厘米	5 百万	
猫	20～40 平方厘米	2 亿	人类的 20 倍
犬	高达 170 平方厘米	2.2 亿	人类的 50～1000 倍

猫的身体上有数种产生气味的腺体。它们分布在颊部、嘴周、尾巴基部、爪部和肛门 [22]。当猫用脸轻触或磨蹭物品或个体时，就将脸部腺体的气味留在物品或个体上 [21]。在交流过程中，脸部分泌物发挥数种作用，对辨识领地很重要，可传送个体的情绪状态信息和交流性接受度的信息。例如，公猫对处于发情期的母猫的脸部分泌物更感兴趣。猫行走时，可留下爪部的气味，但当猫在树上或家具上磨爪时，能更有针对性地留下气味（图 3-3）。通过肛门腺，猫可存留气味在粪便上，当猫处于恐惧状态时，也会收缩肛门腺。已发现猫嗅闻熟悉和不熟悉的猫的粪便的时长不同，在不熟悉的猫的粪便上花费的时间更长 [23,24]。

图 3-3 猫正在嗅闻沙发上的磨爪标记。猫会选择在主通路上或对猫有意义的物件进行尿液或磨爪标记

尿液和粪便的气味也携带着个体所要传达的信息。例如，与母猫相比，未去势公猫的尿液有较高含量的尿胺酸 [25]。血液的睾酮水平决定公猫尿液的尿胺酸含量 [26]；在未去势公猫的尿液里，这种化合物的含量最高，去势公猫次之，母猫含量最低 [25]。不同猫会根据不同的意图，选择在何处和何时存留尿液和粪便。猫将少量尿液存留在垂直表面上（即喷尿），可以让其他猫知道它正占有或挑战拥有该领地。标记是一种正常行为，但目前关于猫标记频率的信息很少。大多数研究工作仍集中在问题性标记行为 [27-30]。当猫处于应激状态时，会增加标记行为，宠物主人会因猫在不可接受的区域进行标记而将其遗弃 [31]。作为猫之间交流的一种手段，喷尿可非常有效地维持猫之间的距离，避免发生冲突。发送者留下信息后，该信息能存留一段时间，这样就能在发送者不在场时，让接收者解读信息。猫通过定期加强尿液标记，来有效管理社交对象，因此猫对这种信号的衰减非常敏感。在室内环境下，移除原始应激源后，这种加强机制会让猫不断去更新存留的尿液标记（见第 24 章）。

费洛蒙

费洛蒙是信号发送者释放出的化学物质，会改变接收者的行为和生理状态[32]。鼻黏膜的特定受体和犁鼻器（vomeronasal organ，VNO）可以探测到费洛蒙[33]。费洛蒙和VNO受体的类型多种多样[34]。猫的VNO与犬、马、猪、绵羊和山羊的类似，仅有一处与副嗅球相连接[35]。

一只猫轻触表面后，会留下一种复杂的化学信号（图3-4）。该信号存留下来的组成成分包括猫脸部费洛蒙中的一种费洛蒙复合物[36]。目前已合成该种费洛蒙复合物的部分成分，许多猫接触这种成分时，会表现出更为平静的行为，停止表现不希望出现的行为[36-39]，但并不是所有的研究者都认可它的有效性[40]。可用的猫脸部费洛蒙产品是Feliway（Ceva，Charlotte，NC）（见第18章）。

图3-4　实验室的猫在奔跑过程中轻触磨爪柱（感谢J. Ley，CanCog Technologies 提供）

皮肤腺体趋向于释放恐惧费洛蒙，该种费洛蒙的存在指示了个体的情绪状态。受惊的猫也可能排空肛门腺囊，以这种方式释放与恐惧相关的费洛蒙。这在动物诊所就会引发问题，当员工接触一只处于恐惧状态的猫后，其他猫就不愿接触该员工。

母猫的尿液和颊腺会释放性费洛蒙，能告知公猫其激素状态[41]。当公猫遇到母猫的尿液时，公猫会嗅闻和"张嘴"[41]。张嘴或裂唇嗅反应会将费洛蒙引入至VNO。

触觉信号

触觉信号是即刻生效的，需要发送者和接收者处于紧密接触状态。猫非常喜爱接触与其有社交纽带的个体，并享受与这类个体的互动（图3-5）。在分离一阵子后，彼此熟悉和友好的猫会互相磨蹭头部和身体，还可能交缠它们的尾巴[42]。动物的亲属关系会影响它们之间的身体亲密度。与住在同一屋内的无亲属关系的成年猫相比，同窝的成年猫生活在一起时，发生身体接触的时间显著较长。即使在幼猫时期就将这些无亲属关系的猫养在一起，情况仍是如此[43]。

图3-5　具有社交纽带的猫会有身体上的紧密接触。无论在主人公寓的何处，都能发现这类猫彼此靠得很近

对猫的相互理毛的行为是否存在性别差异，目前仍未有结论性证据，且缺乏关于这种形式的触觉互动的相关研究。许多主人反映公猫会为其他公猫理毛，根据其他研究的结果，可使用猫的亲属关系或社交相容性预测猫是否会相互理毛[44]。猫之间的关系、它们的性别和它们的性状态（绝育/去势或完整的）都会影响相互理毛的行为。

交流复杂的信息

猫常使用数种交流方法来构建复杂的信息。结合使用视觉信号、嗅觉信号和听觉信号等交流方式，能增加信息被接受和理解的可能性。因为这种复杂性的存在，经验较少的人很难读懂猫的信号，无法理解猫之间发生了什么。但是，可将大多数信号分为距离缩减信息、距离增加信息或中立信息。一些猫可结合使用多种信号来发送广谱信息，接下来对此进行分类描述。

距离缩减信号

问候

猫认出正在接近的猫或人时，会发出表达问候的喵叫声（meow）或颤音（trill）。这是一种嘴部闭合发出的声音。此时，猫常会垂直竖起尾巴，在其他时间尾巴则保持低垂状态[45]。幼猫接近它们的母亲时，通常会垂直竖起它们的尾巴。猫一旦靠近人或其他猫时，会通过嗅闻和轻触来进行气味交换，通过互相磨蹭来进行触觉交流。一项关于野生猫群体的研究发现，如果两只猫都竖起尾巴，接着它们就会同时用头部磨蹭对方[46]。

性接受度

通过叫声可长距离传送即时信息给大范围的听众。发情期母猫表达性可接受度的方式之一就是叫声。通过叫声，公猫也可保证母猫知道它们的存在。也可使用尿液和皮肤腺体分泌物内的费洛蒙来间接交流性接受度情况。公猫会花费更多的时间来研究发情期母猫的尿液和脸颊分泌物[41]。

母猫也会以显眼的方式在地面翻滚，磨蹭周围环境内的物体，以此吸引附近其他猫的注意，同时留下重要的气味信息。

中立信号

处于放松状态的猫在看其他猫或人时，会以眨眼的方式眯着和闭上眼睛。猫在紧张的环境下寻求安全感时，也会表现这种行为，但目的并不是缩减或增加彼此间的距离。已有人建议可对着猫缓慢眨眼或做出"眯眼"动作，让猫进入放松状态（图3-6），目前也倡导在兽医问诊室内使用该法，让猫感到更舒适（见第20章）。与此相反，如果猫将头转开，则说明猫并不想被靠近。在这两种情况下，猫都不靠近另一方。

图3-6　在拍照过程中，这只猫处于"眯眼"状态。它并不想与摄影师互动，但也发出了信号，表明摄影师的存在不会烦扰到它

距离增加行为

该分类内的行为会增加猫和其他个体之间的距离。其他个体包括猫、人类或其他动物。猫感到受威胁或不安全，特别是在远离自己的家庭领域时，会尝试离开该领域（图3-7）。只要有机会，新到收容所的猫就会躲藏和躲避其他猫[47]。如果猫无法离开或待在自己的家庭领域内，它会尝试驱离其他个体（们）。在这种情境下，行为模式会趋向于传达威胁信息，接着该猫会进行战略性撤退，或者升级攻击[48]。任何人只要曾向现有的

图3-7　猫之间的无攻击性交流。Cheetah（正面朝向）接近了Tommy（背面朝向）的领地。Cheetah盯着Tommy，而Tommy选择离开该区域。Tommy的尾巴竖起，但它的耳朵稍微转向后方，说明它并非处于完全舒适的状态。Cheetah和Tommy共同居住在同一领地，但它们之间并无社交纽带。当Cheetah接近时，Tommy趋向选择远离

猫引见新猫，都能观察到此种互动反应[49]（见第26章）。

猫会朝向潜在的敌手。当猫不确定是要离开还是尝试打斗时，它会摆出蹲伏姿势，将脚收在身体下方（图3-8，A）。如果其他猫继续接近，这只猫可能会发出咆叫声（growl），并将耳朵转向后方。它可能摆出"万圣节猫"姿势，尝试吓唬对方。该姿势表现弓背、绷直的腿和立起的毛，这些都会让猫看起来更大一些。

当相遇发展为打斗时，猫会使用前爪进行击打（图3-8，B和C），也可能发生扭斗，结合使用前爪进行抓拍，用后脚进行抓踢和用牙齿进行猛咬（图3-8，D）。猫可能会发出很大的叫声，如尖叫声或因疼痛而发出的号叫[18]。如果其中一只猫逃离了，另一只可能会继续追赶，也可能留在打斗区域，花时间轻触物体，留下重要的气味信号，这样逃离的猫在返回时就能接收到该信号。

猫－人类的交流

人们常认为猫是不友好的、懒惰的和傲慢的，因为当与猫有纽带关系的人离开一阵子并重新出现时，猫趋向于不表现犬那样的情绪反应。猫是一种警惕性很高的动物，在猫与人相伴的进化历史中，人并未像对犬和家畜那样，对猫进行严格选择[1]。但是，对认知和交流感兴趣的科学家已开始研究猫和人是如何交流的[50]。

前期研究比较了家养犬和猫与人的交流方式，发现猫能跟随人的指向手势（像犬一样），但猫缺乏一些行为来让人注意到它们的需求，例如猫不会重复盯着人，再盯着无法获得的食物[51]。一些猫为从人那里获得关注、食物和其他需求，会使用喘鸣音（呼噜声）[52]。此时的喘鸣音（呼噜声）要比普通的喘鸣音（呼噜声）更强烈，因为这时猫会边叫边发出喘鸣音（呼噜声）[52]。当猫的主人呼叫它们的名字时，猫确实会有反应，但是当陌生人模仿它们的主人呼叫时，猫并不会

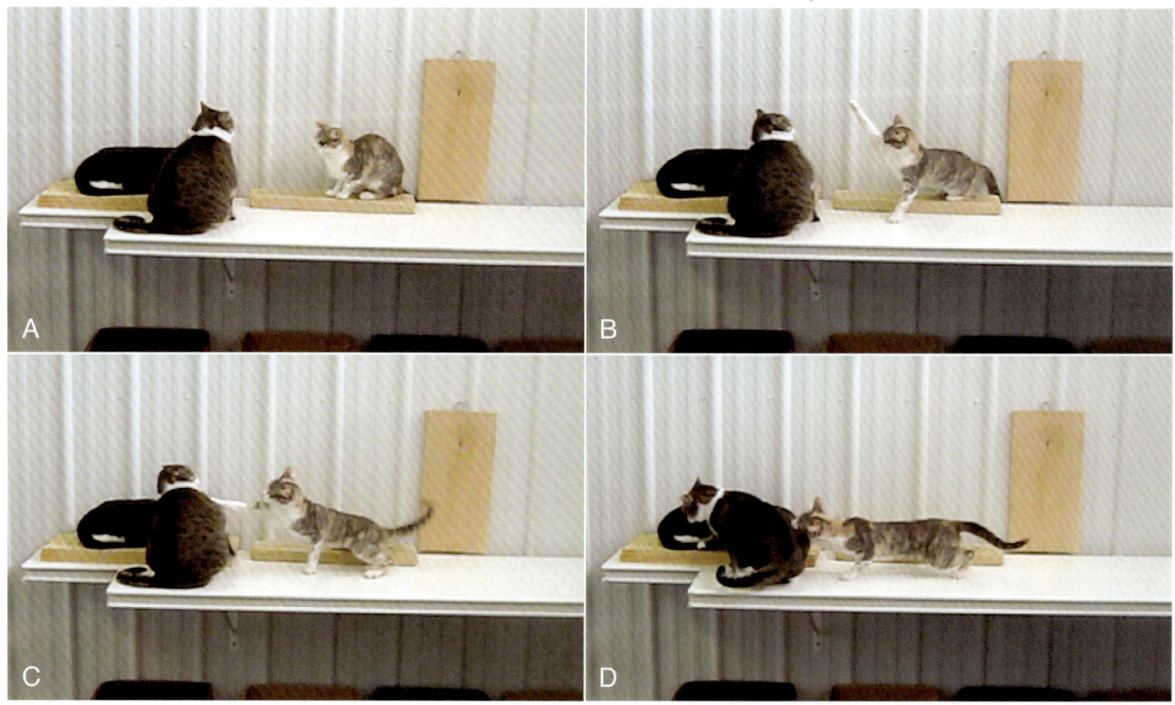

图3-8 实验室群居猫之间的打斗。当猫处于群居状态时，会发生攻击性互动；但是，如果资源（如食物、水、休息区域和厕所）充足，猫之间会形成稳定群体，很少发生争斗。A 背对我们的虎斑加白猫和玳瑁加白猫表现互相盯视的威胁行为；B 当虎斑加白猫退后时，玳瑁猫抬起前爪进行击打；C 玳瑁猫用前爪进行重复击打； D 在虎斑加白猫离开时，玳瑁猫咬了它的臀部。虎斑加白猫移至图中黑白猫后方的长台末端，这足以让玳瑁猫停止攻击行为（感谢 J. Ley，CanCog Technologies 提供）

有反应[53]。人能够区分家猫和非洲野猫的叫声[54]，认为家猫的叫声更令人愉悦[55]。

理解猫的价值

人理解了猫的交流行为后，才能更适当地响应猫的需求，满足猫对陪伴、独处、食物、水、休息和厕所设施的需求。也能更好地评估共同生活的猫的健康状况，帮助主人准确评估多猫家庭内的猫的应激情况（图3-9）。相似地，理解猫的交流能减少猫-人之间的部分冲突[48]。

理解了猫的交流信号，有助于管理猫舍、动物收容所和动物诊所环境内的猫。识别应激症状和猫需要独处或时间适应的信号，能帮助人们更安全地接触猫[56]。交流成功时，能部分缓解猫的应激，使它们更易接触，更适合被领养[47]，不易暴发与应激相关的疾病。

理解猫的交流方式与人类的不同，这是猫主人、兽医和做与猫相关的工作的人应具备的最重要的理念，人类需要时间来研究猫传达信号的方式，避免发生会损害猫-主人关系的常见误解。

图3-9 管理共同居住的一群猫时，需要理解猫是如何进行社交互动的，以及它们如何展现舒适和不适。这些实验室猫并未展现社交纽带行为，但在多层爬架上，它们挨得很近仍很舒适。将足量的资源分配在空间的不同区域，有助于猫找到可以休息的地方，保证它们在有需求时，可获得其他资源（感谢J. Ley，CanCog Technologies 提供）

参考文献

[1] Budiansky S. The character of cats: the origins, intelligence, behavior, and stratagems of Felis silvestris catus. New York: Viking; 2002.

[2] Price EO. Principles & applications of domestic animal behaviour: an introductory text. Wallingford, UK: CAB Interna- tional; 2008.

[3] Leavesley AJ, Magrath RD. Communicating about danger: urgency alarm calling in a bird. Anim Behav. 2005.70:365-373.

[4] Bonnie KE, Earley RL. Expanding the scope for social information use. Anim Behav. 2007.74:171-181.

[5] Broom DM, Fraser AF. Domestic animal behaviour and welfare. ed 4 Wallingford, UK: CAB International; 2007.

[6] Christian JJ. Social subordination, population density, and mammalian evolution. Science. 1970.168:84-90.

[7] Young AJ, Spong G, Clutton-Brock T. Subordinate male meerkats prospect for extra-group paternity: alternative reproductive tactics in a cooperative mammal. Proc Biol Sci. 2007.274:1603-1609.

[8] Luschekin VS, Shuleikina KV. Some sensory determinants of home orientation in kittens. Dev Psychobiol. 1989.22:601-616.

[9] Buchwald JS, Shipley C, Altafullah I, Hinman C, Harrison J, Dickerson L. The feline isolation call. In: Newman JD, ed. The physiological control of mammalian vocalization. New York: Plenum; 1988.119-135.

[10] Jacobson SG, Franklin KBJ, McDonald WI. Visual acuity of the cat. Vision Res. 1976.16:1141-1143.

[11] Neff WD, Hind JE. Auditory thresholds of the cat. J Acoust Soc Am. 1955.27:480-483.

[12] Beaver BV. Feline behavior: a guide for veterinarians. ed 2. St Louis: Saunders; 2003.

[13] Ishida Y, Shimuzu M. Influence of social rank on defecating behaviors in feral cats. J Ethol. 1998.16:15-21.

[14] Burgdorf J, Kroes RA, Moskal JR, Pfaus JG, Brudzynski SM, Panksepp J. Ultrasonic vocalizations of rats (Rattus norvegicus) during mating, play, and aggression: behavioral concomitants, relationship to reward, and self-administration of playback. J Comp Psychol. 2008.122:357-367.

[15] Nelson SH, Evans AD, Bradbury RB. The efficacy of collar- mounted devices in reducing the rate of predation of wildlife by domestic cats. Appl Anim Behav Sci. 2005.94:273-285.

[16] Mills DS, Bailey SL, Thurstans RE. Evaluation of the welfare implications and efficacy of an ultrasonic 'deterrent' for cats. Vet Rec. 2000.147:678-680.

[17] Nelson SH, Evans AD, Bradbury RB. The efficacy of an ultra- sonic cat deterrent. Appl Anim Behav Sci. 2006.96:83-91.

[18] Moelk M. Vocalizing in the house-cat: a phonetic and functional study. Am J Psychol. 1944.57:184-205.

[19] Yeon SC, Kim YK, Park SJ, et al. Differences between vocalization evoked by social stimuli in feral cats and house cats. Behav Processes. 2011.87:183-189.

[20] Shimizu M. Vocalizations of feral cats: sexual differences in the breeding season. Mammal Study. 2001.26:85-92.

[21] Houpt KA. Domestic animal behavior for veterinarians and animal scientists. ed 3. Ames, IA: Iowa State University Press; 1998.

[22] Meyer W, Bartels T. Histochemical study on the eccrine glands in the foot pad of the cat. Basic Appl Histochem. 1989.33:219-238.

[23] Nakabayashi M, Yamaoka R, Nakashima Y. Do faecal odours enable domestic cats (Felis catus) to distinguish familiarity of the donors? J Ethol. 2012.30:325-329.

[24] Fogle B. The cat's mind: understanding your cat's behavior.New York: Penguin; 1991.

[25] Hendriks WH, Rutherfurd-Markwick KJ, Weidgraaf K, Ugarte C, Rogers QR. Testosterone increases urinary free feli- nine, N-acetylfelinine and methylbutanolglutathione excretion in cats (Felis catus). J Anim Physiol Anim Nutr. 2008.92:53-62.

[26] Tarttelin MF, Hendriks WH, Moughan PJ. Relationship between plasma testosterone and urinary felinine in the growing kitten. Physiol Behav. 1998.65:83-87.

[27] Dehasse J. Feline urine spraying. Appl Anim Behav Sci. 1997.52:365-371.

[28] Frank DF, Erb HN, Houpt KA. Urine spraying in cats: presence of concurrent disease and effects of a pheromone treat- ment. Appl Anim Behav Sci. 1999.61:263-272.

[29] Horwitz DF. Behavioral and environmental factors associated with elimination behaviour problems in cats: a retro- spective study. Appl Anim Behav Sci. 1997.52:129-137.

[30] Olm DD, Houpt KA. Feline house-soiling problems. Appl Anim Behav Sci. 1988.20:335-345.

[31] Patronek GJ, Glickman LT, Beck AM, McCabe GP, Ecker C. Risk factors for relinquishment of cats to an animal shelter. J Am Vet Med Assoc. 1996.209:582-588.

[32] Sommerville BA, Broom DM. Olfactory awareness. Appl Anim Behav Sci. 1998.57:269-286.

[33] Ma M. Odor and pheromone sensing via chemoreceptors. Adv Exp Med Biol. 2012.739:93-106.

[34] Koh TW, Carlson JR. Chemoreception: identifying friends and foes. Curr Biol. 2011.21:R998-R999.

[35] Salazar I, Sánchez-Quinteiro P. A detailed morphological study of the vomeronasal organ and the accessory olfactory bulb of cats. Microsc Res Tech. 2011.74:1109-1120.

[36] Pageat P. Functions and use of the facial pheromones in the treatment of urine marking in the cat: interest of a structural analogue. In: Johnston D, Waner T, eds. XXIst Congress of the World Small Animal Veterinary Association; October 20th- 23rd, 1996.Jerusalem, Israel.

[37] Kronen PW, Ludders JW, Erb HN, Moon PF, Gleed RD, Koski S. A synthetic fraction of feline facial pheromones calms but does not reduce struggling in cats before venous catheterization. Vet Anaesth Analg. 2006.33:258-265.

[38] Ogata N, Takeuchi Y. Clinical trial of a feline pheromone analogue for feline urine marking. J Vet Med Sci. 2001.63:157-161.

[39] Griffith CA, Steigerwald ES, Buffington CA. Effects of a synthetic facial pheromone on behavior of cats. J Am Vet Med Assoc. 2000.217:1154-1156.

[40] Frank D, Beauchamp G, Palestrini C. Systematic review of the use of pheromones for treatment of undesirable behavior in cats and dogs. J Am Vet Med Assoc. 2010.236:1308-1316.

[41] Verberne G, de Boer J. Chemocommunication among domestic cats, mediated by the olfactory and vomeronasal senses. I.

Chemocommunication. Z Tierpsychol. 1976.42:86-109.

[42] Crowell-Davis SL, Curtis TM, Knowles RJ. Social organization in the cat: a modern understanding. J Feline Med Surg. 2004.6:19-28.

[43] Bradshaw JWS, Hall SL. Affiliative behaviour of related and unrelated pairs of cats in catteries: a preliminary report. Appl Anim Behav Sci. 1999.63:251-255.

[44] Curtis TM, Knowles RJ, Crowell-Davis SL. Influence of familiarity and relatedness on proximity and allogrooming in domestic cats (Felis catus). Am J Vet Res. 2003.64: 1151-1154.

[45] Cafazzo S, Natoli E. The social function of tail up in the domestic cat (Felis silvestris catus). Behav Processes. 2009.80:60-66.

[46] Brown SL, Bradshaw JWS. Classification of social behaviour patterns in feral domestic cats. Appl Anim Behav Sci. 1993.35:294.

[47] Kry K, Casey R. The effect of hiding enrichment on stress levels and behaviour of domestic cats (Felis sylvestris catus) in a shelter setting and the implications for adoption potential. Anim Welf. 2007.16:375-383.

[48] Virga V. Hissing, scratching, biting, & marking: how can we work with aggressive cats? Small Animal and Exotics Proceed- ings. Orlando, FL, USA: North American Veterinary Conference; January 19-23, 2013.

[49] Levine E, Perry P, Scarlett J, Houpt KA. Intercat aggression in households following the introduction of a new cat. Appl Anim Behav Sci. 2005.90:325-336.

[50] Saito A, Shinozuka K. How should we study social intelligence in cats? Jpn J Anim Psychol. 2010.59:187-197.

[51] Miklosi A, Pongracz P, Lakatos G, Topal J, Csanyi V. A comparative study of the use of visual communicative signals in interactions between dogs (Canis familiaris) and humans and cats (Felis catus) and humans. J Comp Psychol. 2005.119:179-186.

[52] McComb K, Taylor AM, Wilson C, Charlton BD. The cry embedded within the purr. Curr Biol. 2009.19: R507-R508.

[53] Saito A, Shinozuka K. Vocal recognition of owners by domestic cats (Felis catus). Anim Cogn. 2013.16(4):685-690.

[54] Nicastro N. Perceptual and acoustic evidence for species- level differences in meow vocalizations by domestic cats (Felis catus) and African wild cats (Felis silvestris lybica). J Comp Psychol. 2004.118:287-296.

[55] Nicastro NS. Evolution of a domestic cat vocalization under anthropogenic selection. Diss Abstr Int. 2004.64:6317.

[56] Sparkes A. Developing cat-friendly clinics. In Pract. 2013.35:212-215.

第 4 章
猫的正常社交行为

Jacqueline M. Ley

引言

人们一直认为猫是独行生物。人们常看见猫独来独往，不如犬和许多家养生物那样合群。如果新猫进入某只猫已占有的领地，该猫会驱逐新猫。但是，猫也能以群体形式生活，猫生活在群体中时，对猫具有应激作用，也有益处。猫的社交系统具备弹性，既可独自生活，条件允许时也会形成社交群体，这是猫真正有趣的地方。

生活在社交群体内有益处，但也有缺点，特别是对较不自信的个体来说，不利条件更明显。作为社交群体的一员，意味着必须管理冲突，建立和维护联盟，最大化每个成员的社交生活益处。仪式化的社交行为使动物能告知其他动物它们的意图，避免发生冲突。

本章节阐述猫的社交行为，以及猫如何组织自身群体。本章将讨论猫的亲和行为和敌对行为，探讨猫的社交行为发展情况，这与如何将新猫引入现有猫群体相关，也探讨了社交行为如何让猫与人类共同生活。

共同生活

许多动物与其他个体密切生活在一起。一些动物会形成紧密的社交群体，群体内的成员会互相支持和保护。这种群体形式有利于个体、群体本身和整个物种的生存。另一些动物的个体虽密切生活在一起，但形成的社交关系较松散。个体间彼此认识，有组织性联系，但面对外来威胁时，并不会互相保护。在理解猫如何进行社交化组织前，需要理解社交行为的价值，以及如何描述社交行为。

什么是社交行为？

社交行为描述的是影响同种个体的行为[1]。社交行为常包含与同种个体之间的互动或交流。因此，哺乳动物的社交行为至少包含寻找配偶、抚育幼崽、标记领地和抵御对手等行为（图4-1）。此处最主要的关注点是社交群体的形成。不同动物形成的社交群体的大小、成分、凝聚力和基因组成是不同的，像家猫等社交具备弹性的动物，所居住的环境和采取的交配策略也会影响形成的社交群体情况[1]。

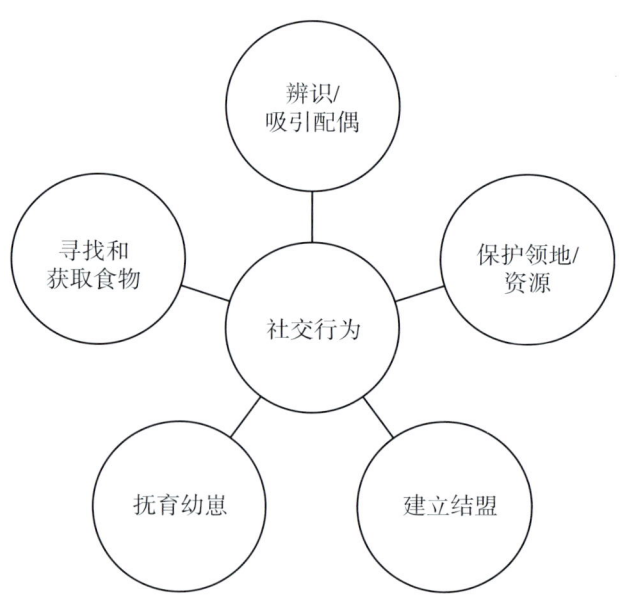

图 4-1　社交行为包含许多指向成年同种个体的复杂行为。动物物种不同，行为的具体性质也不同

一些动物会形成短暂的社交群体；在生命或每年的特定时间，它们相聚在一起，完成交配和

抚育幼崽。美洲豹（Panthera onca）等部分猫科动物选择使用这类系统[2]。一些动物会形成持久的社交群体，不同世代的个体共同生活在一个群体内。群体内常有合作，如抚育幼崽或寻找食物。在大型猫科动物，如狮子（Panthera leo），群内可见这类系统（图4-2）[3]。其他动物形成的社交群体具备更大的弹性。猫使用的就是这种类型的组织。只有当某区域的食物和空间等资源充足时，该区域内的猫才会形成社交群体。猫能在多种系统内生存和繁殖，包括高密度的群体系统至单独生活系统，这使猫成为令人感兴趣的动物[4,5]。

图4-2　狮子生活在群体内，共同抚育幼崽（版权所有©iStock.com）

生活在社交群体或密切接触的群体内，个体能享有数种益处。群体内的成员可以接近食物来源、水和休息区域，同时控制其他社交群体或动物的成员接近这些资源。猫生活在群体内，就能有更多的眼睛和耳朵来警戒捕食者和其他危险[6]。在母猫发情时，较高的生活密度可提高公猫获得交配对象和母猫进行配偶选择的机会。可有更多的动物（在会这么做的动物里）来帮助抚育幼崽。群体可提供更多的眼睛和耳朵，提高群体警惕性，这也有利于幼崽的生存[6]。

社交动物的个体或某种动物在进行近距离接触的生活时，并不会感到不适，那么群体生活就是有利于该种动物的。但是部分个体获得的益处可能要比其他个体的多[7]。一些动物要比其他个体更易获得食物、水、所需的休息处和配偶。它们凭借自己的体型、年龄、性别、性格和自信水平，获得更多益处[8,9]。因此，在猫群体和多猫家庭内，有些猫能获得所有资源，而另一些猫却无法轻易接近资源，除非这些资源广泛分布在猫所居住的区域内。在社交群体内，接触资源的机会不均等，这便常引发冲突。管理冲突对所有个体的益处都很重要。

管理冲突

生活在一起是充满压力的。某项研究检测了生活在室内的多猫家庭的应激参数，未发现猫的尿液皮质醇发生变化[10]，但对其他高度社交化的动物的研究发现，维持社交系统是充满压力的[7,11,12]。

当个体近距离生活在一起时，冲突是不可避免的，双方都有受伤的风险。受伤会损害个体的健康状态，弱化个体，使个体无法捕猎、寻找食物或获得配偶。因此，必须尽可能地避免发生冲突。如果无法避免发生冲突，为了最大化个体和群体的生存机会，必须最小化受伤的风险。可使用仪式化的行为来管理冲突，这类行为展示了动物的自信度，以及动物希望打斗还是避免冲突。在一个猫群体内，猫使用威胁行为来管理冲突，包括控制获得资源的行为。一些猫会选择避开曾经与它们发生冲突的猫，也会避开那些正在发出愤怒和希望打斗信号的猫[13]。其他猫会选择留在同一区域，但会发出信号，表明它们不希望发生互动。它们会避开眼神接触，或看向其他方向。如果冲突升级，猫会使用仪式化或消极的攻击方式，使双方的受伤程度最小化。这包括多种威胁姿势和叫声，以此尝试吓唬对方。

管理冲突的另一种方法是创建一种系统，组织获得资源的优先权。人们认为猫会根据个头、体重、年龄、经验、动机和过往结果，来帮助决定双方谁获得优先权[9]。在这种系统内，每次互动可能会产生不同的"获胜者"，因为在一定的时间内，资源对个体的相对价值不同，个体对敌对冲突的代价的评估也可能发生变化。表4-1列出了生活在猫社交群体内的益处和代价。

表 4-1　生活在社交群体内的益处和代价

社交生活的益处	社交生活的代价
群体可以控制食物、水和休息区域等资源	群体内的部分成员无平等机会接近资源
有更多的动物警惕危险，更加安全	一些成员在群体内的位置不佳，获得的保护较少警戒动物所处位置的危险性较高
处于繁殖期时，有更大的机会找到配偶	获得配偶的机会不均等
更多的个体来照顾幼崽	可能没有繁殖机会
更多的个体来寻找和获取食物	群体成员间获得食物的机会不均等

猫：不完全社交动物

如前所述，社交系统多种多样，既有紧密生活在一起的系统，也有带有结盟和仪式化行为的复杂群体系统。无法将家猫简单地归类在一种社交组织内，因为随着所处环境的资源数量和分布情况不同，它们会采取不同的社交群体形式。事实上，猫的生物特性部分决定猫的这种特殊性，猫是小型捕食者，它们捕猎小型动物，需要每日多餐。因此，家猫不需要像狮子[14]和狼等形成严密的群体，在这类群体内，个体需互相依赖才能获得食物[15]。它们也不需要形成复杂的社交关系和结盟，而狒狒[16]、黑猩猩[17]和大象所形成的社交群体就具备这类特征。猫并不具备可预防重复发生冲突的等级序列，也缺乏在发生冲突后修复社交纽带的行为[13]。家猫变为宠物和野外动物时，均能成功生存，部分是因为猫既能形成某些种类的社交纽带，但在无社交纽带时，它们也能生存。

猫是具备领地意识的动物。公猫的领地要比母猫的大，还会覆盖母猫的部分领地[19]，而母猫的领地较小，这可能与母猫在抚养幼猫时，无法远离幼猫有关[20]。外部因素包括某一区域的食物和休息位置的数量及分布情况等，这些因素会对猫紧密生活的程度、邻近猫的领地之间的重叠程度和个体的互动程度产生重要影响。

当食物富足但呈聚集分布时，猫趋向于彼此近距离生活。当食物较少且分布广泛时，猫会分散生活，占有较大的领地[19]。在猫的领地内，不同性别和个体的社交行为是有差异的。公猫趋向于独来独往或四处走动，拜访母猫。如果资源足够支持它们，许多母猫会与它们的母亲和姐妹生活在一起。一些母猫甚至会共同抚育幼猫[5]。

在猫的社交群体内，母猫常常有亲属关系[21,22]。群体对群体成员是友好的，或至少是可忍受的，但对不熟悉的动物常带有攻击性[21,22]。群体成员通过亲和或友好行为建立纽带，同时通过敌对行为保护群体免受入侵者侵害。

猫的社交行为

如前所述，社交行为指向同种个体，包括亲和行为和敌对行为，还包括与繁殖和抚育幼崽有关的行为。在猫的居住环境内，资源分布是不可预测的，因此猫的行为会表现出很大的弹性。本部分将详细阐述猫的社交行为。

猫的敌对行为

任何社交群体内都会有冲突，猫群体内的情况也是如此。当食物、水、休息区域和交配对象稀缺时，就会发生冲突。为了最小化冲突给双方造成的严重伤害，猫发展出一些策略来管理这类互动。在寻求生存时，每只猫是一个独立的个体，目的是尽可能获得资源，同时使对峙和受伤的风险最小化。因此，资源分布是决定猫能否和谐相处的一个重要因素，而从物理地点和时间上（有可利用资源时）管理资源的获得情况，有利于避免发生对峙。

猫的威胁行为特征与许多其他动物的一致。威胁行为的目的是驱离其他动物，或者让威胁发送者获得某种资源[23]。威胁行为包括改变身体姿态，使用叫声和攻击行为，来增大动物的外观个头和攻击性。通过弓背、盯视对方、较少犹豫或毫不犹豫地冲向对方、轻触行为，甚至是尿液标记行为，猫能传达自信的信号。如果这些行为无法让对方放弃或离开该区域，该猫会升级行为的攻击性。猫会站得更高，将身体侧面朝向对方，使其看起来尽可能的大。猫会将尾部和身体的毛发直立起来，增加自身的外观大小和体积，同时放大瞳孔，用大而黑的眼睛盯视对方。它可能发出咆叫声，用力摆动自己的尾巴，抬爪击打对方。所有这些行为都向对方发送信息，表明该猫是大而强壮的，愿意通过攻击来达成自己的目标。

面对这类威胁行为时，猫会选择以下几种反应中的一种：

1. 逃走：逃离发出威胁的猫。
2. 避免冲突：压低身体，避免眼神接触，保持静止不动直到另一只猫离开。
3. 自身也发出威胁来面对对方的威胁：依据这只猫的性格、过往经验和冲突地点等因素，这只猫会使用弓背这种身体语言，来面对对方的攻击行为。如果它位于中立或自有的领地上，或者它本身年龄较小，经验较少，那么它会采取防守性和较低的身体姿势，同时保持攻击性（图4-3）。

图 4-3　左侧的猫正在威胁右侧的猫。左侧的猫表现弓背、立毛和压扁的耳朵。右侧的猫在面对威胁时，并不确定是该逃离还是攻击。它的身体姿势向下压，但并未完全贴地，它的耳朵转向侧面，未完全转向后方（版权所有 ©iStock.com）

如果在面对威胁行为时，猫回以威胁行为，那么接着就会发生打斗，胜利者会驱离败者[24]。针对非社交群体成员的猫也会有相似的行为。

猫的亲和行为

冲突行为的对立面是亲和行为。该类行为鼓励社交相容群体内的成员相互接触，缩减彼此之间的距离。互相亲和的猫彼此之间建立了纽带关系（图4-4）。可以通过猫彼此之间靠得很近[24]，互相触碰、轻触（图4-5）、磨蹭、交缠尾巴和互相理毛（图4-6），来判定猫彼此之间建立了纽带关系。相互磨蹭（allorubbing）指猫磨蹭另一只猫的方式[5]。它们会共享食物或进食时靠得很近，特别是它们有亲属关系时。但是，猫天生是独行的进食者，共同进食只能说明它们对近处进食的耐受能力高，并不表明它们希望这样进食[25]。当它们分开又再次相聚时，猫会表现问候式叫声、相互磨蹭和轻触等行为。面对建立纽带关系的人类，猫也会展现多种亲和行为。

群体气味对猫群体的身份和亲和是非常重要的。群体成员通过相互磨蹭和轻触，以及轻触所处环境内的物体和表面，来混合它们的气味，形成群体气味。并非支配特性驱动了该行为。群体内的所有猫都会展现这类标记行为[26]。群体内的猫会驱离任何不具备这种群体气味的猫。

图 4-4　有纽带关系的猫常会彼此靠得很近（版权所有 ©iStock.com）

理解了气味的重要性，有助于猫主人向已有的猫引见新猫，也能最小化多猫家庭的猫在离开又返回时产生的中断混乱。用一条毛巾（浴巾）摩擦所有猫，能人为产生一种群体气味，帮助引入新猫和返回的猫[27]。第6章和第26章提供了该主题的更多信息。

图 4-5　轻触是一种亲和行为（版权所有 ©iStock.com）

图 4-7　在生命的早期阶段，幼猫便具备社交性。它们必须依赖母猫来生存和学会重要的技能（版权所有 ©iStock.com）

图 4-6　有纽带关系的猫会互相理毛（版权所有 ©iStock.com）

幼猫的社交行为

从生命的极早期开始，幼猫便具备社交性。为了生存，幼猫需要与母猫互动，学会舔毛、捕食、采食、敌对行为和亲和行为等重要的生存技能（图 4-7）。它们也依赖与同窝幼崽的互动，来学会威胁行为和亲和行为等社交技能。当幼猫的眼睛和耳道打开，神经和肌肉发育充足后，它们能够改变耳朵、尾巴、身体和毛发的位置，也就开始表现出社交行为。通常由 7 日龄开始，幼猫表现出社交行为。

在生命的头两个月，幼猫开始建立社交关系。这包括与其他猫、人类和其他动物的关系（图 4-8）。与其他成猫相比，幼猫更喜爱它们的母亲，但是也能接受熟悉的成年母猫的照顾。观察有亲属关系的母猫交叉抚育它们的幼猫，就能看到这一现象[28]。目前还未像研究犬那样，全面了解幼猫与人建立社交关系的发展阶段[29]。人们认为幼猫要比幼犬更早地经历主要发展阶段[30]，但较近期犬的社交发展研究发现，犬进入重要社交发展阶段的年龄要早于先前所认为的。当然，如果要让幼猫接受它们将来会遇到的其他猫、人和其他动物，就需要尽早给予幼猫社交机会，研究表明 2～7 周龄是特别重要的时期。共同抚养幼猫和不同品系的老鼠时，通常幼猫不会捕食与它们共同长大的老鼠品系，但会攻击其他品系的老鼠[31]，这说明早期接触对幼猫将来如何对待其他动物是非常重要的。

如果幼猫的社交环境过于匮乏，会对幼猫产生终生的影响。若在幼龄时期孤立幼猫，幼猫会发展出行为、情绪和身体问题。它们会表现恐惧和攻击性，学习困难，会出现随机、无方向的自发活动[32]。接触其他幼猫时，它们也不会表现游戏行为[33]。这对人工抚养大的孤儿幼猫具有重要意义。母猫仅有一只幼猫时，会通过与幼猫玩耍来完成社会化[34]，但由人工抚育的孤儿幼猫则无法经历这种重要的互动。因此，在抚育单只孤儿幼猫时，应尽可能让母猫抚养，也可以选择其他幼猫或对幼猫友好的猫共同抚养它们。如果这些

第 4 章 猫的正常社交行为　39

图 4-8　幼猫会与其他动物建立社交关系，并对猫（A）、人（B）和犬（C）展现亲和行为（版权所有 ©iStock.com）

选项都不可行时，一些人认为与其抚养一只会发展出行为问题的幼猫，还不如进行安乐死。

在社交环境下，年幼的猫也会练习捕猎行为。母亲和同窝的幼猫在身边时，可增加幼猫对猎物的兴趣[35,36]。通过观察母猫如何处理和分解猎物，

幼猫能学会如何应对不同的猎物。进入成年期后，这种社交学习也未中断，它们通过观察其他猫如何杀死猎物，学会如何应对新奇猎物[31]。如果幼猫能观察到母猫如何学习和执行，便能更快地学会新奇的操作性条件反射活动[37]。

通过游戏可练习成年生活所需的行为。随着幼猫的年龄和发育变化，游戏行为会发生变化。在幼猫 8 周龄之前，可见社交性游戏行为，到 8 周龄之后，则逐渐被指向无生命物体的游戏行为代替[38]。

断奶之后，在与同窝幼崽玩耍时，幼猫会表现捕猎和敌对行为[30]（图 4-9）。游戏性较量最后可能变为打斗，且较量里的打斗部分的占比会越来越高[30]。当幼猫进入独立生活时期，社交性游戏和互动的发生频率开始下降[39]。

图 4-9　幼猫会练习所有行为，甚至包括敌对行为（版权所有 ©iStock.com）

社交行为和有主人的猫

在社区和单个家庭内，有主人的猫之间常发一些问题。在野猫群体内，新来的猫处于群体边缘，直至被群体接受前，都需尝试避免被攻击。如果该群体不接受它，或缺乏它可利用的资源（同时它无法代替已有的猫）时，它会离开该群体。新动物进入现有群体会引发混乱[24]。

有主人的猫通常无法选择生活地点、邻近家庭的猫只数量、共同分享家庭领域的猫只数量和可利用的资源。如果相对可利用的资源，猫的密度过高，可能会引发慢性应激问题，导致行为和身体健康问题。较大、年龄较老的现有的猫会驱离年幼的猫，这可能是引发幼猫丢失的因素之一。

猫主人往家内引入新猫时，通常不会考虑猫的个体差异。野猫趋向于与有亲属关系的动物形成群体，通常是它们的雌性同窝个体和母亲[5]。这些群体可能包含也可能不包含公猫。因此，人们期待无亲属关系的猫能形成社交纽带时，并未考虑到猫的生物特性。许多猫能与共享一个家庭的其他猫建立社交纽带，但更多的猫仅仅学会如何忍耐其他猫的存在。猫会使用"时间-分享"方式，来管理资源的接触情况。一只猫使用某区域后，会让给后进入该区域的猫使用。

多猫家庭常受室内随地排泄问题的困扰。应收集尽可能全面的行为病史，确认起因是一只猫或更多的猫发生焦虑紊乱症，还是厕所设施或管理不足，或一只或更多的猫控制了资源，这是很重要的。管理措施包括分离部分猫，提供更多的厕所设施、休息区域、水资源和饲喂位置，避免少数猫独霸资源（见第24章）。

通过调查曾引入新猫的猫主人发现，在引入新猫时，超过半数的多猫家庭仅仅是将它们放在一起。该研究的作者还发现在超过半数的多猫家庭内，猫之间会发生打斗[40]。理解猫的需求和猫需要时间来适应新猫，有助于减少多猫家庭内的冲突和应激。将猫分开，提供充足的资源和用毛巾擦拭所有猫，有助于新猫融入家庭（见第26章）。

总结

猫是复杂的生物，能独自生活，也能生活在高密度群体中。通过相互磨蹭和相互理毛，可产生一种群体气味，有助于群体维持凝聚力。猫使用敌对行为和亲和行为来管理社交群体内的应激和益处。这能使群体内的冲突最小化，同时预防外来者进入群体并利用群体的资源。

幼猫需要正面的社交环境才能适当发育。它们会与同窝幼崽和母亲练习社交行为。社交引导有助于让幼猫对猎物等刺激物感兴趣，这对幼猫将来的生存是很重要的。

有主人的猫基本无法控制所居住环境内猫的密度。虽然许多猫会与家庭内其他猫建立社交纽带，但若能更好地理解猫的需求，以及它们是如何形成社交纽带，便能显著改善它们的福利状况。

参考文献

[1] Kappeler PM, Barrett L, Blumstein DT, Clutton-Brock TH. Constraints and flexibility in mammalian social behaviour: introduction and synthesis. Philos Trans R Soc Lond B Biol Sci. 2013.368:20120337.

[2] Rabinowitz AR, Nottingham Jr BG. Ecology and behaviour of the Jaguar (Panthera onca) in Belize, Central America. J Zool. 1986.210:149-159.

[3] Kleiman DG, Eisenberg JF. Comparisons of canid and felid social systems from an evolutionary perspective. Anim Behav. 1973.21:637-659.

[4] Izawa M, Doi T. Flexibility of the social system of the feral cat, Felis catus. Physiol Ecol Jpn. 1993.29:237-247.

[5] Crowell-Davis SL, Curtis TM, Knowles RJ. Social organization in the cat: a modern understanding. J Feline Med Surg. 2004.6:19-28.

[6] Petracca MM, Caine NG. Alarm calls of marmosets (Callithrix geoffroyi) to snakes and perched raptors. Int J Primatol. 2013.34:337-348.

[7] Archie EA, Altmann J, Alberts SC. Social status predicts wound healing in wild baboons. Proc Natl Acad Sci USA. 2012.109:9017-9022.

[8] Bonanni R, Cafazzo S, Fantini C, Pontier D, Natoli E. Feeding-order in an urban feral domestic cat colony: relationship to dominance rank, sex and age. Anim Behav. 2007.74:1369-1379.

[9] Price EO. Principles and applications of domestic animal behavior. Cambridge, UK: CAB International; 2008.

[10] Lichtsteiner M, Turne D. Influence of indoor-cat group

size and dominance rank on urinary cortisol levels. Anim Welf. 2008.17:215-237.

[11] Moosa MM, Ud-Dean S. The role of dominance hierarchy in the evolution of social species. J Theory Soc Behav. 2011.41:203-208.

[12] Morrison KE, Swallows CL, Cooper MA. Effects of dominance status on conditioned defeat and expression of 5-HT1A and 5-HT2A receptors. Physiol Behav. 2011.104:283-290.

[13] van den Bos R. Post-conflict stress-response in confined group-living cats (Felis silvestris catus). Appl Anim Behav Sci. 1998.59:323-330.

[14] Stander PE. Cooperative hunting in lions: the role of the individual. Behav Ecol Sociobiol. 1992.29:445-454.

[15] Moehlman P. Intraspecific variation in canid social systems. In: Gittleman J, ed. Carnivore behavior, ecology, and evolution. New York: Springer; 1989.143-163.

[16] Buirski P, Kellerman H, Plutchik R, Weininger R. A field study of emotions, dominance, and social behaviour in a group of baboons (Papio anubis). Primates. 1973.14:67-78.

[17] Chapman CA, Wrangham RW. Range use of the forest chimpanzees of Kibale: implications for the understanding of chim- panzee social organization. Am J Primatol. 1993.31:263-273.

[18] Wittemyer G, Douglas-Hamilton I, Getz WM. The socioecology of elephants: analysis of the processes creating multi- tiered social structures. Anim Behav. 2005.69:1357-1371.

[19] Kerby G, MacDonald DW. Cat society and the consequences of colony size. In: Turner DC, Bateson P, eds. The domestic cat: the biology of its behaviour. ed 1. Cambridge, UK: Cambridge University Press; 1988.67-81.

[20] Fitzgerald BM, Karl BJ. Home range of feral house cats (Felis catus, L.) in forest of the Orongorongo Valley, Wellington, New Zealand. N Z J Ecol. 1986.9:71-81.

[21] Dards JL. Home ranges of feral cats in Portsmouth dockyard.Carnivore Genet Newsl. 1978.253:357-370.

[22] Izawa M, Doi T, Ono Y. Grouping patterns of feral cats living on a small island in Japan. Jpn J Ecol. 1982.32:373-382.

[23] Barrow EM. Animal behavior desk reference: a dictionary of animal behavior, ecology and evolution. ed 2. Boca Raton, FL: CRC Press; 2001.

[24] Wolfe RC. The social organization of the free ranging domestic cat (Felis catus). Diss Abstr Int. 2002.62(9-B):4265.

[25] Bradshaw JW, Hall SL. Affiliative behaviour of related and unrelated pairs of cats in catteries: a preliminary report. Appl Anim Behav Sci. 1999.63:251-255.

[26] Natoli E, Baggio A, Pontier D. Male and female agonistic and affiliative relationships in a social group of farm cats (Felis catus L.). Behav Process. 2001.53:137-143.

[27] Landsberg G, Hunthausen W, Ackerman L. Handbook of behaviour problems of the dog and cat. ed 2. Edinburgh: Else- vier Saunders; 2004.

[28] Feldman HN. Maternal care and differences in the use of nests in the domestic cat. Anim Behav. 1993.45:13-23.

[29] Scott JP, Fuller JL. Genetics and social behaviour of the dog: the classic study. Chicago: The University of Chicago Press; 1965.

[30] Bateson P. Behavioural development in the cat. In: Turner DC, Bateson P, eds. The domestic cat: the biology of its behav- iour. ed 2. Cambridge, UK: Cambridge University Press; 2000.9-22.

[31] Kuo ZY. The genesis of the cat's response to the rat. J Comp Psychol. 1930.11:1-35.

[32] Seitz PFD. Infantile experience and adult behaviour in animal subjects: II. Age of separation from the mother and adult behaviour in the cat. Psychosom Med. 1959.21:353-378.

[33] Guyot GW, Cross HA, Bennett TL. Early social isolation of the domestic cat: responses during mechanical toy testing. Appl Anim Ethol. 1983.10:109-116.

[34] Mendl M. The effects of litter-size variation on the development of play behaviour in the domestic cat: litters of one and two. Anim Behav. 1988.36:20-34.

[35] Caro TM. Effects of the mother, object play, and adult experience on predation in cats. Behav Neural Biol. 1980.29:29-51.

[36] Caro TM. Predatory behaviour in domestic cat mothers. Behaviour. 1980.74:128-148.

[37] Chesler P. Maternal influence in learning by observation in kittens. Science. 1969.166:901-903.

[38] Barrett P, Bateson P. The development of play in cats. Behaviour. 1978.66:106-120.

[39] West M. Social play in the domestic cat. Am Zool. 1974.14:427-436.

[40] Levine E, Perry P, Scarlett J, Houpt KA. Intercat aggression in households following the introduction of a new cat. Appl Anim Behav Sci. 2005.90:325-336.

第 5 章
猫的学习行为

Sophia Yin

引言：一个猫罐头拯救了困在树上的猫

当 Brenda Farrow 听到她的鬼鬼祟祟的孟加拉猫在一棵树的高处发出喵叫时，起初并未在意。"Punky 的运动能力很好，那棵树就在我们的前院里。我以为当它想下来时，自己就会下来。"但当她工作完回到家后，发现它仍在同一个地方发出喵叫时，她开始感到担忧。"我们尝试哄它下来，邻居也尝试帮忙，但它就是不肯移动。"当地的消防员甚至带了他们的巨型云梯来救它。但 Punky 一看到消防员接近，就爬得更高！这时，Brenda 想到一个聪明的主意。她回到屋里，拿出一个秘密武器——一罐 Punky 最爱的猫罐头。"我并不确定它能否看到罐头，但它肯定能听到罐头声！"听到熟悉的开罐头声，它立即跑下树，跟着 Brenda 和它的食物进入屋内。

在之前的数小时内，Punky 的主人都处于困境中，甚至向消防局寻求帮助，但解决方法却是如此的简单。Punky 已经对猫罐头的开启声形成了经典条件反射，能将开罐声与它最爱的食物味道联系起来。通过不断强化开罐声与食物的联系，Punky 的反应是如此强烈，以至这种声音触动的正面情绪能让它克服恐惧，促使它自己跑下树。此外，过去它向该声音跑过去时，它获得了奖励。

我们有幸让 Sophia Yin 为本书编写了两章内容，但很遗憾，她未能见到她的成果出版。在有多名作者的书里，通常需要使用统一的编写方式来编辑各章。我们对 Yin 博士的另一章内容进行编辑，作为接触猫的相关系列章节的一部分，但我们有意保留本章的原始内容，以表对 Sophia Yin 的敬意。

当它到达声音来源时，便立即获得食物奖励。因此，两种类型的学习共同拯救了 Punky，如果该案例中的人们能了解这类过程，就能节省大量时间和金钱。

在动物诊所、收容所和其他与猫有关的机构内，员工每天都需要面对猫的类似行为问题。要找到简单、省时的解决方法，就必须了解猫如何学习，以及人类的活动如何影响它们的行为。

本章的重点是两种最重要的学习类型——经典条件反射和操作性条件反射，这两种学习类型指引猫和所有其他动物的行为，包括鼠类、雀类、马、长颈鹿和鲸等。一旦掌握了这些指导原则，就能丰富您的工作和与猫的关系。

经典条件反射

年轻的花斑猫看着碗，仿佛在品尝眼前的景象。温暖食物的香气飘散上来。这是与前一餐相同的食物，那时它曾贪婪地吃下这些食物，但现在它却不愿碰食物，这是今天提供给它的第 4 种食物。它在每餐吞食一种食物，在下一餐却拒绝进食这种食物。

发生了什么？这只猫患有门脉分流，它吃完一餐后，常会感到恶心。因此，它将恶心的感觉与它刚吃的食物联系起来，最终学会在未来避开那种食物。它通过经典条件反射，学会避开新的食物。经典条件反射是动物的两大学习机制之一。通过经典条件反射，动物每天都在学习。要理解什么是经典条件反射，首先应了解经典条件反射的历史。

巴甫洛夫的犬

在20世纪早期，一位名叫伊万·巴甫洛夫的俄罗斯医生和研究者正在研究犬的消化方式[1]。他饲喂犬肉粉，接着测定犬的唾液分泌。经过数次重复后，他注意到犬常在食物进入嘴里前，就开始分泌唾液。当犬看到食物和听到带有食物的人接近时，会触发这种唾液分泌反应。巴甫洛夫改变他的研究重点，开始研究他称为"精神性分泌"的现象。巴甫洛夫在饲喂他的犬时，同时放送一种刺激物的声音，以前这种声音对这些犬毫无意义。他选择铃铛作为刺激物，因为在正常情况下，动物对铃铛无先天反应。他摇响铃铛后，再立即呈上食物。如此重复多次后，在没有食物的情况下摇响铃铛，他发现他的犬仍会分泌唾液。

可按如下方式解释该结果。食物本身会引发一种无意识的生理（和情绪）反应，不需要条件反射或训练，就能发生这种反应。这种刺激物称为非条件刺激物，而唾液反应称为非条件反射。最终，将中性刺激物——铃铛与食物配伍足够多次后，即使没有食物，也能引发唾液分泌。因此，铃铛最开始是一种中性刺激物，但与食物配伍足够多次后，铃铛本质上具备了与食物一样的意义。此时，铃铛变为条件刺激物，因为它属于习得的刺激物。铃铛引发唾液分泌，由于是通过训练建立了该反射，唾液反应变为条件反射。

经典条件反射的生理效应

由巴甫洛夫的发现开始，人们发现在多种刺激物-反应系统内，都存在这种联结式学习。在20世纪50年代，位于旧金山Hunter's Point区的放射防御实验室（Radiologic Defense Laboratory）的John Garcia及其同事发现，在老鼠喝某种溶液时，若辐照老鼠，会让老鼠形成对该种溶液的味觉厌恶[2]。这种情况与门脉分流患猫和它进食食物的情况类似。大多数人会有相似的经历，当他们进食某种特定食物后，如同时或立即发生疾病，他们就会发展出对该食物的厌恶感。

经典条件反射甚至会有更为剧烈的生理效应。例如，严重的过敏反应甚至也可成为经典条件反射。在一项关于此现象的研究中，研究员发现可训练豚鼠对新奇气味发生组胺释放反应[3]。往这些豚鼠的脚垫里注射牛血清白蛋白（bovine serum albumin，BSA），可对这些豚鼠进行免疫激活，引发组胺释放。接着在建立经典条件反射的阶段，每隔1周给每只豚鼠注射生理盐水（对照组）或BSA，共注射5次。将注射与两种气味——硫黄味或鱼腥味中的一种相配对。有一半的豚鼠注射了BSA，与硫黄味配对；或者注射了生理盐水，与鱼腥味配对。另一半豚鼠的配对情况相反。经过训练试验后，每只豚鼠都进入测试试验。

在第一个测试试验里，研究者让豚鼠接触与BSA配对的气味（即在一半的豚鼠里是硫黄味，另一半的豚鼠里是鱼腥味），但是并未注射BSA。在接触到与BSA配对的气味后，所有8只豚鼠都出现明显的组胺反应。因此，与BSA配对的气味已成为一种条件刺激物。组胺反应水平接近过敏原引发的反应水平。

在第二个测试试验里，研究者让豚鼠接触与生理盐水配对的气味，同时未注射生理盐水。豚鼠释放出的组胺水平极低。因此，豚鼠对前期接触到的中性气味有过敏反应，且已形成经典条件反射，但它们对与生理盐水配对的气味无反应。

意外形成的负面关联条件反射

现实生活中，在何时会形成经典条件反射？它每天都在发生，我们每次与动物互动时和在许多其他情况下，都会发生经典条件反射。例如，假想一只刚被收养的幼猫第一次被带至动物诊所。客户把幼猫放在旅行提箱内，这对幼猫是一种新的体验，接着开车带幼猫到诊所。在行进途中，幼猫可能因晕车感到恶心，发生流涎或呕吐。当客户和幼猫到达动物诊所后，幼猫常需面对陌生的气味和声音，加剧了恐惧反应（图5-1）。接着幼猫在诊室接受了充满疼痛的疫苗注射。虽然幼猫并未发出嘶叫声或挣扎，检查似乎也进行得很顺利，但3周后再次拜访的情况会有些不同。

此时，当猫主人拿出提箱时，幼猫会开始躲藏。猫主人可能对此感到惊讶，但兽医不应感到惊讶。幼猫已意外建立条件发射，将提箱与上次拜访动物诊所过程中发生的疼痛、恐惧和恶心相联系，此时它已有无意识的恐惧反应。

图 5-1 这只猫在动物诊所表现恐惧，且不可能自己缓解恐惧（感谢 S. Yin 提供）

数月后，充满恐惧的幼猫被塞入它害怕的提箱，带到动物诊所进行绝育手术，这导致情况进一步恶化。在动物诊所，幼猫又一次感到害怕，尝试进行躲藏，但员工并未注意幼猫的情况，未提供特殊措施来安抚幼猫。他们反而从提箱内倒出幼猫，让幼猫完全暴露在环境中，接着他们抓住幼猫的颈背，希望这样能让它保持静止不动，但这反而更加激怒了幼猫。在幼猫头部覆盖一条毛巾，用毛巾轻轻裹住幼猫，或者仅仅是将手放在幼猫的胸前，都能让幼猫感到更加舒适和安全。

接着员工把幼猫放到笼子里，等待进行手术。随着每次不熟练、粗暴的人类接触，幼猫会持续将动物诊所与可怕的经历相关联。接着一只犬路过，让幼猫进入最高警惕模式。当人们再次进入房内来接触幼猫时，原本趴在那静止不动、耳朵完全转向后方和保持低头姿势的幼猫转而表现处于恐惧状态的姿势，并开始嘶叫和吼叫。幼猫已被训练将动物诊所和兽医与厌恶的条件相关联，当它无法逃离这种情况时，会开始表现攻击行为。除了对它们的接触者发展出习得的恐惧反应外，在应用会让它们感到恐惧和疼痛的技术时，它们也会表现出攻击行为 [4]。已发现鼠和人等多种动物都具备这种特性 [5,6]。攻击会指向引发恐惧和疼痛的物体，也会指向人们、其他动物或无生命的物品。此时，如果仍保定和注射上述幼猫，它的焦虑、恐惧和攻击可能维持在同一水平，但也可能在此次拜访和将来的拜访内逐渐升级。

使用经典条件反射解决每日遇到的问题

我们可能在无意中让我们的宠物建立起不希望相关联的经典条件反射，但我们可以建立不同关联的经典条件反射，来减缓问题的严重性 [7,8]。例如，可以训练充满恐惧的幼猫将食物与提箱、乘车和动物诊所相关联，从而引发与食物相关的所有愉悦的生理变化。这称为经典对抗条件反射，涉及在对抗前期已建立起经典条件反射的关联。

通常应由低强度的对抗性刺激物开始，因为如果使用正常强度的刺激物，动物会过于害怕而无法进食。接着逐渐小幅增加强度。这个过程称为系统脱敏过程。例如，为了对抗猫对提箱的恐惧反应，可先在提箱附近喂猫食物，提箱和食物之间的距离应能让猫毫不犹豫地接近和采食食物（图 5-2）。当幼猫在新位置至少能舒适地进食一餐后，将接下来几餐的食物移向提箱，直至食物进入提箱，并且幼猫能在提箱内舒适地进食。当幼猫见到食物时，会走进提箱趴下，或者未看到食物也会这么做时，说明它已成功被对抗条件化。犬和猫的这种训练通常用时不会超过 1 周，因为该训练发生在用餐期间，也不需要额外花费时间进行该训练。总体而言，进行脱敏和对抗条件化时，应在厌恶的条件或刺激物在场时，立即摆上食物，而当厌恶的刺激物被移除时，立即收走食物，这样才能建立清晰的关联，最快完成脱敏和对抗条件化。此外，应逐步施行脱敏步骤，在进行过程中，让动物较少经历或不经历恐惧反应。

无论面对何种情况，脱敏和对抗条件化的模式是相同的。例如，针对厌恶乘车的情况，可以把提箱放在静止的车内，每天在提箱内喂猫食物。在此水平的刺激下，连续数日猫都可舒适进食时，

第 5 章 猫的学习行为 45

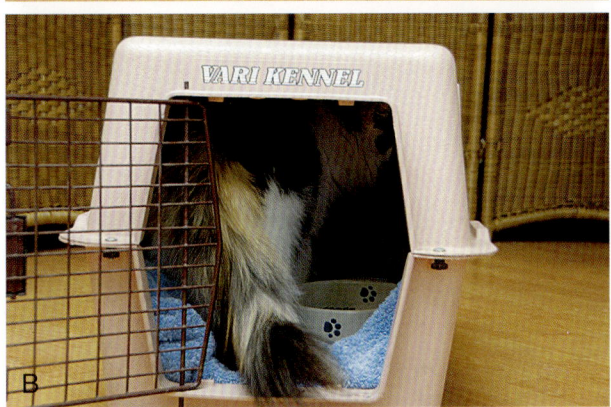

图 5-2 让一只猫对提箱脱敏和形成经典对抗性条件反射。A 为训练一只猫在旅行提箱里感到舒适,先从在提箱外喂猫食物开始;B 逐步将食物移向提箱,直至猫乐意进入提箱进食。每个阶段的目的是让猫较少或毫不犹豫地立即走到碗前,开始进食(经 Yin S 授权:Low stress handling, restraint, and behavior modification of dogs & cats: techniques for developing patients who love their visit. Davis, CA: CattleDog Publishing; 2009)

接下来,应让猫对会引起恐惧的动物诊所形成对抗条件化,猫在动物诊所需面对不熟悉的人,接受注射和剪指甲。猫主人可在家中完成部分行为修正,也可提前进行预防性行为修正。例如,如果幼猫仰躺在主人腿上时,持续给予零食,那么就可轻易训练幼猫仰躺着剪指甲(图 5-3)。接着延长每次给零食的间隔时间,直到仅需少量零食,幼猫就能仰躺在主人的大腿上。下一步,将零食与轻柔的脚部接触相配对,再系统化引入强度更大的脚部和指甲接触,接着开始真正剪指甲的动作。对幼猫来说,该过程是非常迅速的!

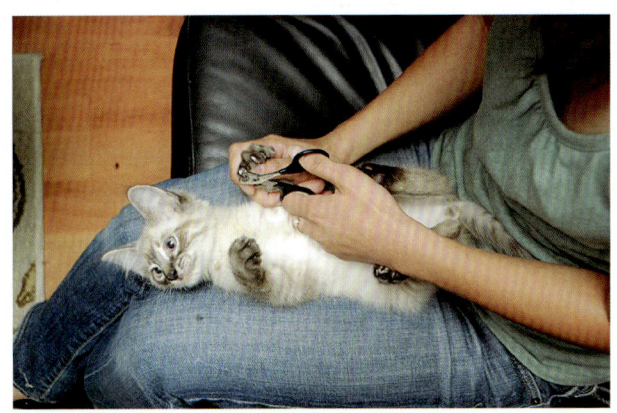

图 5-3 给一只幼猫进行剪指甲的脱敏和对抗条件化。给幼猫剪指甲时,很难让幼猫保持仰躺的姿势。如果幼猫无法以放松的方式适应这种姿势,应停止训练,等幼猫平静下来后,尝试另外一种方法(感谢 S. Yin 提供)

可在进食期间,短时间打开车的引擎。下一步就是带着猫在附近街区进行短时行车。如果前期建立的经典条件反射引发了流涎或呕吐反应,那么在最初几次行车过程中,可能需要给予止吐药。

猫主人也能轻易帮助猫对注射等其他操作脱敏化和对抗条件化(图 5-4)。进行注射时,一开始可给猫一种零食,同时抚摸猫的注射部位。一旦猫吃完零食,立即停止此种接触。其他步骤

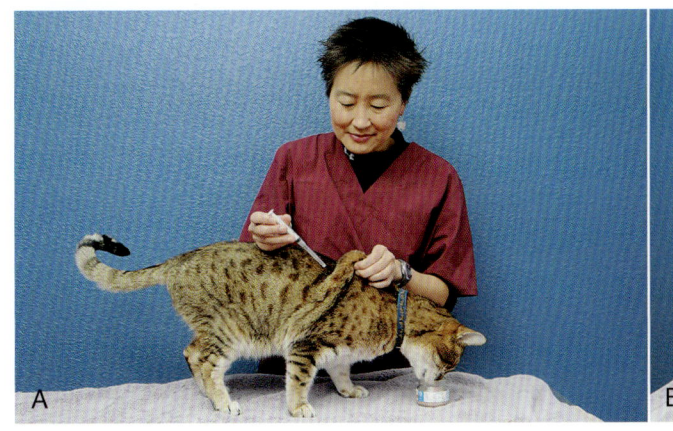

图 5-4 让猫对注射脱敏化(A)和对抗条件化(B)(感谢 S. Yin 提供)

包括抓住毛发一秒，抓住毛发更长时间，摇晃皮肤，轻轻掐皮肤，用带帽的针头戳拉起皮肤，最后扎入针头。

总体而言，猫能对任何操作形成对抗条件化，它们现在和将来可能都要经历这些操作，因此它们需学会喜爱这些操作。目标永远是维持刺激在阈值下方，高于该阈值时，动物会对操作表现负面反应。在对抗条件化的过程中，猫应保持静止不动和放松，注意力集中在食物上。

甚至也能通过抚摸来完成猫的对抗条件化，抚摸通常指抓挠猫的头部和耳部的周边区域，但必须注意仔细控制该过程的时长，足够短的时长才能保证让猫有正面经历，避免发生负面或中性经历。

考虑到步骤的数目，这些操作听起来非常耗时，但只要操作正确，其实仅需花费几分钟，且能为未来的诊所拜访节省时间。此外，如能预防性采取这些措施，所用时间仅占发生后再弥补所需时间的极小部分。在这两种情况下，愉悦的结果也能让兽医诊所员工、猫和猫的主人形成经典条件反射，让他们享受拜访兽医诊所的过程。

操作性条件反射

现在是夜间，您工作完回到家里，但您仍有一些文书工作要完成。您的猫——Fluffy 刚吃完它的晚餐，正在例行开始寻求人类的注意。它先走向您正在看电视的丈夫，并停留了一会儿。您的丈夫未理睬 Fluffy，因此它继续前进。它接着走向您的女儿，此时您的女儿坐在沙发上，它有礼貌地坐下。您的女儿上下抓挠 Fluffy 的下巴一分钟后，起身出门去见她的朋友们。接着，Fluffy 来到您身边，表现出完全不同的行为。它不停地发出喵叫声，并不断磨蹭您的腿。当您将它推开时，它会走开几步，接着又回来变本加厉地发出喵叫声。

为什么 Fluffy 对您的女儿和丈夫这么有礼貌，却对您如此粗鲁和有需求？通过操作性条件反射或试误学习，它学会如上的反应。通过操作性条件反射，动物会重复获得所需结果的行为，避免引发不希望出现的结果的行为（图5-5）。

图5-5 猫的人类家庭成员加强了猫发出喵叫声的行为，因此猫常过度发声（感谢 S. Yin 提供）

例如，Fluffy 已经知道无论她怎么对您的丈夫叫，您的丈夫也不会有反应。当他在看体育节目时，什么都无法吸引他的注意力。Fluffy 也知道对您的女儿发出喵叫声是没用的，但安静的坐在一边是有用的。至于针对您，发出大声的叫声是最佳策略。您是如此繁忙，以至于只有当它哭号时，您才会注意到它。有时您会放弃，开始抚摸它。在其他时间，您会推开它。无论哪一种情况，它都获得了您的注意，从而加强了它的噪声行为。幸运的是，即使您已无意中训练猫形成了一种不希望出现的行为，只要您了解操作性条件反射的原理，您就能轻易改变这些行为。怎么做呢？请继续阅读。

操作性条件反射的四大类型

要理解操作性条件反射,需要知道一些术语,这是很重要的。若能很好地理解这些术语,有助于评估将来遇到的训练师和行为咨询师的知识水平,也可以判断设计行为修正产品的公司的知识水平(图 5-6)。

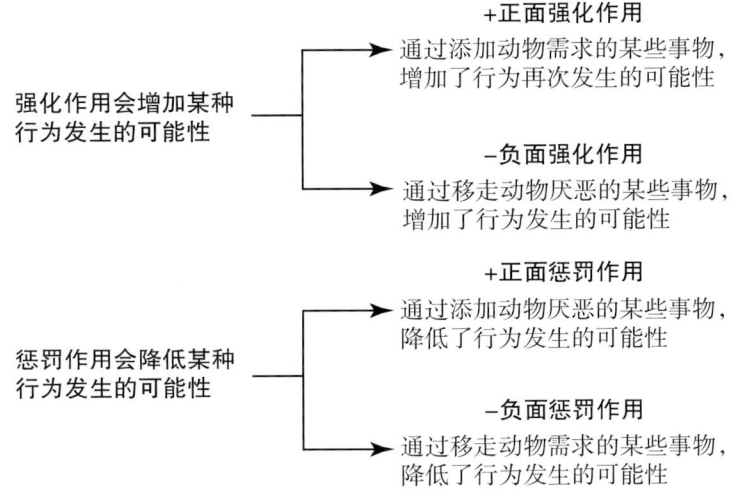

图 5-6　操作性条件反射的 4 种类型

首先,先解释强化作用和惩罚作用这两个术语。强化作用指能增加某种行为再次发生的可能性的任何事物。例如,当猫向您走来,并坐下时,如果您给它一个零食,那么下次它走向您时,更可能表现坐下这个行为。惩罚作用指会降低某种行为发生的可能性的任何事物。例如,如果您的猫向您走来时,您以它不喜欢的粗鲁方式抚摸它,那么下次它就不太可能向您走来。

要解释的第二对术语是正面和负面。正面和负面并非指好的和坏的;更应将它们当作加号或减号。正面指添加了某些事物,负面指移走了某些事物。

结合使用上述术语,就创造出操作性条件反射的 4 种类型:正面强化作用、负面强化作用、正面惩罚作用和负面惩罚作用。

进行正面强化作用时,通过添加动物需求的某些事物,可以增加行为再次发生的可能性。例如,当猫向您走来,并坐到您面前时,通过奖励它们零食,可以训练它们将来向您走来(方格 5-1)。在幼猫走过来和坐下时,奖励它喜爱的零食,可增加幼猫重复该行为的可能性(图 5-7)。

进行负面强化作用时,通过移开厌恶的事物,增加行为再次发生的可能。下面举一个负面强化作用的示例,教犬在呼唤时过来,或者让马跟着走时,用牵引绳或绳套套住动物,并用恒定的拉

> **方格 5-1　训练猫坐下**
>
> 要训练一只猫坐下,应在猫免受干扰的环境内,开始训练处于饥饿状态的猫或幼猫。确保作为奖励的食物是猫喜爱的。可以选择零食、猫罐头或猫的常规食物作为食物奖励。选择一种当时能激发猫的奖励类型。训练猫坐下的第一种方法是让猫看到食物,但食物处于猫抓取不到的距离,当猫坐下时,将零食送到它面前。确保您给予零食时,给予零食的方式和位置不会诱导猫站起来,应让猫进食零食时,仍维持坐着的姿势。坐下一次给予一个零食。接着将您的手移到足够远的位置,让猫知道它不应尝试站起来获得食物。接着,在猫站起来前,给予它第二个零食,作为保持坐姿的奖励。继续连续给猫零食。尽可能快地增加给予零食的间隔时间,但必须在猫有机会站起来前完成这一过程。要重复整个过程,仅需走开几步,让猫跟着您。接着,当您停步,等猫跟上后,等猫自己坐下,如有需求就诱引它坐下。您最多只能按 5～10 分钟一次的方式,诱引它 1 次或 2 次。过后,如果您想加入提示词,便在您知道猫马上要坐下时,说一次"坐下"。如果这个词总与坐下这个动作配对,且仅说一次,猫就会学会将这个词与坐下这个动作相关联。理想情况下,猫会在走向您,希望获得食物或其他事物时,自动学会坐下,但如果能让猫依据提示词表现某些行为,也是一种很好的选择(图 5-7)。

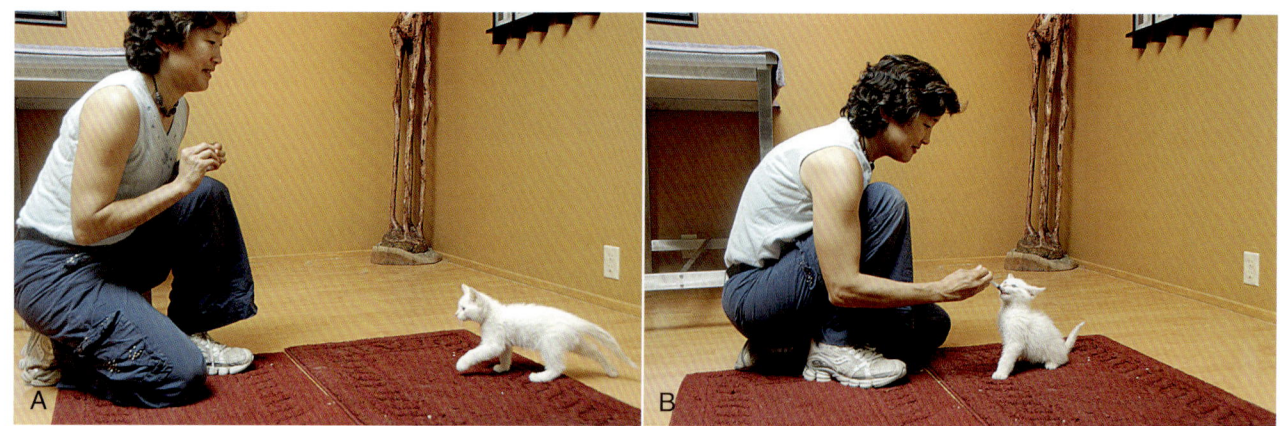

图 5-7 训练一只猫坐下。A 让猫看到食物，但食物处于猫抓取不到的距离。B 当猫坐下后，把零食送到猫面前。在猫站起来前，给予第二个零食，奖励它维持坐姿。在猫有机会站起来前，继续持续给予更多的零食，增加每次给予零食的间隔时间。理想情况下，当猫走向您时，会自动学会坐下（方格 5-1）（经 Yin S 授权：Low stress handling, restraint, and behavior modification of dogs & cats: techniques for developing patients who love their visits. Davis, CA: CattleDog Publishing; 2009）

力拉动物，一旦动物向您走来一步时，立即放松拉力。犬和马为了避免被拉着，最终会学会走向您或跟着您走。注意必须在动物开始表现正确的行为时，立即停止拉力，否则它们无法知道该行为能停止拉力。

惩罚作用也可以是正面的或负面的。人们最熟悉的术语是正面惩罚作用，这也是人们最常用的惩罚类型。进行正面惩罚作用时，通过添加厌恶的某些事物，来降低行为再次发生的可能性。这类作用可以是体罚，例如用报纸击打猫（不推荐），也可以是口头惩罚，或者其他看起来较无害的措施，例如喷水，只要它能让猫跑开，也算是一种正面惩罚作用。只要动物厌恶某事物，且该事物会阻止某种行为发生，它就起惩罚作用。如果您厌恶某事物，但动物并不厌恶该事物，那它就不是一种有效的惩罚作用。从技术角度来看，它事实上甚至就不是一种惩罚作用。

进行负面惩罚作用时，我们通过移开动物需求的事物，来减少行为的发生。例如，当您喂猫时，幼猫和成猫常会爬在您身上或抓您，尝试更快地获取零食。如果当猫一开始抬起爪子，您就移走零食，您就可减少被抓扒和攀爬的行为（图5-8）。

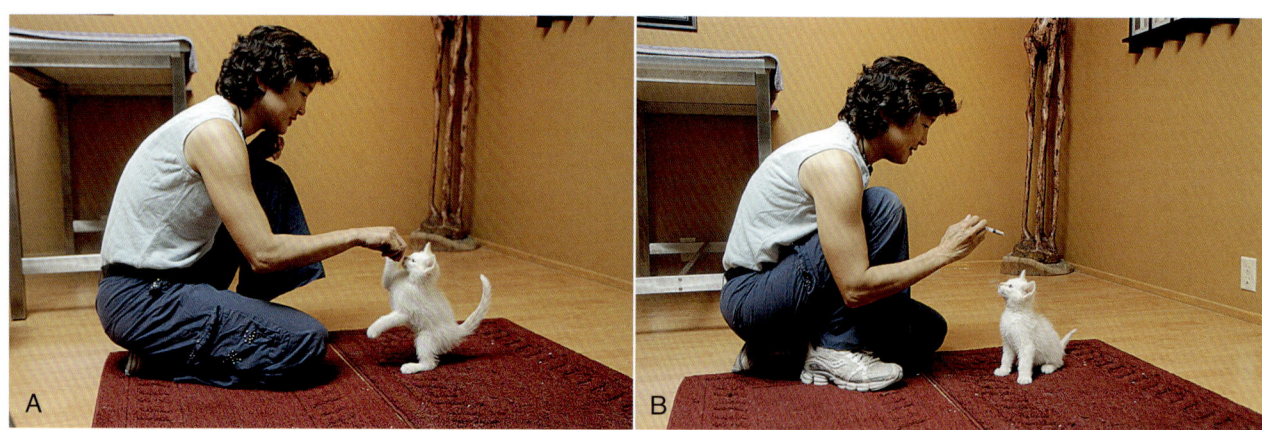

图 5-8 A 这只幼猫为了获得零食而过于兴奋，因此它尝试用爪子去抓取零食。如果它在用爪子抓打时，成功获得了零食，它就会学会用爪子抓拍或抓来获得零食。B 必须把零食移开，让幼猫接触不到，这样它才会知道用爪子抓取是无效的。最后，它会表现为获取零食学会的其他行为，也就是坐下（经 Yin S 授权：Low stress handling, restraint, and behavior modification of dogs & cats: techniques for developing patients who love their visits. Davis, CA: CattleDog Publishing; 2009）

操作性条件反射的训练技术分类

单看用于操作性条件反射的不同训练技术时，似乎都很简单，但给它们进行分类时，则常让人感到混乱不清。这是因为进行分类时，根据所描述的行为和技术情况，某些技术可被划分为多种分类。为了避免混淆，应进行系统性分类。接下来描述了其中一种分类方法。

1.定义要被修改的行为，决定要增加还是降低这个行为。如果目的是增加该行为，按定义来说，您将使用强化作用。如果目的是减少该行为，按定义来说，您将使用惩罚作用。例如，假设您的猫喜欢跑向您，抓住您的腿，把您的腿当作一种会发出声响的互动玩具，而您想要改变该行为。您可以定义两种目标行为。您可以选择训练猫停止抓住您，或者训练它以更可接受的方式来问候您，例如安静地坐在一边。如果您的目的是训练猫停止抓住您，那么按定义来说，您将使用惩罚作用。如果您的目的是训练猫养成更适当的行为，例如坐着进行问候，那么您将使用强化作用。

2.决定是要添加某事物，还是移开某事物，以此决定操作分类属于正面或负面。如果您为了阻止猫抓取而朝它喷水（不推荐的方法），那么您就是在添加猫感到厌恶或不希望面对的事物，从而减少抓取行为。因此，您使用的是正面惩罚作用。或者您会选择移开您的猫想要获得的互动注意力，您可以完全静止不动地站着，保持安静，清晰地表明您并不是一个可互动的发声玩具。您通过这种方式可减少猫的抓取行为，因此您仍然是在使用惩罚作用。但在这个案例中，您使用的是负面惩罚作用。为了减少猫的抓取行为，您移开了猫想要获得的某种事物。

3.相反，如果您的目的是训练猫以坐下的方式来问候人，您可使用正面强化作用或负面强化作用。如果您等到猫坐下后，再给予零食，奖励它坐着的这一行为，那么您就是在使用正面强化作用。如果您将猫用牵引绳和颈圈套住，当猫尝试抓取时，就拉紧牵引绳，产生压力（不推荐的方法），当猫坐下时，立即松开压力，那么您就是在使用负面强化作用。

使用何种操作性条件反射：解决行为问题的一种常用方法

虽然动物在野外、人类家庭和特定的训练阶段，都会通过所有4种类型的操作性条件反射进行学习。但目前为止，人们与动物进行互动时，效果最好的学习类型是正面强化作用和负面惩罚作用（即奖励我们希望出现的行为，当出现不希望出现的行为时，移开奖励）。因此，虽然我们倾向问如何阻止或惩罚不适当的行为来解决行为问题，其实我们更应注重如何强化更适当的行为，避免强化不适当的行为。所以解决常见的行为问题时，第一步应先找出不适当行为的强化因子，避免强化不适当的行为。第二步决定您希望动物表现何种行为。注意在许多情况下，您并不需要找出不适当行为的强化因子，您只需注重训练您希望动物表现出的行为。

案例1：在您用电脑工作时，猫总来打扰您

您的朋友抱怨当她用电脑工作时，她的猫总用爪子拍她，打扰她工作。我们如何解决这个问题？

首先，找出不希望出现的行为的强化因子（也就是该行为的正面强化作用）。在这个案例中，猫拿爪子拍它的主人，因为当它这么做时，主人会抚摸它或对它说话（图5-9）。为了解决这个问题，人们必须移开该强化因子（负面惩罚作用）。如果猫开始拍打时，人能够移开，保持安静，避免触摸和/或抚摸猫，那么猫就会明白拍打会使人移开注意力（图5-10）。

下一步，人类必须强化她希望出现的行为（正面强化作用）。在该案例中，一旦猫安静地坐下，人就应立即短时抚摸猫，但最开始的抚摸频率应较频繁，这样猫就能因坐下和保持坐姿而得到奖励。接着，人类应快速增加抚摸的间隔时间，但应循序渐进，这样猫就能学会长时间保持安静和坐着的状态（图5-11）。

图 5-9 确定不希望出现的行为的强化因子（正面强化作用）。这只猫会用爪拍人，因为人有时对此的反应是抚摸猫或对猫说话，从而强化了该行为（感谢 S. Yin 提供）

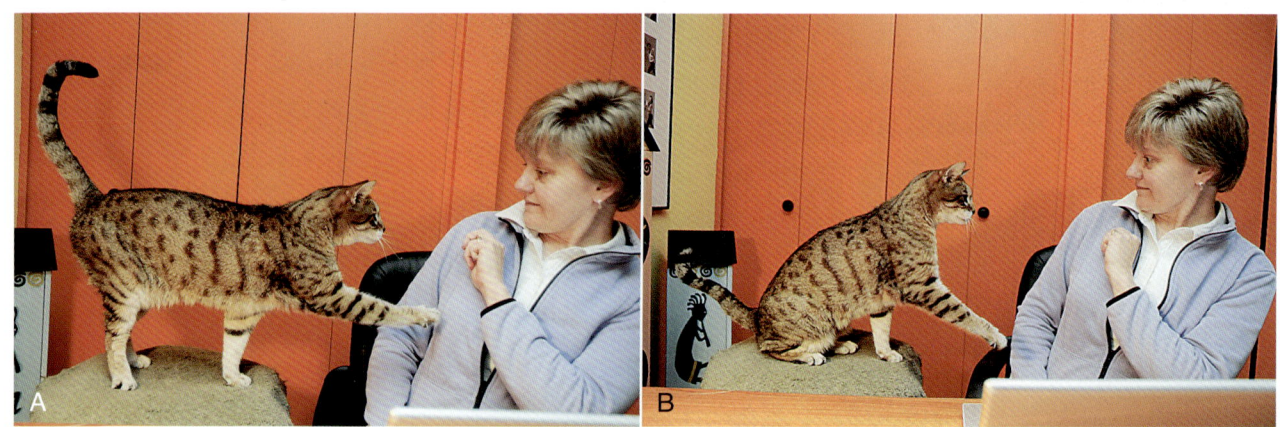

图 5-10 移除不希望出现的行为的强化因子（负面惩罚作用）。当猫开始用爪拍打时，如果人能移开，并保持安静，避免触摸和/或抚摸猫，那么猫就会明白拍打会使人移开注意力（感谢 S. Yin 提供）

图 5-11 强化正确的替代行为（正面强化作用）。A 一旦猫安静地坐着，应立即短时抚摸猫，但最开始的抚摸频率应较频繁，这样猫就能因坐下和保持坐姿而得到奖励。B 快速增加抚摸的间隔时间，但应循序渐进，这样猫就学会长时间保持安静和坐着的状态（感谢 S. Yin 提供）

案例2:猫早上很早就把您叫醒

每天凌晨5点,猫就叫醒您。当您躺在床上时,它不停地哭号,甚至爬在您身上。有时您会把它推下床,但它会继续如此,直到您起床喂它。为什么每天早晨猫会叫醒您?

猫会叫醒您,因为您会起床喂它,从而强化了该行为。同时,当它跳上床时,您会与它进行互动。如果您能明显地移开对它的注意力,并只在它安静后才喂食,最好在您希望喂它的时间喂它,它就会明白发出喵叫声并不起作用。例如,当您可以戴着耳塞睡到它安静后,您可以将它锁在门外,开始训练过程。另外一个方法是用可远程遥控的自动零食喂食机训练猫,例如 Treat & Train 产品[9],当猫处于安静和平静的状态时,就能获得零食奖励(图5-12)。最开始应频繁奖励零食,但应快速增加给予零食的间隔时间,应注意保持给予奖励的适当频率,保持猫安静和静止的状态。下一步,当猫一大早开始发出喵叫声时,等到它安静下来,立即按下 Treat & Train 的遥控键,让零食的给予速度能保持猫安静。或者您可以训练它根据提示来执行某种行为,例如当它坐在放置 Treat & Train 的小地毯上时,它就能获得零食。使用这种方式,当它开始发出喵叫声时,您给予它提示,它就会向小地毯跑去,并安静地坐着。接着您就能开始奖励它的安静、平静的行为,而不是等着猫自己安静下来。

案例3:外向的猫纠缠内向或恐惧的猫室友

您的猫——Lincoln 喜爱与其他猫一起玩耍,但您往家内引入了一只新猫——Merlin。Merlin 害怕其他猫。当 Lincoln 走向 Merlin,希望发生互动时,您该怎么办?

在该案例中,与 Merlin 互动对 Lincoln 是一种奖励,很难让这种潜在的奖励消失。因此,您可以先发制人,在 Lincoln 接近 Merlin 前,奖励它表现更适当的行为。例如,您可以在叫它后,让它过来,若它能快速地表现该行为,就奖励它。

用于修正猫的行为的这种两步法是相当简单、明确的。但是,人们有时会不确定该使用何种替代行为。从实际情况考虑,可使用3种替代行为解决猫的众多问题。第一种替代行为是安静地坐着,方格5-1描述了该行为。第二种替代行为是呼唤-前来行为和目标行为,接下来的部分将描述呼唤-前来行为。对于猫所表现的每种您不希望出现的行为,您都能使用一种、两种或联合所有3种替代行为的方法,来解决您所面对的问题。

避免惩罚作用和厌恶性刺激物的原因

虽然修正行为的最有效的方法是联合使用正面强化作用和负面惩罚作用,但宠物主人通常会选择使用正面惩罚作用和厌恶退避法(图5-13)。

图5-12 可以使用 Treat & Train 来强化猫的安静行为,即使猫在另一个房间里,也能进行强化作用。最开始频繁给予零食,接着系统化和快速地增加给予零食的间隔时间(感谢 S. Yin 提供)

图5-13 如果您向猫喷水,让猫跳下柜台,那么您就是使用了正面惩罚作用,用让猫反感的水来减少猫跳到柜台上的行为。不幸的是,猫有可能仅仅学会它应在您在场且拿着喷水壶时,远离柜台或跳下柜台(经 Yin S 授权:Low stress handling, restraint, and behavior modification of dogs & cats: techniques for developing patients who love their visits. Davis, CA: CattleDog Publishing; 2009)

在特定的条件下，厌恶性刺激物能起作用，但是也会伴发多种副作用，包括猫会害怕给予厌恶性刺激物的人，表现攻击行为，如果动物受到的惩罚不一致，甚至还会强化不希望出现的行为[10,11]。

塑造复杂的行为

迄今为止，我们已经描述了解决行为问题的一般方法。但是，在某些情况下，似乎无法仅仅通过移开不希望出现的行为的奖励事物，就能让猫为了获得零食奖励，而突然表现适当的行为。例如，让一只猫从房间的另一端跑过来获取食物奖励，而不是与其他猫玩耍，这似乎是不可能的。

在许多情况下，是无法训练猫表现目标行为的，至少无法做到一蹴而就。我们通常只能先由我们能训练的行为开始，再系统性训练与目标行为接近的行为。换一种说法，就是我们通过逐次逼近法这种渐进的步骤来塑造行为。

案例1：训练一只猫停止发出喵叫声

假设您有一只为获取您的注意，而不断发出喵叫声的猫，您希望停止这类行为[12]，一般方法是奖励猫的安静行为，当它发出喵叫声时，移开您的注意力。但问题是您希望猫能较长时间的保持安静。首先，您必须在出现一瞬间的安静行为时，就奖励猫。一旦您能捕捉到安静的瞬间，在猫处于安静状态时，您应继续奖励它，直到它有机会开始发出喵叫声为止。接着，一旦您重复上述步骤数次后，就可以延长给予奖励的间隔时间。如果您能系统性地延长间隔时间，您就能更快地完成这一步骤。事实上，通常在进行2次、3次短期训练后，您就能固定该行为。

案例2：训练一只猫在被呼唤时过来

还记得Lincoln的案例吗？该猫喜爱与其他猫玩耍，而引入家庭的新猫——Merlin害怕其他猫。当这两只猫都被放出来时，让Lincoln形成好的呼唤-过来行为是很重要的，这样才能让Lincoln远离Merlin。但如果Lincoln离您很远，而您又需要呼唤它呢？此时，它的呼唤-过来行为是否足够可靠？要训练猫在被呼唤后过来，您可以先由坐下训练开始。在此训练中，您先在Lincoln坐下时，给它零食，再走开几步。如果它感到饥饿，它会跟着您并坐下。重复该步骤数次，当它吃完第1个零食后，会立即跟着您，且能持续成功地如此表现时，您就可以系统性地增加您走开的距离，直到您能确保在离它10尺①或更远时，它都会向您跑来。注意如果它不会持续或快速地跟着您时，就应停止该部分的训练，等它更饿时再进行，或者使用更好的零食。如果它接受您的奖励激励，且处于舒适的环境下，经过2次、3次短期训练，它就能很好地跟着您走。

当它能持续地向您跑来并坐下时，您可以加上过来这个提示词。在它吃完上一个阶段训练的零食，准备跟着您时，立即说"Lincoln过来"。为了让它学会每次呼唤它时就应过来，必须在它表现过来的行为后，立即说提示词。因此，仅应在您知道它马上就要过来时，说出"过来"这个词。

下一步是增加Lincoln跑来的距离。例如，如果您需要在房子的另一端呼唤它，并让它过来，那么您就需要系统性增加您与它的距离。您也可以开始用轻微的干扰来进行训练，例如房间内的玩具或其他人。应确保您的训练时长较短，这样才能让猫认为这是游戏，想要参与更多这类训练。您是否还记得在本章开头描述的猫？它在听到罐头的开启声后，立即跑下了树。如果您能同样保持过来这个词的意思，并让奖励的价值与罐头媲美，那么您的猫所形成的呼唤-过来行为会同样让人惊叹。

另一种能让Lincoln这样的猫表现持续参与的方法是目标行为，在此种行为训练下，猫会学会用它的鼻子触碰目标（图5-14）。针对猫的目标物最常用的是附着在棍棒上的球。要训练这种

---

① 1米=3尺，全书同

行为，需先将目标物放在猫的视线之外。然后把目标物放在距离猫鼻子1厘米的地方。当猫开始用鼻子嗅闻和研究目标物时，移开目标物，同时把零食放在目标物的原有位置，奖励触碰目标物的行为。重复该训练5～10次，当猫能连续5次触碰目标物时，提高训练标准，将目标物放到足够远的位置，这样猫需要往前走一步才能触碰到目标物。一旦猫能持续往前走一步时，立即再次提高训练标准，移动目标物至几步开外，直到无论您希望目标物与猫之间的距离是多少，猫都会走向目标物。此时就能使用目标行为这一方法，按您的意愿移动您的猫到任何位置。也可以仅将该法作为一种游戏，保持猫的持续参与状态。以 Lincoln 为例，可以使用该法让它忙于除 Merlin 外的其他事物。

图 5-14 在进行目标行为训练时，猫会学会用它的鼻子触碰目标物，这是一种方便的替代行为（感谢 S. Yin 提供）

当您的塑造计划出现停顿时

当您设计了一种看似完美的粗略塑造计划后，在应用该计划时，却常发现它不起作用。导致塑造计划不起作用的因素包括以下3种。

1. 在动物完全学会第1步前，就开始进行第2步。一只动物数次正确地表现某种行为，并不意味着它很好地掌握了该行为。总体而言，在进行下一步前，动物正确表现行为的频率应为80%～100%。为了简化该过程，您可以选择一个数目，例如动物连续5次或10次表现正确的反应，再看按此标准时，猫在新步骤内的表现情况。

2. 省略步骤。训练者可能对动物期望过高，从而意外省略某些步骤。例如，猫会用鼻子触碰在它面前的目标物，并不意味着猫会为了获得目标物，而跳过环圈。总体而言，如果动物在某一步骤表现良好，而在下一步骤表现不佳（正确率常等于或低于40%）时，就需要返回进行额外的步骤训练。

3. 进行同一步骤的训练时间过长。训练者常犯的另一个错误是同一步骤的训练时间过长。例如，使用食物奖励的目的是仅在早期学习和习惯形成阶段使用食物，然后逐渐让猫不需要食物奖励。例如，在猫不停发出喵叫声的案例中，先在猫安静的一瞬间进行奖励，但需要尽快开始延长奖励安静行为的时间间隔。人们最常遇到的困难是他们会尽快将时间间隔延长至3秒或4秒，但他们会一直保持这个时间间隔。他们的猫会在他们学习时打扰他们，因此当猫安静时，他们会连续数次给猫零食或者抚摸，接着他们就继续工作，但他们未在猫处于安静状态的期间，系统性延长给予抚摸或零食的间隔时间。结果，猫处于安静状态的时间仅数分钟，还会继续烦扰他们。如果人们能够进行数次系统性延长，就能治好猫不停发出喵叫声的毛病。这类情况有另一种表现形式，猫主人在第一步时建立起非常高的强化等级，以致当猫主人想要提高标准时，由于第1步学习过好，而让猫无法学会新的行为标准。例如，如果猫能维持5秒钟的安静状态，主人就奖励它，一天奖励50次，如此连续10天，猫就会在保持5秒钟的安静状态后，强烈期待会有零食。随后，如果猫主人决定提高标准，让猫在7秒钟内保持安静的状态，这时可能就会遇到问题。在有些时候，猫会在7秒钟内保持安静，但在另一些时候，猫在5秒钟时仍未获得预期的奖励，它会开始踱步，变得不耐烦，开始发出喵叫声。总体而言，最好能提前了解您的塑造步骤，尝试让塑造步骤获得80%～100%的正确率，且每个步骤仅连续重复5～10次。

训练是一种技术技能：强化作用的时机、标准和速度

现在您了解了操作性条件反射的原理，您知道如何训练一只动物。但是，有效应用这些原理是需要练习的，因为就像打网球或弹奏乐器，训练动物也是一种技术技能。在这项独特的"竞技"里，成功的关键是好的时机、定义明确的标准和正确的强化速度。

时机

训练任何动物时，时机是非常关键的。必须在行为发生时立即进行强化作用或惩罚作用，应在行为发生的 1 秒内，或至少在下次重要行为发生之前，就进行强化作用或惩罚作用。以教鸡啄目标物上的黑点为例。如果它啄到黑点，您开始给它食物奖励，但是它移动的速度如此之快，以致当它啄到黄色区域时，才取得食物，那么会发生什么呢（图 5-15）？鸡会学会啄黄色区域来获得食物奖励。换句话说，它会认为它应啄黄色区域。此处的关键信息是动物会学会被强化的行为，而不是学会您认为您强化了的或希望强化了的行为。

图 5-15　时机对动物训练是非常关键的。只有选取适当的强化时机，才能训练出适当的行为（感谢 S. Yin 提供）

定义明确的标准

要成功训练一只猫，您必须建立坚定的标准，这样您才能保持清晰和一致的训练方法。这意味着您希望获得的行为效果是如此清晰，当您向其他人描述该行为的标准时，他或她所回应的行为完全就是您所希望获得的。我们再次以上述鸡的情况为例，如果这只鸡有时点到黑点中央，有时点到黑点边缘，有时抓住黑点部位并割破它，那么会发生什么呢？您必须决定到底该强化何种行为。如果您希望鸡只啄黑点中央，那么您必须仅在它啄到黑点中央时，才给予强化作用。如果不这样做，您会获得上述所有的啄击行为。如图 5-15 所示的照片里，这只鸡只啄黑点外的区域。

动物正在表现正确的行为时，动物移动速度可能很快，因而无法及时给动物零食，或者它正背对着您或离您很远，因此让动物知道它正表现正确行为有时是很困难的。在此种情况下，我们可以使用称为信号刺激（bridging stimulus）的方法来告诉动物它们正表现正确的行为。首先，用一种动物以前未接触过的明显声音来训练动物，如响片的咔嗒声，让它明白此声音意味着接着会有食物。通过配对咔嗒声和食物达成上述目的。也就是每当您发出咔嗒声后，应立即就把食物给动物。一旦您为咔嗒声和食物之间的关联建立起经典条件反射后，动物表现正确的行为时，您就可以使用响片进行"标记"。此时，您不需要通过立即给予动物食物的方式，来让动物知道它表现了正确的行为，您可以仅使用响片，让动物停止正在做的事情，并看向响片所在的方向，寻求零食奖励。作为信号刺激，响片能桥接正确行为和食物强化之间的发生时间。您应在发出咔嗒声后，每次都立即给予奖励，避免关联作用弱化。因长期或无法预测的延迟会弱化奖励的价值，您也应随时准备快速给予动物奖励。

强化速度

在对鸡、珍奇动物、猫、仔猪和其他不戴牵引绳的动物进行强化作用时，您必需充分强化它们的行为，让它们对该游戏感兴趣，否则它们会中途离开。我们常用牵引绳或带牵引绳的笼头迫使犬和马待在近处；但是，犬和马也需要足够高的强化速度，让它们保持对我们的注意力，执行我们要求的行为。牵引绳和笼头仅是一种安全用

具，让犬不招惹麻烦。我们应依赖好的时机、定义明确的标准和正确的强化速度，让动物在训练过程中保持与我们共同进行的兴趣。

持续强化作用

当动物（和人）最开始学习一种行为时，应以持续进行的方式来强化该行为。也就是每当动物正确地表现行为时，就进行行为强化，直至它们能很好地了解该行为。应确保行为足够简单，让它们有多次机会能获得奖励，否则它们会丧失兴趣。如果您正在教授的行为是多个塑造步骤里的一步，那么动物表现该行为的熟练度为80%～100%时，就应提高行为标准（塑造）！否则，您会永远困于同一步骤。但每次应持续强化正确的行为，直到您获得所需的目标行为。在啄黑点的案例中，目标行为就是让鸡仅啄黑点。但如果您要训练猫在问候您时坐下，并保持较长时间的坐姿，您就需要先进行持续强化，让猫保持坐1秒或2秒，接着快速增加标准，让猫保持较长时间的坐姿。

可变比例的强化作用

一旦宠物能足够好地表现目标行为，正确率能接近100%，您敢以钱为赌注，确信该动物下次接到提示后，会表现目标行为，您就可以开始使用可变比例的强化作用。使用可变比例的强化因子时，动物不知道在哪次表现目标行为时可获得奖励。也就是您可以根据自身的目标和动物的训练水平，以平均每2次、3次、4次、5次或更高的比例来强化行为。这也是老虎机的作用原理：因为您不知道何时能获得奖励，您就会更努力地进行尝试。可变比例的强化作用是效果最强烈的强化作用时间表，这也是这么多人会沉迷于赌博的原因！如果您要训练您的猫停止发出喵叫声，并安静地坐着，您可以使用可变比例的强化作用，这意味着您可以平均每5分钟给它零食或抚摸作为奖励，但您可有时隔1分钟给予奖励，有时隔10分钟给予奖励。这样平均下来就是5分钟。

激励

本章节我们一直在讨论移除不希望出现的行为的强化因子，以强化适当行为成为替代措施。要有效完成该过程，我们需要了解何种因子可强化或激励我们的宠物。3种天生的强化因子可激励所有动物物种，包括食物、避免疼痛和危险的需求以及繁殖的需求。为达到一般的训练目的，使用繁殖行为作为强化因子并不符合实际，而使用可产生恐惧的厌恶因子又会产生副作用[7,11]。那么就剩下食物可作为通用的激励因子。所有动物要生存下来都需要进食。这意味着如果我们改变动物的饲喂方式，我们就能以对我们有利的方式来使用食物，达到训练的目的。但是，我们可能需要调整动物获得食物的方式。例如，如果它们随时都能获得食物，当我们希望它们为获得食物而努力时，它们可能没有动力这么去做。因此，我们可能需要控制动物获得食物的机会。

如果我们希望用食物作为奖励，就应称量猫的每日食物供给量，减去作为奖励的零食量，保证猫处于饥饿状态。我们也可以计划在它获得余下餐食时，对它进行训练，或者将它每日所有的食物都用于训练，这样直到它表现良好前，它的所有食物都被用于完成训练。总体而言，如果您想在短期内快速地训练猫的行为，可以按顿饲喂猫。如果猫习惯自由采食，您可以使用以下方法来转为按顿饲喂。先称量早上和晚上的食物配给量。接着拿出早上的食物配给，如果猫不想吃，或者开始吃了但很快走开了，收走并扔掉这部分食物。如果您愿意的话，可以选择先不扔掉食物，您可以等15分钟后再拿出来，让您的猫有第2次机会。如果它再次走开，那么这次就要扔掉食物。猫的下一次进食机会就是它的晚餐。一般在一餐或两餐后，猫就会开始明白食物是限量供应的。一旦猫开始维持进食习惯后，您就可以轻易地使用它的餐食和用餐时间来进行训练，或者您可以用它的全部食物进行全天训练。

训练猫的另一种方法是不用更改它的进食

习惯，而是使用零食或猫罐头进行训练。如果比起干粮，猫更喜爱罐头食品，您可以尝试继续自由饲喂干粮，而使用猫罐头进行训练。为了便于给予零食，我们常使用3毫升或5毫升的注射器，剪掉注射器的尖头部分，用猫湿粮灌满注射器。我们也可以选择把猫粮放在压舌器或勺子上。如果无法使用猫罐头，另一个选择是训练您的猫喜爱零食；但是，零食最高仅能占猫的日粮的10%。因此，使用零食来替代猫的常规食物时，应维持较短的训练时间。猫天生是害怕新的食物的，有些猫可能不知道如何吃零食。要训练一只挑食的猫喜爱零食，可以在零食里散上常规食品，这样猫就会自己去尝试。一旦它适应这个味道后，如果零食是美味的，与常规食物相比，它很有可能更偏爱零食，这时您就可以使用零食进行训练。

除了使用食物作为激励因子外，不同的动物和个体可受不同的事物激励。例如，一些猫喜爱被注意和抚摸，而另一些猫则厌恶被抚摸。应评估您的猫对潜在激励因子的反应，确认它喜爱什么，这是很重要的。同时必须意识到随着情境不同，激励因子也会有所不同。例如，一些猫在家内处于放松状态时，是喜爱被抚摸的，但当它们在家外或者它们在房间内的活动水平很高时，则不喜爱被抚摸。或者它们喜爱短时间的抚摸，长时间抚摸则会激怒它们。选择奖励时，一定要确认您选择的事物确实是您的猫的激励因子或强化因子，在对应情境和时间点上，该奖励确实能对您的猫起强化作用。

交流

人类与动物交流时是处于劣势的。人类使用谈话和语言进行交流，而动物注重使用身体语言和正面或负面结果进行交流。例如，即使您已经教会您的猫在听到坐下这个词后坐下，如果您在说"坐下"时，意外挥动了您的手，挥动的方式让猫误以为您要给它零食，那么您可能会诱导您的猫为了获得零食而站起来。或者如果您的猫尝试用爪拍打您，意图引起您的注意，您可能说了"停下"，但是如果您并没有移开，明确表明您正移开您的注意力，那么猫就会继续拍打您。

因此，训练我们的宠物时，我们必须更清楚了解我们的动作，而不是话语。我们也必须观察猫的身体语言，判断它的感知状态和反应情况，这样我们才能根据猫的反应调整我们的操作。例如，如果您使用抚摸来奖励您的猫表现安静地坐着，但每次您抚摸它时，它刚好站起来，那么事实上您正在奖励站起来的行为。这只猫会学会它只需坐一小会儿，就可以站起来。如果您接着决定在它站起来时，移开您的注意力，而您选择收回您的手来移开注意力，如果猫坐下的速度很快，那么您就是以相当明确的态度告诉它，您已经移开了注意力。如果它抓拍您或者继续站着，那么您可能需要以不同的方式移开您的注意力，例如移开您的手或者走开一步。

汇总

现在您了解了经典条件反射、操作性条件反射、塑造、时机、标准、强化速度、激励和交流。接下来将描述一个案例是如何整合这些信息解决常见的行为问题。

Typhoon 是一只8周大的幼猫，喜爱玩耍。它特别喜爱与人的手和腿一起玩耍，因为当它抓住主人们的手和腿时，主人们就会奖励它，像挥动玩具那样挥动手和脚。只要它正在房间内处于放松状态时，人走过客厅，它就会跑过去抓住他们。当人开始抚摸它时，它有时也会抓咬他们的手。也很难保定它进行简单操作，例如很难给它戴上脖圈，因为主人们曾连续数周模仿他们在YouTube上看到的视频，与它进行了某种互动。他们会抓住它，让它仰躺在他们的腿上，然后抓挠它的肚皮，这会让它变得过于兴奋。

这个案例看起来很复杂，其实是相对简单明了的。主人们可以轻易教会Typhoon 2或3种主要的替代行为，例如，坐下和过来，用替代行为来解决过度兴奋玩耍的问题。例如，如果他们奖励坐下和保持坐姿的行为，每天进行 50 次强化作用，同时控制环境，这样当他们不进行训练时，Typhoon 没有机会跑过来问候他们，那么他们就能很快改变它进行问候和玩耍的习惯。一旦 Typhoon 学会自动坐下来获取零食，他们就可以在每次进入客厅时，准备好零食，在它有机会抓他们的腿前，奖励它坐下和保持坐姿的行为。接着，他们就可以把它的注意力引导至更适当的玩具。此处，Typhoon 的主人们应使用幼猫的常规供给量的食物，并确保该食物对 Typhoon 的诱惑力很大，这是取得最快学习速度的关键。接着，他们必须训练幼猫坐下，直到幼猫熟知该动作。当幼猫处于饥饿状态时，10 分钟的训练一般足以训成该行为。当 Typhoon 的主人们在训练它坐下时，必须保证在它坐着未站起时，给予它奖励。接着他们需要在它坐着时，以更长的时间间隔奖励它。当 Typhoon 跟着他们，在跟上他们时坐下，他们也需要奖励它。他们需要每次都这么做，直到该行为稳定下来。此后，他们应开始使用可变比例的强化作用。现在，一旦它学会坐下和跟随、坐下行为后，他们就可以开始即兴训练。进行此训练时，他们进入客厅后，可在它周边起身和踱步。在 Typhoon 有机会抓住他们前，他们必须每次都准备好奖励它的坐下行为，接着他们必须准备好继续奖励跟随 – 坐下行为，或者引导它的注意力转至玩具。如果在连续数天的多次互动里，Typhoon 都可如此表现，那么很快就能改变它的抱腿行为。

针对 Typhoon 对人手的粗野动作问题，主人们应缓慢、温柔地抚摸它，如果它开始变得兴奋，应立即移开他们的手。他们必须把手移开到足够远的位置，这样才能清晰地表明如果它的动作变得粗野，他们就不与它进行互动。主人们必须每次都这么做，直至它形成新的行为习惯，能在抚摸期间保持平静。

另一种让猫接受抚摸的方法是脱敏化和对抗条件化，让它接受保定或戴上脖圈。该方法指在喂猫猫罐头等零食时，在猫进食时，温柔地抚摸它。5～10 秒后，停止抚摸，收走食物。接着再等 5～10 秒，重复上述过程。在进行食物 – 触摸配对时，中间需要有停顿时间，这样才能让关联更明确。触摸等同于零食。没有触摸就没有零食。在此过程中，目标是在触摸幼猫时，它的注意力仅在食物上，抚摸永远处于刺激水平之下，不会引起猫的反应。应仅在进行对抗条件化时，系统性增加抚摸和触摸猫的时间，主人们最短可在 1 周时间内，快速改变猫对抚摸和触摸的态度。训练时段应较短（5～10 分钟），如果所用食物能激励猫，最好每天进行多次训练。

总结

总体而言，训练猫表现适当的行为，使用经典条件反射和脱敏化来改变它们的情绪状态，都是相当简单明了的；但是，这都需要练习。要最快取得成果，这两种行为修正过程都需要好的时机，理解猫的身体语言和了解对猫起作用的激励因子类型。此外，操作性条件反射通常需要一些简单的塑造步骤，猫主人们需要了解在与猫的每次互动过程中，他们应如何进行互动，避免意外奖励不适当的行为。一旦猫主人们学会基础原理，熟悉基础技巧后，他们就能以相当快的速度有效改变猫的行为，更好地理解他们的猫，与其猫一起建立更牢固的关系。

附加资源

视频

How to Train a Cat: http://drsophiayin.com/videos/entry/training_a_kitten_to_sit?/resources/video_ full/training_a_kitten_to_sit

Teaching a Cat to Be Quiet: http://drsophiayin.com/videos/entry/teaching-a-cat-to-be-quiet

Target Training Kittens: http://drsophiayin.com/videos/entry/target_training_kittens

博客

The Case of Finn, the Cat Who's Afraid of Toenail Trims and the Vet: http://drsophiayin.com/blog/entry/the-case-of-finn-the-cat-whos-afraid-of-toenailtrims-and-the-vet

Cat Injections: Training Your Cat to Love Injections Without Ruining Your Relationship: http://drsophiayin.com/blog/entry/cat-injections-training-your-cat-to-love-injections-without-ruining-your-re

Training a Cat to Be Quiet: My Cat Meows Too Much, What Do I Do?: http://drsophiayin.com/blog/entry/training-a-cat-to-be-quiet-my-cat-meows-too-much-what-do-i-do

How to Teach a Cat to Use a Cat Door: http://drsophiayin.com/blog/entry/how-to-teach-a-cat-to-use-a-cat-door

A Super Simple Method for Training Cat Tricks: http://drsophiayin.com/blog/entry/a_super-simple_method_for_training_cat_tricks

Release Your Inner Kitty Through Tricks and Training http://drsophiayin.com/blog/entry/release_your_inner_kitty_through_tricks_and_training

参考文献

[1] Hunt M. The story of psychology. New York: Anchor Books; 1993.

[2] Garcia J, Koelling RA. Relation of cue to consequence in avoidance learning. Psychon Sci. 1966.4:123-124.

[3] Russell M, Dark KA, Cummins RW, Ellman G, Callaway E, Peeke HV. Learned histamine release. Science. 1984.225: 733-734.

[4] Azrin NH, Rubin HB, Hutchinson RR. Biting attack by rats in response to aversive shock. J Exp Anal Behav. 1968.11:633-639.

[5] Berkowitz L. The experience of anger as a parallel process in the display of impulsive, "angry" aggression. In: Geen RG, Donnerstein EI, eds. Aggression: theoretical and empirical reviews: Vol. 1. Theoretical and methodological issues. New York: Academic Press; 1983: 103-133.

[6] Overall KL. Clinical behavioral medicine for small animals.St Louis, MO: Mosby; 1997. p. 544.

[7] Yin S. How to behave so your dog behaves. Neptune City, NJ: TFH Publications; 2004.

[8] Wright JC, Reid PJ, Rozier Z. Treatment of emotional distress and disorders: non-pharmacologic methods. In: McMillan FD, ed. Mental health and well-being in animals. ed 1. Ames, IA: Blackwell Publishing; 2005.145-158.

[9] Treat&Train. http://drsophiayin.com/treatntrain Accessed December 29, 2014.

[10] American Veterinary Society of Animal Behavior (AVSAB): AVSAB position statement: The use of punishment for behavior modification in animals. 2007. http://avsabonline. org/uploads/position_statements/Punishment_Position_ Statement-download_-_10-6-14.pdf Accessed December 29, 2014.

[11] Yin S. Low stress handling, restraint and behavior modification of dogs & cats: techniques for developing patients who love their visits. Davis, CA: CattleDog Publishing; 2009.

[12] Yin S: Teaching a cat to be quiet. http://www.youtube.com/ watch?v=FSwUw9DiT6A Accessed June 2, 2014.

第6章
选择宠物

Debra F. Horwitz and Amy L. Pike

引言

在伴侣动物的一生中，宠物主人需要为它们做许多决定，第1步就是挑选正确的猫伙伴。虽然有些猫主人在打算购买品种幼猫时，会花大量时间选择品种，但众所周知，大部分新的猫主人在做这个重大决定时，并不会投入大量精力。宠物主人可收养出现在门口的流浪猫，可从为一窝幼猫找新家的朋友那里获得猫，也可从收容所或领养活动处领养猫。超过50%的客户表明他们原本并无计划要养猫；他们说是猫"找到了他们"，这十分有趣。同样，69%的猫主人获得他们的猫时，并未支出资金。这是一种非常不正规的取得猫的方法，通常导致主人不带猫或很少带猫拜诊兽医，从而在护理猫或关于猫行为方面的兽医指导缺失[1]。冲动是选择一只新的伴侣猫的主导因素，但并不是必须如此。

兽医提供的信息应成为客户信息来源的主要途径。在猫的一生中，猫主人需要为它们做许多决定，他们应信任兽医给予的指导。猫主人应问的问题包括如下这些：

- 我的猫每年需要什么疫苗？
- 当我的猫生病时，依据出现的症状，最佳的诊断方法是什么？
- 最适合我的猫的治疗手段是什么？

兽医是可靠和可信的信息来源，在客户选择新的伴侣猫时，兽医应主动提供帮助。有多种可用的选择，包括给客户分发关于选择宠物的材料，提供当地猫繁育者的信息，与当地的救助站和收容所合作，帮助这些机构选择和送养行为及身体健康的猫（见宣传材料里的"您知道吗"？帮助选择一只新的猫家庭成员的有趣事实和数据）。评估猫的行为健康状态是比较复杂的，一般兽医门诊可能不具备这样的专业技能。收容所需要依赖组织内部或外部提供的专业帮助，若诊所具备必需知识或者愿意花费时间来学习这类知识，并愿意提供该领域的帮助，就能给收容所带来巨大的益处。诊所的网站或社交媒体渠道可以包含当地有声誉的繁育者、救助站和收容所的链接，也可以使用电子公告栏，现有客户若需要为猫找新家，可在此放上自己的广告。一些诊所可能希望承担更为主动的角色，会与当地的收容所建立良好的工作关系，成为提供待领养猫的来源。但是，动物诊所提供了相关信息，就意味着动物诊所为该信息作了担保，因此诊所员工应逐一拜访这些处所，确保其确实是声誉良好的，这是非常重要的。

如果客户未获得适当的指导，他们就会由不适当的来源获得幼猫或成猫，也可能冲动选择了一只带有严重健康问题的动物，需要为动物提供短期或长期的护理。在其他情况下，一个家庭可能选择了一只不符合他们家庭情况的猫。例如，家庭已有的社会动态情况无法支持再添加一只猫，或者选择了已有行为问题的猫，需要为该猫提供行为管理，但客户无法适当地实施行为管理。

当然，许多客户来到动物诊所时，他们的怀里已经抱着一只成猫或幼猫，可能这些猫已经有上述提到的部分问题。这时，兽医应帮助他们提高与新的猫朋友成功一起生活的可能性。在某些情况下，遇到的困难是如此之大，以致无法继续收留这只猫。在这种情况下，应给客户提供专业和适当的建议，告诉他们如何为该猫找新家，这对双方都有好处。

来源

当客户决定给家庭添加一只伴侣猫时，他们可使用多种选择途径。如果未来的猫主人在寻求某个特定品种的猫，可以由繁育者那里获得他们的新宠物。如果其他家庭或朋友有一窝可以送出的猫，他们也可以由此获得猫。他们也可以从救助站或收容所组织领养猫，或者他们可以收养被遗弃或人工抚养大的猫。

纯种猫的繁育者

繁育者和他们的繁育群体的质量会有巨大差异。不幸的是，大多数宠物主人并不十分了解猫的繁育者，不清楚他们之间可能存在的差异。纯种猫的繁育者分为两类：高度参与的繁育者（highly involved breeders，HIBs）和业余繁育者。HIBs 的处所通常有更大的设施（猫舍），更多的母猫和公猫。一般而言，他们未来也会高度投资该品种。他们会带他们的猫参加品种比赛来获得多种头衔，会对他的繁育群体进行基因监测，最小化品系内发生遗传病的可能性，同时对品种特异性特征的增殖特别用心。HIBs 也会花费大量精力了解购买他们猫的人，他们通常对购买幼猫或成猫的人非常挑剔。由于挑选、测试和繁育猫个体需大量护理和精力，由 HIBs 购得的猫通常更昂贵，特别是那些稀有品种或带有冠军血统的猫。虽然 HIBs 无疑会在他们的猫上下工夫，但并不是所有的 HIBs 都了解幼猫的行为需求或品种特异性的医疗和行为需求。在由 HIBs 处带回一只猫前，应咨询这类问题。

另外，业余繁育者会因多种原因而开始繁育猫，通常是因为繁育特定品种猫所获得的乐趣和经验。虽然业余爱好者也会很重视繁育群体的选择和质量，但他们通常不会拥有大量繁育猫，不会参加品种赛，猫舍的设施也较小。他们常仅有 1、2 窝幼猫，家中不一定同时有可用的母猫和公猫。业余繁育者也应注重品种选择，由行为角度考虑猫的饲养，这也是相当重要的。

宠物主人由 HIBs 或业余繁育者获得纯种猫时，应考虑某些因素。未来的饲养家庭应研究繁育群体、该品系的医疗历史和该繁育配对过去生产的幼猫的行为特征。除非购买者离得过于遥远，大多数 HIBs 会让您拜访他们的处所，不仅可见到繁育者，也可见到他们的猫。在某些情况下，可能因距离过于遥远，而不可能进行现场拜访。在这种情况下，可以有针对性地询问一些关于健康测试和遗传品系的目标问题，收集幼猫的社交经验信息，包括幼猫与不同的人和动物的接触及互动情况，了解待领养幼猫的有用的行为信息。

如果合适的繁育者就在附近，应尽可能去亲自拜访繁育者。若繁育者拒绝未来的宠物主人来家中或设施处拜访，则应引起关注和疑问。亲自拜访可以让未来的主人评估抚育幼猫的设施的干净和卫生情况，判断幼猫与它们的母亲、兄弟姐妹和人类护理者的互动时间。设施应具备友好、舒适和丰富的环境，维护的方式符合居于此处的猫的行为和身体健康需求。兽医经过训练能辨识卫生条件，评估设施满足居于此处的动物的基础医疗和营养需求的能力。也应评估猫的社交和行为需求是否得到满足，但这部分超出了一般门诊兽医的专业能力。在这种情况下，可以向同事和文献寻求建议，包括美国猫兽医协会（American Association of Feline Practitioners，AAFP）或国际猫医学协会提供的关于猫的环境需求指导。兽医要能自如地推荐繁育者，就应亲自评估繁育者的设施条件，现场拜访繁育者的猫舍或家，这样才能自信地提供推荐。繁育者的情况有可能随时间发生改变，兽医应进行频繁和有规律的拜访，这也是很重要的。

要维持设施的干净状态，设施的操作员必须适当处理垃圾，为动物提供干净的饮水和居所。应及时清理猫砂盆，定期丢弃粪便和尿液团块（理想情况下，应每天铲猫砂，每周完全更换猫砂）。发现在猫砂盆外的排泄物时，应立即清理，清理频率至少为每天 1 次，理想情况下，应调查引发该行为的原因。所有居住在设施内的动物都应没有体外和体内寄生虫，应按需洗澡。设施内应无粪便臭味。简单来说，设施的干净程度应能媲美动物诊所的住院部。

护理者也需要满足所饲养的动物的医疗需求。依据现有的指导推荐，需提供常规的兽医体检，给予常规疫苗和检测。美国的一些繁育者会选择自己为幼猫注射疫苗；但是，这并不是最佳选择，不推荐这样做。必须以适当的方式进行疫苗操作，包括要将疫苗储存在冷藏室，并进行正确混合。应选择从信誉良好的来源购入疫苗，并选择由可信任的公司生产的疫苗。理想情况下，繁育者应让兽医进行必要的检测、疫苗注射和医学治疗。兽医也可以提供类似用于航空旅行的健康证明，这样客户就能确认被领养的幼猫和成猫的健康状态。

营养是动物整体健康状态的关键环节。应饲喂设施内的猫全价日粮，日粮应符合它们目前所处生命阶段的需求，例如给6～12月龄的幼猫饲喂生长或幼猫配方日粮。猫粮品牌产品的营养成分各有差别，如对某个特定产品的优缺点有问题或疑惑，可让动物临床营养学家提供额外的指导。

要保持设施内的动物身体健康，需满足动物的社交和环境需求，这也是非常重要的。必须为猫提供多种可丰富环境的选项，包括多种不同类型的玩具、垂直空间的爬高区域和猫爬架，能提供与其他猫和人护理者进行良性互动的机会。通过同窝幼崽和母亲，幼猫能与同类进行社交接触，这是很重要的。但必须记住猫并不是绝对的社交动物，让它们与不熟悉、无亲属关系的猫进行社交互动，可能会产生负面结果。适当的环境是不可或缺的，这样才能减轻猫的应激，为猫提供运动条件，引导猫的正常捕猎行为至适当的目标上，让幼猫获得适当的早期社会化。

一些繁育者会直接把幼猫卖给宠物店，但这种情况正变得越来越不常见。Amat等在2009年的一项研究表明，由宠物店获得的猫更可能表现行为问题[2]，这为兽医提供证据证明不建议由宠物店获得动物。

如果宠物主人想要拥有一只纯种猫，但不愿意或经济上无法承担由繁育者那里购买的成本，可以尝试通过特定品种的救助组织获得合适的宠物。不幸的是，除非这类宠物带有相关文件，否则无法保证猫的遗传品系就是所声称的品种。但是，猫的身体特征、皮毛颜色和纹路应与该品种的特征密切相符。也可辨认某些品种的行为特征，进而佐证品种描述的真实性。这类特定品种的救助机构可通过多种来源获得猫，包括空间不足的收容所，也可能是宠物主人直接遗弃或由囤猫者那里解救出来的。他们也可以主动通过其他途径寻找待领养的猫，获得具备品种特征的个体。特定品种的救助机构常会引入符合品种标准的任何猫，只要空间足够，他们就会一直饲养该猫，直到找到合适的领养家庭，应告知宠物主人这点。在这种情况下，无法或很少能了解这只猫过去家庭的情况，也无法了解宠物被遗弃的原因。一些品种救助机构可能会有更严格的领养规则，要求领养人以前饲养过该特定品种，或者要求领养人特别了解该品种的独特特征和习惯。

收容所和流浪猫

无论何时，人道收容所都住着数量众多的待领养动物。这些动物可能是宠物主人直接遗弃在此处的，也可能是法庭下令囤积者放弃的动物，也可能是受虐待或忽视的动物或流浪动物。行为问题一直都是宠物主人将他们的宠物遗弃至收容所的常见原因[3]。虽然在宠物主人放弃宠物时，许多收容所会进行接收面谈，但宠物主人可能不愿说出放弃宠物的所有原因，他们担心这样可能会降低宠物被成功领养的概率。因此，在接收动物时，可能无法发现潜在的行为问题，这些问题直到动物进入新家后才体现出来。

宠物主人无法知晓流浪猫的前期生活经历，这是另一种挑战。一只猫在街头流浪的原因有很多，它可能从小生养在街头（甚至可能是野猫），可能因行为问题被过去的家庭留在室外，也可能仅仅是因走失而未回到家中。在这种情况下，无法获得这只猫的过往社交历史信息，无法知晓它是否与其他猫一起长大或者原有家庭是否有犬或小孩，也无从获知这只猫在早先环境内的遭遇。

无论猫是被主人遗弃还是原来是流浪猫，猫的来源会影响这只猫的行为，不仅会影响它在收容所内的行为，也会影响它在最终领养家庭内的行为。在收容所环境内，Dybdall、Strasser 和 Katz[4] 检查了被主人遗弃的猫和发现时已在流浪的猫之间的行为差异。他们的调查结果显示与对应的流浪猫相比，被主人遗弃的猫在收容所内的应激程度更高，更可能较早发病，而这两种因素都会影响它们被成功领养的机会。猫待在收容所内的时间也会影响其在收容所内的行为，改变它的可领养性，还可能影响它被领养后的行为。Gouveia、Magalhães 和 de Sousa[5] 调查了猫在收容所内的停留时间及其对猫的影响。他们发现与在收容所内的停留时间少于 1 年的猫相比，在收容所内停留时间超过 7 年的猫的活动量显著降低，与同类发生负面社交的情况更多，同时进食时间和频率均较低。据我们所知，目前未有其他研究来确认这类猫被领养后，这些行为是否会在新家内持续存在。

被遗弃和成为孤儿的幼猫

客户获得新的幼猫时，他们常认为幼猫是被遗弃的或是孤儿。瘦弱或脱水的幼猫很可能是被遗弃的，必须尽快解决它们的医疗健康需求。但是，如果幼猫的整体状况良好，客户就应仔细搜查附近区域，寻找猫窝的迹象，尝试让幼猫与它的母亲团聚。在母猫捕猎时，它可能会藏起它的幼猫们，因此有些幼猫并不是真的被遗弃。此外，可以询问其他人是否在该区域看到母猫或其他幼猫。如果这些努力都失败了，那么客户可以联系附近的人道主义收容所，他们可能有正在哺乳的母猫可以抚养幼猫，这是最理想的选择。

客户也可以选择人工抚养幼猫，使用胃管或奶瓶饲喂幼猫可用的幼猫配方产品。在这种情况下，需要咨询兽医的专业意见，不仅可帮助客户为幼猫提供营养和医疗护理，还需要讨论通过人工奶瓶饲喂抚养大的幼猫可能发生的潜在的行为结果。即使尽最大努力进行频繁饲喂，这些幼猫仍缺乏 24 小时的持续护理和注意，无法与母猫互动，缺乏与同窝幼崽的重要互动作用。幼猫与母亲之间缺乏互动，进入成年期后表现恐惧、攻击和胆怯的可能性更大[6]。有限的研究和观察到的证据显示人工抚养幼猫是一种潜在的风险因子，未来更可能发展形成行为问题[7]。但是，在 2005 年一项包含 67 只人工抚养大的幼猫（均由兽医学生抚养）和 58 只作为对照组的猫的研究里，结果显示，与母猫抚养大的幼猫相比，人工抚养大的幼猫变得有攻击性、表现恐惧或出现行为问题的可能性并无差异[8]。一些行为学家认为由人工抚养大的幼猫可能无法学会正常和适当游戏的分界线。它们常过于粗暴，会使用它们的爪子和牙齿，对它们的主人产生伤害效应[9,10]。一项研究显示抚养幼猫时若缺失母猫的护理，幼猫倾向于无法轻易与人进行社交[11]。

基于上述的所有理由，无论何时都应尽可能把幼猫与哺乳母猫及其幼猫放在一起，模仿与同类互动的正常发展过程。如果这无法实现，客户必须知道在饲喂过程中有必要引入挫败因子，抵抗幼猫一想进食就喂它的诱惑，同时应给幼猫提供充足的营养，保证它的最优发育[12]。

行为特征的遗传性

宠物主人在挑选新的伴侣猫时，必须考虑的另一个因素是行为特征的遗传性。如果领养一只成猫时，没有可利用的历史，就无法了解猫的母系和父系的遗传贡献情况。除非是从繁育者那里获得的猫，大多数主人仅可获得猫的母系信息。虽然母系为每只幼猫提供 50% 的遗传物质，但许多研究已经确认某些行为特征的遗传性与幼猫的父亲相关[13]。Turner 及其同事们[14] 发现幼猫的父系的友好度直接影响幼猫的友好度。父母亲也会明显影响幼猫愿意与不熟悉的人待在一起的时长[14]。比较进行过早期社会化和未经过社会化的幼猫，以及父系友好的幼猫和父系不友好的幼猫之间的互动差异，发现父系显著影响这些差异[15]。与未社会化或父系不友好的幼猫相比，父系友好的社会化幼猫更可能接近人，且接近的速度更快。与其他幼猫相比，它们会与人发生身体互动，表现放松的体态，与人待在一起的距离更近，时间更长。当有不熟悉的人在场时，相比较来说他们不会发出嘶叫声、展现防守或恐惧的体态或者尝试躲藏，而未社会化和父系不友好的幼猫则大多会发出嘶叫声。研究者在观察猫对新奇物体的反应时，虽然社会化和未社会化的猫表现相同反应的比例一致，但是与父系不友好的猫相比，父系友好的猫更可能接近新奇物体，会花更多的时间研究该物体。描述这种会影响幼猫与环境、人和其他猫进行成功互动的能力的遗传特性时，会使用一种更广义的术语——胆量。猫的父系胆量大时，这些猫的特征为对熟悉和不熟悉的人表现友好，缺乏对新奇物体的恐惧反应，宠物主人希望他们的伴侣猫都具备这两种特征。因此，兽医应向未来的宠物主人强调同时了解幼猫的父系、母系遗传特性的必要性，以及进行早期社会化的重要性。

选择品种

目前，美国有两个猫品种组织：美国爱猫者协会目前承认43种猫品种[16]；国际猫协会（The International Cat Association，TICA）[17]目前列有70种猫品种，包括普通家猫。英国爱猫协会（Governing Council of the Cat Fancy）目前承认超过60种猫品种。与这些品种猫相比，未来的宠物主人和许多兽医最熟悉的猫的类型为短毛家猫、长毛家猫和小部分易于辨认的品种猫，例如波斯猫、暹罗猫和阿比西尼亚猫。

行为特征

每种注册的猫品种都有独特的外观特征，这也是让宠物主人寻求某个品种个体的常见原因。当潜在的宠物主人考虑饲养一只伴侣猫时，给他们提供的信息应不局限于品种的身体特征，还应包括行为和易患疾病的倾向。宠物主人获知这些信息后，不仅能根据个人偏好来选择相符的品种特征，也可以依据现有的家庭成员情况，在猫的一生中为它提供潜在疾病护理的能力，以及满足特定品种的环境、丰富度和活动需求的能力，来选择相符的品种特征。

无数的资料和网络资源能提供每个品种的行为和性格特征信息，宠物主人可据此进行选择和考虑。多种来源提供的信息是如此之多，可能会淹没宠物主人，让其无法清晰地选择最适合个人独特需求的猫品种。为了协助兽医更好地帮助主人选择猫品种，表6-1汇集了这些信息。由3个资源汇编了关于行为特征的信息。美国爱猫协会[16]和国际猫协会[17]的网站提供每个品种的详细描述、图片和历史信息，这些品种分别受对应协会的承认。品种爱好者倾向赞扬他们所喜爱的品种，会吹捧该品种的优秀特征，在汇编这些品种描述时，可能会低估品种的负面特征；因此，这些描述可能带有偏见。目前，已可获得通过80名猫科兽医调查收集的额外信息，这些兽医都是AAFP的成员。要求这些兽医为每个品种的多种特征和常见的行为问题特征进行排序[18]。这些资源都不是品种特征或行为问题的可控科学研究成果；但是，综合这些资源进行评估后，可针对正在考虑的品种获得相当准确的代表信息。但有时会发生两种资源对某个品种的特征描述是完全相反的，这突出了可用信息的不一致性。在国际猫护理网站上，也能进一步获得关于品种类型的信息[19]。

疾病问题

已将犬猫品种易患疾病 *Breed Predispositions to Disease in Dogs and Cats* 一书内的信息制成关于易患医疗问题和疾病的列表[20]。近期完成的犬猫基因测序产生了巨量信息，已记录了猫的230种遗传疾病[21]。大量的疾病列表、相关的筛查检测、诊断程序、预防措施和相应的治疗方法会让兽医们望而却步。兽医可以访问国际猫护理网站，获得最全面、最新的猫遗传疾病列表，使上述信息变得更清晰[22]。如果临床兽医想要了解多种猫遗传疾病的临床症状、诊断技术和管理措施的话，也应访问世界小动物兽医协会的全球兽医社区网站，获得更全面的信息[23,24]。

表 6-1 猫的品种及行为特征、性格描述和易患疾病

猫的品种	行为特征和性格描述	易患疾病
阿比西尼亚猫	攻击人	淀粉样变
	攻击其他猫	芽生菌病
	非常聪明	先天性甲状腺功能减退
	与主人互动	隐球菌病
	忠诚	扩张型心肌病
	不愿待在人的腿上	灰黄霉素过敏
	爱玩耍	感觉过敏综合征
	抓家具	红细胞的渗透脆性升高
	捕猎鸣禽	重症肌无力
	尿液标记	鼻咽息肉
	非常活跃	精神性脱毛
		丙酮酸激酶缺乏症
		视锥-视杆细胞视网膜变性
		视锥-视杆细胞视网膜发育异常
		毛干异常
美国短毛猫	适应性强	肥厚型心肌病
	性情平和	
	安静	
	耐受小孩	
巴厘岛猫	活跃	猫肢端黑化
	友爱	
	与家庭关系紧密	
	喜爱社交	
	淘气	
	爱玩耍	
	爱叫	
孟加拉猫	攻击人类	未知
	攻击其他猫	
	自信	
	好奇	
	喜爱水	
	亲切	
	不友爱	
	粗暴	
	抓家具	
	捕猎鸣禽	
	尿液标记	

（续表）

猫的品种	行为特征和性格描述	易患疾病
孟加拉猫	非常活跃 爱玩耍	
伯曼猫	友爱 甜美 爱叫	非典型性中性粒细胞颗粒化 伯曼猫远端多发性神经病变 先天性白内障 先天性稀毛症 角膜皮样囊肿 坏死性角膜炎 血友病 B 海绵状变性 尾尖坏死 胸腺发育不全
英国短毛猫	友爱，但不愿趴在人的腿上 平静 与人类友好 安静	血友病 B 肥厚型心肌病
缅甸猫	对人类友爱 擅长使用猫砂盆 爱玩耍 爱社交 很少进行尿液标记 忍耐力强 爱叫	鼻孔发育不全 缅甸猫头部缺陷 草酸钙结石 先天性耳聋 先天性稀毛症 先天性前庭疾病 角膜和外侧缘皮样囊肿 角膜分离 扩张型心肌病 心内膜纤维弹性组织增生 猫肢端黑化 广泛性蠕形螨病 感觉过敏综合征 低血钾性多肌病 脑膜脑膨出 瞬膜腺体脱垂 精神性脱毛
柯尼斯卷毛猫和德文卷毛猫	活跃 友爱 充满活力 擅长使用猫砂盆	麻药过敏 先天性稀毛症 德文卷毛猫的遗传性疾病 马拉色菌性皮炎

（续表）

（续表）

猫的品种	行为特征和性格描述	易患疾病
柯尼斯卷毛猫和德文卷毛猫	活泼 喜爱攀爬和跳跃 很少进行尿液标记	髌骨脱位 脐疝 维生素 K 依赖性凝血障碍
长毛家猫	擅长使用猫砂盆 经常进行尿液标记 中等程度友爱 中等攻击性	α-甘露糖贮积症 基底细胞瘤 先天性门脉分流 脆皮症 肥厚型心肌病 多囊肾
短毛家猫	活跃 友爱 攻击性 对不熟悉的人友好 擅长使用猫砂盆 经常进行尿液标记 爱玩耍 捕猎鸣禽	α-甘露糖贮积症 解剖结构缺损 先天性白内障 先天性重症肌无力 先天性门脉分流 角膜皮样囊肿 脆皮症 GM1 神经节苷脂沉积症 血友病 A 遗传性卟啉症 高草酸盐尿症 肥厚型心肌病 克拉伯病 单纯性雀斑痣 高铁血红蛋白还原酶缺乏症 晶体状小畸形 黏多糖贮积症 I 型黏多糖贮积症 神经轴突营养不良 尼曼匹克症 中性粒细胞核分叶 Pelger-Huet 异常 精神性脱毛 丙酮酸激酶缺乏症 皮脂腺肿瘤 日光性皮炎
埃及猫	活跃 对不熟悉的人疏远 对噪声敏感 害羞的	海绵样变性

（续表）

（续表）

猫的品种	行为特征和性格描述	易患疾病
异国短毛猫	友爱 害怕不熟悉的人 对人类关爱度低 比波斯猫活跃 安静	泪溢 多囊肾
哈瓦那褐猫	友爱 寻求注意 忙碌 好奇 爱玩耍	芽生菌病
喜马拉雅猫	友爱 爱玩耍玩具 沉着	基底细胞瘤 草酸钙结石 先天性白内障 先天性门脉分流 角膜分离 脆皮病 皮肤真菌病 猫肢端黑化 灰黄霉素中毒 感觉过敏综合征 特发性面部皮炎 多发性表毛囊肿 系统性红斑狼疮
柯拉特猫	活跃 友爱 温柔 可能无法接受其他猫	GM1 神经节苷脂沉积症 GM2 神经节苷脂沉积症
缅因猫	对人类友爱 擅长使用猫砂盆 不害怕不熟悉的人 不爱叫 放松和易相处的	髋关节发育不良 肥厚型心肌病
曼岛猫	性情平和 与家庭关系紧密 对家庭的关爱度低 中等程度恐惧 不爱叫	便秘 角膜营养不良 擦烂 巨结肠症 直肠脱垂

（续表）

（续表）

猫的品种	行为特征和性格描述	易患疾病
曼岛猫		荐尾发育不全
		脊柱裂
挪威森林猫	活跃	IV型糖原贮积症
	与家庭互动	
	爱玩耍或不爱玩耍	
	中等程度恐惧	
	不爱叫	
	甜美	
东方短毛猫	活跃	精神性脱毛
	友爱	
	擅长使用猫砂盆	
	攻击性比暹罗猫低	
	中等程度的尿液标记	
	爱叫	
波斯猫	友爱	α-甘露糖贮积症
	经常进行尿液标记	基底细胞瘤
	不爱动	草酸钙结石
	不爱玩耍	谢迪亚克-东综合征（仅蓝烟色波斯猫会患该病）
	不擅长使用猫砂盆	
	安静	解剖结构缺损
	甜美	先天性白内障
	非常恐惧	先天性多囊肝
		先天性门脉分流
		角膜分离
		隐睾
		皮肤真菌病
		眼睑内翻
		灰黄霉素中毒
		肥厚型心肌病
		特发性泪溢
		特发性面部皮炎
		特发性眼周结痂
		泪管发育不全
		溶酶体贮积症
		多发性表毛囊肿
		腹膜心包膈疝
		多囊肾
		原发性皮脂溢

（续表）

（续表）

猫的品种	行为特征和性格描述	易患疾病
		凸颌症
		视网膜变性
		皮脂腺肿瘤
		系统性红斑狼疮
布偶猫	友爱 温顺 对不熟悉的人友好 与小孩很好相处 无攻击性	肥厚型心肌病
俄罗斯蓝猫	对不熟悉的人保持警惕 能很好地与小孩和其他宠物相处 擅长使用猫砂盆 较少进行尿液标记 爱玩耍 安静 害羞	
苏格兰折耳猫	友爱 好奇 聪明 懒散 对家庭忠诚	关节病
暹罗猫	活跃 友爱 攻击其他猫 高需求 经常进行尿液标记 聪明 活泼 爱玩耍 抓家具 爱叫	Aguirre综合征 淀粉样变 基底细胞瘤 芽生菌病 蜡样脂褐质沉积症 乳糜胸 腭裂和/或唇裂 先天性白内障 先天性耳聋 先天性稀毛症 先天性特发性巨食道症 先天性重症肌无力 先天性门脉分流 先天性前庭疾病 内斜视和眼球震颤

（续表）

猫的品种	行为特征和性格描述	易患疾病
暹罗猫		角膜分离
		隐球菌病
		皮肤结核病
		扩张型心肌病
		心内膜纤维弹性组织增生
		眼睑缺损
		猫肢端黑化
		猫哮喘
		猫耳翼脱毛
		食物过敏
		广泛性蠕形螨病
		青光眼
		GM1 神经节苷脂沉积症
		血友病 B
		遗传性卟啉症
		髋关节发育不良
		组织胞浆菌病
		脑积水
		感觉过敏综合征
		胰岛瘤
		交界性大疱性表皮松懈
		脂肪瘤
		乳腺肿瘤
		肥大细胞瘤
		晶状体小畸形
		VI 型黏多糖贮积症
		鸟型结核分支杆菌
		鼻腔肿瘤
		尼曼匹克病
		动脉导管未闭
		眼周白毛
		持续性心房静止
		原发性甲状旁腺机能亢进（由甲状旁腺肿瘤引发）
		精神性脱毛
		幽门功能障碍
		视网膜变性
		小肠腺癌

（续表）

（续表）

猫的品种	行为特征和性格描述	易患疾病
暹罗猫		孢子丝菌病
		汗腺肿瘤
		系统性红斑狼疮
		尾巴吮吸症
		白癜风
索马里猫	活跃	红细胞的渗透脆性升高
	友爱	重症肌无力
	精力充沛	丙酮酸激酶缺乏症
	与主人互动	
	不愿待在人的腿上	
	不适应猫数量多的群体	
	非常好奇	
斯芬克斯猫	活跃	麻药过敏
	友爱	
	非常友好	
	喜爱待在人的腿上	
	擅长使用猫砂盆	
	好奇	
	较少进行尿液标记	
	爱玩耍	
	对不熟悉的人不友好	
东奇尼猫	活跃	先天性前庭疾病
	友爱	牙龈炎
	对不熟悉的人友好	
	喜爱待在人的腿上	
	擅长使用猫砂盆	
	活泼	
	较少进行尿液标记	
	爱玩耍	
	爱社交	
	意志坚强	
	爱叫	

数据摘自：Hart BL, Hart LA: Behavioral profiles of cat breeds. In: Your ideal cat: insights into breed and gender differences in cat behavior, West Lafayette, IN, 2013, Purdue University Press, pp. 68-120; http://www.cfa.org/FutureOwners/BreedPersonalityChart.aspx; and http://www.tica.org/public/breeds/to/introl.php.

（续表）

领养年龄

选择幼猫还是成猫作为新的家庭宠物时，需要考虑许多因素。这两个年龄群体都带有挑战性。

幼猫

选择往家内引入一只幼猫时，必须考虑和评估数种因素。一组因素与幼猫的来源环境相关（在本章已进行了说明），其他因素则与幼猫到达新家后的需求相关。主人最享受的行为特征之一是幼猫爱玩的特性，但这有时也是应避免领养年幼动物的主要原因之一，这会是个令人沮丧、充满危险和耗时的过程。宠物主人必须愿意且有能力满足幼猫的玩耍和活动需求，并能解决幼猫的特殊身体和社交需求。正因为如此，幼猫并不适合虚弱的个体或年纪较大的成年人，拥有一只年幼、活跃的幼猫可能会威胁到他们自身的安全。类似的，非常年幼的小孩可能会无法接受和害怕顽皮、好动的幼猫。

早在2～3周龄时，幼猫就会开始发展游戏行为[25]。幼猫的游戏行为包括用嘴咬、用爪拍、潜进、追逐、猛扑、扭打、跳跃、飞跃和攀爬（图6-1）。虽然这些行为仅起娱乐作用，但它们发生的时机和结果可能会让主人感到沮丧，也可能影响家庭成员或其他宠物的安全。例如，幼猫常在夜间玩耍，这会吵醒它们的主人，还会尝试跳到垂直空间高处，并在此处维持平衡，这会破坏某些个人物品。幼猫在家内穿行进行快速追逐游戏时，如果幼猫跑到人脚下，可能会使人受伤。幼猫的这种好动特性需要多个发泄处，如大量的玩具，最重要的是需要组织性好的主人安排游戏时间，鼓励幼猫使用适当的物品玩耍。如果不给幼猫提供适当的发泄处，幼猫会变得沮丧，开始把捕猎游戏指向主人，或开始破坏主人的个人物品。随着年龄增长，游戏行为会逐渐减退[25]，年纪越大的猫越倾向在自然清醒时段玩耍，它们的行为也不像幼猫那么剧烈或好动。在决定收养幼猫还是成猫时，必须考虑幼猫对玩耍的高需求情况。

社会化

幼猫饲养的另一个耗时特征就是需为幼猫提供充足和适当的社会化。在行为学文献里，社会化指"机会窗口"或发育的敏感时期。在此期间，动物更易接受新的人们和其他动物（包括同类），也更易吸收新经验。研究者调查了人的互动和早期接触的影响，已确定猫的社会化敏感时期为2～7周龄，可能一直持续至9周龄[26]。幼猫一般在7周龄后才断奶，也需要时间与它们的母亲和其他幼猫互动，因此除非是在出生环境内，否则很难为幼猫提供与人充足的社会化。社会化的终结点并不是绝对的，因此可积极利用持续开放的社会化窗口，来帮助幼猫适应新家庭环境。虽然每只幼猫都是一个独立的个体，客户在寻求适当的社会化技术时，应使用适用于所有新的幼猫的技术。第4章提供了关于社会化的更详细讨论。

猫砂盆的偏爱情况和食物

幼猫虽然年幼，但它们进入新家时，可能已经建立起偏好。供给幼猫的母亲及幼猫的猫砂类型会影响幼猫对猫砂材质的偏好。大多数研究显示与其他猫砂材质产品相比，猫更偏爱膨润土结块猫砂[27]，往家内引入一只幼猫时，最好提供这种类型的猫砂。但是，如果幼猫以前未接触过这种材质的猫砂，或者因早期生活在室外环境内，未接受猫砂盆的使用训练，那么可能出现室内随地排泄的问题。此时，新的猫主人需提供数种不

图6-1 一只幼猫正在表现游戏行为

同类型的猫砂（"猫砂盆自选"），判断幼猫喜爱哪种材质。一些兽医会推荐客户带回家一些用过的猫砂，放少量这些猫砂在新的猫砂盆里，这样产生的气味会让猫感到熟悉，帮助幼猫使用新的猫砂盆和猫砂。应让幼猫能轻易进入所提供的猫砂盆，根据幼猫的大小情况，可以使用自制的边侧最低的猫砂盆，如饼干烤盘或烘焙烤盘，也可以在商品化的塑料猫砂盆下端切出一个开口。如果幼猫的年龄过小，无法接近现有位置的猫砂盆，如放在楼梯下或楼梯上的猫砂盆，那么也需要改变猫砂盆的位置。

到达新家时，幼猫已经断奶，并在以前的环境内接触过某些类型的食物。这会影响幼猫的食物偏好，如果新主人想要改变幼猫的日粮，应花数天时间进行逐渐过渡。

捕猎行为

一些宠物主人想要获得一只猫的原因不仅仅是起陪伴作用，还希望猫能帮助控制有害生物。相反的，另一些人则厌恶猫正常行为里的捕猎行为。猫是天生的捕食者，幼猫在断奶期间，由进食母乳转为进食母猫带回窝内的猎物，进而发展出捕猎行为[28]。此时，幼猫的游戏行为开始集中于抓捕猎物，即使猫被驯化和养在家中，它仍会表现捕猎游戏，若有机会就会变成贪婪、成功的捕食者。近期人们越来越关注家养猫对城市鸟类和某些国家的野生动物群体的影响，正鼓励这些国家的猫主人将猫养在室内。根据经验证据显示，最活跃的猫品种的鸣禽捕猎率最高，包括孟加拉猫、阿比西尼亚猫、短毛家猫和长毛家猫[18]。如果客户希望将猫养在室内／室外，同时又希望能最小化猫对当地鸟类群体的影响，可以避免选择这些品种，可考虑选择更不活跃的猫品种。另外一种选择是使用室外围圈来预防捕猎，这样猫仍能接触室外环境。可在脖圈和"领结"上安装大铃铛等用具来预防捕猎，目前关于这类用具的有效性的信息仍有限。如果猫天生有较高的捕猎倾向却被养在室内，主人就需要给它们提供更多的机会，来使用适当的玩具进行"捕猎"。使用动作感应玩具和看起来、动起来像自然猎物的玩具，可以满足猫搜寻、潜行、猛扑和猎杀的需求。可以给爱捕猎的猫使用食物配给搜寻玩具，这样猫既能全天少量多餐，更符合它的自然采食模式，同时丰富、充实了猫的精神和身体需求。在一些国家，让猫接触室外环境，并忍受它们的自然捕猎行为，也是常见的选择。

经济考虑

如果主人领养了断奶后的幼猫，就需要携带幼猫一起去拜访兽医，根据 AAFP 或其他国家的兽医组织给出的合理的、现行的预防护理和检查指导，进行必要的疫苗免疫程序、实验室检查和驱虫程序。若领养的是成猫，则仅需注射强化疫苗。除非收养的猫已被绝育／去势，如由收容所领养的幼猫常已是绝育／去势的，猫主人需负担猫的绝育／去势费用。在美国还可进行其他手术，例如断爪术，但其他国家已禁止该手术，美国进行该手术的频率也在下降。第 8 章和第 23 章完整讨论了猫的正常磨爪行为和处理不希望出现的磨爪行为的适当方法。幼猫会表现更多的玩耍和探索行为，因此猫主人可能需负担个人物品被损坏的成本。虽然一些人认为幼猫比成猫更易领养，但猫主人应清楚幼猫有独特的挑战性，必须做好解决幼猫爱玩天性和适当社交化的准备，也需要承担护理幼猫的经济成本。

成猫

选择领养一只年龄较大的猫时，应考虑数种行为因素。

食物偏好

在领养成猫和一些年龄较大的幼猫时，它们可能已经强烈偏好某种食物类型[29]。这些食物类型包括在幼猫断奶后，繁育者或原有主人喂的品牌和／或配方产品（罐头产品 vs 干粮），也包括母猫带回家的猎物类型。即使繁育者或主人尽量用多种类型的食物饲喂幼猫[32]，猫在 6 月龄时仍会形成明确的食物类型偏好[30,31]。兽医需主动地警告成猫的新主人，如果该猫被领养时具有极度强烈的、早已存在的偏好，会产生非常严重的健康问题。带有强烈偏好的猫进入新家时，如果突然更换其日粮，它会完全停止进食[29]，可能引发威胁生命的脂肪肝。在领养时了解猫的食物偏好，有助于成猫去适应新家，最小化发生食欲不振的可能性，从而可让猫缓慢过渡至新的日粮。

已有的行为倾向

未来的猫主人可能对领养年龄较大的猫持保留态度，他们认为年龄较大的猫的问题行为会过于根深蒂固，是不可能进行更改的。在 2～4 岁时，猫的行为成熟，在此之前许多问题行为不会表现出来或未牢固建立。在行为转诊诊所最常见的行为问题是尿液标记、不可接受的排泄行为和攻击行为[2]。这些行为里的每一种都受多因素影响，基因、性别、学习和环境都会影响这些行为的表现。Amat 等发现波斯猫比其他品种猫更可能出现不可接受的排泄行为，最常见的起因诊断是猫厌恶猫砂盆[2]。他们的研究还发现，与可接触室外环境的猫相比，无法接触室外环境的猫表现更多的行为问题；与多猫家庭相比，单猫家庭的猫更常攻击人类；与绝育母猫相比，未绝育母猫更可能表现攻击行为[2]。在上述每种情况下，如果新主人能提供适当的环境，促进猫被适当引入新家庭，并负责任地绝育/去势他们的新宠物，那么被领养的成猫在过去家庭或设施内表现出的许多问题行为可能会消失。

当未来的猫主人在评估领养幼猫还是成猫时，兽医可以帮助他们进行决策，鼓励未来的猫主人列出他们认为猫最吸引人的特征。要帮助未来的猫主人决定领养一只幼猫还是年龄较大的成猫，表 6-2 列出了幼猫和成猫的的行为倾向。

性特征和绝育／去势状态

在决定领养公猫或是母猫时，猫主人需要考虑多个因素。在进行这项复杂的决定时，应考虑所有希望获得的行为特征。

表 6-2 比较幼猫和成猫的行为倾向

行为特征	幼猫	成猫
游戏和活动	游戏强度高 活动量高，甚至在晚上活动 每日多次玩耍 在家内探索、撕咬、磨爪及能量消耗需求都导致破坏性较高	较少玩耍，休息时间长 夜间活动较少 需要游戏和运动，但破坏性较低 更适应独处
采食行为	在 6 月龄前一般没有强烈的食物偏好 易于训练形成自由采食模式	可能有强烈的食物偏好 在有需要时，很难由按顿饲喂转为自由采食，反之亦然
猫砂盆的使用	可能未训练使用猫砂盆 应保证年龄较小的幼猫易于接近猫砂盆 可能有也可能没有对猫砂材质的偏好	可能已有猫砂材质偏好 可能已有不可接受的室内随地排泄行为，例如不使用猫砂盆或喷尿和/或标记行为
性情和行为	现有性情未固定 预防行为问题要比改变行为问题更容易	已知性情和性格情况 由于条件反射作用，可能很难解决行为问题
成本	由于要进行去势或绝育、预防检测和疫苗程序，成本增加	要解决年龄较大的猫的医疗问题，包括老年猫的护理问题，增加了花费

注意：这些仅是倾向和趋向表现，可能并不是被领养的特定幼猫或成猫的真实情况

公猫 vs 母猫

一些未来的猫主人会询问应领养哪个性别的猫，而另一些主人则完全不知道领养某性别或另一性别的猫的理由。研究已确认猫的性别和绝育/去势状态会影响猫的某些行为[2,18,33-35]。这些行为包括尿液标记、攻击同类、攻击家庭成员和对陌生人的友好行为。

绝育/去势 vs 未绝育/未去势

客户决定绝育/去势猫时，兽医常会强调绝育/去势在健康和群体控制的明显益处，但可能不会注意客户应考虑的行为特征影响。未去势的雄性幼猫在 9 月龄时就能进行繁殖，此时睾丸发育完全，可产生精子，也能完成交配过程[34]。此时，由于公猫的睾酮激增，猫主人开始注意到与性成熟相关的行为，例如想要外出游荡，推测这是为了找到发情母猫[34]。这也是开始出现领地行为的时期，包括公猫间的打斗和尿液标记行为[34]。Hart 和 Barrett 发表的研究表明绝育/去势并不会完全消除尿液标记行为。他们发现在绝育/去势手术之后，约 10% 的去势公猫和 5% 的绝育母猫仍会进行尿液标记[33]。确定最佳绝育/去势年龄是一项复杂的问题；但是，在一项已发表的研究里[36]，研究者通过调查在 2 月龄就被绝育/去势的幼猫的主人，发现公猫表现喷尿的概率仅为 2.5%，说明猫主人希望在显著早于公猫性成熟的时期就将其去势，从而尽可能避免发生这种行为。在一项 2004 年的研究里，研究者调查比较了进行早期性腺切除的猫和在 5.5 月龄后绝育/去势的猫。他们发现在 5.5 月龄前被去势的公猫较少发生脓肿，对兽医表现的攻击性降低，较少表达性行为和尿液标记[35]。虽然去势可能完全消除领地行为，但在公猫出生时，体内的睾酮会使公猫表现雄性化，这可能使部分猫在去势后仍保留领地行为[37]。领养一只未去势公猫后再为其进行去势手术时，由于学习作用和早期睾酮的作用，该猫可能仍会保留令人厌恶的雄性行为。在进行关于绝育/去势的知情决策时，可以参考宣传材料里的给猫进行绝育或去势手术的益处和风险。

未绝育的母猫会季节性多次发情，整年内常有多次发情期，常发于春季和秋季。发情公猫或其他发情母猫的存在会高度影响母猫的发情期，其他影响因素包括母猫的品种、基因和所居住环境的天气[34]。母猫发情前和发情中的行为特征会让猫主人感到非常苦恼，这些行为特征包括游荡需求、身体亲密行为需求和母猫为吸引交配对象而发出的特征性叫声。没有经验的猫主人听到这种高度与众不同的吼叫声时，会误以为这是疼痛或疾病的表现，他们会因这种未绝育发情母猫的正常行为而带着母猫来拜访兽医。母猫在怀孕期间会变得比较冷淡，寻求孤立区域作为它们的产窝。它们也可能表现更易怒、焦虑或疯狂，更有防御性[37]。若母猫产后感到它的幼猫受威胁或被移动，它常会表现母性攻击，这种攻击常指向人类或其他猫[37]。母猫攻击公猫是正常的，因为公猫有时会导致幼猫意外死亡，而且公猫倾向杀死未携带它的遗传物质的幼猫。即使是那些正常情况下都很温顺和友好的母猫，也可能表现高强度的母性攻击，尤其是针对人的攻击，且常在攻击前未表现任何威胁行为。当母猫在场时，若尝试接触幼猫，应极度警惕和小心，尽量将对人的危害最小化。若猫主人无法或不愿意面对这种行为，则应考虑领养已绝育的母猫，避免引入怀孕或产后的母猫。考虑到未绝育和去势的公猫和母猫的问题行为特征，应向客户强调绝育/去势的行为益处。

近期的一项研究显示与绝育母猫相比，未绝育母猫因攻击问题被带去行为转诊诊所的可能性显著较高[2]。根据一项在猫科兽医内进行的经验证据调查，与去势的公猫相比，绝育的母猫倾向对同类表现更高的攻击性[18]。这可能与部分人的直觉相反，因为领地性攻击更像是雄性动物的特征，而在野外的猫群体里，表现和谐的群体生活和共同抚育幼崽的都是雌性动物。由于这些雌性群体是由有亲属关系的雌性动物组成的，从进化角度看，它们互相帮助以留存共同的基因，这是有意义的。但是，在典型的多猫家庭内，人们选择了共同生活的猫，这些猫常无亲属关系，因此并未有共同的进化拉动力来进行协作和和谐共处。针对那些希望一次性收养两只猫的猫主人，建议他们选择两只有亲属关系的幼猫，这可能降低猫之间未来发生攻击的可能性（图6-2）。在领养猫时，已有人建议最成功的猫组合是由同窝母猫组成，其次的相容组合是由同窝、不同性别的猫组成；但是，关于性别对猫之间相容性的影响，目前仍缺乏科学证据，很难建议客户如何选择最佳组合。在客户希望往已有猫的家庭引入新猫时，这种情况尤其如此。在这类情况下，依据现有的关于猫社交行为的信息，应告知客户不应期待猫立即表现社交接受，应将新来的猫当作与已有的猫独立的社会实体。在大多数情况下，即使能够相当好地引入新猫，也需为新来的猫单独提供关键资源，预防客户对猫间友谊的建立有不切实际的期望（第4章、第26章和图2-3）。

进行猫的行为咨询时，猫主人常声明他们想要一只不仅对人类家庭成员友爱，还能对不熟悉的人和拜访者表现友好的猫。在Ben、Lynette和Hart针对猫科兽医的调查中，调查对象反映在这方面上，公猫要显著优于母猫，同时母猫对家庭成员的攻击性更高。根据此信息，如果对猫主人来说，最重要的是能与人进行友好的社交互动，那么建议最好选择收养公猫。但是，目前仍缺乏科学、有力的证据来说明性别如何影响行为。

性情

性情和性格这两个术语是密切相关的，用于描述一只动物的固定行为特征，这些特征定义了动物的个性，将动物个体与同类中的其他个体区分开来。性情测试是一种常用于决定一只动物的特定行为策略和领养适合度的方法，可以描绘出动物在成年期可能表现出的行为特征。虽然大多数性情测试适用于犬，用于猫的性情测试也越来越受青睐，特别是在收容所内，该测试能提供一种量化方法，特别是关于与不熟悉的人互动、对新奇事物的反应和一般接触的量化。该测试能提供评估猫的基线性格的方法，从而为潜在的猫主人提供一个切合实际的框架，用于评估猫是否满足他们的特定期望，是否能融入他们的家庭。

测试

目前有多个可用于犬和猫的性情测试的版本。美国的认证应用动物行为学家Emily Weiss博士是美国防止虐待动物协会（American Society for the Prevention of Cruelty to Animals，ASPCA）的高级研发总监。她提出了多个可用于收容所的测试，包括猫-性格评估方法（Feline-ality Assessment）[38]。该测试的目的是匹配潜在的猫领养人与猫的性格，挑选出性格符合领养人的期望和家庭情况的猫。潜在的领养人需完成一个由19道题目组成的测试，明确他们的生活类型和往他们的生活引入新猫的需求。接着对领养人进行分类，使用不同的颜色代表不同的类别：绿色代表

图6-2　在多猫家庭内，两只同窝的猫正在互相理毛

领养人最适合领养可快速、轻易适应新环境的猫；紫色代表猫主人可以领养需要时间和鼓励才能适当适应新环境的幼猫或成猫；橘色代表猫主人需要领养被 ASPCA 认定为"典型伴侣"的猫。收容所的员工接着使用 Weiss 博士发展出的猫-性格测试，同样把猫划分为 3 个类别，使用不同的颜色代表不同的类别，每个类别由 3 种不同的性格子分类组成[39]。根据 ASPCA 的报告，使用 Weiss 博士的"遇见您的配对猫"（Meet-Your-Match）项目（猫-性格测试是该项目的一部分）的收容所的领养增加了 40% ~ 45%，而安乐死和送回数量减少了 45% ~ 50%[38]。

美国的 Lee 等[40]提出了猫的性格属性（Feline Temperament Profile，FTP）测试，该测试最初是用于判断猫是否适合生活在疗养院内。FTP 测试包含多个测试情境，用于评估猫对多种互动刺激物和在具有挑战性的新奇环境下的反应。将猫在每种情况下的反应分为可接受的和有问题的，可接受的最高分为 38 分，有问题的最高分为 16 分。测试包括让猫不熟悉的人在房间的另一端叫猫，评估猫的反应和接下来与测试者的互动情况，或者不与测试者互动的情况。接着进行 3 种"挑战"测试：拉猫的尾巴，尝试让猫玩玩具和评估猫对掉落物体的反应。在近期的一项研究里，研究者尝试验证 FTP[41]，发现 FTP 不仅易于使用和评分，也可为猫的社交性、攻击性和适应性提供客观测定，且测试结果是稳定的，即使在猫被领养后的 3 ~ 6 个月再次进行测试，结果仍一致。

英国正在进行的研究致力于发展出评估在收容所内的猫性情情况的方法，且主要注重测试方法的可靠度和有效性。目前仍未发展出最终的测试模型，但这是该研究的终极目标[42]。此外，国际猫护理协会正在支持相关研究，以发展出用于评估收容所的猫对人类情绪反应状态的方案。该方案也考虑了个体猫的年龄和健康状态，目的是提供一种结构化系统，帮助人们在个体水平上管理猫，促进猫获得最佳的福利待遇。该方案仍在制定中，未来可为公众所用。

美国的大量研究验证了性情测试方法对猫和犬的有效性[41,43]，但其他研究显示幼猫和成猫之间的结果缺乏稳定性[14]，在幼犬也有类似的结果[44]。一项关于犬的性情测试的特定研究显示，该方法无法预测犬被领养后会表现出的某些类型的攻击，这对使用该法来判断长期行为的真实稳定性提出了实质性质疑[45]。虽然性情测试并不是完美的工具，但该测试易于使用，可广泛应用于多种生物，帮助促进成功领养宠物。适当训练兽医后，他们也可以应用这些性情测试方法，评估来到诊所的每窝幼猫，帮助繁育者和宠物主人决定哪只幼猫最适合某个特定环境，以及哪只幼猫最符合希望收养一只幼猫的家庭的需求。

当客户要求评估一只猫的性格时，兽医可以使用一种可用的猫性情评估测试，也可以简单地将猫划分为 3 种公认的性格类型之一。Feaver 等[46]进行了一项研究，研究者给猫的多种不同方面进行评分，确定了 3 种基本的性格类型：活跃的/爱攻击的、胆小的/紧张的和自信的/随和的。但是，有些猫并非完美属于这 3 种类型中的一种，因此需要一个更为广泛的性格范围或合集，而这正是性情测试能提供的。其他研究里的研究者也曾尝试定义猫的性格类型分类，所得结果与 Feaver 及其同事的类似[47]。一项研究仅依据猫与不熟悉的人的互动情况，确定了 3 种不同的行为类别：主动的/友好的、矜持的/友好的和拒绝的/不友好的[48]。尝试为猫主人配对符合偏好和期望的猫时，考虑猫的多种性格类型是非常重要的。不仅如此，要往原有的猫群体内引入新的猫成员时，也需要考虑家庭内现有的猫的性格类型组成，进行相容性评估，这也是很重要的。

家庭内现有的猫的组成

向家庭内引入一只新猫是一个耗时的任务（见宣传材料内《往家庭内引入一只新猫》），特别是猫间的性格不相容的话，会尤其困难。胆小的/紧张的或拒绝的/不友好的猫不愿意与宠物主人或来家内拜访的客人互动，这会让宠物主人感到失望，因此这些宠物主人会寻求领养一只胆大的猫作为伴侣猫，来满足他们的需求。但是，这只胆大的猫会追逐和主动挑战紧张的猫，并不是一只合适的伴侣猫。也可能发生另一种情况：宠物主人拥有活跃的/爱攻击的猫时，可能会对这只猫对他们的攻击行为感到失望，希望领养一只对人类更加友好的猫，但却未考虑到现有猫会攻击新猫的可能性。并不是不可克服这些组合所产生的问题，但考虑到猫与不熟悉的猫一起生活时，所具备的适应力差异巨大，可能会引发真正的挑战，最好尽可能避免发生这类情况。引入新猫时，必须注意应非常缓慢地进行该过程，永远不可强迫或主动鼓励猫之间发生社交互动，如果主人无法现场监督，就把猫分开，保证每只猫获得充足的资源，特别是饲喂点、躲藏位置和垂直空间的爬高区域。兽医应帮助客户了解向家内引入另一只猫的可能结果，依据猫的最佳利益辅助客户做出决定，而不仅仅是根据客户希望引入另一只猫的愿望来做决定。如果引入过程处理不当或无法建立相容性，即使客户尽力成功让猫融入，但为所有猫的安全考虑，也需要给新猫建立永久的独立领地。但是，必须理解将猫隔离在独立的领地可能会损害猫的福利。在这种情况下，应考虑为其中一只猫找寻新家。

家庭考虑因素

让家庭环境变得欢迎新的成猫或幼猫，这是宠物主人需要考虑的主要因素。当家中已有其他猫时，应在家内空间的充足位点放置充足数量的必要资源，这应是主要考虑的因素。应为新的猫成员创建专属空间，空间内包含食物、水、猫砂盆、躲藏和休息区域，且与现有猫充分隔离（见宣传材料内《往家庭内引入一只新猫》）。第26章讨论了向家内引入新猫的合适方法，此处仅作简短讨论。目的是根据必要的资源分布情况来决定是否向家内引入新猫。

资源分布和管理

猫所需的资源包括猫砂盆、食物、水、玩具、能轻易接近领地的路径、磨爪柱、休息区域、垂直空间的爬高区域和与家庭内的人进行社交互动。让家庭内的每个成员拥有适当和充足的可利用资源，才能把猫间的攻击最小化，避免或尽量降低未来发生行为问题的可能性（第8章和第26章）。

食物资源

虽然猫很少为食物争斗，但它们是独行的采食者；因此，给每只猫在家内各处摆放独立的食碗、饲喂器玩具或饲喂点，可以减轻与同住的猫，特别是敌对的猫，一起进食所伴发的潜在应激。猫主人常会认为在共同饲喂猫时，如果猫并未主动互相表现敌对行为，那么它们就是很乐意一起进食；但是，必须记住食物的价值可能会暂时超越忍耐其他猫的存在所付出的代价。这并不意味着猫喜爱这种状况，应记住猫更偏好独自进食。在引入新猫时，一些国家的行为学家会使用美味的食物零食，但不应让猫肩并肩地进食它们的日常食物。如果使用零食，应在非进餐时间进行引见。在新猫与其他猫的距离明显较远时，喂给新猫零食。使用食物并不是为了让猫互相接近，而是当其他猫处于较远的距离时，培养新猫产生正面情绪。在多数情况下，在多猫家庭内一旦完成初始的引见过程，就应注意管理猫的每日食物供应需求，应让所有猫都能接触放在自有位置的食物。如果需要饲喂一只猫或更多的猫处方日粮，上述要求就变得尤其重要。目前，已证实当一只猫无法安全和隐秘地接触到食物资源时，会引发采食过度、采食不足、肥胖或不佳的体况评分，甚至可能因快速进食而引发呕吐。要维持友善的家庭环境和猫的健康状况，应让猫能适当、安全和轻易地接近食物来源。

猫砂盆

猫主人最常提出的行为问题之一仍是室内随地排泄问题，该问题也是需转诊至行为学家的一种指征[3]。不可接受的排泄方式是一种多因素问题，猫砂盆在家内的放置方式和猫能接触猫砂盆的情况常会影响该问题。兽医常会引用称为"n+1"的经验法则，即家庭内的猫砂盆数量应比猫的数量多一个，但该数据并未经过科学验证。虽然猫砂盆的数量与该问题相关，但如果所有猫砂盆都被放置在同一个房间内或同一个位置，那么无论放置了多少个猫砂盆，都相当于仅有一个排泄位点，人们必须记住这一点。许多其他因素会影响猫砂盆的可用性（表6-3），有时单单增加猫砂盆的数量并不足以解决问题。对于猫是否使用猫砂盆，猫砂盆的实际大小也起重要作用。一只缅因猫或其他大体型的猫的体长可能会超过可购买到的标准大小的猫砂盆的长度。甚至一些普通家猫是如此巨大，以致平均大小的猫砂盆会放不下它们。客户可能甚至不知道还有其他替代措施，如在许多大型连锁店的家庭储物通道常有的低边塑料储物箱。给新猫提供它所熟悉的猫砂材质也是很重要的，新主人应询问该猫偏好和现在所用的猫砂品牌。可以拿一些已用过的猫砂，这些猫砂混入了该猫原有的猫砂盆的残留气味，能帮助家内的新成员在新环境下使用新的猫砂盆。若客户希望降低发生不可接受的排泄行为的可能性，就应了解如何提供适当的资源，包括合适的猫砂盆数量和位置，以及猫砂盆的大小、清洁度和所用的猫砂材质（见第24章）。

空间分布和使用

向多猫家庭内引入新猫时，由于猫选择分享居住空间的方式而常引发领地争斗。在野外环境下，大多数野猫都有独自的领地，面积可达150英亩（1英亩≈0.40公顷）（公猫的领地通常要比母猫的大得多），它们每日的游荡距离可达半英里（1英里≈1.61千米）[7]。由于它们的领地面积很大，如果它们不希望碰到其他猫的话，这

表6-3 增加猫砂盆的可用性

可用性特征	创建理想的猫砂盆
猫砂盆的数量	• 在足够多的不同位置放置 n+1 个猫砂盆（即家内猫的数量再加一个），让家庭内的所有猫在有需求时都能接近猫砂盆，而不需要与其他猫碰面 • 如果存在不可接受的排泄问题或敌对碰面，则可能需要更多猫砂盆和放置位置。
猫砂盆的位置	• 在有多个楼层的家庭内，应每层至少放置一个 • 分散放置在家内 • 放置在每只猫的核心活动区域的边角处，每只猫每天大部分时间都在核心活动区域度过 • 不要放置在流通量高的区域或偏远位置 • 不要放置在嘈杂的电器或家具（如火炉和洗衣机等）附近 • 所放置的区域应有多个入口和出口，避免存在道路瓶颈
大小	• 必须是家内最大猫体长（鼻尖至尾巴基部）的1.5倍 • 最适合体型较大的猫的是床底收纳毛衣盒或大型塑料储存手提箱
猫砂的材质	• 大多数猫偏好膨润土可结团细砂 • 猫砂盆内的猫砂装填深度为1~3英寸（1英寸=2.54厘米） • 为了保持1~3英寸的装填深度，每次铲除团块后，应加入更多猫砂 • 可以在猫砂盆内装入不同的猫砂，判断每只猫偏好何种类型的猫砂 • 如果猫偏好在小地毯、地毯、衣物或被单上排尿，可以使用毯式猫砂盆（即在猫砂盆内摆放毛巾或浴室丢弃的小地毯）
清理	• 每天都应清理每个猫砂盆1次或2次 • 每周都应完全倒空猫砂盆，用温和的肥皂和水清洗，如有需要可提高频率 • 对有些猫来说，能自动清理的猫砂盆过于嘈杂，可能会吓到猫 • 应替换磨损、被抓损或损坏的猫砂盆 • 无论磨损程度如何，每年应完全更换所有猫砂盆

是可能做到的。当然,在平均大小的城郊住屋内,不可能为每只猫提供那么大的领地,在城市公寓里的面积则更小。野猫群体是母系群体,由有亲属关系的母猫组成,共同抚育它们的后代。当雄性幼猫成年后,它们会离开群体,外出寻找新的领地和交配对象。人作为猫的主人,会让猫被迫生活在一起,但在野外环境下,如果猫在一个领地或群体内过得不好,作为敌对或受害者的猫都会干脆离开。但这在平均大小的住屋内是无法实现的,应给猫提供充足的领地空间,这样猫才不会在不愿意的情况下被迫与其他猫互动。应在每只猫偏爱的核心区域设立垂直空间的爬高设施和休息区域。垂直空间的爬高区域对猫是很重要的,猫在此处能观察它们的核心区域,监视何人进入该区域,也可以在此处躲避敌人(图 6-3)。猫主人可发挥创意,提供额外的爬架和垂直空间的爬高设施,如安装在墙上的架子,从而在家内的有限空间里,增加可利用的领地。

在潜在的猫主人领养一只新猫前,或至少在他们第一次带宠物猫来就诊时,临床兽医应花必要的时间向他们解释如何设计资源分布。客户可能并不知晓这类管理是如此重要,可预防猫出现不希望出现的行为,如猫间的攻击、焦虑、不可接受的排泄行为和尿液标记行为。如果客户无法或不愿意在屋内提供额外的资源,那么引入另一只猫会引起问题,应不建议他们这么做。如果客户坚持要引入新猫,那么必须合理考虑已有猫(们)的性格情况(如前所述),仔细选择要引入的猫,预防未来发生行为问题。为判断客户给猫提供适当资源的能力或意愿,可参考附录宣传材料里的"我应该领养另一只猫吗?"

总结

猫的性格和行为是由多方面组成的。然而,宠物主人对如何利用这些信息来选择新的伴侣猫知之甚少。Karsh[26]研究了猫的安置情况,发现猫主人常仅根据外观来选择他们新的伴侣猫,特别常见仅根据毛发颜色来进行选择。他们会做出这样的选择,主要是因为待领养的猫的外观与他们曾熟知和喜爱的猫类似,这些猫可能是他们的童年玩伴,也可能是他们曾经拥有的猫,或者是朋友的猫。如果猫主人未获得关键信息,包括猫的来源和性别、品种类型、领养年龄和性情情况,他们可能会选择一只并不适合他们的家庭和生活类型的猫,这只猫可能无法与他们已有的猫相处。初始的不佳决策会引发最终的灾难性后果,包括猫的行为问题,这会进一步导致遗弃、丢弃或安乐死。兽医健康护理专业人员应教育客户,提供我们的猫朋友的行为的所有有用和可靠的科学研究信息,以及如何利用这些信息来选择新的伴侣猫。

图 6-3　一只猫蹲坐在高处,监视整个房间

参考文献

[1] Bayer HealthCare Animal Health Division: Bayer veterinary care usage study III: feline findings. 2012. http://www.google.com/webhp?nord=1#nord=1&q=Bayer+Veterinary+Care+Usage+Study+III:+Feline+Findings Accessed December 29, 2014.

[2] Amat M, Ruiz de la Torre JL, Fatjó J, Mariotti VM, Van Wijk S, Manteca X. Potential risk factors associated with feline behaviour problems. Appl Anim Behav Sci. 2009.121:134-139.

[3] Salman MD, New JG Jr, Scarlett JM, Kass PH, Ruch-Gallie R, Hetts S. Human and animal factors related to the relinquish- ment of dogs and cats in 12 selected animal shelters in the United States. J Appl Anim Welf Sci. 1998.1:207-226.

[4] Dybdall K, Strasser R, Katz T. Behavioral differences between owner surrender and stray domestic cats after entering an animal shelter. Appl Anim Behav Sci. 2007.104:85-94.

[5] Gouveia K, Magalhães A, de Sousa L. The behaviour of domestic cats in a shelter: residence time, density and sex ratio. Appl Anim Behav Sci. 2011.130:53-59.

[6] Mellen JD. Effects of early rearing experience in subsequent adult sexual behavior using domestic cats (Felis catus) as a model for exotic small felids. Zoo Biol. 2005.11:17-32.

[7] Beaver BV. Feline social behavior. In: Feline behavior: a guide for veterinarians. ed 2. St Louis: Elsevier Science; 2003.127-163.

[8] Chon E. The effects of queen (Felis sylvestris)- rearing versus hand-rearing on feline aggression and other problematic behaviors. In: Mills D, Levine E, Landsberg G, et al., eds. Cur- rent issues and research in veterinary behavioral medicine: papers presented at the Fifth International Veterinary Behavior Meeting. West Lafayette, IN: Purdue University Press; 2005.201-202.

[9] Overall KL. Management related problems in feline behavior. Feline Pract. 1994.22:13-15.

[10] Overall KL. Feline aggression: part 1. Feline Pract. 1994.22:25-26.

[11] Crowell-Davis SL, Curtis TM, Knowles RJ. Social organization in the cat: a modern understanding. J Feline Med Surg. 2004.6:19-28.

[12] Neville P. The behavioural impact of weaning on cats and dogs. Vet Annu. 1996.36:98-108.

[13] Reisner IR, Houpt KA, Erb HN, Quimby FW. Friendliness to humans and defensive aggression in cats: the influence of handling and paternity. Physiol Behav. 1994.55:1119-1124.

[14] Turner DC, Feaver J, Mendl M, Bateson P. Variation in domestic cat behaviour towards humans: a paternal effect. Anim Behav. 1986.34:1890-1901.

[15] McCune S. The impact of paternity and early socialisation on the development of cats' behaviour to people and novel objects. Appl Anim Behav Sci. 1995.45:109-124.

[16] The Cat Fanciers' Association: CFA breed/color designation charts. http://www.cfa.org/Breeds/BreedColorPrefixChart.aspx Accessed December 29, 2014.

[17] The International Cat Association (TICA): TICA-recognized cat breeds. http://www.tica.org/cat-breeds Accessed Decem- ber 29, 2014.

[18] Hart BL, Hart LA. Behavioral profiles of cat breeds. Your ideal cat: insights into breed and gender differences in cat behavior. West Lafayette, IN: Purdue University Press; 2013. pp. 65-120.

[19] International Cat Care: Cat breeds. http://www.icatcare.org/advice/cat-breeds Accessed December 29, 2014.

[20] Gough A, Thomas A. Cats. Breed predispositions to disease in dogs and cats. Oxford, UK: Blackwell Publishing; 2004, pp. 161-176.

[21] Giger U: Feline hereditary diseases [abstract]. In: World Small Animal Veterinary Association (WSAVA) 38th Annual Congress Proceedings, Auckland, New Zealand, March 6-9,2013.http://www.vin.com/Proceedings/Proceedings.plx?CID=WSAVA2013&Category=&PID=87406&O=Generic Accessed December 29, 2014.

[22] International Cat Care: Inherited disorders in cats. http://www.icatcare.org/advice/cat-breeds/inherited-disorders-cats Accessed December 29, 2014.

[23] PennGen, a project of the WSAVA Hereditary Disease Com- mittee: Canine and feline hereditary disease (DNA) testing laboratories. http://research.vet.upenn.edu/Default.aspx? TabId=7620. Accessed December 29, 2014.

[24] Veterinary Information Network homepage: http://www.vin.com/ Accessed December 29, 2014.

[25] Beaver BV. Feline behavior of sensory and neural origins. Feline behavior: a guide for veterinarians. ed 2. St Louis: Else- vier Science; 2003, pp. 42-99.

[26] Karsh EB, Turner DC. The human-cat relationship. In: Turner DC, Bateson P, eds. The domestic cat: the biology of its behaviour. ed 1. Cambridge, UK: Cambridge University Press; 1988.159-177.

[27] Neilson JC. Pearl vs. clumping: litter preference in a population of shelter cats [abstract]. In: Abstracts from the American Veterinary Society of Animal Behavior; 2001.14, Boston.

[28] Bateson P. Behavioural development in the cat. In: Turner DC, Bateson P, eds. The domestic cat: the biology of its behaviour. ed 2. Cambridge, UK: Cambridge University Press; 2000.10-19.

[29] Kane E. Texture, odor, and flavor important in determining feline food preference. DVM. 1987.18:46-54.

[30] Beaver BV. Feline ingestive behavior. Feline behavior: a guide for veterinarians. ed 2. St Louis: Elsevier Science; 2003.pp. 212-246.

[31] Becques A, Larose C, Gouat P, Serra J. Effects of pre- and postnatal olfactogustatory experience on early preferences at birth and dietary selection at weaning in kittens. Chem Senses. 2010.35:41-45.

[32] Hamper BA, Rohrbach B, Kirk CA, Lusby A, Bartges J. Effects of early experience on food acceptance in a colony of adult research cats: a preliminary study. J Vet Behav. 2012.7:27-32.

[33] Hart BL, Barrett RE. Effects of castration on fighting, roaming, and urine spraying in adult male cats. J Am Vet Med Assoc. 1973.163:290-292.

[34] Beaver BV. Male feline sexual behavior. Feline behavior: a guide for veterinarians. ed 2. St Louis: Elsevier Science; 2003,.pp. 164-181.

[35] Spain CV, Scarlett JM, Houpt KA. Long-term risks and benefits of early-age gonadectomy in cats. J Am Vet Med Assoc. 2004.224:372-379.

[36] Lieberman LL. A case for neutering pups and kittens at two months of age. J Am Vet Med Assoc. 1987.191:518-521.

[37] Beaver BV. Female feline sexual behavior. Feline behavior: a guide for veterinarians. ed 2. St Louis: Elsevier Science; 2003, pp. 182-211.

[38] American Society for the Prevention of Cruelty to Animals (ASPCA): Feline-ality 101. https://www.aspca.org/adopt/meet-your-match/feline-ality-101 Accessed December 29, 2014.

[39] American Society for the Prevention of Cruelty to Animals (ASPCA): Meet the feline-alities. https://www.aspca.org/ adopt/meet-your-match/meet-feline-alities Accessed Janu- ary 7, 2013.

[40] Lee RL, Zeglen M, Ryan T, Hines L. Guidelines: animals in nursing homes. Calif Vet Suppl. 1983.3:22a-26a.

[41] Siegford JM, Walshaw SO, Brunner P, Zanella AJ. Validation of a temperament test for domestic cats. Anthrozoos. 2003.16:332-351.

[42] Finka L, Ellis SLH, Wilkinson A, Mills DS. Assessing cat sociability: effects of human familiarity and interaction style on the approach of cats in a rescue environment [abstract]. Proceedings of the Ninth International Veterinary Behaviour Meeting, Lisbon, Portugal; September 26-29, 2013, p. 144.

[43] Dowling-Guyer S, Marder A, D'Arpino S. Behavioral traits detected in shelter dogs by a behavior evaluation. Appl Anim Behav Sci. 2011.130:107-114.

[44] Wilsson E, Sundgren PE. Behaviour test for eight-week old puppies—heritabilities of tested behaviour traits and its cor- respondence to later behaviour. Appl Anim Behav Sci. 1998.58:151-162.

[45] Christensen E, Scarlett J, Campagna M, Houpt KA. Aggressive behavior in adopted dogs that passed a temperament test. Appl Anim Behav Sci. 2007.106:85-95.

[46] Feaver J, Mendl M, Bateson P. A method for rating the individual distinctiveness of domestic cats. Anim Behav. 1986.34:1016-1025.

[47] Turner DC. The human-cat relationship. In: Turner DC, Bateson P, eds. The domestic cat: the biology of its behaviour. ed 2. Cambridge, UK: Cambridge University Press; 2000.193-206.

[48] Mertens C, Turner DC. Experimental analysis of human-cat interactions during first encounters. Anthrozoos. 1988.2:83-97.

第 7 章
提供适当的健康护理

Susan Little

引言

在许多国家,猫已经超越犬成为最受欢迎的伴侣动物。美国有 7 400 万只宠物猫,而宠物犬的数量为 7 000 万只[1]。1/3 的美国家庭拥有至少一只猫,平均每户家庭的猫数量为 2.1 只。加拿大有 850 万只猫,而犬的数量是 600 万只[2]。约 35% 的加拿大家庭拥有至少一只猫,平均每户家庭的猫数量为 1.7 只。英国有大约 100 万只猫,26% 的家庭拥有一只猫[3]。

但是,已在美国出版的一些有关猫的兽医护理统计数据令人感到担忧,其他国家也有类似的发现[1]。例如,2011 年,犬的兽医护理费用增长了近 19%,而猫的支出仅增长了 4%。根据拜耳兽医护理应用研究提供的数据,在 2001—2011 年期间,尽管宠物猫的数量有所增加,但猫的兽医就诊量下降了近 15%[4]。多重、复杂的因素导致猫的兽医护理下降[5]。主要包括以下问题:

- 很难将猫带到动物诊所(图 7-1)
- 宠物主人对猫的基本医疗需求的意识水平很低
- 难以识别猫患病的细微症状
- 认为猫能够照顾自己
- 由于大多数猫是免费获得的,认为猫的价值低
- 客户在动物诊所经历了不适和压力(图 7-2)

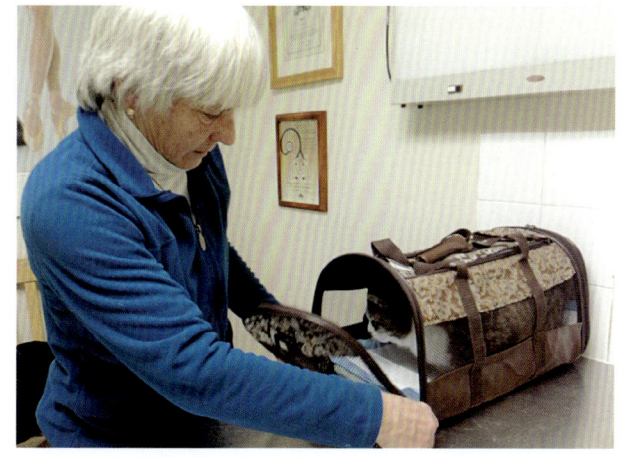

图 7-1 为客户提供选择适当的猫提箱信息,以及如何减少猫被运送到动物诊所时发生应激的方法,可以促进客户前往动物诊所进行必要的就诊

图 7-2 在就诊过程中,应尽可能让猫和客户都感到愉快

与其他伴侣动物相比，猫是伪装大师，往往不易察觉它们的患病迹象（方格 7-1）[4]。许多兽医的态度会进一步复杂化这类障碍，他们认为犬比猫更容易诊治，而诊断和治疗猫的疾病更具挑战性（图 7-3）。另外，一个常见的误解认为猫是独立自给的。当猫主要生活在室内时，宠物主人可能会错误地认为它们没有发生疾病的风险。结果当猫被带来进行疾病症状评估时，猫的病情往往会比犬更严重。例如，在一所兽医大学内科服务中心的研究中，研究人员评估了大于 6 月龄的 60 只患猫和 72 只患犬的体况评分（body condition score, BCS）、食欲和体重变化[6]。猫的 BCS 中位数要比犬的低（4/9 vs 6.5/9），53% 的猫的 BCS<5/9（相比之下，犬的仅为 28%）。宠物主人报告有 57% 的猫近期出现体重减轻（相比之下，犬的为 46%），53% 的猫出现采食量下降（相比之下，犬的为 35%）。

方格 7-1　疾病的 10 种细微症状
1. 不适当的排泄
2. 互动发生变化
3. 活动发生变化
4. 睡眠习惯发生变化
5. 采食和饮水发生变化
6. 不明原因的体重减轻或增加
7. 理毛发生变化
8. 应激的症状
9. 叫声发生变化
10. 口臭

改编自：Have We Seen Your Cat Lately? Subtle Signs of Sickness. http://www.haveweseenyourcatlately.com/Health_and_Wellness.html

由于猫擅长隐藏疾病症状，临床兽医必须善于通过收集全面的病史和进行针对猫的体格检查，来找出疾病的迹象。在当今的电子时代中，要比以往更易获得病史。临床兽医可以利用多媒体工具来收集信息，如让宠物主人在家中用视频记录特殊行为。可以利用针对特定需求制定的调查问卷，如猫的肌肉骨骼疼痛指数问卷[7]。可在预约就诊前，就把表格给客户，这样可以节省时间，改善详细数据的收集情况。

图 7-3　欣赏和了解猫的兽医员工可帮助改善患猫的护理

在健康护理中整合应用行为学服务

在猫科医学中，常忽视行为问题和问题行为，这也是导致猫被安乐死或遗弃至收容所的常见原因。许多猫主人未意识到兽医可以提供行为咨询，或许多行为问题是由疾病引发的。例如，人们错误地认为导致许多老年猫发生行为变化的原因是猫变老了，而原因其实是疾病或疼痛。反过来，猫所处环境内的应激源有时会引发疾病症状（如厌食、呕吐或腹泻）[8]。这类猫需要的不是药物治疗，而是行为和环境评估，同时应为客户提供如何减少应激和焦虑的建议。

每次就诊时，都应进行行为评估，帮助客户进行必要的改变，预防发生行为问题，并及早发现行为和疾病问题。除非特意向猫主人问起，否则他们可能不会提供潜在的行为问题的相关信息。因此，应训练兽医团队成员在每次接诊时询问关于行为的筛查问题（方格 7-2），并使用简短的行为调查问卷。当筛查确定存在需进行深入评估的行为问题时，应安排针对该问题的后续就诊，或者让患猫转诊给经认证的动物行为学家。

> **方格 7-2　在每次就诊时询问的行为问题举例**
>
> 1. 您注意到猫砂盆有什么变化？
> 2. 您注意到您的猫是否有发出嘶叫声、咬人或抓挠的问题？
> 3. 您注意到什么破坏性行为，如抓挠或啃咬物体？
> 4. 您注意到您的猫与家里的其他宠物的互动有什么问题？
> 5. 您注意到您的猫的行为或态度有什么变化？

改编自：Overall KL, Rodan I, Beaver BV, et al.: Feline behavior gui-delines from the American Association of Feline Practitioners. J Am Vet Med Assoc. 227:70-84, 2005.

许多动物诊所能提供行为学服务，而不仅限于评估和治疗常见问题。从客户一开始拥有宠物时，就帮助客户制订对应计划，有助于降低弃养的风险。提供购买前或收养前咨询可以帮助客户获得适当配对的宠物，并能确保客户的期望是符合实际的。例如，并不是每个家庭都适合收养非常活泼的品种（如暹罗猫）或需要经常美容的品种（如波斯猫，图 7-4）。在某些情况下，收养一只更为安静的成年猫会比收养活跃的幼猫更好。要养成健康的社交发展和预防出现不希望出现的行为，通常建议成对收养幼猫（图 7-5）。

图 7-5　要改善纽带关系和防止发生行为问题，通常建议收养年龄相近的一对幼猫（感谢 S. Butt 提供）

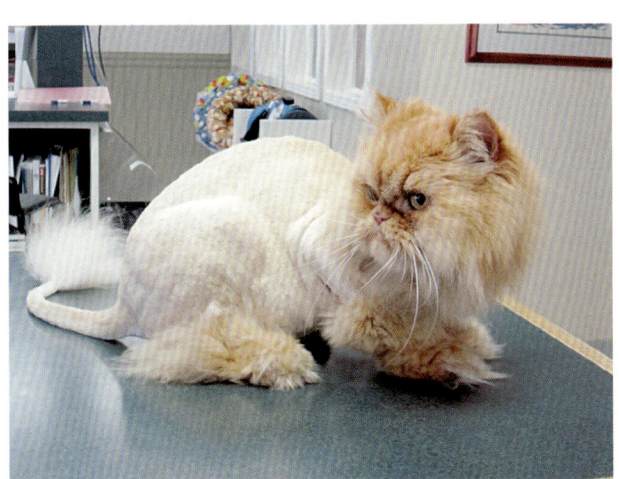

图 7-4　应向客户提供特定猫品种的特殊需要信息。例如，像波斯猫这样的长毛品种需要定期美容，防止毛发打结

咨询内容应包括如何安全地接触猫，特别应注意家庭内的儿童应如何接触猫。例如，永远不应使用手和脚作为与猫玩耍的玩具。还应讨论与家中其他宠物的互动相处（图 7-6）。要能提供这类咨询，兽医团队成员应熟悉不同品种的猫及

图 7-6　行为咨询应包括猫与犬等家中其他宠物的互动相处（感谢 K. Mantle 提供）

特征，以及不同生命阶段的正常行为。

近年来，幼猫社交课堂变得非常受欢迎。课堂规模通常很小，常可在动物诊所的等候区举行。可以由兽医助理等训练有素的员工开展幼猫社交课堂。这类课堂的益处包括可以让幼猫和年轻的猫接触不同的刺激物和人，同时可培训客户如何适当地接触猫和提供基础护理（如剪指甲、梳毛和进行基本的体格检查）。也可指导客户如何挑选猫提箱和如何让猫习惯出行。这类课堂还提供机会教授客户猫的基本环境需求，如猫砂、爬高区域、休息场所和玩具。

不同生命阶段的健康护理

只有持续为猫提供健康护理，才能预防疾病和尽早发现疾病症状。每次就诊都应收集全面的病史、进行全面的体格检查、营养评估、行为评估和环境评估。兽医必须教育猫主人给猫进行常规健康护理的重要性，包括预防和治疗行为问题。使用生命阶段分期的方法可以提高及早发现和治疗疾病的概率，从而改善猫的健康和福利，保护人类-动物的纽带关系。美国猫兽医协会（the American Association of Feline Practitioners, AAFP）和美国动物医院协会（the American Animal Hospital Association, AAHA）已经发布了定义6个生命阶段的指导方针，并提供相关的健康护理指导[9]，内容如下。

1. 幼猫期：出生至6月龄
2. 年幼：7月龄至2岁
3. 青年/成年期：3~6岁
4. 成熟期：7~10岁
5. 老年期：11~14岁
6. 高龄期：15岁及以上

不同生命阶段的健康护理评估不同（表7-1），且应记住不同个体和身体系统的老化速率不同。一些猫会发生在对应生命阶段并不常见的疾病。除此，每次预防护理就诊应讨论的其他主题包括：

- 身份证明（如微芯片、颈圈和标签、纹身）
- 宠物健康保险
- 在自然灾害应急方案中纳入宠物护理
- 口腔保健护理的益处
- 评估猫正在摄入的药物、补充剂、保健品、植物性药物和顺势疗法等。

所有生命阶段的健康护理考虑因素

体检频率和常规健康筛查

AAFP和AAHA等组织的最低标准是每年进行健康检查。建议增加老年猫、高龄猫和慢性病患猫（如糖尿病、慢性肾脏疾病）的体检频率。虽然猫的症状表现对宠物主人而言并不明显，但这些患猫的健康会发生快速变化。教育客户关于疾病的细微症状（方格7-1）可以促成更频繁的就诊、更好的沟通和更及时的诊断及治疗。

定期根据生命阶段收集和记录最低要求数据，可以及早发现疾病，并可监测重要实验室参数的趋势。收集基线数据后，当这些个体患猫在未来就诊时，就能使用这些数据来帮助解读未来收集到的数据，这是一个经常被忽略的好处。许多因素决定应进行何种检测和何时进行检测，如许多疾病的发生率随年龄的增长而增长。AAFP老年期护理指南和AAFP-AAHA猫生命阶段指南（参见文后的参考资料）已发布了最低要求数据库的监测建议。表7-2列出了各生命阶段的总结。

定期监测对老年猫尤其重要。在一项针对6岁及以上的100只外观健康正常的猫的研究中，常规健康筛查发现了以前未发现的问题，如高血压、氮质血症、糖尿病、心脏病、甲状腺功能亢进和蛋白尿[10]。

生活类型和家庭环境

家庭环境对健康至关重要，应训练兽医员工来询问能发现相关信息的问题，并给客户提供丰富环境的建议。完全生活在室内的生活类型可以降低发生创伤和传染病的风险，但充满压力和无

表 7-1 不同生命阶段的猫预防护理的重要主题

生命阶段	常规	行为、环境	内科、外科	排泄	营养、体重管理	口腔健康	寄生虫控制	疫苗
幼猫期：出生至6月龄	先天性和遗传性疾病 品种易患疾病 爪部护理和梳毛	生活类型的选择 讨论资源和玩具 教会简单的命令 适应汽车和宠物提篮	讨论绝育，进行绝育手术的年龄	猫砂盆的设置和清洁 讨论正常的排泄	讨论生长需求，健康体重管理 介绍各种食物、口味	适应口腔处理 教育牙科护理 开始刷牙	从3~9周龄开时，每2周驱虫1次，直到每月驱虫1次，出生后第1年至少进行2次粪便检查	根据危险因素注射核心疫苗和其他疫苗 根据当地法律接种狂犬病疫苗
年幼期：7月龄至2岁	收集完整病史 监测常见的健康问题，如哮喘、肠道疾病、糖尿病	讨论与其他宠物、人的互动，定期接触嘴、耳朵、爪部	监视细微的变化	确认适合生长期猫的猫砂盆 识别和纠正猫砂盆问题	监视体重增加 绝育后调节热量摄入 饲养到中等体况	监控、讨论持续的需求	至少每年1次粪便检查 根据生活类型和危险因素持续进行寄生虫控制	根据生活类型持续管理疫苗需求 继续接种核心疫苗，其他如上所述
青年/成年期：3~6岁	收集完整病史 监测常见的健康问题，如哮喘、肠道疾病、糖尿病	评估环境的丰富度 讨论如何保持活跃	监视细微的变化 讨论运动状况	识别和纠正猫砂盆问题	饲养到中等体况 监测体重增加	监控、讨论持续的需求	至少每年1次粪便检查 根据生活类型和危险因素持续进行寄生虫控制	根据生活类型持续管理疫苗需求 继续接种核心疫苗，其他如上所述
成熟期：7~10岁	增加体检次数 教育宠物主人与衰老有关的变化以及该年龄群体的常见疾病	讨论接近猫砂盆、床、食物、水的情况	讨论运动情况 监测疾病的症状	确保在运动能力发生改变时，仍能轻易接近猫砂盆		监控、讨论持续的需求	至少每年1次粪便检查 根据生活类型和危险因素持续进行寄生虫控制	根据生活类型持续管理疫苗需求 继续接种核心疫苗，其他如上所述
老年期：11~14岁	增加体检次数 教育客户与衰老有关的变化以及该年龄群体的常见疾病	讨论环境需求的变化 教育行为和疾病变化	定期评估药物、日粮、补充剂	调整猫砂盆的尺寸、高度、位置和清洁等，以满足不断变化的需求	监测体重减轻 根据需要调整饮食和饲喂管理	监测口腔肿瘤和其他口腔疼痛来源	至少每年1次粪便检查 根据生活类型和危险因素持续进行寄生虫控制	根据生活类型持续管理疫苗需求 继续接种核心疫苗，其他如上所述
高龄期：15岁及以上	增加体检次数 教育客户与衰老有关的变化以及该年龄群体的常见疾病	讨论接近猫砂盆、床、食物、水的情况，以及认知功能障碍的症状 讨论生活质量	定期评估药物、日粮、补充剂	调整猫砂盆的尺寸、高度、位置和清洁等，以满足不断变化的需求	监测体重减轻 根据需要调整饮食和饲喂管理	监测口腔肿瘤和其他口腔疼痛来源	至少每年1次粪便检查 根据生活类型和危险因素持续进行寄生虫控制	根据生活类型持续管理疫苗需求 继续接种核心疫苗，其他如上所述

摘自：Little S: Preventive healthcare: a life-stage approach. In: Harvey A, Tasker S, editors. BSAVA manual of feline practice: a foundation manual, Gloucester, UK, 2013, British Small Animal Veterinary Association (BSAVA), pp. 32–45.

表 7-2　按生命阶段推荐的最低要求数据库监测

	幼猫/年幼期：<2岁	成年期：2～7岁	成熟期：7～10岁	老年/高龄期：≥11岁
全血细胞计数分类	O	O	R	R
包含电解质的血清生化	O	O	R	R
尿液全项	O	O	R	R
总T4	NR	O	O	R
血压检测	NR	O	O	R
FeLV / FIV 检测	R	O	O	O
粪便漂浮	R	R	R	R

FeLV, Feline leukemia virus, 猫白血病病毒；FIV, Feline immunodeficiency virus, 猫免疫缺陷病毒；NR, 不推荐；O, 可选；R, 推荐。

改编自：Little S: Preventive healthcare: a life-stage approach. In: Harvey A, Tasker S, editors. BSAVA manual of feline practice: a foundation manual, Gloucester, UK, 2013, British Small Animal Veterinary Association (BSAVA), pp. 32-45.

聊的环境会损害猫的福利，诱发疾病。在不适当的环境中，猫会出现多种问题和疾病（"潘多拉综合征"），因此患猫的行为及所处的环境是病史和评估的关键组成部分[11]。

要预防行为问题，确定关键资源（如隐藏场所、高处的休息场所、食盆和水盆、磨爪柱、猫砂盆和激发玩具）的充足性（数量和位置）是很重要的。要求客户绘制显示关键资源位置的平面图非常有帮助。兽医应准备为猫主人提供资源和指导，帮助猫主人建立一个合适的室内环境，最优化猫的健康和福利状况。有多种方式可让猫安全地进入户外环境，许多猫主人会对此感兴趣（图 7-7）。

营养评估

营养评估现在已成为第 5 个关键的评估指标（排在体温、脉搏、呼吸和疼痛之后）。必须对营养需求进行评估，以保持健康和最大限度地提高生活质量，营养评估也是包括行为问题在内的许多疾病治疗的组成部分。饲养管理不仅对维持健康很重要，也是环境丰富和心理健康的关键部分。因此，营养评估是每次就诊的关键部分。应

图 7-7　有多种方式可让猫安全地接近户外环境，如这种阳台护罩，这样可提供外界刺激，防止猫感到无聊（感谢 W. Petrie 提供）

使用收集的信息来确定当前营养方案是否适合猫的生命阶段、健康状况和体重。

应收集、记录的信息包括饲喂的食物类型（如湿粮、干粮、冷冻粮或生肉）、品牌、饲喂量、提供食物的方式和地点（如按顿饲喂、自由采食、食物球或解谜饲喂器）以及饲喂频率（图 7-8）。由于许多猫主人以自由采食的方式饲喂干粮，所以应确定实际采食量。此外，还应询问提供的任何补充剂或零食的类型和数量。进行营养评估时，还应询问水的供给情况和饮水量变化的相关问题。前台人员可以提前通知客户在就诊时

提供这类信息，以进行更准确和更有效的评估。在就诊后，进行后续电话回访可帮助收集任何遗漏的细节。

图 7-8　营养评估不仅应收集猫进食的食物信息，还应收集饲喂方式和地点的相关信息。虽然宠物主人常将食盆放在一起，但猫是独行进食者，理想情况下不应彼此靠近进食（感谢 W. Petrie 提供）

图 7-9　营养评估包括定期监测体重、身体体况和肌肉状况

营养评估包括定期监测体重、BCS 和肌肉状况（图 7-9）。应确定和记录每只猫的理想体重。可使用数种方法（如 5 分制或 9 分制 BCS 图表、体形评定或身体脂肪指数）来确定理想体重。除了确定猫的体重是否稳定或已发生变化，还可使用体重变化百分比来发现随着时间发展而发生的潜在体重增加或减轻，从而允许进行早期干预。体重的变化百分比计算公式如下：

%体重变化 =（当前重量 – 先前重量）/ 先前重量 ×100

目前正在研发和验证一个简单的肌肉状况评分系统；AAHA 和世界小动物兽医协会（World Small Animal Veterinary Association, WSAVA）营养评估指南都描述该评分系统（参见文后参考资料）。可将患猫的肌肉状况记录为正常或丢失（评分为轻度、中度或明显丢失）。肌肉减少症（与年龄相关）或恶病质（与疾病相关）会引发肌肉丢失，一些患猫会同时表现两种类型的肌肉丢失。肌肉丢失患猫可能患分解代谢性疾病（如肿瘤、甲状腺功能亢进），可能无法有效吸收食物中的蛋白质（如肠道疾病），或可能需要蛋白质含量更高的食物。BCS 和肌肉状况评分并无相关性；例如，超重或肥胖的猫也可能存在肌肉丢失。

不同的生命阶段和健康状况有不同的营养需求，因此必须相应地评估和更新营养推荐。例如，直到猫 11 岁之前，维持能量需求每年会降低约 3%[12,13]。在猫 11 岁后，许多猫的能量需求增加，如果无法满足这些猫的能量需求，就会导致一些老年猫的体重过轻。此外，随着年龄的增长，消化率也会发生变化[14]。老年猫消化脂肪和蛋白质的效率较低，这意味着必须增加每日进食量来进行补偿，或应提供更合适的配方日粮。

在每次就诊时，都应进行营养评估和提出营养建议，包括特定的日粮、饲喂量（最好根据体重决定）以及饲喂方式和频率。该建议可能仅是简单地继续执行现行方案，也可能需要更改日粮或饲喂管理方案。更改了营养方案后，应规划适当的后续跟进。

疫苗

在许多国家，疫苗接种不再是常规兽医就诊的主要重点。在每年向猫主人发送的就诊提醒中，措辞主要反映应进行全面的体格检查和咨询的需求，而不再是接种疫苗。这意味着应确保猫主人理解就诊提供了采取措施保持良好健康状况（如适当的疫苗注射和寄生虫控制），及早发现和治疗疾病的机会。也应强调预防和治疗行为问题。

疫苗注射是一种医疗程序，并非没有风险。

但与疫苗相关的大多数不良反应都是轻微、暂时的，不到1%注射疫苗的猫发生了不良反应[15]。总体而言，应根据风险评估和个体患猫情况，决定和制定疫苗注射程序。进行风险评估时，关键内容包括患猫的信息、环境、生活类型以及潜在感染因子。

患猫

大多数传染病更常发于幼猫，特别是小于6月龄的幼猫。因此，幼猫是接种疫苗的主要目标群体。母源抗体（maternally derived antibodies，MDAs）为幼猫提供重要的早期保护，可防止发生疾病。但是，MDAs也可能干扰疫苗接种的反应。不同个体的MDAs水平不同，因此幼猫能对疫苗产生完全反应的年龄也不同。在某些情况下，完全反应年龄是16周龄或更大，因此大多数专家委员会建议不要给小于16周龄的幼猫接种最后一针疫苗。

随着年龄增长，免疫衰老会减弱先前建立的免疫力，因此不应中断给年龄较大的猫接种疫苗。事实上，与年龄较小的健康成年猫相比，更需要增加老年猫对传染病的防护能力。

环境与生活类型

影响传染病接触风险的关键因素包括群体密度和接触其他猫的机会。与生活在单猫或双猫家庭内的室内猫相比，生活在多猫家庭内、不定期需要寄养的和可接触室外的患猫感染风险更高。但是，在室内猫的一生中，仍有可能接触传染病，需要为室内猫提供防护。

传染源

传染病具有地理分布特征，这导致猫的生活地点会显著影响传染风险。在确定猫患传染病的风险时，还应考虑离家外出旅行的情况。疾病的严重程度等与传染源本身有关的变量也将影响疫苗接种决策。

疫苗分为核心疫苗（应给所有猫接种）、非核心疫苗（根据风险评估决定是否接种）和不普遍推荐的疫苗。最近，数个组织审查、更新了猫的疫苗接种准则；兽医应评估这些文件，帮助制订自有的疫苗方案（方格7-3）。表7-3列出了现有的针对家养宠物猫的疫苗接种建议。

方格 7-3　已公布的猫疫苗接种指南

美国猫科兽医协会

Scherk MA, Ford RB, Gaskell RM, et al.: 2013 AAFP Feline Vaccination Advisory Panel Report. J Feline Med Surg 15:785–808, 2013. http://www.catvets.com/guidelines/practice-guidelines/felinevaccination-guidelines

欧洲猫疾病咨询委员会

Horzinek MC, Addie D, Belák S, et al.: ABCD: update of the 2009 guidelines on prevention and management of feline infectious diseases. J Feline Med Surg 15:530–539, 2013. http://www.abcd-vets.org/Pages/guidelines.aspx

Hosie MJ, Addie D, Belák S, et al.: Matrix Vaccination Guidelines: ABCD recommendations for indoor/outdoor cats, rescue shelter cats and breeding catteries. J Feline Med Surg 15:540–544, 2013.

Möstl K, Egberink H, Addie D, et al.: Prevention of infectious diseases in cat shelters: ABCD guidelines. J Feline Med Surg 15:546–554, 2013.

世界小动物兽医协会

Day MJ, Horzinek MC, Schultz RD: WSAVA Guidelines for the Vaccination of Dogs and Cats. J Small Anim Pract 51:338–356, 2010. http://www.wsava.org/sites/default/files/VaccinationGuidelines2010.pdf

---

反转录病毒检测

猫白血病病毒（Feline leukemia virus，FeLV）和猫免疫缺陷病毒（feline immunodeficiency virus，FIV）是猫最常见的传染病，但地理位置和风险因素会影响猫群体的发病率。一些国家已经发布了猫的反转录病毒感染和危险因素的血清阳性率综合数据（表7-4）。

表 7-3　总结美国猫科兽医协会、世界小动物兽医协会和欧洲猫疾病咨询委员会猫疾病疫苗指导组关于现有家庭宠物猫的疫苗接种建议

疫苗	主要系列：幼猫 <16 周龄	主要系列：成猫和幼猫 >16 周龄	加强疫苗
核心疫苗			
猫泛白细胞减少症	首次最早在 6 周龄时，直至 16～20 周龄前，为每 3～4 周 1 次	2 次相隔 3～4 周	在接种主要系列 1 年后的接种频率不超过每 3 年 1 次
猫疱疹病毒和猫杯状病毒	首次在 6 周龄，直至 16～20 周龄前，为每 3～4 周 1 次	2 次相隔 3～4 周	在接种主要系列 1 年后，除非认为感染风险较高（如进入寄养猫舍），接种频率不应超过每 3 年 1 次
狂犬病（法律强制要求或在流行地区）	最早在 12 周龄开始，之后 1 年后再注射	2 次相隔 1 年	根据当地法律和产品许可，每年或更低的频率
非核心疫苗			
猫白血病病毒（是幼猫的核心疫苗）	最早在 8 周龄开始，之后 3～4 周后再注射	2 次相隔 3～4 周	在接种主要系列 1 年后，存在持续风险的猫每年 1 次 AAFP 和 ABCD 建议给 3～4 岁后低风险的猫每 2～3 年注射 1 次加强疫苗
猫免疫缺陷病毒	最早在 8 周龄开始，之后每 2～3 周分别补充 2 次剂量（共需 3 个剂量）	需要 3 个剂量，间隔 2～3 周	给幼猫接种最后疫苗的 1 年后，给有持续风险的猫每年接种 1 次
猫披衣菌	最早在 8～9 周龄开始，之后 3～4 周后再注射	2 次相隔 3～4 周	给有持续风险的猫每年接种 1 次
支气管炎博代氏杆菌	单剂量，最早在 4 周龄	单剂量	给有持续风险的猫每年接种 1 次
一般不推荐的疫苗			
猫传染性腹膜炎	首次在 16 周龄，之后 3～4 周后再注射	2 次相隔 3～4 周	按疫苗生产商的推荐每年接种一次疫苗

ABCD, European Advisory Board on Cat Disease, 欧洲猫疾病咨询委员会；AAFP, American Association of Feline Practitioners, 美国猫科兽医协会。

表 7-4　选定国家的猫白血病病毒和猫免疫缺陷病毒的血清阳性率

国家	FIV 血清阳性率（%）	FeLV 血清阳性率（%）
加拿大*	4.3	3.4
美国†	2.5	2.3
德国‡	3.2	3.7
日本§	9.8	2.9
捷克‖	5.8	13.2

FeLV, feline leukemia virus, 猫白血病病毒；FIV, feline immunodeficiency virus, 猫免疫缺陷病毒

*Little S, Sears W, Lachtara J, Bienzle D: Seroprevalence of feline leukemia virus and feline immunodeficiency virus infection among cats in Canada. Can Vet J 50:644–648, 2009.

†Levy JK, Scott HM, Lachtara JL, Crawford PC: Seroprevalence of feline leukemia virus and feline immunodeficiency virus infection among cats in North America and risk factors for seropositivity. J Am Vet Med Assoc 228:371–376, 2006.

‡Gleich S, Hartmann K: Feline immunodeficiency virus and feline leukemia virus: a retrospective study in 17462 cases [abstract]. J Vet Intern Med 21:578, 2007.
§Maruyama S, Kabeya H, Nakao R, et al.: Seroprevalence of Bartonella henselae, Toxoplasma gondii, FIV and FeLV infections in domestic cats in Japan. Microbiol Immunol 47:147–153, 2003.
‖Knotek Z, Hájková P, Svoboda M, Toman M, Raska V: Epidemiology of feline leukaemia and feline immunodeficiency virus infections in the Czech Republic. Zentralbl Veterinarmed B 46:665–671, 1999.

以已发布的预防和管理反转录病毒感染指南（参见下文参考资料）为参考。理想情况下，应知晓所有猫的反转录病毒感染状况。以下为应给哪些猫测试 FeLV 和 FIV 的建议：

- 感染风险增加的所有猫，包括病猫、被咬伤或患口腔疾病的猫、已知与反转录病毒感染猫接触的猫，以及在多猫环境中情况未知的猫。即使患猫过去 FeLV 或 FIV 检测结果为阴性，也应该检测患猫的状况。
- 新获得的猫和幼猫，在收养之前和找到新家之后尽快进行检测。
- 将要接种 FeLV 或 FIV 疫苗的猫。
- 应给有持续感染风险的猫（如可无限制进入户外的猫）每年检测 FeLV 和 FIV（如果未接种 FIV 疫苗）。

由于在接触 FIV 的 60 天内，大多数猫的 FIV 抗体检测呈阳性，应至少在最后一次潜在接触后的 60 天内重复检测 1 次。当小于 6 月龄的幼猫的 FIV 抗体检测结果为阳性时，应谨慎判读。受感染母猫（或接种过 FIV 的母猫）的幼猫可以从初乳获得 FIV 抗体。因为母猫感染幼猫的情况并不常见，所以大多数 FIV 抗体测试结果为阳性的幼猫并非真有感染，重新检测时会获得阴性结果。4～6 月龄的幼猫的 FIV 抗体为阳性时，很可能真有感染。

使用一些目前可用的筛选方法时，无法区分自然感染产生的抗体和接种 FIV 的猫产生的抗体。疫苗接种产生的抗体可持续存在数年。临床兽医可使用聚合酶链式反应（polymerase chain reaction，PCR）来确定猫的真实状态[16]。由于 PCR 的灵敏度低，不适合作为筛选工具，无法代替诊所内的快速检测或参考实验室的酶联免疫吸附试验。仅应给 FIV 抗体呈阳性，同时未知疫苗接种历史和 FIV 抗体呈阳性，已接种过 FIV 疫苗，但仍怀疑患 FIV 的猫进行 PCR 检测。无法使用 PCR 确定猫的疫苗接种状态。应谨慎判读 PCR 检测结果。FIV 的 PCR 结果为阳性时，证实存在 FIV 感染，但这不受 FIV 疫苗接种影响。但是，FIV 的 PCR 结果为阴性时，由于一些原因而无法排除感染。样品的病毒核酸水平可能低于检测下限，或者样品可能含有 PCR 无法检测到的 FIV 毒株。

由于在接触的 30 天内，大多数猫的 FeLV 抗原为阳性，因此应至少在最后一次潜在接触的 30 天后重复检测 1 次。可给任何年龄的幼猫进行检测，因为 MDAs 不会干扰病毒抗原的检测。疫苗接种不会影响 FeLV 检测。

由于 FeLV 或 FIV 的检测结果为阳性时，会产生重大的影响，同时目前可用的筛查试验方法的阳性预测值较低（<90%），特别是针对低危群体，推荐进行验证性检测（图 7-10 至图 7-12）。

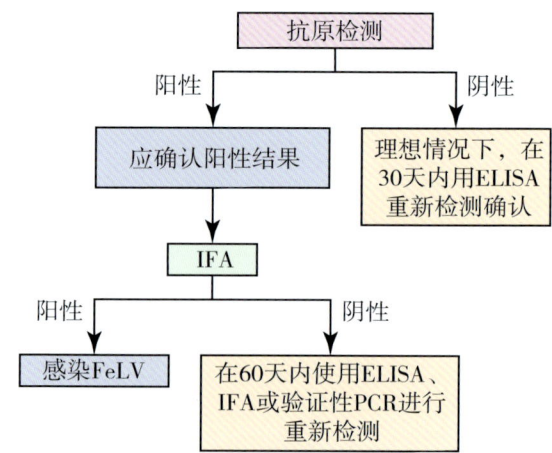

图 7-10　幼猫和所有年龄猫的猫白血病病毒检测原则

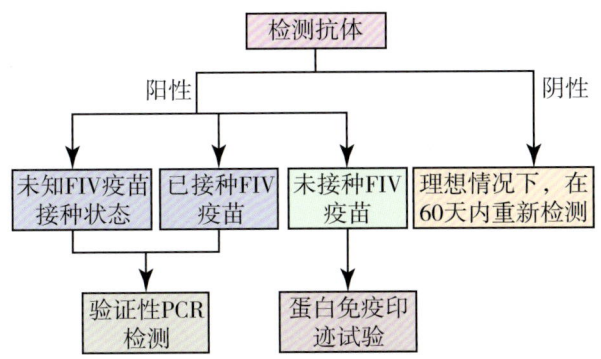

图7-11 6月龄以上猫的猫免疫缺陷病毒检测原则

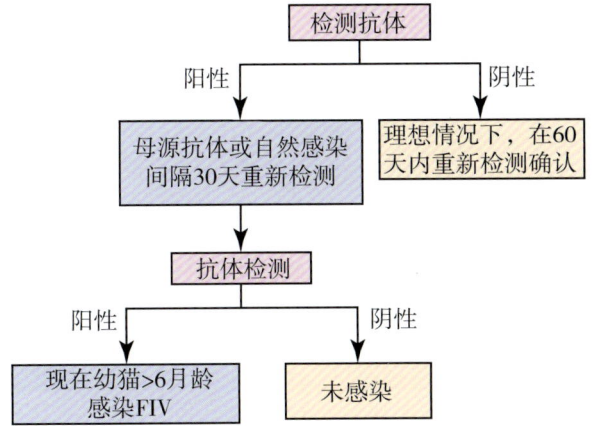

图7-12 小于6月龄幼猫的猫免疫缺陷病毒检测原则

寄生虫控制

要维持患猫的健康，增强公众安全和保持宠物与人之间的纽带关系，有效控制体外和体内寄生虫是至关重要的。兽医常关注预防家犬的人畜共患病，但也应评估家猫的状态。应特别注意给免疫力低下的宠物主人或护理者，以及其他人畜共患病易感性较高的与猫接触者（如婴儿、幼儿和老年人）提供准确信息。

推荐给所有猫执行寄生虫控制流程，并应根据患猫的需要制定控制流程。控制流程应包括评估影响寄生虫流行率和接触风险的地理、季节及生活类型因素。推荐将粪便检测纳入寄生虫控制流程，以监测每月预防性药物的使用情况，诊断无法用广谱预防药物治疗的体内寄生虫。但是，兽医应意识到粪便检测的局限性，多种原因导致粪便检测的假阴性结果很常见。可给幼猫同时进行粪便检测和疫苗注射，这样在幼猫生命的第1年可进行2～4次检测。

在不同生长阶段进行预防护理就诊时讨论的行为需求关键点

幼猫（出生至6月龄）

游戏

必须满足幼猫强烈的游戏需求。适当的玩具可让幼猫练习正常的捕猎行为。应建议客户将游戏引向玩具，而不是使用自己的手脚。

社会化

幼猫的主要社会化时期为2～7周龄，因此在这段时期内，应让幼猫和人有正面经历。此时，也应让幼猫正面接触多种情况和刺激物。

训练

此时，可教导客户如何修剪猫指甲（图7-13）和基本的体格检查技能，如检查口腔。选择适当的猫提箱，并尽早开始训练猫习惯提箱和汽车旅行。

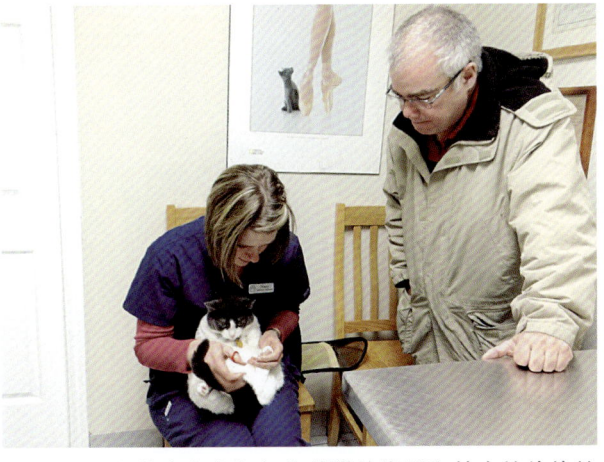

图7-13 应教会客户如何修剪猫的指甲和基本的体格检查技能

生活类型

关于猫的最终生活类型的讨论应该包括室内和室外生活类型的风险和好处。若让猫大部分时间生活在室内或完全生活在室内，尤其是在多猫家庭内时，应给客户介绍丰富环境和资源管理的理念。

年幼期（7月龄至2岁）

训练

应鼓励客户继续努力让猫适应在提箱内旅行和接受基础需求操作，如修指甲和梳毛。

猫之间的关系

在多猫家庭中，这个年龄段的猫可能发生相互斗争，会导致不适当的排泄、喷尿和打斗问题。必须教育客户了解充足的空间和资源需求，以及如何使用合成的猫费洛蒙。

成年/青年期（3～6岁）和成熟期（7～10岁）

游戏

宠物主人常发现这个年龄段的猫较少玩耍。但是，应鼓励客户提供刺激性环境（图7-14）和常规游戏（每天2～3次，每次15分钟）。在这个生命阶段，可接近户外的猫较少进行游荡、捕猎和打斗。

图7-15 即使在室外，与年轻的猫相比，许多老年猫的睡眠时间更长，活力更差（感谢J. Lachapelle提供）

图7-14 可使用猫帐篷和滚地龙来提供刺激性的室内环境和隐藏场所（感谢K. Bailey提供）

老年期（11～14岁）和高龄期（15岁及以上）

衰老的变化

老年猫通常较不活跃，会花更多的时间睡觉（图7-15）。老年猫耐受改变的能力也下降，无论是环境的改变还是饮食的改变。感官能力降低会导致食欲下降，运动减少和社交互动改变。

行为的变化

行为的变化（如不适当的发声，猫砂盆的使用发生变化）可能与潜在的疾病问题有关。这个年龄段的常见疾病包括慢性肾脏疾病、甲状腺功能亢进、牙齿疾病和肿瘤。客户应了解随着衰老自然发生的变化和疾病问题引起的行为变化之间的差异。退行性关节病等常见的疼痛性疾病会影响活动，导致不适当的排泄，减少与人类和其他宠物的社交互动。

活动

由于老年猫常发肌肉骨骼疾病，因此必须注意确保易接近猫砂盆、食物、水和睡眠区域。对视力减弱的猫，可在猫砂盆附近放置夜灯。

认知功能障碍

与认知功能障碍相关的变化包括方向丢失、发出叫声、寻求关注或自我封闭的现象增多，睡眠模式会发生变化。

生活质量

老年猫可能需要姑息治疗和其他类型辅助支持（如帮助梳毛，提供夜灯，将关键资源移动到较小的区域内）来控制疼痛。可以给客户提供调查问卷，以评估生活质量，帮助制订临终计划（方格7-4）。

方格7-4　生活质量评分

每个问题的答案是从1（差）到10（最好）的分数。总分35～70分表示可接受的生活质量。

伤害：是否成功控制猫的疼痛？是否有呼吸问题？是否需要氧气？

评分：_____

饥饿：猫的进食量足够吗？猫是否需要辅助饲喂，如用手或注射器饲喂或使用饲管？

评分：_____

水合：猫的水合状态好吗？是否需要皮下输液来补充自主液体摄入量？

评分：_____

卫生：猫需要帮助梳毛和清洁吗？

评分：_____

幸福感：猫是否表达快乐和兴趣？猫是否对家人、玩具和其他宠物有反应？猫是否沮丧、孤独、焦虑或害怕？

评分：_____

活动能力：猫可以在没有帮助的情况下走动吗？是否有癫痫或摔倒的问题？猫可以接近食物、水和猫砂盆等关键资源吗？

评分：_____

好日子天数多于坏日子的：当坏日子天数超过好日子时，生活质量会大幅下降。当无法维持健康的人类-动物纽带时，便接近了生命的终点。应及时做出决定，避免猫遭受痛苦，为猫提供平静、无痛的死亡。

评分：_____

改编自：Villalobos A: Palliation and pawspice care. In: Villalobos A, Kaplan L, editors: Canine and feline geriatric oncology: honoring the human-animal bond, New York, 2007, Wiley, pp. 293–318.

附加资源

常规

American Association of Feline Practitioners (AAFP): 2004 AAFP feline behavior guidelines. http:// www. catvets.com/guidelines/practice-guidelines/behavior-guidelines

Feline Advisory Bureau: Essential cattitude: an insight into the feline world. http://www.icatcare.org/sites/ default/files/PDF/essential_cattitude.pdf

不同生命阶段的健康护理

American Animal Hospital Association (AAHA)/Ameri- can Veterinary Medical Association (AVMA): AAHA-AVMA feline preventive healthcare guidelines(2011). https://www.aahanet.org/PublicDocuments/ FelinePreventiveGuidelines_PPPH.pdf

American Association of Feline Practitioners (AAFP)/ American Veterinary Medical Association (AVMA): 2010 AAFP-AAHA feline life stage guidelines. http:// www.catvets.com/guidelines/practice-guidelines/life-stage-guidelines

American Association of Feline Practitioners (AAFP): 2008 AAFP senior care guidelines. http://www.catvets.com/guidelines/practice-guidelines/senior-care-guidelines

American Association of Feline Practitioners (AAFP): Ten solutions to increase cat visits (2013). http:// www.catvets.com/public/PDFs/Education/Solutions/ solutionsbrochure.pdf

生活类型和家庭环境

American Association of Feline Practitioners (AAFP)/ International Society of Feline Medicine (ISFM): 2013 AAFP/ISFM environmental needs guidelines. http://www.catvets.com/guidelines/practice-guidelines/environmental-needs-guidelines

营养评估

American Animal Hospital Association (AAHA): 2010 AAHA nutritional assessment guidelines for dogs and cats. https://www.aaha.org/professional/ resources/nutritional_assessment.aspx#gsc.tab=0

Pet Nutrition Alliance: Tips for implementing nutrition as a vital assessment in your practice. http:// www. petnutritionalliance.org/pdfs/pna_tipsguide_aahaproof2.pdf

World Small Animal Veterinary Association (WSAVA) Global Nutrition Committee Nutritional Toolkit. http://www.wsava.org/nutrition-toolkit

World Small Animal Veterinary Association (WSAVA): Nutritional assessment guidelines. http://www.wsava.org/sites/default/files/JSAP%20

WSAVA%20Global%20Nutritional%20Assessment%20Guidelines%202011_0.pdf

反转录病毒检测

American Association of Feline Practitioners: 2008 AAFP Feline retrovirus management guidelines. http://www.catvets.com/guidelines/practice-guidelines/retrovirus-management-guidelines

European Advisory Board on Cat Diseases: Guidelines. http://www.abcd-vets.org/Pages/guidelines.aspx

Little S, Bienzle D, Carioto L, et al.: Feline leukemia virus and feline immunodeficiency virus in Canada: rec- ommendations for testing and management. Can Vet J 52:849–855, 2011. http://www.ncbi.nlm.nih.gov/pmc/articles/PMC3135027/

寄生虫控制

Centers for Disease Control and Prevention (CDC): Healthy pets healthy people. http://www.cdc.gov/healthypets/

Companion Animal Parasite Council (CAPC): http://www.capcvet.org/

European Scientific Counsel Companion Animal Para- sites (ESSCAP): http://www.esccap.org/

Worms & Germs Blog: Promoting safe pet ownership: http://www.wormsandgermsblog.com/

参考文献

[1] American Veterinary Medical Association. U.S. pet ownership & demographics sourcebook. 2012 ed. Schaumberg, IL: American Veterinary Medical Association; 2012. https://www.avma.org/kb/resources/statistics/pages/marketresearch-statistics-us-pet-ownership-demographicssourcebook.aspx.

[2] Perrin T. The Business of Urban Animals Survey: the facts and statistics on companion animals in Canada. Can Vet J. 2009.50:48-52.

[3] Murray JK, Browne WJ, Roberts MA, et al. Number and ownership profiles of cats and dogs in the UK. Vet Rec. 2010.166:163-168.

[4] Bayer Healthcare/American Association of Feline Practitioners: Veterinary Care Usage Study III: feline findings. http://www.bayerdvm.com/show.aspx/resources/felinepractitioners-resource-center/bayer-veterinary-care-usagestudyAccessed September 20, 2013.

[5] Lue TW, Pantenburg DP, Crawford PM. Impact of the owner-pet and client-veterinarian bond on the care that pets receive. J Am Vet Med Assoc. 2008.232:531-540.

[6] Chandler ML, Gunn-Moore DA. Nutritional status of canine and feline patients admitted to a referral veterinary internal medicine service. J Nutr. 2004.134(8 Suppl):2050S-2052S.

[7] Comparative Pain Research Laboratory, Department of Clinical Sciences, North Carolina State University College of Veterinary Medicine: Feline Musculoskeletal Pain Index. http://www.cvm.ncsu.edu/docs/cprl/fmpi.html Accessed September 9, 2013.

[8] Stella JL, Lord LK, Buffington CAT. Sickness behaviors in response to unusual external events in healthy cats and cats with feline interstitial cystitis. J Am Vet Med Assoc.2011.238:67-73.

[9] Vogt AH, Rodan I, Brown M, et al. AAFP-AAHA: feline life stage guidelines. J Feline Med Surg. 2010.12:43-54.

[10] Paepe D, Verjans G, Duchateau L, et al. Routine health screening: findings in apparently healthy middle-aged and old cats. J Feline Med Surg. 2013.15:8-19.

[11] Buffington CAT. Idiopathic cystitis in domestic cats-beyond the lower urinary tract. J Vet Intern Med. 2011.25:784-796.

[12] Cupp C, Perez-Camargo G, Patil A, et al. Long-term food consumption and body weight changes in a controlled population of geriatric cats [abstract]. Compend Contin EducPract Vet. 2004.26(Suppl 2A):60.

[13] Laflamme DP, Ballam JM. Effect of age on maintenance energy requirements of adult cats [abstract]. Compend Contin Educ Pract Vet. 2002.24(Suppl 9A):82.

[14] Harper EJ. Changing perspectives on aging and energy requirements: aging, body weight and body composition in humans, dogs and cats. J Nutr. 1998.128(12 Suppl):2627S-2631S.

[15] Moore GE, DeSantis-Kerr AC, Guptill LF, et al. Adverse events after vaccine administration in cats: 2,560 cases (2002-2005). J Am Vet Med Assoc. 2007.231:94-100.

[16] Ammersbach M, Little S, Bienzle D. Preliminary evaluation of a quantitative polymerase chain reaction assay for diagnosis of feline immunodeficiency virus infection. J Feline Med Surg. 2013.15:725-729.

第 8 章
提供适当的行为学护理

Kersti Seksel

引言

对所有患猫来说，提供适当的行为学护理都是首要满足的条件，包括新宠物和环境需求未得到满足的宠物。兽医需要了解多方面事物，以教育猫主人解决已有的猫和潜在的新猫的环境需要。这包括家里的环境布局如何满足猫的环境需求的重要性、家中已有其他动物的影响以及适当和足够的身心刺激。

适当的行为学护理可以预防发生行为问题[1,2]并降低应激，从而降低与应激有关的疾病发病率，如间质性膀胱炎[3-5]。环境丰富化可以减缓无聊感[2]，在预防肥胖和糖尿病、肝脏脂质沉积综合征和关节退行性疾病等相关疾病方面发挥作用[2]。应激则会加重间质性膀胱炎的发展，使皮肤感染和瘙痒等问题恶化，加重炎性肠病综合征的症状[5-7]。

解决受影响患猫的环境问题有助于降低猫间质性膀胱炎（feline interstitial cystitis, FIC）等慢性病的发病次数和严重程度[8,9]。起丰富作用的设施和活动能解决猫的生理需求和个体偏好，对猫的福利产生积极作用。

在动物诊所整合应用行为学护理

给客户提供适当的行为学护理教育对所有生命阶段的猫都非常重要。该种教育不仅可以预防和治疗行为问题，还可以降低猫在家中的应激。尽管在新猫或幼猫第一次就诊时是提供这类信息的最佳机会，但所有生命阶段的猫都需要适当的行为护理，调整现有的护理程序有助于预防发生应激和行为问题。参见第 7 章内的"在不同生命阶段进行预防护理就诊时讨论的行为需求关键点"部分，此部分讨论了如何在预防护理就诊中整合应用这些信息。

家庭环境

一般而言，猫不喜欢变化，所以大多数猫会因环境变化或家里增添了一只不熟悉的动物而感受到压力。新猫来到它们的新家时，也会有一定程度的应激。此外，当一只幼猫到达新家时，这可能是它第一次与母亲和其他兄弟姐妹分开，因此除了到达新家和见到新认识的人类所产生的压力外，分离也会加重它的应激。因此，起初应保持事物处于相对较低的刺激水平，避免给猫过度的打击。需要给家里的每一个成员解释，特别是小孩，告知他们猫需要安静的环境，直到它熟悉新家和新认识的人前，猫并不会喜爱搂抱。

在猫变得更安定前，应给猫预备一个休息区域。在适应时期，准备好带垫子、休息区、猫砂盆、食碗和水盆的房间，能让猫适应新家的声音和气味，这是非常重要的环节。使用 Feliway 扩散器可帮助猫更快适应新家，减轻猫的应激。第 26 章提供关于如何向已有的猫引见新猫的更多信息。

休息区域

在一天的时间里，猫平均花 2.8 小时休息，7.8 小时睡觉[10]。应给猫提供舒适、安全的睡觉和休息区域。在每一个猫经常拜访的房间内，都应提供适当的躲藏和爬高区域,这样可降低猫的压力[11]。由于猫既是捕食者也是猎物,所以在可以观察周围活动状态却又可不被看见的地方,它们常能感到更安全。

面对刺激物或所处环境的变化,猫可能会表现躲藏,这是猫的一种应对行为[12]。当猫处于应激状态和要避免与其他猫或人互动时,常见这类行为[13]。猫更喜欢独自休息或睡觉[14],因此要预备多个舒适的休息区。即使关系良好的猫也同样需要独立的休息区;在一项包括60对室内绝育猫的研究中,研究者发现在48%~50%的时间,猫会待在彼此看不到对方的位置[15]。

猫提箱、侧边较高的柔软猫窝和有门洞的纸盒(图8-1)都是很好的休息区。一些休息区的大小要刚好只能容纳一只猫,因为许多猫都喜欢独自休息,即使是很亲密的猫也并不是总待在一起。

图8-1　纸箱是这只猫的很好的休息区(感谢 K. Lindsay 提供)

铺有羊毛等柔软垫子的提箱可以帮助幼猫适应过程。起初,应将提箱放在幼猫经常接触的区域,让它感到安全和稳当。可以使用零食来提高猫对提箱的正面关联,如把零食扔到提箱里,让幼猫按自己的意愿和速度进入提箱。在幼猫可以很舒适地进入提箱,并会在里面睡觉之前,应一直保持提箱的门或盖子处于打开的状态。到这个阶段,可以短暂关闭提箱的门或盖子;如果幼猫仍然保持放松,就可以延长关门时间(第9章提供训练猫进入提箱的更多信息)。

爬高区域

猫常喜欢在高处休息。提供爬高区域可扩大整个活动空间,让猫可监视周围的环境。垂直或三维空间可让猫很好地观察周围环境和靠近的人或其他动物[16]。不同的位置和高度可帮助猫避免争抢资源的冲突和竞争[17]。在生活环境中有高处可以蹲坐和躲藏可让猫更有安全感。

有许多可让猫接触三维空间的选择(图8-2)。最常使用猫树、蹲坐板或猫爬架。但是,由于爱猫者努力致力于提高室内猫的生活质量,目前已有更精心制作的选项来丰富猫的生活环境,如沿墙往上的梯子和天花板下方的横梁或隧道。这些选项的理论是这些物品可以为猫提供足够的活动空间,避免与其他猫不必要的接触。要达到这个目的,关键应做好设计,应确保没有狭窄的通道或瓶颈,避免使用会让猫面对面相遇的系统。其他更划算的方法包括让猫在书架顶部或其他可独立竖立的家具上休息。

图8-2　猫爬架可提供多个高处休息区和磨爪位点(感谢 G. Perry 提供)

关节炎患猫仍喜欢攀爬到高处。可提供坡道、宠物阶梯等楼梯或其他辅助工具来帮助猫到达喜爱的爬高区域或其他垫子，这能让它们继续接近喜爱的位置，与其他家庭成员待在一起。

磨爪柱

磨爪是猫的一种正常行为，可以磨利爪子、伸展肌肉和留下它们的气味及可见标记。这是一种存留嗅觉标记物（费洛蒙）的交流方法，用来传达距离或路线的短暂线索[18]。猫常在睡醒后或兴奋时磨爪（如当人回到家中时或在玩耍期间）[18]。虽然猫会在新的和旧的物体上磨爪，但许多猫会保持对较旧的磨爪柱的兴趣[18]。

猫对磨爪柱的材质和方向（垂直或水平）有个体喜好。许多猫更喜欢在西沙尔麻绳或木材材质上磨爪。每只猫都应能接近吸引它的磨爪柱。如果猫不喜欢这种材质，它就会在其他地方磨爪，如它更喜爱的材质的沙发背面。如果猫偏好在特定的表面磨爪，可以在磨爪柱上覆盖类似的材质。猫主人应提供多个磨爪区域，用零食或平静的表扬来鼓励猫使用磨爪区域。

大多数猫偏爱垂直的表面，但一些猫也会在水平面上磨爪。理想情况下，垂直磨爪柱应足够高，可让猫用后肢站起来够到顶部磨爪。猫主人应确保磨爪柱足够坚固，位于稳定的基面上，这样才能让猫放心使用。

磨爪柱的位置与材质一样重要。建议在家庭成员最常待的房间和人员常通过的突出位置放置至少一个磨爪柱。如果猫已经会在家具上磨爪，可以在家具旁放置磨爪柱，并用塑料或双面胶覆盖已被猫抓挠的家具部位，减弱家具的吸引力。一项研究表明在猫磨爪的位置喷洒 Feliway 也可以减少磨爪[19]。在多猫家庭内，需要使用更多的磨爪柱，因为并不是所有的猫都愿意共用磨爪柱，这受猫彼此之间关系的影响。

可以使用一种互动型玩具来鼓励猫磨爪（如带羽毛的鱼竿型玩具），将玩具摇动到磨爪柱上，或在磨爪柱上系一个摇晃的玩具。一旦猫的气味留在磨爪柱上，猫就更可能再来此处磨爪。也可以用响片来训练猫在磨爪柱上磨爪。

猫主人可以利用这些信息来预防和治疗不希望出现的磨爪行为，为猫提供最吸引猫的某种类型和材质的磨爪柱及磨爪柱的摆放位置。

当猫的磨爪频率过高、磨爪位置过多或时间过长时，应考虑这可能与应激或焦虑有关（与尿液标记一样），可能需要提高环境的丰富性（应注意过多的选择会增加焦虑和应激），辨识和去除潜在的应激因子，可能需要进行费洛蒙治疗。

猫砂盆

室内生活的猫需要能轻易接近干净的猫砂盆。应让猫砂盆远离采食和睡眠区域。在多猫家庭内，经验法则是每个猫"家庭成员"配备一个猫砂盆，再额外加一个猫砂盆，这样家庭内的每只猫都能适当地接近如厕区域。但是，猫砂盆的位置和数量同样重要。例如，在一个有 2 只猫的家庭中，将 3 个猫砂盆并排放着，这意味着只提供了一个如厕区域，如果这 2 只猫无法共处，那么猫砂盆的数量依然不足。黄金法则是如果所有猫需要在同一时间排泄，那么应该让它们都能各自接近一个猫砂盆，不会受到另一只猫的夹道攻击。理想情况下，应将所有猫砂盆放在分离的位置。

大多数猫更喜欢较大的猫砂盆[20]。常规情况下建议猫砂盆的大小应至少是从猫鼻尖到尾根部距离的 1.5 倍，因此市面上的猫砂盆都不够大。大号塑料收纳箱是不错的选择。详细信息可参考第 24 章。

许多猫仅在非常干净的猫砂盆里排泄，因此从卫生和心理角度考虑，清扫制度是非常重要的。一旦发现脏的猫砂就应立即清理，猫主人应根据猫砂类型，每 1～2 周就全部更换猫砂。完全更换猫砂后，应用热水和温和的清洁剂清洗猫砂盆；避免使用气味强烈的清洁剂。如果可行的话，就风干猫砂盆，用毛巾擦干或使用无气味的布擦干猫砂盆，再倒入新的猫砂。有关猫砂盆清理的更多细节信息可以查看第 24 章。

玩耍

玩耍是猫生活的重要组成部分。基础需要已得到满足的动物会花费大部分时间在探索行为上[1]。大多数宠物猫不需要每天花几个小时来捕食，因此应给一只饲喂和休息良好的猫提供玩耍的机会，这是丰富生活环境的重要部分。提供新的玩具或每隔几天更换玩具可以创造一个"新的"环境。猫会在几分钟内习惯捕猎和追逐玩具，这就使得主人要在玩耍环节之内和之间引入数种不同的项目[21]。

野猫和流浪猫清醒时会花费大量时间来觅食和捕猎。可将这类行为转向玩具或羽毛，如家猫就是如此。宠物猫会探索环境中的新物体，会玩耍猎物大小的小物体[21]。模拟猎物的玩具是释放捕猎行为的好方法。将玩具悬挂在一根绳子或铁丝上摇晃，可让玩具"活起来"，这是满足"捕猎"行为的极好的互动玩具。

在玩耍环节，猫主人应该尝试鼓励进行适当的游戏和互动。应给猫设立咬和抓的明确规则。不能用手进行游戏，由于存在被猫抓伤或咬伤的风险，不应使用手或脚与猫玩耍。但是，模仿捕猎过程的玩具很受猫和人欢迎，如可让猫追踪、猛冲、突袭和撕咬的玩具，可让猫表达这些正常行为。市面上有许多合适的玩具可供选择，包括钓鱼竿型的玩具。

猫会进行短期爆发式捕猎，猫主人可模仿这个过程，通过突然改变玩具的速度和方向来进行互动玩耍。

应选用猫感兴趣的大小和质地的玩具。根据猫的感觉和个体偏好进行选择，可获得更具吸引力的玩具。但是，许多玩具的颜色、形状、大小和质地的设计都是为了吸引主人，而非他们的猫。

动物从视觉上区分物体的典型方式有5种：照度（或亮度）、运动、质地、双眼差异（深度）和颜色。

捕捉猎物时，对移动的感知是视觉最重要的部分。在探查运动和形状时，视杆细胞有很重要的作用，尤其是在昏暗的光线下。人类的视网膜有中央凹，更容易在亮光环境和直视状态下感知运动，但猫没有中央凹，因此它们似乎能更好地感知外围运动和在昏暗环境下以某特定速度运动的物体。这也许可以解释为何猫会忽视静止的物体，但物体一旦开始移动，就会激起追逐反应。因此，会移动的玩具更可能吸引猫。

但猫可能会很快习惯一种玩具，并对该玩具失去兴趣，玩耍强度实际上可能仅在短期内很高，因此可用特征稍有不同的3种或4种不同玩具进行重复玩耍（如用系在棒上的玩具和系在绳上的发圈来进行互动玩耍，让猫自己玩轨道球或追逐奶瓶盖环）。玩耍结束后，猫继续玩耍的兴致可能还会持续15分钟或更久。

玩具或活动必须适合猫，并且是安全的（图8-3）。事实上，猫并不一定喜欢那些昂贵的玩具。应根据猫的偏好和破坏玩具的能力来谨慎选择玩具。猫主人应注意会断裂或折断的部分，或会被猫咀嚼掉和可能吞下的部分。应定期查看玩具的损坏程度，引入新玩具时，应监督猫的玩耍过程。

图 8-3　猫通常喜欢会动和可支配的玩具（感谢 G. Perry 提供）

可以教猫进行巡回游戏，猫常常喜爱家制玩具，如纸团或便宜的铃铛球。猫喜爱躲在隧道（图8-4）或纸箱内，但需注意放置地点，不应无意中鼓励或刺激猫对人或其他猫表达捕猎行为。

图 8-4　猫喜爱躲藏，所以许多猫喜欢在滚地龙里玩耍（感谢 G. Perry 提供）

图 8-5　一些猫更喜欢流动的水，喜爱使用喷泉饮水机（感谢 S. Heath 提供）

饲喂

正常的采食行为

猫是独行捕猎者，会每天少量进食 10～20 次，为了捕捉小的猎物，它们会重复捕猎循环。并不是每一次尝试都能成功捕捉猎物。部分研究表明猫的捕猎循环失败率高达 50%[12]，这使得猫为了存活需要花费大量时间和精力。

无论饲喂猫多少食物，猫的捕猎本能仍然存在；猫常会给人带来人们不想看到的"礼物"。猫也是晨昏活动的动物，主要在黎明和黄昏时捕猎，这也是猫的猎物常出现的时间。

饮水行为

野外生活的猫会在进食区域以外的地方喝水。一些猫更喜欢流动的水和喷泉饮水机（图 8-5），而其他猫则更喜欢静止的水。应多处放置水碗，与食物分开放置。

饲喂方案

许多家猫倾向进行自由多处采食，因此可使用多种饲喂方案来鼓励不爱动的猫进行活动，给活跃的猫提供多变的丰富活动。可将食物放在玩具里（食物迷宫）来提供额外的刺激。这类玩具包括用爪或鼻轻推，就会有猫粮颗粒从特定的洞里掉出的简单玩具。也有更复杂的玩具，需用爪进行更复杂的操作才能获得食物。可以自己制作食物分配玩具（如剪出洞的酸奶杯），或可在宠物店和网店购买。分散饲喂或把食物藏在不同的地方，也可以促进猫的身体和智力活动。捕猎的猫每天会追踪、捕抓和多次进食少量食物。因此，更多的玩耍和多次、少量"猎物大小"的餐食对一些猫是有益的。更多信息参见第 13 章。

野猫和流浪猫常吃草[10]。对养在室内的猫，猫草是一种安全的选择。如果可周期性地将猫草放在不同的位置，就可让猫去寻找猫草。这不仅可模仿自然行为，同时也可刺激猫的身体和智力活动。

理毛

无论猫的毛发长度如何，所有猫都需要表达理毛行为，对喜欢身体接触和关注的猫，梳毛和亲手理毛可丰富生活。猫通常能耐受梳毛手套，但仅适用于单层毛的短毛猫。可使用刷子和梳子梳理顶层毛发，但需要使用细齿梳或除浮毛工具（如 FURminator）来梳理绒毛较厚的猫。对喜欢身体接触和关注的猫，梳毛和亲手理毛可丰富生活。

可使用正面强化作用来训练一些简单的行为，如"坐下"和"呼叫时过来"，这样在需要给猫理毛时，就可以叫猫过来坐下理毛。经过适当的训练后，剪指甲和刷牙可成为获得人类关注的另一种积极方式[22]，这样既可给家猫提供适当的行为护理，也可提供适当的健康护理。

猫的训练

训练猫接受包括保定和全面触诊的健康检查，可减轻猫拜访兽医时的恐惧。应尽早引入这类互动，在适当时机给予食物或玩具奖励可强化猫对就诊操作的接受度。

猫对利用美味零食进行奖励的训练反应很好，零食包括小块鸡肉、猪肉或鱼肉。可教会猫坐下、过来、"拍掌"或其他任何希望猫习得的动作。奖励训练可同时为猫和主人提供精神刺激。必须选择对猫非常有诱惑力的奖励。

正面强化作用也可以丰富猫的生活[22]，训练是增强人和动物的纽带，改善猫生活福利的另一种方式[23]（第5章提供有关猫的学习行为的更多信息）。

Kitten Kindy®

训练猫对大多数人来说是一种陌生的概念，更不用说举办幼猫社会化和训练课程这个概念[24]。Kitten Kindy 是一个进行早期社会化、训练和教育的计划，致力于帮助猫主人和幼猫一开始就进入正确的生活轨道。

在该课程里，会让幼猫在幼龄阶段进行社会化，这样幼猫能适应走入外面的世界。会让幼猫对提箱和汽车旅途脱敏。社会化课程可让幼猫接触不同的人和其他幼猫，但这个引入过程是被动的，并不会强迫幼猫进行社交互动。在幼猫的成长过程中，幼猫课程的经历可帮助幼猫更好地接受和享受更丰富的生活方式，同时更能承受周围的变化。这些课程教育猫主人如何进行合理照顾和管理，帮助避免出现猫主人无法接受的行为。这个课程的目标还包括建立猫、主人和动物诊所之间的紧密纽带。如果诊所内有合适、安全的地方可供幼猫使用，那么这类课程就代表兽医可为患猫和客户提供的另一种有价值的服务。如果诊所内无合适的地方，那么更适当的方法是开展幼猫讲座之夜，主人不必携带幼猫前来听课，为客户提供有关猫伴侣的行为需求教育。

家中的其他宠物

家庭内是否已有另一只猫？

猫是社会化动物[2]，常会待在与它建立纽带的人附近。猫作为社会化动物，不仅喜爱人的陪伴，也喜爱同类或其他动物的陪伴。在家庭内，社交相容性最好的猫群体是有血缘关系的猫，来自同一窝的兄弟姐妹可组成极佳的家庭伴侣（图8-6）。但是，个体猫与其他猫的社交性水平差异很大，受遗传倾向、早期经历和过去与其他猫的遭遇影响。当猫主人尝试向猫引见一只无血缘关系的猫时，应考虑到这类差异性。即使已有的猫与以前的猫能很好地相处，也不代表它会和新来的猫很好地相处。当猫主人希望在家庭内增添第2只猫时，需要咨询建议来最大化成功引入的可能性[25]。起初就应给猫准备好分离的区域，必须做好逐渐引入的计划。如果把猫带回家后，仅是让猫与另一只猫待在同一个房间内，指望它们能和睦相处或自己找到相处的方法，这是行不通的。

图8-6　来自同一窝的2只幼猫能成为彼此很好的伴侣（感谢 G. Perry 提供）

逐步正面的引见可增加成功的机会（图 8-7）[26]。应在主人的监督下，缓慢、循序渐进地进行引见。在几天（至几周）内，最好先让猫熟悉另一只猫的声音和气味，当它们都能保持平静时，让它们能短时通过玻璃门或纱门见到彼此。如果未出现互相嘶叫或哈气等不良反应，就可以每天重复这个步骤，逐渐增加彼此的见面时间。应奖励猫的平静行为，根据猫的个体偏好，使用轻柔的抚摸、游戏或零食作为奖励。

图 8-8　如果进行逐步引入，犬和猫可拥有融洽的关系（感谢 G. Perry 提供）

图 8-7　一些猫喜爱其他猫的陪伴，而另一些猫在单只猫的家庭中更快乐（感谢 G. Perry 提供）

一段时间后，可以让猫进行更长时间的互相接触。这可能需要持续数周，但引入过程越缓慢，最终会带来更多益处。如果猫表现互相嘶叫或哈气，那么猫主人需将它们分开至少 48 小时，再尝试让它们接触。第 26 章和标题为"往家庭内引入一只新猫"的宣传材料提供了更多有关引入新猫的信息。

家庭内是否已有一只犬？

一些猫更易接受犬成为伴侣。已证实让猫在幼年时接触犬，有助于猫在成年后接受犬（图 8-8）[27]。在引入新猫或幼猫前，猫主人应考虑是否让犬和猫共享生活空间，还是在分开的区域内生活。是否让猫住在室内或楼上，让犬住在室外或楼下？犬以前和猫一起生活过吗？在过去的家里，猫是否与犬一起生活过？这只犬会追逐猫吗？这些都是需要考虑和解决的因素，这样才能尽可能进行顺利、无压力地引入新猫。

应在猫和犬都处于平静和放松状态时，进行循序渐进的引入。理想情况下，犬应能对坐下、过来和待着等声音指示做出准确反应，并应能在接受指示后安定下来。在引入新猫前，应教会犬这些技巧。

理想情况下，应让猫待在与犬有一定距离的提箱内，来开始进行引入过程。在猫进入房间之前，应让犬采取放松、静止的姿势，并适当使用正面强化作用来鼓励犬保持这个姿势。在进行数次短暂的引入过程后，如果对各自的存在、气味和声音，猫和犬都未表现不良反应，那么主人就可进行下一步。应让犬安静、放松地待在它的垫子上，允许猫在房间内自由活动，同时奖励犬对猫的出现表现放松的状态。在任何阶段，如果犬无法忽视活动的猫，无法保持放松的姿势，就需要将猫放回提箱，进行更短的引入过程。也可将猫放在围笼里，必须使用大小适当的围笼，最好配备可让猫躲藏和/或跳高的家具，让猫能处理自己的压力。

从福利角度考虑，在确认不会发生问题前，不应在无监督的情况下，让猫和犬待在一起。即使犬和猫待在一起时，彼此表现放松状态，也必须给猫提供安全的地方，如可躲藏的孔洞，最好提供犬无法到达的高处。

室内和／或室外猫

出于健康和安全考虑，除了住在公寓里的人外，许多人现在会选择限制猫生活在室内。人们希望避免猫在马路上受伤或被杀，不愿意处理猫打斗引发的受伤和疾病，不希望他们的猫捕杀野生动物，他们会选择将猫关在室内。一些司法机构也已立法限制人们的养猫数量，还制定了猫宵禁。这意味着越来越多的猫完全生活在室内。

一些学者认为这对猫来说是好消息，因为已证实室内猫的平均年龄要远超室外的猫[28]。这也意味着猫有更多时间与家人同处。许多猫享受人类的陪伴，室内生活给猫提供了充裕的这类机会。当主人回家时，猫会过来问候，它会在床上与主人一起睡觉，会坐在主人的腿上，或在夜间躺在沙发上的主人旁边。它们可能不愿一直有直接接触，但它们常喜欢和主人待在同一个房间内，并会在家内跟随着主人。许多猫喜爱与它们的主人进行的活动包括特别的拥抱时间、抚摸和梳毛。

如果要限制猫完全生活在室内，那么主人就需准备猫所需的所有精神和身体刺激。猫天生喜爱攀爬；因此，能接触垂直空间（或三维空间）要比水平空间更重要。猫喜爱栖息在高处和向下观望。许多室内猫会攀爬到家具或窗帘上寻找高处的休息空间。如果主人不希望猫坐在衣柜顶上或衣柜里面，就应预备替代的可供休息的地方（且应更吸引猫）。例如，带高平台的磨爪柱、架子和猫爬架。在准备休息区时，应利用三维空间来确保猫互相之间不会引发压力，特别是在多猫家庭内。如可建议客户购买具有躲藏隧道的猫爬架，而不是带盒子的猫爬架。如果猫在躲藏隧道中碰到了一只不相容的猫，它可以转身或向前逃跑，但如果在仅有一个口进出的盒子里，它就会被困住。与此类似，确保家中的部分休息区仅能容纳一只猫，这样可避免不相容的猫尝试共享平台，这也是有益处的（参见本章末尾关于室内猫信息的"附加资源"部分）。

另一些学者认为让猫能一定程度地接触室外环境是有益的，有助于满足它们的自然行为，如探索行为、捕猎行为和观察行为（图8-9）。文化会对是否让猫在家附近自由游荡的决定产生强烈影响，在不同国家内，完全室内饲养的猫数量有显著差异[29]。在英国，大多数猫可以在户外游荡，除了主人的花园外，它们还可以接近邻居的花园。在美国和澳大利亚，大部分猫被完全饲养在室内。

图8-9 猫喜爱晒太阳（感谢 G. Perry 提供）

虽然完全生活在室内可能会更安全，也已证实生活在室内可延长猫的寿命[28]，但已知猫确实需要大量的视觉和嗅觉刺激。室内生活并不意味着猫的生活必须是枯燥的，或者永远无法让猫享受外面的世界，有越来越多的方法既可保证猫的安全和健康，同时也可满足猫的生理和心理需要（图8-10）。

一些主人可以训练猫佩戴背带和牵引绳行走。这可让猫有时间接触到阳光，可在花园内散步，嗅闻一些草和植物。训练猫佩戴背带并不难，但必须逐步完成。在逐步引入背带的过程中，可以使用小块、美味的食物作为猫的奖励。一旦完成训练，许多猫会将背带当作正面事物，因为这意味着它们可以探索后院了。第一次来到室外时，一些室内猫会感到有点不知所措或恐惧，主人需缓慢进行该过程，如果猫表现出忧虑，应快速返回室内。

第 8 章　提供适当的行为学护理

图 8-10　该有限制的户外空间是安全的环境,让猫接触该空间可提高感官刺激,让猫有机会表达正常的猫行为（感谢 G. Perry 提供）

图 8-11　室外围栏可安全地让猫待在室外（感谢 MA Test & I. Rodan 提供）

图 8-12　无法进入花园的猫常会喜爱花盆内的草（感谢 K. Stevenson 提供）

如果在无监督状态下让猫外出,但仍在院墙内活动,主人就应寻找防止猫跳出院子的方法。这类方法包括高的、坚固的栅栏,特别是专门设计的防猫栅栏,猫无法爬过去的下垂网线,或特别建造的室外猫围栏（图 8-11）。

有多种室外猫围栏可供选择,包括简易直立的猫围栏到可与房屋相结合的复杂模块化系统。在大多数情况下,猫洞或打开窗户可以让猫进入围栏内（图 8-12）。另一种方法是用猫网遮盖院子的一个区域,来防止猫逃跑。对有院子或相似区域的人来说,这是一种很好的方法,可轻易依此创建猫的玩耍场所。许多公寓带阳台或小院子。如果猫住在带阳台的高层公寓内,就需要采取措施来防止猫从阳台跳下或摔下来。一旦做好这些地方的防范,就可让猫在室外晒太阳或消磨时光。许多猫喜欢嗅闻或咀嚼猫草或猫薄荷,可在室内和阳台上的花盆里种猫草或猫薄荷。

室外围栏有许多优点,它可以安全地让猫进入室外。但是,它也存在缺点,邻近的猫仍能通过围栏发动威胁甚至攻击。如果家庭内的猫需通过隧道进入室外围栏,猫之间可能会竞争入口或发动伏击,引发社交紧张。无论在室内还是室外围栏内,一些猫见到附近有其他自由游荡的猫时,会感到焦虑,引发屏障沮丧,转向攻击人和猫等其他家庭成员[19]。

要使室外围栏尽可能对猫有益,需要在院内或围栏里安置适当的家具和休息区。猫通常喜欢在猫梯、猫树、吊床、圆顶屋、架子和家具顶部打瞌睡。在室内，许多猫喜欢坐在阳光下，望向窗外，观察外面世界的变化。在室外围栏内，应让猫也能进行这类观察行为。

一些主人喜欢让猫在室外排泄，因此让猫能接近室外是他们的主要目标之一。但是，这并不意味着在任何阶段都不需要猫砂盆，特别是当一只新猫首次来到家内，它需要时间安定下来和熟悉周围环境。当猫与邻近的猫关系紧张时，邻近的其他猫会阻碍猫接近室外厕所。在某些情况下，可能需要特别制作猫可接近的、靠近房屋的猫厕所（方格8-1）。如果需全年使用这种猫厕所，应填充不会结冻的材料 [14]。

方格8-1　提供室外厕所

在冬天，室内随地排泄问题变得更严重，可能因为猫较难或不愿意使用室外厕所。猫很难在坚硬、冰冷的地面挖洞，含水量高的黏土会让猫觉得肮脏和不愉快。记住猫是由生活在沙漠的祖先进化而来的。室外厕所可降低猫使用室内猫砂盆的需要，可帮助减少多猫家庭的猫砂盆数量。可轻易建造低维护成本、全年都可使用的室外厕所。

- 在花园边缘找一个合适的位置安置厕所，周围有花丛和灌木丛遮挡，为猫提供一定的隐秘性。
- 挖一个深60～90厘米，长宽60～90厘米的洞。
- 填满洞的2/3
- 在洞上面盖上软的白沙。应使用与操场沙子质量相同的沙子，不应使用建筑用的橘色沙子（所谓的尖沙）。
- 一旦您的猫有规律地使用这个厕所后，可以撒一些土在表面来掩盖它。
- 用猫砂铲去除猫屎，方法与使用传统的室内猫砂盆一样。
- 每隔几个月挖出和替换沙子，让厕所恢复干净状态。

由沙子组成的厕所不会产生积水，也不会结冻，可让猫轻易接近靠近房屋的厕所。一些猫在自己的花园里找不到合适的厕所，需绕去其他房子寻找适当的地方时，增加了发生室内随地排泄问题的可能性，还会烦扰到邻居。

From Bowen J, Heath S: Improving the outdoor environment for cats: Appendix 3 In Behaviour problems in small animals: practical advice for the veterinary team, ed 1, St Louis, 2005, Saunders, pp.265-266.

总结

要给猫提供适当的行为护理需要花费精力，但这是护理伴侣猫的重要环节（图8-13）。通过互动和玩耍可加强人和动物的纽带关系，良好的环境丰富性也可帮助降低慢性疾病的发病率和严重程度，如猫特发性膀胱炎（feline idiopathic cystitis，FIC）、慢性肠病和皮肤病。需要更多的研究来调查丰富伴侣猫的生活环境的最佳方法。

图8-13　当主人进行日常事务时，社会化良好的猫会喜欢与主人待在一起（感谢G. Perry提供）

附加资源

College of Veterinary Medicine, The Ohio State University: The indoor pet initiative. http://indoorpet.osu.edu/cats/.

Ellis S, Rodan I, Carney H, et al. AAFP and ISFM Feline Environmental Needs Guidelines. J Fel Med & Surg. 2013; 15:219–230. http://www.catvets.com/guidelines/ practice-guidelines/environmental-needs-guidelines. Accessed September 2014.

Jackson V: Four legs // four walls design guidelines:

a comprehensive guide to housing design with pets in mind. Camberwell, Australia, 2010, Petcare Information and Advisory Service Australia/Harlock Jackson. http://www.petsinthecity.net.au/sites/default/files/four_legs_four_walls.pdf

Your Cat's Environmental Needs: Practical Tips for Pet Owners. http://www.catvets.com/public/PDFs/ClientBrochures/Environmental%20GuidelinesEViewFinal.pdf. Accessed September 2014.

参考文献

[1] Young RJ. Environmental Enrichment for Captive Animals. New York: Wiley-Blackwell; 2003.

[2] Overall K, Rodan I, Beaver B, et al. American Association of Feline Practitioners (AAFP). Feline Behavior Guidelines from the American Association of Feline Practitioners; 2004. http://www.catvets.com/public/PDFs/Practice Guidelines/FelineBehaviorGLS.pdf.

[3] Buffington CA. External and internal influences on disease risk in cats. J Am Vet Med Assoc. 2002.220:994-1002.

[4] Cameron ME, Casey RA, Bradshaw JW, et al. A study of environmental and behavioural factors that may be associated with feline idiopathic cystitis. J Small Anim Pract. 2004.45:144-147.

[5] Buffington CA, Westropp JL, Chew DJ, Bolus RR. Clinical evaluation of multimodal environmental modification

[6] Nagata M, Shibata K. Importance of psychogenic factors in canine recurrent pyoderma [P-5]. Vet Dermatol. 2004.15 (suppl S1):42.

[7] Westropp JL, Kass PH, Buffington CAT. Evaluation of the effects of stress in cats with idiopathic cystitis. Am J Vet Res. 2006.67:731-736.

[8] Bhatia V, Tandon RK. Stress and the gastrointestinal tract. J Gastroenterol Hepatol. 2005.20:332-339.

[9] Ibáñez Talegón M, Dominguez Villalba C, Marin CY. Cats showing comfort or well-being behaviour in cages with an enriched and controlled environment. In: Overall KL, Mills DS, Heath SE, Horwitz D, eds. Proceedings of Third International Congress on Veterinary Behavioural Medicine. Wheathampstead, UK: Universities Federation for Animal Welfare; 2001.50-52.

[10] Beaver BV. Feline Behavior: A Guide for Veterinarians. 2nd ed. St Louis: Saunders/Elsevier; 2003.

[11] Kry K, Casey R. The effect of hiding enrichment on stress levels and behaviour of domestic cats (Felis sylvestris catus) in a shelter setting and the implications for adoption potential. Anim Welf. 2007.16:375-383.

[12] Rochlitz I. Basic requirements for good behavioural health and welfare in cats. In: Horwitz D, Mills D, eds. BSAVA Manual of Canine and Feline Behavioural Medicine. 2nd ed. Gloucester, UK: British Small Animal Veterinary Association(BSAVA); 2009.35-48.

[13] Carlstead K, Brown JL, Strawn W. Behavioral and physiological correlates of stress in laboratory cats. Appl Anim Behav Sci. 1993.38:143-158.

[14] Bowen J, Heath S. An overview of feline social behaviour and communication. In: Behaviour Problems in Small Animals: Practical Advice for the Veterinary Team. 1st ed. St Louis: Saunders; 2005.29-36.

[15] Rochlitz I. Housing and welfare. In: The Welfare of Cats. 3rd ed. New York: Springer; 2007.177-203.

[16] Patronek G, Sperry E. Quality of life in long-term confinement. In: August J, ed. Consultations in Feline Internal Medicine. 4th ed. Philadelphia: Saunders; 2001.621-634.

[17] Ellis SL, Rodan I, Carney HC, et al. AAFP and ISFM feline environmental needs guidelines. J Feline Med Surg. 2013.15:219-230.

[18] Landsberg G. Feline behavior and welfare. J Am Vet Med Assoc. 1996.208:502-505.

[19] Landsberg G, Hunthausen W, Ackerman L. Handbook of Behavior Problems of the Dog and Cat. New York: Saunders; 2004.

[20] Guy NC, Hopson M, Vanderstichel R. Litterbox size preference in domestic cats (Felis catus). J Vet Behav. 2014.9:78-82.

[21] Hall SL, Bradshaw JWS, Robinson IH. Object play in adult domestic cats: the roles of habituation and disinhibition. Appl Anim Behav Sci. 2002.79:263-271.

[22] Yin S. Low Stress Handling, Restraint and Behavior Modification of Dogs & Cats: Techniques for Developing Patients Who Love their Visits. Davis, CA: CattleDog Publishing; 2009.

[23] Bennett PC, Rohlf VI. Owner-companion dog interactions: relationships between demographic variables, potentially problematic behaviours, training engagement and shared activities. Appl Anim Behav Sci. 2007.102:65-84.

[24] Seksel K. Training Your Cat. Carlton, Australia: Hyland House; 2001.

[25] Casey RA, Bradshaw JWS. Evaluation of advice to owners on the introduction of an adult cat from a rescue shelter into a household with one or more adult cats. In: Heath SE, ed. Proceedings of the 12th European Congress on Companion Animal Behavioural Medicine. Lovendegem, Belgium: European Society of Veterinary Ethology (ESCVE); 2006.

[26] Levine E, Perry P, Scarlett J, Houpt KA. Intercat aggression in households following the introduction of a new cat. Appl Anim Behav Sci. 2005.90:325-336.

[27] Feuerstein N, Terkel J. Interrelationships of dogs (Canis familiaris) and cats (Felis catus L.) living under the same roof. Appl Anim Behav Sci. 2008.113:150-165.

[28] Dodman N. The Great Debate: Indoor vs. Outdoor Cats. http:// www.petplace.com/cats/the-great-debate-indoor-versusoutdoor- cats/page1.aspx.

[29] Rochlitz I. A review of the housing requirements of domestic cats (Felis silvestris catus) kept in the home. Appl Anim Behav Sci. 2005.93:97-109.

第 9 章
动物诊所里的猫

Martha Cannon and Ilona Rodan

引言

对猫来说，到动物诊所就诊从头到尾都是高度紧张的经历。当动物拥有控制感和熟悉感才能感到安全时，这种经历会让它们感到害怕。这会引发猫和客户的痛苦，是导致猫无法获得它们所需和应得的兽医护理的主要原因。

从取出提箱的那一刻开始，猫就知道安全的日常生活要被打断。它被装进提箱，坐车来到动物诊所候诊室，没有希望可逃离候诊室，它被放到无掩蔽处、通常很滑的诊台上，之后陌生人会用猫不熟悉和感到不愉快的方式接触猫。上述每一步都与猫的自然倾向相反，它们是生活在确定领地内的独行个体，处理冲突和恐惧的主要方法是躲避和逃跑。因此，猫会在动物诊所感到害怕，接着表现出与恐惧相关的攻击，也就不足为奇（图9-1）。事实上，甚至那些看起来能应对该经历的猫仍有一定程度的应激和焦虑，它们的表现方法非常不易被察觉。为了能从猫的角度来更好地理解这种经历，可鼓励客户观看由 Sheilah Robertson 博士代表 CATalyst 委员会[1]制作的"Scotty Goes to the Vet"视频。让客户观看"Henri 3, Le Vet"视频，也能让他们感同身受[2]。

兽医通过了解应激源，采取简单、便宜、但有效的步骤来减少应激，可极大地帮助减轻问题的严重程度，从而能更容易地与患猫一起工作，更好地为患猫和猫主人展开工作。

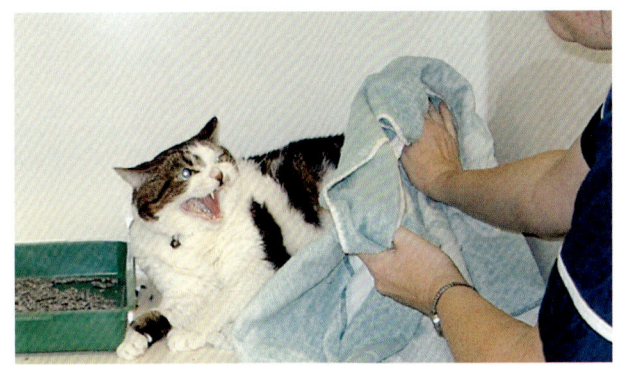

图 9-1　猫展现与恐惧相关攻击的特征性

动物诊所里的应激

对猫的影响

带猫前去兽医处就诊时，猫会感到不愉快和害怕，所引发的应激会有更广泛的影响。

- 猫的行为可反映猫的恐惧状态，很难检查感到恐惧的猫，无法发现活动能力和健康状态的细微变化。
- 交感神经高度激动会影响心率、呼吸频率、血压和血糖等参数（方格9-1）。这会导致按疾病来处理与应激相关的变化。例如，由于应激会使血糖升至613毫克/分升[3]，会导致给一些未患糖尿病的猫进行胰岛素治疗。
- 很难给一只恐惧、处于防御状态的猫进行更详细的检查，如需进行骨科、神经或眼科检查，而好意但不适当的接触和保定方法会让情况快速恶化。
- 接触这类猫所必然带来的困难常导致兽医无法进行简单、必要的操作，如采血和采尿，因此这只猫就无法获得最佳的兽医护理。

- 强制保定（见第 20 章有关适当的保定信息）恐惧、有攻击性的猫可能会导致员工和客户受伤。在好诉讼的社会里，这类情况会导致追究兽医的法律责任。

猫的恐惧和应激引发的所有必然结果会降低兽医诊断和管理疾病的能力。

> **方格 9-1 受应激影响的生理和诊断参数**
>
> 健康但处于应激状态的猫会表现以下异常。在根据这些检查或实验室检测异常确诊疾病或疼痛前，应先评估患猫的恐惧状态。
>
> **与恐惧相关的检查结果**
> - 心动过速
> - 心动过缓（如果长时间）
> - 呼吸频率增加
> - 瞳孔放大
> - 体温升高
> - 应激性结肠炎，大便软，带血和/或大便表面有黏液
>
> **与恐惧相关的诊断检测异常**
> - 应激性高血糖*，有或无糖尿
> - 肾上腺素释放导致低血钾†
> - 高血压
>   - 猫发生应激时的收缩压会超过 200 mmHg†
> - 血小板超敏反应‡
> - 淋巴细胞减少‡
> - 中性粒细胞增加‡

*Rand JS, Kinnaird E, Baglioni A, et al: Acute stress hyperglycemia in cats is associated with struggling and increased concentrations of lactate and norepinephrine. J Vet Intern Med 16:123–132, 2002.

†DiBartola SP, de Morais HA: Disorders of potassium. In DiBartola SP, editor: Fluid therapy in small animal practice, ed 2. Philadelphia: Saunders; 2000:83–107.

‡Greco DS: The effect of stress on the evaluation of feline patients. In August JR, editor: Consultations in feline internal medicine, ed 1. Philadelphia: W.B. Saunders Company; 1991:13–17.

对主人的影响

猫主人是爱他们的猫的；在美国的一项调查中[4]，78% 的猫主人认为猫是他们的家庭成员。因此，他们尽其所能地对猫好，他们在宠物店和网上的消费反映了这一点。但是，他们对猫福利的用心程度和心甘情愿花钱的态度却未体现在给猫提供兽医健康护理上。拜耳兽医护理年度使用情况（Bayer Veterinary Care Usage）研究显示，在美国，猫主人拜访动物诊所的次数少于犬主人（平均拜访次数分别为每年 1.7 次和 2.8 次）[5]。与此类似，美国动物医学协会（American Veterinary Medical Association）报道猫主人在动物诊所的消费比犬主人少一半以上（平均分别为每年 90 美元和 227 美元）[6]。

在过去，人们不愿意带猫前来动物诊所，这与人们认为与犬相比，猫的价值"很低"有关，人们不愿意为猫花钱。但是，在现代时期，情况已经不同，与犬主人爱他们的犬一样，猫主人也爱他们的猫。应意识到与犬相比，猫接受兽医护理减少的主要因素是带猫来动物诊所会引发的应激和困难，并且不易察觉猫患病和处于疼痛状态时的症状。在近期英国的一项研究中[7]，27% 的猫主人表示在决定是否给猫接种疫苗时，拜访兽医引发猫应激是一个非常重要的因素。美国拜尔兽医护理使用情况（2011）[8] 报告也展示了相似的结果。在一项超过 1 000 名猫主人参与的调查中，58.2% 的猫主人表示他们的猫讨厌去看兽医。当问及猫主人自己遭受的应激时，37.6% 的猫主人表示"单单想到要带猫去看兽医就会感到压力"。此外，在一项由国际猫医学学会（International Society of Feline Medicine，ISFM）和英国的流行猫杂志（Your Cat 杂志）共同进行，有 200 名猫主人参与的调查里，20% 的受访者表示在最近一次拜访兽医时，感到特别紧张或不满意，他们要么会避免再次拜访兽医，要么会更换兽医。

对诊所的影响

与应激的猫和应激的客户打交道也会让兽医员工感到压力。

- 恐惧的猫可能很快变得有攻击性，诊所人员需要冒着被咬和被抓的风险接触这些猫，如果猫的状态更为平静，本可避免这些风险。

- 焦虑和不愉快的客户对建议的接受度较低，较不可能按推荐的间隔时间带猫来进行后续护理。他们在动物诊所感受到压力，这会让他们在交流中更可能发现错误，变得更有攻击性。

让猫和猫主人感到快乐本身就是值得努力的目标，这样也有益于动物诊所取得成功。

采用简单的步骤即可改善猫和猫主人拜访动物诊所的体验，从而提升猫的福利，加强拥有猫的客户和诊所的纽带，改善诊所的生意情况。此外，更快乐的猫主人会向他们的朋友进行推荐，提高诊所的口碑，这是增加生意最有效的市场推广工具。

针对让诊所的各方面对猫更友好，随后的章节会提供更详细的建议，但在进行详细谈论之前，应先记住无论何时都适用的两个指导原则：对猫友好的态度（"cattitude"）和物种分隔。

对猫友好的态度（"Cattitude"）

猫和爱猫人士能感受到人们是否理解和关心猫。要建设猫友好型门诊或诊所，最重要的一点是员工的态度，这涉及所有参与猫的健康护理的员工，包括前台接待、技术员或护士、兽医和住院助理。所有员工必须对猫和猫主人保持积极的态度，拥有"对猫友好的态度"是非常重要的。一些人可自然而然地表现这类态度；其他人则需要经常练习，但学习更多的关于猫和猫行为知识，能帮助他们真正理解猫的需求，了解猫对接触和应激的可能反应，从而建立自信，让他们能表现沉着、专业和对猫的友好态度，猫和客户能识别这一点，并会对此做出相应反应。

要促进所有员工拥有对猫友好的态度，需要提供良好的培训和激励，这对某些员工会更具挑战性。一旦决定往前推动这类变化，可在诊所内任命一名"猫拥护者"。应选择员工中的一员，可以是兽医、护士或技术员，他应热爱该过程，可授权让他针对诊所的日常运行提出建议和实施变动。这名猫拥护者应是一位老练的培训师和经理，能很好地理解整个诊所如何发挥功能，这样才能辨识和解决动物诊所的各个部门出现的问题。

物种分隔

猫趋向为独行动物；它们不喜欢其他"陌生"猫的亲密陪伴，绝对不喜欢离不认识、兴奋、可怕或有攻击性的犬太近。尽量远地分隔不同物种的动物，让猫有"私有空间"，这有助减少猫的应激。在动物诊所内的每方面，都应尽可能尝试分隔猫和犬。在建筑物范围内，需考虑分隔猫居住的物理空间，还应最大程度让猫无法感知到犬的存在、声音和气味。成功分隔物种可对动物诊所治疗的猫产生巨大影响。这些方法简单、成本低，可给猫和猫主人带来长期益处。

为鼓励和支持动物诊所努力减少患猫和猫主人的应激，美国猫科执业兽医协会（American Association of Feline Practitioners，AAFP）和ISFM都已建立猫友好门诊/猫友好诊所的自我资格认证方案（图9-2，方格9-2）。针对那些会克服患猫的不同需求挑战的动物诊所，该方案能识别和赞许这些诊所，让客户辨识出在该领域对猫友好的动物诊所。

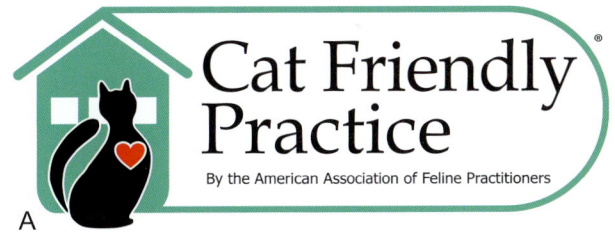

图9-2 获得AAFP猫友好诊所或国际猫护理猫友好诊所认证的诊所可在它的网站、诊所内部、所有诊所文章里展现猫友好门诊或诊所标识（A 感谢美国猫兽医师协会；B © 国际猫护理提供）

> **方格 9-2　AAFP/ISFM 猫友好门诊或诊所方案**
>
> ISFM 猫友好门诊和 AAFP 友好诊所的标准包含自我评估认可方案，这些对任何与患猫打交道的动物诊所开放。方案列出了一系列动物诊所内的设计、仪器和设施需求，也包括为猫提供的护理质量，对猫和猫在动物诊所内的需求的理解程度，动物诊所与猫主人之间的互动，这些也是同等重要的。
>
> 在申请 AAFP 或 ISFM 时，动物诊所可获得内容全面的创建猫友好诊所指导（A Guide to Creating a Cat Friendly Clinic），提供逐步了解猫的方法。它还列出了诊所被认证为银牌（基本的）或金牌（进阶的）认证水平的要求。数据包含列出各个标准的申请表格和需要在申请时提交的支持材料。成功的申请者将被授予猫友好型门诊或诊所认证（适当级别），获得在动物诊所内使用的支持性材料，有权在他们的网站或诊所文章里使用猫友好型门诊或诊所标识（图 9-2）。相关的 AAFP/ISFM 网站会列出申请成功的动物诊所，这样猫主人可查询家附近具备 AAFP/ISFM 猫友好门诊或诊所认证的动物诊所，该认证可让他们预期可获得的护理标准。动物诊所需每 2 年重新认证 1 次，来维持护理状态。若需更多信息，请参考 AAFP 和 ISFM 的网站[11,12]。

努力创造一个良好的开端

大多数客户在拜访诊所前，会先打电话给前台。前台是诊所与外界接触的一线工作人员，当客户踏入诊所时，最先遇到和接待他们的也是前台。因此，前台对客户和诊所的关系起至关重要的作用，他们必须了解猫和猫主人的恐惧及需求，并愿意调解他们的需求（图 9-3）。

图 9-3　对猫友好的前台可让猫主人的拜访有一个良好的开端（感谢国际猫护理，www.icatcare.org 提供）

当诊所有多名兽医时，不同兽医对猫的态度不可避免地会有所不同。一些医生喜爱猫，一些兽医则将给猫看病视作不可避免的挑战，并不那么欢迎它们。由拜耳和 AAFP[11] 在美国进行的一项兽医调查显示，48% 的兽医更喜欢犬，而仅有 17% 的兽医更喜欢猫。了解诊所兽医的前台可以有策略地引导猫主人去找那些天生喜欢和猫相处的兽医，这样可以在应激发生前，就避免发生许多充满压力的情况。

一些诊所会设定半天或一个手术日"只接待猫"，已取得非常好的效果。猫主人能意识到诊所有意努力改善他们的猫所处的环境。即使他们无法在那个时间段拜访，或必须在那个时间段内碰到患犬就诊，让他们意识到诊所所做的尝试也是很重要的。

无论动物诊所是否选择设立"只接待猫"的预约日、手术日或牙科日，应一直保持"对猫友好"的诊所环境。

一些猫更适应在家就诊，但一些猫更害怕不熟悉的人（们）来到家中以不熟悉方式对待它们。如果猫和猫主人更适应在家就诊，许多客户愿意承担在家就诊的额外支出以避免前往动物诊所就诊引发应激。

针对就诊时机进行考虑周到的谈话，能向客户展示诊所确实关心他们的猫和猫的健康状况。应讨论以下方面的内容。

何时是带猫前来就诊的最佳时间，避免不必要的延时（如避开交通高峰时间以减少路程中花费的时间，并将就诊时间预约到诊所开门时间，以防兽医因其他病例耽搁）。

如果需要让猫在就诊前禁食，哪天是进行就诊的最佳时间？一些客户更喜欢一大清早就前往诊所，这样仅需稍微推迟猫的"早餐"，一旦把需要就诊的猫装进提箱中，就可以喂家中的其他猫。其他人可能更喜欢在早间喂过猫后，禁食 8 小时后，在下午带猫前来就诊。

客户在何时最可能抓到可接触室外的猫？合适的时间要么是早上，在猫被放出去之前，要么是猫回家进食时。许多猫的习惯都是固定的，客户也知道猫每天的活跃、外出时间和在室内休息时间。

如果需要收集尿液样本，且客户知道猫每日的排尿时间，可以预约在猫的膀胱最可能处于充满状态的时间就诊，或者在主人可在家收集新鲜尿液的时间之后就诊。

猫提箱

一旦已安排动物的就诊时间，前台可帮助教育客户如何让猫进入提箱以及如何前往诊所。在客户离开家前，必须让所有客户都意识到为保证猫和客户的安全，必须让猫待在安全的运输提箱内。一些客户更喜欢在运输时不限制猫的活动（如将猫放到坐在汽车中的乘客的膝盖上），或仅用背带和牵引绳来约束猫。这很可能会使驾驶员在路途中分心，威胁到这辆车内的乘客和其他道路使用者的安全。必须让所有客户都意识到这一点，所有员工都必须强烈反对在运输猫时，不将猫关在提箱内。但是，兽医必须意识到将不配合的猫装入不适合的猫提箱内，会给客户带来问题，在猫到达诊所的很长一段时间前，就让猫经受应激。前台及所有其他员工都可建议客户使用何种最适合的提箱，给客户提供让猫进入提箱的窍门，帮助客户克服这个问题。可在客户首次通过电话联系诊所时，为客户提供上述帮助，也可指导客户在网站或其他资源获得更详细的信息。本章提供客户传单和视频方法示例。

应鼓励客户理智地购买猫提箱：

- 必须选择坚固耐用、防逃脱、防水和易清洁的提箱。便宜和可丢弃的纸箱易被有决心逃跑的猫损坏，可能让猫在就诊路途中或候诊时逃脱（图9-4）。
- 必须选择设计易于装卸的提箱：与从前端装猫的提箱相比，开口大、可顶部装猫的提箱（图9-5）和带多个开口的提箱带来的问题较少（图9-6）。

图9-4 纸箱不够坚固，无法安全关住一只决定逃跑的猫

图9-5 只要不悄悄地出现在猫的上方，顶部有宽大开口的猫提箱效果较好（感谢国际猫护理，www.icatcare.org 提供）

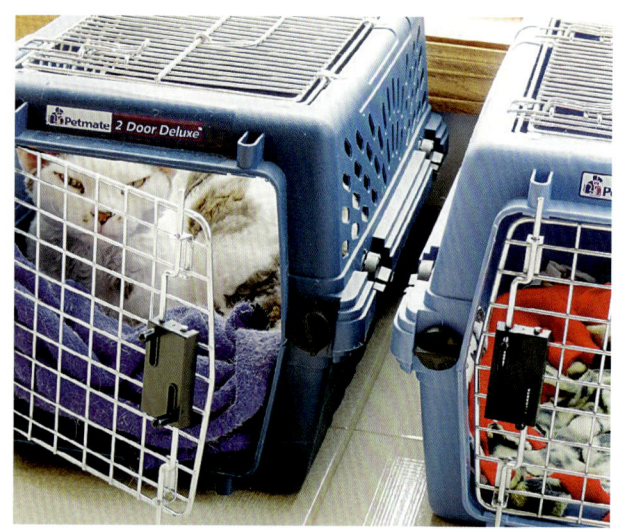

图9-6 理想的提箱上下层分开，这样在就诊时，猫可以待在提箱底部。顶部和前部都有开口的提箱可以让猫自己进出，猫主人也可以通过顶部将猫放入提箱。应告知猫主人将提箱放在家中猫喜爱的位置

- 在进行某些检查或检查全程中，可移去可拆卸塑料提箱的上半部分，让猫待在提箱底部（图9-7）。

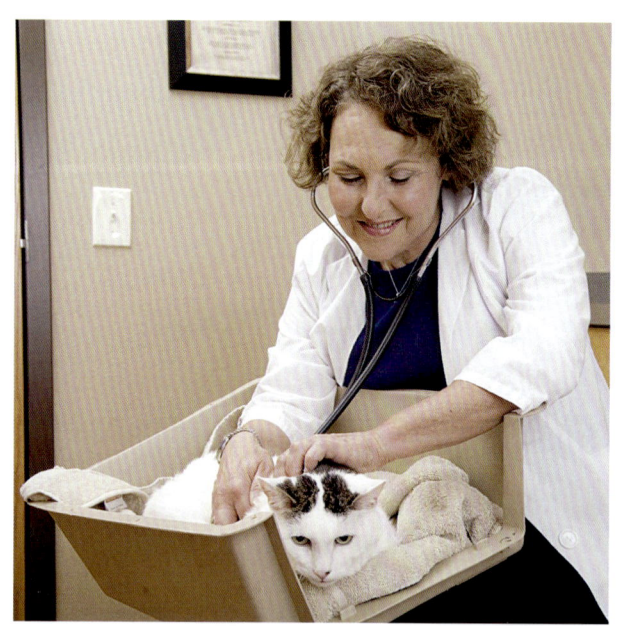

图9-7 给一只位于提箱底部的焦虑的猫进行检查

- 在车内使用安全带可轻易将硬质侧面提箱固定住，如塑料提箱或那些在轻质金属框架外覆盖结实布料的硬质提箱，可预防发生推撞，增加猫的安全（图9-8）。

图9-8 在用车运输猫时，客户必须确保提箱稳定和安全（感谢 E. Sundahl 提供）

- 可将猫垫（图9-9）或主人的旧衣物放在提箱内，让提箱有猫熟悉的气味。

图9-9 在提箱内放置一些熟悉的垫子，能帮助猫感到更像在家里

- 用毛巾或衣物遮盖提箱，能给猫提供适当的庇护（图9-10）。

第 9 章 动物诊所里的猫

图 9-10 用毛巾或衣物遮盖金属丝或塑料制的提箱，可为猫提供一些隐秘空间（感谢国际猫护理，www.icatcare.org 提供）

- 在把猫装进提箱的 10～15 分钟之前，可在提箱内喷洒猫的费洛蒙产品（如 Feliway Transport 喷雾）。在美国，也可用 Feliway 湿巾擦拭提箱。

- 如果客户要携带的猫数量超过一只，应让他们将每只猫放在单独的提箱里，即使这些猫在平日里是彼此友好的，被迫待在同一个提箱内也可能使它们变得高度紧张，这可能导致身体上的冲突。

准备好提箱后，还需将猫放入提箱内。大多数客户未接受过如何让猫舒服地进入提箱的指导。在此再次强调，提供就诊之前的客户教育能让一切有所不同。员工应能提供可靠的建议，客户教育传单也是很有用的（见标题为"让运送您的猫变得更容易"的宣传材料）。在您的网站上发布教学视频（或视频链接）也是有帮助的（表 9-1）。

针对可提前 1～2 周预约的预防护理就诊，可鼓励客户让猫在家庭环境中适应提箱。

应教育客户将猫提箱放在家中，使提箱成为猫感到熟悉、不具备威胁性的物品。把提箱放在易于接近的位置，保持开放状态，并放入舒适的垫子，这能让猫有控制感，可按它自己的意愿进出提箱。可在提箱内部或附近陪猫玩游戏和/或饲喂猫，这可让猫更熟悉提箱，建立对提箱的正面联系。应告知客户永远不要将猫塞入提箱，而应每天在提箱内放入零食来诱导猫进入提箱，并在猫靠近或进入提箱时给予奖励。

表 9-1 CATalyst 委员会的猫提箱视频 *

视频名称	制作人	目标听众/目的
Cat Carriers: Friends, Not Foes	I. Rodan and Watson	动物主人/提箱训练和猫旅行
Tips for Taking Your Cat to the Veterinarian	I. Rodan	动物主人/提箱训练
Encourage Cat Vet Visits	I. Rodan	兽医团队/教育和保定
Cat Carrier Training	J. Neilson and Bug	动物主人/使用响片进行提箱训练
Day 2 of Cat Carrier Training	J. Neilson and Bug	动物主人/使用响片进行提箱训练

* CATalyst 协会网站提供帮助教育客户如何运输猫到动物诊所的视频链接。可通过以下网址观看视频：http://www.catalystcouncil.org/resources/video/，也可观看 CATalyst 协会在 YouTube 上的页面：https://www.youtube.com/user/catalystcouncil

当猫主人强行让猫靠近提箱或试图将猫装进提箱时，常会引发负面经历。应教导客户在与猫进行所有互动时，应奖励或强化期望出现的行为，永远不应口头惩罚或体罚猫。

若需进行紧急就诊，在从收纳处取出提箱之前，客户可能需将猫限制在一个隐藏处较少的小房间内。理想状况下，应仍给猫充足的时间，让它自行进入提箱，猫主人可使用食物来鼓励猫进入提箱。但是，如果没有足够的时间采用这种被动方式，同时提箱的顶部无开口时，可以让猫转过身，轻柔地让它倒退着进入提箱，这样可以避免让猫的头部先进入黑暗的提箱中，而让猫感到害怕。

就诊路上的帮助

对许多猫来说，就诊来回的路程是最不愉快的经历。猫一旦进入提箱且离开熟悉的环境，就会失去对周围环境的控制感,而感到毫无安全感。接触不熟悉的声音和景象会增加猫的不安，许多猫会因焦虑和移动的联合作用而发生恶心。客户需意识到这一点，应小心、安全地移动提箱。

当携带猫提箱时，避免进行摆动，不要让提箱撞到腿或门，尽量遮盖提箱的大部分区域，让猫感到安全、舒适，但如果有的猫在与人交流时能感到安心，可不遮盖提箱的一侧。

- 把猫提箱放在车里时，应确保提箱处于水平状态，不会在旅途中发生移动。可把提箱放在不会发生挤压的车厢地面上，或放在座位上。出于安全考虑，应使用安全带固定放在座位上的提箱，减少提箱的移动。
- 应平稳行驶；避免突然加速或减速；缓慢、平稳地拐弯。柔声安慰猫，保持平静，猫非常擅长发现主人的紧张感。用车载音响播放一些低音量的背景声，可帮助掩盖外部噪声，但应避免播放会让猫感到不安的高音量音乐。
- 带备用垫子以防发生意外（如猫在提箱中排尿或排便）。
- 尝试让猫适应起点和终点都是家的短途汽车旅行，这样猫提箱和汽车旅行就并不总是与拜访动物诊所或寄养处相关联。

理想情况下，应在猫处于空腹状态时出发，这样可以减少发生晕车的可能性，到达诊所时还可以提高猫对零食的兴趣，从而获得更正面的经历。用毯子覆盖提箱也可帮助预防产生恐惧和晕车。如果猫仍出现恶心的症状（如在运输过程中出现舔嘴唇、流口水或呕吐），可以使用马罗匹坦（Cerenia）来有效对抗晕车[12]，在将来的旅途也可使用。建议口服剂量为1毫克/千克，可在出发前的1~24小时内服用。注意马罗匹坦当前仍未被批准作为猫的口服药物，为就诊动物开药时，兽医有责任遵守自己国家的有关规定。

候诊室

理想情况下，犬和猫的候诊室应是完全分开的。大部分诊所的建筑结构无法实现这种奢侈的分布，但如果空间允许，可把候诊室分割成分隔的"区域"。猫和犬能知道对方的存在，但阻隔直接对视可让紧张的猫获得一些安全感。目的是提供一个尽量平静、安静的等待区域。以下的简单步骤可帮助实现这个目标。

- 创建一个仅供猫使用的等待区域，最好选取人和动物最不常通过的地带。尝试遮蔽该区域，这样猫无法直接看到犬。要达到上述效果，可构建隔离物（图9-11），也可使用成本很低的屏风（图9-12），甚至可仅背对背排放椅子。

图9-11 可使用分隔物来分隔出仅供猫使用的候诊区（摘自 Bassert JM, McCurnin DM: McCurnin's Clinical Textbook for Veterinary Technicians, ed 7. Philadelphia, 2013, Saunders）

图9-12 可使用屏风来预防猫和犬的直接视觉接触（感谢 K. Wheel 提供）

- 确保明显标识和装饰属于猫和犬的区域（图9-13），这样客户就能立即轻松了解应带宠物到哪个区域。

图 9-13　醒目的告示牌标明仅供猫使用的候诊区（感谢 K. Wheel 提供）

- 在选择猫区的具体位置时，应考虑以下路线，从客户一开始进入候诊室，到前台办理登记手续，然后到候诊区，再到诊室，这之后返回到前台付款。查看客户的路线会经过非猫专区的次数，并找出会使猫和犬很接近的交集点。如果主人在前台挂号或等待付款时，让猫遇见一只犬而受到惊吓，这就会丧失设置猫专区所带来的益处。
- 尽可能防止诊室的噪声传播到候诊室。
- 应知道猫有非常敏感的嗅觉。应迅速清理"事故"，尽量减少人为异味。例如，员工不应喷洒气味过浓的香水，避免过度使用空气清新剂或气味浓烈的地板蜡。尽可能使用无味消毒剂，确保所有房间通风良好，一旦超过了推荐的消毒接触时间，应彻底擦拭掉表面的消毒剂。考虑设置一个只接待猫的诊室，这样诊室内不会积聚咨询过程中留下的犬的臭味（当然，应确保对猫友好的兽医在该诊室工作）。可在前台和猫专区使用 Feliway 扩散器。也可同时使用犬安慰性费洛蒙（dog-appeasing pheromone，DAP）扩散器。
- 在前台和候诊区放置抬高的架子或凳子，客户可用来放置猫提箱。可以自制或购买架子系统（图 9-14），但如果空间有限，可使用更简便的抬高休息区域，可鼓励客户把猫提箱放在空椅子上（图 9-15）或前台桌子上，而不是地板上。

图 9-14　可移动架子系统可作为猫提箱的安全、抬高的放置位置（感谢 Royal Canin 提供）

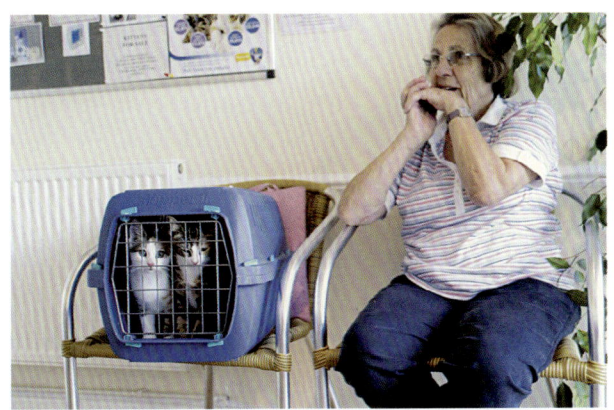

图 9-15　可使用空椅子作为抬高的休息点来放置提箱

- 鼓励客户用猫熟悉的毛巾或垫子遮盖猫提箱，让猫感到安全。
- 要有明确的标识，让带犬的客户不要让犬靠近猫提箱。
- 在高峰时节，可让猫主人选择在自己的车内等候，当兽医准备好接待他们时，再把他们叫进诊所。
- 让激动、好斗或吵闹的犬的主人在外等候，或在自己的车内等候，到就诊时再进入诊所。

以上建议对猫科诊所也很重要。猫不希望看

到、闻到或听到不熟悉的猫，采取上述步骤可帮助避免猫因看到其他猫而产生恐惧。

当客户在等待就诊时，兽医员工可利用这个机会来让客户对猫友好型诊所留下深刻印象。这会为整个到访过程定下基调，在一开始就留下正面印象。以下是一些建议。

• 展示员工已接受与猫相关的继续教育证明和与猫相关组织的会员认证证书，如 ISFM 或 AAFP。此外，也可展示猫友好型诊所或门诊的奖状和文件，以及医生的猫专科认证证书。

• 展示品种猫和客户的猫的照片。

• 提供客户可以浏览的猫杂志和其他资讯。

• 展示最近治疗过的猫病例情况，设计凸显猫健康问题的布告栏（如百合花中毒、脂肪肝、猫退行性关节病）。

参考文献

[1] CATalyst Council: Scotty goes to the vet (video): http://www.youtube.com/watch?v=lubm_wHEegI (Part 1) and http://www.youtube.com/watch?v=PH0ZXA6F3ZE (Part 2). Accessed May 14, 2013.

[2] Henri 3, Le Vet (video). http://www.youtube.com/watch?v=IiYUzYozsAQ.

[3] Rand JS, Kinnaird E, Baglioni A, et al. Acute stress hyperglycemia in cats is associated with struggling and increased concentrations of lactate and norepinephrine. J Vet Intern Med. 2002.16:123-132.

[4] Taylor P, Funk C, Craighill P. Gauging family intimacy: dogs edge cats (dads trail both). Washington, DC: Pew Research Center; 2006. http://pewresearch.org/files/old-assets/social/pdf/Pets.pdf.

[5] Volk JO, Felsted KE, Thomas JG, Siren CW. Executive summary of the Bayer veterinary care usage study. J Am Vet Med Assoc. 2011.238:1275-1282.

[6] American Veterinary Medical Association (AVMA). US Pet Ownership & demographics source book. 2012 ed. Schaumberg, IL: AVMA; 2012 [summarized at www.avma.org/news/javmanews/pages/130201a.aspx].

[7] Habacher G, Gruffydd-Jones T, Murray J. Use of a web-based questionnaire to explore cat owners' attitudes towards vaccination in cats. Vet Rec. 2010.167:122-127.

[8] Bayer HealthCare LLC, Animal Health Division: Bayer healthcare usage study [news release]. http://www.bayer-ah.com/images/AVMA%20-%20BVCUS%20Phase%20II%20Backgrounder.pdf. Accessed July 19, 2013.

[9] International Cat Care/American Association of Feline Practitioners: The cat friendly practice program. http://catfriendlypractice.catvets.com. Accessed April 12, 2013.

[10] ISFM: WellCat for life. http://www.isfm.net/wellcat.

[11] Bayer HealthCare LLC, Animal Health Division: Bayer veterinary care usage study III: Feline findings. http://www.bayerdvm.com/show.aspx/news-release-bvcus-iii-feline-findings. Accessed May 23, 2014.

[12] Hickman MA, Cox SR, Mahabir S, et al. Safety, pharmacokinetics and use of the novel NK-1 receptor antagonist maropitant (Cerenia) for the prevention of emesis and motion sickness in cats. J Vet Pharmacol Ther. 2008.31: 220-229.

第 10 章
诊室内的猫

Martha Cannon and Ilona Rodan

引言

在兽医工作中,最重要的一部分就是提供就诊咨询。无论前来的动物是否患病,就诊咨询是兽医和客户唯一可以面对面直接接触的时间;这是与客户建立关系,赢取客户信任的重要机会;兽医也可在此时表达对动物健康和行为的关心。在这关键的几分钟内,兽医还须评估动物的健康状况,进行全面的体格检查,对所有检查结果进行评估,提出适合动物个体、动物主人可接受的治疗或预防健康护理计划。挑战并不会在此结束,因为就诊咨询的最重要环节是花时间向客户解释这些检查结果和建议,并且应让客户可理解、信任这些结果和建议,这样客户一旦离开诊室后,也会积极地遵从这些建议。必须在非常有限的时间内完成上述所有任务,因此必须有效地使用每分钟,常常还需要同时处理多个任务。每一次接诊都需要面对这些注意事项,但当就诊的动物是一只猫时,猫的天性会带来额外的困难:猫是独行、自足的动物,在陌生环境下容易感受到威胁,可能不愿意接受体格检查或诊断性检测过程所需的操作。猫也是一种微妙的动物,倾向于隐藏痛苦、虚弱和疾病的症状,因此与其他物种相比,要解决猫的问题就更具挑战性。

在第 9 章内,我们提出了一些方法来减少猫被带到动物诊所的过程中所经历的应激,减轻猫到达诊室时的应激水平。本章将重点介绍兽医如何在接诊过程中进一步减少猫、客户和兽医团队的应激,以在有限的时间内获得最大信息量和最佳效益。

"每一次就诊咨询都是一次行为咨询"法

在处理猫病例时,每一次就诊咨询都是一次行为咨询,因为客户会注意到猫的行为改变,并会引起客户的忧虑。行为变化包括食欲改变、梳理毛发次数减少或无法到达喜爱的地方或猫砂盆。只有通过向客户提问,鼓励他们描述这些行为变化,进而探讨猫的潜在身体疾病或行为原因,才能真正完成猫的整体健康评估。第 1 章提供了更多相关信息。

无论是何种类型的预约就诊,都应有逻辑地一步一步提供就诊咨询。这包括预防健康护理和"体检"就诊,也包括带生病或受伤的动物就诊的咨询。虽然根据实际情况、宠物和客户的需求,就诊重点会发生变化,仍需遵循这些步骤。每一个就诊咨询都应包括如下内容。

1. 问候客户并取得他们的信任,以便他们能接受建议和推荐,愿意再次来诊所就诊,从而成为与动物诊所建立"纽带关系"的客户。

2. 询问开放式问题,找出客户对猫的担忧。开放式问题能鼓励客户提出对猫的行为和身体健康的关注点。

3. 通过仔细询问病史,细心观察猫和进行全面的体格检查,最后确认的兽医关注点可能与客户的不同。

4. 给任何健康或行为问题制定调查和管理方案,以及预防将来出现问题的计划。

5. 与客户沟通所订计划,确认他们愿意且有条件在家中施行计划。

6. 告知客户就诊咨询、进一步检查或推荐治疗方案的预期花费，确认他们同意该计划，如客户无法负担则修改计划。

7. 建议客户下次应何时带猫就诊，就诊原因包括后续复诊或计划的下一次预防健康护理就诊（在客户离开之前，提前预约或制订下一次就诊计划时间并强调预约就诊的重要性，这能增加客户未来再次到访[1]）。

通过这种方式分析就诊咨询过程，能让每一个步骤的重要性变得显而易见，也能体现提高这个宝贵时间段的效率的需求。在英国，兽医就诊咨询的时间平均约为 10 分钟。要在这段时间内完成所有事情是很有挑战的。在条件允许时，最好能延长就诊咨询时间，特别是处理猫病例时，猫天生需要更多时间来适应诊室的环境，也需要循序渐进地进行体格检查。当能顺利进行就诊咨询时，可让客户与诊所建立纽带关系，提高顺从性，所带来的益处可抵消在就诊咨询花费的额外时间，还可发现那些容易被忽视的问题，如行为问题、日常牙科护理需求、改变饮食需求和定期使用体内外驱虫剂等。

获得客户信任

当客户拜访兽医时，他们设想兽医具备高水准的知识和技术。虽然这可能有些不公平，但这却是需要面对的事实。这时，客户期待的不仅是一名称职的兽医；他们期待遇见富有同情心、善解人意并能感同身受的兽医，兽医应能理解他们对宠物的感情，视宠物为家庭的一员，能轻柔、饱含同情地对待宠物。

应花时间让客户和猫认识自己，赞美客户的猫具备的一些明显优点，这样可以为就诊定下积极的基调；这能抚慰客户，让他们在动物诊所环境内略微放松。拜访兽医对很多客户来讲都是一个令人生畏的过程。他们认为拜访过程会让猫非常紧张；他们对"兽医会发现什么"感到焦虑；许多客户还会担心治疗费用。建立友善的关系能帮助减轻这类焦虑，让客户更自在地谈论对猫的担心。这也能让他们更有效地听进和记住兽医中肯的专业建议。

带着理解和认同客户感受的目标进行移情倾听能加强客户的自信，确定客户的担忧。移情倾听包括注意非语言的暗示，如身体姿势和面部表情，询问开放性问题，使用总结性陈述，让客户了解兽医听到了他们的忧虑[2]。

确认客户的关注点

大多数就诊咨询的起因是当前的健康问题、预防护理需求、接种疫苗需求或再次开具长期服用药物的处方。这些主要目的会自然而然地成为就诊咨询的焦点。但是，大多数病例也会有客户觉得不是很重要的问题，若兽医不提醒，客户便不会提出这些问题。这可能包括行为问题，一些客户认为"正常"的慢性健康问题（如吐毛球、口臭和活动减少），或客户要尝试成功实施预防健康护理程序时遇到的困难，如给动物使用体内驱虫和体外驱虫制剂时遇到困难。就诊咨询提供发现这些问题的机会，可启发客户采取何种措施来缓解这些问题。许多客户未意识到可获得这些帮助，或认为这些是养宠过程中无法避免的问题，因此不会自己提出这些问题。应确认客户带猫来的主要原因，并作为谈话的重点，保证处理该问题，但也应拓宽谈话范围至猫的所有健康方面。

猫非常擅长隐藏疾病的症状，因此猫主人们可能未意识到存在问题。相反地，客户可能意识到存在问题的行为，但他们却不知道这些行为的意义或该如何解决。思考以下两个情节。

一只 4 岁的猫来进行每年的疫苗接种。猫的外观健康，检查未见异常。但是，在与客户交流时，发现这只猫偶尔会在猫砂盆外排尿。客户为此感到沮丧，但并不认为这是健康问题，如未被询问，也不会提及此事。现在，了解存在这个问题后，就可以帮助客户理解猫在尝试"表达"的内容（如感到不适、压力或厌恶），提供缓解问题的建议。感谢、强调客户提供信息的重要性，鼓励客户在未来有相似问题时继续联系您。

一只 12 岁的猫被带来就诊，因为它表现过度舔毛的行为。您立即发现这只猫有跳蚤，建议客户对猫及其所处环境进行驱虫。您知道这样可解决过度舔毛的问题。您还发现这只猫有口臭和严重的牙周病，您建议在麻醉条件下给猫进行牙科治疗。考虑到猫的年龄，您推荐进行麻醉前的血液学检查。这是很好的建议，但这与客户发现的问题并不相关。如果您没有将足够的时间和关注放在客户的主要关注点上，她会不满地离开。如果未处理好交流过程，她甚至可能认为您在给她推荐昂贵且不必要的治疗，来处理一个她并不知道存在的问题。客户离开诊室时，会对您的动机感到不安，不确定如何做对她的猫最好。这导致客户不仅不会安排必要的牙科处理，还会质疑是否真是由跳蚤引起皮肤问题，因此也不会遵循您推荐的治疗方案。因此，猫的过度舔毛问题会持续存在，客户认为您无法"治愈"该问题，将来就不太可能再找您就诊。

这两个鲜明对比的案例阐释了无论客户关注的问题多么微小，都应解决客户的主要关注问题的重要性，同时应抓住机会给猫进行完整的身体和心理健康检查，确认影响猫生活质量的"隐性"问题。沟通技巧是必不可少的。除了发现问题外，应花时间向客户解释和展示检查结果的实际情况。例如，在上述的第 2 个案例中，向主人展示从猫的被毛梳出的跳蚤粪便，并教导主人如何在家检查跳蚤，就可强化跳蚤引发皮肤瘙痒的诊断。让客户看到猫不健康的牙齿和牙龈，并拿出正常猫的口腔照片作对比，就能说服客户猫确实存在牙科疾病，如果不进行治疗，将来会发展为更大的问题。

在进行病史调查时，兽医应使用开放式问题来鼓励客户展开谈话，而不应使用只能回应"是"或"不是"的封闭式问题。

1. 可以使用"从上一次就诊到现在，您发现它行为上有哪些改变？"来作为优质的开端问题。当客户回答完后，可接着问"还有什么吗？"，或根据客户的回答问更具体的问题。例如，如果客户回答说猫的"行动变慢了"，兽医可以继续提问"在家是怎样的呢？"

2. 询问开放式问题。一旦获得基本信息后，可以提出更具体的开放式的问题，如"您发现您家的猫在进食时有什么变化吗？"或者"食欲怎么样？"这能鼓励客户去思考和描述动物在进食时间内的摄食量和行为表现。应鼓励客户详细回答问题，这样常能引出客户在其他情况下不会提及的问题，比如"哦！它吃得很好。事实上，它有些时候吃得太快，很快又吐了出来。"许多客户认为这个常见问题是正常的。此时，就可与客户讨论猫呕吐的原因可能是进食过快和反流、食物不耐受或其他潜在原因，并给客户提供缓解问题的建议。

3. 避免询问封闭式问题。如"他不吃东西吗？"就是封闭式问题。这会让客户仅简单回答"是"或者"不是"，不会详细阐述猫的进食习惯。例如，在猫吃饭时呕吐的案例里，如果客户就回答"没有不吃东西"，那就可能无法发现慢性呕吐问题。

评估猫

如上所述，许多猫在动物诊所会感到害怕和处于防御状态，它们的表现会和在家里不同。它们很可能不愿意在地面上自由行走。在处理和触诊轻微疼痛的区域时，它们可能不会有畏缩表现。在接触猫时，它们会非常紧张，导致无法很好地评估关节，限制触诊腹部的能力。给一只害怕、紧张的猫进行详细的神经学检查是非常有挑战的，处于紧张状态的猫的应激水平会压制正常的神经反射。

远处观察

要及时、精准地评估猫的健康状况，关键应为猫维持一个压力较轻的经历。在整个动物诊所里，诊台对大多数猫是最可怕的地方之一。当猫在诊台上时，它们会暴露于"危险"的环境中，并且无法撤退到安全的地方。在这个诊台上，一名陌生人在进行体格检查时会直接接触猫，如果它们身体的任何区域存在疼痛，这名陌生人还会重点关注这些区域，迫使它去忍受这种折磨。许多猫在家中跳上桌子时，会遭到训斥，因此当它们被放到诊台上时，会增加它们的焦虑。在检查台上，猫可能会被测量肛温，用耳镜或耳内窥镜检查耳朵等。它还可能将诊台与保定、注射和口服药物联系在一起。因此，把猫放到诊台上会增加它的应激反应，进而可能会改变行为、反应和生理参数。可在又滑又冷的诊台上放一条厚毛巾，让诊台看起来没那么可怕；无论如何，诊台都是猫的高应激区域。要精准评估猫的状态，应抓住从远处观察猫的举止、行为和步态的每个机会，最好在猫不知道自己正被观察的情况下进行。可在这段时间内问候客户，了解病史，通过问诊的这几分钟仔细地观察猫。

- 将猫从提箱内拿出来是第 1 个挑战。如果以一种贸然或不恰当的方式接近猫，这个简单的第 1 步可能就会导致无法取得成功的就诊咨询。把手伸进提箱里抓住猫的脖子把它拖出来，或者倾斜、摇晃提箱来让猫到桌面上，都将让这次碰面有一个糟糕的开始，即便是好脾气的猫也可能很不配合。与这些直接且令猫生畏的方法相比，更好的方法是在客户进入诊室之后，一开始就让客户不要把提箱直接放置在诊台上，也不要直接把猫抱出来。

- 让客户把猫提箱放在地板上，或在更理想的情况下，把提箱放到板凳或矮桌上，让客户打开提箱的笼门。在接触猫之前，让它有时间适应房间和您的声音。许多猫会依照天性想去探索这个新环境，会从提箱中走出来，或至少露出半个身子来评估房间（图 10-1）。这样您就可以以一种轻松、不具威胁性的方式与猫碰面，同时继续通过客户获取病史。使用客户在家里的语气和猫说话；伸出一只手让猫闻一闻您的手指，如果猫仍然保持镇定，可以去轻抚猫的头部，之后缩回手，让猫继续自己熟悉环境。这只需花费几秒的时间，但却可让猫感到自己可以把控这个局面，让兽医和猫之间进行友好的接触。

图 10-1　当猫进入诊室时，应允许它自己走出猫提箱

- 如果猫自己不从提箱中出来，让客户坐在猫旁边的椅子上，鼓励猫出来互动。但不要让客户强行抱出猫。一些客户会感到焦虑，他们会将这种焦虑传递给猫。有时候您需要温柔地告诉客户，保持冷静、慢慢操作往往才是最快的方式。

- 如果猫仍然无足够的信心从提箱里出来，应把提箱放到一个有适当高度的平面上，掀开提箱（图 10-2，A），让猫留在提箱下半部分（图 10-2，B），开始进行检查（见第 9 章有关理想提箱的建议）。

- 如果无法从中间打开提箱，那么您别无选择，只能"鼓励"猫从提箱内出来，温柔、友善地接近猫，用安抚的语气对猫说话，再伸手进提箱。仔细观察猫的肢体语言，如果猫开始变得有攻击性，及时撤回手。当猫仍在提箱内时，轻抚猫并轻柔地抬出猫，动作要符合猫友好型操作原则（见第 20 章），在操作过程中，继续使用安抚的语气对猫说话。永远不要对猫提高嗓门，也不要抓住它的颈背部，把它从提箱内拉出来。虽然许多兽医专业人员被教导使用抓住猫的后颈部的方法，但这种激进的保定行为更可能让猫变得有攻击性。即使猫并未表现出明显的攻击行为，但缓慢地伸出一只手，可能鼓励它去磨蹭您的手。猫喜欢被抚摸头部和颈部，这是猫之间喜欢相互舔毛的位置。从侧面或后面接近猫，可避免威胁到猫。再次强调，此过程不需要太长时间，最多几分钟，可以在与客户建立关系和调查病史时同时进行。这最后也能节省时间，因为猫更容易接受和配合体格检查。

• 当就诊咨询需要涉及接触猫时，应考虑如何最好地遵循猫的天性，并据此对猫进行评估。在接近一只猫时，一定要采用平静、舒缓的方式来靠近猫；动作要慢；永远不要直视猫的眼睛。在与猫互动的整个过程中，一直保持舒缓的语调对猫说话。但是，面对听到陌生声音会紧张、咆哮、发出嘶叫声的不寻常猫，最好保持安静。猫会将"嘘"声或悄悄话与猫发出的嘶叫声相混淆，应避免使用。

• 学习读懂猫的肢体语言。例如，尝试平静地抚摸猫头部，观察猫的反应。一些猫起初会畏缩并做出防御姿势；但如果它们打算发动攻击，通常会通过嘶叫声或咆哮声来发出警告。当无攻击性反应时，抚摸猫的头来让猫放心，让它知道这是无害的。可以用手抚摸胆大、放松的猫的背部。

• 猫最好的检查经历是让它们待在它们想待的地方，这样它们可获得控制感，减少它们的恐惧。它们想待的地方通常是地面、客户身边的长凳或椅子（图10-3）。如果可以的话，另一种选择是在窗台上或蹲坐台面上（图10-4）。许多猫喜欢待在提箱下半部，可在此状态下进行大多数检查（图10-5）。另外，如果法律允许或社会认同，可以让猫直接待在兽医或客户腿上进行检查（图10-6）。这种方法的另一个好处是避免检查台或诊台阻碍兽医和主人之间的交流[2]。

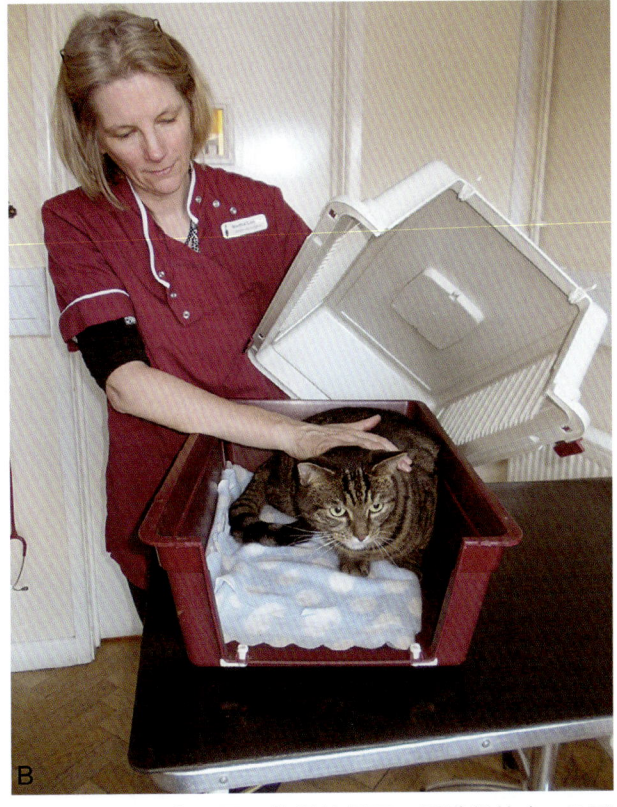

图10-2　A 如有必要可将提箱拆开，再进行检查；B 可让猫留在提箱的下半部来完成大多数检查

这样会使它们在当时和未来都更不愿意接受处理，并将动物诊所环境与不愉快的经历相联系。

• 一旦猫从提箱中出来，在对它进行处理之前，应允许猫在诊室内自由活动或去与它的主人互动。从一定的距离处观察，您可评估猫的整体举止、行为，包括它的害怕程度、活动、步态和行动，还可评估体况评分和被毛状况。当猫在探索诊室时，作为探索的一部分，猫很可能会接近。它可能会蹭兽医或技术员的腿。应让猫继续视察诊室，让它一直控制首次碰面过程。向猫冷静、

• 有些诊所的诊室不具备足够的空间，需要使用诊台。可给胆大、放松的猫使用诊台，这些猫会靠近、蹭您的腿。应能以一种自然的方式将它抱起放在诊台上，就像抱起自己家的猫一样。

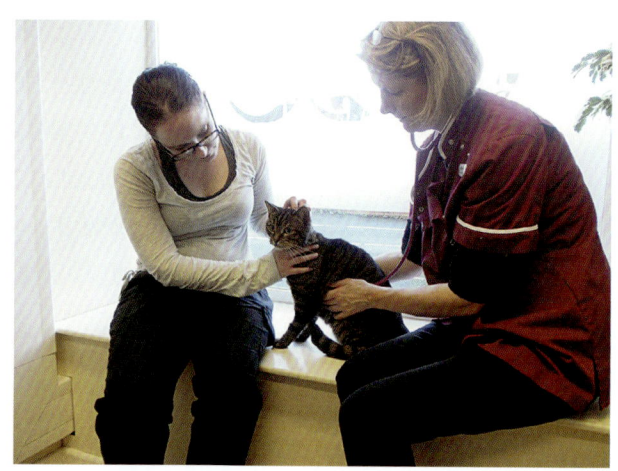

图10-3 理想情况下,应在猫感到最放松的地方检查,如主人旁边的长椅上

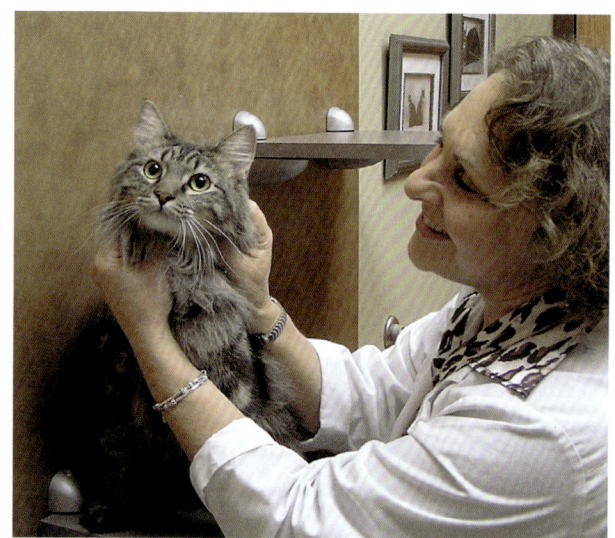

图10-4 在抬高的平面或蹲坐台面上检查猫,常可让猫感到更舒适

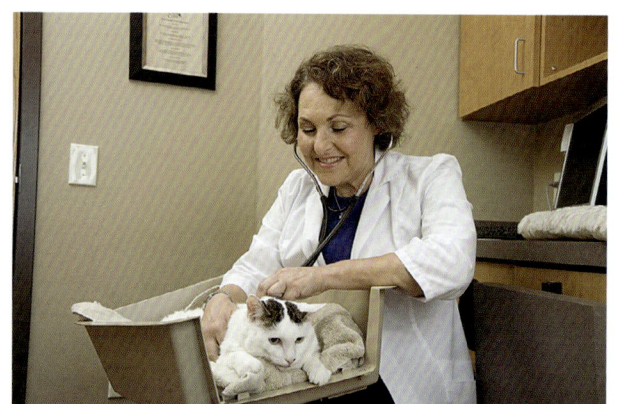

图10-5 让猫待在提箱底部进行检查,也可让猫感觉更安全

图10-6 让猫坐在主人的腿上接受检查通常是最好的一种方式

对不太自信但不具攻击性的猫,您可以让客户抱起猫,把它放到诊台上,或者如上所述,可考虑在远离桌子的位置进行检查。

体格检查

应冷静、慎重地与猫进行所有的互动,这适用于在诊室内进行的体格检查过程,也适用于任何其他地方。可以先进行侵略性最小的检查,之后再进行比较不舒服的检查(如耳镜检查、口腔检查和直肠温度测定)。另外,也应在最后触诊疼痛的地方,但应向客户解释您计划这么做。否则客户会觉得您"忽视"他们最关心的问题,从而变得沮丧。以下是一些猫友好就诊咨询的小贴士,可能会对您有所帮助。

• 应保持恒定水平的背景噪声。使用温柔、平静的声音与顾客沟通交流和调查病史,交谈的间歇可用同样的声调与猫说话。您刚开始可能会有一些难为情,但请记住所有客户在家中都会和自己的猫说话。因此,猫在被人类接触时,期待人类对它说话,无声的触碰可能会让您的患猫精神紧张。客户也会认为这种行为很正常,如果您称赞猫有魅力和行为良好,客户也会被您所吸引。

• 尽量避免与猫对视。在猫之间的交互活动

图 10-7　尽量在猫未面对检查者时，进行尽可能多的体格检查。应避免眼神接触

中，"凝视"是一种攻击性动作。进行体格检查时，应尽量让猫看向别处（图 10-7），即使当猫面对您时，您也要把目光放在尽量远离猫眼睛的上方、下方或旁边。

- 在接触猫的头部时，可抚摸猫感到舒服的地方：颧骨弓下、耳前区和鼻梁顶端（图 10-8）。这能帮助猫平静下来，常能激发猫做出用其头来轻推您的手的回应，或者上前蹭您的手臂或身体。当客户看到猫以这种方式把您当作朋友时，您将永远获得他们的信任！
- 一旦您开始进行检查，应保持一只手一直接触猫。第 1 次触摸对猫来说是最恐惧的，与反复停止和重新进行身体接触相比，持续保持友好的触碰要好接纳得多。
- 这些接触小贴士也同样适用于化验室采样和治疗。

当您完成对猫的检查，开始与客户讨论您的发现时，应允许猫回到提箱内，或让它在诊室自由活动，或随它去一个让它感到安全的角落或其他地方（图 10-9）。如果您需要开药，应在猫返回提箱内前，花一些时间向客户演示如何给予药物。要离开时，提供机会让猫自己回到提箱中（图 10-10）。把提箱放在地板上或一个较低的水平面上，并把提箱门打开，大多数猫将会抓住这个机会回到"避风港"内，即使当猫在家中被装入这个提箱时，最不可能会认为这个提箱是"避风港"。

制订一个计划，与客户交流，确认客户能遵循

为了充分利用时间，尽可能使用书面建议表、宣传材料或小册子。一旦确认了客户的关注点及您自己对猫的健康和行为情况的看法，为猫进行体格检查后，就可以制订未来的管理计划，这包

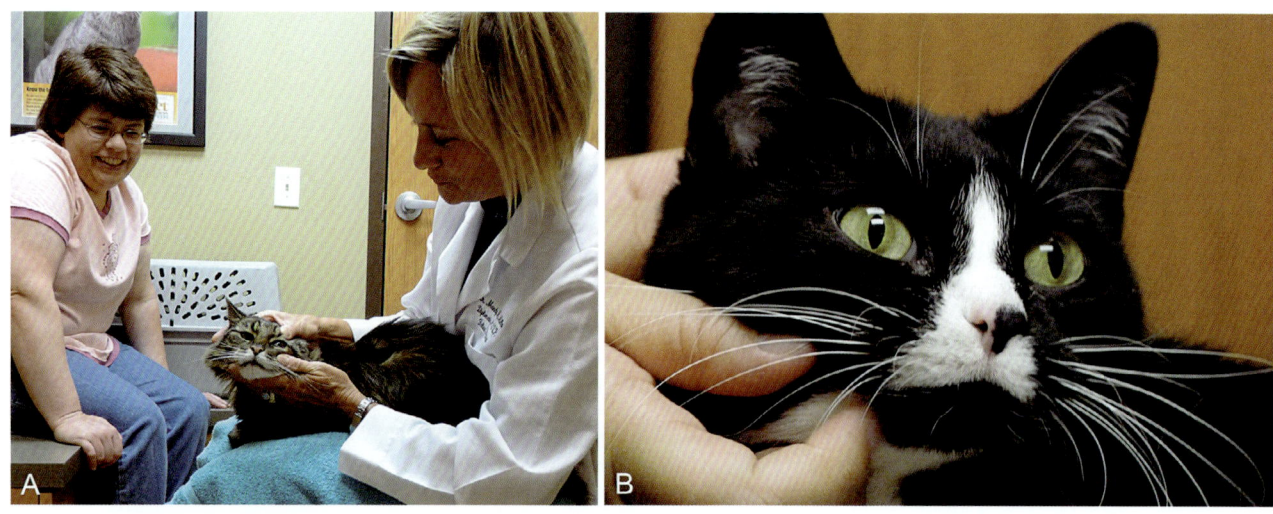

图 10-8 摩擦猫脸部的舒适区能帮助它们保持平静,并可能得到友善的回应

图 10-9 检查结束之后,跟客户讨论发现时,应允许猫在诊室自由行走,可以让它退回到感到安全的任何地方。这可能是诊室里的角落(A 和 D)、水池里(B)或电脑旁(C)

第 10 章 诊室内的猫

图 10-10 检查结束后,允许猫自己回到提箱内

括进一步的诊断调查、在动物诊所内进行的处理操作、一个疗程的药物治疗、饮食改变或客户在这次拜访和下次拜访之间,应在家实施的预防健康护理措施。不论涉及何种计划,都依赖客户遵循您的建议,让猫从中受益。向客户解释计划,让客户理解这些推荐,实行这些推荐的原因是这对猫将来的健康至关重要。团队协作和一些预先计划将能让您及时地与客户进行更有效的沟通。

• 让护士或技术员来支持您的推荐,向客户更详细地解释治疗方案的选择,并演示如何给猫服用药物。可在初次就诊时当面完成该过程。当客户在家中实施治疗计划或改变食物后,为了提供帮助,也可在未来几天或几周内,通过电话或电子邮件传达。这个后续支持是很有价值的,因为这能让客户询问问题和表达遇到的所有困难。这也提供提醒客户有关治疗计划的重要性和进行建议复诊的机会。也可利用这个机会确定可能出现的问题或副作用。

• 使用预先写好的建议表或宣传材料,这些材料涵盖您所处理的常见疾病。建议表可以涵盖预防健康护理问题,如在家进行的跳蚤控制、体重控制和牙齿护理。还可涵盖一些常见、但往往复杂的疾病,如慢性肾病、甲状腺功能亢进、糖尿病和退行性关节病等。许多药物、营养产品公司和猫组织会出版产品的支持性文献,这些文献可能是有帮助的(更多信息见附加资源)。但是,

为了避免混淆和提供各种可供选择的治疗方案,可以使用您自己诊所的品牌,独立制定建议表,这样能保证提供给客户的书面内容与您和所有诊所员工口头告知客户的信息相符。

给猫用药

给猫用药并不那么容易,如果客户不能把药喂给猫,世界上最好的药物也无济于事。因此,在制订疗程时,应考虑给猫喂药的实际情况,并提前与客户进行讨论,也需了解和讨论药物本身的潜在副作用。

• 花时间教客户如何给猫服用药片或药液,或如何应用滴剂。让技术员来做这个,并提供有帮助的视频链接(见附加资源)。

• 利用所有可以利用的小工具让客户成功喂进药片。

• 带软橡胶头的给药器或弹药器,可减少受伤风险(Buster Pill Giver Soft TIP)。虽然有些猫和主人擅长在不使用工具的情况下,处理口服药片,但其他猫和人更喜欢使用给药器或弹药器。

• 明胶胶囊:可从兽药批发商获得,在服用多种药物或为掩盖马罗匹坦等药物的苦味时,明胶胶囊的作用巨大(图 10-11)。

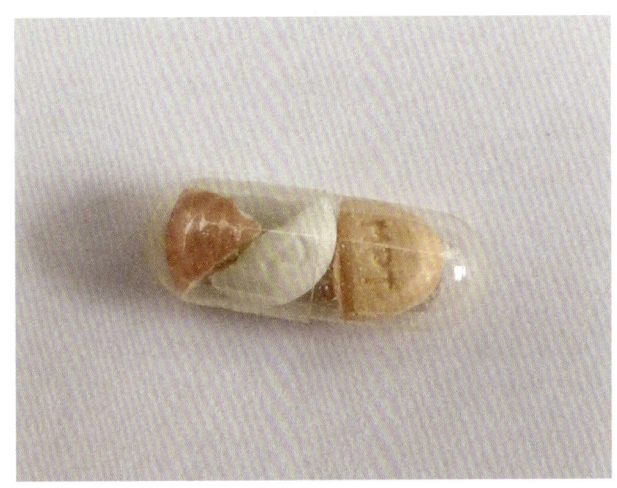

图 10-11 用明胶胶囊掩盖带苦味的药片

• 使用水或食物来确保胶囊被冲下,避免粘在猫的食道上,最容易实现的方法是在喂药物后

马上饲喂食物或零食，除非该药物需空腹服用。

• 药丸粉碎机：可以把片剂碾成粉末，方便混入食物，或溶解在水里做成液体制剂，这样可能更易饲喂。

• 确定片剂可以被粉碎（如不带肠溶外衣）。

• 应粉碎得足够细，不要影响食物质地。

• 确认粉末是无味的，不会影响食物的味道。

• 戴手套碾碎药片，避免吸入药粉。

• 药袋：将药片隐藏在美味的零食里，如Greenies、Easytabs（拜耳）；Vivitreats（法国威隆）。

• 药糊：用可口的酱包裹药片，如Pill Wrap Paste（法国威隆）。

• 仔细选择用药：考虑开具药物的大小、形状和适口性。

• 安全、有效的选择是获得了国际猫护理易于喂药奖的产品（International Cat Care Easy to Give award），某人在某地实际测验后，发现该产品确实有助于友好地给猫喂药。

• 尽可能选择较小、椭圆形的药片。

• 尽可能选用"风味片"。

• 考虑药物的持续时间：每天喂药次数较少，能改善依从性。

• 与客户讨论可用的替代药物，让客户参与您开具的处方。

• 可在服用前，先冷藏味道强烈的液体或药片，这样可减少药物的味道，降低药物的苦味，更易隐藏在味道较强的食物中。

• 药片和胶囊可能停留在食道内。

• 一些药物具有刺激性，会引发食道炎和食管狭窄（如强力霉素、克林霉素）。必须使用水或饲喂食物来冲下这些药物。

• 即使药物本身不具刺激性，停留在食道内的药片或胶囊会让猫感到不舒服，让猫下次不愿接受喂药。

• 用油或黄油润滑胶囊。用食物或水将药片或胶囊冲下去。

• 了解哪个好喂：询问客户关于给药难度的反馈。记住不易服用的药物，考虑是否有对猫更友好的替代药物。

• 如果客户在给药方面有困难，让客户给您打电话。

附加资源

产品支持信息

American Association of Feline Practitioners: www.catvets.com. Accessed January 18, 2015.

International Cat Care: www.icatcare.org. Accessed January 18, 2015.

Winn Feline Foundation: http://www.winnfelinefoundation.org/. Accessed January 18, 2015.

Cornell Feline Health Center: www.vet.cornell.edu/FHC/health_resources/topics.cfm. Accessed January 18, 2015.

给猫喂药

Cornell Feline Heath Center, www.vet.cornell.edu/FHC/health_resources/topics.cfm. Accessed January 18, 2015.

International Cat Care client instructional videos, Cour‑ tesy of Martha Cannon www.icatcare.org:8080/advice/videos. Accessed February 13, 2015.

参考文献

[1] Bayer HealthCare LLC, Animal Health Division. Bayer Veterinary Care Usage Study III: Feline Findings. http://www.bayerdvm.com/show.aspx/news-release-bvcus-iii-feline- findings. Accessed January 18, 2015.

[2] Osborne CA, Ulrich LK, Nwaokorie EE. Reactive versus empathic listening: what is the difference? J Am Vet Med Assoc. 2013;242:460-462.

第 11 章
在动物诊所内住院的患猫

Ilona Rodan and Martha Cannon

引言

在某种情况下，一段时间的住院治疗对许多患猫是非常重要的，但让猫离开自己的家人，在不熟悉的环境下居住，也会对它们的福利和疾病恢复有负面影响。动物诊所的卫生和动物监护的目标往往也与动物适应陌生环境的能力相冲突。除此之外，动物主人往往对猫离家后的情况感到焦虑。当我们了解了这些应激源后，就能采取措施减少猫和动物主人的应激，保证员工的安全。

大多数用来让猫居住的笼子不能满足猫的基本需求；笼子常常太小，猫无法伸展身体，无法在舒适的位置睡觉，无法自由行走，大多数笼子的配置也无法让猫躲藏起来。躲藏是猫应对陌生环境的重要策略，它们还需要蹲坐在高处来"监视"周围环境。在陌生的动物诊所，保持日常活动、气味、声音以及操作者的一致性也非常重要。本章节将针对适宜的笼子以及员工标准操作流程提供实用的建议，以满足住院猫的这些重要需求。

虽然本章节未讨论收容所和猫舍的笼子条件，但在此讨论的一些关键点对提升在那些环境里的猫护理质量也非常有用。在那些相对居住时间更长的环境中，满足猫的需求甚至更为重要。如需要更多关于如何提升收容所环境的内容，请在本章节末的"附加资源"部分寻找 UC Davis Koret 收容所医疗项目的网站链接。

住院和寄养带来的挑战

在让猫住院以及动物诊所为猫提供最佳护理时，需面对几项主要挑战。最主要的问题是由于社交关系的中断，它们不熟悉动物诊所环境，无法表现正常行为，而导致猫出现害怕和应激[1-3]。

猫是一种社交动物，有研究显示中断住院患猫与主人的社交关系后，会引发应激[4-6]。确保为它们提供熟悉的垫子、玩具和食物会有所帮助，但当它们的主人能定时来诊所探视时，它们通常能表现得更为良好。

作为领地意识很强的动物，猫在它熟悉的领地内最能感受到安全。在住院或是寄养期间，猫需要面对不熟悉的气味、声音、景象、人群以及其他动物。不熟悉的日常活动和操作也会让它们感到非常害怕。猫需要数天甚至数周的时间来适应新环境[7-9]。虽然在住院期间我们希望为猫提供最好的护理，但缺乏熟悉环境和控制感，常会使猫的福利和健康产生负面影响[4,10]。

在动物诊所的案例便可以很好地说明以上情况。动物诊所的目标是让动物重回健康状态，避免传播传染性疾病，然而在住院患猫里，处于应激状态的笼养猫感染上呼吸道疾病[11]和应激相关疾病的可能性更大[3,12]。不固定的护理人员、饲喂和清洁流程以及光照周期甚至可能使健康的笼养猫发生猫特发性膀胱炎（feline idiopathic cystitis, FIC）[12]。这些信息来自俄亥俄州立大学的研究结果，他们将 FIC 猫和一些表面上看起来健康的猫饲养在动物诊所的笼子内。让 FIC 患猫接受固定的操作程序，面对固定的护理人员，有固定的时间同人类互动，并拥有笼外活动时间。它们在笼内还有可以躲藏和爬高的区域，这样它们可以有很强的控制感。未给予它们药物或食物治疗；事实上，提供的食物均为非处方的商品干粮。让 FIC 患猫可控制环境，提供可预测的饲养条件，在固定的时间与熟悉的人互动后，FIC 的临床症状得到缓解[3,12]。之后再将无症状的 FIC 患猫和表面看起来健康的猫暴露在无环境丰富的笼养条件下，每日的操作日程和护理人员都不固定，让患猫缺乏预测性和熟悉感，这之后两组猫都出现了 FIC 等与应激相关的疾病[3]。

此外，住院猫由于恐惧可能出现异常的体格检查和诊断性检查结果，这可能被误认为是疾病状态引发的。这类检查结果包括高体温和心率、呼吸加快[13]。诊断性检查结果包括应激性的中性粒细胞增多、淋巴细胞增多症和高血糖。一项研究表明在一所初级转诊动物诊所内，有 64% 的非糖尿病住院患猫出现高血糖，而且随着住院时间的增加，发生高血糖的概率也增加[14]。

识别住院猫的应激

识别住院猫是否应激非常困难，猫由于缺乏安全感和控制感而出现应激症状时，多数表现在正常行为的抑制，而非出现明显异常行为[1,2,15]。症状包括活动性、食欲、排泄、理毛、玩耍和睡眠减少，猫生病时也会表现这些症状，这让情况变得更复杂[1,2,7]。与明显表现不安的猫相比，当处于恐惧和应激的猫的症状并不明显时，猫反而遭受更多痛苦[2]。

在考虑动物是否恢复时，这些抑制性症状将成为问题，因为兽医常认为只有猫能开始进食时，才应被接回家。但是，由于住院会抑制进食和其他正常行为，因此当猫的其他症状（如水合状态、基本体征或从麻醉中苏醒）恢复正常时，最好让猫回家。必须告知客户为何要在猫还未进食前就将猫送回家（即猫常更愿意在家中进食），同时需告知主人如果有任何问题或疑虑，或者猫在 24 小时内未进食（幼猫的时间更短），则需及时联系动物诊所。需要后续追踪客户的情况，制定回访程序，再评估患猫的情况。

虽然笼养猫的抑制行为比较常见，但有些猫可能会变的警惕，它们会细致地观察每一个靠近它们的动作，也对所有的声音非常警觉。这些猫通常无法休息，因为它们必须监视不熟悉的环境来保护自己。笼养猫也常选择恐惧性攻击作为保护机制。虽然猫不喜欢打斗，但当它们的其他防御反应——抑制（冻结）和回避（逃离）均已无效时，如当有人尝试将它拖出笼外时，它们将通过打斗来保护自己。猫常表现出恐吓姿势，将背部弓起并呈蹲伏状，让自己显得更大。如果此时操作人员仍坚持把猫拖出笼外，猫常会出现攻击反应，以保护自身。

在动物诊所内，可通过猫在笼子内呈现的位置和姿势，来识别猫是否处于恐惧状态。比较图 11-1 中的两只猫 A 和 B 的位置及姿势。方格 11-1 总结了笼养猫的恐惧和应激症状。

方格 11-1　怎样判断猫是否处于恐惧和应激状态

行为抑制：最常见
- 进食
- 理毛
- 排泄
- 玩耍
- 睡觉（可能难以识别，因为笼养猫有时会假装睡觉）

躲藏
- 躲在猫砂盆里
- 躲在毯子或报纸下
- 其他躲藏尝试（如撕碎笼子底面上的报纸或毯子，来制造躲藏空间）

在笼内的位置
- 在笼子后方并蜷缩成一团
- 当有人靠近时，冲到前方准备攻击

姿势
- 表现蹲伏姿势，假装自己不在那里
- 背部弓起，让自己显得更大（吓唬）
- 耳朵朝向后方
- 瞳孔扩大

提示疾病的行为（如猫特发性膀胱炎）

异常行为
- 过度理毛
- 在猫砂盆外排泄
- 与恐惧相关的攻击

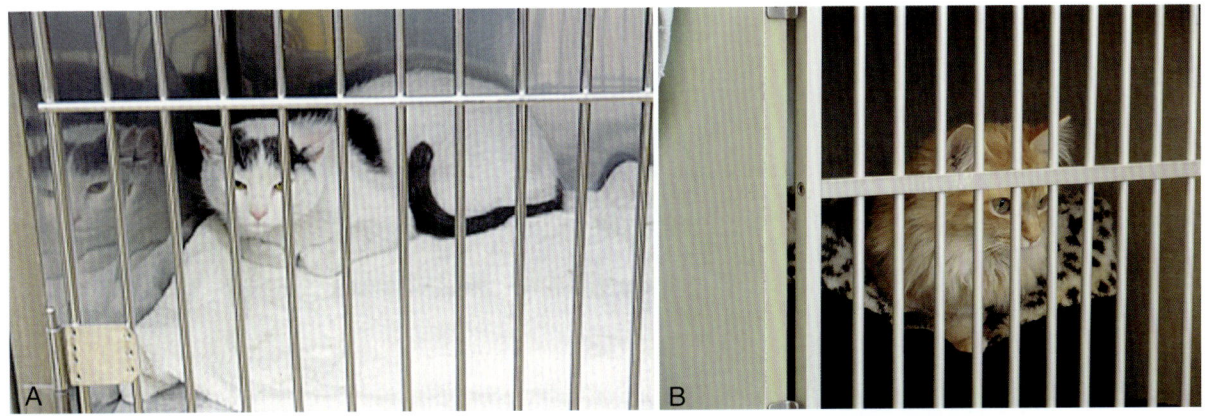

猫躲在笼子的后方
- 耳朵朝后
- 轻微弓起的背部
- 警惕
- 无法休息
- 不锈钢会反射出猫的影像
- 猫可能认为该影像是另一只猫

猫在笼子前方，笼内有可躲藏的区域
- 耳朵向前
- 身体放松
- 好奇
- 观察周围的情况
- 在塑料面板的笼中

图 11-1　比较 A 猫和 B 猫有助区分笼养猫是否处于恐惧状态，强调了判读猫的面部信号的重要性。通过 A 猫的身体姿势，可能会误认为 A 猫处于放松状态，它的尾部绕着身体卷曲、爪子缩在身体下方，爪垫远离地面。判读猫的面部信号，再考虑它在笼子后方的位置，有助准确评估猫的情绪状态

应让患猫住院吗？

在需要安排猫在动物诊所住院时，需考虑一段时间的住院可能引发猫一定程度的应激。兽医需权衡个体猫的住院利弊、猫的状态和主人在家对猫进行治疗的能力。与在不熟悉的动物诊所内相比，大多数猫在熟悉的家庭环境内会表现得更好，因此真正的问题是在动物诊所内可为猫进行何种措施，而在家中无法进行这类措施。需询问一系列问题来确保为每只患猫做出最佳决定。

- 患猫需要住院接受观察、操作或治疗吗？
- 这只猫对住院会如何反应？
- 客户能在家中成功给猫喂药吗，或者可否安排人员到家里喂药？
- 今天给患猫治疗后，患猫是否会有所好转，可在一段时间后再复查，而不需要住院吗？
- 客户是否愿意带动物回诊所复查和更新治疗计划？

当然，在数种情况下，住院是患猫的最佳选择。这类情况包括需要麻醉、静脉输注、休克治疗、存在低体温、呼吸窘迫、需要监测生命体征和其他重症治疗及程序。当需要让动物住院时，必须回答以下问题：

- 如何预防猫发生恐惧和应激？
- 如何保证员工的安全？
- 如何控制主人的疑虑和应激？

另一个重要的考虑点是应何时让动物出院。常用于犬的标准是依据患病情况，当患犬能自主进食、排尿或排便后，就可让患犬出院。但是，猫常会因住院带来的应激而抑制正常行为，如进食。在不需要过多医疗处理之后，大部分猫出院后会表现得更好。因此，应考虑如果让患猫回家过夜，然后第二天再来动物诊所复查，是否对患猫和客户最有益。在动物诊所无过夜医疗和急诊时，考虑这点尤其重要。

建筑物设计：住院部和寄养部

无论何时都应尽可能提供仅供猫使用的病房。与较少接触犬的猫相比，接触较多的猫尿液皮质醇水平将显著较高[12]。提供独立的犬、猫病房能消除或至少减少犬的声音、气味和能见度，所有这些都会让猫感到非常害怕，可通过此措施来减少猫的恐惧。不应将犬带到猫能看到的区域。

即使猫在家里与熟悉的犬相处很好，通常也会非常害怕不熟悉的犬。

当猫看到不熟悉的猫时，也会变得更为恐惧，因此应将猫笼养在能通过关闭门来与动物诊所的其他部分相隔绝的病房内。要让笼子内的猫看不到其他笼养猫，可以每隔一个笼子设置一个空笼子，或每隔一层设置一层空笼子。如果无法做到上述措施，就应侧边摆放或背靠背摆放笼子，避免直接面对面或呈一定角度地摆放笼子。在笼子内设置躲藏区域，也可减少因看到不熟悉的动物和人而引发的恐惧（见下文的"躲藏区域"）。让猫居住在最下方的笼子时，会增加猫的恐惧，因此应首选中层和上层笼子，无论何时都应避免使用最下方的笼子。许多动物诊所使用下层笼子存放用具，或安置已适应住院环境的猫。最好将那些非常焦虑，表现与恐惧相关的攻击或叫声过多的猫移到不常用的单独区域内。如果无法做到上述措施，应用毛巾遮盖笼前，避免猫看到笼外的活动而增加自身的焦虑。

一项研究显示当猫看到人检查其他猫时，会加重应激水平[16]。因此，即使在只有猫的诊所内，在治疗区域设置猫笼，或是将猫放在治疗区域的提箱内，都会让猫感到害怕。在检查猫时，不应让其他猫看到该猫，并应无论何时都让住院猫远离其他住院患猫。应特别注意不能让住院猫在笼养猫前玩耍，或将它们的爪子伸入其他猫的笼子内。

不仅不熟悉的犬和猫会让笼养猫感到恐惧。不熟悉的人频繁或不固定时间地进出猫病房，也会引起猫的应激。较大的噪声、机器报警声和其他声音都会进一步让患猫感到害怕。用可关闭的门来将病房分隔为数间房间，以最大限度地减少噪声。在病房内播放轻柔的音乐或白噪声，可以预防因其他噪声引起的惊吓。给病房选用部分或全玻璃式门，就可从远距离进行监视和观察。在固定的时间由同一人员——最好是"对猫友好"的人来亲自监测患猫，有助于让护理的患猫更平静。

满足笼养猫的需求

无论患猫在动物诊所内的停留时间有多长（数小时、数天甚至更长时间），都必须满足患猫的需求，才能保证它们的健康[6]。要满足笼养猫的需求，笼子的尺寸和复杂程度都很重要[6]。方格11-2列举出猫的需求，这也是笼养猫的基本需求。

> **方格11-2　满足笼养猫的需求**
>
> 理想情况下，笼养猫需要以下条件：
> - 躲藏区域
> - 垂直空间
> - 食物★
> - 水★
> - 猫砂盆★
> - 如猫希望与人互动，应提供与人类的互动
> - 可预测性和一致性
> - 轻柔和尊重的操作
> - 表达正常行为的能力

★注意：不应将食物、水和猫砂盆摆放在一起

许多为猫和其他小型患病动物设计的笼子过小，很难有充足的空间来存放必需资源。即使笼子足够大，也常会将食物放在猫砂盆的旁边，任何猫都会因此而发生应激。应当根据动物诊所的空间选择尽量大的笼子，同时也应仔细挑选笼子的制作材料。

不锈钢内会产生较大的噪声，质地冰冷，并且会反射出患猫的影像（图11-1，A）。猫常会害怕自己的倒影，可能认为倒影是另一只猫，已观察到猫有时会"攻击"自己的倒影。胶木或者聚丙烯笼子更安静、温暖、无反射，而且能轻松消毒，因此是比不锈钢笼更好的选择。

如果动物诊所目前在使用不锈钢笼子，且短期内无法更换，则可使用高边的衬垫和毛巾来让猫感到温暖，同时避免出现猫的倒影或让猫注意到自己的倒影。在笼子底部铺设橡胶垫、毛毯或暖和的厚毛巾等垫物，也有助为患猫保温。

传统的笼子通常缺乏躲藏和爬高的空间。

躲藏区域

躲藏是猫应对不熟悉环境的一项重要机制。猫进行躲藏是在尝试避免与其他生物互动，尤其是在充满压力的环境下[17]。有躲藏的能力让猫有一种控制感，能休息得更舒适。如果没有躲藏的区域，会让住院猫感到恐惧、警觉、缺乏休息和有与恐惧相关的攻击行为。当猫无法看到任何事物或人时，对它而言就意味着自己已躲藏起来，这提供了有用信息，意味着即可给猫提供躲藏的区域，同时又可有效观察它们。

即使无法给猫提供躲藏空间，它们也会尽力躲藏，蜷缩在笼子后方、猫砂盆的后方或躲藏在纸或毛毯下。猫常会"蓄意捣毁"或破坏笼内的东西，来制造躲藏空间（图11-2，A和B）。猫可能会撕碎笼内的报纸，或者在无处可藏时，选择躲在猫砂盆中（图11-2，C）。

如果在笼内增设躲藏区域，如纸箱或侧面较高的猫垫，都能减少笼养猫的应激[5]。除此之外，设置躲藏区域的优势还包括当需要从笼内移出患猫时，出现与恐惧相关的攻击的可能性较低，从而极大减少动物诊所内引发人类受伤的常见起因。操作者可以一起将猫躲藏在内的纸箱或猫垫搬出笼外。使用毛巾遮住笼门，可避免猫见到不熟悉的人员，减少猫对被从笼内移出的焦虑。躲藏区域可以是结构坚固的纸盒、有高边的猫垫、圆形顶的猫床或猫用提箱。

- 纸箱是猫非常不错的躲避区域，它们天生就喜欢爬入家内带开口的箱子（图11-3，A和B）。在动物诊所内使用纸箱作为躲藏区域时，最好给纸箱内垫上毛巾或羊毛垫，最好使用与猫一起带来、带有猫自身气味的垫子（图11-3，B）。

- 高边或圆形顶的猫床也是非常好的躲藏位点（图11-4）。这些猫床很便宜，能够使用很长时间，甚至可放入洗衣机清洗，可在洗液里添加稀释的漂白粉，最后用烘干机烘干即可。这类猫床的优点是能让猫躲藏在一个温暖舒适的地方，当需要将猫从猫笼中移出时，可以将整个猫床移出。

图11-2 在未给猫提供躲避区域时，猫会自己创造躲藏空间

带高边和舒适垫料的猫砂盆也可以用来制作躲藏空间（图11-5）。

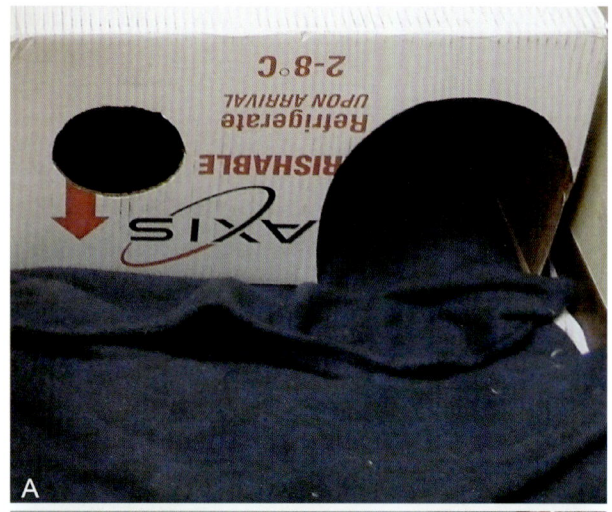

图 11-3　在任何动物诊所内都很容易找到纸箱，可用来制作躲藏空间，可让猫向外张望，也能自由外出。应在纸盒内垫毛垫或毛巾，最好使用从家里带来的，带着患猫气味的衬垫

图 11-4　圆顶和高边的猫床是猫非常好的躲藏区域。这种猫床的另一个优点是在需要移动猫时，直接移动猫床即可，猫仍可隐藏在猫床之中

图 11-5　带高边和柔软垫料的猫砂盆也是不错的躲藏区域

- 也可将猫自己的提箱放入笼内作为躲藏位点。在动物诊所内，与不熟悉的空间相比，甚至那些未经过提箱适应训练的猫也会更偏爱提箱（图 11-6）。

图 11-6　把猫自己的提箱放在笼内可创造猫熟悉的躲藏空间

当猫感到恐惧时，应将躲藏区域和猫床安置在猫可躲避人的视线的位置，当人路过或看向笼子时，猫能躲开人的视线。如果猫感到舒适，对周围环境感兴趣，就可将躲藏区域转过来，这样猫可以看到外面的环境。如果躲藏区域带多个出入口，当猫准备好进行观察时，能转变自己的方位来观察外部环境。给猫提供躲藏区域后，许多猫会感到足够舒适，会带着好奇离开躲藏点和接近笼子的前方。

也可使用定制结构，如猫城堡（Cats Protection, Haywards Heath, UK）或躲藏、爬高及玩耍盒子

(British Columbia Society for the Prevention of Cruelty to Animals, Vancouver, BC, Canada)("附加资源"提供了更多信息；也可参考垂直空间部分）。

使用有内层架的笼子时，可将毛毯或毛巾悬挂在内层架上，这样猫即可待在笼子后方和毯子后方，也可选择待在毯子前方，这样它可观察周边环境（图11-7）。如果没有内层架，可用毛毯或毛巾覆盖一半的笼门，这样既给猫提供额外的私密性，当猫不那么害怕时，也可选择从开放部分向外观察（图11-8）。

图11-7 使用有内层架的笼子时，可将毛巾或毛毯悬挂在内层架上，让猫可以自行选择躲藏或观察周围事物

图11-8 用毛巾部分覆盖笼门，能让猫感觉更安全。应让毛巾仅覆盖一半的笼门，这样猫可以选择躲藏或观察周围

垂直空间

猫的另一项重要需求是垂直空间或爬高区域。给动物诊所的笼子设置三维空间有两个主要益处。猫可以利用抬高结构来观察周围环境，能提前知道其他生物接近，这对处于陌生环境的笼养猫特别重要[2]。垂直空间也可增加笼子内的整体可使用面积（图11-9）。

图11-9 所有猫都需要垂直空间或爬高区域来观察周围环境。这对处于陌生环境的猫特别重要。带抬高架的笼子可完美满足上述目的。但是，也可在笼子成品中插入如图所示的横架，可同时增加垂直空间和整体使用空间

大多数动物诊所的笼子没有笼内架或其他抬高区域，但目前已有非常好的商品可供选择。"猫公寓"或"公寓"非常适合寄养在动物诊所的猫，但较不适用于住院猫。

一些猫笼子产品已设有笼内架；在笼内架上悬挂毛巾或毛毯就可为猫创造躲藏区域（图11-7）。如果动物诊所的笼子不带笼内架，可使用其他并不昂贵的方法，来为猫提供躲藏和爬高区域。

- 可将有坚固的侧壁和平顶面的提箱用作躲藏位点，也可将提箱的顶部用作爬高区域。在猫住院期间，最好把提箱与猫放在一起，可以随箱移动猫，让猫待在提箱的底部接受治疗，并能用提箱将猫运送到其他地方。

- 英国哥伦比亚SPCA设计了躲藏、爬高和玩耍盒子产品，是让猫躲藏或爬高的优质选择。当猫可以回家时，可将该产品折叠收纳，放入提箱（图11-10）。

图 11-10 英国哥伦比亚反动物虐待协会设计了躲藏、爬高和玩耍盒子，这一设计非常受欢迎，可为猫提供躲藏和爬高的选择

- 英国猫保护协会设计的猫城堡由 3 个单元组成，包括台阶、平台和躲藏区域。该结构能让猫选择进行躲藏或爬高，让猫感到更安全。可以购买整个单元的猫城堡，也可以单独购买组件（图 11-11）。

图 11-11 英国猫保护协会设计的猫城堡由 3 个单元组成，包括台阶、平台和躲藏区域。该结构能为猫提供躲藏或攀爬的选择，让它们感到更安全

将坚固的纸盒的侧边开口或在侧边剪开一个门洞，就可创造出一个垂直空间。

食物和水

在猫住院或寄养期间，给猫饲喂日常饲喂的食物能帮助猫获得熟悉感，避免在应激环境下换食，而对食物产生厌恶。可要求主人带来猫喜爱的食物和零食，帮助诱使猫进食。如果需要改变食物，最好在猫回到家后，再逐渐引入新的食物。一般不会出现需要给猫马上换粮的情况；通常可等到出院后再换粮。但是，在某些情况下，应在住院期间就更换日粮，如进食正常日粮会让猫生病，或者猫在吃原来的食物时，由于恶心或不舒服而厌恶原来的食物。

要了解猫最可能接受何种食物，就应询问了解猫偏好的日粮种类、品牌和风味，以及偏好干粮和/或罐头食品。通过少量多次给予食物，能让猫表达更正常的饮食习惯，同时也能避免食物变得不新鲜或变干。更适合给笼养猫使用低边的食盘。如果饲喂干粮，可将食物装入饲喂球或饲喂玩具，增加猫的正常猎食行为。

许多猫更喜欢温热的罐头食物。高温微波加热食物数秒能增加食物的适口性，但要注意加热后一定要搅拌食物，避免出现受热不均的情况。在加热冷藏食物后，尤其需注意这一点。不同个体猫的喜好不同，有的猫不喜欢温热的食物，就喜欢新打开的罐头，有的甚至喜欢冷藏过的食物。在有恶心反应或未有效控制恶心反应的猫里，更常见这类情况；温热罐头的强烈气味会让这些猫感到更加恶心。

如果猫在平日里总摄入干粮，那么将很难将它的日粮更换成罐头食物。如果需要增加猫的液体摄入量，可在干粮中加入温水，这样猫更可能接受。

如果猫已表现食物厌恶的可能症状（如尽量远离食物、尝试埋食物、吧唧嘴或流涎），则应立即撤出食物。在更换食物前，应等待较长时间。

如果猫不恶心或已控制恶心，但猫仍无自主进食，可考虑使用食欲刺激剂。米氮平是适用于猫的食欲刺激剂，同时也有止吐作用，因此对猫非常有帮助。

排泄区域

猫砂盆或托盘应足够大，让猫能自如进入，同时能在里面毫无困难地转身。使用小的笼子时，一般无适当的空间来放置大小合适的猫砂盆。在可行的情况下，应让主人带来猫在家使用的猫砂，但如果无法带来或不适合使用家里的猫砂，最好使用软沙作为猫砂,软沙踩着很舒服,也没有气味。

其他资源

当猫想获得人的关注时,给予它关注是很重要的。应在固定的时间由同一个护理人员来关注猫,这样猫才容易适应(图11-9)。如果猫需要较长时间的寄养或住院,并未患传染性疾病时,就可不时让猫从笼子里出来活动。长期住院或寄养的猫还需要可磨爪的区域。

资源的空间安排

应将每种资源放置在不同的区域,也就是需分开放置食物、水和猫砂盆[6]。一些收容所和动物诊所会改良笼子,让笼内有两个分开的空间。通常会在两个相邻的笼子间开一个开口,或制作一个"通路"(图11-12)。可在一个空间内放置猫砂盆,而在另一个空间内放置食物和水。这类双空间笼子可让猫有更多的空间和选择,理想情况下,在清洁一侧空间时,可让猫待在另一个空间内。关于如何制作这类双空间笼子,请参考"附加资源"中的更多信息。

在小的笼子里,最简单的方法是使用三角形的三点原则来分开饮食区、猫砂盆和休息区(图11-13)。

图11-12 一些收容所和动物诊所改良了笼子,让木工在两个小的笼子间制作开口或"通路",创造拥有两个独立空间的较大空间。可将一个空间用作饮食区,而将另一空间用作排泄区(感谢 E. Sundahl 提供)

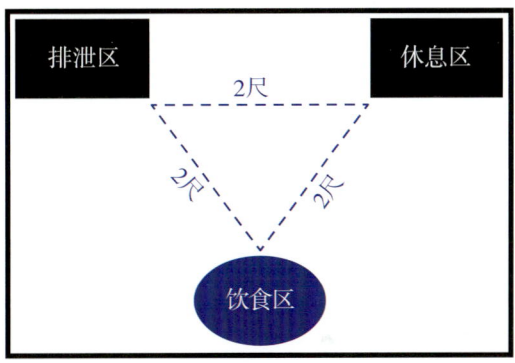

图11-13 最简单的方法是使用三角形的三点原则,来分开饮食区、猫砂盆和休息区(摘自 Newbury S, et al: Guidelines for Standards of Care in Animal Shelters, The Association of Shelter Veterinarians, 2010)

隔离区域及其附加用途

隔离间的主要功能是隔离患传染病或潜在患传染病的猫。在隔离间内,应给这些猫使用易清洁的笼子。可使用漂白剂或其他清洁剂来清洗胶木和聚丙烯材质的笼子,这类笼子还比不锈钢材质的笼子更保暖。笼子的设计必须满足上述猫的各项需求。在隔离间内设置检查和治疗台面,这样需检查和治疗猫时,就不需将猫移出隔离间。永远应最后治疗隔离病房内的猫,并应最后清洁此处的笼子,避免将疾病传染给其他猫。

在现今的大多数动物诊所内，不常需要使用隔离间来治疗传染病；在其他时间，可给害羞或表现恐惧型攻击的猫使用隔离间，为它们提供安静、舒适的环境。将这些猫移出主病区可减少这些猫及主病房内其他猫的应激。

当给患非传染性疾病的恐惧或害羞的猫使用隔离间时，可使用更多创新措施。如果能轻易移动隔离间的笼子（如有脚轮），就能将笼子移出隔离区，让这些猫可在整个房间内漫步，让它们有更多的空间，可提供更多的丰富措施（图11-14）。应放置温暖的毛毯，尤其应在地面上放置毛毯，保证猫足够温暖。即使无法将笼子移出隔离间，如果隔离间内只有一只猫居住，也可将笼门打开，让猫可自由进出笼子。

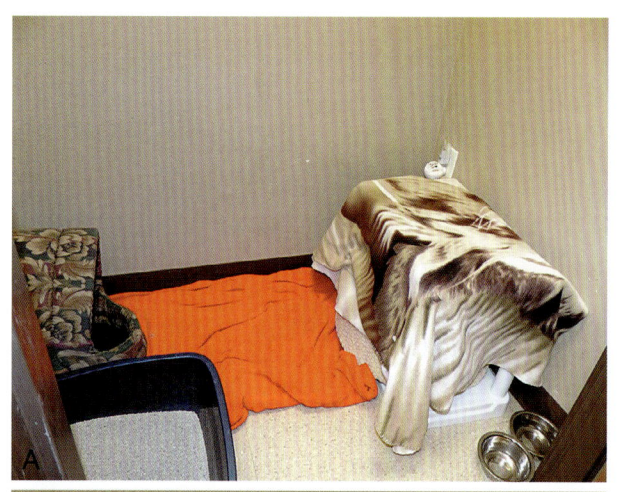

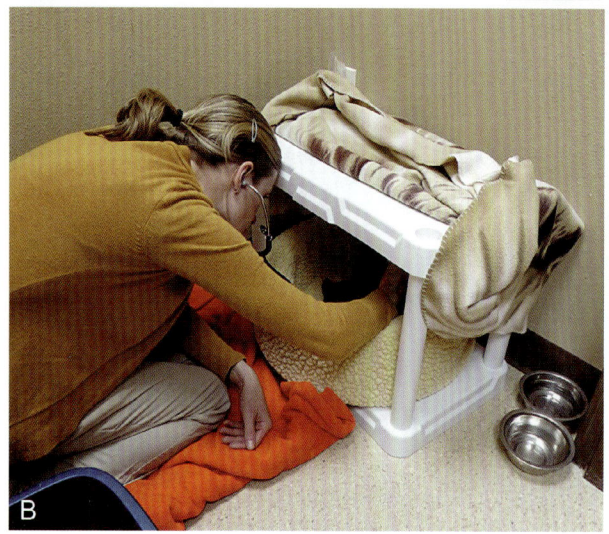

图11-14　在成本很低的躲藏区域内，这只害羞的猫表现良好。如果该猫愿意，也可进行攀爬

住院步骤

在安排一只猫住院时，遵循确定的入院步骤可使整个过程更平顺，也可减少住院给患猫、客户和兽医员工带来的压力。

为猫办理住院或寄养

在非常忙碌的动物诊所内，常见在相对短的时间内，有数个主人同时带猫来办理住院的情况。这就会导致猫被留在提箱内，在有时间将猫移到住院笼子内前，提箱可能被堆放在一起或彼此相邻地放在治疗区域的地面上。这会增加猫的恐惧和与恐惧相关的攻击，让猫和员工在接下来的几天内都处于不佳的状态。

最好在清晨就准备好病房，这样就可无延迟地将猫移入笼内。为创造更正面和放松的住院环境，可在使用前的至少10～15分钟，在笼内和垫子上喷洒或擦拭合成的猫费洛蒙类似物（Feliway; Ceva Animal Health, USA）。这种产品的喷雾成分含有酒精载体，因此在猫进入笼内前，应保证有足够的时间让酒精挥发完全。在将猫放入笼内前，在适当的情况下，放入水、猫砂、食物或其他猫可接触的附属资源。最好让猫待在带垫子的提箱内进行移动，或放入带猫熟悉气味的其他物品。让客户带来猫喜爱的物品，如喜爱的人的衣物、玩具或其他带熟悉气味的物品，均可将这些物品放入猫笼中。

即使没有足够的时间将猫由提箱内移出，也要尽快先将猫放到病房内，避免带猫进入繁忙的治疗区域。可将装有猫的提箱直接放到笼子内，把箱门打开，这样猫就能按意愿离开提箱进行探索。如果病房还未准备好或无足够的时间将猫移至病房内，那么另一个选择是让每只猫待在自己的提箱内，再把提箱安置在未使用的房间内，如空的检查室或隔离间。如果在办理住院时，只有治疗室可存放猫，那么应将装有猫的提箱放在柜面上，不要放在地面上，并确保猫不会直面其他动物。可将喷洒了合成猫费洛蒙类似物的毛巾覆盖在提箱上。目标应永远是尽快将提箱转移到笼子内。

从笼子内移出猫

要从笼子内移出恐惧的猫时，需面对很大的挑战。在将猫移出它认为目前是最安全的地方时，如果人未意识到猫非常恐惧，或没有遵从它的控制感，就极有可能让人受伤。恐惧的猫会躲藏，如果无可躲藏的区域，猫就会蜷缩到笼子的最后方。当有人接近或将手伸进笼内时，猫的恐惧感可能瞬间增加，它会表现嘶叫、尖叫或朝人的方向扑过去。这也是人们与猫打交道时，引发受伤的最常见原因。

多种因素会引发猫表现恐惧或试图保护自己，应理解这些原因，才能解决这些问题。

- 猫常因无地躲藏而害怕，而笼子后方是它们能尽可能远离恐惧来源的地方。
- 当猫在笼内或被移出笼外时，看到或听到不熟悉的猫、犬或其他动物，就会变得更害怕。
- 当人站在笼门前时，猫会觉得人正在逼近它，且堵住了它能逃跑的唯一路径。这会加剧猫的恐惧，更可能产生防御性攻击行为。
- 如果有人将手伸入笼内抓住猫，试图移出猫，无论使用手、毛巾或手套，都会加剧猫的恐惧，因为猫的其他防御策略——抑制（僵住）或逃避（逃跑）——都不可能成功。最终，猫只能使用反抗行为（打斗）进行防御，这非常容易伤到人（关于如何解决这个问题的信息，请参考第20章和第22章）。

在该过程的初始阶段，猫已变得警惕，随着事件发展，猫会迅速失去控制感。每次尝试与猫互动的积累效应会加剧猫的恐惧，增加出现与恐惧相关的攻击的可能性。

幸运的是，可以采取几个步骤来将猫由笼内移出，使该任务的完成对猫和护理者都变得更容易。主要应考虑人的安全和减轻猫的应激。就像与猫进行的所有互动一样，可进行一些预先计划，保证考虑所有可能发生的情况，这是有益处的。目标是让猫尽可能平静地移出笼子，并在整个过程中保持低水平的情绪激发状态。

要减少猫的应激和情绪激发，无论猫在笼内或正被移出笼子时，都应避免让它们看到其他动物。也应准备好猫将要去的房间，确保那个房间是安全的。最好选择较小的检查室而不是大的治疗室，避免猫逃跑后躲藏到难以接触的地方。应关好门窗，阻断猫跑走时任何可能的逃跑路线。这样可减少使用过度的保定技术的诱因。也需确保房间内安静、平静，避免环境中有噪声或突然的声响。

当需要靠近笼子来转移猫时，最好站在笼子的侧边，避免与猫进行眼神接触或盯着猫。站在笼子一侧可平稳地打开笼门，让猫自行选择待在躲藏区域或接近笼门。如果猫未发出嘶叫声或表现其他攻击行为，操作者可将手伸进笼内，这样猫可嗅闻操作者的手，决定是否要接近操作者（图11-15）。如果笼内有猫提箱等躲藏区域，且猫不愿意走出该躲藏区域，那么可让猫继续待在提箱内，将装有猫的提箱移出笼子。这在需要将猫送到有一定距离的位置时更加重要，比如要转移到隔壁房间时。如果笼内没有躲藏区域，可以安静地鼓励猫走进提箱，再用提箱将猫送到目的地。

如果猫很好奇并接近笼门，操作者应站在笼子侧边，避免直接面对猫。应缓慢地伸手，轻柔地触摸猫的腹部背侧区域，鼓励它前行进入准备好的提箱内。不应接触猫的头部和颈部，这会让猫往后缩，更难将猫带出笼子。

在大多数情况下，以这种冷静的方式接近笼子和将猫移出笼子时，猫可保持处于较低的情绪激发状态，尽可能减少发生与恐惧相关的攻击的可能性。但是，在某些情况下，猫可能仍处于过度激发状态，护理者要面对明显的与恐惧相关的攻击，如猛扑和猛打。当猫之前在笼子或提箱内经历过负面操作经历后，变得焦虑和恐惧，更可能发生上述情况。焦虑反应的预期性质让猫会为可能受到的负面伤害做准备，从而加重自身的情

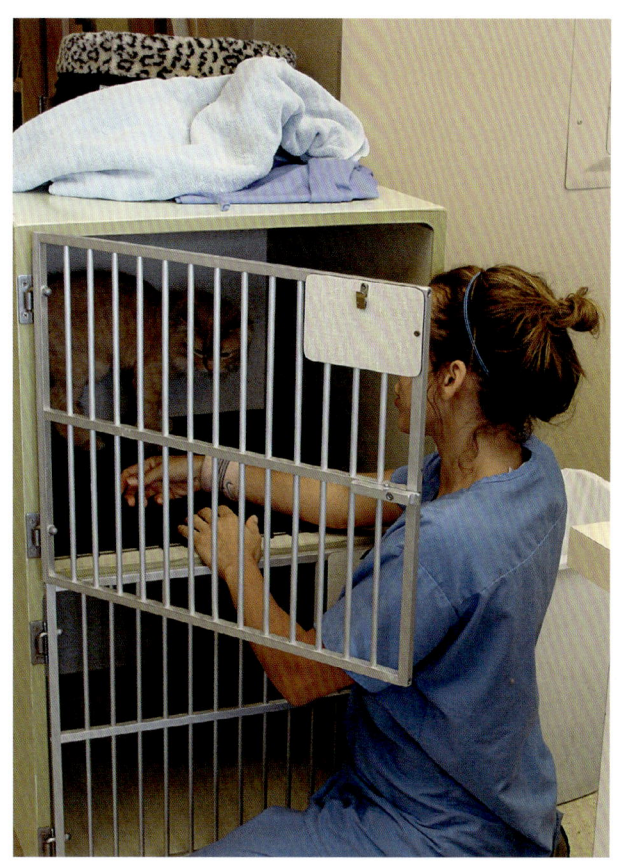

图 11-15 要将猫移出动物诊所的笼子时，需要使用冷静的操作方法

绪激发状态。如果有可能，在尝试操作前，应让猫有时间放松，最好能用毛巾盖住笼子或提箱前方，尽可能减少对猫的感官输入。但是，当时间有限或猫的恐惧和焦虑水平特别高时，可能需要考虑使用化学保定或抗焦虑药物，以方便操作。第 20 章提供了更多有用信息（也可参考"附加资源"中由 CATalyst 协会制作的网上视频，教您如何安全地将猫移出猫笼）。

清洁笼子

猫用面部费洛蒙标记它们的领地，在动物诊所的笼子内也会表现这类行为。它们会用脸蹭垫子、盒子、笼壁和笼门。这些标记能让猫安心；因此，当猫还在住院期间，应注意不要清洗掉这些标记。

许多兽医专业人员被告知应每日清理笼子，会将猫从居住的笼子移到另一个笼子内，方便进行彻底清洁。但是，在猫还在居住阶段就完全清扫笼子，会影响猫保持气味和熟悉度的需求。除此之外，将猫从一个笼子转移到另一个笼子时，还会激发该猫，让它感到恐惧，听到、看到或嗅到此猫正被转移的其他猫也会受到惊吓。这常让猫感到更恐惧，更可能对操作者发动与恐惧相关的攻击。尽管如此，还是有办法能同时满足笼养猫的卫生需求和情感、与应激相关的需求。

在猫住院期间，如果笼子没有被污染，应当让猫一直使用同一个笼子。这样可以让猫对笼子内的气味保持熟悉感。如果笼子没有被污染，更好的清洁方法是只清洁笼子的某些位点[18]。方格 11-3 列出了局部清洁笼子的指南。目的是在清洁笼子的同时，尽可能不打扰患猫，同时通过擦拭清扫笼内区域，避免使用喷雾清洁。应注意避免擦拭未被污染的区域。如果毛巾和毛毯未被污染，就不应更换，避免移走猫熟悉的气味而引入猫不熟悉的气味。猫砂盆的清理方法也是相似的。在猫住院期间，应使用同一个猫砂盆，每天清理 2 次或以上。仅在有需要时才应一次性更换所有的猫砂。

如果尿液、粪便、呕吐物或其他污物污染了笼子，应将猫移到已提前准备好的干净笼子中。如果之前笼子中的某些物品仍然是干净的，则应一起转移到新的笼子中，增加猫的熟悉感。可使用视觉屏障来避免猫看到彼此，预防出现激发和恐惧。将猫转移到隐藏区域或转移到新的、干净的隐藏区域（如提箱、盒子或高的猫床），可完成上述目的。应直接将猫转移到新准备好的笼子内，在猫转移前的至少 10～15 分钟，在新笼子内喷洒合成猫费洛蒙类似物，并放入食物、水、猫砂盆和猫需要的其他任何东西。

当猫出院后，应彻底清洁笼子和笼门。应先清洁完一个病房内的所有笼子，再清洁下一个病房内的笼子，应最后清洁隔离病区的笼子或住过传染病患猫的笼子。

> **方格 11-3　局部清洁技术**
>
> - 在猫住院期间，尽可能不要更换笼子。
> - 如果笼子干净，不要破坏猫已熟悉的气味。
> - 如果垫子或毛巾是干净的，就不要更换。
> - 使用同一个猫砂盆，如果能轻易接近猫砂盆和进行清理，应每天至少铲猫砂2次。如果无法轻易完成，用干净的猫砂盆替换已使用的猫砂盆，尽量不打扰笼养猫。
> - 应由固定人员在固定时间清理笼子，让猫能预测该操作步骤。
> - 在打开笼门前，需准备好新的食物、水盆和/或猫砂盆，以及其他需要更换的任何东西。
> - 安静地打开笼门。
> - 如果猫较胆小或恐惧，可站在笼门一侧，让猫跑进或继续待在自己的躲藏区域内。轻柔地用毛巾盖住隐藏区域，让猫继续保持躲藏状态。冷静地收拾和拿出旧的食物及水盆，不要与猫有眼神接触，用低声和安慰的语气对猫说话。将准备好的食盆和水盆放入笼内。
> - 如果猫寻求关注，在清理笼子时，可以与猫互动。当猫在其他时间寻求人类关注时，也可与它进行互动。
> - 如果笼子有两个空间，可先清扫猫不在内的那一侧空间，接着让猫移动到已清扫过的空间，再继续打扫另一侧空间。
> - 安静地关闭笼门。

注意：本操作步骤改编自 UC Davis Koret 收容所医疗程序推荐的局部清洁方法（单空间猫笼清理流程。参考 http://www.sheltermedicine.com/node/338. 2015 年 1 月 20 日收录）

应在固定时间进行病房的日常规程，如清扫和饲喂，这样猫才能适应日程安排。应每天巡房2次，如果笼子被污染时，应更频繁地巡房。由同一个人员——喜爱同猫在一起的人——来清理笼子和与猫互动，这将有助让猫对动物诊所感到更熟悉。

"笼外"时间的注意事项

即使笼内环境能满足猫的需求，如果猫需寄养或住院1周或更长时间，就应给猫在笼外设置丰富区域。这能让它们有空间进行伸展、磨爪、玩耍和同人类互动。当使用狭小的笼子时，这对猫更加重要。可利用未使用的检查室或不需使用的隔离病房。确保猫有躲藏区域，房间内应有可攀爬的位置（图 11-16）。躲藏区域可以是猫自己的提箱，也能使用提箱来将猫从笼内带到"活动/玩耍"区域。

必须根据个体猫的情况决定是否提供"笼外"时间，因为将一些猫带出熟悉的笼子后，反而会让它们变得更恐惧，这些猫无法由"笼外"时间获得益处。如果在笼内时，猫一直处于躲藏和应激状态，那么带它们去其他位置很可能没有任何好处，因此最好丰富它们的笼内环境，除了安全的躲藏区域和爬高区域外，还可给它们提供玩具或猫薄荷。应观察所有从笼内外出的猫，确保它们在笼外表现良好，一旦出现恐惧或应激表现，就应立即将猫送回它们更熟悉的环境中。

在动物诊所寄养猫

本章的重点是笼养的住院患猫，但许多动

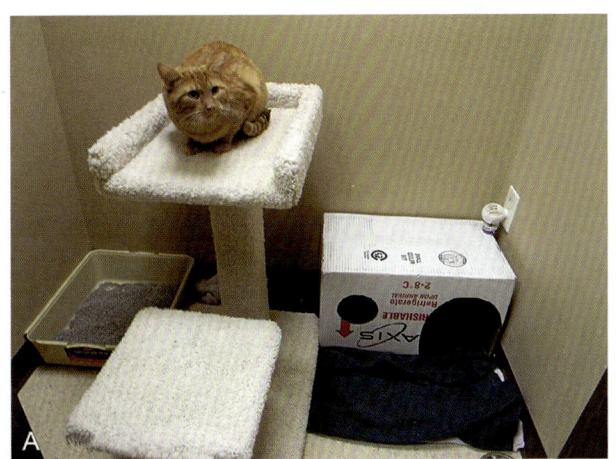

图 11-16　当猫需住院或寄养1周或更长时间时，应给猫在笼外设置丰富区域。确保猫有机会进行攀爬，如提供抬高的爬高区域。一些恐惧的猫可能更适合安静和独立的区域

物诊所选择提供寄养服务，或至少提供医疗寄养服务，即当主人不在家时，可将需要用药的猫寄养在动物诊所。寄养数天或更长时间的猫需要更大的空间。"猫公寓"是寄养猫的不错选择（图11-17）。但是，许多动物诊所没有这样多层次的公寓，也可使用其他的选择。例如，在一天中安静的时间段，让猫在笼外活动，活动地点可以是检查室或猫能看向窗外，进行攀爬和磨爪的房间。如果需要一起寄养来自多猫家庭的猫，应记住即使彼此有纽带关系的猫也需要在至少50%的时间内保持独处，应让每只猫都有自己的休息区域和猫床[10]。评估多猫之间的互动也非常重要，因为当猫居住家内时，能控制与居住在一起的社交上无法相容的猫之间的社交冲突，但当它们一起被关在小的寄养笼内1周或更长时间时，可能会让它们处于高度应激状态。客户通常希望让他们的猫居住在一起，但应根据猫的最佳利益做出决定，在某些情况下，猫本身可能更喜欢分开居住。

减少客户应激

住院不仅会让患猫应激，它们的主人也可能发生应激。当猫主人把猫留在动物诊所后，会有许多顾虑。除了与自己的猫朋友分开所带来的忧虑，客户还会担心他们的猫是否会害怕或行为不善。他们还可能担心自己的宠物离开家后，会经受孤独和生病，甚至死亡。在这种情况下，猫主人需要确保他们的猫是待在友好的环境中，并得到充满爱心的对待和护理。

要让客户获得正面的住院经历，必须解决客户对他们的住院猫的疑虑和担心。可进行几件简单的事情来帮助客户。大部分客户从未见过动物诊所的住院部，对未知的恐惧会产生生动的想象。一旦为猫适当地准备好笼子，可让客户进入病房看他们的猫即将入住的环境。如果对诊所可行的话，也可让客户知道他们可随时到访。绝大多数客户不会滥用他们的探视权利，事实上很多人都不会来探视，但这样做能够让他们放心。

图11-17　在空间大、有垂直空间和熟悉气味的公寓中，猫能更为放松。应鼓励主人从家里带来日常用品，如垫子、玩具和食物

应告知客户熟悉感能让他们的猫感到舒适，因此在猫住院期间，可由他们提供垫子、提箱、玩具和一些猫喜爱的食物。最重要的是应让客户知道他们的猫将在尽可能舒适和尊重的环境中得到最好的照顾。

当客户的猫远离他们时，客户也非常想知道猫的最新情况。现代技术在这方面非常有帮助，可给寄养猫的主人发送电邮或短信，告知他们的猫表现如何。如果动物诊所的员工有时间拍照，也可附上照片。应给客户设立获得住院患猫信息的实际期望,例如何时可获得检测结果。最好由诊所的一名员工在专门时间联系客户,但也需告知客户当他们想了解情况时,随时可联系诊所,但如果是客户打来电话,无法保证他们能与某位特定员工通话和总能获得其他信息。

总结

由于让患猫住院会带来挑战,还会让它们的主人发生应激,只有在绝对必要时,才建议让猫住院接受治疗。当猫必须住院时,应提供尊重猫的自然行为的环境,目标是满足患猫的行为需求。以理解猫的需求为基础,进行几个简单的步骤就能有助减少住院或寄养猫的应激。这不仅对猫的福利有利,也能提升动物诊所治疗和评估患猫的能力,从而提高员工的安全和工作满意度。

附加资源

British Columbia Society for the Prevention of Cruelty to Animals. CatSense: Hide, Perch, & Go Box. http://www.spca.bc.ca/welfare/professional-resources/catsense/CatSense-Hide-Perch-Go-Box.html. Accessed January 20, 2015.

Cats Protection. The Feline Fort-A Defence Against Stress. http://www.cats.org.uk/uploads/documents/feline_fort_-_info_for_vets_updated_vr3.1.pdf. Accessed January 20, 2015.

The CATalyst Council. Getting a Cat Out of a Cage (video). https://www.youtube.com/watch?v=Xr5W91nFK4M. Accessed January 20, 2015.

UC Davis Koret Shelter Medicine Program. Enriching the Shelter Environment. http://www.sheltermedicine.com. Accessed January 20, 2015.

UC Davis Koret Shelter Medicine Program. Cat Cage Modifications: Making Double Compartment Cat Cages Using a PVC Portal. http://www.sheltermedicine.com/shelter-health-portal/information-sheets/cat-cage-modifications-making-double-compartment-cat-cages-. Accessed January 20, 2015.

参考文献

[1] Griffin B, Hume KR. Recognition and management of stress in housed cats. In: August JR, ed. Consultations in Feline Internal Medicine. 5th ed. St Louis: Saunders Elsevier; 2006.717-734.

[2] Patronek GJ, Sperry E. Quality of life in long-term confinement. In: August JR, ed. Consultations in Feline Internal Medicine. 4th ed. St Louis: Saunders Elsevier; 2001.621-633.

[3] Stella JL, Lord LK, Buffington CAT. Sickness behaviors in response to unusual external events in healthy cats and cats with feline interstitial cystitis. J Am Vet Med Assoc. 2011.238:67-73.

[4] Gourkow N, Fraser D. The effect of housing and handling practices on the welfare, behaviour and selection of domestic cats (Felis sylvestris catus) by adopters in an animal shelter. Anim Welf. 2006;15:371-377.

[5] Kry K, Casey R. The effect of hiding enrichment on stress levels and behaviour of domestic cats Felis sylvestris catus in a shelter setting and the implications for adoption poten-tial. Anim Welf. 2007.16(3):375-383.

[6] Rochlitz I. Recommendations for the housing of cats in the home, in catteries and animal shelters, in laboratories and in veterinary surgeries. J Feline Med Surg. 1999.1:181-191.

[7] Zeiler GE, Fosgate GT, van Vollenhoven E, Rioja E. Assessment of behavioural changes in domestic cats during short-term hospitalisation. J Feline Med Surg. 2014.16:499-503.

[8] McCobb EC, Patronek GJ, Marder A, et al. Assessment of stress levels among cats in four animal shelters. J Am Vet Med Assoc. 2005.226:548-555.

[9] Rochlitz I, Podberscek AL, Broom DM. Welfare of cats in a quarantine cattery. Vet Rec. 1998.143:35-39.

[10] Rochlitz I. Recommendations for the housing and care of domestic cats in laboratories. Lab Anim. 2000.34:1-9.

[11] Tanaka A, Wagner DC, Kass PH, Hurley KF.

Associations among weight loss, stress, and upper respiratory tract infec- tion in shelter cats. J Am Vet Med Assoc. 2012.240:570-576.

[12] Stella J, Croney C, Buffington T. Effects of stressors on the behavior and physiology of domestic cats. Appl Anim Behav Sci. 2013.143:157-163.

[13] Quimby JM, Smith ML, Lunn KF. Evaluation of the effects of hospital visit stress on physiologic parameters in the cat. J Feline Med Surg. 2011.13:733-737.

[14] Ray CC, Callahan-Clark J, Beckel NF, Walters PC. The prevalence and significance of hyperglycemia in hospitalized cats. J Vet Emerg Crit Care. 2009.19:347-351.

[15] Buffington CA, Westropp JL, Chew DJ, Bolus RR. Clinical evaluation of multimodal environmental modification (MEMO) in the management of cats with idiopathic cystitis. J Feline Med Surg. 2006.8:261-268.

[16] Wallinder E, et al. Are hospitalised cats stressed by observing another cat undergoing routine clinical examination? Inter- national Society of Feline Medicine 2012 Proceedings.

[17] Rochlitz I. Basic requirements for good behavioural health and welfare in cats. In: Horowitz DF, Mills DS, eds. BSAVA Manual of Canine and Feline Behavioural Medicine. 2nd ed. Gloucester, UK: British Small Animal Veterinary Association (BSAVA); 2009.35-48.

[18] Newbury S, Blinn MK, Bushby PA, et al. Guidelines for Standards of Care in Animal Shelters. Corning, NY: Association of Shelter Veterinarians; 2010. http://oacu.od.nih.gov/disaster/ ShelterGuide.pdf, Accessed January 20, 2015.

第 12 章
疾病的风险因素——应激

Christos Karagiannis

引言

在近几十年内，许多医学研究已强调应激对人类健康的影响。在猫科领域，已开始意识到应激对猫健康的影响。为了解决这一问题，动物行为学领域已建立范例来评价应激对身体、心理和社交健康的影响[1]。这三个维度构成整体健康状况（图12-1），任何一个维度受到干扰都会影响猫的健康，引起猫主人的关注。因此，兽医应能发现应激和猫的健康之间的联系，并能针对与应激相关的疾病制订治疗方案。为了做到这一点，必须了解所有会增加应激反应风险的因素（包括心理或社交因素），了解这些因素如何影响猫的身体、心理或社交健康状况[2]。只有这样才能增加成功诊断、预防和控制与应激相关的问题的概率。

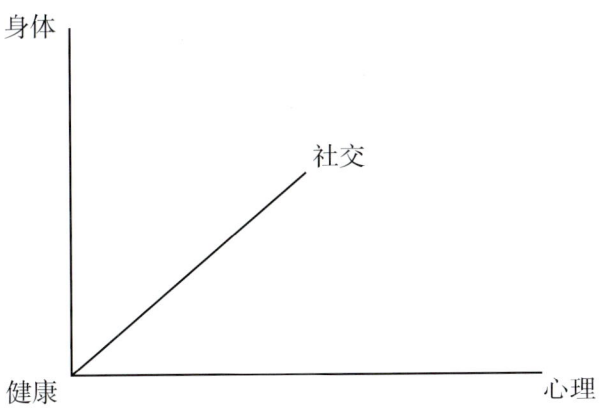

图12-1　健康由身体、社交和心理三个维度组成。这些维度中的任何一个受到干扰，都会影响猫的健康，引起主人的关注

应激的定义是一种可预测性和可控度受到损害的状态，局限于环境需求超过机体的自然调节能力的情况[3]。应激源指能够引起这种状态的刺激物[3]。应激反应包括生理、行为和心理发生变化，同时个体的健康受到损害[4]。但是，在动物医学领域评估应激水平具有挑战，目前未有一种方法被普遍接受。与应激反应的最初理论（如一般适应综合征）相反[5]，应激反应的决定因素事实上不仅为应激源的性质，还包括个体对应激源的感知。因此，在临床上，应根据个体情况分析和管理不同类型的应激源，并考虑应激源的质量和强度。本章将应激源特征的质量和强度——也就是可预测性和可控度定义为应激源引发猫产生的情绪处理过程。

评估猫的应激反应

不可预测性的特征是缺乏预期反应，并最终失去可控性，这反映在出现延迟恢复反应和非典型的神经内分泌情况[3]。过去认为这种神经内分泌情况主要以可的松水平为代表，但在实际情况中，可的松水平升高仅能说明动物处于激发状态，并不一定指示存在应激反应。由于无法直接评估心理状态，要评估应激反应时，需同时系统评估三方面内容，包括不可预测性对情绪和/或心理的影响、一系列心理观察结果和行为观察结果。要评估潜在的应激源对猫的情绪和心理的影响（如有外人到访），必须综合考虑所有可观察到的行为（如猫僵住、逃跑、躲藏、向到访者发出嘶叫声或喵叫声）（图12-2）和生理变化（如毛立起、瞳孔扩大、呼吸急促、心动过速和流涎）（图12-3）。评估的目的不仅是评估刺激源的质量和强度所产生的心理影响，也需进一步评估猫如何应对刺激源，这在不同的个体的差异极大。经验会显著影响猫的行为，随着时间推进，不断重复的特定反应能让猫学会以何种方式应对才能控制状况，并预测自身行为会产生的结果。因此，在临床上，很难区分已学会的行为（即条件反射）和纯粹的情绪行为[2]。

被动抑制状态变为更加主动的行为，如躲避（逃跑）或排斥（撕咬或抓挠），因此即使应激反应都与相同的情绪分类（害怕）相关，也应给不同的病例使用不同的管理方法（图12-4）[2]。基于同一原因，也应以不同的方法管理急性应激和慢性应激。

图 12-2　负面情绪的行为表现包括躲藏。（感谢 S. Health 提供）

图 12-4　猫的行为可能由负面抑制反应变为更积极的排斥行为，有时也称为打斗反应（感谢 A. Dossche 提供）

图 12-3　毛立起等生理变化是应激影响情绪的指征（感谢 S. Health 提供）

除此之外，必须注意应激源通常不是一过性的刺激，它常会持续存在一段时间，产生的影响随时间而逐步升级。在这种情况下，不仅必须考虑应激源的质量，还必须考虑应激源的强度。例如，在遇到一只不熟悉的猫时，猫的行为可能从

从情感神经学的角度来看[6,7]，无论诱因是否为应激，由刺激源诱发的情绪反应都可概括地分为以下几类[2]：

- 欲望（猫想要的资源）
- 沮丧（猫希望获得的事物被否定或缺失）
- 害怕（猫受到威胁）
- 疼痛（肉体损伤）

• 分享充满感情的联系（社交游戏和相似的正面互动）

• 依恋生物和物体（安全和保障的来源）

• 潜在的性伴侣（求偶行为和生育行为）

• 后代（养育活动）

• 不希望面对的（躲避，包括对那些无身体威胁的刺激源表现攻击反应）

不同的情绪反应可同时存在，并不会互相不相容。例如，正经受临床检查的猫可能因不同的原因而感到不舒适。猫可能害怕兽医或处于疼痛状态而不愿被触摸。无论因何种原因，猫都可能表现相似的行为（如躲避触诊和操作），但当兽医接近猫时，通常会诱发恐惧，猫会表现毛立起、耳朵朝向后方、弓背、瞳孔明显扩大、发出叫声和/或嘶叫声，同时会伸出指甲[8]。当兽医触诊或检查猫时，可能诱发疼痛，表现则为发出嘶叫声、咆哮声或咬人[9]。如果猫通过经验习得兽医接近会引发疼痛经历，它就会将兽医和不愉快、疼痛的刺激联系起来。因此，猫会尝试避免与兽医互动，不仅因为它正处于疼痛状态，还可能因为猫对疼痛感到焦虑或害怕。随着这种情况的不断重复出现，猫会习得躲避检查，并在无任何情绪变化、疼痛或恐惧的情况下，一开始就表现攻击，因为它知道在这种情况下，这是它能采取的最成功的策略。疼痛和惧怕疼痛是不同的情绪，经验会显著影响恐惧的形成。相应地，就必须追踪和评估猫对不同介入措施的情绪反应。

已证实给表现相同行为类型的个体使用相同的治疗方法，并不一定都能得到改善；例如，可能需给表现攻击行为的不同的猫使用不同的介入治疗策略。因此，准确的诊断是进行治疗的前提条件[10]。但是，在评估应激反应时，除了应考虑动物的情绪反应外，另一个重要因素是评估潜在行为的神经内分泌情况[2]。相同的行为可能涉及不同的神经内分泌情况和神经递质。犬处于不同的应激水平时，血浆中的催乳素水平不同。取决于催乳素水平的不同，不同的心理治疗药物都会有不同的效果[11]。当动物血液中的催乳素水平较低时，使用氟西汀（一种选择性血清素重吸收抑制剂）可改善动物的焦虑症状，但当动物血液中的催乳素水平较高时，给有相似症状的动物使用司立吉林（一种单胺氧化物抑制剂），改善效果会更明显。猫的不同形式的攻击行为（如恐惧性攻击与捕食性攻击）[8]有不同的神经解剖学路径，理论上也可能涉及不同的神经内分泌系统。与人医的个性化健康护理概念类似，除了传统的疾病导向治疗方法外[12]，临床兽医师根据每只患猫的个体特征制定药物管理和患猫护理措施，可让临床兽医师使用更有针对性的治疗方法。针对每只患猫和它的主人制定治疗措施，能提高配合度，因为可辨识和避免使用不必要的操作。如果未进行准确诊断和治疗，或进行了不适当的治疗，伴发长期应激的慢性高激发状态也会引发严重的身体、心理和社交健康问题（表12-1），这再次强调了进行准确诊断和适当靶向介入治疗的重要性。

应激对猫的身体健康的影响

人类和动物的应激都与寿命缩短直接相关[13,14]。已发现导致人类出现这一现象的机制是DNA发生变化（端粒缩短），加速衰老[13]。无论如何，应激不仅会直接缩短寿命，还会引发多种有害的身体健康变化，主要影响免疫系统，从而影响生活质量。本章总结了大量已证实存在这类相关性的猫科文献，但必须了解这些关联可能并无直接的因果关系，因为疾病本身会引发应激，在某些情况下，很难界定这种双向关系[2]。例如，已证实室内猫患甲状腺功能亢进的频率高于室外猫[15,16]。虽然室内环境会一成不变，从而让猫感到压力[17]，但近期的数据显示其他室内因素（如阻燃剂[16]、猫砂[17]、室内猫进食罐头食品的比例高[18]、自来水的质量）[19,20]可能会影响甲状腺或导致甲状腺肿大，从而诱发甲状腺功能亢进[21]。

表 12-1	应激对猫的身体、心理和社交健康的影响 [22,23,25–31,33–35,40,42,44,47,50,52,53,55,56]
	影响
身体健康	
泌尿系统	患间质性膀胱炎的风险增加 患膀胱炎的风险增加 引发与绝育相关的并发症
胃肠道系统	间歇性腹泻、呕吐或食欲减退 食欲和水摄入下降，24 小时内不愿排泄 在猫砂盆外排便
生殖系统	应激母猫生育的幼猫：出生体重较低，增重缓慢 应激源会扰乱垂体和卵巢功能，甚至引起流产
免疫系统	猫患传染性腹膜炎的可能性增加 上呼吸道感染的患病率增加
皮肤	重复性行为（如过度舔毛）
遗传	过度活跃
心理健康	
	长期沮丧 东方品种猫表现吮吸羊毛布料
社交健康	
	"社交恐惧" 弃养 可能影响人–动物的关系

泌尿系统

已报道应激会加重猫特发性膀胱炎（feline idiopathic cystitis, FIC）的临床症状。已证实严重 FIC 患猫的血液儿茶酚胺水平增高，而机体在面对充满压力的事件时，会释放儿茶酚胺[22,23]。已观察到在进行一段时间的环境丰富后，儿茶酚胺水平会恢复至正常[22]。因此，管理 FIC 和降低应激水平的最新治疗策略强调在进行药物治疗时，应同时采取环境和行为措施。这称为多模式环境改变（multimodal environmental modification, MEMO）[24]。

在 3 个不同的研究中，研究人员发现猫生活在室内的时间与发生 FIC 的风险呈正相关[25–27]。除此之外，搬家或家中出现犬或其他猫，特别是出现猫间的冲突或很难接近猫砂盆等特定的应激源时，都与间质性膀胱炎的发生风险升高相

关[28,29]。这些研究认为 FIC 的病理生理变化与应激导致的膀胱通透性变化相关[22]。在一项使用健康猫和 FIC 患猫的研究中，研究者发现环境应激源会增加 FIC 患猫的疾病行为（如呕吐、嗜睡、厌食）[30]。

在另一项研究中，比较了存在猫喷尿或进行尿液标记的多猫家庭和存在不使用猫砂盆的猫的多猫家庭，研究者发现与未出现喷尿的猫一起生活的猫相比，与表现喷尿的猫一起生活的行为正常猫和行为异常猫的粪便糖皮质激素水平都较高[31]。粪便糖皮质激素水平升高可能是慢性激发状态的生物标记物，这说明导致猫喷尿的更常见原因是慢性应激，而不是不使用猫砂盆。值得一提的是在 Ramos 等人的研究中[31]，给 23 只正常排泄和 18 只表现喷尿的猫进行临床检查后，发现分别有 11 只猫（占 48%）和 7 只猫（占 39%）存在身体疾病，而在这之前它们的主人均认为猫的身体健康，这说明无论是否存在慢性应激，在猫砂盆外排泄或喷尿都可能与并发疾病相关。

胃肠道系统

人的应激与不同的胃肠道疾病相关，包括炎性肠病综合征、胃溃疡和胃食道返流[32]。已报道猫也存在类似的相关性，在一项研究中，当猫因独处或被限制而引发应激时，表现出呕吐、食欲下降或间歇性腹泻等行为[33]。

生殖系统

人类医学认为应激和生育能力紧密相关。但是，仅有少量猫科研究调查了这两者之间的相关性。例如，一项研究[34]比较了两组母猫。让一组母猫待在适应了数年的地方（非应激组），而让另一组母猫待在新鲜和充满压力的环境中（应激组）。与非应激组相比，应激组的新生幼猫的出生体重显著较轻，在哺乳 3 周后，体重增加更慢。除此之外，许多环境应激源还会暂时性干扰垂体和卵巢功能，甚至导致流产。这些应激源包括空运或陆运怀孕母猫，将猫移出熟悉的

环境，或者向母猫的生活环境内引入新宠物[35]。

猫舍的纯种猫会面对强度更高的应激源。应激源常包括频繁的猫展和运输、过度拥挤、极端温度变化和敌对的社交互动[36]。上述因素会导致一些猫过度应激，甚至影响卵巢功能，中断了正常的发情周期[37,38]。

免疫系统

大脑控制糖皮质激素的分泌（通过促肾上腺皮质激素释放激素），而应激会增加这类激素的分泌，从而抑制免疫系统的活动。但是，已证实人还具备其他机制。例如，应激会抑制免疫球蛋白 A（IgA）的产生，进而导致发生上呼吸道感染的可能性上升[39]。总而言之，应激会严重影响免疫系统的功能。

与处于低应激环境的猫相比，在猫舍等高应激环境内，猫感染上呼吸道传染病的可能性要高出 5 倍[40]。已证实与生活在低应激环境内的猫相比，暴露在应激环境中的猫排出的猫病毒性鼻气管炎病毒（猫疱疹病毒Ⅰ型）水平更高[41]。另一种病毒性疾病——猫传染性腹膜炎也与应激相关，已发现应激环境会增加动物感染的可能性[42]。

皮肤

自我理毛和抓挠可为一种替代行为，常是猫在面对冲突时的即时反应，通常无明显的病理影响[43]。无论如何，如果应激源持续存在，猫可能感觉无法控制情况，表现出因无法适应变化的过度舔毛行为[44]。皮肤和神经系统的关系十分密切，因为在发育过程中，它们都起源于外胚层[45]，并共用大量激素、神经肽和受体[46]。

猫的过度舔毛与多种环境和社交应激源相关[47]。但是，也应考虑疾病因素，已发现心理性脱毛被过度诊断，在大多数情况下，起因仍主要是疾病因素[48]。在实际情况中，管理这类病例的适当方法与 FIC 的多模式治疗方法相似，疾病因素会增加发生情绪性过度舔毛的风险，反之亦然（图 12-5）。

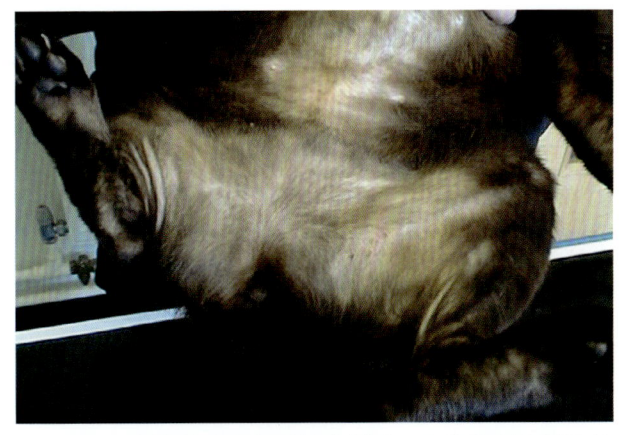

图 12-5　在处理过度舔毛的病例时，在将脱毛归因为纯粹的情绪因素前，总应先考虑进行疾病的鉴别诊断，如是否存在 FIC（感谢 S. Health 提供）

遗传

实验胚胎学是描述 DNA 表达和转录的调节机制术语[49]。人类和啮齿类动物的研究已发现母体应激会导致表观遗传变化，进而引发过度活跃。这种现象不仅影响第一代后代，还会延伸影响第二代后代[50]。在猫的一项研究中，研究者发现应激会改变中枢神经系统的降钙素基因相关肽结合位点[51]。已发现生活在应激环境中（如流浪环境；母亲生病；营养失调或营养不良）的猫、经历过难产的幼猫或那些可能经历过次优社交和/或营养环境的猫，更可能变得过度活跃，应尽快给予适当的多模式管理[50]。

应激对猫的心理健康的影响

环境或慢性疼痛等内在的应激源会引发焦虑，不仅会增加上述数种身体疾病的发生风险，也已证实会增加心理问题的发生风险。人类医学发现成人发生焦虑时，可能增加社交恐惧、强迫症行为和创伤后应激综合征的发生风险，而儿童发生焦虑时，会增加分离焦虑的发生风险，这是与动物的分离焦虑症相似的心理疾病[47]。

让动物长期暴露在不可预测、存在不可避免的与恐惧相关的应激源的环境中，可能会由于缺乏控制感而影响动物的心理健康。已报道在一群猫群落中，未预期出现的应激事件会增加猫在猫砂盆外排尿和排便的概率[30]。当一只宠物猫与其他不熟悉的猫生活在屋内时，这只猫的应对方法常常有限，在压力特别高的时期，如往屋内新引入婴儿时，这只猫会变得更加焦虑，可能会开始在猫砂盆外排尿。出现这种情况时，就需要使用多模式治疗方法，控制对特定应激源的情绪反应（如保证必需资源的合理分配）和改变环境的整体氛围（如增加躲藏区域，使用费洛蒙）。

慢性沮丧也可能导致行为的总体变化，尤其当猫无法控制周围状况时[6]。根据应激源的强度、持续时间和质量，以及每只个体猫的感知情况，猫可能进行消极或积极应对，伴发高激发状态，可能表现过度舔毛等慢性替代行为[52]。已发现一些东方品种猫的遗传因素会影响吮吸羊毛的行为表达[53]。即使存在遗传易感性，会增加某种行为的发生风险，也应调查环境应激源，因为环境应激源可能会催化问题行为的表达。

不仅某种特定情绪的慢性影响会引发心理健康问题，动机冲突的情绪效应也会引发问题。例如，由不同的家庭成员对猫采取不固定的措施，可能会让猫经历冲突性焦虑。这种形式的焦虑与目前情形的不确定性相关，因此同预测会出现厌恶性刺激所伴发的焦虑不同，前者与对未来的担忧相关。这是常见的矛盾行为的起因，如接近-躲避行为和踌躇行为[2]。管理这类问题的目标必须为解决冲突（即情绪的对抗条件反射作用），而不应着重进行脱敏治疗[2]，因为目标是鼓励猫接近家庭成员，让猫了解与家庭成员互动能获得强烈的正面结果。

环境应激会导致内源性类固醇水平升高，这会显著影响认知进程，导致动物对厌恶性刺激更加敏感。在日常生活中，厌恶的事件增加可能会产生负面心理作用。这种对刺激的感知和敏感性变化会影响正常动物和认知有障碍的老年动物的心理健康。引发这种变化的病理生理机制为应激反应会增加大脑代谢需求，从而导致认知功能下降[2]。兽医应考虑外源性类固醇的影响，严格评估类固醇的治疗益处，因为长期用药也会增加动物对厌恶事件的敏感性，导致行为问题，这种情况已在犬得到证实[54]。

应激对猫的社交健康的影响

社交健康囊括个体和其他个体之间的多种互动，包括同种或异种动物间的互动[2]。如果一个人与处于应激状态的人接触，也会诱发他们自身产生应激反应[55]。由于大部分的猫主人认为猫是家庭的一员，它们的应激会影响其主人，最终影响主人与猫之间的关系。

在该领域内，动物最常发生的问题是社交恐惧[9]。当一只处于应激状态的猫使用主动策略来应对应激环境时，会向家庭成员或其他猫表现攻击性行为，这不仅会影响人和其他猫，也会影响应激猫的福利。行为问题是猫被弃养最常见的原因，在屋内随地排泄是引发行为问题的最常见原因，而导致猫在屋内随地排泄的主要原因就是应激[56]。相应地，兽医专业人员越来越多地承担起为宠物提供健康护理的责任，应使用可管理和预防这类问题的技术。本章的后半部分重点阐述了介入措施。

诊断和管理与应激相关的问题

审查应激

行为学问题的起因不是单方面的，常来源于许多不同的风险因素，这些因素的重要性不同，并具有累加效应。相应地，任何治疗措施都应注重管理所有与应激相关的潜在因素，不应只管理明显的因素。成功治疗任何行为问题的计划的第1步都是准确诊断引发反应的潜在情绪起因。为达到这个目的，需要完整的病史来确认特定行为反应的明显诱因，其他章有相关的广泛描述，同时需确认更不易察觉的背景因素，这些因素会增加行为问题的发生风险（图12-6）。本部分的重点是诊断和管理所有可能改变动物控制和预测环境能力的风险因素，这些因素会引发应激反应。

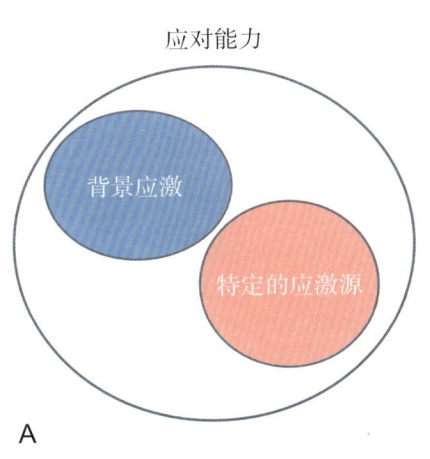
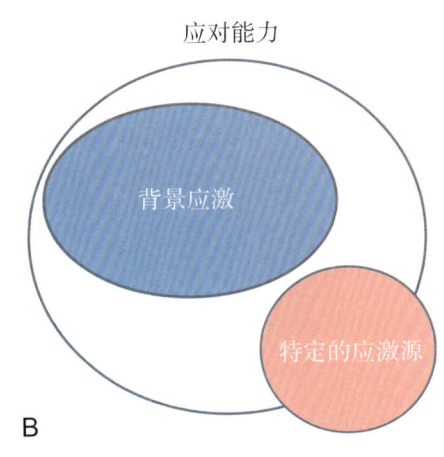

图 12-6　当背景应激水平较低时,猫还能够应对特定的应激源(A),但如果背景应激水平增加,患猫可能无法应对特定的应激源(B)

在某些情况下,重视这些应激因素可能会找到解决行为问题的方法[2]。

与所有应激反应类似,需要定义背景应激的主要质量和强度,在特定情况下,这会影响情绪反应。例如,在放松的环境中,动物较不可能表现恐惧反应。但是,如果许多应激源同时存在且发生频率较高,会导致高水平的背景应激,这时动物更可能表现恐惧反应。在猫攻击人的案例中,最普遍的风险因素是家中的背景应激水平升高[57]。

在解决这类问题时,不可或缺的步骤是识别问题的背景情况,确定隐藏的风险因素。进行应激审查有助于完成上述目的,在给定情况下,这能为系统评估可能的应激源提供框架(方格 12-1)[6]。下一部分讨论应激审查的要素。在诊所内,可以填写调查问卷来完成应激审查,并将该问卷作为患猫病史表格的一部分,同时在就诊时口头提出一些问题,完成这些花费的时间不会超过数分钟。

方格 12-1　应激审查	
• 饲养 　• 日常管理 　• 规则和规定 　　• 给予培训让猫理解他们 　　• 每人与猫待在一起时,都有一致的执行原则 　• 日常活动水平 　• 总体环境质量(身体和社交) • 主人对猫的期待 　• 猫的角色以及家庭成员对此想法是否一致 　• 所有家庭成员的期望的明确度和一致性 　• 提供猫需要的资源来满足这类期望 • 持续改变 　• 改变的程度和类型 　• 在变化情况中的可预测性 　• 为变化做好准备和沟通应对能力 　• 应对策略的可行性 • 在家中影响客户家庭的特定应激源 　• 行为或环境的变化可能影响猫 　　• 与对猫的行为期望相关的变化	• 与猫的管理方式相关的改变 • 在家中影响猫的特定应激源 　• 应激源的生理特点 　　• 感情质量 　　• 强度 　　• 量级 　　• 持续时间 　　• 可预测性 　• 根据应激源预测猫的行为 　　• 进行准备以有应对能力 　　• 对猫的行为的反应适当性 　• 猫控制应激源的机会 　• 在家中的支持性或冲突性社交关系 • 对猫的支持 　• 交流 　　• 期望猫表现适当行为时,给猫提供清晰的指令 　　• 给猫提供适当的条件来成功表现适当的行为 　• 反馈 　• 一致性

摘自 Mills 等

可控性和可预测性

进行应激审查的第一步是明确对猫的期望——护理者期望猫扮演何种角色，如何与猫沟通这些期望以及主人如何保持对宠物的行为一致性[6]。例如，当猫发出喵叫声时，主人可能喂它，但当疲惫时，却会忽视它。这种有差别的反应不利于成功交流。如果猫每次发出叫声时，主人都饲喂它，当猫无法获得食物时，猫就会开始发出过多的喵叫声。这反过来可能会让主人感到不快。在这个案例中，主人的期望未明确交流给猫，如果主人尝试使用惩罚手段来制止猫发出不希望出现的叫声，由于猫一直认为主人是正面的护理者，这会引起猫的情绪冲突。这类冲突会对解决行为问题起负面作用。

应激审查的第二步是考虑潜在应激源的生理学特性，以及能提供给猫的准备措施和可用资源，帮助猫应对应激源[2]。一只猫可能会应对一种特定的应激源，但如果应激源不断累积，尤其是来自同一情绪分类的应激源不断累积时，猫可能就无法应对这些诱因（图12-6）。可预测性可能减少应激源的影响，尤其是在重复接触应激源后。但是，如果猫感到无法控制情况，无论事件是否可预测，都会引发应激反应。如果猫通过经验习得自己无法控制特定情况，如在被幼儿操控时，能预测情况可能会引起焦虑。但是，在面对不能预测的应激源时，猫可能对多种新的刺激都会产生焦虑。例如，如果当屋内有小孩时，主人试图给猫剪指甲，猫可能对小孩和剪指甲的活动都产生焦虑。

增加猫的可控性意味着猫能表达一系列可接受的活动，以此来减少应激源的影响。例如，如果有小孩在害怕孩子的猫周边时，猫没有逃跑路线或没有安全地方躲藏，猫就会感到无法控制情况。最后，猫可能会做出攻击反应。给猫提供躲藏场所或绝对安全的地方是非常重要的（图12-7）。当家内应激水平高，超过了猫的应对能力时，安全场所是非常重要的。没有门的提箱是猫的理想安全场所，在这种情况下，不将提箱的作用局限于带猫拜访兽医或猫舍是非常有用的（方格12-2）。

图12-7 给猫提供躲藏场所或绝对安全的位置是非常重要的（感谢 S. Heath 提供）

> **方格12-2 训练猫将提箱当作安全庇护所**
>
> 在安全的庇护所内，动物能感觉一切都是可控的，除非出现明显的应激源，这里会一直是猫的条件性安全场所[2]。目的是当猫面对应激源时，猫能撤退进入此处，并让猫感到能控制状况。当动物不自信时，动物会跑进"避难所"，安全庇护所与"避难所"不同，动物进入安全庇护所只是希望威胁性刺激能消失。要将提箱作为猫的安全庇护所，应让猫不会对提箱的出现感到焦虑，需通过使用食物和玩具来建立猫对提箱的正面关联。费洛蒙也可提供正向的、非条件性刺激[6]。在家内将提箱作为猫的躲藏区域，能减少猫的总体环境应激水平。
>
> 一些猫已建立提箱和拜访兽医的负面关联，很难消除这种关联。在这种情况下，将提箱放在一个小房间内，这个房间内几乎无其他躲藏区域，可能可鼓励猫自愿进入提箱。将提箱的门拆除，同时用食物和玩具建立正面关联，有助于教会猫认为提箱是安全庇护所。这能减少猫在拜访兽医期间的应激水平。AAFP 和 ISFM 出版的猫友好操作指南中，有更多关于如何教猫使用提箱作为安全庇护所的内容。

除了安全庇护所外，主人需积极支持猫，增加猫对应激环境的控制感。当猫表现不希望出现的行为时，许多时候主人会惩罚猫。惩罚不仅会增加焦虑、冲突和沮丧，也会影响人-动物的关系，损害猫对主人的信任。已证实惩罚会改变犬对主人的看法，不再一直认为主人是可靠的[59]，同时也会影响犬的整体应对能力。虽然未在猫上进行相似的研究，仍应确认猫的日常生活是否有应激源，并通过客户教育进行适当管理。

管理应激

如上所述，特定的应激源和问题需要特定的管理方法，但这并非本章的阐述范围，读者可参考本书的其他章节，寻找相关建议。但是，应强调必须根据个体患猫、家庭情况和发生问题的特定条件制定管理措施[6]。如果兽医无法理解个体客户的能力和资源，帮助客户解决猫的问题的可能性会非常低。要成功解决问题，关键应注重诊断问题的潜在诱因，让客户从猫的角度理解情况。对大部分客户来说，要求完全改变生活方式，或每天花费数小时来执行建议的治疗方案，这是不切实际的。通常情况下，改善环境和简单的管理策略，如避免产生高强度的应激环境和使用费洛蒙治疗都是推荐的早期介入方式。在某些情况下，即使下一步治疗方法需要用到特定的行为纠正管理方法和心理药物治疗，也可使用上述初始介入措施[2]。尽可能以正常的日常互动和活动为框架来提供治疗建议，时间是许多客户的有限资源，因此这会显著影响他们配合执行推荐的行为纠正程序[60]。

行为医学的重要目标是预防发生与应激相关的问题，尽可能减少应激反应。因此，应让猫经历正面的幼年阶段，帮助猫应对会引发负面激发和情绪的环境应激源。可通过举行幼猫派对来帮助幼猫发展各项生活技能[61]。但是，这些课程与人们更熟悉的幼犬课程非常不同，并非所有诊所都具备成功举办幼猫课程所需的空间或员工。如果无法举办幼猫课程，可举办幼猫信息交流会（可向新的幼猫主人传授相关知识），这是非常有益的，能帮助新一代猫主人更加了解猫和猫的行为需求。

参考文献

[1] World Health Organization. Preamble to the Constitution of the World Health Organization as adopted by the International Health Conference, New York, 19-22 June, 1946; signed on 22 July 1946 by the representatives of 61 States (Official Records of the World Health Organization, no. 2, p. 100) and entered into force on 7 April 1948.

[2] Mills D, Karagiannis C, Zulch H. Stress-its effects on health and behavior: a guide for practitioners. Vet Clin North Am Small Anim Pract. 2014.44:525-541.

[3] Koolhaas JM, Bartolomucci A, Buwalda B, et al. Stress revisited: a critical evaluation of the stress concept. Neurosci Biobehav Rev. 2011.35:1291-1301.

[4] Carlstead K, Brown JL, Strawn W. Behavioral and physiological correlates of stress in laboratory cats. Appl Anim Behav Sci. 1993.38:143-158.

[5] Selye H. Stress and the general adaptation syndrome. Br Med J. 1950.1(4667):1384-1392.

[6] Mills D, Dube MB, Zulch H. Principles of pheromonatherapy. In: Stress and pheromonatherapy in small animal clinical behaviour. Chichester, UK: Wiley-Blackwell; 2012.127-145.

[7] Panksepp J. Affective neuroscience: the foundations of human and animal emotions. New York: Oxford University Press; 1998.

[8] Siegel A, Roeling TA, Gregg TR, Kruk MR. Neuropharmacology of brain-stimulation-evoked aggression. Neurosci Biobehav Rev. 1999.23:359-389.

[9] Landsberg G, Hunthausen W, Ackerman L. Behavioural problems of the dog and cat. 3rd ed. Edinburgh, UK: Saun- ders; 2013, pp 76-112.

[10] Heath S. Aggression in cats. In: Horwitz DF, Mills DS, eds. BSAVA manual of canine and feline behavioural medicine. 2nd ed. Gloucester, UK: British Small Animal Veterinary Association (BSAVA); 2009.223-235.

[11] Pageat P, Lafont C, Falawée C, et al. An evaluation of serum prolactin in anxious dogs and response to treatment with selegiline or fluoxetine. Appl Anim Behav Sci. 2007.105:342-350.

[12] Teng K, Eng C, Hess CA, et al. Building an innovative model for personalized healthcare. Cleve Clin J Med. 2012.79(Suppl1):S1-S9.

[13] Ahola K, Sirén I, Kivimäki M, et al. Work-related exhaustion and telomere length: a population-based study. PLoS One. 2012.7:e40186.

[14] Dreschel NA. The effects of fear and anxiety on health and lifespan in pet dogs. Appl Anim Behav Sci. 2010.125:157-162.

[15] Scarlett JM, Moise NS, Rayl J. Feline hyperthyroidism: A descriptive and case-control study. Prev Vet Med. 1998.6:295-309.

[16] Kass PH, Peterson ME, Levy J, et al. Evaluation of environmental, nutritional, and host factors in cats with hyperthyroidism. J Vet Intern Vet. 1999.13:323-329.

[17] van Rooijen J. Predictability and boredom. Appl Anim Behav Sci. 1991.31:283-287.

[18] Edinboro CH, Scott-Moncrieff JC, Janovitz E, et al. Epidemiologic study of relationships between consumption of commercial canned food and risk of hyperthyroidism in cats. J Am Vet Med Assoc. 2004.224:879-886.

[19] Gaitan E. Goitrogens in food and water. Annu Rev Nutr. 1990.10:21-39.

[20] National Research Council. Effects on the endocrine system. In: Fluoride in drinking water: a scientific review of EPA's standards. Washington, DC: The National Academies Press; 2006.224-267.

[21] Peterson M. Hyperthyroidism in cats: what's causing this epidemic of thyroid disease and can we prevent it? J Feline Med Surg. 2012.14:804-818.

[22] Westropp JL, Kass PH, Buffington CA. Evaluation of the effects of stress in cats with idiopathic cystitis. Am J Vet Res. 2006.67:731-736.

[23] Westropp JL, Kass PH, Buffington CA. In vivo evaluation of α2-adrenoceptors in cats with idiopathic cystitis. Am J Vet Res. 2007.68:203-207.

[24] Buffington CT, Westropp JL, Chew DJ, Bolus RR. Clinical evaluation of multimodal environmental modification (MEMO) in the management of cats with idiopathic cystitis. J Feline Med Surg. 2006.8:261-268.

[25] Reif JS, Bovee KC, Gaskell CJ, et al. Feline urethral obstruction: a case-control study. J Am Vet Med Assoc. 1977.170:1320-1324.

[26] Walker AD, Weaver AD, Anderson RS, et al. An epidemiological survey of the feline urological syndrome. J Small Anim Pract. 1977.18:282-301.

[27] Willeberg P. Epidemiology of naturally-occurring feline urologic syndrome. Vet Clin North Am Small Anim Pract. 1984.14:455-469.

[28] Cameron ME, Casey RA, Bradshaw JWS, et al. A study of environmental and behavioural factors that may be associated with feline idiopathic cystitis. J Small Anim Pract. 2004.45:144-147.

[29] Pryor PA, Hart BL, Bain MJ, Cliff KD. Causes of urine marking in cats and effects of environmental management on frequency of marking. J Am Vet Med Assoc. 2001.219:1709-1713.

[30] Stella JL, Lord LK, Buffington CAT. Sickness behaviors in response to unusual external events in healthy cats and cats with feline internal cystitis. J Am Vet Med Assoc. 2011.238:67-73.

[31] Ramos D, Reche-Junior A, Mills D, et al. Are cats with house soiling problems stressed? A case-controlled comparison of faecal glucocorticoid levels in urine spraying and toileting cats [abstract]. In: Mills D, et al. ed. Proceedings of the Ninth International Veterinary Behavioural Meeting Conference; 26-28 September 2013113-114, Lisbon Portugal.

[32] Bhatia V, Tandon RK. Stress and the gastrointestinal tract. J Gastroenterol Hepatol. 2005.20:332-339.

[33] Schwartz S. Separation anxiety syndrome in cats: 136 cases (1991-2000). J Am Vet Med Assoc. 2002.220:1028-1033.

[34] Bilkei G. The effect of management and psychosocial stress on the fetal and postnatal development of the domestic cat [Article in German]. Dtsch Tierarztl Wochenschr. 1990.97:202-203.

[35] Voith VL, Morrow DE. Female reproductive behavior. In: Current therapy in theriogenology. WB Saunders: Philadelphia; 1980.839.

[36] Little S. Symposium on feline breeding and infertility. Uncovering the cause of infertility in queens: queens can have trouble producing litters for a variety of reasons, from inadequate daylight. Vet Med. 2001.96:557-569.

[37] Feldman EC, Nelson RW. Feline reproduction. In: Canine and feline endocrinology and reproduction. 2nd ed. Philadelphia: Saunders; 1006:741-768.

[38] Wolf AM. Infertility in the queen. In: Kirk RW, Bonagura JD, eds. Current veterinary therapy, vol XI: small animal practice. Philadelphia: WB Saunders; 1992.947-954.

[39] Stone AA, Reed BR, Neale JM. Changes in daily event frequency precede episodes of physical symptoms. J

Human Stress. 1987.13:70-74.

[40] Tanaka A, Wagner DC, Kass PH, Hurley KF. Associations among weight loss, stress, and upper respiratory tract infection in shelter cats. J Am Vet Med Assoc. 2012.240:570-576.

[41] Gaskell RM, Povey RC. Experimental induction of feline viral rhinotracheitis virus re-excretion in FVR-recovered cats. Vet Rec. 1977.100:128-133.

[42] Peterson PK, Chao CC, Molitor T, et al. Stress and pathogenesis of infectious disease. Rev Infect Dis. 1991.13:710-720.

[43] van den Bos R. Post-conflict stress-response in confined group-living cats (Felis silvestris catus). Appl Anim Behav Sci. 1998.59:323-330.

[44] Willemse T, Mudde M, Josephy M, Spruijt BM. The effect of haloperidol and naloxone on excessive grooming behavior of cats. Eur Neuropsychopharmacol. 1994.4:39-45.

[45] Fuchs E. Scratching the surface of skin development. Nature. 2007.445:834-842.

[46] Panconesi E, Hautmann G. Psychophysiology of stress in dermatology: the psychobiologic pattern of psychosomatics. Dermatol Clin. 1996.14:399-421.

[47] Overall K. Self-injurious behavior and obsessive-compulsive disorder in domestic animals. In: Dodman NH, Shuster L, eds. Psychopharmacology of animal behavior disorders. Malden, MA: Blackwell Science; 1998.222-252.

[48] Waisglass SE, Landsberg GM, Yager JA, Hall JA. Underlying medical conditions in cats with presumptive psychogenic alopecia. J Am Vet Med Assoc. 2006.228:1705-1709.

[49] Jensen P. Behaviour epigenetics-the connection between environment, stress and welfare. Appl Anim Behav Sci. 2014.157:1-7.

[50] Overall KL, Tiira K, Broach D, Bryant D. Genetics and behavior: a guide for practitioners. Vet Clin North Am Small Anim Pract. 2014.44:483-505.

[51] Guidobono F, Netti C, Pecile A, et al. Stress-related changes in calcitonin gene-related peptide binding sites in the cat central nervous system. Neuropeptides. 1991.19:57-63.

[52] Mills D, Luescher A. Veterinary and pharmacological approaches to abnormal behaviour. In: Mason G, Rushen J, eds. Stereotypic animal behaviour: fundamentals and applications to welfare. Wallingford, UK: CABI; 2008.286-324.

[53] Bradshaw JW, Neville PF, Sawyer D. Factors affecting pica in the domestic cat. Appl Anim Behav Sci. 1997.52:373-379.

[54] Notari L, Mills D. Possible behavioral effects of exogenous corticosteroids on dog behavior: a preliminary investigation. J Vet Behav. 2011.6:321-327.

[55] Engert V, Plessow F, Miller R, et al. Cortisol increase in empathic stress is modulated by emotional closeness and observation modality. Psychoneuroendocrinology. 2014.45:192-201.

[56] Casey R, Vandenbussche S, Bradshaw J, Roberts M. Reasons for relinquishment and return of domestic cats (Felis silvestris catus) to rescue shelters in the UK. Anthrozoos. 2009.22:347-358.

[57] Ramos D, Mills DS. Human directed aggression in Brazilian domestic cats: owner reported prevalence, contexts and risk factors. J Feline Med Surg. 2009.11:835-841.

[58] Rodan I, Sundahl E, Carney H, et al. AAFP and ISFM feline-friendly handling guidelines. J Feline Med Surg. 2011.13:364-375.

[59] Gácsi M, Maros K, Sernkvist S, et al. Human analogue safe haven effect of the owner: behavioural and heart rate response to stressful social stimuli in dogs. PLoS One. 2013.8:e58475.

[60] Corridan CL, Mills DS, Pfeffer K. Comparison of factors limiting acquisition versus retention of companion dogs. J Vet Behav. 2010.5:22.

[61] Seksel K. Training your cat. Melbourne, Australia: Hyland House; 2001.

第 13 章
猫的肥胖症

Alexander German and Sarah Heath

引言：肥胖的定义和流行病学

肥胖指体内不断积累多余脂肪，直至对健康产生负面影响的疾病[1]。当猫的体重超过最佳体重的15%时，定义为超重，当猫的体重超过最佳体重的30%时，则定义为肥胖[2]。与人类的情况类似，目前已有不可辩驳的证据说明当猫未维持最佳体况时，会有负面影响[3,4]。

多个流行病学研究估计在宠物猫群体内，超重和肥胖猫的比例分别为34%和41%[5,6]。令人担忧的是，有证据表明这个比例仍在上升，北美的数据显示由2007年开始，这个比例增加了90%[7]。

引发肥胖的风险因素

当能量摄入大于能量消耗时，就会引发肥胖。有趣的是，研究发现同样进行自由采食，一些猫能保持体重稳定，而另一些猫则无法保持体重稳定；随着时间发展，那些无法调节的猫会逐渐增重，如果不管理这些猫的体重，它们通常会在中年时患上肥胖[8]。目前已确认多种风险因素会引发肥胖，所有这些因素都会改变能量平衡，让个体更可能出现不希望出现的增重。

共存的健康问题

并发疾病会导致食物摄入增多或活动减少，从而影响总体能量平衡。常见例子就是猫并发跛行，这点常被忽略[3]。例如，现已发现退行性关节病是老年猫的重要疾病，而与犬相比，更加不易察觉猫患该病时的临床症状[9]，这意味着常无法发现猫患该病。退行性关节病会减少活动，让个体更可能出现增重。另一个问题是使用易让猫增重的药物介入（如使用糖皮质激素类药物治疗），虽然药物对猫的食欲的影响不如对犬的明显。猫很少发生内分泌疾病引发的肥胖（如甲状腺功能减退和肾上腺皮质机能亢进）。

生命早期快速增重

人类的生命早期出现体重迅速增加是预测生命后期发生肥胖的关键指标[10,11]，已发现猫也有相似的现象[8]。虽然仍未知这种现象的基础，但简单比较2月龄体重（即进行第二次疫苗注射时）和12月龄体重（第一次例年注射加强疫苗）的比率，就能判断猫在生命后期发生肥胖的风险情况[8]。

病征

当猫2岁之后，肥胖的发病率升高，在猫中年期时比例达到最高，进入老年期后开始下降[4]。绝育是一个重要的风险因素，主要通过增加摄食量，减少活动量，来影响猫的行为[12,13]。家养短毛猫是最易受影响的品种，但任何品种的猫都可能发生肥胖。猫的性别也是一种易感因素，一项关于猫的研究发现雄性猫更可能发生肥胖[5]。

家庭因素

与犬或1只或2只猫一起生活的猫更易发生肥胖[14,15]。需进一步调查社交应激的作用，但在多猫家庭内，需考虑在准备食物时，不合理地分配饲喂和倾向鼓励猫紧挨着进食，都会损害猫的天生进食行为。此外，虽然未获得一致结果，但一些研究发现完全生活在室内或公寓内的生活方式也是风险因素[14,15]。可能的诱因包括由于受环境限制，无法获得充足的运动量和精神刺激。在这种情况下，猫与它们的人类护理者更常进行接触，那么人类的饲养行为也可能成为一种风险因素。

日粮因素

使用宠物商品粮或家庭自制食物均不会让猫易患肥胖，但以自由采食方式饲喂猫食物则可能让猫易患肥胖[14,15]。此外，一些研究[4,16]发现肥胖可能与食物成本相关，进食高端食物的猫更可能发生超重，可能因为高端食物含更多的脂肪，也就是含更高的能量，但另一些研究持不同意见[14]。许多人认为猫在野外通常不进食碳水化合物含量高的食物，因此饲喂猫碳水化合物含量高的日粮，会让猫易患肥胖。但是，一篇文献不支持这种假设，该文献认为是日粮脂肪让猫更易增重，而不是碳水化合物[17]。

动物主人对体重的影响

人类父母的体重情况会极大影响自己孩子的体重状况，超重成年人通常会有超重的后代[10]。虽然这与遗传倾向（先天的）有部分关系，但养育方式也起显著作用，包括父母的饮食与运动指导。"家庭食物环境"这个术语被用来描述这种相关性[18,19]。

人类肥胖与猫肥胖有许多相似点，考虑到人类和猫都是远交物种，并共享生活环境，这并不奇怪。此外，猫主人护理猫的方式反映了父母护理孩子的方式[20]，因此猫主人也会影响猫的肥胖发生率。肥胖猫的主人倾向过度拟人化猫，并把他们的猫视为人类伴侣的替代者[21]。他们也很少与猫玩耍，常替代使用食物作为奖励。与最佳体重猫的主人相比，拥有超重猫的主人会在猫进食时，更近地观察猫，较少给猫提供预防兽医护理，他们自身也更可能是超重的[21]。但是，与超重犬的主人相比，目前仍未发现猫超重与主人的家庭收入或年龄之间存在相关性[16,21,22]。此外，虽然研究认为超重犬的主人更可能也是超重的[23,24]，但仍未获得关于猫主人的这种相关性的确切定论[25]。

对父母的育儿风格进行分类后，能更好地理解父母对儿童肥胖的影响。育儿风格可分为四大类，分别是权威式、独裁式、溺爱式和袖手旁观式[26]，溺爱式会导致负面结果，因为对食物摄入的控制不佳会引发与食物的不佳关系，让儿童更可能发生体重增加，这一点也不奇怪[27]。但是，令人意外的是，父母管控过多的独裁式育儿方式也与孩子的体重较高有关[28]，这说明限制食物或强迫孩子吃某种食物，会导致适得其反的效果[29]。

考虑到儿童肥胖和猫肥胖的相似性，一个明显应考虑的问题是猫的养育方式是否也有不同的类型，以及养育方式如何影响猫肥胖的发生。据我们所知，没有研究探讨宠物养育类型概念或宠物养育类型与人的育儿类型的相似程度。

人–动物的关系是重要的，肥胖猫与主人的关系似乎会更紧张[30]，缺乏理解猫的正常进食行为也是猫肥胖的一项重要的风险因素。在家庭环境内，当主人更加溺爱他们的猫时，主人会更多地参与猫的进食过程。

猫是独行性进食者，天生倾向每天少量多餐，这让主人很难实现自己的自然养育本能，许多家养猫会发现自己必须根据人类适应的时间表进食。对天生会控制自己接近食物来源方式的猫来说，每天要依赖主人在固定的时间提供食物，这会让它们感到压力。主人还倾向主要在喂食时间与猫进行社交互动，这会加剧猫的压力。在多猫家庭内，在准备食物时，会让多只猫集中到一起，并将食物放在紧挨着的食碗内，这会加重社交应激。

缺乏猫的正常进食行为知识

通过观察野生猫科动物和实验动物，获得了关于家养猫进食行为的大多数知识。

野生猫科动物的进食行为

除了狮子外,野生猫科动物都是独行捕猎者,并被当作严格的肉食动物,无论是野猫还是家养猫,当它们在野外生活时,都未表现杂食性进食行为[31]。当家养猫捕猎时,它常选择小型猎物,如老鼠、鸟、蜥蜴和昆虫[32-36]。有趣的是,当宠物猫的饮食不含肉类时,它们会更常捕猎[36]。如果一只家养猫尝试仅通过捕猎来获得每日所需能量,并假设一只老鼠或小鸟提供的能量约为30千卡,那么它需要每24小时捕捉8~12只猎物才行。

自主水摄入

摄食不同的日粮会让猫有不同的饮水量,当进食某些食物时(如含水量约为70%的罐头食品),猫不会额外饮水[37-39]。但是,由于猫的渴觉动力较弱,它们进食干粮时,并不会补偿性地喝更多水;因此,它们会表现尿液浓缩度升高的生理反应。

日变化和季节变化模式

猫没有明显的昼夜节律[40],事实上,与大部分哺乳动物不同,猫的体温并不遵循昼夜节律[41]。猫的采食行为说明猫既是昼行性动物又是夜行性动物(如夜间和白天都会睡觉和捕猎)。此外,在实验室条件下研究猫的自由采食行为,并为猫不间断提供食物时,观察到猫每天要进食12~20餐,进食时间平均分配在白天和黑夜[42,43]。在这种情况下,白天进食量略高于夜间[43]。但是,农场猫会表现夜行性动物的特性,它们白天睡觉,夜间则在极长的距离范围内活动[44]。尽管如此,这种节律模式很易被很小的干扰所打乱(如人类制造的噪声),这说明宠物猫较不可能出现这类节律模式。

在一项对猫的摄食进行了4年的研究发现季节会影响猫的采食量,夏季几个月中,猫的采食量比冬季的降低约15%[45]。春秋季的采食量居于夏季和冬季之间。周围环境温度和/或日照时长的变化导致猫的自主摄食量发生这类变化[45]。摄食量变化并不会导致体重的季节性变化,这说明能量需求变化引发了这种摄食量变化。

社交因素和进食行为

早期的进食经历会影响猫以后的饮食选择。从这方面来说,当幼猫接触过特定的风味和质地后,会加强幼猫的偏好,成年后偏好选择这类风味的食物。偶尔会出现猫只接受带一种风味的食物,变得只肯进食该食物。但是,成年猫完全适应一种食物后,与现有食物相比,常会偏好选择新日粮[42,46-48],这称为"风味疲劳"。更换为新食物后,虽然猫在短期内的采食量增加,一旦猫适应新食物后,无论是何种类型的食物(干粮或湿粮),成年猫都会恢复进食平均量的食物(如15~30千卡)。与这种对新食物的偏好相反(喜新症),当猫处于陌生环境中时,它们变得厌恶新事物,会拒绝新风味食物[49]。

猫不一定偏好湿粮或干粮。虽然大部分猫偏爱湿粮,但如果猫长期进食干粮,它们常会偏好选择干粮。此外,大多数猫更喜欢温热的食物,而不是烫或冷的食物[49]。因此,应先加热存放在冰箱中的食物,当需要更换日粮时,最好先混合饲喂现有日粮和新食物,并逐渐增加新食物的比例。

食物中的某些氨基酸(如丙氨酸、脯氨酸、赖氨酸、组氨酸和亮氨酸)和肽类对驱动猫摄食是非常重要的[50,51],这也是猫特别喜爱肉类风味的原因。食物的质地也很重要。但是,猫与犬不同,犬会试图摄入蛋白质供能占比为25%~30%的日粮[52,53],而猫不会特意选择蛋白质。事实上,与蛋白质含量较高的日粮相比,猫可能会偏爱摄入不含蛋白质的日粮[54,55]。当给猫提供常量营养素含量不同的日粮时,猫会尝试平衡常量营养素的摄入量,这个发现证实了上述结论[56]。猫的碳水化合物摄入量存在上限,当饲喂猫碳水化合物含量高的食物时,会限制猫的摄食量,这可能不利蛋白质和脂肪的摄入。因此,猫较少根据营养充足性来选择日粮。

除了蛋白质外，其他某些营养素也会影响摄食量。虽然糖可增加犬对食物的接受度[53]，但是猫无相似情况[57]。此外，即使很少量（约 5%）的中链甘油三酯也会对猫的适口性产生负面影响[58]。

味道

由于基因变异，大部分猫科动物都缺失 T1R2 蛋白质，要让感知甜味的受体发挥功能，就需要这种蛋白质[59]。这说明猫的早期祖先发生了这种突变。一些科学家推测猫有针对性的进化类别（也就是进化为肉食动物和猎食者）解释了猫为何通常不摄食植物，植物的主要味道吸引点为含糖量高。

猫的行为因素

行为因素也会引发肥胖，猫的情况尤其如此。相关的行为因素包括焦虑、抑郁、无法表现正常的饲喂行为和无法控制饱腹感[30]。

焦虑和抑郁都会影响食欲。如果怀疑猫有这些行为紊乱问题，建议由动物行为学家为猫进行全面检查。通过收集特定的行为病史，来调查可能引发肥胖问题的慢性应激，应特别注意在多猫家庭内和邻里猫之间的社交应激。应通过询问主人收集关于资源分布的信息和存在视觉、身体恐吓的可能性。可通过观察主人的居住环境来获得重要的附加信息，可通过入室拜访或使用房屋布局图、FaceTime 或 Skype 等技术来分别直接或间接获得相关信息。饲喂猫时，让猫挨得过近会引起显著应激（图 13-1），但让猫主人提供准备食物和饲喂食物的视频是有益处的，因为常发生主人在不同的位点饲喂猫，但在准备猫的食物时，会鼓励猫彼此挨近，结果引发高水平的社交应激。当以自由采食方式饲喂猫时，显示食物放在家中何处的视频录像可提供居住在此处的猫的进食行为信息，包括猫每天进食食物的频率。通过这些视频录像也可能发现当主人不在家时，邻居家的猫通过猫门或打开的窗户"破门而入"。

图 13-1 猫之间的喂食位置过近，会引发高水平的社交应激

应考虑日常饲喂活动的影响，包括与其他猫挨得过近引发的应激和饲喂方式对猫控制摄食量能力的影响，这些都会影响猫的体重。一些报道提出，猫无法调节自己的体重，如当进食使用纤维素粉和高岭土稀释的日粮时，猫无法维持体重[60,61]，或通过液体食物给猫提供额外能量时，猫不会降低摄入量[62]。但是，一项研究认为家养猫有两种不同的进食方式[8]。在一项持续 8 年的饲喂研究中，一直以自由采食的方式饲喂猫，一些猫能调节采食量，在成年期一直保持稳定的体重。其他猫在骨骼成熟之后，体重逐渐上升，在 8 岁时，这些猫表现超重。虽然仍需明确这类效果的潜在机制，但在意识到猫存在两种类型的进食方式后，这提示应针对不同的猫采取不同的饲喂方法。可以自由采食方式饲喂能维持自己体重的猫，而应控制那些无法维持体重的猫的进食量。有趣的是，一些说法提出在猫表现超重前，可通过猫的早期情况预测猫的进食方式类型[8]。猫在这方面与儿童类似，预测猫成年之后超重的关键指标之一是生长期的体重迅速增长[8]。因此，在 12 月龄之前，定期监测猫的体重可帮助判断要维持猫的体重，是否需要外部调控措施。然后，可建议客户以对应的方式饲喂他们的猫。

肥胖的病理变化

肥胖会增加人类的死亡率和数种疾病的发病风险，尤其是代谢性综合征。这种综合征包含一系列代谢和血管紊乱，这些紊乱增加个体患Ⅱ型糖尿病和心血管疾病（特别是冠状动脉疾病、关节硬化、高血压和血脂紊乱）的风险[63-65]。人的其他并发病包括肾病（如糖尿病性肾病）、骨关节炎、呼吸系统疾病（如睡眠呼吸暂停和哮喘）、肝病（如脂肪肝、肝硬化和肝细胞癌）[66]和多种类型的肿瘤（如绝经后的乳腺癌、前列腺癌、卵巢癌、结肠/直肠癌，肾细胞癌和食道癌）[67]。

与肥胖猫相关的疾病

表13-1列出了与肥胖猫相关的疾病[68]。

表13-1　与超重和肥胖人类、犬及猫相关的疾病

疾病分类	动物种类		
	人类	犬	猫
内分泌和脂质	Ⅱ型糖尿病 代谢性综合征 血脂紊乱	甲状腺功能减退 肾上腺皮质机能亢进 糖尿病；胰岛素抵抗 代谢性综合征（试验引发）	糖尿病 肝脏脂质沉积综合征
心肺系统	冠状动脉性心脏病 动脉粥样硬化 高血压 阻塞性睡眠呼吸综合征 哮喘	气管塌陷 呼气道功能障碍（试验引发） 高血压（临床意义不确定） 门静脉血栓 心肌缺氧	
骨科疾病和活动障碍	骨关节炎 骨骼肌疼痛 痛风	骨关节炎 十字韧带疾病 肱骨外髁骨折 椎间盘疾病 髋关节发育不良	跛行增加
肿瘤	包括乳腺癌（绝经后）、肾癌、子宫内膜癌、前列腺癌、食道癌、结肠/直肠癌和肝癌等多种癌症	肿瘤风险差异大 移行细胞癌 乳腺癌（部分研究）	肿瘤风险增加
泌尿生殖系统	（糖尿病性）肾病	尿道疾病 尿道括约肌无力 草酸钙结石[37] 移行细胞癌 肾小球疾病（试验引发） 难产	泌尿道疾病风险增加
消化系统	胰腺炎 肝脏脂质沉积综合征 肝硬化	胰腺炎	口腔疾病和胃肠道疾病风险增加
其他	抑郁 术后并发症 多种皮肤疾病	免疫功能	皮肤病风险增加

经Elsevier允许转载。German AJ, Ryan VH, German AC, et al: Obesity, its associated disorders and the role of inflammatory adipokines in companion animals. Vet J 185:4–9, 2010.

寿命

虽然研究证实超重或肥胖犬的寿命较短[69,70]，但未有这类研究证明猫有类似情况。需进一步研究确定有最佳体重的猫是否有类似的寿命优势。

内分泌和代谢性疾病

猫常患的糖尿病类型为胰岛素抵抗型，这与人类的Ⅱ型糖尿病类似，肥胖猫会产生胰岛素抵抗[71]，这使得它们更易患临床糖尿病[4]。让肥胖猫成功减重后，能改善胰岛素敏感度[72]，当患糖尿病的猫减重后，可以降低外源性胰岛素的治疗需求，有时甚至可完全不再需要外源性胰岛素治疗[73]。虽然猫肥胖与脂肪肝之间的相关性已众所周知，但仍未研究清楚病理机制[4]。

骨科疾病

肥胖是犬患骨科疾病的主要风险因素，主要与骨关节炎、髋关节发育不良、肱骨外髁骨折、前十字韧带断裂和椎间盘疾病相关[74-76]。如上文所述，肥胖是猫患骨关节疾病的潜在风险因素，一项研究发现肥胖猫患跛行的概率是正常体况猫的5倍[3]。但是，并非所有报道都认同这种相关性[4]。最新的研究未发现这种相关性，可能与猫患骨科疾病时的症状并不明显，较难确诊有关。

其他疾病

肥胖会对人类[77]和犬的心肺功能起负面影响[78-80]。不幸的是，关于肥胖是否会损害猫的心肺系统，目前仍缺乏系统数据。在流行病学研究中，研究者已报道肥胖猫患肿瘤的风险升高[4]。

当试验犬发生肥胖时，肾小球会发生病理变化，功能也会发生变化，包括血浆肾素和胰岛素浓度、平均动脉压和肾血浆流量会升高[81]。但是，并未发现猫有这类变化。相反，肥胖猫患口腔疾病、皮肤病和腹泻的风险升高，但这些相关性的原因尚且不详[4]。

与肥胖相关疾病的发病机理

通过机械和内分泌病因因素，过多的白色脂肪组织（white adipose tissue，WAT）会增加患病风险。机械病因包括负重组织结构过载（恶化骨科疾病）、可塌陷组织结构压缩（增加上呼吸道和泌尿系统疾病的发生风险）、无法舔毛和脂肪的隔热效果引发散热不良。但是，现已发现WAT是一种重要的内分泌器官，能够合成一系列细胞因子、趋化因子和其他与炎症相关的蛋白质，统称为脂肪因子[68]。因此，除机械病因外，WAT会使内分泌功能发生紊乱，让个体更易患病。人类的某些炎性脂肪因子（如瘦素、肿瘤坏死因子α、白介素-6、纤溶酶原激活剂抑制物-1和触珠蛋白）与代谢性综合征和其他肥胖相关疾病的发生有直接关系[82]。虽然信息来源更加有限，已发现猫的WAT存在炎性脂肪因子基因表达[81]。已证实在较瘦和过重的猫中，血浆瘦素浓度与胰岛素敏感度都相关[83]。这说明肥胖伴侣动物的发病机理与人类相似。

临床调查

当超重猫第一次就诊时，应进行全面检查，确定肥胖的严重程度、导致体重增加的风险因素和是否有与肥胖相关的并发疾病。应根据个体患猫的情况，特别是其他症状的表现，确定评估整体健康状况所需的检测项目。这些基础信息能让临床兽医师决定猫的理想体重，选择最安全和最有效的减重方法，以及制定合理的减重目标。

病史和体格检查

病史应包括疾病和行为部分，包括猫的生活环境、生活方式、日粮和运动情况的详细信息，还有完整的疾病史，包括以往和最近的治疗方式。

评估体重和体组成

评估体组成的方法有多种。首先，双能X线吸收法（dual-energy x-ray absorptiometry，DXA）精确可靠，转诊医院可使用该法[84,85]；但是，无法在初级动物诊所广泛使用该法。可替代使用非侵入性的方法，最主要使用结合应用体重和体况评分（body condition scoring，BCS）的方法。最好使用相同设置的电子称来称量体重，应定期校准电子称。最可靠的校准方法是使用标准砝码，但考虑到成本，也可使用已知重量的物体（如一袋食物）。

体重无法区分脂肪组织、瘦肉组织或骨质的重量，因此体重无法很好地代表体组成，但体重仍是监测减重计划情况的最精确方法。因此，在一开始就应检测体重，之后再定期进行检测。评估体况的方法系统有多种，这些方法都使用视觉评估和触诊来主观决定体脂质量[86,87]。但是，更推荐使用 9 级评分系统。经过适当训练后，使用这种技术测得的体脂量与使用 DXA 等其他方法测得的关联性高[86]。在一开始进行评估时，可使用 BCS 确定肥胖登记，预测特定动物的理想体重（见下文）[86,87]。在管理体重期间，也应定期使用 BCS 评估减重进展，在必要时调整目标体重。

进一步调查

在判断猫的总体健康状态和确认是否有并发症时，可进行血常规检查、生化检查和尿检，但并不需要每次都进行这类检查。在某些情况下，临床兽医师怀疑存在特定的相关疾病，就可能也需要进行进一步的检查。这类检查包括检测血压、空腹血糖和果糖胺浓度（如怀疑患糖尿病时），还有影像学诊断，如探查性 X 线检查（针对潜在的骨科和呼吸性疾病）和腹部超声检查（如怀疑患肝脏脂质沉积综合征时，可在肝脏超声引导下进行细针抽吸细胞学检查或肝脏活组织检查）。如果并发下泌尿道疾病的症状，可能需要对泌尿系统进行针对性评估（如尿液细菌培养、膀胱超声和造影检查）。

理想体重与目标体重

在制定减重计划时，必须了解猫的理想体重，并根据理想体重制定最初的能量摄入量（见下文）。特定猫的理想体重是估计的最佳体重，当猫保持理想体重时，具备最佳的脂肪组织量。在实际情况下，理想的脂肪组织含量是一个范围，使用 DXA 进行判定时，家猫的脂肪组织含量低于 20%[87]。在大多数减重计划中，决定理想体重的简单方法是使用目前的体重和 BCS。此时，体况评分在 5/9～9/9 时，每增加 1 分，相当于超重 10%～15%[86,87]。因此，经过简单计算就可获得理想体重值[55]。另一种确定理想体重的方法是参考个体猫的过往体重记录。例如，如果动物诊所有猫成年前期的体重记录（如 12～18 月龄），且猫有正常的 BCS 评分（4/9 或 5/9），这个记录的体重更能准确代表该猫的最佳体重。

虽然常互换使用目标体重和理想体重，但这两个词的含义不同。目标体重指临床兽医师认为适合个体猫的最终体重。一些猫的目标体重和理想体重是相同的，但并不是所有猫都如此。让动物的体重恢复至理想值的主要益处是可以预防疾病和延长寿命[69,70,73]。因此，这种方法对尚未患任何相关疾病的青年猫最有益。但是，对年龄较大的猫和/或已患疾病的猫，这种方法带来的益处较少。针对这些猫的体重管理应注重改善猫的生活质量，并无必要为了获得上述益处，而一定要让猫的体重恢复至理想值。事实上，一项关于犬的研究发现适度减少犬的体重（即超过 5%）可降低疾病的严重程度[88]。年龄较大的猫患慢性消耗的慢性疾病时，最适合使用局部减重计划。已发现人类肥胖存在矛盾情况[89]：虽然超重常会增加患病风险，但当人已患上某种疾病时，超重病患的存活时间却比理想体重病患的长。猫的肥胖矛盾案例包括慢性肾病[90]和心脏疾病[91]，一项研究证实超重猫的存活时间更长。在这种情况下，近期的一项关于犬的研究发现让犬适度减重（5%～10%），把目标体重仍设定在超重范围内，并不会引发瘦体重显著降低[85]，同时可改善犬的生活质量[92]。

治疗和预后

给猫进行体重管理的挑战很大。许多猫的体重无法成功减至目标值，而在成功减至目标值的猫中，有一半的体重会反弹[93]。因此，要让猫的体重管理取得成功，主人必须非常投入，兽医专业人员必须不断提供支持和鼓励。成功的体重管理并不单是降低体脂；更重要的是要改善生活质量，降低相关疾病的严重程度和降低发生其他疾病的风险。也应改变客户的行为，特别是客户的饲喂习惯。要保证维持长期成功，必须让猫和主人之间建立更健康的关系。在减重期间，应让猫以稳定的速率减重；考虑要避免引发肝脏脂质沉积或瘦肉组织丢失，应避免过度快速减重。一项关于宠物猫的研究表明每周减重约1%是一个符合实际和安全的目标[94]。

在进行任何减重计划时，都要考虑减重的两个阶段：体重减轻阶段和体重维持阶段。体重减轻阶段的时长多变，受猫的超重程度和减重速度影响；虽然大部分减重计划都能在1年内完成，偶尔会需要更长时间。体重维持阶段的首要目标是保证体重最先稳定在计划的目标体重水平上，接着应长期维持体重，防止出现反弹。由于年轻猫比老年猫更易出现体重反弹[93]，在体重维持阶段应特别密切监测年轻猫的体重情况。

虽然已批准给肥胖犬使用微粒体膜转运蛋白抑制剂药物来减重，但未批准给猫使用这类药物，对猫也是不安全的[95]。作为替代措施，饮食调整和增加运动是管理肥胖猫的最常用方法。当猫出现焦虑等情绪紊乱时，也应治疗这类紊乱，在适当时转诊给动物行为医学专家。

日粮管理

选择日粮

推荐使用专门配制的减肥日粮，这类日粮的能量含量不仅低，同时还能提供蛋白质和微量营养素补充，避免出现营养不良。高蛋白（相对于能量）配方不会加速减重，但能够最大限度减少瘦肉组织流失。减重期间，在日粮中添加使用左旋肉碱也能够维持瘦肉组织量。改变体重管理日粮的常量营养素成分也可增加饱腹感。例如，同时提高单位能量的蛋白质和纤维含量，能最大程度提高犬的饱腹感[96,97]，但这在猫的效果较低[25]。这是因为日粮蛋白质含量升高会增加猫的自主采食量，同时纤维含量太高会降低适口性[98]。作为替代措施，适度补充纤维和蛋白质才能最大程度提高饱腹感[25]。也有研究发现增加日粮的水分含量可能是有益处的。这样不仅能稀释能量，一些证据表明这还能提高活动水平[99,100]。

减重期的能量摄入

在计算减重期的能量供给量时，必须以理想体重为基础进行计算，而不是使用当前的体重。减重速率主要受能量摄入影响，如果过度限制能量摄入，将会导致体重下降过快，也可能导致瘦肉组织大量流失[101]。进行减重时，不同猫所需的能量摄入量是不同的，为了维持减重状态，常需要调整能量摄入（通常需要降低）。一项研究显示在整个减重过程中，自然肥胖的宠物猫平均能量摄入为32千卡/千克理想体重时，每周的平均减重率为0.8%[85]。

饲喂方法

应避免使用量杯，因为这种测量方法并不精确，特别是给猫的食物量通常较少时，情况尤其如此。在一项研究中，在称量食物的实际重量时，存在显著的个体内与个体间差异，最常出现称量过多的情况[102]。此外，已发现许多量杯并未得到准确校准，如杯上的刻度无法反映实际的食物量。最好使用厨房电子秤来替代量杯。可指导客户称出一天的食物量，再用小袋分装。可按所需的餐数分配饲喂分装的食物，也可保留部分分装食物作为零食或用在解谜饲喂器中。

如果条件允许，宠物主人不应额外给猫食物或让猫偷吃到额外的食物。宠物主人常会低估这些食物提供的能量。在某些情况下，可推荐使用功能性零食（如支持口腔健康的零食），但在计算总体供给量时，应计入这部分能量，且零食提供的能量不应超过全天能量摄入量的5%。辅助猫吞服口服药的液体（如牛奶）和食物也是重要的能量摄入来源。

在进食行为方面，可针对猫来制定一系列饲喂策略。如上文所述，可放心地让一些猫自由进食日粮，它们能自己维持住体重[8]。但这种方式不适合会过量进食的猫。由于猫每天通常会少量多餐，最好避免每天饲喂1次（或2次）大餐[103]。替代措施是在碗内放入每天的应进食量，让猫在当天按需进食，直至猫吃完所有食物。但是，这种策略也并不是总能奏效，饲喂猫能量密度较低食物的方法也并不是总能有效。此外，如果猫能外出偷吃邻里的食物（如邻居家的食物），则很难控制猫的能量摄入。多猫家庭的挑战更大，尤其当猫的饲喂需求不同时（如不同的进食类型或需要饲喂不同的日粮）。在这种情况下，必须考虑使用个体化策略，在分隔的空间内饲喂（在不同的房间内饲喂）或监督猫的进食情况。当宠物主人无法监督猫进食，或者尝试让猫能更自助式进食时，会尝试使用不同形式的教导式饲喂方法，包括使用带切开口的纸箱，仅让较瘦的猫能进入纸箱吃到食物，或将食物放在较高的位置，让肥胖猫无法接近高处的食物。如果主人愿意在家里的内门安装芯片操控的猫门，就可使用这种方法来选择性让猫接近食碗。已有只有通过注册过的芯片激活才能打开的电子饲喂碗（图13-2）。如果使用得当，这类设备能最大化个体饲喂的可能性，尽可能降低增重风险。

接下来将描述如何改变生活方式来鼓励增加

图13-2　在多猫家庭内，使用芯片式饲喂器能保证每只猫获得适当的日粮（感谢SureFlap提供）

猫的能量消耗。通过使用解谜饲喂器来为猫提供食物，可以达到上述目的。有多种形式的解谜饲喂器，但基本理念是让猫在获得每日食物的同时，获得精神或身体刺激。主人可使用塑料水瓶（图13-3，A）或卷纸芯（图13-3，B）自己制作饲喂器，或购买更加复杂的饲喂器（图13-4）。

管理生活方式

进行减重时，推荐增加大多数肥胖猫的活动量，这样能促进减脂，辅助维持瘦体重，同时能提高主人的配合度。应根据个体猫的情况定制活动方案，并需考虑猫的任何并发疾病。

可通过使用猫玩具（如钓鱼杆式玩具）、机动玩具（图13-5）和解谜饲喂器（图13-4）来定期进行游戏，鼓励猫增加活动量。能激发捕猎天性

图13-3　用塑料水瓶（A）或卷纸芯（B）制作的家庭自制饲喂器能为超重猫提供身体和精神刺激（B，感谢I. Rodan提供）

第 13 章 猫的肥胖症　　165

图 13-4　可由宠物店购买更复杂的饲喂器。例如，球形饲喂器（A）、纸箱饲喂器（B）和 Trixie 饲喂器（TRIXIE Pet Products，沃斯堡，德克萨斯州）（C，D）（B，C，D，感谢 I.Rodan 提供）

的玩具是特别有益的（图 13-6）。为猫提供高处休息区域也能够增加能量消耗（图 13-7），高处休息区的其他益处包括让猫接近抬高的爬高处，减轻猫的应激水平。在多猫家庭内，在猫爬架上设置喂食位置可更好地分配饲喂位点，让猫有机会在安静、安全和抬高的位点进食（图 13-8）。

图 13-5　电动玩具饲喂器可鼓励猫玩耍，提高猫的活动量

图 13-6　能激发捕猎天性的玩具会有效促进猫消耗能量（感谢 I. Rodan 提供）

图 13-7　猫爬架和其他高处休息区可鼓励猫跳跃及攀爬,也能为猫提供没有压力的休息处(B,感谢 I. Rodan 提供)

图 13-8　在多猫家庭内,高处的饲喂位点让猫能在安静、安全和抬高的位置进食

监控减重

在减重期间,应定期称量体重,由于在开始新的减重计划之后,需时常调整计划,因此推荐在初始阶段每2周称量1次体重。如果能够持续减重,就可以延长称量体重的间隔时间,但不建议间隔时间超过4周,这会降低主人的配合度。最好仅由一位家庭成员专门负责某只猫的体重管理。通过这种方式,能够加强猫与主人的关系,这可提高减重的成功率。考虑到在减重期间,一些客户需要大量支持,推荐在就诊期间训练客户。在达到理想体重后,应继续监测猫的体重,以防猫的体重反弹。与人类类似,已证实猫在减重后也会出现反弹效应[93]。

预后

当猫因个体因素和环境因素而易患肥胖时,在减重后这种易患因素仍会存在,因此反弹的风险很高。专业经验发现1/2～2/3的犬和猫的体重能成功减至理想值。也就是说,90%的猫可减重超过5%,这种程度的减重能改善犬和人的疾病状态(AJG,未发表的观测值)。由于某些未知的原因,一些猫无法明显减重或不能持续减重。这可能与生活质量差[101]或代谢紊乱相关。在这方面,一项研究表明脂肪因子脂联素可能对减重起关键作用[72]。与人类和其他物种一样,肥胖猫的脂联素浓度较低。有趣的是,减重失败的猫,其脂联素浓度是最低的。此外,即使成功减重,在减重过程中,减重前脂联素浓度最低的猫也会丢失更多的瘦肉组织。因此,脂联素水平明显是体重管理成功的关键因素,但尚不清楚脂联素是否与治疗失败直接相关,或只是一个无关紧要的因素。

除了许多猫的体重无法减至目标体重外,在成功获得理想体重的猫里,约50%的猫的体重会发生反弹,但反弹量大多会低于减重量的一半。因此,如前文所述,推荐在维持阶段继续监测体重。此外,应继续饲喂猫特殊配制的日粮(即减肥日粮),这有助预防反弹。已证实在犬减重后,这类日粮能提供维持较低体重所需的能量[104]。

预防

考虑到体重管理日粮的效果多变,与发生肥胖后再进行体重管理相比,预防肥胖是更好的策略,也会对猫的健康和福利带来更显著的有益作用。应在所有幼猫就诊期间,提供最佳营养和运动建议,并在所有猫的一生中,持续提供相关建议。理想情况下,应在每次就诊时都记录体重,并考虑至少每年评估1次BCS。在猫的一生中,定期监测猫的体重和BCS,可及时发现猫体重的微小变化(如±5%),并在情况恶化之前就进行纠正(如常规活动的微小变化)。兽医应警惕猫绝育引发的增重。在猫绝育后的前6～12个月,为确定猫在这段时期内是否增重过多,建议在这段时期内监测2次或3次体重和BCS。

最后,了解宠物主人的养育类型有助预防肥胖。如果已知某种养育类型会导致猫易患肥胖,就为这类客户提供有针对性的客户教育,让客户了解这类养育方法会导致猫易出现增重。一项研究已证实猫对长期自由采食的反应不同[8]。一些猫无法调控采食量,导致长期逐渐增重,而另一些猫则能调控摄食量,终生保持稳定的体重和最佳体况。因此,这说明不同的猫有不同的进食方式,一些猫能自我调控,而另一些猫则会过食。要预防增重时,应注意配对宠物主人的养育方式和宠物的进食方式。例如,采用溺爱式饲喂方法的主人就与过食的猫不匹配,但可能与能自我调控的猫匹配。这类宠物主人可按意愿自由饲喂可自我调控的猫,不用面对会导致猫出现不利增重的风险。过食的猫与独裁式主人更加匹配。

参考文献

[1] Kopelman PG. Obesity as a medical problem. Nature.2000.404:635-643.

[2] German AJ. The growing problem of obesity in dogs and cats. J Nutr. 2006.136(suppl 7):1940S-1946S.

[3] Scarlett JM, Donoghue S. Associations between body condition and disease in cats. J Am Vet Med Assoc. 1998.212:1725-1731.

[4] Lund EM, Armstrong PJ, Kirk CA, Klausner JS. Prevalence and risk factors for obesity in adult cats from private US veterinary practices. Int J Appl Res Vet Med. 2005.3:88-96.

[5] Colliard L, Paragon BM, Lemeuet B, et al. Prevalence and risk factors of obesity in an urban population of healthy cats. J Feline Med Surg. 2009.11:135-140.

[6] Courcier EA, O'Higgins R, Mellor DJ, Yam PS. Prevalence and risk factors for feline obesity in a first opinion practice in Glasgow, Scotland. J Feline Med Surg. 2010.12:746-753.

7.Banfield Pet Hospital: Banfield Pet Hospital state of pet health 2012 report. http://www.stateofpethealth.com/Content/pdf/State_of_Pet_Health_2012.pdf Accessed January 23, 2015.

[8] Serisier S, Feugier A, Venet C, et al. Faster growth rate in ad libitum-fed cats: a risk factor predicting the likelihood of becoming overweight during adulthood. J Nutr Sci. 2013.2:e11.

[9] Clarke SP, Bennett D. Feline osteoarthritis: a prospective study of 28 cases. J Small Anim Pract. 2006.47:439-445.

[10] Danielzik S, Czerwinski-Mast M, Langnäse K, et al. Parental overweight, socioeconomic status and high birth weight are the major determinants of overweight and obesity in 5-7 y-old children: baseline data of the Kiel Obesity Prevention Study (KOPS). Int J Obes Relat Metab Disord. 2004.28:1494-1502.

[11] Reilly JJ, Armstrong J, Dorosty AR, et al. Avon Longitudinal Study of Parents and Children Study Team: Early life risk factors for obesity in childhood: cohort study. BMJ. 2005.330:1357

[12] Flynn MF, Hardie EM, Armstrong PJ. Effect of ovariohysterectomy on maintenance energy requirements in cats. J Am Vet Med Assoc. 1996.9:1572-1581.

[13] Harper EJ, Stack DM, Watson TD, Moxham G. Effect of feeding regimens on bodyweight, composition and condition score in cats following ovariohysterectomy. J Small Anim Pract. 2001.42:433-438.

[14] Robertson ID. The influence of diet and other factors on ownerperceived obesity in privately owned cats from metropolitan Perth, Western Australia. Prev Vet Med. 1999.40:75-85.

[15] Allan FJ, Pfeiffer DU, Jones BR, et al. A cross-sectional study of risk factors for obesity in cats in New Zealand. Prev Vet Med. 2000.46:183-196.

[16] Kienzle E, Bergler R, Mandernach A. Comparison of the feeding behavior of the human-animal relationship in owners of normal and obese dogs. J Nutr. 1998.128(suppl 12):2779S-2782S.

[17] Backus RC, Cave NJ, Keisler DH. Gonadectomy and high dietary fat but not high dietary carbohydrate induce gains in body weight and fat of domestic cats. Br J Nutr. 2007.98:641-650.

[18] Birch LL, Davison KK. Family environmental factors influencing the developing behavioral controls of food intake and childhood overweight. Pediatr Clin North Am. 2001.48:893-907.

[19] Campbell KJ, Crawford DA, Ball K. Family food environment and dietary behaviors likely to promote fatness in 5-6 year-old children. Int J Obes (Lond). 2006.30:1272-1280.

[20] Archer J. Why do people love their pets? Evol Hum Behav. 1997.18:237-259.

[21] Kienzle E, Bergler R. Human-animal relationship of owners of normal and overweight cats. J Nutr. 2006.136(suppl 7):1947S-1950S.

[22] Courcier EC, Thompson RM, Mellor DJ. An epidemiological study of environmental factors associated with canine obesity. J Small Anim Pract. 2010.51:362-367.

[23] Holmes KL, Morris PJ, Abdulla Z, et al. Risk factors associated with excess body weight in dogs in the UK. J Anim Physiol Anim Nutr. 2007.91:166-167.

[24] Nijland ML, Stam F, Seidell JC. Overweight in dogs, but not in cats, is related to overweight in their owners. Public Health Nutr. 2010.13:102-106.

[25] Bissot T, Servet E, Vidal S, et al. Novel dietary strategies can improve the outcome of weight loss programmes in obese client-owned cats. J Feline Med Surg. 2010.12:104-112.

[26] Maccoby EE, Martin J. Socialization in the context of the

family: parent-child interaction. In: Mussen PH, ed. Handbook of child psychology: socialization, personality, and social development. New York: Wiley; 1983.1-101, vol. 4.

[27] Hughes SO, Power TG, Orlet Fisher J, et al. Revisiting a neglected construct: parenting styles in a child-feeding context. Appetite. 2005.44:83-92.

[28] Faith MS, Scanlon KS, Birch LL, et al. Parent-child feeding strategies and their relationships to child eating and weight status. Obes Res. 2004.12:1711-1722.

[29] Ventura AK, Birch LL. Does parenting affect children's eating and weight status? Int J Behav Nutr Phys Act. 2008.5:15.

[30] Heath S. Behaviour problems and welfare. In: Rochlitz I, ed. The welfare of cats. London: Springer; 2005.91-118.

[31] Ewer RF. Felidae. In: The carnivores. New York: Cornell University Press; 1973.205-230.

[32] McMurry FB, Sperry CC. Food of feral house cats in Oklahoma. J Mammal. 1941.22:185-190.

[33] Eberhard T. Food habits of Pennsylvania house cats. J Wildl Manag. 1954.18:2284-2286.

[34] Coman B, Brunner H. Food habits of the feral cat in Victoria. J Wildl Manag. 1972.36:848-852.

[35] Fitzgerald BM. Diet of domestic cats and their impact on prey populations. In: Turner DC, Bateson P, eds. The domestic cat: the biology. Cambridge, UK: Cambridge University Press; 1988.123-146.

[36] Robertson ID. Survey of predation by domestic cats. Aust Vet J. 1998.76:551-554.

[37] Caldwell GT. Studies in water metabolism of the cat. Physiol Zool. 1931.4:324-355.

[38] Danowski TS, Elkinton JR, Winkler AW. The deleterious effect in dogs of a dry protein ration. J Clin Invest. 1944.23:816-823.

[39] Prentiss PGA, Wolf AV, Eddy HE. Hydropenia in cat and dog: ability of the cat to meet its water requirements solely from a diet of fish or meat. Am J Physiol. 1959.196:625-632.

[40] Hawking F, Lobban MC, Gamage K, Worms MJ. Circadian rhythms (activity, temperature, urine and microfilariae) in dog, cat, hen, duck, Thamnomys and Gerbillus. J Interdiscipl Cycle Res. 1971.2:455-473.

[41] Sterman MB, Knauss T, Lehmann D, Clemente CD. Circadian sleep and waking patterns in the laboratory cat. Electroencephalogr Clin Neurophysiol. 1965.19:509-517.

[42] Mugford RA. External influences on feeding of carnivores. In: Kare MR, Maller O, eds. The chemical senses and nutrition. New York: Academic Press; 1977.25-50.

[43] Kane EJG, Morris JG, Rogers QR, Leung PMB. Feeding behaviour of the cat fed laboratory and commercial diets. Nutr Res. 1981.1:499-507.

[44] MacDonald E, Apps P. The social behaviour of a group of semi-dependent farm cats, Felis catus: a progress report. Carnivore Genet Newsl. 1978.3:256-268.

[45] Serisier S, Feugier A, Delmotte S, et al. Seasonal variation in the voluntary food intake of domesticated cats (Felis catus). PLoS One. 2014.9:e96071.

[46] Kuo ZY. The dynamics of behavior development: an epigenetic view. New York: Random House; 1967.

[47] Mugford RA, Thorne C. Comparative studies of meal patterns in pet and laboratory housed dogs and cats. In: Anderson RS, ed. Nutrition of the dog and cat. Oxford, UK: Pergamon Press; 1980.3-14.

[48] Kane EJG. Feeding behaviour of the cat. In: Burger IH, Rivers JPW, eds. Nutrition of the dog and cat, Waltham symposium 7. Cambridge, UK: Cambridge University Press; 1989.147-158.

[49] Bradshaw J, Thorne C. Feeding behaviour. In: Thorne C, ed. Waltham book of dog and cat behaviour. New York: Pergamon Press; 1992.115-129.

[50] White TD, Boudreau JC. Taste preferences of the cat for neurophysiologically active compounds. Physiol Psychol. 1975.3:405-410.

[51] Hargrove DM, Morris JG, Rogers QR. Kittens choose a high-leucine diet even when isoleucine and valine are the limiting amino acids. J Nutr. 1994.124:689-693.

[52] Romsos DR, Ferguson D. Regulation of protein intake in adult dogs. J Am Vet Med Assoc. 1983.182:41-43.

[53] Hickenbottom SJ, Torres CL, Rogers QR. Adult purified diets. Fed Proc. 2001.15:A981.

[54] Cook NE, Kane E, Rogers QR, Morris JG. Self-selection of dietary casein and soy-protein by the cat. Physiol Behav. 1985.34:593-594.

[55] Cook NE, Rogers QR, Morris JG. Acid-base balance affect dietary choice in cats. Appetite. 1996.26:175-192.

[56] Hewson-Hughes AK, Hewson-Hughes VL, Miller AT, et al. Geometric analysis of macronutrient selection in the adult domestic cat, Felis catus. J Exp Biol. 2011.214:1039-1051.

[57] Beauchamp GK, Maller O, Rogers JG. Flavor preferences in cats (Felis catus and Panthera sp.). J Comp Physiol Psychol. 1977.91:1118-1127.

[58] MacDonald ML, Rogers QR, Morris JG. Aversion of the cat to dietary medium-chain triglycerides and caprylic acid. Physiol Behav. 1985.35:371-375.

[59] Li X, Li W, Wang H, et al. Pseudogenization of a sweetreceptor gene accounts for cats' indifference toward sugar. PLoS Genet. 2005.1(27-35):2005.

[60] Kanarek RB. Availability and caloric density of the diet as determinants of meal pattern in cats. Physiol Behav. 1975.15:611-618.

[61] Hirsch EC, Dubose C, Jacobs HJ. Dietary control of food intake in cats. Physiol Behav. 1978.20:287-295.

[62] Castonguay TW, Giles TC, Harrison JE, Rogers QR. Variations in sucrose concentration and their effect of food intake in the domestic cat. Abstr Soc Neurosci. 1987.13:464.

[63] Reisin E, Alpert MA. Definition of the metabolic syndrome: current proposals and controversies. Am J Med Sci. 2005.330:269-272.

[64] Diabetes UK. Type 2 diabetes & obesity: a heavy burden. London: Diabetes UK; March 2005.

[65] Shaw DI, Hall WL, Williams CM. Metabolic syndrome: what is it and what are the implications? Proc Nutr Soc. 2005.64: 349-357.

[66] Marchesini G, Moscatiello S, Di Domizio S, Forlani G. Obesity-associated liver disease. J Clin Endocrinol Metab. 2008.93(11)(suppl 1):S74-S80.

[67] Calle EE, Thun MJ. Obesity and cancer. Oncogene. 2004.23:6365-6378.

[68] German AJ, Ryan VH, German AC, et al. Obesity, its associated disorders and the role of inflammatory adipokines in companion animals. Vet J. 2010.185:4-9.

[69] Kealy RD, Lawler DF, Ballam JM, et al. Effects of diet restriction on life span and age-related changes in dogs. J Am Vet Med Assoc. 2002.220:1315-1320.

[70] Salt C, Morris P. Associations between longevity and body condition in domestic dogs. In Proceedings of the WALTHAM International Nutritional Sciences Symposium 2013: from pet food to pet care: bridging the gap, p. 52. http:// www.waltham.com/dyn/_assets/_pdfs/winss/FINALWINSSProceedings2013.pdf Accessed January 23, 2015.

[71] Feldhahn JR, Rand JS, Martin G. Insulin sensitivity in normal and diabetic cats. J Feline Med Surg. 1999.1:107-115.

[72] Tvarijonaviciute A, Ceron JJ, Holden SL, et al. Effects of weight loss in obese cats on biochemical analytes relating to inflammation and glucose homeostasis. Domest Anim Endocrinol. 2012.42:129-141.

[73] Zoran DL, Rand JS. The role of diet in the prevention and management of feline diabetes. Vet Clin North Am Small Anim Pract. 2013.43:233-243.

[74] Brown DC, Conzemius MG, Shofer FS. Body weight as a predisposing factor for humeral condylar fractures, cranial cruciate rupture and intervertebral disc disease in cocker spaniels. Vet Comp Orthop Traumatol. 1996.9(2):38-41.

[75] Kealy RD, Olsson SE, Monti KL, et al. Effects of limited food consumption on the incidence of hip dysplasia in growing dogs. J Am Vet Med Assoc. 1992.201:857-863.

[76] Impellizeri JA, Tetrick MA, Muir P. Effect of weight reduction on clinical signs of lameness in dogs with hip osteoarthritis. J Am Vet Med Assoc. 2000.216:1089-1091.

[77] Wolk R, Shamsuzzaman ASM, Somers VK. Obesity, sleep apnea, and hypertension. Hypertension. 2003.42:1067-1074.

[78] Bach JF, Rozanski EA, Bedenice D, et al. Association of expiratory airway dysfunction with marked obesity in healthy adult dogs. Am J Vet Res. 2007.68:670-675.

[79] Manens J, Bolognin M, Bernaerts F, et al. Effects of obesity on lung function and airway reactivity in healthy dogs. Vet J. 2012.193:217-221.

[80] Mosing M, German AJ, Holden SL, et al. Oxygenation and ventilation characteristics in obese sedated dogs before and after weight loss: a clinical trial. Vet J. 2013.198:367-371.

[81] Henegar JR, Bigler SA, Henegar LK, et al. Functional and structural changes in the kidney in the early stages of obesity. J Am Soc Nephrol. 2001.12:1211-1217.

[82] Trayhurn P, Wood IS. Adipokines: inflammation and the pleiotropic role of white adipose tissue. Br J Nutr. 2004.92:347-355.

[83] Appleton DJ, Rand JS, Sunvold GD. Plasma leptin concentrations are independently associated with insulin sensitivity in lean and overweight cats. J Feline Med Surg. 2002.4:83-93.

[84] Raffan E, Holden SL, Cullingham F, et al. Standardized positioning is essential for precise determination of body composition using dual-energy X-ray absorptiometry. J Nutr. 2006.136(suppl 7):1976S-1978S.

[85] German AJ, Holden SL, Bissot T, et al. Changes in body composition during weight loss in obese client-owned cats:

loss of lean tissue mass correlates with overall percentage of weight lost. J Feline Med Surg. 2010.10:452-459.

[86] German AJ, Holden SL, Moxham GL, et al. A simple reliable tool for owners to assess the body condition of their dog or cat. J Nutr. 2006.136(suppl 7):2031S-2033S.

[87] German AJ, Holden SL, Bissot T, et al. Use of starting condition score to estimate changes in body weight and composition during weight loss in obese dogs. Res Vet Sci. 2009.87:249-254.

[88] Marshall WG, Hazewinkel HAW, Mullen D, et al. The effect of weight loss on lameness in obese dogs with osteoarthritis. Vet Res Commun. 2010.34:241-253.

[89] Flegal KM, Kit BK, Orpana H, Graubard BI. Association of all-cause mortality with overweight and obesity using standard body mass index categories: a systematic review and meta-analysis. JAMA. 2013.309:71-82.

[90] Parker VJ, Freeman LM. Association between body condition and survival in dogs with acquired chronic kidney disease. J Vet Intern Med. 2011.25:1306-1311.

[91] Finn E, Freeman LM, Rush JE, et al. The relationship between body weight, body condition, and survival in cats with heart failure. J Vet Intern Med. 2010.24:1369-1374.

[92] German AJ, Holden SL, Wiseman-Orr ML, et al. Quality of life is reduced in obese dogs but improves after successful weight loss. Vet J. 2012.192:428-434.

[93] Deagle G, Holden SL, Biourge V, et al. Investigating longterm outcomes of weight management in obese cats. In Proceedings of the WALTHAM International Nutritional Sciences Symposium 2013: from pet food to pet care: bridging the gap, p. 49. http://www.waltham.com/dyn/_assets/ _pdfs/winss/FINALWINSSProceedings2013.pdf Accessed January 23, 2015.

[94] German AJ, Holden SL, Bissot T, et al. Dietary energy restriction and successful weight loss in obese client-owned dogs. J Vet Intern Med. 2007.21:1174-1180.

[95] Gosselin J, McKelvie J, Sherington J, et al. An evaluation of dirlotapide to reduce body weight of client-owned dogs in two placebo-controlled clinical studies in Europe. J Vet Pharmacol Ther. 2007.30(suppl 1):73-80.

[96] Weber M, Bissot T, Servet E, et al. A high protein, high fiber diet designed for weight loss improves satiety in dogs. J Vet Intern Med. 2007.21:1203-1208.

[97] German AJ, Holden SL, Bissot T, et al. A high protein high fibre diet improves weight loss in obese dogs. Vet J. 2010.183:294-297.

[98] Servet E, Soulard Y, Venet C, Biourge V. Ability of diets to generate "satiety" in cats. J Vet Intern Med. 2008.22:1482.

[99] Cameron KM, Morris PJ, Hackett RM, Speakman JR. The effects of increasing water content to reduce the energy density of the diet on body mass changes following caloric restriction in domestic cats. J Anim Physiol Anim Nutr. 2011.95:399-408.

[100] Alexander JE, Colyer A, Morris PJ. The effect of reducing dietary energy density via the addition of water to dry diet, on body weight, energy intake and physical activity in adult neutered cats. In Proceedings of the WALTHAM International Nutritional Sciences Symposium 2013.frompetfoodtopetcare: bridging thegap ,p. 50. http://www.waltham.com/dyn/_assets/ _pdfs/winss/FINALWINSSProceedings2013.pdf Accessed January 23, 2015.

[101] Butterwick RF, Markwell PJ. Changes in the body composition of cats during weight reduction by controlled dietary energy restriction. Vet Rec. 1996;138:354-357.

[102] German AJ, Holden SL, Mason SL, et al. Imprecision when using measuring cups to weigh out extruded dry kibbled food. J Anim Physiol Anim Nutr. 2011;95:368-373.

[103] National Research Council. Committee on Animal Nutrition, Subcommittee on Dog and Cat Nutrition: Feeding behavior in dogs and cats. In: Nutrient requirements of dogs and cats. Washington, DC: National Academies Press; 2006:21-27.

[104] German AJ, Holden SL, Mather NJ, et al. Low-maintenance energy requirements of obese dogs after weight loss. Br J Nutr. 2011;106(suppl 1):S93-S96.

第 14 章
急性疼痛与行为

Sheilah A. Robertson

引言

在许多国家，宠物猫的数量与犬的数量齐平，甚至会超过犬的数量[1,2]，尽管如此，仍缺乏对猫疼痛的适当了解和治疗。大多数宠物猫一生中至少会经历1次手术，通常是绝育术。兽医认为手术会引起犬和猫同等程度的疼痛，但较少针对猫的疼痛进行治疗[3]。了解这一现象的原因十分重要。对犬的疼痛治疗程度更高，其中一个原因可能是它们能更明显地表达与疼痛相关的行为。兽医都有强烈的意愿要做得更好，在他们的职业誓言中，兽医发誓愿意保护动物的福利，预防和减轻动物的痛苦，并不断提高他们的专业水平。与犬相比，兽医确实常忽略猫的疼痛[4-9]，但令人鼓舞的数据显示这类状况在世界上的许多地区正在发生变化[10-12]。但是，为猫的福利考虑，兽医必须要努力做得更多[12]。引起猫的疼痛治疗不足的一个主要原因是难以发现和评估猫的疼痛。其他原因包括缺乏猫的镇痛药使用数据，担心药物的副作用和产品缺乏上市许可。本章的重点是识别和量化猫的急性疼痛。

什么是疼痛？

国际疼痛研究协会（International Association for the Study of Pain，IASP）专项分类特别小组将疼痛定义为"组织损伤或潜在的组织损伤引起的不愉快感觉和情感经历"[13]。这表明疼痛包含感官和情感成分，是一种复杂的、多维的经历。感官成分或可简称为"哎哟"的成分包含疼痛的类型及来源、定位和强度。当人或动物有意识时，才会出现疼痛。疼痛总是让人感到不愉快和反感，这体现了疼痛的情绪成分。可将这种情感或情绪成分理解为"感觉如何"或"让你感觉如何"，这是一种与实际或潜在伤害相关的负面经历。众所周知，与人相同，动物的疼痛也包含情绪成分，只是更难进行界定[14]。了解疼痛总是主观的，与"个人状态"相关[14]，他人无法直接接触的这一观点十分重要。换言之，没有人可以感受到其他人的疼痛。事实上，由于无法直接测量疼痛，很难进行疼痛的精确量化，即使是针对可以自我描述疼痛的人类，这些疼痛描述仍仅是一种间接测量方法。但在多数情况下，"疼痛即是病患所述"。另一项挑战是每个个体的疼痛经历都是不同的；即使经历了相同的手术，人类所经历的疼痛特性和强度都是不同的，与疼痛相关的情绪也不相同。

无语言群体的疼痛

要治疗疼痛，就需要发现和识别疼通，并通过某些方法对疼痛进行定性或定量，以此评估介入措施的效果。某些人类群体（如新生儿和有认知障碍的人）无法进行自我描述；因而IASP给疼痛的定义增加了如下重要提示"无法口头表达疼痛并不能否认个体正经历疼痛和需要适当的缓解疼痛的治疗"[13]。动物也被归入这一特殊类别。

通常认为动物不善言辞，事实上是它们不能用语言表达，本质上来说仅仅是不能使用人类的语言表达。要确认动物处于疼痛状态是极困难的，但目前最准确的方法是仔细观察动物的行为、姿势和面部表情[15]。简单来说，大多数人的疼痛就是病患所描述的情况，而动物的疼痛是由人来描述的。作为动物的代理人，主人和兽医专业人员责任重大，他们要确保完整翻译了动物所"说"的内容。如果人类意会错误，动物有可能被过度治疗，但大多数情况是治疗不足，这就会负面影响个体的福利。

疼痛的评估方法

"如果无法测量，就无法改善。" Lord Kelvin

目前，尚未有评估猫的急性疼痛的权威标准。在临床上，已创造和应用了许多包括生理和行为变化的评分方法，但直到目前为止，大多数评估方法都未经过严格的有效性测试。所有的评分系统依赖人类观察者，存在一定的主观性和错误，可能低估或高估了动物的疼痛。出于好意的前人采取了直觉飞跃的方式，试图创造一种客观或实证性工具来捕捉动物的疼痛等主观状态[16]。将重点放在熟悉该物种的人觉得有意义的方面，这是一个好的开端，但必须视其为一种假设，应不断进行有效性、可靠性和灵敏度测试[16-18]。

疼痛的生理指标

疼痛会引起数种生理指标发生变化，如心率、血压和呼吸频率。疼痛可能会改变动物的神经内分泌情况。因此，麻醉和手术的应激反应包括儿茶酚胺和可的松的浓度变化，已尝试检测这两项指标的浓度，来确定疼痛的客观指标。β-脑内啡是一种内源性阿片类物质，由腺垂体分泌，可缓解疼痛，有一定程度的镇痛作用。因而，在许多物种内，也会检测β-脑内啡水平，作为疼痛的相关或间接标记物。

墨尔本大学的犬疼痛评分包括测量心率和呼吸频率。该种评分方法的发明者结合评估行为学反应和疼痛评分，阐明能可靠地评估犬术后的疼痛等级[19]。Conzemius及其同事[20]发现在评估犬的术后疼痛时，心率、呼吸频率或血压和视觉模拟评分（visual analogue scale, VAS）或疼痛评分（numerical rating scale, NRS）几乎没有相关性。Holton及其同事[21]使用NRS评估住院患犬的疼痛，并记录患犬的心率和呼吸频率。他们评估的犬只包括经历骨科和软组织手术的犬、疾病患犬和健康犬，总结认为在动物诊所环境中，心率和呼吸频率不是指示疼痛的有效指标。

一项控制实验环境的研究使用实验动物来源的猫，发现在经过卵巢子宫切除术后，收缩压可作为术后疼痛的良好指标[22]。但在临床环境下，犬猫的疼痛和心率、呼吸频率和血压等那些易测量的生理变化无相关性。主导上述实验的Smith及其同事得出结论，认为在非控制的临床情况下，猫的心率、呼吸频率和系统血压等客观参数不能作为疼痛的可靠指标[23]。Brondani等人发现经历卵巢子宫切除术后，猫的疼痛评分和收缩压之间有微弱的相关性[24]。在改良用于评估猫急性术后疼痛的多复合疼痛评分中，经过项目分析后，排除将心率和呼吸频率作为指示指标[5]。

疼痛会引起瞳孔扩大，但这并不适用于评估犬的疼痛[21]。瞳孔散大不能用于判断子宫卵巢切除术后的猫是否需要补救镇痛，因为阿片类药物会引起猫的瞳孔显著扩大[25]。其他会影响瞳孔大小的因素包括环境光线和使用抗胆碱能药物。恐惧也会引起猫瞳孔散大[26]。因此，瞳孔大小是猫疼痛的非敏感指标。

除疼痛以外，许多因素会影响生理参数。在前往动物诊所的路途中引发的应激会改变大多数猫的心率、血压和呼吸频率[27]。在临床环境下，猫常表现出与恐惧和应激相关的行为，并常伴发生理性改变[26]。

血浆可的松和β-脑内啡是机体对麻醉和手术的应激反应产物，许多研究尝试证实在实验室和临床环境下这些激素与疼痛的关系。在受控制的实验室环境和临床环境下，手术（卵巢子宫切除术）均能使可的松浓度升高。可的松浓度升高与手术的持续时间相关,给予阿片类镇痛药布托啡诺后,能缓解可的松浓度的升高程度[22,23]。一些研究显示,与安慰剂组相比,接受绝育术(同时进行或不进行断爪术)的猫镇痛药后,其血浆或血清可的松浓度降低[28,29]。另一项研究表明在仅进行麻醉和麻醉后进行腱切除术或断爪术的猫之间,血浆可的松浓度并无差异,但通过 VAS 和测试猫对触诊的反应,不知道分组情况、训练有素的观察者能发现手术组和非手术组的差异[30]。Brondani 及其同事认为如果在进行手术前,能让猫有一段时间适应动物诊所的环境,则可通过可的松指示猫的疼痛状态[24]。在研究环境下,要评估镇痛药或在猫有机会适应环境时,可监测可的松浓度;但在评估猫的疼痛状态时,不能仅依据可的松浓度。在临床环境下,由于无法立即得到检查结果,猫也不太可能适应环境,所以可的松浓度为非实用指标。对照组(仅麻醉)和手术且猫的 β-脑内啡浓度无差异[30]。

总之,未发现单一的生理指标或神经内分泌标志物与猫的疼痛有高度的临床相关性。

机械阈值检测

在手术或急性损伤后,机体出现的局部性改变会引起外周或中枢致敏。这使得仅需较少的有害刺激作用于病患的伤口,就会引起病患发生反应。在某些情况下,中枢神经系统也会因外周神经信号传入阻滞而发生变化,出现一种称为中枢或次级致敏的状态。中枢致敏会降低远离患部区域的应答机械阈值。要检测与中枢致敏相关的疼痛,可通过测定能引起病患厌恶反应(如转头看向伤口、转头咬人或发出叫声)的刺激来量化伤口的敏感度。有害刺激包括热刺激、电刺激和机械刺激,后者是临床最常用的方法。机械压力的临床应用称为痛觉测验法,引起特定反应所需的刺激水平常与不舒适的程度成反比[31]。

在测定动物的初级(伤口)和次级(远端区域)的痛觉过敏时,可使用痛觉检测仪、von Frey 纤毛机械刺激仪和触诊针等设备检测机械疼

痛阈值。Slingsby 及其同事给去势猫使用哌替啶(杜冷丁)后,使用指式压力仪证实猫的阴囊痛觉过敏降低[32]。其他作者也认为检测伤口敏感度是一种有效方法[5,25,30,33,34]。能准确检测作用力(如牛顿力)的机械设备是很有价值的研究工具(图 14-1),但在临床实践中,触诊是极佳的检测方法(图 14-2)。

图 14-1 在检测能引起患病动物反应的作用力时,痛觉检测仪或触诊针是重要的实用研究工具

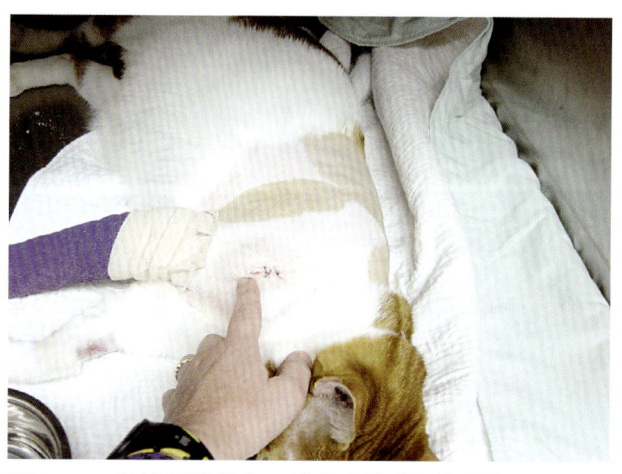

图 14-2 触诊是评估伤口敏感度的重要临床检查方法

步态分析和体承重

已成功使用压力台和压力敏感步道来分析猫的步态[35-37],在进行四肢手术后,可使用该法来客观评估疼痛[36]。急性关节疼痛会改变猫的身体承重,可使用压力垫来测定总承重、接触面压力和接触面积[38]。已成功使用这种客观评价技术鉴别非甾体类抗炎药和安慰剂在关节疼痛模型中的镇痛作用,当观察者使用主观跛行和 VAS 进行

评估时，还可使用该技术辅助支持评估结果[38]。

活动

已有假设认为急性和慢性疼痛都会降低猫等动物的活动性。已证实可使用佩戴在猫颈圈上的重力感应活动监视器来替代录像，分析猫的运动距离[39]。已使用这些监视器来检测退行性关节病患猫治疗后的活动变化[40]，但还未在急性疼痛研究内广泛应用。

开发疼痛评估工具

在开发检测主观状态的工具时，提出一些关键点[16]，这类工具可用于量化猫的急性疼痛。常被称为工具、评级或方法的评分系统应具备以下特征：

- 以动物为中心的，也就是依据动物对手术（如去势术）等特定刺激的功能性和可辨别的反应
- 以人类为中心的，也就是应记住人类的目标；例如，确定说明需要使用止痛治疗的特定行为
- 本能的，意味着通过一定程度的感同身受，能理解观察到的情绪状态
- 经验性的，意味着收集的数据是客观的，并支持预定目标；在这种情况下，检测的是疼痛本身，或是其他指标吗？

如前文所述，所有任何系统的有效性、可靠性、重复性和敏感性都必须被检测。在未严格定义所需寻找目标和观察指标的标准时，训练有素、经验丰富的观察者使用许多评分系统所获得的结果变动很大，观察者会对所观察到的结果有争议[41]。使用一项评分系统时，可能显示某种镇痛药有效，而使用另一项系统时，则会显示该镇痛药无效。如果一项评分系统敏感度低，就无法避免发生这类差异，导致观察者间的变异较大。

动物医学的疼痛评分

在动物医学文献中，已报道了数种用于评估术后疼痛的评分方法。但大多数方法未遵循动物行为学原则或用于人评级标准的研究者所用的技术。一些研究甚至使用一些传闻性的动物疼痛行为描述指标，未证实这些指标与损伤相关。基础单向疼痛评分包括简单描述性评分法（simple descriptive scales，SDSs）或语言描述评分法。这些评分方法通常有3到4种描述用语备选，如"无疼痛""轻度疼痛""中度疼痛"和"重度疼痛"，已在猫的临床研究使用这些分类[42-44]。数字评分法（numericl ordinal scales，NRSs）与SDSs相似，但使用数字以便进行制表和分析。例如，可用0代表"无疼痛"，5代表"非常严重的疼痛"，但已使用的评分范围由0到10的都有。该系统的每个分类之间的差异或比重相同。例如，8分意味着疼痛程度为4分的2倍，但事实却不太可能如此。进一步发展该系统后，便形成了分类数字分级或排序系统，在该系统里，选定某型与疼痛相关的行为，并为其划定特定的值[30]。例如，可将叫声当作一项分类，在该分类里，"无叫声"为0分，而"嘶叫声"为3分；而另一种行为类别可为"活动"。

为了改善这些间断性的评分法，已在猫等动物广泛使用VAS[45]。该工具由连贯的主线组成，在评分主线的两端放置极限值表述，如一端放置"无疼痛"（通常是左端），另一端放置"重度疼痛"。观察者认为观察的动物行为与疼痛相关时，会在水平线上垂直放置标记物，之后将0（无疼痛）到标记物的距离转换为数字。Holton等人[41]在评估犬术后的疼痛时，比较使用了简单描述、NRS和VAS。结果发现这三种评分法均存在观察者间的显著差异，差异可高达36%。尽管使用简便，但这些方法都极具主观性，可能无法发现疼痛的微小变化。这些方法都是单向性的，仅仅评估疼痛的强度，未考虑许多可能影响动物的其他疼痛因素，如与疼痛相关的残疾、正常行为的变化或疼痛的动态因素。未与动物互动的单纯性观察研究可能会获得错误的评估结果。某些疼痛类型的保护机制表现为不活动，如果不进行进一步

的评估和互动，可能就无法发现这种疼痛。例如，猫可能因疼痛而保持不动和安静状态，据此可能评定猫的疼痛轻微，因此不需要进行镇痛。在评估过程中加入动态或诱发行为应答（如与运动或触诊相关的疼痛），能给疼痛评估过程增添另一种有价值的评估方面，这会使得评估结果大不相同。

这种类型评分法的一个例子就是典型 VAS 系统的延伸，称为动态和交互式视觉模拟量表（Dynamic and interactive visual analogue scale, DIVAS）。使用该系统时，首先在动物不受干扰的情况下，远距离观察动物。这么做的原因是在护理者在场的时候，一些动物不会表现出明显的疼痛行为，但当它们认为自己未被观察时，就会表现出来。通过使用摄像机记录下这种行为，这可能是动物对抗潜在猎食者的保护机制。接着可接近、触摸猫，鼓励猫四处活动。之后轻轻触诊手术切口（或受伤区域）和周围区域，完成对动物疼痛的全面评估。已使用 DIVAS 系统评估猫的术后疼痛[42-44,46,47]，当评估者未知治疗情况时，使用该系统能发现不同镇痛药之间、接受治疗与未接受治疗之间的差异[46]。

目前已公认定量测量行为是评估动物疼痛的最可靠方法，如果用于发展和验证这些系统的方法非常严谨，所得测定结果可是客观的，观察者间的偏差最小[17]。我们每个人都需关注的一个重要问题是：猫的疼痛是什么样的？猫疼痛时会做什么？疼痛如何影响猫的整体健康？换句话说，需要考虑到疼痛的方方面面。创造和验证这些评估工具非常耗时，但是一项值得花时间去做的任务。

开发以行为为基础的综合疼痛评分的原则

当病患无法自我描述疼痛时，多维综合评分尤为重要，但该评分必须包含已证实对所研究动物的疼痛有敏感性、特异性的成分。必须使用心理测量原则来开发这些工具[18]。人医有一套建立好的程序来测量生活质量等复杂概念，也有如何为该工具选择检测项目和怎么建立调查问卷的指南，以及测试有效性、可靠性和敏感性的方法。可使用详细的行为记录表来开发评分系统的初始成分。通过使用该项技术，可在术前和术后观察动物，也可使用对照组（非手术）。此外，应记录特定行为的出现频率。Waran 及其同事使用该法研究了经历卵巢子宫切除术的猫[48]。另一种方法是使用已在文献内描述的评分法，并询问研究该物种的人认为哪些词和表达能描述疼痛的行为学表现。Holton 及其同事[17]和 Brondani 及其同事[25]分别在犬和猫上应用了后种方法。格拉斯哥大学的研究者使用这种方法开发了猫的急性疼痛测量工具[49]。上述方法仅为起点，必须检验这些工具。了解被评估个体的正常行为很重要，出现与正常行为不同的表现时可能提示疼痛。个体也可能存在焦虑、恐惧或两者并发。当动物进入动物诊所时，可能会产生焦虑和恐惧。除非猫能快速适应环境，否则在术前和术后也会出现焦虑和恐惧；但是，术后会出现疼痛行为表现。3 种使用行为作为疼痛评价工具的方法包括询问下列问题（方格 14-1）：

方格 14-1　使用行为表现评估猫的疼痛
• 正常行为的维持 • 正常行为的丢失 • 新行为的出现

- 在疼痛事件前后，猫是否维持正常行为？
- 在疼痛事件发生后，正常行为是不是消失了？
- 在疼痛事件发生后，是否出现新的行为？

经过最严密地验证的、以行为为基础的犬急性疼痛评分系统是格拉斯哥综合疼痛评分[17,18]。已开发出专门针对猫的类似评分系统，并在进行不断完善，详见下文[5,25,33,49]。

至今，很多疼痛工具都是以经历卵巢子宫切除术的猫为基础而开发的，但不同类型和不同来源的疼痛，如腹部和骨骼肌或口腔疼痛会引起不同的行为，在开发和使用这些工具时，必须要考虑这一情况。Brondani 及其同事[5,25,33]开发了用于卵巢子宫切除术后的猫的多维复合评分法，该法针对不同分类或领域的每种行为都设定了特定的评分，这极大提高了测定猫的疼痛的能力（表14-1）。要在临床环境下满怀信心地使用任何工具前，都必须进行可靠性、变异性和实用性检测。假设镇痛药能缓解疼痛，降低疼痛评分，可据此检测构建的有效性。要检测标准的有效性时，可将新工具与NRS等其他工具进行比较测试，看分数的变化方向是否相同。从根本上说，这么做是为了确保测试适当地检测了目标项目，在这种情况下的检测目标为疼痛，而不是麻醉的镇静或残余效应。让不同的观察者给同一只动物进行评分，就可检测变异性。如果评分方法的设计合理，观察者之间的变异性会很小。针对临床应用的工具必须有实用性，这意味着工具应简便，可迅速操作，适用于不同观察者，如兽医、护士、技术员和其他动物护理员工，有时还包括主人。

以目前的知识为基础，方格14-2列出的疼痛评定项目是评估猫急性术后疼痛的重要标准。将在下文详述方格14-2列出的每个项目。评估工具的开发者强调尽可能记录术前数据（基线值）有助于进行比较。但是，猫的某些特定行为仅在术后、止疼不足或有其他疼痛起因的情况下出现；因此，即使没有基线信息，这些仍是进行临床评估的有效工具。在专门的网站上[50]，有Brondani及其同事[5,33]开发的疼痛评估工具的行为案例（录像）和解释。最近出版的工具包括许多相同的评估领域，但都是独立开发的，并使用术后、创伤和疾病状态下的猫进行了有效性验证[49]。

表 14-1　评估猫术后疼痛的圣保罗联邦大学 – 博图卡图多维复合疼痛评分方法[53]

子表 1：疼痛表现（0～12）

其他行为	观察和记录以下行为的情况： A- 猫躺下，安静，但摇尾巴 B- 猫蜷缩，伸展后肢和/或腹部肌肉收缩（侧腹） C- 猫的眼睛部分闭合（眼睛半闭） D- 猫舔和/或咬手术创口 • 无上述行为 • 出现上述 1 项行为 • 出现上述 2 项行为 • 出现上述 3 项或所有行为	A B C D 0 1 2 3
触诊手术创口时的反应	• 触摸或按压创口时猫无反应；或与术前反应相同（如果做了基础评估） • 触摸创口时猫无反应，但按压时出现反应。可能发出叫声和/或试图咬人 • 触摸或按压创口时猫有反应。可能发出叫声和/或试图咬人 • 当观察者接近创口时猫有反应。可能发出叫声和/或试图咬人。猫不允许触碰手术创口	0 1 2 3
触诊腹部/身侧的反应	• 触摸或按压腹部/体侧时猫无反应；或与术前反应相同（如果做了基础评估）。腹部/体侧不紧绷 • 触摸腹部/体侧时猫无反应，但按压时出现反应。腹部/体侧紧绷 • 触摸和按压腹部/体侧时猫有反应。腹部/体侧紧紧绷 • 当观察者接近腹部/体侧时猫有反应。可能发出叫声和/或试图咬人。猫不允许触碰腹部/体侧	0 1 2 3
叫声	• 猫安静，刺激时发出呼噜声，或与观察者互动时发出喵呜声，但不会发出咆哮声、呻吟声或嘶叫声 • 猫自发发出呼噜声（猫未被观察者刺激或触摸） • 被观察者触摸时发出咆哮声、嚎叫声或嘶叫声（当观察者改变猫的体位时） • 猫自发发出咆哮声、嚎叫声或嘶叫声（未被观察者刺激或触摸时）	0 1 2 3
		子表 2- 精神运动改变（0～12）
姿势	• 猫姿势自然，肌肉放松（猫运动正常） • 猫姿势自然，但紧绷（猫运动少或不愿动） • 猫坐着或胸骨式休息，伴有背部成拱形和低头；或为背侧式休息，伴有后肢伸展或收缩 • 猫频繁改变身体姿势，试图找到舒适的姿势	0 1 2 3

续表

舒适	• 猫感觉舒服，清醒或睡着，当受到刺激时有互动（与观察者互动和/或对周围环境感兴趣）	0
	• 猫安静，轻度接受刺激（与观察者互动少和/或对周围环境不是很感兴趣）	1
	• 猫安静且"与环境隔绝"（即使是被刺激时，猫也不与观察者互动和/或对周围环境不感兴趣）；猫可能面朝笼子后部	2
	• 猫不舒服，不安（频繁改变身体姿势），刺激时轻度接受或"与环境隔绝"；猫可能面朝笼子后部	3
活动	• 猫运动正常（当笼门打开时立即移动；在笼子外面被刺激或触诊时，会自发移动）	0
	• 猫比正常时运动多（在笼子内不停地从一侧走到另一侧）	1
	• 猫比正常时安静（它可能不愿意离开笼子，如果被从笼内取出后，会想回去，在笼子外面被刺激或触诊时极少移动）	2
	• 猫不愿移动（可能不愿离开笼子，且如果被从笼内取出后，会想回去，在笼子外时即使被刺激或触诊也不移动）	3
态度	观察和记录以下行为的情况 A- 满足：猫对周围环境警觉和感兴趣（探索周围环境），表现友好，还会与观察者互动（玩耍和/或对刺激有反应） * 猫起初可能为了转移对疼痛的注意力，会通过游戏与观察者互动。要仔细观察来鉴别转移注意和满足游戏 B- 不感兴趣：猫不与观察者互动（对玩具不感兴趣或很少玩耍；对观察者的叫唤或触碰无反应） * 如果猫不喜欢玩耍，可评估猫对叫唤或触碰的反应来评估与观察者的互动情况 C- 冷漠：猫对周围环境不感兴趣（无好奇心；不会探索周围环境） * 猫起初会害怕探索周围环境。观察者需要操作并鼓励猫自己移动（将猫从笼中取出和/或改变它的体位） D- 焦虑：猫感到害怕（试图躲藏或逃跑）或紧张（在抚摸和/或触碰时，表现焦躁，发出咆哮声、嚎叫声或嘶叫声） E- 攻击：猫有攻击性（在抚摸和/或触碰时试图咬或抓挠）	A B C D E
	• 表现精神状态 A	0
	• 表现精神状态 B、C、D 或 E 中的 1 种	1
	• 表现精神状态 B、C、D 或 E 中的 2 种	2
	• 表现精神状态 B、C、D 或 E 中的 3 种或全部	3

子表 -3：生理变化（0～6）

动脉血压	• 比术前结果高 0%～15%	0
	• 比术前结果高 16%～29%	1
	• 比术前结果高 30%～45%	2
	• 比术前结果高 45% 以上	3
食欲	• 进食正常	0
	• 吃的比正常多	1
	• 吃的比正常少	2
	• 对食物不感兴趣	3

总分（0～30）

评分方法使用指南

起初，在不打开笼子的情况下观察猫的行为。观察猫是在静卧休息还是处于活跃状态；对周围环境是否感兴趣；安静或发出叫声。检查特殊行为的出现（见上述"杂项行为"）。

接着打开笼门，观察猫是迅速移出还是不愿离开笼子。靠近猫并评估猫的反应：友好、有攻击性、惊吓、冷漠或发出叫声。触碰猫并与它互动，检查猫是否能接受（是否愿意被抚摸和/或对玩耍感兴趣）。如果猫不愿离开笼子，通过刺激（叫猫的名字和抚摸猫）和操作（改变猫的体位和/或从笼中取出）鼓励猫移动。当猫在笼外时，观察猫是自发运动、局促运动或不愿意。提供可口的食物并观察猫的反应*。

最后，让猫侧卧或趴卧，测量动脉血压。在一开始触摸腹部/侧面（手指在受检区域上滑过）和按次序轻轻按压时（在受检区域施加直接压力），评估猫的反应。等待一段时间，再重复同样的步骤，评估猫对触诊手术伤口的反应。

* 要在术后时期立即评估食欲，可在麻醉苏醒后即提供少量可口食物。此时，不管疼痛与否，大多数猫会正常进食。片刻后，再次提供食物，观察猫的反应。

可从 thttp://www.animalpain.com.br/en-us/. 下载表 14-1

也可给猫使用其他疼痛评分法，但必须注意这些方法都未经过严格验证。其中一种方法为科罗拉多州立大学猫急性疼痛评分[51]。该评分法包括心理和行为评估、姿势、触诊反应及身体紧绷度。另一种方法为犬猫的4A-兽医术后疼痛评分[52,53]。这是一种多维复合评分法；但是，未确认该法翻译后（法语-英语）的有效性，且犬和猫的评分方法一致。

方格 14-2　评价猫急性疼痛时需考虑的特定领域
• 姿势和舒适度 • 活动性和可动性 • 态度和举止 • 对触碰、按压和触诊的反应 • 对伤口或疼痛部位的关注度 • 叫声 • 面部表情

以行为为基础的疼痛指标

姿势和舒适度

已确认一些特定姿势可作为多种动物的急性疼痛指标。用于评估犬急性疼痛的格拉斯哥复合疼痛评分中，行为项目包括了蜷缩或紧绷姿势[17,18]。已使用详细的行为描述来分析猫在卵巢子宫切除术前和术后的行为，从而确认猫处于急性疼痛时的关键行为指标[48]。在该研究中，猫被分为麻醉无手术组、麻醉手术（卵巢子宫切除术）和术前镇痛组、麻醉、手术和术前术后镇痛组。在麻醉前2小时内，单独麻醉或麻醉及手术后的5小时内，记录出现的特定观察结果和行为，包括舔毛、低头、以自然睡觉姿势蜷缩、在笼内的位置、磨蹭、躲避、发出叫声和蜷曲或腹部紧绷的半蜷曲等姿势。手术组猫出现蜷缩和蜷曲姿势的频率显著升高，而仅接受术前镇痛组的猫出现这类姿势的频率更高。此外，仅做术前镇痛的猫在术后会更频繁地关注切口和进行物理护理（舔）。在术前未出现蜷缩和半蜷曲姿势[48]。图14-3，A和B展现了这类姿势的示例。图14-3，B中的猫佩戴伊丽莎白（E）脖圈，这本身会改变猫的行为（见下文），作者认为这会改变猫的姿势。因此，在观察猫的时候，需考虑猫是否戴脖圈。

在UNESP-博图卡图多维复合疼痛评分方法[54]的姿势类别中（见表14-1），分4种姿势，评分分别设定为0、1、2或3。猫表现自然放松姿势时的评分为0分。图14-4，A-C展现了正常姿势的示例。

在临床环境下，识别和寻找正常姿势是有帮助的。图14-5，A展示了猫在家里的正常睡觉姿势示例（蜷缩和放松）。图14-5，B展示了在动

 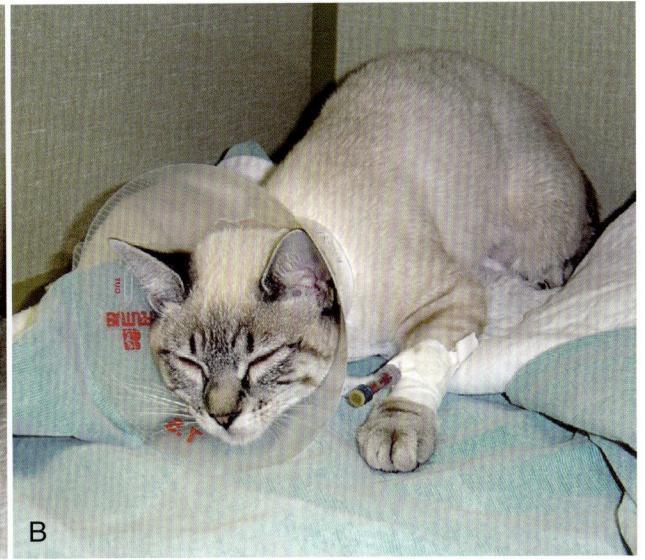

图14-3　腹部术后，这些猫表现出蜷缩和半蜷曲姿势[48]

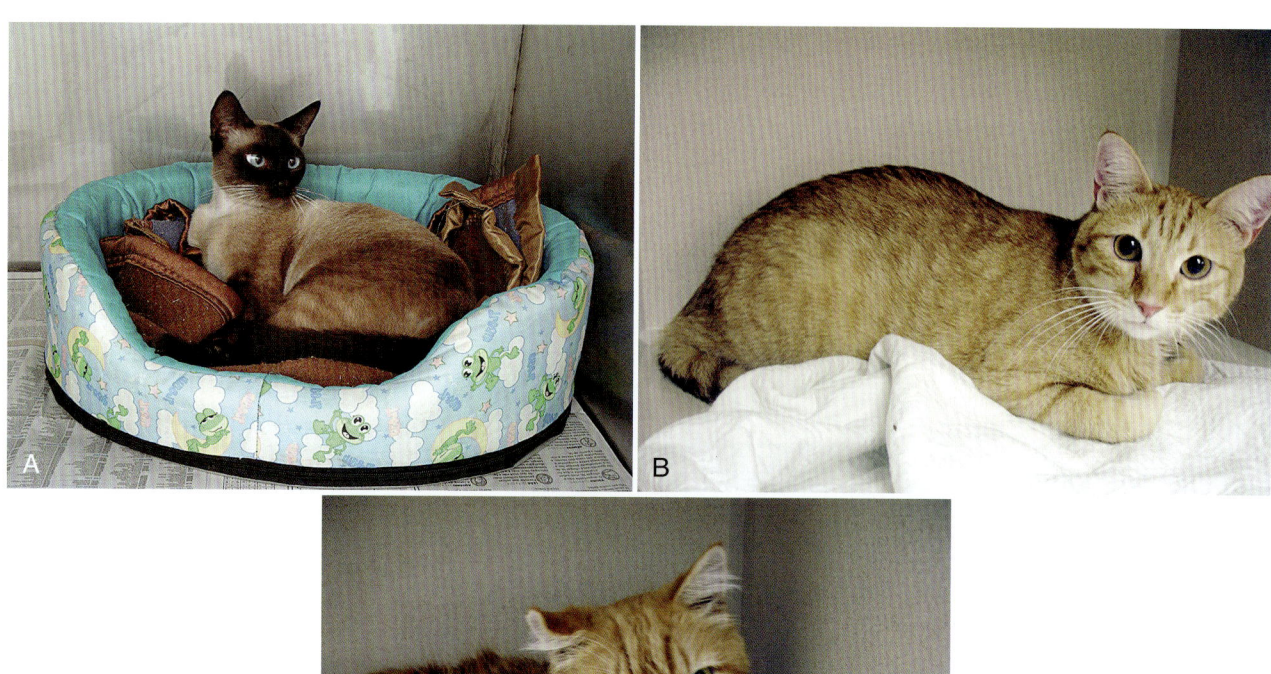

图 14-4　在动物诊所环境下,图中的猫表现出正常的面部表情和姿势(A·感谢 J. T. Brondani 提供)

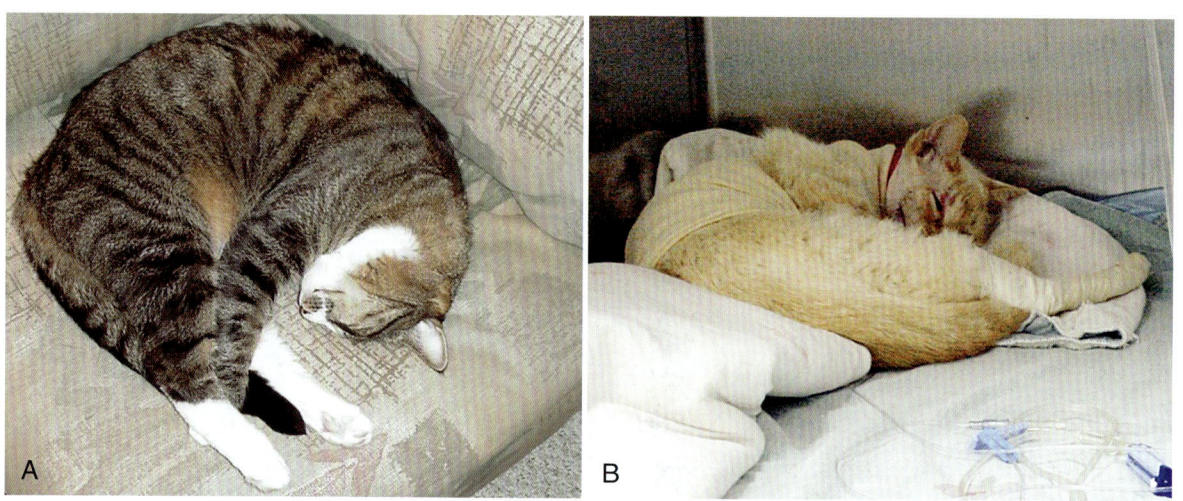

图 14-5　A 猫在家里时呈现正常、卷曲、放松的姿势;B 这只猫采用相似的姿势,表明该猫在上下颌受伤后,在临床环境下仍有较高的舒适度

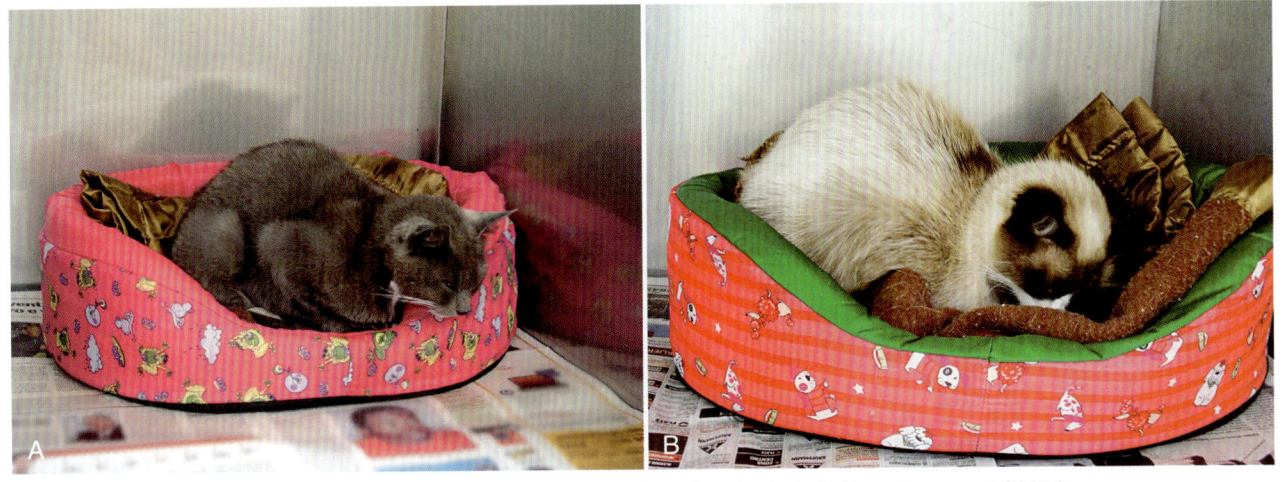

图 14-6 猫感到疼痛时，可能会采用坐姿或胸式趴卧，伴有弓背和低头（感谢 J.T.Brondani 提供）

图 14-7 当猫采用背卧或侧卧姿势，后肢伸展或收缩时，应考虑猫处于疼痛状态（A 感谢 J.T.Brondani 提供）

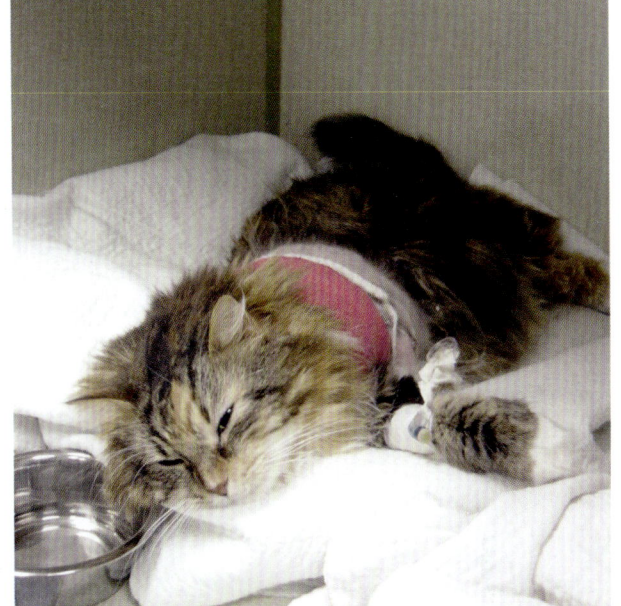

图 14-8 该猫表现不自然的"瘫卧"姿势，并处于紧绷状态。此外，猫的面部表情（半闭的眼睛）提示存在显著的疼痛

物诊所环境下，尽管猫的面部严重受伤（上颌骨和下颌骨骨折），还被经皮安置了内窥镜胃造口管和静脉导管，猫仍表现相似的姿势。

当猫姿势自然，但紧绷和不愿移动时，评分为 1 分。当猫表现坐姿或胸式趴卧，伴随弓背和低头（图 14-6，A 和 B），或表现背侧式躺卧或侧卧伴有后肢伸展（图 14-7，A 和 B）或蜷缩时，评分为 2 分。当猫频繁改变身体姿势，像在试图找到一个舒服的姿势时，评为 3 分，这是该分类里的最高分。当猫出现其他异常姿势，如"瘫卧"（图 14-8）或俯卧和紧绷状态时，应考虑猫处于疼痛状态。虽然猫的姿势并未完全符合分类描述，也应使用临床判断来评分。

活动

应评估动物的活动或移动状态。观察猫是否正常移动，尤其是在猫起身或躺下时。"猫式伸展"即是一种自发行为也是一种触发行为。当猫醒来时，会做一个完全的伸展（低头，前肢伸展，臀部上抬）（图 14-9）；如果猫处于疼痛状态，这

图 14-9 当猫起身和被人由头至尾抚摸时，常表现典型的"猫式伸展"。这是猫的正常行为，当猫处于疼痛时，这类行为可能会消失或减少

态度和举止

动物与环境和人类互动的方式也能提供疼痛程度的重要线索。态度和举止体现了疼痛时的心理要素，已被接受是犬猫疼痛评价工具中的有效组分[5,17,18,33]。兽医和护士常使用一些词语来描述动物和它们的感受，如沉郁、不感兴趣、冷漠、满足和高兴等。UNESP-博图卡图多维复合疼痛评分[54]使用满足、无兴趣、冷漠、焦虑和有攻击性等词语（表 14-1）。图 14-10 展示了一只不感兴趣的猫，而另一只猫似乎与环境隔绝，可能正尝试进行躲藏。科罗拉多州立大学猫急性疼痛评分[51]的心理部分使用感兴趣、兴趣减弱、好奇、孤僻和寻求独处等术语。

动物诊所等陌生的环境会引发焦虑和恐惧等负面情绪状态，除了前文所述的生理变化外，还会引发僵住、躲藏和高度警觉[55]等负面效应。躲藏是一种应对机制，因而提供躲藏地点能让猫有安全感，可减少猫的焦虑和恐惧。猫发生疼痛时也会表现所有这些行为，因而即使这些行为不是疼痛的特异性指标，也应评估这些行为。在特定环境下（手术后或猫有其他疼痛性疾病时），这些行为是猫的整体精神状态的重要指标。鉴别恐惧、焦虑、应激和疼痛有一定难度；下文将讨论该主题。

类行为通常会消失或减少。当人由头到尾抚摸猫时，猫常会表现这类运动（见下文）。通常需要打开笼门让猫离开笼子，以全面评估猫的可动性。如果笼子到地面有一定距离，观察猫是否会自由跳下或犹豫不决，还是会采取措施减少冲击或伸展引起的疼痛。评估猫的活动和举止时，可使用玩具（见下文）。

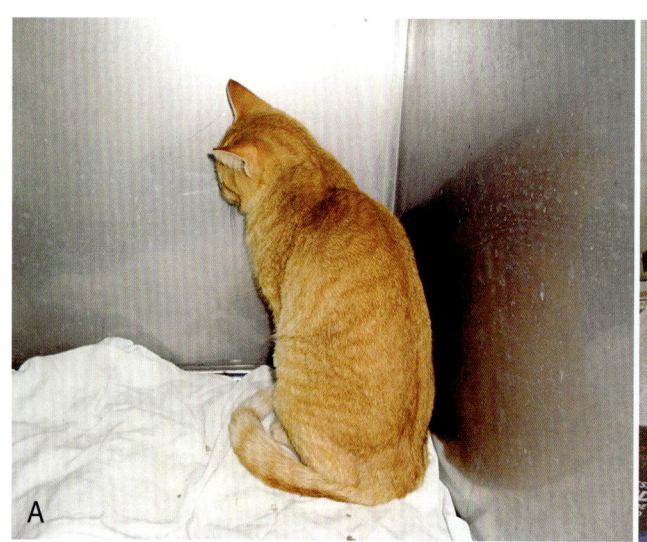

图 14-10 图片展示了一只无兴趣的猫和一只似乎与环境隔绝的猫。UNESP-博图卡图多维复合疼痛评分使用了这些描述[53]（表 14-1）（感谢 J.T.Brondani 提供）

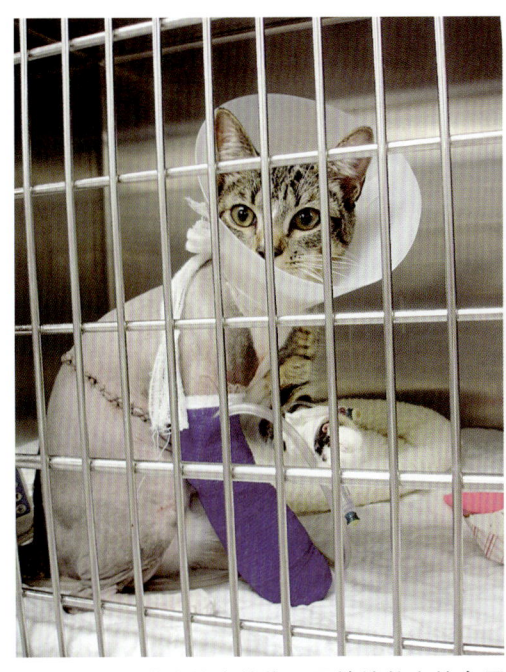
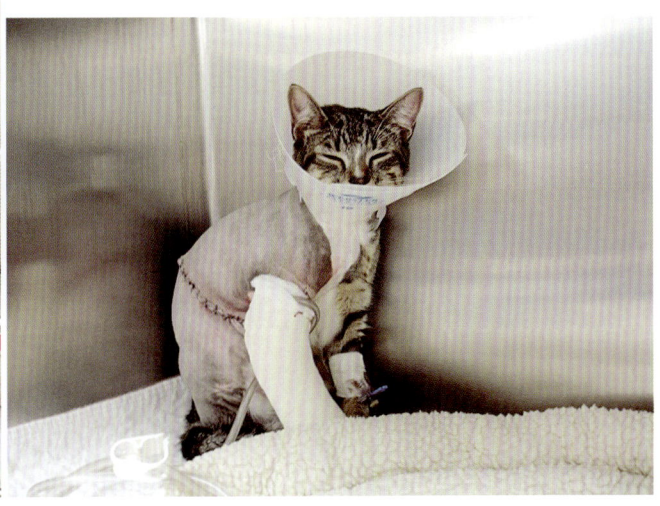

图 14-11 猫在笼中的位置是情绪状态的有用指标，也可能与疼痛相关，但仅在做前后对比时才有意义（手术前后或使用镇痛药前后）。A 这只年幼的猫待在笼子前方，对周围环境感兴趣，表明未有疼痛；B 同一只猫待在笼子后方，看起来不感兴趣，身体更加蜷曲，眼睛半闭，所有这些都表明镇痛不足

在疼痛手术前后进行这一部分的评估，可提供大量信息，因而需记录动物的态度和举止变化；动物可能出现正常行为的丢失或新行为（方格 14-1）。如果在分离或单一时间点评估动物在笼内的位置，可能无法提供有用的细节。不管猫疼痛与否，当猫感到恐惧时，都可能待在笼子后方。但是，如果猫在术前待在笼子前部，充满好奇，会参与笼外发生的事情，现在却待在笼子后方（图 14-11，A 和 B），以及术后良好管理了疼痛，但它仍待在笼子后方，对周围环境不感兴趣，这时猫在笼内的位置就有显著意义。

应评估家养猫与护理者的互动情况。再次强调，了解疼痛事件前后动物的反应更有意义。因此，做术前基础评估是很有价值的。如果评估的疼痛与手术无关，询问主人猫平时与人的正常互动情况可有所帮助，并记录猫的正常行为变化情况。用于猫急性疼痛的格拉斯哥复合疼痛评分（The Glasgow Composite Measures Pain Scale for acute pain in cats, CMPS-F）的整体评估包括沿背部由头到尾抚摸猫获得的反应[49]。猫对此产生的正面反应为弓背立尾和踮脚站立，而负面反应为无应答或攻击。评估也可包括猫对玩具的反应，可通过观察猫和玩具玩耍的方式或猫与人玩互动游戏的反应来完成评估。再次强调，进行前后行为对比很有价值。

猫对触摸、按压和触诊的反应

受伤后会发生初级致敏，手术切口会变得痛觉过敏。如前文所述，检测伤口的敏感性是一项有效和客观的评估方法[32]。触诊创伤区域可检测诱发性疼痛。如果合理使用镇痛药，应能触诊伤口及周围区域。这是评估里的一项重要组分，因为许多动物可能因疼痛不愿移动，如果不进行直接互动，很容易因此认为动物处于舒适状态。应在完成所有观察性评估和评估完猫与评估者的互动后，再进行这部分疼痛评估。如果给猫进行了腹部手术（腹中线切口），评估者应先用两个手指触碰猫的腹侧，接着触碰伤口周围区域 [距切口约 2 英寸 (5cm)]；评估者接着应靠近伤口，注意观察猫的反应。如果猫无反应，应重复上述步骤，但这次评估者应轻度按压。根据患部的疼痛程度，触诊腹部、伤口及周围区域会引起猫的一

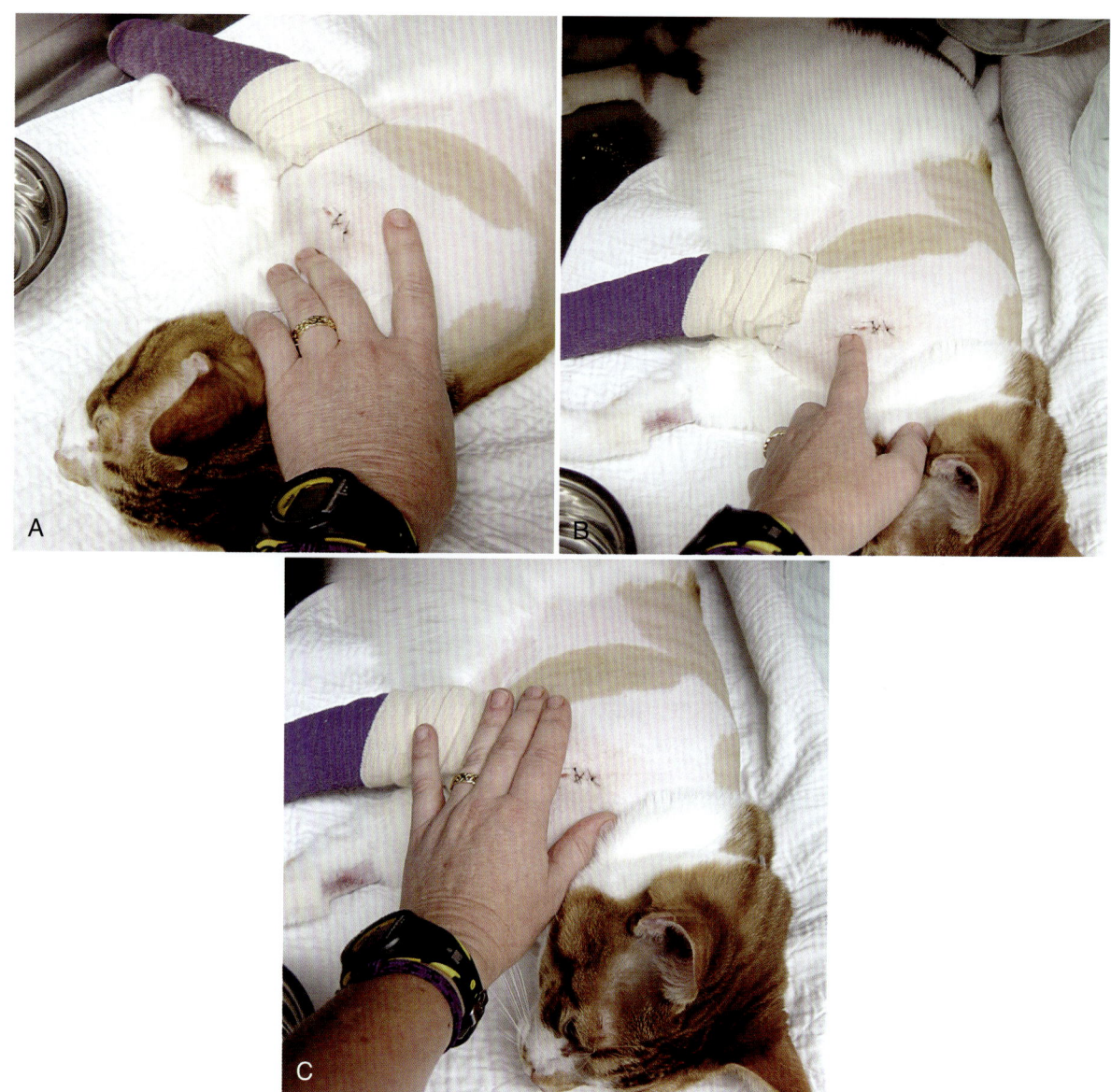

图 14-12 通过一系列步骤完成对伤口敏感性的检查。A 首先,触摸伤口周围区域;B 其次,触摸伤口附近;C. 如果猫无反应,按压伤口

系列反应。猫可能无反应,或因触诊表现摇尾、耳部往后压平、哭喊、发出嘶叫声或咆哮声、咬人或攻击人。当使用 UNESP-博图卡图多维复合疼痛评分(表 14-1)[54]时,将猫对腹部、腹侧和伤口的触诊反应分别单独评分,每项评分为 0(无反应)、1、2 或 3 分。在该评分法中,对触诊的反应占总体评分的 20%。格拉斯哥大学的研究者强调[49]触诊应占总体评分的 25%,是疼痛评估的一项重要项目。虽然主要使用经受了子宫卵巢切除术的猫,开发了当前的猫疼痛评分工具,但在任何情况下都可使用触诊评估,包括发生在其他部位的伤口和怀疑存在其他疼痛状况时(如急性脏器或肢端疼痛)(图 14-12)。

在某些情况下,如处理未经社会化的猫或野猫时,进行疼痛评估时无法使用触诊。在这种情况下,应从总分中扣除触诊部分分数,再完成剩余部分的评估。当对野猫进行 UNESP-博图卡图多维复合疼痛评分[54]时,无法进行触诊和血压测量;因此,应从总分(30 分)中减去 6 分(触诊)和 3 分(血压),这样野猫的评估总分就为 21 分。

图 14-13　A 猫正在正常地舔腹部；B 应仔细观察这只猫几分钟，鉴别正常舔毛和对伤口的过度关注

对伤口或疼痛部位的关注

观察动物对疼痛部位的关注度是自发性疼痛的一项评估内容。犬的有效疼痛评分包括犬对待伤口的行为描述，如忽视、咬、舔、磨蹭或盯着伤口等，每个组分都有对应的分数[17,18]。猫舔、咬伤口也是疼痛指标[5,33]。猫是十分挑剔的舔毛者。因此，应仔细观察猫，区分正常理毛行为和不停舔或咬伤口等过度关注伤口的行为（图14-13）。

叫声

猫有庞大、种类繁多的发声谱。它们可能保持安静，或发出呼噜声、喵呜声、哭喊声、嚎叫声、呻吟声、嘶叫声或哈气声。这些可能是自发的，也可能是被激发的叫声。对猫如何和为什么发出呼噜声仍有争议。当母猫看护它的幼猫，或人为猫提供爱抚、抚摸或饲喂等社交接触时，猫会发出呼噜声。常认为呼噜声与愉悦的事情相关，也可能是成猫和幼猫之间的一种交流方式。但是，在压力较大的环境下，如进行体格检查时或受伤后，也会出现呼噜声。痛苦的喵呜声、咆哮声、嘶叫声和哈气声等声音的变化可能提示猫感到焦虑或恐惧[26]。但是，猫表现安静却不一定代表它不感到焦虑或疼痛[26]。尽管猫的叫声意义不明，但仍被广泛认为是疼痛评估工具的一项有意义的项目。可对自发性和诱发性叫声进行评估和评分[5,33,49]。

面部表情

早在 1872 年，达尔文就写下人类和动物的情绪表达，尤其是可通过面部表情识别疼痛[56]。从那时开始，研究者做了大量工作，通过识别解剖学上基本的面部活动单元和使用面部活动编码系统，来验证儿童和其他沟通能力有限的人群（如有认知障碍的人）的疼痛面部指标[57]。面部表情应用广泛，可单独使用进行评估，或在人医儿科临床和疼痛研究工具内整合应用[58]。人出生时即可表达疼痛，通过后天学习，表达情绪的面部表情会固化和调整[59]。婴儿有统一、原始的疼痛表情，这是一种生物学上的预设能力，可表达应激和疼痛[59]。已有对新生婴儿施加刺激（如脚后跟采血）的前、中和后录像。这一疼痛刺激可引起以张嘴、皱眉和闭眼为特征的面部表情，并且不同性别和带不同面部特征的种族在这方面并无差异[59]。

疼痛研究广泛使用啮齿动物，需要针对这类动物开发识别自发性疼痛，而不是诱发性疼痛的工具。在使用老鼠进行典型的脏器疼痛试验时，对老鼠进行录像，从这些录像中截取了老鼠面部表情的单张画面，并据此设计了一套编码系统[60]。这一工作推动了老鼠表情评分法的发展。已确定有 5 种面部活动单元可指示疼痛，包括眼皮紧闭、鼻子和脸颊鼓起、耳朵和胡须的位置变化[60]。进一步工作已证实该评分法的准确度和可信度高。

尚未有评估兔子急性疼痛的可靠方法，但跟老鼠一样，在使用/不使用局部麻醉的情况下给兔子耳朵进行文身并录像，通过分析由录像截取的兔子面部的静止照片，已开发出兔子的表情评分法[61]。2组间的生理指标（心率和血压）和血清可的松浓度变化无差异，但根据面部表情可轻易地辨别出局麻组。与老鼠的试验结果相似，确认了5种面部活动单元，包括眼窝紧缩、脸颊变平、鼻子形状及胡须和耳朵的位置[61]。闭眼或半闭眼（有缝隙）似乎是婴儿、成年人、老鼠和兔子发生急性疼痛的一致特征。

在研究环境下，已针对猫进行了将面部表情作为识别急性有害刺激指标的初步工作[62]。对猫进行高温和机械疼痛阈值测试，并进行录像。与基础图像相比，猫受高温刺激时的反应包括眼睑裂变窄，耳朵向尾侧旋转，胡须聚在一起且紧贴面部。在机械阈值测试中，眼部和耳部出现了相似变化，但胡须的变化较不明显[62]。这些发现与其他物种相似。在临床环境下，可观察到猫与急性疼痛相关的面部表情变化（图14-14和图14-15）。在使用初始复合疼痛评分法评估经历卵巢子宫切除术猫的疼痛时，描述和收录了包括眯眼在内的数种面部表情[25]。在修正和验证该复合评分法的过程中，面部表情部分仅保留了"部分

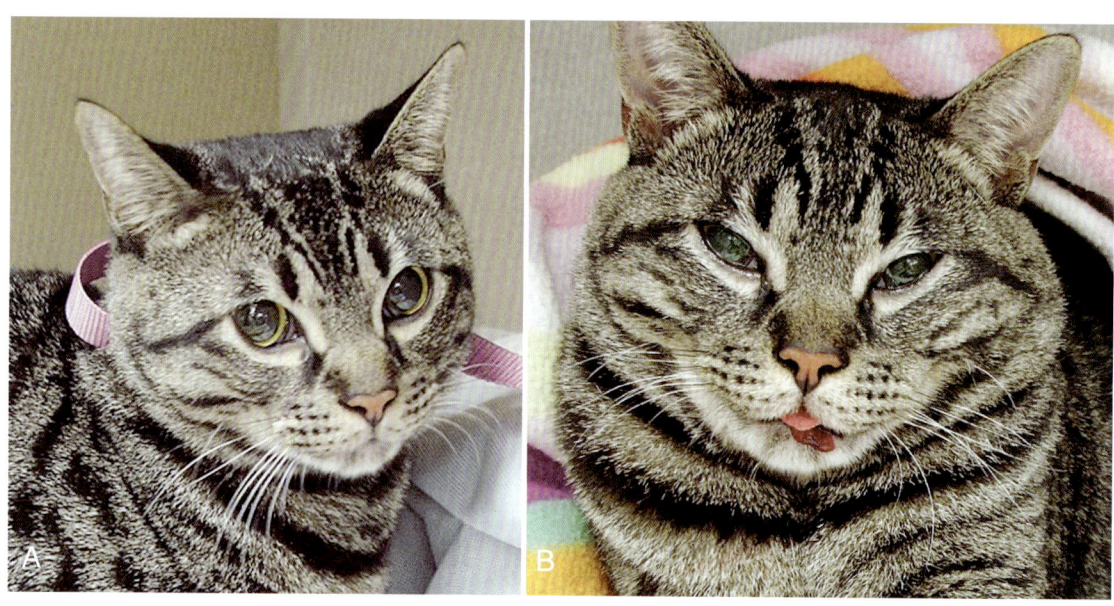

图14-14　A 术前猫的面部表情；B 术后猫表现眯眼或半闭着眼，提示存在疼痛

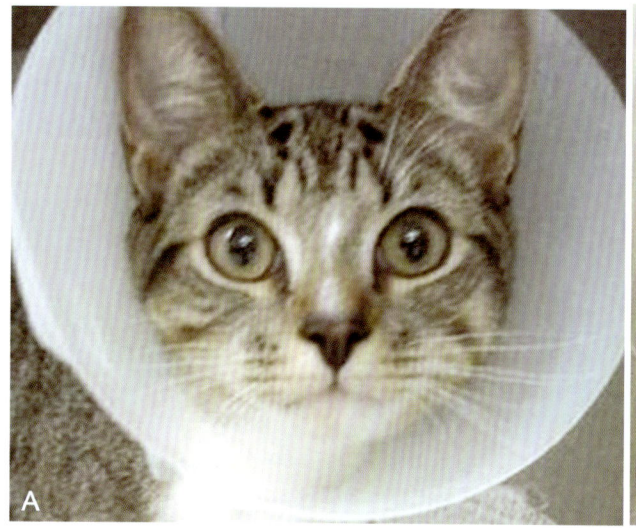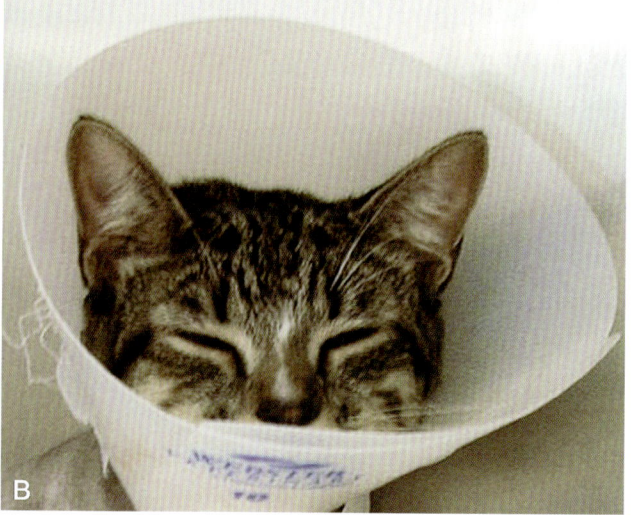

图14-15　两张图片显示同一只猫，展示充分止痛（A）和止痛不足（B）时的面部表情

闭合/半闭"或"眯眼"[5,33]。最近的研究分析了无疼痛和有疼痛的猫的 78 个面部标志，已确认可使用 6 种显著因子来区分这两组猫，包括耳朵位置、鼻口和嘴的周边区域[63]。目前正在临床环境下，对这些特征进行有效性、可靠性和反应性研究。

虽然已分开描述了这一部分的行为，但同一病患会同时表现许多这类行为。图 14-3，B；图 14-7，B；图 14-8 和图 14-16 展示了猫的异常姿势和面部表情，提示存在疼痛。

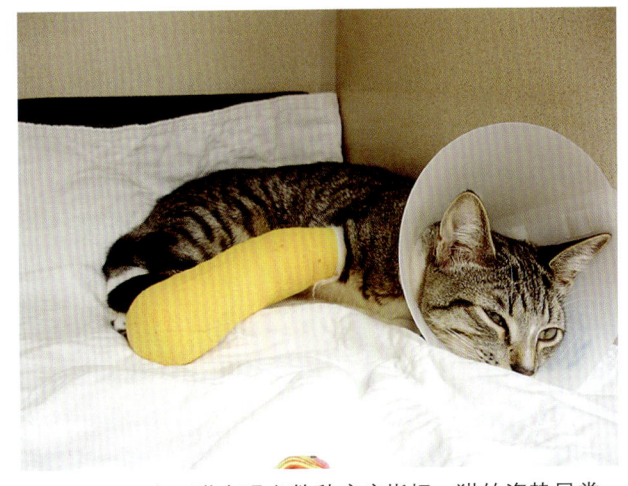

图 14-16 这只猫表现出数种疼痛指标。猫的姿势异常；处于紧绷状态；眼睛半闭

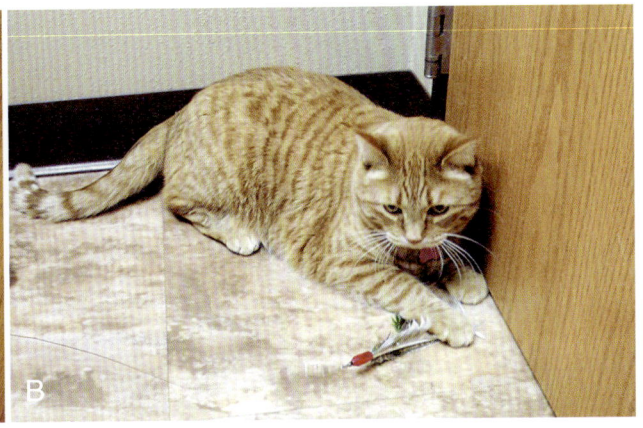

图 14-17 猫的面部表情和身体姿势表明存在恐惧（感谢 I. Rodan 提供）

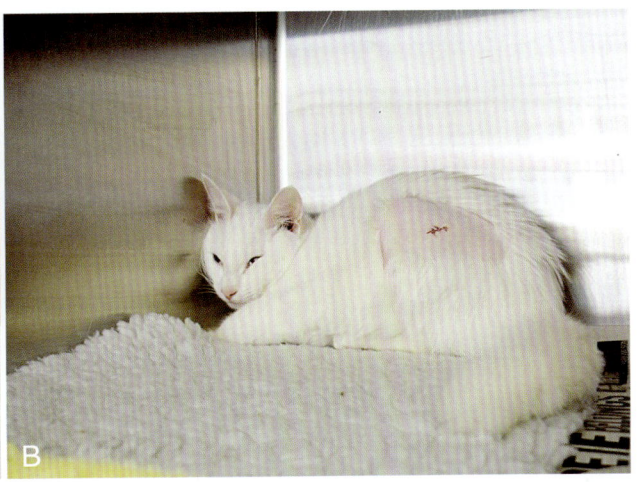

图 14-18 同一只猫在术前（A）和术后（B）的图片，展示了猫在发生恐惧和/或焦虑（A）和疼痛（B）时的不同面部表情和身体姿势

在整体评估中需考虑的其他因素

在临床环境下，动物进食是健康的正面表现。常认为如果猫在进食，它就不太可能处于疼痛状态，一些疼痛评分法包含猫的进食主动性[5,33]。猫有食欲或无食欲不是疼痛的敏感指标。猫疼痛时也会进食，除了疼痛外，许多因素会引起食欲不振或厌食。此外，在术后期间和/或因操作、手术或疾病的性质，可能不适合给猫提供食物来评估猫的食欲。

猫每天会花大量时间睡觉；但是，在评估睡眠时，观察者必须区分正常的平静睡眠和所谓的假睡眠[64]。动物医学文献未详细描述假睡眠的表现。猫在假装睡觉时，常表现身体不动，可看到猫大部分时间在睡觉，极少或未表现清醒和探索周围环境。此外，当猫保持身体不动时，看起来并不放松，如果受到干扰，它们会表现出极度惊吓反应。假睡眠是一种消极防御机制，如果未能识别猫的假睡眠，可能会低估猫的负面情绪状态[65]。猫疼痛时也可假装睡觉（SA Robertson，个人观察）。这可能因为运动会引起疼痛，这也能反映猫的整体负面情绪状态。

众所周知，猫讨厌绷带和束身敷料。Grint及其同事[34]研究比较了通过侧位或腹中线做卵巢子宫切除术猫的疼痛和伤口敏感性。为了让观察者无法得知处理状态，在研究的初始阶段给猫的腹部缠上绷带。但是，之后很快就撤除了绷带，因为这会引起猫表现明显的行为异常，包括极度不愿移动、异常姿势和逃避行为[34]。其他与包扎绷带相关的行为包括打滚，如果进行了肢端包扎，即使仅仅为了固定静脉导管，猫也可能会将该肢提起、拒绝碰地，表现出跛行。这些行为可能是暂时的，也有可能在移除绷带前一直出现。因此，一定要考虑绷带对行为的影响，避免观察者被误导而做出错误的评估。如果可行的话，应尽量减少绷带的使用，避免引发应激和新的异常行为。如果必须使用绷带，应尽可能宽松地缠绕绷带，建议使用弹性绷带。如果观察者认为绷带是观察到的行为的诱因，如可行的话，应移除绷带重新评估。如前所述，如果猫得到充分止痛，它会无视伤口，因而应使用镇痛药，而不是绷带来防止猫蹭、舔或咬伤口。已发现使用伊丽莎白脖圈也会改变猫的行为[66]。

住院猫无法排尿或排便时，可能会引发躁动和不安。它们可能因应激而改变排泄模式；但是，也可能是因为提供的猫砂盆不合适（太小或难以进入），或它们厌恶提供的猫砂。猫被关在笼内时，也可能因缺乏运动而导致排泄减少[55]。此外，室外猫住院时，可能无法快速适应使用猫砂盆。因此，如果在全面评估猫后，认为猫并未发生疼痛，但仍表现异常行为时，需排除其他起因，如膀胱充盈或便秘。这些例子强调了良好护理的重要性，而不应仅单使用镇痛药来提高住院猫的舒适度和健康[55]。

使用治疗反应作为诊断工具

尽管临床兽医师识别和评估猫疼痛以及确定干扰分数（见下文）的能力有所提升，但很多时候仍无法确定猫是否疼痛。在这种情况下，应假定患病动物处于疼痛状态。诊断疼痛的一种方法是使用动物对止痛介入的反应作为诊断工具。重新评估病历，注意是什么引起了疼痛，什么时候最后一次给猫镇痛药以及镇痛药的选择是否合适（药物和剂量）。可能的结果是猫比预期更早需要另一剂量的阿片类药物，或猫需要更高剂量的或另一种类的镇痛药，可能需要另一种阿片类药物、另一种类型的镇痛药或联合用药。进行进一步介入后，应重新全面评估猫，此时疼痛评分应显著降低。如果评分未降低，则需要进行进一步调查。

猫是恐惧、应激、焦虑、疼痛还是烦躁不安呢？

疼痛、恐惧、应激和焦虑都是消极情绪；因此，在动物诊所为猫提供护理时，必须解决和尽可能减少上述每种情绪。这些情绪对心理和生理上的影响包括但不局限于减少正常休息和睡眠、高度警觉、应激激素水平升高、高血压、心动过速、损害机体恢复进程，还会干扰临床评估结果。此外，难以进行操作的猫只能得到次优护理。

要区分疼痛和恐惧、应激、焦虑及烦躁是有挑战的，但如果能确诊引起行为变化的原因，就可优化治疗目标。本书的其他章节详尽讨论了如何识别恐惧、应激和焦虑。本章将讨论猫在恐惧时采用的某些姿势与疼痛时的相似。图 14-17 展示了猫恐惧时的面部表情和身体姿势。图 14-18 展示了猫在术前感到害怕（A），在术后则存在疼痛（B）。姿势和面部表情的差异可能很细微，但考虑背景情况后，这些差异对指导治疗很有帮助。图 14-19 展示了一只在拔牙前（A，B）、后（C）感到不安或害怕的猫。应注意猫的面部表情和耳朵位置不同。图 14-19，C 提示出现疼痛，应进一步评估这只猫。

当猫厌恶被操作时，它们会变得烦躁不安，表现不安或激动、踱步和悲哀地叫喊[67]。这与欣快时的表现截然不同，欣快是一种正面的情绪状态，此时猫表现平静，易于进行操作，会出现下列某些或所有行为：发出呼噜声、用前爪踩踏、滚动和用头和身体蹭笼门[67]。已有报道给猫使用阿片类药物后，可能会出现烦躁不安和过度兴奋。如果经评估后，确认猫处于舒适状态但却烦躁不安，且已使用阿片类药物止痛，则适当的介入措施为给予镇静药或镇定药。可使用乙酰丙嗪、美托咪定或右美托咪定。

图 14-19　图中猫经受了包括拔牙在内的牙科手术。A 和 B 为术前照片，显示猫的面部表情和身体姿势表明存在恐惧或焦虑的早期症状；C 为术后照片，猫的面部表情更指向存在疼痛

疼痛评估工具的效用

仅在兽医团队使用疼痛评估工具的情况下，该工具对患病动物才有价值。除非工具的设计使用简便，可快速完成，否则在忙碌的诊所环境下，持续使用该工具的概率很低。最初开发工具时，应视其为原型工具。这些原型工具可能内容繁多，但经验表明临床兽医进行检验和提出建议后，常可在保持精确性的前提下，改良和精简原型。理想情况下，评估工具的内容应仅1页或少于1页[18]。现用的 UNESP-博图卡图多维复合疼痛评分[54]（表14-1）就太冗长，在某些情况下可能会因费时过长而无法完成。因此，应简化和缩短该评分方法。尽管仍未验证科罗拉多州立大学猫急性疼痛评分法[51]，但该法使用简便，可快速完成，因此很受欢迎。新开发的格拉斯哥 CMPS-F 内容仅1页，很有可能在繁忙的临床环境下备受欢迎[49]。

干预措施

如前所述，评估工具或方法应以人类为中心，意味着这些评估工具应以使用为目标。如果能将评分与指导治疗的干预相关联，就可提高疼痛评估工具的效用。已确认使用犬的部分复合评分方法的干预水平判定何时进行治疗时，能让训练有素和经验丰富的临床兽医师有高度一致性[18]。

训练有素的观察者可使用单向评分法（VAS、NRS 和 SDS）来确定治疗猫的评分临界值，虽然这么做能获得合理的一致性结果[68]，但可能不适用于未经训练的观察者。在使用这些评分法评估犬的疼痛时，已报道在观察者间存在较大的变异性[41]。已报道 UNESP-博图卡图多维复合疼痛评分法在观察者间（不同评估人）和观察者内（同一个评估人间隔2个月对同一个猫视频进行评分，顺序为随机的）的可信度和干预临界值[69]。活动、态度和常规行为的观察者间和观察者内可信度为中等，而所有其他评分项目的可信度都较高或极高。理想的临界值为 > 7分（总分为30分）。希望该信息能辅助进行临床决策和改善猫的疼痛管理。格拉斯哥 CMPS-F 的建议干预分数为 ≥ 4分（总分为16分）[49]。

尽管这些工具都可用，但临床判断仍然很重要，正如 Mellor 所说 "相信动物而不是检测方法"[16]。Reid 及其同事支持了这一观点，他们认为不应仅根据疼痛评分的结果，而不给动物使用镇痛药；应根据总体评估和临床判断做出最终决定[18]。

何时对猫进行评估及由谁来完成评估

动物的健康状况、手术和/或受伤的程度以及镇痛药治疗的预期时间决定进行评估的频率和间隔时间。总体而言，当动物从麻醉中恢复过来，生命体征稳定和可舒适休息时，在术后或受伤后的 4～6小时内，应每小时进行1次评估。可根据患病动物对止痛治疗的反应和镇痛药治疗的预期时长，决定评估的频率。例如，如果给术后的猫使用丁丙诺啡后，猫能舒适地休息，在 2～4小时内可能不需要重复评估。使用镇痛药治疗后，应允许动物睡觉。通常监护重要生命体征同时不过度打扰动物睡眠。总体而言，不应唤醒动物来检查它的疼痛状态；但是，这并不意味不需要按计划给动物使用镇痛药。与草率地、偶尔从笼外观察动物相比，连续、无打扰的观察搭配定期互动评估能提供更多的信息。总体而言，越频繁地进行观察，越有可能发现疼痛的细微表现或猫的行为变化。不管使用何种评估系统，它都必须是实用的，且能满足动物诊所的需求。

应训练所有兽医和动物护理员工评估猫的疼痛。疼痛的识别、评估和治疗是富有同情心的兽医护理的基础部分。数项研究都强调了兽医技术员和护士的作用。在英国进行的一项调查发现，仅 8.1% 的动物诊所使用疼痛评分系统，而 80.3% 的护士都一致认为这是一项有用的临床工具，96% 的护士认为可提高疼痛管理知识[70]。在加拿大的调查中，雇佣经过训练的兽医技术员可提高诊所对疼痛的意识和治疗[71,72]。动物护理人员最适合首先开展疼痛评估。他们常与猫接触，与猫及客户进行互动，负责初步术前评估和监督麻醉后的恢复情况。因此，他们是观察猫行为变化的最佳人员。

在家进行后续评估

尽管疼痛管理有所改进，兽医能更好地理解住院猫的需求和识别住院动物的应激源，但在多数情况下，让猫完全康复的最佳场所是家庭环境，大多数临床兽医师和动物主人都会毫无疑问地同意这一点。如果猫能说话，它们也会同意这一观点。关于在家恢复的猫的行为变化信息很少，即使在普通的择期手术之后，情况也是如此[66]。

Väisänen 及其同事使用问卷调查和 VAS 来研究主人对猫在术后 3 天内的行为变化和疼痛评估，这些猫经受卵巢子宫切除术或去势术后在家休息恢复[66]。主人们会一致汇报猫的行为发生变化，最常见报告的内容是活动和玩耍减少，睡眠时间增多和猫运动或弹跳能力发生变化。主人们也评论了猫的面部表情、伸展中断、蜷曲姿势、对伤口的兴趣和攻击家中其他猫等变化，认为这些变化说明他们的猫处于疼痛状态。母猫的这些变化比公猫的变化更明显，在术后 1～3 天内会减少。该研究报道了一项有趣的事实，发现使用伊丽莎白脖圈（图 14-3）和行为分数呈正相关，这再次说明在进行整体评估时，一定要考虑疼痛以外的其他因素。该研究表明主人可发挥重要作用，可帮助改善猫的术后护理。主人最了解他们自己的猫，甚至可能发现一些在临床环境下被忽视的细微行为变化。推荐让主人回家时带着疼痛评分工具。见标题为"我的猫是否感到疼痛？"的宣传材料。

总结

兽医专业人员的职责包括预防和缓解猫的疼痛，如果所有兽医专业人员都能确信他们能识别疼痛，并可通过一些方法检测疼痛，则可大大提升完成该职责的能力。还未证明生理变化与猫疼痛的准确关系。虽然单向评分法易于使用，但有局限性，无法评估疼痛的所有复杂感官和情绪因素。多维复合评分法主要以观察到的和互动的行为为基础，包括对自发性和诱发性或动态疼痛的评估，用在无语言生物上，可获得更敏感和可靠的结果。现有的用于猫的评分法获得了普遍认可，同时在开发、修改和验证其他评分法。希望这些工具能增加在术后或损伤后得到合理镇痛治疗的猫的数量，提高临床研究的质量。尽管已提升了量化猫疼痛的能力，但这绝非一项精密科学，因此使用临床判断仍是十分重要的。正如 Mellor 所说"相信动物，而不是检测结果"[16]。

附加资源

American Veterinary Medical Association (AVMA): U.S. pet ownership & demographics sourcebook, Schaumburg, IL, 2012, AVMA. https://www.avma.org/kb/resources/statistics/pages/marketresearch-statistics-us-pet-ownership-demographicssourcebook.aspx (Accessed January 24, 2015)

4A–Vet postoperative pain scale for dogs and cats. http://www.ncbi.nlm.nih.gov/pmc/articles/ PMC3743348/table/tbl3/ (Accessed January 24, 2015).

Colorado State University Veterinary Medical Center: Feline Acute Pain Scale. http://csuanimalcancercenter.org/assets/files/csu_acute_pain_scale_feline.pdf (Accessed January 24, 2015).

International Association for the Study of Pain: IASP taxonomy: pain terms. http://www.iasp-pain.org/Taxonomy (Accessed January 24, 2015).

Pet Food Manufacturer's Association: Pet Population 2014. http://www.pfma.org.uk/pet-population-2014/(Accessed January 24, 2015).

São Paulo State University: Animal pain. http://www.animalpain.com.br/en–us/ (Accessed January 24, 2015).

致谢

作者感谢 Juliana Brondani 提供的照片和对本章内容的评论。

参考文献

[1] American Veterinary Medical Association (AVMA). U.S. pet ownership & demographics sourcebook, Schaumburg, IL, 2012, AVMA. https://www.avma.org/kb/resources/statistics/pages/market-research-statistics-us-pet-ownershipdemographics-sourcebook.aspx Accessed January 24, 2015.

[2] Pet Food Manufacturer's Association. Pet Population 2014. http://www.pfma.org.uk/pet-population-2014/ Accessed January 24, 2015.

[3] Lascelles B, Capner C, Waterman-Pearson AE. A survey of current British veterinary attitudes to perioperative analgesia for cats and small mammals. Vet Rec. 1999.145:601–604.

[4] Hansen B, Hardie E. Prescription and use of analgesics in dogs and cats in a veterinary teaching hospital: 258 cases (1983-1989). J Am Vet Med Assoc. 1993.202:1485–1494.

[5] Brondani JT, Luna SP, Padovani CR. Refinement and initial validation of a multidimensional composite scale for use in assessing acute postoperative pain in cats. Am J Vet Res.2011.72:174–183.

[6] Dohoo SE, Dohoo IR. Postoperative use of analgesics in dogs and cats by Canadian veterinarians. Can Vet J. 1996.37: 546–551.

[7] Raekallio M, Heinonen KM, Kuussaari J, et al. Pain alleviation in animals: attitudes and practices of Finnish veterinarians. Vet J. 2003.165:131–135.

[8] Williams VM, Lascelles BD, Robson MC. Current attitudes to, and use of, peri-operative analgesia in dogs and cats by veterinarians in New Zealand. N Z Vet J. 2005.53:193–202.

[9] Joubert KE. The use of analgesic drugs by South African veterinarians. J S Afr Vet Assoc. 2001.72:57–60.

[10] Joubert KE. Anaesthesia and analgesia for dogs and cats in South Africa undergoing sterilisation and with osteoarthritis–an update from 2000. J S Afr Vet Assoc. 2006.77: 224–228.

[11] Hewson CJ, Dohoo IR, Lemke KA. Perioperative use of analgesics in dogs and cats by Canadian veterinarians in 2001. Can Vet J. 2006.47:352–359.

[12] Farnworth MJ, Adams NJ, Keown AJ, et al. Veterinary provision of analgesia for domestic cats (Felis catus) undergoing gonadectomy: a comparison of samples from New Zealand, Australia and the United Kingdom. N Z Vet J. 2014.62:117–122.

[13] International Association for the Study of Pain. IASP taxonomy: pain terms. http://www.iasp-pain.org/Taxonomy Accessed January 24, 2015.

[14] National Research Council. Committee on Recognition and Alleviation of Pain in Laboratory Animals: Pain in research animals: general principles and considerations. In: Recognition and alleviation of pain in laboratory animals. Washington, DC: National Academies Press; 2009.11–29.

[15] Flecknell PA. Do mice have a pain face? Nat Methods. 2010.7:437–438.

[16] Mellor D, Patterson-Kane E, Stafford K. Standardized behavioural testing in non-verbal humans and other animals. In: Mellor DJ, Patterson-Kane E, Stafford KJ, eds. The sciences of animal welfare. Chichester, UK: Wiley-Blackwell; 2009.95–109.

[17] Holton L, Reid J, Scott EM, et al. Development of a behaviour-based scale to measure acute pain in dogs. Vet Rec. 2001.148:525–531.

[18] Reid J, Nolan AM, Hughes JML, et al. Development of the short-form Glasgow Composite Measures Pain Scale (CMPS-SF) and derivation of an analgesic intervention score. Anim Welf. 2007.16(suppl 1):97–104.

[19] Firth AM, Haldane SL. Development of a scale to evaluate postoperative pain in dogs. J Am Vet Med Assoc. 1999.214: 651–659.

[20] Conzemius MG, Hill CM, Sammarco JL, et al. Correlation between subjective and objective measures used to determine severity of postoperative pain in dogs. J Am Vet Med Assoc. 1997.210:1619–1622.

[21] Holton LL, Scott EM, Nolan AM, et al. Relationship between physiological factors and clinical pain in dogs scored using a numerical rating scale. J Small Anim Pract. 1998.39:469–474.

[22] Smith JD, Allen SW, Quandt JE, et al. Indicators of postoperative pain in cats and correlation with clinical criteria. Am J Vet Res. 1996.57:1674–1678.

[23] Smith JD, Allen SW, Quandt JE. Changes in cortisol concentration in response to stress and postoperative pain in clientowned cats and correlation with objective clinical variables. Am J Vet Res. 1999.60:432–436.

[24] Brondani JT, Luna SP, Marcello GC, et al. Perioperative

administration of vedaprofen, tramadol or their combination does not interfere with platelet aggregation, bleeding time and biochemical variables in cats. J Feline Med Surg. 2009.11:503–509.

[25] Brondani JT, Loureiro Luna SP, Beier SL, et al. Analgesic efficacy of perioperative use of vedaprofen, tramadol or their combination in cats undergoing ovariohysterectomy. J Feline Med Surg. 2009.11:420–429.

[26] Rodan I, Sundahl E, Carney H, et al. AAFP and ISFM feline friendly handling guidelines. J Feline Med Surg. 2011.13:364–375.

[27] Quimby JM, Smith ML, Lunn KF. Evaluation of the effects of hospital visit stress on physiologic parameters in the cat.J Feline Med Surg. 2011.13:733–737.

[28] Dobbins S, Brown NO, Shofer FS. Comparison of the effects of buprenorphine, oxymorphone hydrochloride, and ketoprofen for postoperative analgesia after onychectomy or onychectomy and sterilization in cats. J Am Anim Hosp Assoc. 2002.38:507–514.

[29] Glerum LE, Egger CM, Allen SW, et al. Analgesic effect of the transdermal fentanyl patch during and after feline ovariohysterectomy. Vet Surg. 2001.30:351–358.

[30] Cambridge AJ, Tobias KM, Newberry RC, et al. Subjective and objective measurements of postoperative pain in cats. J Am Vet Med Assoc. 2000.217:685–690.

[31] Coleman KD, Schmiedt CW, Kirkby KA, et al. Learning confounds algometric assessment of mechanical thresholds in normal dogs. Vet Surg. 2014.43:361–367.

[32] Slingsby LS, Jones A, Waterman-Pearson AE. Use of a new finger-mounted device to compare mechanical nociceptive thresholds in cats given pethidine or no medication after castration. Res Vet Sci. 2001.70:243–246.

[33] Brondani JT, Mama KR, Luna SP, et al. Validation of the English version of the UNESP-Botucatu multidimensional composite pain scale for assessing postoperative pain in cats. BMC Vet Res. 2013.9:143.

[34] Grint NJ, Murison PJ, Coe RJ, et al. Assessment of the influence of surgical technique on postoperative pain and wound tenderness in cats following ovariohysterectomy. J Feline Med Surg. 2006.8:15–21.

[35] Lascelles BD, Findley K, Correa M, et al. Kinetic evaluation of normal walking and jumping in cats, using a pressure sensitive walkway. Vet Rec. 2007.160:512–516.

[36] Romans CW, Conzemius MG, Horstman CL, et al. Use of pressure platform gait analysis in cats with and without bilateral onychectomy. Am J Vet Res. 2004.65:1276–1278.

[37] Verdugo MR, Rahal SC, Agostinho FS, et al. Kinetic and temporospatial parameters in male and female cats walking over a pressure sensing walkway. BMC Vet Res. 2013.9:129.

[38] Carroll GL,Narbe R, Kerwin SC, et al. Dose range finding study for the efficacy of meloxicam administered prior to sodium urate-induced synovitis in cats. Vet Anaesth Analg. 2011.38:394–406.

[39] Lascelles BD, Hansen BD, Thomson A, et al. Evaluation of a digitally integrated accelerometer-based activity monitor for the measurement of activity in cats. Vet Anaesth Analg. 2008.35:173–183.

[40] Lascelles BD, DePuy V, Thomson A, et al. Evaluation of a therapeutic diet for feline degenerative joint disease. J Vet Intern Med. 2010.24:487–495.

[41] Holton LL, Scott EM, Nolan AM, et al. Comparison of three methods used for assessment of pain in dogs. J Am Vet Med Assoc. 1998.212:61–66.

[42] Steagall PV, Taylor PM, Rodrigues LC, et al. Analgesia for cats after ovariohysterectomy with either buprenorphine or carprofen alone or in combination. Vet Rec. 2009.164: 359–363.

[43] Giordano T, Steagall PV, Ferreira TH, et al. Postoperative analgesic effects of intravenous, intramuscular, subcutaneous or oral transmucosal buprenorphine administered to cats undergoing ovariohysterectomy. Vet Anaesth Analg. 2010.37: 357–366.

[44] Polson S, Taylor PM, Yates D. Analgesia after feline ovariohysterectomy under midazolam-medetomidine-ketamine anaesthesia with buprenorphine or butorphanol, and carprofen or meloxicam: a prospective, randomised clinical trial. J Feline Med Surg. 2012.14:553–559.

[45] Tobias KM, Harvey RC, Byarlay JM. A comparison of four methods of analgesia in cats following ovariohysterectomy. Vet Anaesth Analg. 2006.33:390–398.

[46] Lascelles B, Cripps P, Mirchandani S, et al. Carprofen as an analgesic for postoperative pain in cats: dose titration and assessment of efficacy in comparison to pethidine hydrochloride. J Small Anim Pract. 1995.36:535–541.

[47] Slingsby L, Waterman-Pearson A. Comparison of pethidine, buprenorphine and ketoprofen for postoperative analgesia after ovariohysterectomy in the cat. Vet Rec. 1998.143: 185–189.

[48] Waran N, Best L, Williams V, et al. A preliminary study of behaviour-based indicators of pain in cats. Anim Welf. 2007.16(suppl 1):105–108.

[49] Calvo G, Holden E, Reid J, et al. Development of a behavior based measurement tool with defined intervention level for assessing acute pain in cats. J Small Anim Pract. 2014.55: 622–629.

[50] São Paulo State University. Animal pain. http://www.animalpain.com.br/en-us/ Accessed January 24, 2015.

[51] Colorado State University Veterinary Medical Center. Feline Acute Pain Scale. http://csuanimalcancercenter.org/assets/files/csu_acute_pain_scale_feline.pdf Accessed January 24,2015.

[52] 4A-Vet postoperative pain scale for dogs and cats. http://www.ncbi.nlm.nih.gov/pmc/articles/PMC3743348/table/tbl3/ Accessed January 24, 2015.

[53] Grandemange E, Fournel S, Woehrle F. Efficacy and safety of cimicoxib in the control of perioperative pain in dogs. J Small Anim Pract. 2013.54:304–312.

[54] São Paulo State University: UNESP-Botucatu Multidimensional Composite Pain Scale. http://www.animalpain.com.br/assets/upload/escala-en-us.pdf Accessed January 25, 2015.

[55] Carney HC, Little S, Brownlee-Tomasso D, et al. AAFP and ISFM feline-friendly nursing care guidelines. J Feline Med Surg. 2012.14:337–349.

[56] Darwin C. The expression of the emotions in man and animals. London: John Murray; 1872.

[57] Lucey P, Cohn J, Lucey S, et al. Automatically detecting pain using facial actions. Int Conf Affect Comput Intell Interact Workshops. 2009.2009:1–8.

[58] Stevens B, McGrath P, Gibbins S, et al. Determining behavioural and physiological responses to pain in infants at risk for neurological impairment. Pain. 2007.127:94–102.

[59] Schiavenato M, Byers JF, Scovanner P, et al. Neonatal pain facial expression: evaluating the primal face of pain. Pain. 2008.138:460–471.

[60] Langford DJ, Bailey AL, Chanda ML, et al. Coding of facial expressions of pain in the laboratory mouse. Nat Methods.2010.7:447–449.

[61] Keating SC, Thomas AA, Flecknell PA, et al. Evaluation of EMLA cream for preventing pain during tattooing of rabbits: changes in physiological, behavioural and facial expression responses. PLoS One. 2012.7:e44437.

[62] Herbert GL, Robertson SA, Murrell JC: Changes in the facial expression of cats during nociceptive threshold testing. Presented at the 11th World Congress of Veterinary Anaesthesiology, Cape Town, South Africa, September 23–27, 2012.

[63] Holden E, Calvo G, Collins M, et al. Evaluation of facial expression in acute pain in cats. J Small Anim Pract. 2014.55:615–621.

[64] Griffin B: Getting real: making the ASV standards work for you. Anim Sheltering 38–41, May/June 2011. http://www.animalsheltering.org/resources/magazine/may_jun_2011/getting_real.pdf Accessed January 24, 2015.

[65] McCobb EC, Patronek GJ, Marder A, et al. Assessment of stress levels among cats in four animal shelters. J Am Vet Med Assoc. 2005.226:548–555.

[66] Väisänen MA, Tuomikoski SK, Vainio OM. Behavioral alterations and severity of pain in cats recovering at home following elective ovariohysterectomy or castration. J Am Vet Med Assoc. 2007.231:236–242.

[67] Robertson SA, Wegner K, Lascelles BD. Antinociceptive and side-effects of hydromorphone after subcutaneous administration in cats. J Feline Med Surg. 2009.11:76–81.

[68] Brondani JT, Luna SPL, Mama KR, et al. Cut-off point for rescue analgesia of uni-dimensional scales used to assess postoperative pain in cats. In: Proceedings of the Association of Veterinary Anaesthetists Spring Meeting;2013:78.

[69] Brondani JT, Luna SP, Minto BW, et al. Reliability and cutoff point related to the analgesic intervention of a multidimensional composite scale to assess postoperative pain in cats. Arq Bras Med Vet Zootec. 2013.65:153–162.

[70] Coleman DL, Slingsby LS. Attitudes of veterinary nurses to the assessment of pain and the use of pain scales. Vet Rec.2007.160:541–544.

[71] Hewson CJ, Dohoo IR, Lemke KA. Factors affecting the use of postincisional analgesics in dogs and cats by Canadian veterinarians in 2001. Can Vet J. 2006.47:453–459.

[72] Dohoo SE, Dohoo IR. Factors influencing the postoperative use of analgesics in dogs and cats by Canadian veterinarians. Can Vet J. 1996.37:552–556.

第15章
慢性疼痛与行为

Richard Gowan and Isabelle Iff

引言

动物医学的发展延长了患猫的预期寿命。随着猫寿命的延长，与年龄有关的病理和疾病的发生可能性升高，并发症的发生率也增加[1]。慢性疼痛与许多这类疾病状态相伴随，对个体的生活质量有内在的功能（和情绪）影响。虽然在过去十年中，对猫急性疼痛缓解的认识和管理方法取得了进展，但慢性疼痛的认识和管理却很少受到重视。导致这种情况的原因有很多，包括未能识别慢性疼痛的临床表现，缺乏评估慢性疼痛的有效方法[2]。许多猫可能患慢性疼痛，但兽医常未发现症状，错过了缓解这种情况的机会。

本章概述了当前对猫慢性疼痛的理解，急性、慢性疼痛间的病理生理差异，疼痛的识别、评估和量化，当前和未来的管理策略，以及如何在日常活动中应用这些策略。本章末我们将细致探究猫的数种慢性疼痛疾病。

慢性疼痛的病理生理

急性疼痛是机体的预警系统，可"保护"身体免遭更多伤害。慢性疼痛丧失"保护的作用"，本身已变成一种疾病。下文有更多关于术语的详细描述。慢性疼痛涉及所有发生急性疼痛时激发的神经生理"通路"。

疼痛通路实际上是一个大的疼痛网络，而不是单一通路。但是，为了方便理解疼痛感知的神经结构，辅助选择和结合治疗方案，以下将简要介绍"疼痛通路"，精简概括了疼痛是如何在身体内传递的（图15-1）。

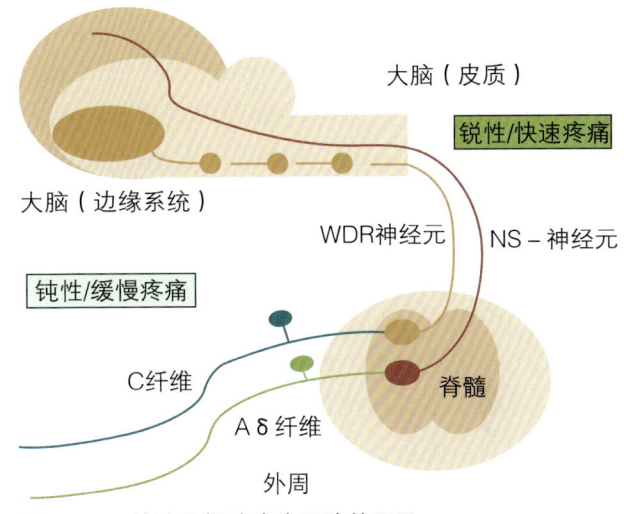

图15-1 快速和慢速疼痛通路的图示

刺激伤害性会引起外周的神经纤维去极化。神经纤维传递的疼痛止于神经纤维的游离端点（伤害感受器）。伤害感受器是小的、通常为无髓鞘的传入神经纤维，它们可被强机械、温度或化学刺激激活。不同的因子，尤其是炎性介质可影响这些伤害感受器的敏感性（外周敏感化）。刺激沿痛觉传入纤维上行传入脊髓背根。疼痛冲动可通过Aδ（有髓鞘）和C（无髓鞘）纤维传递。Aδ纤维产生锐性刺痛。C纤维引起缓慢的烧灼痛，脏器内也有C纤维。

刺激在脊髓内被传递给次级神经元，再投射给脑部的更高级中心。初级（外周）神经元和次级神经元（广动力范围神经元或伤害特异性神经元）在脊髓内形成突触，此处的神经递质主要是谷氨酸和P物质。脊髓内的许多因子调控这个信号传递，脊髓是镇痛药发挥作用的重要部位。

此外，脊髓在这个水平上可产生可塑性改变，从而增强信号。长时间或大规模刺激可引起中枢敏感化，增强疼痛反应。中枢敏感化可在数小时内发生，用电生理学检测表现为"上调"，由数种机制引发：

1. 长期或大规模刺激会刺激次级神经元水平的 NMDA（n-甲基-d-天冬氨酸，NMDA）受体。该受体产生的基因转录发生变化，上调受体敏感度和受体数量，因此提高了次级神经元对给予的外周输入的反应。也可以说它增加了系统获取量。

2. 最近已发现中枢致敏不是一种单纯的神经活动。在中枢神经系统中主要发挥支持作用的神经胶质细胞也会被激活。这种激活对维持慢性疼痛状态具有关键作用。

信息由脊髓被传递至丘脑后，再直接或间接传递至大脑。

脑干的次级神经纤维分支会刺激中间神经元和下行投射，下行投射能在多种水平调节疼痛通路。去甲肾上腺素和血清素作为抑制性中间神经元的神经递质能激发对次级脊髓神经元的调节作用。这些系统被称为下行抑制控制系统。脊髓中间神经元也可调控脊髓次级神经元。

在大脑水平，刺激到达感觉皮层和边缘系统，感觉皮层可描述疼痛的感觉差异面（哪里、多少？——通常由 Aδ 纤维调节），而边缘系统与动机-情感方面相关（厌恶感、情绪、痛苦——通常由 C 纤维调节）。大脑的这两个区域最终都会影响慢性疼痛的行为变化。但是，影响情绪和情绪健康变化的主要是边缘系统。

慢性疼痛和情绪健康

任何厌恶感受经历都可能引发保护反应，包括防御行为和习得性逃避。发生慢性疼痛时，对疼痛的感知可能会改变行为，例如猫和社交、周围环境之间的互动行为[3]。人们对动物疼痛时的情绪表现知之甚少。由于很难直接评估动物的情绪反应，同时人和猫都有相似的神经通路和神经递质，可以合理推测猫的疼痛过程和经历可能与人的相似[3]。情绪健康对个体生活质量有显著影响，这种体验是否与身体和功能性疼痛管理同等重要仍存在争议。

已发现人的大脑控制可改变疼痛反应。动机和疼痛回避是塑造个人行为的两种对抗力量。动机（或驱动）以目标为导向，包括优化健康、尽可能减少疼痛和痛苦和尽可能获得愉悦[4]。猫的动机包括满足生存需求和在环境中表现正常的种属特异性行为。但是，这种需求可能会受到阻碍，当猫通过适应性行为来自我管理慢性疼痛时，这些阻碍可能发挥关键作用。例如，如果追求愉悦的目标和经历会引发如疼痛等不愉快的刺激，猫可能就会选择放弃追求愉悦目标和经历。

以一个临床案例为例，猫喜欢爬高和监视环境；这常常表现为跳到高处，然后坐在窗台上。但是，退行性关节病（degenerative joint disease, DJD）的患猫在进行此项活动时，可能引发关节的过度疼痛，因此它们要么调整跳上窗台的方式，要么选择停止这种行为，尽管跳到窗台上仍是它们想要获得的愉悦目标（图 15-2）。然而，受对正面奖励（如获得零食或有机会与主人互动）的

图 15-2　虽然这只猫仍喜爱爬高和看向窗外，但骨骼肌肉疾病使它无法跳到高台上（感谢 S. Robertson 提供）

欲望驱动时，尽管猫处于疼痛和虚弱状态，也可能仍会选择跳到同一位置。

因此，行为变化会有高度差异性，受个体所感知的利益（如食物、舒适和安全）和喜悦、预期的痛苦和不适的影响。猫与生俱来的习性、习得性恐惧和其他习得行为也是影响猫是否躲避疼痛的因素（图15-3）。

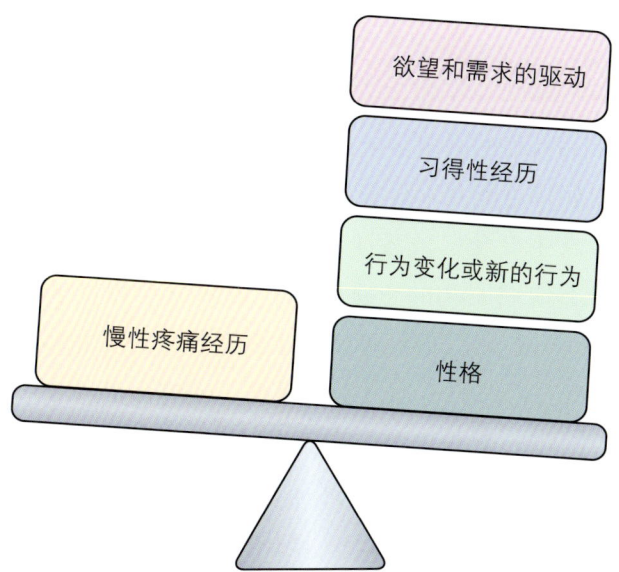

图15-3 一只猫会权衡和考虑许多因素和潜在的疼痛经历。行为变化和新的适应性行为可以尽可能减少或避免疼痛。性格和习得性经历可能会影响表现出的行为和这些行为的表现方式。需求和欲望是面对疼痛刺激的动力，如进食需求和玩耍的想法或欲望是不同的动机因素

定义和术语

国际疼痛研究协会（The International Association for the Study of Pain, IASP）定义疼痛为"一种伴发实际或潜在组织损伤有关，不愉快的感觉和情绪体验。无法用语言交流并不能否定个体正经历疼痛，并需要适当的缓解疼痛治疗的可能性"[5]。

这意味着疼痛是一种。包含不愉快的感觉、功能和情绪成分的多维经历。

术语

1. 急性或慢性：慢性疼痛被定义为持续超过1~6个月的疼痛，或持续时间超出预期的组织愈合和病理过程结束时间的疼痛。但是，临床上很难进行区分，尤其在慢性疼痛状态下出现急性"发作"时[6]。

2. 适应性或非适应性，用来描述疼痛的保护作用和使疼痛成为一种疾病的变化之间的差异，曾使用过不同的术语。与保护性反射有关的疼痛常被称为适应性疼痛；过去，曾使用保护性、伤害性或生理性疼痛等术语。适应不良的疼痛代表异常或功能障碍的神经传递，无生理保护作用，称为病理性疼痛[6-8]。

3. 炎性、神经性或混合性疼痛[8]：根据引起疼痛的机制来定义。炎性疼痛指外周神经纤维的伤害性刺激引起的疼痛，可能来源于躯体或内脏。神经病理性疼痛由损害或疾病影响外周和/或中枢神经系统引起[9]。

4. 痛觉过敏和痛觉超敏（allodynia）：痛觉过敏是由已知疼痛刺激引起的加剧的疼痛体验（即疼痛"放大"）。痛觉超敏指非疼痛刺激引起的疼痛体验（神经信号变化导致非疼痛性刺激引发疼痛）[9]（图15-4）。这两种现象都与中枢敏感化有关。

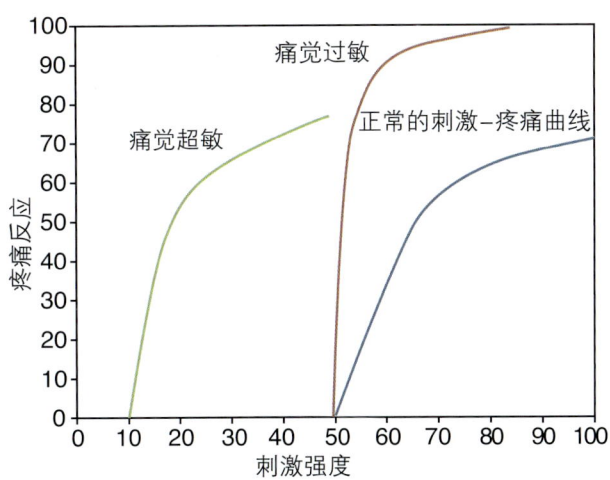

图15-4 中枢致敏、痛觉过敏和异常性疼痛的示意图。正常情况下，伤害性刺激增加会增加疼痛的程度。发生中枢致敏时，同样伤害性刺激会引起更大的疼痛反应，即"痛觉过敏"。发生痛觉超敏时，较低或之前不会引发疼痛的刺激会引起疼痛反应（摘自 A. Bergadano, 15th FECAVA Eurocongress/AFVAC/ SAVAB/LAK Congress, Lille, France, November 2009）

辨识和评估慢性疼痛

辨识猫的慢性疼痛

现在人们已广泛意识到所有动物都会经历疼痛和表达疼痛，不同年龄、物种和个体表达疼痛的方式不同。此外，常认为某些操作和疾病会引起犬的疼痛，但却可能忽略对猫的作用[7]。即使已知猫常发肌肉骨骼疾病，却已将老年猫的行为变化归因于年龄增大，而不是痛苦[7]。兽医专业人员可能尚未意识到或对猫的慢性疼痛表现不敏感。慢性疼痛的伤害，会影响身体机能，让猫遭受情绪痛苦；这些成分都会影响个体的生活质量。

在考虑辨识和评估猫的慢性疼痛时，以下想法可能很重要。

1. 猫无法用语言来表达疼痛，也无法说出疼痛和疼通的等级。语言沟通是评估人的疼痛的金标准。但是，即使在人也已公认那些无法沟通的个体也会发生疼痛[5]。常见的例子包括小孩、在重症监护病房被镇静的患者和老年痴呆患者[10]。通常应通过监护人来评估这些病患，猫的情况也一样。

2. 野猫祖先大部分是独行动物，没有群体或群落来保护它们，为了自保，它们的生存本能会让它们采取掩盖疾病存在的行为，尽量避免暴露脆弱。每只个体猫的生理需求、疾病严重程度、损伤或疼痛将决定最终结果（图15-5）。这种自我保护理论被用来解释传统观点，即猫倾向于逃避，避免出现明显的疼痛和疾病迹象。

3. 在无临床疾病时，也可能出现慢性疼痛，且持续时间超过急性损伤的预期病程；例如，截肢或断爪术后发生的神经病理性疼痛。

4. 很难鉴别与年龄相关的"正常"行为变化和慢性疼痛引发的行为变化。老年动物的主人常认为是老年化引发了许多行为变化，而不是疼痛和疾病的可能症状。

猫慢性疼痛的症状

与猫的大多数疾病表现类似，慢性疼痛的临床症状可能并不具有特异性，通常表现为正常行为发生变化，或发生异常行为。宠物主人非常熟悉他们宠物的正常行为，更容易发现这些变化[11]。但是，他们可能无法识别隐匿式的开始和发展。有时只有通过适当镇痛，使疼痛最小化或消除时，或解决潜在疾病时才会发现这些变化。疼痛的表现同样也受疼痛来源和性质以及任何并发疾病的影响。方格15-1列出了常伴发于慢性疼痛的疾病，后面的章节会有更详尽的探讨。本章探讨的许多指标都来自对DJD的研究，因此在进一步评估疼痛状态后，列表可能会发生变化。

方格 15-1　常引起猫慢性疼痛的疾病

- 慢性骨骼肌肉疼痛（如退行性关节病、骨关节炎）
- 术后（如切除纤维肉瘤、截肢）
- 牙齿和口腔疼痛（如慢性龈口炎）
- 脏器疼痛（如炎性肠病、胰腺炎、间质性膀胱炎）
- 慢性外耳炎、慢性皮炎和瘙痒性损伤
- 肿瘤伴发的疼痛（如骨肉瘤、淋巴瘤）
- 神经性疼痛（如糖尿病性神经病变）

正常的行为变化包括以下方面：

1. 活动水平或跳跃、玩耍和使用猫砂盆等活动的表现。使用猫砂盆存在困难可能会导致不恰当的排泄[7]。

2. 食欲、进食和饮水行为。

3. 总体活动性，如移动的难易度、移动的流

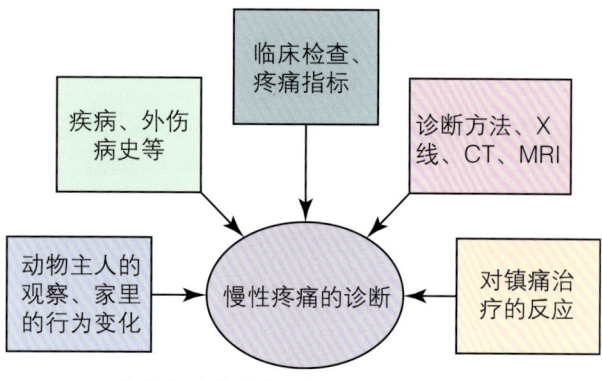

图 15-5　多维方法诊断猫的慢性疼痛的多模式方法

畅性和身体姿势。这主要适用于患有肌肉骨骼问题的猫。这些表现为生活方式的变化，伴发特定活动性的变化，主要包括跳跃和攀爬[12-14]。这些活动可能对猫的关节施加巨大的压力，因而会导致最剧烈的疼痛。从行为角度来看，可将这些正常行为的变化看作操作性条件反射或习得性回避行为。减少跳高或跳下的意愿，降低跳跃的高度和频率，能尽可能减少经历的任何不适。在某些情况下，猫可能仍会表现正常的行为，例如，如果猫想到主人的床上，它们可能先跳到一个较低的床头柜上，然后再到达床上，而不是直接一次性跳到床上。但在其他情况下，它们会简单地放弃正常的行为。如果客户未意识到这些变化的意义，他们可能无法理解这些是猫为尽可能减少疼痛的策略（方格15-2）。

方格 15-2　猫慢性疼痛引起的行为和日常活动变化

- 独处多、睡眠更多
- 心情变化、不开心、躲避
- 异常的互动模式、睡眠-清醒模式改变
- 攻击主人或其他动物
- 被摆弄或触碰一些部位时，表现出攻击行为
- 不愿玩耍和进行身体互动
- 食欲和体重下降
- 日常活动或生活发生变化
- 排泄异常，在猫砂盆外排泄

4. 舔毛和被毛外观（例如，抓挠自己、理毛频率或强度发生变化）[13]。

5. 性情、情绪、举止或与人和动物的社交活动[13]。习得性疼痛回避会让以前与主人的愉快互动和正常行为发生变化。例如，理毛或抚摸慢性疼痛性腰荐部DJD患猫的背部可能会产生疼痛或不舒服的刺激。即使猫以前喜爱这种互动，现在这种疼痛和厌恶性刺激可能导致猫变得无法容忍互动或进行躲避。如果猫不让自己经历这种疼痛，这也可能减少主人观察和发现猫疼痛状态的机会。客户可能会报告猫的情绪发生变化，或希望独处的行为增多。当发现发生疼痛时，攻击

性行为模式可能会增加，但不同个体的情况不同[15]。兽医对猫也应进行此种观察，因为兽医们会意识到猫在临床上的攻击表现是多变的，可能会受先天性情、习得的恐惧行为和以前疼痛经历影响。在动物诊所可见各种各样的猫行为。可能较难给猫进行体格检查，因此获得可靠的身体疼痛提示的机会较少。认为与疼痛相关的行为实际上可能来自习得性回避或焦虑或恐惧反应。脾气和行为进一步加大了解读疼痛患猫体格检查的结果难度。猫的DJD的多项研究已发现在被评估为存在疼痛的猫里，只有一些猫表现更具攻击性，社交互动减少和对主人进行身体爱抚和梳毛的忍耐度下降[12,16-18]。但是，在那些影像学DJD评分、临床评估中的疼痛评分较高的猫中，性情更差[19]。据推测，疼痛是导致猫在动物诊所和家中不配合或无法忍耐的原因，因此疼痛也与较差的性情评分相关[19]。一些疼痛性DJD患猫的心情、互动和攻击倾向会发生变化，经镇痛治疗后常能有所改善[12,13,20]。人的内在性情与个体的行为和情绪反应模式有关，是与生俱来的，而不是后天习得的[21]。不同性格类型的疼痛强度并无差异，但内向的人会有更显著的痛苦和疾病行为。外向的人更可能表达自己的痛苦，但遭受疼痛较少（有更好的应对机制）[22]。这意味着疼痛通过认知和情绪过程影响我们感知到的生活质量，而天生的性格特征影响认知和情绪过程[22]。虽然这些人的研究并不直接适用于猫，但由环境和经历进一步改造的性情类型（既遗传）会影响个体猫的疼痛感知。天生的性情也会影响猫对疼痛的应对机制，从而影响行为。环境和生活经历会强化和塑造天生的性情特征，但未研究慢性疼痛等应激源如何影响这些特征。疼痛是一种不愉快的感觉和情绪体验，会引起影响身体和情绪的应激反应[23]。已研究恐惧和焦虑等情绪应激源对各种猫行为的影响，以及潜在应激源对猫的情绪状态和行为的影响[24]，但尚未有慢性疼痛如何影响猫的情绪的类似研究。此外，仍未探索猫的性情和疼痛之间的相互作用。如果脾气类型确实是终生稳

定和可预测的,就可评估是否可在早期探测疼痛的工具中整合应用该信息,并评估更"外向"的猫(既社会化和友好的性格)和更"内向"的猫(既社会化较少,性格更不友好的)与慢性疼痛相关的行为是否有差异。猫的性情评分法(Feline Temperament Score,FTS)是一种有效的性情测试方法,在美国被用于提高由收容所中领养的猫与合适家庭环境的相容性[25]。青春期的FTP分数随时间的推移而相对稳定,与新家和对人的行为有良好的相关性。使用FTP测试可以准确洞察和一致衡量猫的社交能力。当猫的FTP分数提示猫较内向和不友好时,猫更可能会在与主人或不熟悉的人的某些接触互动中,显得更具攻击性和偏好隐居。慢性疼痛的存在可能会增加不良互动的强度和频率,动物主人可能会因此而避免引发攻击反应的状况。此外,潜在慢性疼痛发展或恶化的指标之一是攻击行为恶化。另一方面,当猫的FTP分数提示猫更爱社交和更友好时,猫可能不会轻易表现攻击或隐居行为。这些猫可能更容易融入家庭,并可以在与主人的操作性条件反射互动中获得更多乐趣和安全感。事实上,这些猫可能会主动寻求与人的互动,以获得舒适或身体的安全感,并可能因它们有与主人保持愉悦经历的更强烈愿望,而表现出更易识别的与疼痛或障碍有关的行为变化。

虽然上述症状与急性疼痛的相似,但常见的慢性疼痛症状却较不明显。但是,在慢性疼痛的"发作"期间,有必要评估急性疼痛症状。额外的变化可能包括:

1. 看向或舔受影响部位[11]
2. 面部表情(皱眉、眯眼和低头)[11]
3. 姿势(蜷缩、紧绷)、步态异常、身体重心改变、坐或躺的姿势异常[11]
4. 保持距离和紧绷表现[11]

比较犬猫的慢性疼痛

由于进化背景和与人类的互动水平不同,犬患病或遭受疼痛时往往表现得更加明显。例如,DJD患犬往往表现出许多更明显的临床症状,因此与猫相比,往往更易识别犬的慢性疼痛疾病[18]。

犬和主人之间的互动包括日常活动,如一起定期散步或跑步(牵绳或不牵绳)、玩飞盘、球或玩具、定期美容等。当发生像骨骼肌肉疼痛等疾病时,主人能观察到明显的例行活动障碍,促使他们及时寻求兽医评估。与此相反,大多数猫并未与主人进行许多互动活动,它们对疼痛刺激的主要反应可能是简单地退缩和活跃度减少,导致主人很容易忽略任何疾病或无法发现与疼痛相关。相似地,猫患DJD时,可能会选择避免会引发疼痛的状况和活动,因此习得性回避是导致DJD患猫不常表现跛行的原因之一。另外,与犬DJD不同,猫的DJD通常是双侧性疾病,这也导致DJD患猫罕见跛行[13]。

猫慢性疼痛的诊断

调查慢性疼痛疾病的病史和病征

筛查和管理慢性疼痛患猫时,关键部分是病征和收集准确的病史。主人对宠物的观察和评估是至关重要的,因为他们和猫生活在一起,与在就诊期间与动物相处10~30分钟的兽医相比,他们更熟悉猫的正常行为。然而,应询问主人"正确"的问题,让他们识别宠物的疼痛,接着评估疼痛进程和对治疗的反应(方格15-3)。虽然主人是发现提示疼痛变化的最佳人选,但只有在提示他们后,他们才会认为自己的观察结果很重要[12]。

已有人建议由客户填写的问卷是帮助识别和评估猫的慢性疼痛的理想工具,犬主人已使用这类问卷来评估癌症和DJD患犬的疼痛状况[26,27]。目前,仍未确立猫的这类工具的最优方案[11]。最好使用适当的语言来对任何问卷进行心理测试和验证。猫慢性疼痛的主要表现为适应性行为、情绪、生活方式的变化和回避机制。研究关注最多的领域是猫DJD引发的慢性疼痛,内容更针对主人观察到的行为[16,17]。深入研究发现人能够评估治疗的反应[12,20]。进一步完善客户成果的工作也使猫的肌肉骨骼疼痛指数（Feline Musculoskeletal Pain Index，FMPI）得以出版[14,28,29]。使用这个工具可以辨别出行动正常的猫和DJD患猫之间的活动性和生活质量差异。

方格 15-3　与猫慢性疼痛性骨骼肌肉疾病相关的常见行为变化

- 跳跃高度降低
- 不愿向高处或低处跳
- 使用中间点来到达之前能一步跳到的高处
- 丧失猫的优雅和灵敏
- 错失落地点，尤其在向高处跳时
- 把自己向上拉到沙发或床上
- 从高处跳下时表现犹豫
- 跳下时沉重落地
- 步态改变，如更僵硬和生硬的步态
- 少见跛行

常通过慢性疼痛对生活质量（quality of life，QOL）的影响来评估人的慢性疼痛。已经对主人认为对其猫生活质量重要的因素进行了研究[29]，也已使用QOL概念来评估接受抗病毒药物治疗[30]、患心脏病[31,32]、癌症[33]或糖尿病[34]的猫。近期已发展出给主人使用的评估DJD患猫骨骼肌肉疼痛的工具[28,35,14]。在衡量猫的生活质量时，不应仅着重于功能结果，因为主人可能认为某些属性和各种家庭例行活动要比兽医认为的更重要。综合使用身体/功能结果等客观的衡量指标和非机体因素，能提供对个体QOL的最佳、全面的评估，其中非机体因素可能代表客户对猫的健康的看法。

在采集病史时，使用开放式问题有助确定关注点，如关于食欲、活动、机动性、情绪、性情、理毛、步态和家庭、社会环境的特定改变问题，包括与其他宠物和主人的接触等。可能也需进一步调查先前的手术或外伤史。若有躲避或针对身体接触的攻击反应等提示疼痛的行为改变时，需进行对应的体格检查和附加检查（方格15-2）。

也可要求客户录下猫在家中的表现。许多人可轻易使用现代手机的摄像头录下猫的步态或异常行为，这可为潜在问题提供线索。也可使用科技手段让兽医实施虚拟家访，不需要人实际在场，就能看到猫在家中的实时情况。

初始评估也应包括先前所用的药物、反应和副作用。

在缺乏可靠的问卷调查时，可在采集病史后确认数个要点/行为，再让动物主人对这些要点/行为进行评分。本章后文会介绍所谓的客户特定结果测评（client specific outcome measures，CSOM）。

体格和临床调查

全面的体格检查永远是必不可少的，但可根据怀疑的潜在疾病和/或疼痛的起因，决定是否需要仔细评估不同的身体系统和进一步调查的程度。

应检查手术部位是否有持续疼痛和/或致敏的迹象。确定疼痛部位的一项重要方法就是触诊不同身体部位。但是，无触诊反应并不代表该动物并未处于疼痛状态。发生骨骼肌肉疼痛时尤其如此[19]，但一般适用于所有位置的疼痛。由于老年猫常发DJD，应进行骨科检查。全面检查可引起肌肉骨骼系统的明显疼痛反应，但要解读和确定猫的这些反应的意义却很困难[19]。疼痛躲避行为引发的肢体废用可引起肌肉萎缩。

通过腹部触诊可评估内脏疼痛，但由于这种疼痛趋向为放射性的，因此很难定位发生疼痛的确切器官或部位[36]。

进一步调查

应进行进一步调查来确定慢性疼痛的物理原因。但是，无身体疾病并不意味着不存在疼痛。由于本章开头所述的机制，在无物理变化的情况下，慢性疼痛仍可持续存在。依据怀疑的慢性疼痛性质进行进一步检查，通常包括影像诊断检查，这能帮助发现肌肉骨骼、牙齿、听觉、颅内、腹部和脊柱疾病。在本章后文关于DJD疼痛管理部分，将进一步讨论疼痛检测的缺陷和 DJD 影像学变化的意义。

评估和量化猫的慢性疼痛

在初始评估、评估治疗的成功性和评估新镇痛药的研究中，评估和量化慢性疼痛是至关重要的。总体而言，缺乏用于动物的经过验证的工具和仪器，猫的情况更是如此，尤其在评估慢性疼痛时。

评估和量化猫的慢性疼痛

由于猫不会说话，所以它们需要人来进行疼痛评分，这是猫科医学中的一个主要混杂因素，因为它可能会引入主人的偏见和主人对治疗反应的看法。一项研究假设身体活动（移动性）是体现 DJD 患猫的生活质量的最重要方面，最终发现主人反而更重视非身体结果（60%）[29]。老年猫的主人认为猫能休息、进食和理毛的能力对猫的舒适尤其重要，而年幼猫的主人认为机动性和玩耍能力更为重要。主人认为身体活动在老化过程中会不可避免地减少，这解释了为何在评估生活质量时，主人认为功能和机动性并不重要，尤其在评估老年猫时[29]。但是，作为一种功能结果，机动性被许多与 DJD 相关的疼痛研究着重作为衡量治疗反应的方法。目前尚无临床可获得的客观评估措施来评估治疗方式的疗效。在为 DJD 患猫建立有效的评估工具方面，已有重大进展，且已快证实使用 FMPI 可有效评估镇痛治疗的效果，但在完全确立前，还需进行再次评估[35,14]。虽然这些衡量措施是有价值的，但仅是疼痛的临床监测的一种可能工具，目前还未开发出与 DJD 伴发疼痛相关的工具。

客户特定结果测评（CSOM）

CSOM 是可在动物诊所环境内使用的一种重要的疼痛监测工具。已报道在犬猫上有相关的临床应用[35,37,38]。

依据初始病史调查发现的 3～4 种问题/异常活动或行为建立 CSOM。可将这些简单的客户观察结果转化为评分为 0～10 分的可视化模拟评分表，或使用简单的"是"或"否"回答来比较治疗前后的情况。表 15-1 列出了一个 CSOM 模板。图 15-6 列出作者之一（II）为慢性背部疼痛患猫使用 CSOM 的案例，猫的慢性背部疼痛可能起因于腰椎 DJD。这些评估有助于监测和量化治疗的反应。要么由客户 1 周完成 1 次（"疼痛日记"），或当客户在动物诊所随访时，对 CSOM 进行评分。除了 CSOM 外，也可使用每日或每周视频记录来评估治疗反应。

表 15-1　客户特定结果测评工具案例 *

监测的身体活动	正常	稍低于正常	比正常差	比以前差很多	再也无法表现
1					
2					
3					
监测的身体活动	正常	稍低于正常	比正常差	比以前差很多	再也无法表现
4					
5					

* 指南：选择三种特定的行为或活动（如跳到床上或玩耍）和两种非身体性参数（如舔毛或进食），客户应能观察到他们的猫例行进行的这些行为或参数，并认为这些对猫的生活质量很重要。应敦促客户考虑与猫成年时的日常行为相比发生变化的行为，若使用镇痛治疗，则应记录变化

"Flexi"的疼痛日记：请用0～10分来为各项活动评分。零（0）代表没有问题/活动正常；10代表有严重的问题/活动异常。请每周为Flexi评分，一定要在同一天评分，并考虑过去一周的情况								
日期	4-3	4-8	4-15	4-22	4-29	5-15	5-27	6-10
排尿时左后腿不动	8	6	4	4	2	0	0	0
在楼梯上左后腿不动	8	6	6	4	2	0	0	0
行走时摔倒	4	4	4	1	1	0	0	0
躺在走廊外面				0	0	0	0	0
建议			NSAID		针灸	针灸	针灸、NSAID、EOD	

图15-6 一只慢性背部疼痛患猫的CSOM。客户起初每周为猫进行评分。在最初的病史采集/检查后选择了需评估的活动。当客户在一次回访中提到猫再次与其他猫一起躺在外面，而处于疼痛状态时并不会这么做后，增加了一项CSOM。EOD,每隔一天；NSAID,非甾体抗炎药

活动监测器和动力测量装置

目前，正在被进一步审查的其他监测疼痛管理的方法包括活动监测器和动力测量装置[35,38-41]。可以给猫戴活动监测器（加速器），该设备已被应用并监测到用美洛昔康治疗DJD个体的活动增加，在一项评估骨关节炎的处方粮研究中也有使用[38,41]。进一步的研究发现活动监测器对夜晚活动更有针对性，无论是探测活动的减少或使用美洛昔康后的活动增加的情况[40]。虽然活动评估是评估DJD疼痛的重要方面，但在评估慢性疼痛时，活动评估并非那么必要，目前这些工具已在研究环境下发挥作用。在动物诊所，衡量慢性疼痛引发的行为和生活方式变化仍是非常重要的。

在研究环境下，动力测量装置的垂直力峰值（peak vertical force，PVF）的测量在验证治疗效果上有很好前景[40]。这对于评估临床使用药物或其他方法管理疼痛的效果非常重要。

定量感官检测

定量感官检测（quantitative sensory testing，QST）指为评估疼痛通路，对皮肤、黏膜或肌肉组织进行心理生理检测。该法检测伤害性刺激和半定量检测伤害感受的变化，并有助辨别神经病理性疼痛的类型和强度，而这些神经病理性疼痛则被认定为痛觉超敏或异常疼痛[14]。虽然QST在动物临床医学的应用前景巨大，目前仍未有操作简便、经过验证的简单检测方法[42]。

急性疼痛评分

虽然在临床环境下，急性疼痛评分似乎有用，但无法用来探测慢性疼痛[43]。在诊断慢性疼痛的急性"发作"时，测量急性疼痛可能有用。第14章提供更多关于急性疼痛评分的内容。

镇痛试验

由于解剖和生理相似，可以假设会引起人类疼痛的状况也会引发猫的疼痛。当以临床为基础怀疑存在慢性疼痛但无法证实，或要进一步调查确认疼痛的存在不适或无法进行时，可进行合适的镇痛试验，且在大多数情况下这是应该实施的。使用CSOM测量工具可评估行为反应和变化。这些评估和观察到的任何变化将有助确定疼痛是否存在，可能帮助评估镇痛效果（图15-5）。

对客户的"评估"和教育

每一次初诊都应解决猫主人的期望和担忧。客户在看到猫的行为变化时，可能错误地认为老年猫的行为"仅是放慢了"或"仅是变老了"。虽然这在某些情况下可能是真的，但行为变化至少应促使去寻找可能的潜在疼痛。以DJD为例，客户普遍错误地认为猫并未经历疼痛，因为不常见猫表现跛行和明显步态变化[12,44]。但是，如果询问客户关于总体活动和跳跃活动的问题，客户会开始意识到猫适应性行为的意义。许多客户仍

未意识到疼痛和猫行为变化之间的重要联系，直到他们了解了猫的应对和适应策略。

通过将重点从治疗转向早期疾病检测和"健康"计划，猫主人可以得到更好的教育，变得更加主动。兽医专业人员应教育客户，猫的日常活动的细微变化是很重要的，这可能反映存在身体和/或情绪的问题，做到这一点至关重要。随着意识的提高，客户将知道何时应寻求兽医关注，以便早期发现和管理疾病发展。

在治疗初期，应频繁就诊来检查治疗是否成功和可能发生的药物副作用，这有助评估兽医和客户获得一致认可的获益风险比。许多客户可能会因害怕毒性作用或不相信猫正遭受疼痛，而对启动治疗犹豫不决。让客户监测活动性的变化有助说服他们相信继续治疗的必要性。有时直到停止镇痛治疗时，客户才会注意到活动减少。

如果未达到预期治疗结果，就应该重新评估治疗、结果和期望。并不是所有的改善都如外在的身体和行为症状那样可进行量化，如活动性变化就无法量化。即使未实现预期的功能目标，猫生活中的非身体性变化也可改善生活质量。客户可能形容他们的猫更快乐、休息时更舒适，心情更好和表现出社交能力变化。对许多猫主人，以及对猫本身来说，这些标准都是同等重要的。这就是为什么需个性化定制对每只患猫的疼痛管理预期，并持续评估进展。有效管理患猫慢性疼痛的临床挑战包括最大程度减轻疼痛；最大程度改善功能并保持情绪良好；平衡药物管理的风险。

疼痛管理

通用思想和概念

每个兽医（和主人）都希望能通过自己的护理，来减轻痛苦，维持或改善生活质量，并尽可能延长动物的寿命。要避免痛苦和提高生活质量，关键应提供适当的镇痛治疗。近年来，关于犬猫镇痛药使用的专业知识已有很大的发展，虽然许多方面仍有待研究，但关于急性和慢性疼痛综合管理的数据却越来越多。总体而言，关于猫的知识是落后于犬的，而且仅注册了少量能用来长期控制猫的疼痛控制的药物，这更恶化了知识落后的情况。

多模式（结合不同的治疗方式）和联合用药治疗往往能获得更好的临床效果，减少药物发生不良反应的可能性。在人类医学的有效疼痛管理里，采用一种跨学科的方法来缓解慢性疼痛病患的疼痛和改善生活质量。典型的疼痛管理团队包括全科医生、外科医生、临床心理学家、物理治疗师、职业治疗师和护士。动物医学的情况类似，团队应包括镇痛、行为医学和康复医学领域的专家、护士和技术员以及客户，以试图实现一个更加综合的方法来管理慢性疼痛患猫，监测治疗效果和监视不良反应。

管理慢性疼痛的多模式方法似乎是最直观的。它能平衡药物和非药物资源，来尽可能减少病患的不适，提高病患在环境中维持生活质量的能力，并可能改变潜在疾病机制的发展。以DJD为例，这可能包括使用非甾体类抗炎药（non-steroid anti-inflammatory drug，NSAID），结合使用处方粮、减肥计划，并改造环境让个体能持续享受家庭资源（图15-7）。

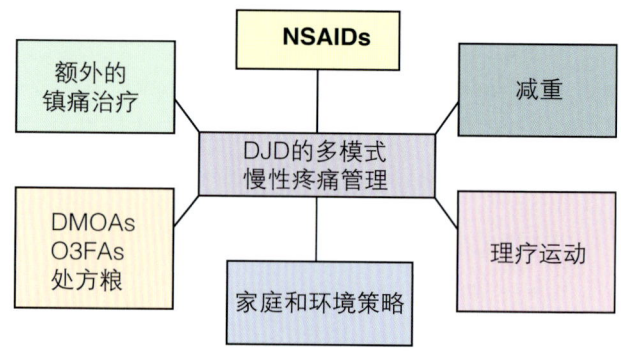

图15-7 例如，多模式疼痛管理是一种管理退行性关节炎引发的慢性骨骼肌肉疼痛的临床方法

每个个体的治疗时长不同，应根据病史和疾病进程、表现的临床症状和治疗反应进行调整。在某些情况下，目标不一定是消除疼痛，而是使疼痛的敏感性正常化（即下调中枢致敏性）。在

与客户一起制定实际的治疗目标时,这点很重要,因为甚至很难控制人的慢性疼痛[45]。

疼痛当然不是静止的,在整个疾病过程中都会发生急性发作(常称为暴发性疼痛)。此时,需增加镇痛药的剂量和/或当前治疗药物的剂量。如果暴发性疼痛发作越来越频繁,应重新评估治疗方案,可增加剂量,进一步使用联合用药(combination drug therapy,CDT),或寻求多模式管理方法。

在多模式方式中,对使用药物或非药物方法的最佳顺序仍有争论。作者认为先使用药物方法能有效对抗两个关键因素,并快速控制慢性疼痛。首先,非药物(nonpharmacological,NP)方法可能起效慢,需要几周至几个月。其次,慢性疼痛可能已经引发中枢致敏,因此拖延使用充足的镇痛药,可能导致更严重的非适应疼痛。因此,要有效管理猫的慢性疼痛,应首选NSAIDs等经验证的基础镇痛药。在建立长期的非药物多模式策略时,这些可提供一些即时缓解作用。

药物疼痛管理方法

缺乏科学数据和评估慢性疼痛的客观方法,以及给猫使用不同镇痛药的特定数据,无疑助长了猫慢性疼痛镇痛不足的情况。有些获得的知识都是传闻,但这些知识也是有价值的,由于长期缓解疼痛的需求变得越来越明显,兽医专业人员未来需要更合理可信的研究来指导临床决策。

理解疼痛的病理生理学和某些药物与疼痛"通路"的相互作用,可能有助解释所用部分药物的作用(图15-8)。这可以在管理疑似慢性疼痛的个体病患时,更有针对性地应用镇痛药。

兽医经常使用联合用药来有效地管理急性疼痛,所用的药物作用于疼痛"通路"的不同水平。在管理慢性疼痛病患时,也可使用同样的逻辑。目前,主要依据临床经验实施CDT。

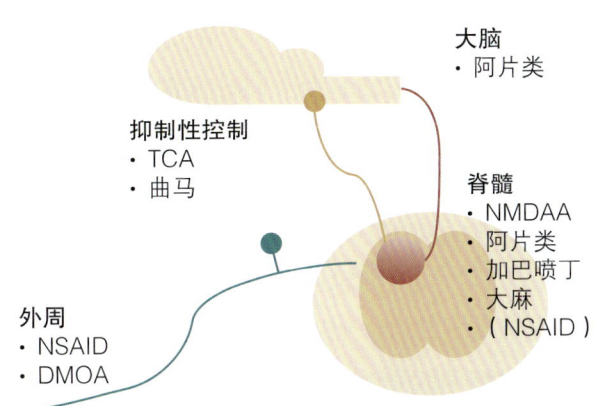

图15-8 图示治疗猫慢性疼痛的不同药物作用于疼痛通路的水平。注意特别在脊髓水平,药物对不同受体起作用,可用作联合药物治疗。DMOA,疾病调节药物;NMDAA,NMDA受体拮抗剂;NSAID,非甾体抗炎药;TCA,三环类抗抑郁药

依据以下理论原则来确定应用CDT的基本原理:

- 多模式镇痛方法的潜在协同作用
- CDT有效管理急性疼痛的压倒性临床证据
- 减少个体的药物剂量和伴发药物不良反应风险的可能性
- 针对中枢和外周疼痛的不同介质的靶向治疗

应注意在控制人类慢性疼痛时,半数参与患者的疼痛平均减少了约30%,尽管疼痛评分下降了,但这并不总与功能改善相关[45]。这表明常给人开具的镇痛方法往往无法充分控制疼痛和改善功能,同时指出应更重视评估用来控制人慢性疼痛的CDT[46]。

虽然许多药物有很好的短期药动学数据,这是一个极佳的出发点,但专家意见和临床经验往往(但并非总是)更依赖长期治疗推荐。除了这些困难外,其他困难包括不同国家和地区的药物注册、可用性和开具处方的习惯不同(例如,美洛昔康在美国未注册为猫的长期用药,但在欧洲和澳大利亚已注册)。由于现有的局限性,每天用来有效管理猫慢性疼痛的处方大部分是标签外或非标签使用。此外,对用于治疗猫慢性疼痛的药物之间的相互作用也知之甚少。

只有几种药物有"猫友好"配方，而未根据药物标签使用的药物的大小和味道常让猫不愿服用。特殊配制和使客户容易给予药物的策略是很重要的。可能有必要改变药物，以确保客户可每天为猫提供药物治疗，特别在进行长期治疗时，这可能比选择完美的镇痛药更重要。患慢性疼痛的动物常是有并发疾病的老年动物，这就排除了某些药物的使用。

应给任何需长期用药的动物定期进行兽医检查，包括血液和尿液分析，以便及早发现变化。疾病和个体患猫影响重新评估的确切时间。

表 15-2 和表 15-3 总结了猫常用镇痛药的推荐剂量。

表 15-2 猫注册可用的非甾体抗炎药（全球各地有差异）

产品	剂量	注册使用天数	批准的适应证
美洛昔康	0.1 毫克/千克 PO，负荷剂量 0.05 毫克/千克 PO q 24 hrs	不确定	急性术后疼痛和慢性骨骼肌肉疼痛
罗贝考昔	1～2 毫克/千克 PO q 24 hrs	最多 11 天	缓解手术和骨骼肌肉疼痛
托酚那酸	4 毫克/千克 PO q 24 hrs	最多 3 天	治疗发热综合征
酮洛芬	1 毫克/千克 PO q 24 hrs	最多 5 天	缓解急性疼痛疾病
替泊沙林	无注册剂量	n/a	传闻可用于猫急性和慢性疼痛管理

n/a，不适用；PO，口服；q，每

表 15-3 其他可用来控制猫慢性疼痛的药物，尤其在联合用药治疗时

药物	建议剂量	建议
曲马多	1～4 毫克/千克 PO q 12～24 hrs	控制人的中度至严重疼痛。通常与 NSAID 合用。在猫偶有报道。
金刚烷胺	2～5 毫克/千克 PO q 24 hrs	与 NSAIDs、加巴喷丁或阿片类药合用时，有潜在镇痛作用，颉颃中枢致敏作用
加巴喷丁	5～20 毫克/千克 PO q 12～24 hrs	对人的神经病理性疼痛有效。猫的药动学研究
普瑞巴林	1～2 毫克/千克 PO q 12～24 hrs	对人的神经病理性疼痛有效，昂贵
安乃近（Dipyrone）	20 毫克/千克 PO q 8～12 hrs	一些国家批准用于治疗急性疼痛，传闻用于治疗猫慢性疼痛
阿密曲替林	0.5～2.0 毫克/千克 PO q 12～24 hrs	治疗人慢性神经病理性疼痛的一线药物

NSAIDs，非甾体抗炎药；PO，口服；q，每

非甾体类抗炎药

非甾体类抗炎药（nonsteroidal antiinflammatory drugs，NSAIDs）是有效管理人、猫和犬的某些慢性疼痛的主要药物，特别是那些与组织炎症相关的疼痛[47,48]。NSAIDs 与环氧合酶和脂氧合酶（COX-1、COX-2 和 LOX）有不同程度的相互作用。抑制这些酶会影响外周的花生四烯酸分解成负责传输和调节疼痛和炎症的前列腺素[49]。COX 酶稳态的重要性众所周知，在给小动物 NSAIDs 时，它们的抑制作用会引发副反应[47,50]。总体而言，给猫使用 NSAID 的主要担忧是猫的葡萄糖醛酸转化率相对较低，虽然这会影响某些 NSAIDs 的药代动力学，但可通过氧化途径代谢其他 NSAIDs，这就提高了药代动力学的可预测性和/或增加了安全性[51]。Lascelles 等人对猫 NSAIDs 使用的文献进行了大量回顾研究，并描述了这类药的药理学和药动药代学情况[47]。

目前，唯一注册能长期给猫使用的 NSAID 是美洛昔康，在欧洲和澳大利亚用来控制猫慢性骨骼肌肉疼痛，也有发表的临床数据，介绍了标

签内和标签外长期给猫使用情况。希望在适当的时间内，可有支持罗贝考昔等其他 NSAIDs 长期使用的有效性和安全性研究。此外，当地的规章制度（以及可用性）可能影响临床兽医师使用一种或多种药物的能力。尽管存在许可／注册差异，越来越多的证据支持长期使用某些 NSAIDs 来管理伴发于肌肉骨骼疾病的慢性疼痛的安全性和临床有效性[12,49,52,53]。值得指出的是一些长期研究中使用的剂量可能与标签剂量不同。与非选择性 NSAIDs 相比，COX-2 优选性 NSAIDs（如美洛昔康）和 COX-2 特异性 NSAIDs（如罗贝考昔）理论上可提供更好的安全性。但是，不存在绝对"安全"的 NSAID，因为使用不当都有可能引发副作用，比如使用剂量过高和／或使用时间过长。开具 NSAIDs 处方时，需要考虑许多因素，特别是给老年猫开药时。明智的病例筛选和客户教育至关重要。在建立治疗方案前，充分了解个体健康状况信息和任何并发疾病均相对稳定而明智。关于猫长期使用 NSAIDs 的更广泛共识指导指南已经出版，可在线免费获得（见本章结尾处的附加资源）[49]。

管理老年猫时，兽医常遇到的一个困境是这类患猫常同时患慢性疼痛疾病和慢性肾脏疾病。目前，慢性肾脏疾病（chronic kidney disease，CKD）被认为是所有 NSAIDs 的禁忌证。不应完全因此而排除使用 NSAIDs，应谨慎、考虑周全地开具 NSAIDs 处方。有两个临床回顾性研究评估了长期给并发 CKD 的猫使用 NSAIDs[52,53]。在另一项研究中，当猫发生国际肾脏协会 IRIS 评分 2 到 3 级的 CKD 肾实质损伤时，使用美洛昔康不会影响血容量正常的猫的肾小球滤过率[54]。本研究的结果与假设一致，即当猫的血容量正常时，环氧合酶功能不会影响肾功能正常或下降的猫的肾小球滤过率。这表明在筛选患猫、定期监测、客户教育、保持水合和选择适当剂量的情况下，可给 CKD 患猫使用 NSAIDs。

要长期使用 NSAID 时，常会减少使用剂量。已报道美洛昔康的使用剂量为 0.01～0.03 毫克／千克，口服，每 24 小时 1 次[49,52,53]。人们怀疑选择这些较低的经验性剂量是为了减少不良反应，平衡已知风险与客户观察到的临床反应。目前尚无对照研究评估剂量时长、剂量浓度或剂量频率降低对猫慢性疼痛控制的影响。使用 DJD 患犬的研究支持长期使用 NSAIDs 管理慢性疼痛，因为已证明长期、坚持使用 NSAIDs 能产生正面临床作用[48]。已发现在某些个体犬，（NSAIDs 的向下剂量滴定）能维持一致的镇痛水平，能更有效地控制疼痛[48,55]。相似地，在人的研究发现连续给予 NSAIDs 要比间歇或脉冲给药效果好[56]。因此，梯度给药是长期给猫使用 NSAIDs 的常规方法，虽然有证据显示以低于官方标签剂量的美洛昔康管理 DJD 时，仍可维持的镇痛效果，但这并不适用于所有猫或其他疾病，特别当疼痛更加严重时。

NSAIDs 可能不适用于管理某些类型的疼痛或与其他类型药物合用。用 NSAIDs 管理人的神经病理性疼痛时，效果相对不好[46]。当怀疑患者正使用 NSAIDs 难以治疗的疼痛和神经病理性疼痛，如当患者患严重的脊髓 DJD 时，使用多模式治疗和 CDT 可能有益于患者的临床管理。此外，管理肿瘤或某些其他疾病（如炎性肠病）时，糖皮质激素可能是治疗的重要组成部分。已公认糖皮质激素是使用 NSAIDs 的禁忌证，在这种情况下，应寻求提供镇痛的替代方法。

作者认为 NSAIDs 是控制慢性疼痛的基本方法，因为该类药物有大量安全性和有效性证据来支持其合理使用。但是，最好在多模式治疗和／或 CDT 中使用 NSAIDs（方格 15-4）。

曲马多

曲马多对两个水平的疼痛"通路"起作用。在下行抑制控制系统中，它发挥 5-羟色胺和去甲肾上腺素再吸收抑制剂的作用，它的第一代谢物氧去甲基曲马多（O-desmethyltramadol，ODM）对 μ-阿片受体起作用。猫的曲马多药代动力学显示会产生大量的 ODM[57,58]。曲马多的生物利用率高达93%，半衰期为4.5小时，推荐每天使用2次[59]。与单用NSAID相比，给DJD患猫合用曲马多和NSAIDs，并未有任何改善[60]。但是，给DJD患猫单独使用曲马多时，能提高一项感官测试的分数，也会增加夜间活动[61]。长期给猫使用曲马多的推荐剂量为1～3毫克/千克，每天2次。但是，增加曲马多的单次口服剂量至4毫克/千克时，热阈值测试结果显示作用强度和持续时间都会增加，且使用每6小时给药4毫克/千克的模拟剂量时，能获得最强药效[62]。但是，给无疼痛的动物使用1～4毫克/千克剂量时，有报道出现过度兴奋、瞳孔散大、镇静、流涎和面部瘙痒[62]。因此，更严重的疼痛可能需要改变用药剂量和/或给药频率，尤其在出现急性发作时。与其他慢性镇痛模式一样，最好使用剂量梯度和/或联合药物治疗。

方格15-4　长期给猫安全使用非甾体类抗炎药（NSAIDs）的指南

- 全面评估给患猫使用NSAIDs的相对适当性
- 确保根据瘦体重获得准确的剂量
- 根据并发疾病的情况减少剂量
- 给客户明确的NSAIDs家庭讲义
- 提供明确的剂量指南
- 进食或在进食后马上用药
- 若出现呕吐、腹泻或食欲下降，立即停药
- 根据反应梯度减少至最低有效剂量或给药间隔
- 与多模式治疗同时使用

可能的副作用包括镇静、过度兴奋/烦躁不安、瞳孔散大、厌食、呕吐和便秘等胃肠道反应。不建议与作用于5-羟色胺再吸收的其他药物（如阿米替林）联合使用曲马多。其中一位作者经常使用曲马多来减少NSAID的用药剂量。将低剂量的曲马多与不同剂量的加巴喷丁混合制成胶囊，这也取得了经验性成功，但可能出现镇静效果（例如，1毫克/千克曲马多+3毫克/千克加巴喷丁，每天1或2次）。

曲马多是一种极苦的片剂和液体，如何让猫服用成为主要问题。将药物配制成胶囊是一种有效的策略，但使用味道浓郁的糊剂和液体也可能有用[63]。

丁丙诺啡

阿片类药物在急性疼痛的治疗中具有重要作用。通过猫的口腔黏膜给药时，丁丙诺啡能被很好地吸收[64]。不推荐将阿片类药物作为人的慢性疼痛的一线药物[65]，但它似乎在管理癌症疼痛上有作用[66]。并不适合用丁丙诺啡来管理猫的DJD疼痛。作者认为阿片类药物有引发依赖和耐受的倾向，不适合长期给猫使用，但在发生暴发性疼痛时，可使用阿片类药物作为辅助用药。在大多数国家，丁丙诺啡都受特殊管控，在所有国家都不可能是非处方药。

加巴喷丁

加巴喷丁是一种抗癫痫药，但已用于治疗人的慢性疼痛[67]。加巴喷丁的一个作用机制为结合电压门控钙离子通道，在脊髓水平抑制重要的兴奋性神经递质释放[68]。

猫的加巴喷丁药代动力学已被阐明。半衰期约为3小时[69]。在一个热阈值的试验模型中，口服剂量为5～30毫克/千克时，加巴喷丁未表现出抗痛觉作用，但该模型可能无法反应临床的疼痛状态[62]。已将加巴喷丁作为辅助药物来治疗急性疼痛，2周内的剂量为10毫克/千克[70]。已给3例患神经病理性疼痛的猫使用加巴喷丁，剂量为6.5毫克/千克，口服，每日2次，使用数月[68]。当可以停用其他镇痛药时，说明临床效果好。作者之一（RG）已使用加巴喷丁（常与NSAID联合使用）治疗长期的肌肉骨骼、神经病理性和与肿瘤相关的疼痛，效果良好至极佳。

有效目标剂量为10毫克/千克，每日2或3次，剂量范围为3～30毫克/千克，依据效果和副作用设计梯度剂量。初始治疗可能就会观察到镇静作用。

猫似乎并不太厌恶加巴喷丁的味道，可将胶囊打开后，把药物混入猫的食物，猫常会进食

这部分食物。不应使用加巴喷丁的液体制剂，因为它含有木糖醇，但是可以配制混合液体。作者之一（RG）已成功使用过混合液，起始剂量为 2 毫克/千克，每天 2 次，在 1 或 2 周内向上调整梯度剂量，直至达到 10 毫克/千克，每天 2 次的剂量水平。可随着时间的推移而减少剂量频率，最终梯度剂量减少至有效水平[9]。该药通过肾排泄，有肾损害的猫应调整剂量，并谨慎使用。加巴喷丁在控制猫的疼痛方面表现出了令人欣喜的效果，仍需要对照研究来评估其有效性。

普瑞巴林

普瑞巴林是一种加巴喷丁类药物，与加巴喷丁的效果类似，可调控中枢致敏，被用来管理人的神经病理性疼痛[71]。依据使用 6 只猫进行的单剂量药代动力学研究，使用剂量为 1～2 毫克/千克，每天口服 2 次，可治疗猫的癫痫[72]。目前，动物医学文献里未有临床报告评估普瑞巴林的镇痛作用。需要进一步的临床试验来评估长期给猫使用的安全性和效果。在人和猫最常见的副作用为镇静[72]。与加巴喷丁不同，普瑞巴林并非常用药物，这使它比加巴喷丁贵很多。

已使用苯巴比妥、地西泮等其他抗惊厥药来治疗猫的痛觉过敏综合征[73]。给类风湿关节炎患者使用安定，无法改善临床症状，并会引发副作用[74]，但并没有关于在神经病理性疼痛的应用报告。关于苯巴比妥镇痛作用的报道仅限于试验研究[75]，未发现相关的临床研究。观察到的效果可能是镇静所致。

金刚烷胺

金刚烷胺是一种口服的 N-甲基-D-天冬氨酸（N-methyl-D-aspartate，NMDA）受体拮抗剂，在脊髓水平对抗中枢致敏。可用来控制人的慢性神经病理性疼痛综合征[76]。已阐明猫的金刚烷胺药代动力学，推荐剂量为 3～5 毫克/千克口服，每天 1 次，但未研究长期使用情况[77]。在一项小型研究里，添加金刚烷胺可降低某些猫所需阿片类药物剂量的镇痛[78]。金刚烷胺无法单独发挥镇痛作用，可用于提高人的 NSAIDs 和阿片类药的镇痛作用[76]。对于 NSAID 治疗疼痛不敏感的骨关节炎患犬，与单独使用 NSAIDs 相比，联合使用美洛昔康和金刚烷胺可显著改善患犬的身体活动评分[37]。

金刚烷胺似乎有临床应用前景，传闻已在猫上使用来改善药物联合治疗的镇痛效果[79]。

阿米替林——三环类抗抑郁药

三环类抗抑郁药（tricyclic antidepressants，TCAs）是 5-羟色胺再吸收抑制剂，在疼痛通路的下行抑制系统上起作用。该类药是帮助管理人慢性疼痛的一线药物[80]。使用剂量一般低于治疗人抑郁症的剂量。阿米替林等药物在治疗猫的慢性神经病理性疼痛综合征方面可能有类似的益处，值得进一步研究。

未有研究评估阿米替林或其他 TCAs 对猫慢性疼痛的影响。它通常被认为是复发性猫间质性膀胱炎多模式治疗的一部分[81]。目前，阿米替林的推荐剂量为 0.5～2 毫克/千克，口服，每天 1 次。有报道联合使用该药与 NSAIDs 管理猫的慢性疼痛疾病，或与糖皮质激素联合使用来管理猫炎性肠病疼痛的临床疗效[9]。也有病例报告将该类药辅助用于疑似截肢后疼痛患猫的多模式管理[82]。在 NSAIDs 禁忌使用或单独使用无效情况下，作者之一（RG）已在临床成功使用该类药控制数只严重外耳炎患猫的慢性疼痛和敏感性。

大麻

可使用大麻控制人的慢性疼痛[83]。大麻是能与大麻素受体结合的物质，在脊髓水平调节炎症和疼痛通路[84]。十六酰胺乙醇（palmitoylethanolamide，PEA）是一种内源性大麻素，在意大利可作为营养补充剂，与橙皮苷和葡萄糖胺联合使用来治疗猫的泌尿系统疾病[85]。理论上，PEA 可能是管理动物炎症和疼痛的有趣选择[86]。但是，到目前为止，仍未科学地评估在猫的使用情况。补充剂的推荐剂量为 10 毫克/千克（范围为 7.5～15 毫克/千克）[85]。

马罗匹坦

马罗匹坦是神经激肽（neurokinin，NK）-1受体拮抗剂，是一种止吐药。但是，这种受体也参与了疼痛的病理生理机制，在中枢神经系统内作为P物质的受体。未使用NK-1受体拮抗剂作为人的镇痛剂[87]。已证实该药能改善小鼠内脏手术后的疼痛评分，在刺激卵巢韧带期间，能减少七氟醚的最小肺泡浓度[11,88]。该药可作为CDT的一部分，用来减少与内脏疼痛有关或其他药物副作用引起的恶心、呕吐。作者之一（II）常使用它来治疗慢性内脏疼痛。

皮质类固醇

皮质类固醇是作用于花生四烯酸通路的强效抗炎药物。但是，它们也是激素，会影响全身。虽然发生严重的炎症性疼痛时可使用该药，但也应考虑肌肉丢失和副作用可能会抵消潜在益处。作者不建议使用皮质类固醇作为治疗猫疼痛的主要工具。

局部注射治疗

已报道在人和动物的硬膜外和关节内使用类固醇、活化血浆或神经毒素，但在猫未有相应的记录。

保健品和骨关节炎疾病改善剂

聚硫酸糖胺聚糖

聚硫酸糖胺聚糖（polysulfated glycosaminoglycans，PSGAGs）是骨关节炎疾病改善物质（disease modifying osteoarthritis agents，DMOAs）。未知确切的疗效机制。研究已证明在管理犬骨关节炎病例时，该物质的疗效大于安慰剂[67]。虽然传闻的临床经验表明该物质对DJD患猫有一定效果，但未有临床数据支持或反驳给猫使用PSGAGs的效用。在管理疼痛性DJD时，作者倾向联合使用成熟的镇痛药治疗和常规DMOA或口服保健品。

保健品

保健品是食品添加剂或营养补充剂，有改善骨关节炎和其他疾病的作用。至少有30种保健品带DMOA声明[89]。最流行的包括葡萄糖胺、软骨素、Ω-3脂肪酸、鳄梨、黄豆和绿唇贻贝提取物。

动物医学文献的系统性综述总结认为，除一项研究观察日粮对犬的影响以外（Ω-3脂肪酸），保健品有效缓解关节炎临床症状的证据不足[90]。

这突出显示缺乏可用于猫的相关科学数据，也表明仅有少量证据支持这些药物的使用——安慰剂效果和主人的偏见会影响许多使用保健品的研究结果[90]。声称可改善骨关节炎和其他疼痛情况的补充剂名单还在持续增长，但这些产品都未经过像药品那样严格的疗效和安全性检测，应谨慎对待有明显疗效的声明，仍需高质量的临床试验来评估有效性。普遍来说，它们在轻度疾病早期的使用效果比较好。在实际情况中，常在疾病后期才被诊断出来猫的疼痛性骨关节炎。尽管通常认为使用营养补充剂是安全的，但如果用它来替代经验证的镇痛药治疗，可能会造成伤害。兽医的目标应是使用有效和安全的镇痛药来提高患猫的生活质量，现有知识认为单独使用保健品不足以治疗伴发于骨关节炎的疼痛（尽管他们可能用于多模式方式中治疗某些猫的疼痛）。

葡萄糖胺和软骨素

这是动物医学中常推荐用来治疗骨关节炎的营养补充剂。最近的研究表明这类物质无任何临床疗效来减轻人骨关节炎的疼痛或改善疾病[91]。

Ω-3脂肪酸

已证实Ω-3脂肪酸膳食补充剂对犬和人的骨关节炎临床症状有改善作用[90,91]。最近一项猫的研究也有类似的临床发现，对照研究中，给猫使用了高剂量Ω-3脂肪酸和安慰剂[92]。包含Ω-3脂肪酸、葡萄糖胺、软骨素和绿唇贻贝提取物等多项DMOAs的处方粮在CSOM和客观活动计数上都表现出疗效[41]。因此，改变膳食对管理DJD患猫的疼痛可能有额外价值。

非药物管理

理疗与康复治疗

与犬和人一样，这个领域的疼痛管理方式渐渐被接受作为管理骨骼肌肉疼痛和神经障碍患猫的一种方法[93]。已证实运动和康复项目能有效减少人的疼痛和改善功能[94]。可在骨骼肌肉疼痛患猫的治疗方案中使用锻炼和家庭康复技术[93]。可训练猫接受受控制的运动，如使用跑步机来提高四肢的力量，一些猫甚至能接受水疗[93,95]。最好由受适当训练的动物理治疗师来监督这些活动。客户很容易就能学会被动运动练习和按摩技术，帮助改善关节活动，缓解常伴发于骨关节炎的肌肉疼痛。这还可增加主人和猫之间的有益互动，如果操作适当，则很少会产生有害影响。激光、热或冷的治疗等其他选项可能对一些患猫有用[93]。减肥是降低人和犬疼痛性肌肉骨骼疾病的重要治疗方法之一，按逻辑推断让超重的猫减重大有裨益。与大多数方法一样，没有对照研究评估这些疗法在猫中的疗效或适当的使用方法。

对慢性疼痛进行充足药物控制的多模式治疗可能有助于改善运动能力和康复。这种机动性和肌肉力量的增加反过来可减轻疼痛（图15-9）。

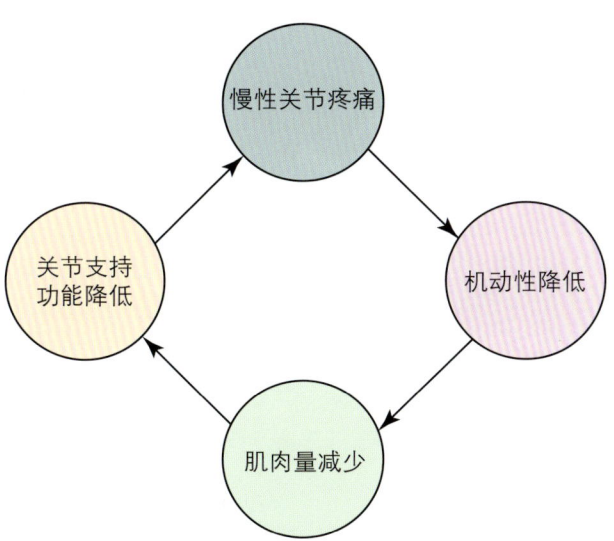

图15-9 慢性关节疼痛的循环。在有效管理慢性骨骼肌肉疼痛时，镇痛药和理疗可发生协同作用。充足的疼痛控制可增加进行运动的意愿。增加运动可通过加强肌肉和改善关节支持来进一步减少慢性疼痛

生活方式和环境管理策略

慢性疼痛病患的心理和情绪状态的改善，可对他们经历的疼痛有一定的好处[96]。医学文献描述慢性疼痛病患发生情绪障碍的风险增加，如焦虑、抑郁和愤怒[96]。已知慢性疼痛也是身体的一种应激源，会增加皮质醇水平，这反过来又会加重疾病状态，因此恶化疼痛[97]。猫的情况可能也是如此，慢性疼痛是一种个体化的体验，受猫的情绪和心理状态影响。

环境丰富

在有效管理慢性疼痛和健康的多模式方法中，环境丰富和正面经历发挥关键作用[98]。康复、身体活动不仅对身体有益处，也会影响人的情绪健康[94]，猫的情况可能也是如此。定期运动和玩耍不仅能增强DJD患猫的关节，还能为猫提供愉快的经历和精神刺激。

行为治疗

操作性行为疗法是一种心理干预，常用来帮助有效地减少人的慢性疼痛行为[99]。在人的目的是减少许多不良适应行为，如跛行、回避和不活动，并帮助强化健康的适应性行为，如增加活动和积极性[99]。操作性行为疗法的类似机制可有效管理猫的生活质量，并鼓励猫表达健康的应对行为。强化愉快的经历，进行一些环境改变，同时减少负面的疼痛体验，将有助于维持这些效果。在实施这类疗法时，最好转诊给动物行为学专家。

在主人建立"什么对猫是重要的"理念，主人认为对猫很重要的方面，是改善个体的特定条件化日常活动的关键。让每个客户定义这些，不仅有助监测治疗反应，还可以确定哪些方面可更有针对性地丰富猫的生活。建立更多的日常活动可提高猫在环境中的幸福感，减少因疼痛或虚弱而产生的无助感。

环境改造

慢性骨骼肌肉疼痛可能引发足够的抑制性负面刺激，让一些猫不再寻求环境中令它愉快或渴

望获得的事物，而在无疼痛的情况下，它们则会寻求这些事物。可进行简单的家庭改造，以减少猫接近环境中喜爱或重要位置时所引发的疼痛或不适，若不这么做，猫可能很难接近这些位置。可使用坡道、楼梯或额外的中间层，让猫接近想去的栖息或休息点。这样做的目的是保持猫对环境和资源的利用，减少紧张和疼痛，可将这种方法作为行为和运动疗法的一部分（图 15-10）。

图 15-10　这只猫无法到达自己喜爱的地方（见图 15-2），除非给它提供一个脚凳，他才能够到达高处（感谢 S. Robertson 提供）

在管理骨骼肌肉疼痛时，提供易于接近的软、温暖的休息处，也可能对身体有益处[93]。红外热床、阳光处的温暖和其他散热设备都是改善环境和猫身体健康的有用工具。

身体疾病会伴发室内随地排泄（如肌肉骨骼疾病）（图 15-11），且疼痛会限制猫接近猫砂盆的能力。因此，应确保猫砂盆放置在易于接近的位置（例如，猫不需要爬楼梯来接近猫砂盆），

猫砂盆至少有一侧较低，能让猫无困难地进出猫砂盆（图 15-12）。相似地，也应让猫能轻易接近水和食物等关键资源（图 15-13 和图 15-14）。

图 15-11　疼痛性骨骼肌肉疾病可能导致猫无法进入猫砂盆，在室内随地排泄（感谢 S. Robertson 提供）

图 15-12　人工在大塑料盆的一侧开个洞，降低猫砂盆的入口，方便猫进入猫砂盆（感谢 S.Robertson 提供）

费洛蒙和理毛

许多猫患慢性疼痛或虚弱的健康状况时，被毛质量差是一种非特异性表现。这些猫可能失去理毛所需的身体能力或动力，而在过去，理毛则

图 15-13 注意这只猫在进食时，因退行性关节病而表现不舒适的姿态（感谢 M. Scherk 提供）

图 15-14 将食物放在一个低一点的架子上面，使猫可正常坐下和舒适进食（感谢 M. Scherk 提供）

占据了猫愉悦的家庭日常活动的一大部分。温柔地定期梳理和抚摸，特别是梳理和抚摸头部、面部和颈部，可以增加某些神经递质的释放，这些递质可改善人的情绪，减少疼痛[94,100]。定期理毛是一项愉快的条件反射性日常活动，可以维持人-猫纽带，改善猫的健康。相似地，在压力较高（身体或情绪）的行为环境下，使用合成的猫面部费洛蒙可改善一些猫的情绪健康[101,102]。这能改善理毛、进食和社交互动（即情绪健康），因而也可作为多模式疼痛管理计划的一部分。

针灸

多年来，针灸是人疼痛的主要和辅助治疗方法，近年来在动物医学也越来越受欢迎。针灸缓解疼痛的假设模式可通过几种神经生理学模式来解释[103]。现已有证据支持使用针灸来管理人和犬的慢性疼痛。[104,105] 但没有临床试验证明或反驳针灸对猫的镇痛效果。由于针灸治疗的本质是一种个体化治疗，因此很难对治疗方案进行标准化，这就在评估针灸疗效中植入了一个固有问题。作者的临床观点认为在多模式镇痛的条件下，针灸是有价值的，可提高慢性疼痛患猫的可观察到的生活质量（图 15-15）。主人常观察到食欲、情绪改善和机动性增加。

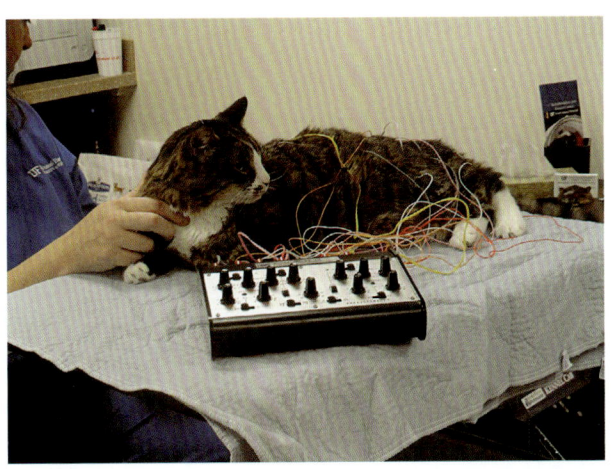

图 15-15 针灸对猫来说是一种非常舒适和放松的操作，也是疼痛管理方案的极佳组分（感谢 S. Robertson 提供）

慢性疼痛的手术管理

显然，如果可通过手术纠正或改善引起慢性疼痛的主要原因，就应考虑将这作为首选治疗方法；例如，拔去受疼痛性吸收性病变影响的牙齿。不应忽视给慢性疼痛患猫进行充足的围手术期疼痛控制的重要性。适当的术前和术后镇痛，以及使用适当工具评估镇痛效果，可减少患猫术后的不良慢性疼痛的发生率。

用手术管理猫的慢性疼痛性肌肉骨骼疾病历来是无效的，特别是用关节固定术来处理受 DJD 慢性影响的关节时[106]。关节清理和软骨骨体去除可以缓解一些相关疼痛。关节置换术已是缓解由 DJD 引起的人慢性疼痛的金标准，特别当药物治疗无法再提供足够的舒适和功能时。已证实接受髋关节置换的犬也会有类似效果[107]。在一个小型病例系列中，3 只猫接受了髋关节置换术，并获得了极佳的长期临床功能效果[108]。

通常推荐给猫进行股骨头切除，但已发现给有些猫进行全髋置换，能获得最佳功能结果[108]。过去一直认为猫使用股骨头切除就能得到很好的痛治疗[109]。在对DJD和长期疼痛进行纵向比较研究时，需根据功能结果来评估这些传统方法是否真地很好地治疗了猫。

干细胞治疗

在动物医学领域，用脂肪细胞来源的间充质干细胞疗法（adipose derived mesenchymal stem cell therapy，AD-MSC）治疗疼痛性骨关节炎的方法仍是一个相对较新的技术。已报道在数个小型报告中，接受AD-MSC治疗的骨关节炎患犬出现临床改善[110-112]。仍未知这些改善现象的机制，可能是通过镇痛、抗炎效果起调节作用。细胞疗法可能不会引发关节组织再生。再生医学是包括DJD在内的许多疾病的终极治疗目标，但需进一步研究来衡量这种形式的AD-MSC疗法的真实疗效和功能。

放射治疗

治疗癌性疼痛和管理DJD时，可使用放射治疗。已使用姑息性放射治疗来缓解各种肿瘤的疼痛，成功率为66%～74%，平均持续3～5个月，急性放射反应的症状极其轻微。姑息方案是使用1～4个辐射剂量（放射治疗剂量）。使用放射治疗处理骨肿瘤，会有发生病理性骨折的风险。有证据表明可使用放射治疗处理人的慢性DJD，但目前未知受益于该疗法的患者有多少[112]。

特定慢性疼痛疾病的管理

慢性疼痛的潜在医学病因是多种多样的。以下总结了一些这类疾病，突出在面对慢性疼痛时，应使用多学科方法。在某些情况下，可能需要牙医、胃肠病专家、内分泌专家、肿瘤专家、皮肤病专家、内科专家、骨科专家和外科医生参与这些病患的管理。

退行性关节病和骨骼肌肉疼痛

在过去20～30年间，有许多关于猫DJD的研究，这些文献值得特别关注。DJD也称为骨关节炎，关节内受影响的软骨、软骨下骨、韧带和/或关节囊会有渐进性破坏。慢性病例常会发生炎性和神经性病变。

猫DJD流行调查的前瞻性报告表明它是一种极为常见的影像学检查结果，研究报道四肢DJD的发生率为61%～91%，中轴骨DJD的发生率为55%～92%[12,16-18,20]。这些估值要比先前的回顾性研究报道的发病率22%～64%高得多[12,16,17]，这些研究常以任意抽样法为基础，而不是真正的横断研究。在所有研究中，报道的发病率随着年龄增长而增加。最常受影响的关节是髋关节，在四肢DJD中则是肘关节、膝关节和跗关节。远端胸椎的影像病变发生率最高，但远端腰椎和腰荐部所受影响最为严重，并常表现临床症状（图15-16，A和B）。

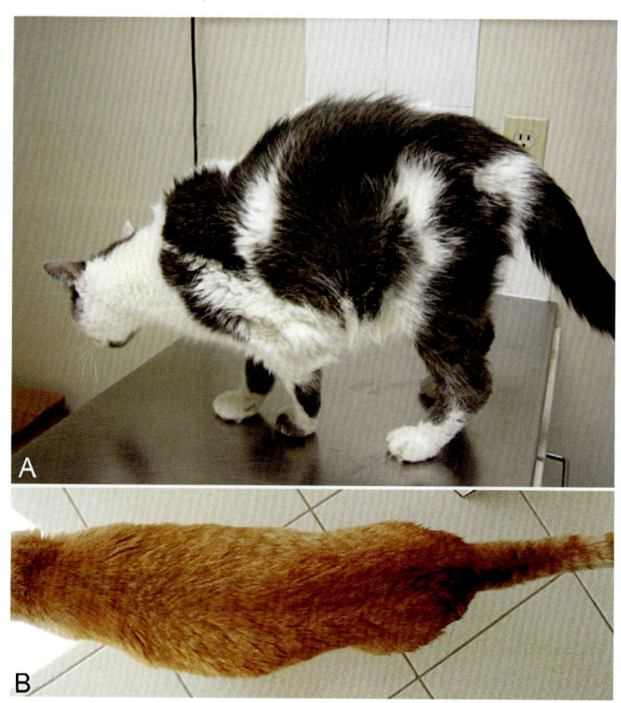

图15-16 A 一只关节炎老年患猫表现出与慢性骨骼肌肉疼痛相关的典型的姿势；B 注意猫的后部狭窄与髋关节退行性关节炎一致（A 感谢 S. Little 提供；B 感谢 I. Rodan 提供）

猫 DJD 的影像学特征与犬不同，猫倾向于较少形成关节周围新生骨，且新生骨与 DJD 患犬的外观不同[18,44,114]。比较软骨的宏观影像学评估结果时，相关性较低[114]。半月板矿化是猫膝关节的一种常见的影像学检查结果，对它的意义仍有争议，但这些检查结果似乎与内侧室的软骨 DJD 相关[114,115]。

传统上认为猫 DJD 的影像学检查结果与临床症状和疼痛的相关性差，一项研究经评估后发现，影像学检查发现仅 33% 骨关节炎的关节存在疼痛[12]。这一差异在人类骨关节炎也得到充分证实，其他数项猫 DJD 研究已证实这种差异的存在[18,20,44]。

对这种差异的定量分析表明，影像学显现关节 DJD 变化里的 0%～67% 对触诊有疼痛反应[19]。尽管如此，缺乏疼痛反应则预测影像检查缺乏 DJD 变化的可能性更高。疼痛评分与肘关节和远端脊髓节段 DJD 变化的严重程度相关性最高[18,19]。存在骨擦音、关节增厚或积液则进一步增加影像检查提示 DJD 的特异性。结论是缺乏疼痛和临床关节变化可预测关节影像检查正常[19]。因此，彻底的骨科和测角检查是很好的筛查工具，但主要用于帮助排除影像可见的 DJD 变化，但必须记住一些疼痛性关节并不会表现 DJD 的影像变化[19]。

这些研究突出了准确诊断猫疼痛性 DJD 的难度。这就是为什么需要多模式方法（图 15-5）。上述指标可作为疾病的指标，但尚未确定这些指标是否与个体疼痛存在相关性。

由于存在这些不确定性，在许多情况下，可评估患猫对治疗的反应，将此作为诊断测量猫的骨骼肌肉疼痛疾病的方法，这是非常有用的工具。很多时候，根据病征、病史和身体检查结果怀疑存在 DJD，却因经济和健康问题而无法作影像检查。相反地，应使用影像检查结果来帮助确诊患猫的 DJD，而不是用来直接指导适当的治疗方案。用来筛查其他物种 DJD 的指标可能不适用于猫[16,17]。许多早期出版物强调临床表现的不一致和影像变化的普遍性，从而做出错误的假设，认为猫比犬较少发生 DJD[16,17]。已确定常见的行为变化，并可半定量评估这些行为变化。在探查和评估猫的慢性骨骼肌肉疼痛时，应以 CSOMs 和结构问卷（FMPI）为基础[28,29,35,14]。

管理包括人、犬和猫在内所有物种的慢性疼痛性 DJD 时，最常开具的药物是 NSAIDs。如前文所述，NSAIDs 对大多数患猫都很安全，但关键在选择病患和客户。在适当情况下，该药的使用是管理 DJD 疼痛的多模式方法的基石。如果无法充足缓解疼痛，或不适合给患猫长期使用 NSAIDs，像曲马多、加巴喷丁或金刚烷胺等药物，可单独作用或联合用药。

在监测和评估对某种药物的反应时，必须根据每个猫 - 主人纽带和家庭日常活动制定切合实际的目标。应使用 CSOM 或视频日记和客户讨论进展和治疗成功情况。在适当的间隔复查后，应相对兽医和客户的期望，重新评估这些反应。可权衡这些量化的益处与药物的可能风险（如果有的话），并指导任何剂量调整。

如果能在较长一段时间内进行充足的疼痛管理，控制了中枢致敏，许多患猫可以维持使用调整的剂量，或可完全停用 NSAIDs，使用辅助治疗维持动物状况。

牙齿和口腔疼痛

许多口腔和牙齿疾病会引发患猫的慢性不适和疼痛。常见例子包括牙周病、龈口炎、牙齿再吸收损伤、牙齿和口腔骨折和口腔肿瘤[116]。猫口腔炎症非常普遍。在 2 岁以上的猫里，多达 95% 的猫受口腔炎症影响。口腔疼痛的常见表现是厌食，其他表现包括进食时会掉落食物，对食物发出嘶叫声和跑离食物，偏好软的食物和性情发生负面变化。也已观察到的其他表现包括摇头，打喷嚏，进食、喝水或理毛时出现反复的下颌运动和过度的舌部运动[117]。但是，这些猫也可能不表现上述症状，可正常进食。由于这些患猫的嘴部敏感，让它们口服药物时要面对额外的挑战。

拔牙和急性疼痛管理等初级管理可解决大部分口腔不适。消除易感因素是一种常用的治疗方法，往往也能消除潜在的病因。同时进行积极的疼痛管理是很重要的。但是，尽管进行了优质的外科和/或医疗管理，一些患猫可能由于持续存在的疾病和/或神经病理性疼痛，而继续出现口腔不适，并表现提示存在痛觉过敏的行为。症状可能包括叼取食物存在困难，食物由嘴内掉落，用爪子触碰嘴部或对触碰嘴部和头部表现回避行为。这在 Lorenz 等人（2012）的病例报告中有所体现，给两只面部受伤后慢性口腔疼痛未得到良好控制的猫使用加巴喷丁后，猫的反应良好[71]。由于口腔/牙齿疾病的炎症是疾病进程的重要组成部分，NSAIDs 是治疗的主要组成部分。美洛昔康的优点在于它是一种液体制剂。发生严重疼痛或疼痛急性发作时，可使用经口腔黏膜吸收的丁丙诺啡。作者之一（RG）发现给口腔肿瘤患猫联合使用加巴喷丁与 NSAIDs，加巴喷丁可发挥姑息镇痛作用，获得良好的临床效果。

糖尿病性神经病

糖尿病外周神经病变是由人糖尿病引起的一种疼痛和使人虚弱的并发症[57]。在一项对糖尿病患猫的广泛研究中[92]，发现骨盆和胸神经的感觉和运动神经都发生了变化，所以可逻辑推断糖尿病患猫也可能发生疼痛。虽然未报道猫出现明显的疼痛性糖尿病性神经病，也有零星报道糖尿病患猫会表现指向神经病理性疼痛的临床症状，如互动行为发生变化，或回避和厌恶爪子被触碰[15]。1 例糖尿病性运动神经病变发作后，出现过度舔舐的猫使用加巴喷丁成功控制了疼痛反应[2]。

用来控制疼痛性人糖尿病性神经病的最常见药物为 TCAs、加巴喷丁和普瑞巴林。

猫间质性膀胱炎

与人的类似，常未意识到猫的内脏炎症引发的慢性神经性疼痛[118]。慢性泌尿道疾病是猫的常见问题，通过排除致病物和/或进行膀胱镜检后，可诊断为猫间质性膀胱炎（feline interstitial cystitis，FIC）。无论是否进行治疗，该病都可自愈，且会频繁复发。在受影响的猫群体内，已发现在易感应激期间尿路上皮完整性、膀胱通透性和糖胺聚糖 GAG 表达异常，肾上腺皮质功能减退，以及不同的中枢神经系统变化。中枢神经系统变化包括 C 纤维对膀胱扩张的敏感性增加、其他神经性质变化和去甲肾上腺素能输出增强的症状。患间质性膀胱炎的人和 FIC 患猫都会出现肾上腺皮质功能异常，且可能有遗传基础。这些猫的常见症状包括痛性尿淋漓、排尿困难、对阴部或腹部过度舔舐、排尿时嚎叫和抱起猫时表现疼痛等症状；人患相似疾病时，会伴发严重疼痛。在管理 FIC 时，有用的措施包括减少应激和移除应激源，进行多模式的环境改造和使用合成的猫面部费洛蒙[119-121]。在进行长期管理时，如果环境改正和传统镇痛药未成功起效，可使用三环类抗抑郁药（如阿米替林）[122]。尚未将该药与安慰剂进行比较，该药不可用于控制急性疼痛发作。当对使用 NSAIDs 存在争议时，可使用丁丙诺啡控制急性发作。已证实加巴喷丁、阿片类药物和 NSAIDs 在管理人的间质性膀胱炎也有一定效果[118]。

有些报道口服粘多糖或注射戊聚糖硫酸进行治疗，但到目前为止，未有研究表明这些药物的效果大于安慰剂。十六酰胺乙醇预处理可减少大鼠膀胱灌注模型的内脏痛觉过敏，经过更为严密的临床测试后，该药物在未来可能会更有用。在某些情况下，可能需要考虑转诊给动物内科专家。

慢性内脏和胃肠道疼痛

慢性疼痛性胃肠道（gastrointestinal tract，GIT）疾病的范围广阔，包括慢性炎性肠病（inflammatory enteropathies，IBD）、肝病、胰腺炎和便秘。GIT 肿瘤可通过其他机制引起疼痛（见肿瘤和慢性疼痛部分）。有证据表明慢性炎性 GIT 疾病会刺激局部的机械性感受器，导致人和动物的敏感化和神经性内脏疼痛[123,124]。慢性 IBD 患者的腹痛会严重影响患者的生活质量[124]。由于缺乏敏感的探查脏器疼痛的定位（如触诊和评估相对疗效的工具，要评估猫的这类疼痛可谓困难重重。但是，应用猫的行为和慢性疼痛的一般知识，合乎逻辑的做法是将举止、活动、特别是食欲改善等作为有用的工具。另一个问题是许多这些肠病是偶发的，常见急性发作。

慢性胰腺炎是人的一种疼痛性疾病，也会引起猫的疼痛[125]。除了对症治疗外，也不应忽视轻度间歇性疾病的镇痛和抗炎治疗，但治疗仍然具有挑战性。有人推荐使用低剂量丁丙诺啡和引发溃疡可能性较低的NSAID[125]。尽管有争议，在人的食物里混入低剂量的胰酶，可通过负反馈作用减少胰腺分泌，从而减轻餐后疼痛。

尽管许多猫接受了充分的药物管理，但患慢性肠病或其他慢性炎性腹部疾病的猫仍会出现短暂腹痛或食欲多变。有些猫确实可能有神经病理性疼痛，因为传闻报道加入阿米替林能改善许多慢性IBD患猫的行为和/或食欲[9]。已证实针灸、TCAs、加巴喷丁和普瑞巴林能有效调解人脏器神经病理性疼痛[124]。马罗匹坦可在暴发性内脏疼痛管理上起作用，可能是由于具备止吐或镇痛特性，据说许多兽医未按药物标签使用该药，但也成功控制了内脏疼痛。

肿瘤和慢性疼痛

肿瘤疼痛可由肿瘤直接引发，也可能来自肿瘤的治疗（化疗或放疗）或肿瘤引起的疾病。与肿瘤相关的疼痛可通过多种途径发生。肿瘤并未受感觉神经元的过多支配，但与肿瘤相关的不同机制可引发疼痛。

来自肿瘤的疼痛可是脏器、躯体、神经病理或混合性疼痛[89]。肿瘤周围的炎症、局部pH变化和机械性感受器的直接变化都可能引发一些疼痛[126]。神经直接损伤或炎症可引发神经病理性疼痛。肿瘤和相关细胞会释放前列腺素和细胞因子，这些因子会刺激伤害性感受器，引发慢性疼痛[89]。内脏肿瘤常通过直接作用挤压或牵拉受体、释放局部伤害性受体刺激因子、引发缺血和损伤局部神经，引起慢性脏器痛。

应认为所有肿瘤都可能引发疼痛，应给每只猫都进行充足的镇痛治疗，来管理或缓解疼痛。在临床上，无法根据人的肿瘤大小、部位或类型预测疼痛的严重程度，甚至无法预测是否会疼痛。在小鼠骨癌模型中，在出现任何明显的骨骼破坏前，就会出现与疼痛相关的行为。由于肿瘤是一种渐进、动态的疾病，应与主人一起对猫的疼痛不断地进行临床再评估。已有不同的工具来评估癌症患者的生活质量，从简单的提问到多因素评估方法都有[33]。随着疾病的进展，必须定期重新评估动物，调整疼痛缓解方案，必要时讨论是否安乐死。此外，开始治疗后，应定期进行重新评估（肿瘤相关或疼痛相关）。

通过手术、化疗或放射治疗来控制肿瘤时，能减少肿瘤的大小，从而缓解不适，但也会通过释放调节疼痛和引发局部神经损伤的因子，而引发进一步的疼痛[89]。某些化疗药物会干扰细胞骨架结构，引起人的神经病变和疼痛。已报道给1只猫过量使用长春碱后，引发了运动变化和肌肉疼痛。放射治疗会引起与治疗部位周围健康组织相关的副作用。治疗这些副作用引起的疼痛是非常重要的，已描述犬的急性放射评分，并发现该评分与疼痛评分有很好的相关性[127]。已发现在放射治疗期间和之后，进行超前镇痛是有用的。

猫患数种肿瘤时，都会出现环氧合酶-2（cyclooxygenase-2，COX-2）表达上调[128,129]。但是在临床环境下，很少记录到肿瘤生长的减少，除了用NSAID（COX-2抑制剂）治疗移行细胞癌时，可伴发肿瘤部分甚至完全消除。

但是，许多肿瘤的治疗方案包括使用糖皮质激素治疗，在这类情况下，就不可使用NSAIDs。

所有镇痛药都可用在联合药物治疗方法中，来有效减轻肿瘤疼痛。世界卫生组织（The World Health Organization，WHO）开发了一种疼痛管理阶梯，提供一种循序渐进的方式来管理疼痛级别逐渐增加的癌症疼痛（图15-17），经调整后可在动物病患上使用。

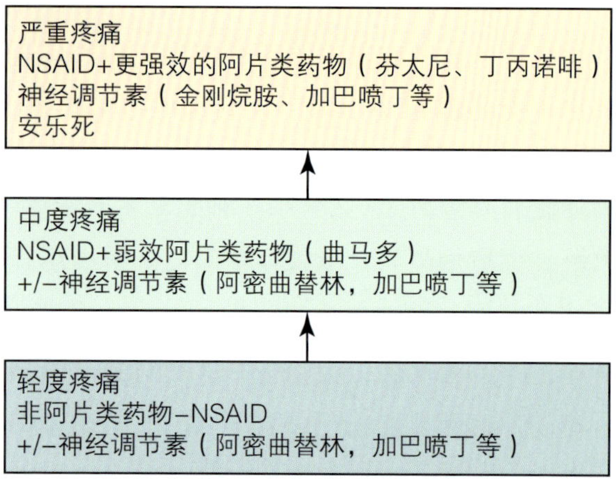

```
严重疼痛
NSAID+更强效的阿片类药物（芬太尼、丁丙诺啡）
神经调节素（金刚烷胺、加巴喷丁等）
安乐死
          ↑
中度疼痛
NSAID+弱效阿片类药物（曲马多）
+/－神经调节素（阿密曲替林，加巴喷丁等）
          ↑
轻度疼痛
非阿片类药物－NSAID
+/－神经调节素（阿密曲替林，加巴喷丁等）
```

图 15–17 控制猫慢性肿瘤疼痛的分步骤方法（摘自 the World Health Organization's cancer pain treatment ladder.）

手术干预或外伤相关的慢性疼痛

近期，有效和积极管理急性疼痛取得了许多进展，这应能减少猫术后慢性疼痛的发生率。这类疼痛通常会使猫衰弱，且很难进行管理。任何手术后都会发生慢性疼痛，但发生神经损伤时更常发。遭受术后神经病理性疼痛的猫可能表现的症状包括过度舔舐手术部位或非手术部位，痛觉过敏型行为，刺激受影响区域时引发局域痛觉敏感[9,68]。可能发生这类疼痛的例子包括截肢、断爪术、肿瘤切除术、骨折修复和慢性皮肤伤口管理[9,82,89]。

动物医学文献较少报道截肢后的神经病理性疼痛（幻肢痛），仅有 1 例有关猫的报道[82]。这可能部分是由于未意识到可能发生这类疼痛和认为猫有能力"应对"[81]。在接受手术或外伤截肢的患者中，60% 的人会经历神经病理性疼痛，但大多数在术后 1 年才出现症状。原因可能是再生的神经末梢引起外周致敏或中枢致敏[130]。有报道犬在截肢 40 天后，开始表现幻肢痛[131]。

断爪术仍是一个有争议的话题，许多国家禁止将它作为一种美容手术（即为了人的利益）。评估长期结果的研究报道了长期疼痛和行为影响的不同发生率和意义。对此临床观点各不相同，但毫无疑问有些猫在术后会遭受慢性跛行[132]。是否由疼痛或功能改善引起不得而知，但如果只影响一部分术后猫，则更可能与疼痛相关。这些猫也可能表现出更积极的回避倾向或提示存在神经病理性疼痛的症状；摇动和甩动四肢，过度舔舐或啃足部，以及不喜欢足部或四肢被触碰[9]。彻底的术前和术后疼痛管理可显著影响慢性神经病理性疼痛的发生率。尽管进行了理想的术前及术后镇痛，一些猫仍表现提示存在慢性神经病理性疼痛的症状，可能因遗传、性情和环境因素使某些个体易发生这种现象[132]。

联合使用三环类抗抑郁药、加巴喷丁、普瑞巴林、NSAIDs、金刚烷胺和阿片类药物能有效管理人的术后和外伤性神经病理性疼痛。

其他疼痛性疾病

皮肤病、伤口愈合迟缓和烧伤

在文献中可找到描述皮肤病、缓慢愈合伤口和烧伤的疼痛管理病例报告[2]。

猫痛觉过敏综合征

猫痛觉过敏综合征这一术语已被用来描述猫的皮肤抽搐、尾部和脊柱周边敏感、咬、舔、自残和性格改变等综合征[133]。目前关于该病只有有限的证据，可能反映未确诊的皮肤或神经疾病或行为问题，因此不进行进一步讨论。

其他疾病

猫的其他疾病可能也存在慢性疼痛，但在文献中未有报道，这些疾病包括充血性心力衰竭、血栓栓塞、耳炎、便秘、角膜疾病和青光眼。

在动物诊所内整合应用慢性疼痛管理

过去 20 年的兽医文献表明猫确实经常遭受慢性疼痛的折磨，但令人遗憾的是过去缺乏对这种情况的关注。但是，对疼痛的高度认识、对生活质量的重视、对猫行为的良好感知和临床兽医师可用的工具，都有助于认识到疼痛可能是临床疾病的一个重要组成。有关猫的药物治疗知识增加，也为疼痛管理提供了比以往更多的选择。

兽医员工掌握猫疼痛的行为语言知识后，可更好地了解相关的行为变化，让猫主人掌握这一点更加重要。已针对许多疾病成功地做到了这一点，因此客户能更加意识到某些症状或行为变化可能提示存在严重的潜在疾病。客户常带猫做例行健康检查和疾病筛查，许多动物诊所已成功为猫实施特定年龄的健康计划，包括老年猫护理计划。随着年龄增长，这些早期疾病筛查和对个体健康的监测会有所变化。由于兽医专业人员已改善了诊所内的这些健康管理工具，他们在疾病迹象仍不明显时，能更早地发现疾病的能力也得到了提高。这也适用于DJD等疼痛性疾病。

正是通过这些程序和员工积极主动地与客户沟通，使客户能够意识到自己的猫可能会发生微妙变化，并尝试尽可能减少慢性疼痛弱化身体的效果。客户信息表是非常有用的，关节炎患猫等疼痛患猫的图片和视频也很有用。这些可突显出客户常归结于行动变慢和变老的相关变化，但实际上可能与疾病或疼痛相关。许多客户并不认为这些是与疼痛相关的变化，这些新信息能让客户花时间从新的视角在家观察他们的猫（图15-18）。

图15-18 可使用带示意图的客户信息手册来描述猫主人需要注意的行为。在治疗期间，客户应确定和监测与特定猫的机动性和室内环境相关的数种因素 OA, 骨关节炎（感谢 Boehringer Ingelheim 提供）

从DJD研究中获得的知识，以及猫在疼痛行为中的表现可以用于已知与慢性疼痛相关的其他疾病。在现代动物诊所内，必须建立患猫如何表达慢性疼痛、慢性疼痛如何影响患猫的生活质量和可以使用何种方法来管理这类疼痛的知识基础。

总结

现代动物医学已帮助患猫延长了寿命。随着寿命延长，与年龄相关的疾病和共存疾病的发生机会也随之增加。慢性疼痛是许多这类疾病进程的一部分，如 DJD 和与内脏器官慢性疾病相关的神经病理性疼痛。尽管已取得了一些进展，但仍低估了猫遭受慢性疼痛的发生率。进一步的研究将有助于改善筛选疼痛和监测治疗反应的能力。随着意识增加，未来的研究将能通过整合应用慢性疼痛管理和健康护理的新领域，更有效地指导兽医专业人员。

镇痛方式在每个病患中并不等效，这突出了慢性疼痛的复杂性质以及为何应定期重新评估疼痛控制方式的临床有效性。未充分控制慢性疼痛会显著影响身体、情绪健康和感知到的生活质量[29]。

管理患猫的生活质量是一个有回报的临床挑战。确保生活质量是兽医的核心职责，但这仍然是一种艺术形式，而不是一门稳健的科学。人们希望摆脱疼痛，研究表明大多数客户都愿意放弃一些预期寿命来换得生活质量的改善[31]。许多临床决策可能引发副作用，但必须平衡可取得的生活质量和潜在的负面结果。即使兽医缺乏对疼痛和镇痛剂的确切了解，也不应妨碍他们为患猫争取最好的结果。由于担心潜在的副作用而放弃镇痛治疗，这可能会无心增加了持续疼痛影响生活质量的风险。因此，以获得充足信息和尽责为前提，让一些患猫承担一定的风险可能会更好。

附加资源

长期给猫使用 NSAIDs 的共识指南。http://jfm.sagepub.com/content/12/7/521.

猫骨骼肌肉疼痛指数，http://www.cvm.ncsu.edu/docs/cprl/fmpi.html.

参考文献

[1] Gunn-Moore D. Considering older cats. J Small Anim Pract. 2006.47:430–431.

[2] Robertson SA, Lascelles BDX. Long-term pain in cats: how much do we know about this important welfare issue? J Feline Med Surg. 2010.12:188–199.

[3] Liebeskind JC, Paul LA. Psychological and physiological mechanisms of pain. Annu Rev Psychol. 1977.28:41–60.

[4] Pintrich PR. An achievement goal theory perspective on issues in motivation terminology, theory, and research. Contemp Educ Psychol. 2000.25:92–104.

[5] International Association for the Study of Pain: Definition of pain. http://www.iasp-pain.org/Education/Content.aspx?ItemNumber1 41698#Pain Accessed October 5, 2014.

[6] Meintjes RA. An overview of the physiology of pain for the veterinarian. Vet J. 2012.193:1–5.

[7] AAHA/AAFP Pain Management Guidelines Task Force Members, Hellyer P, Rodan I, et al. AAHA/AAFP pain management guidelines for dogs and cats. J Feline Med Surg. 2007.9:466–480.

[8] Muir 3rd WW, Woolf CJ. Mechanisms of pain and their therapeutic implications. J Am Vet Med Assoc. 2001.219:1346–1356.

[9] Mathews KA. Neuropathic pain in dogs and cats: if only they could tell us if they hurt. Vet Clin North Am Small Anim Pract. 2008.38:1365–1414.

[10] Herr K, Coyne PJ, Key T, et al. Pain assessment in the non-verbal patient: position statement with clinical practice recommendations. Pain Manag Nurs. 2006.7:44–52.

[11] Mathews K, Kronen PW, Lascelles D, et al. Guidelines for recognition, assessment and treatment of pain. J Small Anim Pract. 2014.55:E10–E68.

[12] Clarke SP, Bennett D. Feline osteoarthritis: a prospective study of 28 cases. J Small Anim Pract. 2006.47:439–445.

[13] Bennett D, Morton C. A study of owner observed behavioural and lifestyle changes in cats with musculoskeletal disease before and after analgesic therapy. J Feline Med Surg. 2009.11:997–1004.

[14] Benito J, Depuy V, Hardie E, et al. Reliability and discriminatory testing of a client-based metrology instrument, feline musculoskeletal pain index (FMPI) for the evaluation of degenerative joint disease-associated pain in cats. Vet J. 2013.196:368–373.

[15] Camps T, Amat M, Mariotti VM, et al. Pain-related aggression in dogs: 12 clinical cases. J Vet Behav Clin Appl Res. 2012.7:99–102.

[16] Hardie EM, Roe SC, Martin FR. Radiographic evidence of degenerative joint disease in geriatric cats: 100 cases (1994–1997). J Am Vet Med Assoc. 2002.220:628–632.

[17] Godfrey DR. Osteoarthritis in cats: a retrospective radiological study. J Small Anim Pract. 2006.46:425–429.

[18] Lascelles BD, Henry 3rd. JB, Brown J, et al. Cross-sectional study of the prevalence of radiographic degenerative joint disease in domesticated cats. Vet Surg. 2010.39: 535–544.

[19] Lascelles BD, Dong YH, Marcellin-Little DJ, et al. Relationship of orthopedic examination, goniometric measurements, and radiographic signs of degenerative joint disease in cats. BMC Vet Res. 2012.8:10.

[20] Slingerland LI, Hazewinkel HAW, Meij BP, et al. Cross-sectional study of the prevalence and clinical features of osteoarthritis in 100 cats. Vet J. 2011.187:304–309.

[21] Rothbart MK, Ahadi SA, Evans DE. Temperament and personality: origins and outcomes. J Pers Soc Psychol. 2000.78:122–135.22.

[22] Wade JB, Dougherty LM, Hart RP, et al. A canonical correlation analysis of the influence of neuroticism and extraversion on chronic pain, suffering, and pain behavior. Pain. 1992.51:67–73.

[23] Mellor DJ, Cook CJ, Stafford K. Quantifying some responses to pain as a stressor. In: Moberg GP, Mench JA, eds. The biology of animal stress: Basic principles and implications for animal welfare. Oxon, UK: CABI Publishing; 2000.171–198.

[24] Levine ED. Feline fear and anxiety. Vet Clin North Am Small Anim Pract. 38:Oxon, UK: CABI Publishing; 2008.1065–1079.

[25] Siegford JM, Walshaw SO, Brunner P, Zanella AJ. Validation of a temperament test for domestic cats. Anthrozoos. 2003.16:332–351.

[26] Brown DC, Boston RC, Coyne JC, Farrar JT. Development and psychometric testing of an instrument designed to measure chronic pain in dogs with osteoarthritis. Am J Vet Res. 2007.68:631–637.

[27] Hielm-Bj€orkman AK, Rita H, Tulamo RM. Psychometric testing of the Helsinki chronic pain index by completion of a questionnaire in Finnish by owners of dogs with chronic signs of pain caused by osteoarthritis. Am J Vet Res. 2009;70:727–734.

[28] Zamprogno H, Hansen BD, Bondell HD, et al. Item generation and design testing of a questionnaire to assess degenerative joint disease-associated pain in cats. Am J Vet Res. 2010.71:1417–1424.

[29] Benito J, Gruen ME, Thomson A. Owner-assessed indices of quality of life in cats and the relationship to the presence of degenerative joint disease. J Feline Med Surg. 2012.14:863–870.

[30] Hartmann K, Kuffer M. Karnofsky's score modified for cats. Eur J Med Res. 1998.3:95–98.

[31] Freeman LM, Rush JE, Oyama MA, et al. Development and evaluation of a questionnaire for assessment of health-related quality of life in cats with cardiac disease. J Am Vet Med Assoc. 2012.240:1188–1193.

[32] Reynolds CA, Oyama MA, Rush JE, et al. Perceptions of quality of life and priorities of owners of cats with heart dis- ease. J Vet Intern Med. 2010.24:1421–1426.

[33] Tzannes S, Hammond MF, Murphy S, et al. Owners 'perception of their cats' quality of life during COP chemotherapy for lymphoma. J Feline Med Surg. 2008.10:73–81.

[34] Niessen SJ, Powney S, Guitian J, et al. Evaluation of a quality-of-life tool for cats with diabetes mellitus. J Vet Intern Med. 2010.24:1098–1105.

[35] Benito J, Hansen B, DePuy V. Feline musculoskeletal pain index: Responsiveness and testing of criterion validity. J Vet Intern Med. 2013.27:474–482.

[36] Bergadano A. Diagnosis of chronic pain in small animals. Companion Anim Pract. 2010.20:61–68.

[37] Lascelles BD, Gaynor JS, Smith ES, et al. Amantadine in a multimodal analgesic regimen for alleviation of refractory osteoarthritis pain in dogs. J Vet Intern Med. 2008.22:53–59.

[38] Lascelles BD, Hansen BD, Roe S, et al. Evaluation of client- specific outcome measures and activity monitoring to measure pain relief in cats with osteoarthritis. J Vet Intern Med. 2007.21:410–416.

[39] Moreau M, Guillot M, Pelletier JP, et al. Kinetic peak vertical force measurement in cats afflicted by coxarthritis: data management and acquisition protocols. Res Vet Sci. 2013.95:219–224.

[40] Guillot M, Moreau M, Heit M, et al. Characterization of osteoarthritis in cats and meloxicam efficacy using objective chronic pain evaluation tools. Vet J. 2013.196:360–367.

[41] Lascelles BD, DePuy V, Thomson A, et al. Evaluation of a therapeutic diet for feline degenerative joint disease. J Vet Intern Med. 2010.24:487–495.

[42] Brown DC. Quantitative sensory testing: A stimulating look at chronic pain. Vet J. 2012.193:315–316.

[43] Langford DJ, Bailey AL, Chanda ML, et al. Coding of facial expressions of pain in the laboratory mouse. Nat Methods. 2010.7:447–449.

[44] Lascelles BDX. Feline degenerative joint disease. Vet Surg. 2010.39:2–13.

[45] Turk DC. Clinical effectiveness and cost-effectiveness of treatments for patients with chronic pain. Clin J Pain. 2002.18:355–365.

[46] Mao J, Gold MS, Backonja MM. Combination drug therapy for chronic pain: A call for more clinical studies. J Pain. 2011.12:157–166.

[47] Lascelles BDX, Court MH, Hardie EM, Robertson SA. Non- steroidal anti-inflammatory drugs in cats: a review. Vet Anaesth Analg. 2007.34:228–250.

[48] Innes JF, Clayton J, Lascelles BDX. Review of the safety and efficacy of long-term NSAID use in the treatment of canine osteoarthritis. Vet Rec. 2010.166:226–230.

[49] Sparkes AH, Heiene R, Lascelles BD, et al. ISFM and AAFP consensus guidelines on the long-term use of NSAIDs in cats. J Feline Med Surg. 2010.12:521–538.

[50] Khan SA, McLean MK. Toxicology of frequently encountered nonsteroidal anti-inflammatory drugs in dogs and cats. Vet Clin North Am Small Anim Pract. 2012.42:289–306.

[51] Grudé P, Guittard J, Garcia C, et al. Excretion mass balance evaluation, metabolite profile analysis and metabolite identification in plasma and excreta after oral administration of [14C]-meloxicam to the male cat: preliminary study. J Vet Pharmacol Ther. 2010.33:396–407.

[52] Gowan RA, Baral RM, Lingard AE, et al. A retrospective analysis of the effects of meloxicam on the longevity of aged cats with and without overt chronic kidney disease. J Feline Med Surg. 2012.14:876–881.

[53] Gowan RA, Lingard AE, Johnston L, et al. Retrospective case-control study of the effects of long-term dosing with meloxicam on renal function in aged cats with degenerative joint disease. J Feline Med Surg. 2011.13:752–761.

[54] Surdyk KK, Brown CA, Brown SA. Evaluation of glomerular filtration rate in cats with reduced renal mass and administered meloxicam and acetylsalicylic acid. Am J Vet Res. 2013.74:648–651.

[55] Wernham BG, Trumpatori B, Hash J, et al. Dose reduction of meloxicam in dogs with osteoarthritis-associated pain and impaired mobility. J Vet Intern Med. 2011.25:1298–1305.

[56] Strand V, Simon LS, Dougados M, et al. Treatment of osteoarthritis with continuous versus intermittent celecoxib. J Rheumatol. 2011.38:2625–2634.

[57] Pypendop BH, Ilkiw JE. Pharmacokinetics of tramadol, and its metabolite O-desmethyl-tramadol, in cats. J Vet Pharma- col Ther. 2007.31:52–59.

[58] Cagnardi P, Villa R, Zonca A, et al. Pharmacokinetics, intraoperative effect and postoperative analgesia of tramadol in cats. Res Vet Sci. 2011.90:503–509.

[59] KuKanich B. Outpatient oral analgesics in dogs and cats beyond nonsteroidal antiinflammatory drugs. Vet Clin North Am Small Anim Pract. 2013.43:1109–1125.

[60] Monteiro B. Klinck MP, Moreau M, Guillot M et al. Analgesic efficacy of meloxicam as a transmucosal oral spray formulation, alone or its combination with tramadol, in cats with naturally occurring osteoarthritis. Anaesthesia and Analgesia. January 2015.42(1):27.

[61] Monteiro B. Klinck MP, Moreau M, et al. Analgesic efficacy of tramadol administered orally for two weeks in cats with naturally occurring osteoarthritis. Vet Anaesth Analg. January 2015.42(1):p26.

[62] Pypendop BH, Siao KT, Ilkiw JE. Thermal anti-nociceptive effect of orally administered gabapentin in healthy cats. Am J Vet Res. 2010.71:1027–1032.

[63] Ray J, Jordan D, Pinelli C, Fackler B. Case studies of com- pounded Tramadol use in cats. Int J Pharm Compd. 2011.16:44–49.

[64] Robertson SA, Lascelles BD, Taylor PM, Sear JW. PK-PD modeling of buprenorphine in cats: intravenous and oral transmucosal administration. J Vet Pharmacol Ther. 2005.28:453–460.

[65] Cheung CW, Qiu Q, Choi SW, Moore B. Chronic opioid therapy for chronic non-cancer pain: a review and comparison of treatment guidelines. Pain Physician. 2014.17: 401–420.

[66] Portenoy RK, Ahmed E. Principles of opioid use in cancer pain. J Clin Oncol. 2014.32:1662–1670.

[67] Attal N, Cruccu G, Baron R, et al. EFNS guidelines on the pharmacological treatment of neuropathic pain: 2010 revision. Eur J Neurol. 2010.17:1113–e88.

[68] Lorenz ND, Comerford EJ, Iff I. Long-term use of gabapentin for musculoskeletal disease and trauma in

[69] Siao KT, Pypendop BH, Ilkiw JE. Pharmacokinetics of gabapentin in cats. Am J Vet Res. 2010.71:817–821.

[70] Vettorato E, Corletto F. Gabapentin as part of multimodal analgesia in two cats suffering multiple injuries. Vet Anaesth Analg. 2011.38:518–520.

[71] Tesfaye S, Vileikyte L, Rayman G, et al. Painful diabetic peripheral neuropathy: consensus recommendations on diagnosis, assessment and management. Diabetes Metab Res Rev. 2011.27:629–638.

[72] Cautela M, Dewey CW, Schwark W, et al. Pharmacokinetics of oral pregabalin in cats after single dose administration. J Vet Intern Med. 2010.24:739.

[73] Rusbridge C, Heath S, Gunn-Moore DA, et al. Feline orofacial pain syndrome (FOPS): a retrospective study of 113 cases. J Feline Med Surg. 2010.12:498–508.

[74] Richards BL, Whittle SL, Buchbinder R. Muscle relaxants for pain management in rheumatoid arthritis. Cochrane Database Syst Rev. 2012.1, CD008922.

[75] Tremont-Lukats IW, Megeff C, Backonja MM. Anticonvulsants for neuropathic pain syndromes: mechanisms of action and place in therapy. Drugs. 2000.60: 1029–1052.

[76] Hewitt DJ. The use of NMDA-receptor antagonists in the treatment of chronic pain. Clin J Pain. 2000.16:S73–S79.

[77] Siao KT, Pypendop BH, Stanley SD, Ilkiw JE. Pharmacokinetics of amantadine in cats. J Vet Pharmacol Ther. 2011.34:599–604.

[78] Siao KT, Pypendop BH, Escobar A, et al. Effect of amantadine on oxymorphone-induced thermal antinociception in cats. J Vet Pharmacol Ther. 2011.35:169–174.

[79] Robertson SA. Managing pain in feline patients. Vet Clin North Am Small Anim Pract. 2008.38:1267–1290.

[80] Dharmshaktu P, Tayal V, Kalra BS. Efficacy of antidepressants as analgesics: a review. J Clin Pharmacol. 2013.52:6–17.

[81] Chew DJ, Buffington CA, Kendall MS, et al. Amitriptyline treatment for severe recurrent idiopathic cystitis in cats. J Am Vet Med Assoc. 1998.213:1282–1286.

[82] O'Hagan BJ. Neuropathic pain in a cat post-amputation. Aust Vet J. 2007.84:83–86.

[83] Davis MP. Cannabinoids in pain management: CB1, CB2 and non-classic receptor ligands. Expert Opin Investig Drugs. 2014.23:1123–1140.

[84] Hesselink JM, Hekker TA. Therapeutic utility of palmitoylethanolamide in the treatment of neuropathic pain associated with various pathological conditions: a case series. J Pain Res. 2012.5:437–442.

[85] Urys product information. http://www.innovet.it/en/?pid1⁄42&prd_az1⁄4sr&prd_v1⁄49 Accessed October 8, 2014.

[86] Re G, Barbero R, Miolo A, Di Marzo V. Palmitoylethanolamide, endocannabinoids and related cannabimimetic com- pounds in protection against tissue inflammation and pain: potential use in companion animals. Vet J. 2007.173:21–30.

[87] Hill R. NK1 (substance P) receptor antagonists – why are they not analgesic in humans? Trends Pharmacol Sci. 2000.21:244–246.

[88] Niyom S, Boscan P, Twedt DC, et al. Effect of maropitant, a neurokinin-1 receptor antagonist, on the minimum alveolar concentration of sevoflurane during stimulation of the ovarian ligament in cats. Vet Anaesth Analg. 2013.40:425–431.

[89] Fox SM. Chronic pain in small animal medicine. London, UK: Manson Publishing; 2010, pp. 164–173.

[90] Vandeweerd JM, Coisnon C, Clegg P, et al. Systematic review of efficacy of nutraceuticals to alleviate clinical signs of osteoarthritis. J Vet Intern Med. 2012.26:448–456.

[91] Wandel S, Ju€ni P, Tendal B, et al. Effects of glucosamine, chondroitin, or placebo in patients with osteoarthritis of hip or knee: network meta-analysis. BMJ. 2010.341: c4675–c4675.

[92] Corbee RJ, Barnier MMC, van de Lest CHA, Hazewinkel HAW. The effect of dietary long-chain omega-3 fatty acid supplementation on owner's perception of behaviour and locomotion in cats with naturally occurring osteoarthritis. J Anim Physiol Anim Nutr. 2012.97:846–853.

[93] Sharp B. BSAVA Manual of Canine and Feline Rehabilitation, Supportive Care and Palliative Care. In: Lindley S, Watson P, eds. British Small Animal Veterinary Association; 2010.90–113, Physiotherapy and physical rehabilitation. Lon- don, United Kingdom.

[94] van Tulder M, Malmivaara A, Hayden J, Koes B. Statistical significance versus clinical importance. Spine. 2007;.32:1785–1790.

[95] Lindley S, Smith H. BSAVA Manual of Canine and Feline Rehabilitation, Supportive Care and Palliative Care. In: Lindley S, Watson P, eds. British Small Animal Veterinary Association; 2010.114–122 Hydrotherapy.

London, United Kingdom.

[96] Gatchel RJ, Peng YB, Peters ML, et al. The biopsychosocial approach to chronic pain: scientific advances and future directions. Psychol Bull. 2007.133:581–624.

[97] Robinson RC, Garofalo JP, Gatchel RJ. Decreases in cortisol variability between treated and untreated jaw pain patients. J Appl Biobehav Res. 2006.11:179–188.

[98] Ellis SLH. Environmental enrichment: practical strategies for improving feline welfare. J Feline Med Surg. 2009.11:901–912.

[99] Osborne TL, Raichle KA, Jensen MP. Psychologic interventions for chronic pain. Phys Med Rehabil Clin N Am. 2006.17:415–433.

[100] Lindley S. BSAVA Manual of Canine and Feline Rehabilitation, Supportive Care and Palliative Care. In: Lindley S, Watson P, eds. British Small Animal Veterinary Association; 2010:85–89, An introduction to physical therapies London, UK.

[101] Gunn-Moore D. A pilot study using synthetic feline facial pheromone for the management of feline idiopathic cystitis. J Feline Med Surg. 2004.6:133–138.

[102] Griffith CA, Steigerwald ES, Buffington CAT. Effects of a synthetic facial pheromone on behavior of cats. J Am Vet Med Assoc. 2000.217:1154–1156.

[103] Karavis M. The neurophysiology of acupuncture: a view-point. Acupuncture Med. 1997;15:33–42.

[104] Gaynor JS. Acupuncture for management of pain. Vet Clin North Am Small Anim Pract. 2000.30:875–884.

[105] Habacher G, Pittler MH, Ernst E. Effectiveness of acupuncture in veterinary medicine: systematic review. J Vet Intern Med. 2006.20:480–488.

[106] Staiger BA, Beale BS. Use of arthroscopy for debridement of the elbow joint in cats. J Am Vet Med Assoc. 2005.226:401–403.

[107] Marcellin-Little DJ, DeYoung BA, Doyens DH, DeYoung DJ. Canine uncemented porous-coated anatomic total hip arthroplasty: results of a long-term prospective evaluation of 50 consecutive cases. Vet Surg. 1999.28:10–20.

[108] Liska WD, Doyle N, Marcellin-Little DJ, Osborne JA. Total hip replacement in three cats: surgical technique, short-term outcome and comparison to femoral head ostectomy. Vet Comp Orthop Traumatol. 2009.22:505–510.

[109] Grierson J. Hips, elbows and stifles: common joint diseases in the cat. J Feline Med Surg. 2012.14:23–30.

[110] Black LL, Gaynor J, Gahring D, et al. Effect of adipose-derived mesenchymal stem and regenerative cells on lame- ness in dogs with chronic osteoarthritis of the coxofemoral joints: a randomized, double-blinded, multicenter, controlled trial. Vet Ther. 2007.8:272–284.

[111] Black LL, Gaynor J, Adams C, et al. Effect of intra-articular injection of autologous adipose-derived mesenchymal stem and regenerative cells on clinical signs of chronic osteoarthritis of the elbow joint in dogs. Vet Ther. 2008.9:192–200.

[112] Vilar JM, Batista M, Morales M, et al. Assessment of the effect of intraarticular injection of autologous adipose- derived mesenchymal stem cells in osteoarthritic dogs using a double blinded force platform analysis. BMC Vet Res. 2014.10:143.

[113] Keller S, Mu€ller K, Kortmann RD, et al. Efficacy of low-dose radiotherapy in painful gonarthritis: experiences from a retrospective East German bicenter study. Radiat Oncol. 2013.8:29.

[114] Freire M, Robertson I, Bondell HD, et al. Radiographic evaluation of feline appendicular degenerative joint disease vs. macroscopic appearance of articular cartilage. Vet Radiol Ultrasound. 2011.52:239–247.

[115] Freire M, Brown J, Robertson ID, et al. Meniscal mineralization in domestic cats. Vet Surg. 2010.39:545–552.

[116] Niemiec BA. Oral pathology. Top Companion Anim Med. 2008.23:59–71.

[117] Reiter AM, Mendoza KA. Feline odontoclastic resorptive lesions: an unsolved enigma in veterinary dentistry. Vet Clin North Am Small Anim Pract. 2002.32:791–837.

[118] Buffington CAT. Visceral pain in humans: lessons from animals. Curr Pain Headache Rep. 2001.5:44–51.

[119] Phatak S, Foster HE. The management of interstitial cystitis: an update. Nat Clin Pract Urol. 2006.3:45–53.

[120] Buffington C, Westropp J, Chew D, Bolus R. Clinical evaluation of multimodal environmental modification (MEMO) in the management of cats with idiopathic cystitis. J Feline Med Surg. 2006.8:261–268.

[121] Westropp JL, Kass PH, Buffington CAT. Evaluation of the effects of stress in cats with idiopathic cystitis. Am J Vet Res. 2006.67:731–736.

[122] Kraijer M, Fink-Gremmels J, Nickel RF. The short-term clinical efficacy of amitriptyline in the management of idiopathic feline lower urinary tract

disease: a controlled clinical study. J Feline Med Surg. 2003.5:191–196.

[123] Jergens AE, Moore FM, Haynes JS. Idiopathic inflammatory bowel disease in dogs and cats: 84 cases (1987–1990). J Am Vet Med Assoc. 1992.201:1603–1608.

[124] Srinath AI, Walter C, Newara MC, Szigethy EM. Pain management in patients with inflammatory bowel disease: insights for the clinician. Therap Adv Gastroenterol. 2012.5:339–357.

[125] Xenoulis PG, Suchodolski JS, Steiner JM. Chronic pancreatitis in dogs and cats. Compendium. 2008.30:166–181.

[126] Mantyh PW, Clohisy DR, Koltzenburg M, Hunt SP. Molecular mechanisms of cancer pain. Nat Rev Cancer. 2002.2:201–209.

[127] Carsten RE, Hellyer PW, Bachand AM, LaRue SM. Correlations between acute radiation scores and pain scores in canine radiation patients with cancer of the forelimb. Vet Anaesth Analg. 2008.35:355–362.

[128] Bommer NX, Hayes AM, Scase TJ, Gunn-Moore DA. Clinical features, survival times and COX-1 and COX-2 expression in cats with transitional cell carcinoma of the urinary bladder treated with meloxicam. J Feline Med Surg. 2012.14:527–533.

[129] Borrego JF, Cartagena JC, Engel J. Treatment of feline mammary tumours using chemotherapy, surgery and a COX-2 inhibitor drug (meloxicam): a retrospective study of 23 cases (2002–2007). Vet Comp Oncol. 2009.7:213–221.

[130] Nikolajsen L, Jensen TS. Phantom limb pain. Curr Rev Pain. 2000.4:166–170.

[131] Grant IA, Iff I. Possible phantom limb pain in 2 dogs after amputation for osteosarcoma. Italy: Abstract at ESVONC Turin; 2010, p. 61.

[132] Patronek GJ. Assessment of claims of short- and long-term complications associated with onychectomy in cats. J Am Vet Med Assoc. 2001.219:932–937.

[133] de Lorimier LP. Feline hyperesthesia syndrome. Compendium. 2009.31:E4.

第 16 章
猫口面部疼痛综合征

Clare Rusbridge and Sarah Heath

引言

猫口面部疼痛综合征（Feline orofacial pain syndrome, FOPS）的特征是严重口腔不适的行为表现。多种猫群体都会发生这种疾病，但在缅甸猫多见，提示这种神经病理性疼痛可能存在遗传基础。恒齿萌出和牙周疾病等牙齿疼痛可激发这种疾病。环境因素会恶化这种情况，在多猫家庭中，社交应对机制差的个体更易患这种疾病。患猫最常见症状是抓挠和自残嘴部，尤其是舌头。进食、饮水或理毛等嘴部移动会引发许多患猫的不适。通常会单侧表现明显疼痛，无疼痛间隔时间也会有变化。该综合征经常复发，随着时间发展可能变成无缓解期的状态，出现这种情况的动物有 10% 会被安乐死。

病理生理学

神经性疼痛

FOPS 是一种神经病理性疼痛疾病，即由躯体感觉神经系统受损或发生疾病引发了疼痛[1]。疼痛可分为 3 类：生理性、炎症性和神经病理性。针刺引发的疼痛属于生理性疼痛，可保护动物免受损伤。炎症性疼痛是组织受损的结果，如牙痛。但是，如果疼痛反应系统变得敏感，疼痛会转变为神经病理性，这类疼痛无任何作用，本身就是一种疾病。神经病理性疼痛的最典型特征是外周或中枢神经系统的异常躯体感觉处理。该病的病理生理机制非常复杂，并未完全明确。但是，该病的发展本质带有 3 种重要现象[2]。

1. 中枢致敏。在通过"发条"式进程传达关于疼痛的感觉信息至大脑的过程中，疼痛信息被放大，最终提高了对疼痛的感知。在疼痛感受和"发条"进程中，脊髓和脊髓背角（尾侧部）发挥重要作用。脊髓背角接收来自外周的感觉信息，包括轻触、本体感受、振动、温度和疼痛。通过细胞体位于背根神经节的感觉神经元，皮肤、骨骼、关节、黏膜和牙齿的受体发来这些信息。脊髓背角中所有初级传入神经都使用谷氨酸作为主要的兴奋性神经递质。许多无髓鞘 C 纤维伤害感受器都含有和分泌神经肽，如 P 物质和降钙素基因相关肽。P 物质的靶位是速激肽 NK1 受体。这类受体和谷氨酸 NMDA 受体是渐进放大来自外周伤害感受器的伤害信息的关键[3]。因此，可使用颉颃谷氨酸和脊髓背角内释放的神经肽的药物有效管理疼痛。

2. 中枢去抑制指神经系统的兴奋和抑制失去平衡，由此导致脊髓背角抑制作用下降。脊髓背角下行抑制控制神经为 GABA 能、血清素－去甲肾上腺素能和阿片能神经[4]，因此具有这类作用的药物可能能有效镇痛。

3. 激发背角深层内的机械感受 Aβ－纤维（轻触）发生表型变化后，产生 P 物质，因此由该类神经纤维输入的信号会被感知为疼痛（触觉异常性疼痛）。在发生 FOPS 时，牙齿独特的神经解剖结构使其易出现这种生理变化。

口面部疼痛的神经解剖学：三叉神经伤害感受系统

三叉神经

三叉神经调节面部和口腔的伤害感受。3 条主要分支中的两条——上颌神经和下颌神经负责支配口腔（图 16-1）。上颌分支支配上颌的牙齿和黏膜、上唇、上眼睑、鼻外侧、上颌窦和鼻咽。下颌分支支配下颌的牙齿和黏膜、颞下颌关节、舌前部、覆盖下颌的皮肤，还负责驱动咀嚼肌[5,6]。

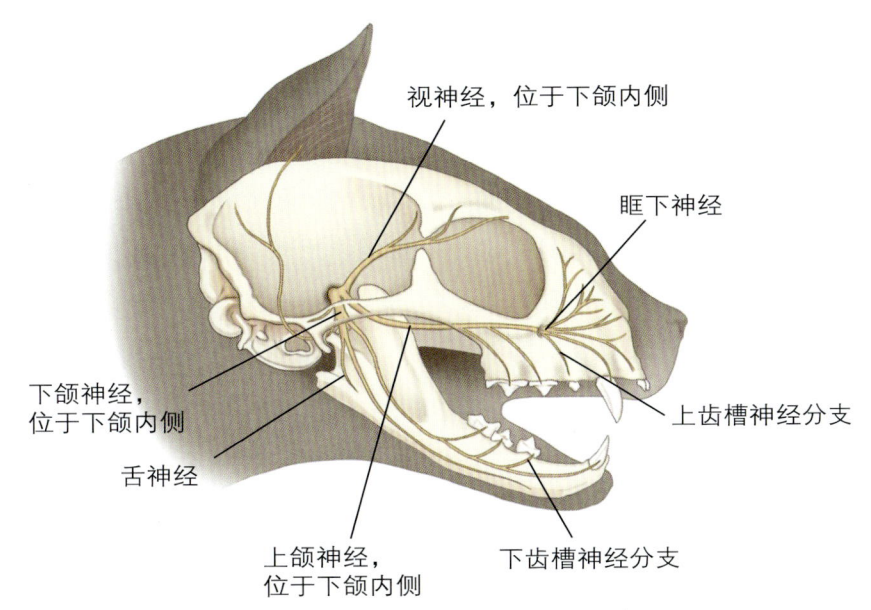

图 16-1 猫头骨外侧面，图示三叉神经

牙齿

牙齿的特殊神经解剖结构可以解释为何牙科疾病是 FOPS 的重要触发因素（图 16-1）。上颌由前、中、后上齿槽神经支配，眶下神经的所有分支转而成为上颌神经的分支之一。下颌由下齿槽神经支配，该神经是下颌神经的分支[7]，来自单个牙齿的牙髓、牙周和颊面齿龈边缘神经纤维通常并列行进[7]。小的无髓鞘多模式 C 纤维和较大的机械热型 A-δ 纤维传导大部分伤害感受信息[8]。但是，牙齿中也有大量快速传导的大型 A-β 纤维，这类纤维由牙髓腔穿透牙本质[8]。这些纤维会对牙本质管中的血浆样液体的流动变化产生反应，这种变化受环境刺激，如热、冷、渗透性、机械性和干燥的影响[9]。这类纤维负责感觉锐性疼痛，而较慢的 C 纤维与钝痛有关[10]。这种高密度的大型纤维与皮肤的伤害感受极为不同，有假说认为这是牙齿的必要适应，为表现撕咬、咀嚼和理毛等不同行为，牙齿需提供为协调下巴和颈部移动至关重要的感觉反馈[11,12]，这也能提供食团是否适合吞咽的信息[8]。但是，可能这种高密度的大型纤维很容易引发慢性疼痛。神经病理性疼痛的标志之一为机械性感受器上调，发展出异常疼痛——即正常情况下不会引起疼痛的刺激引发了疼痛，这类刺激包括活动、接触或温度变化等（表 16-1）。三叉神经系统对靶组织所受伤害的反应是三叉神经与脊髓伤害感受之间的另一种重要区别。牙髓发生炎症后，感觉神经元开始萌发，意味着它们的接受范围变得更大[13,14]。离子通道受体[15]和神经肽的表达也出现了显著变化[13,16]。单个牙齿的炎症可触发中枢致敏[17]。这种变化解释了为何牙痛时会如此无力和疼痛[6,18,19]。

表 16-1　由国际疼痛研究协会专项分类特别小组定义的疼痛术语[1]

疼痛	特征
伤害性疼痛	对非神经组织的实际性或威胁性破坏导致的疼痛，由伤害感受器被激活造成
伤害感受器	外周躯体感觉神经系统的高阈值感觉受体，能够转换和编码有害刺激
神经病理性疼痛	由躯体感觉神经系统的损伤或疾病引起的疼痛
神经痛	神经分布或神经疼痛
异常性疼痛	由正常情况下不会引起疼痛的刺激引发的疼痛

舌

下颌神经（三叉神经）的分支舌神经介导舌部前 2/3 的伤害感受，而舌咽神经的舌部分支调节舌部后 1/3 的伤害感受[5]。伤害传入信号在延髓内的单通道核内汇聚[20]。FOPS 的临床症状更多提示存在三叉神经痛，因为多见对舌前部自残；但是，这只是简单通过位置来判断，并不排除存在舌咽神经痛综合征。人的舌咽神经痛会引起舌的后部和咽部的间歇性刺痛，并会辐射到耳部深层结构[21]。

三叉神经节

三叉神经节（图 16-2）位于颞骨岩部前内侧面的三叉神经管内，含大部分三叉神经传入纤维的细胞体，但也有一些三叉神经节位于中脑的三叉神经核内[22]。

中枢三叉神经通路

要理解心理压力和身体疼痛之间的联系，需要对伤害感受信息的中枢加工过程有基本的了解。来自牙髓和口腔的伤害感受纤维上行至脊髓三叉神经核和脑桥中的主要感觉三叉神经核[23-25]（图 16-3）。

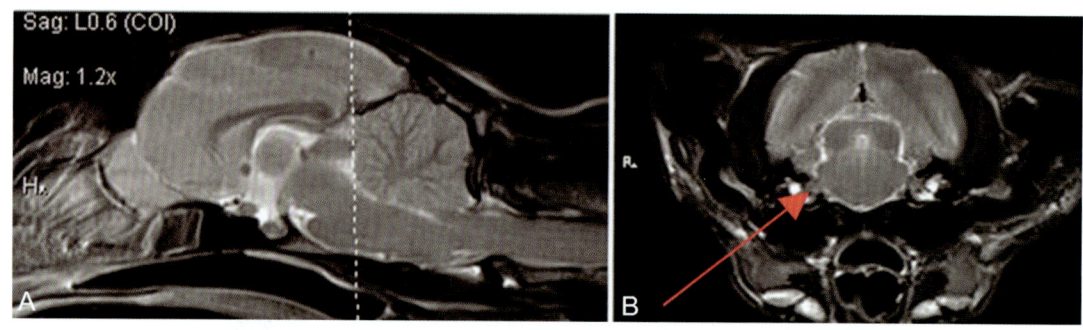

图 16-2　一只缅甸猫的 T2 加权中央矢状面和横断面磁共振成像。A 虚线代表横断面图像的"切面"，该切面位于脑桥和三叉神经根。B 箭头指示三叉神经节（感谢 Eli Jovanovik, Fitzpatrick Refferals 提供了图像）

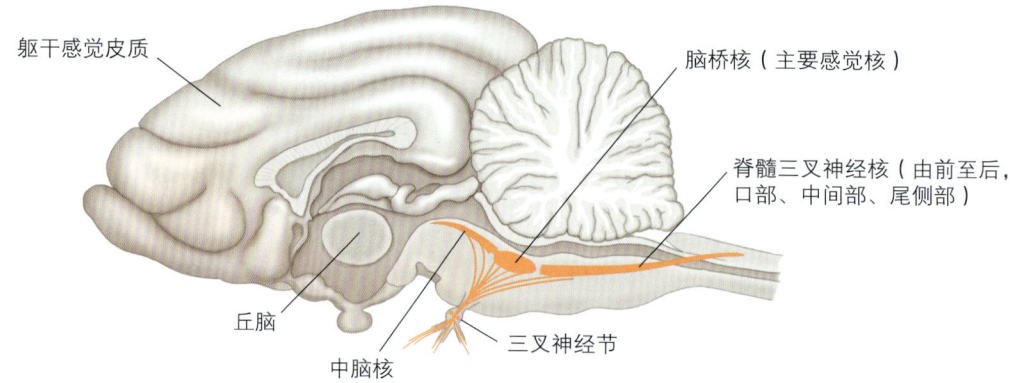

图 16-3　三叉神经感觉核。来自牙髓和口腔的伤害感受纤维上行至脊髓三叉神经核 3 个亚核的背内侧区域（特别是口部、中间部和尾侧部）及脑桥的主要感觉三叉神经核。神经纤维由此处投射至内侧膝状复合体、丘脑后部和丘脑腹后内侧。丘脑传出的投射上行至初级和次级躯体感觉皮质

神经纤维由此处投射至丘脑,并从丘脑上行至初级和次级躯体感受皮质。这种向躯体感觉皮质的投射可能与疼痛的感觉差异有所关联。另外还存在向同侧非颗粒岛叶皮质、同侧外部外侧臂旁核、丘脑背侧和背侧基地外侧杏仁核的投射,它们可能在疼痛情绪激发方面扮演了一定的角色(图16-4)[26]。

疼痛矩阵

疼痛矩阵是一个理论上的概念,常用于理解健康和疾病状态下的疼痛神经机制[27]。疼痛矩阵在解剖上是一种广泛的皮质网,包括躯体感受、岛叶、扣带回、额叶和顶叶区(图16-4)。它

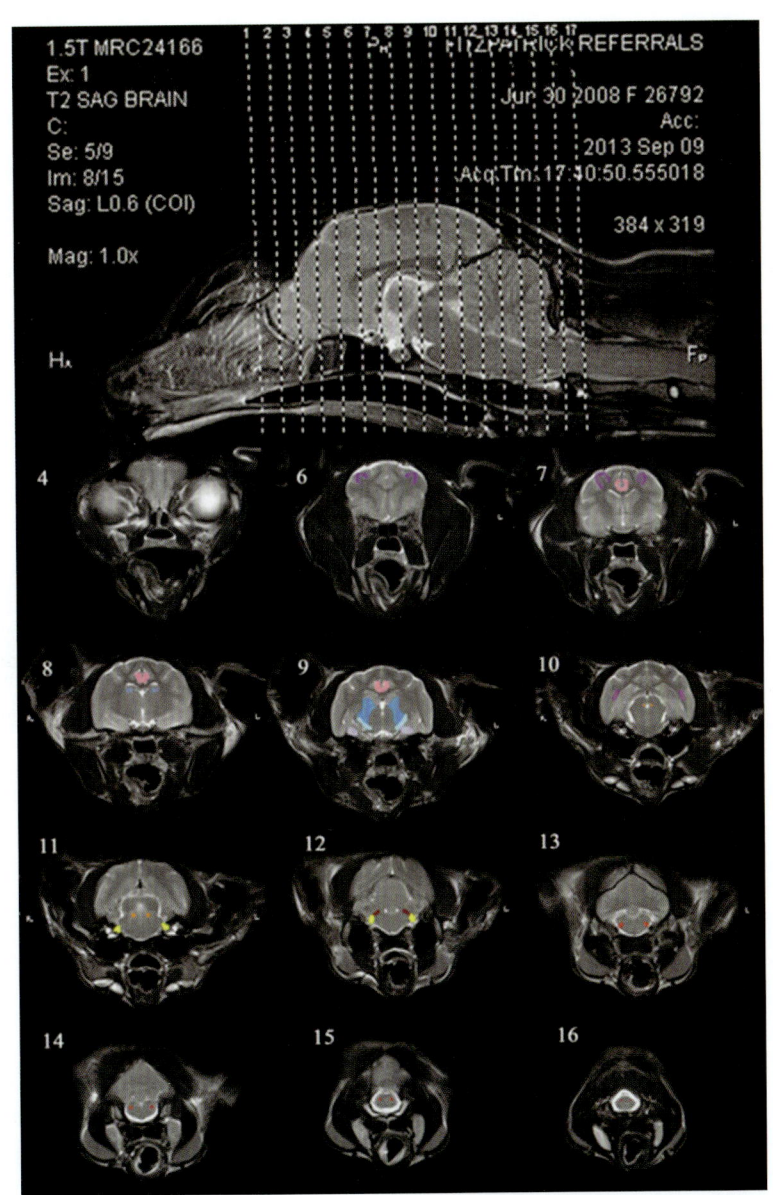

图16-4 中枢三叉神经通路。一只缅甸猫的T2加权中央矢状面和横断面磁共振成像。虚线及数量代表横断面图像的"切面"。切面4,额叶(疼痛材质)。切面6,躯体感受皮质的顶叶(紫色)(疼痛材质)。切面7,躯体感觉皮质(紫色)和扣带回(粉色)(疼痛材质)。切面8,扣带回(粉色)和丘脑背侧(深蓝色)(疼痛材质)。切面9,扣带回(粉色)和杏仁核(淡紫色)(疼痛材质);丘脑后部(蓝色)和腹后部(亮蓝色)(投射通路)。切面10,岛区(粉色)(痛觉材质);中脑核和三叉神经通道(橘色);切面11,三叉神经(黄色)和三叉神经的中脑核(橘色)。切面12,三叉神经(黄色)和脑桥感觉核(深红色)。切面13~16,脊髓三叉神经核(红色)

从功能上描述了中枢神经系统的 3 个疼痛处理领域：①感觉区分区负责疼痛定位和感知严重程度；②情感-情绪激发区负责疼痛的情绪反应；以及③认知区[28]。疼痛不仅是一种不愉快的感觉和情绪体验，它还需要针对身体组织面临的威胁有行为反应。由于疼痛要依赖存活，疼痛会占据大脑的注意力，从而影响其他皮质处理过程和其他身体系统，包括免疫系统、下丘脑-垂体-肾上腺轴、交感神经系统和生殖系统[29]。当疼痛变为慢性时，能改善疼痛矩阵的效力，意味着只需更少的伤害感受和非伤害感受传入信号，就能够引发疼痛[29]。

遗传易感性

针对受 FOPS 影响的缅甸猫的全基因组关联性进行研究后，表明有 3 个基因位点与疾病相关。其中的 2 个位点含有潜力的候选基因，中枢神经系统中会表达这些基因，并已确认这些基因与人和啮齿类动物的偏头痛及神经病理性疼痛综合征相关[30]。进一步测序还在进行中。与偏头痛相关联的可能性这点非常有趣，因为一般认为当有遗传易感性个体的三叉神经血管系统被激活时，会发生偏头痛[31]。另外，偏头痛与 FOPS 类似，都受应激等环境因素影响[31,32]。

临床症状和过程

FOPS 的特征是口腔不适和疼痛的行为症状，包括面部和舌部自残（图 16-5）。患猫就诊的最常见原因是表现过度舔舐、咀嚼运动，并抓挠嘴部（图 16-6）。更严重的病例会出现舌部、唇部和颊黏膜破损。往往间歇出现症状，一般为单侧的，多数病例因咀嚼、饮水或理毛等嘴部运动而触发症状。在数周或数月内，可能会多次发生 FOPS，最后可能自发缓解，并保持数月或数年。但一段时间后，发病会变得更加频繁，疼痛持续时间明显加长。回顾性病例分析显示未成年缅甸猫（6月龄或更小）存在发病高峰，其中 75% 的患猫存在复发性或持续性问题。无法充分控制疼痛会导致某些病例被安乐死[33]。

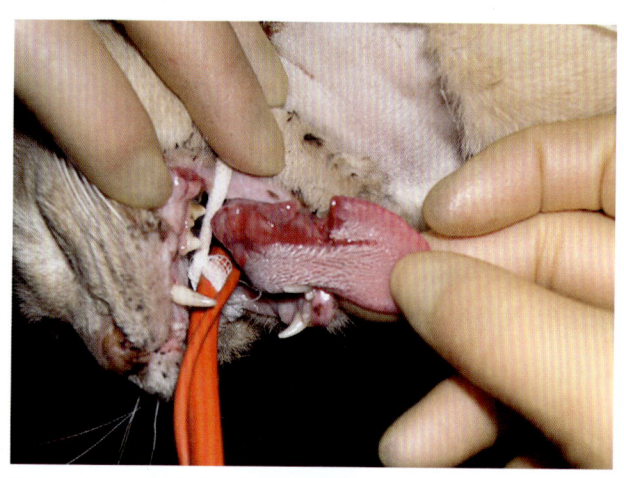

图 16-5　一只缅甸猫舌部缺损。存在严重缺损的病例可能需要手术修复，并且在舌部损伤愈合之前，猫还需要使用肠外营养。该病例的病因是与同窝猫发生社交冲突，同时被（一起）饲养在同一个猫舍中（感谢 Jamie Finney MVB, MRCVS, Abbeycroft Veterinary Centre 提供）

图 16-6　患猫口面疼痛综合征（FOPS）的缅甸猫的视频截图显示明显的舌部不适和抓挠嘴部。未知该病例的病因。伴随理毛行为的舌部运动会触发 FOPS 行为。感谢 Nicolle 女士提供完整视频，可由 http://www.veterinary-neurologist.co.uk/FOPS/ 获得

FOPS 的触发因素

口腔疼痛

恒齿萌发

考虑到上述解剖因素、猫牙周病的流行率，以及伴有镇痛效果不理想的猫牙科操作的数量，创伤后三叉神经痛的发生率出人意料的低。已证明这是因为三叉神经系统为疼痛事件制订了相应程序，且在出生后的发育过程中（乳齿的萌发和脱落），失去了受神经支配的结构[34]。正常的乳齿脱落和恒齿萌伴发退行性变化，接着发生脑干三叉神经核重塑[35,36]。某些支配乳齿牙髓的神经被保留下来，用于支配相应的恒齿[37]。这种神经元的重塑性尤其有趣，因为在很多怀疑具有遗传倾向的缅甸猫中，该生物学事件与首次发生的FOPS 有关[33]。患猫一般会在 5～7 月龄，犬齿和 / 或臼齿萌发时就诊，表现出口腔不适的急性行为症状，以及尝试或已开始自残舌部和颊黏膜。当"出牙"完成时，症状会自发消除；但是，许多这些猫成年后症状会复发[33]。

牙周病

牙周病是成年猫 FOPS 的重要触发因素，尤其是破牙细胞再吸收病变（图 16-7）。破牙细胞再吸收病变（也称为牙颈部病变、牙颈线病变、牙颈病变）在猫中极为普遍，它以齿根再吸收和牙本质暴露为特征，由大量多核破牙细胞介导。由于病变区域常被环形炎症区域和高度充血的牙龈覆盖，牙齿的腐蚀不会立即变得很明显。最常受到影响的牙齿是上颌第 4 前臼齿、下臼齿和下颌第 3 前臼齿，除切齿外的所有牙齿都易发生该病[38,39]。作者推测化脓性炎症和牙齿独特的神经解剖，特别是大量穿透（暴露）牙本质的快速传导大型 A-β 纤维，使存在遗传易感性的猫容易发展出神经病理性疼痛。在试验中，让犬的牙本质暴露 1～2 周，可诱发牙髓的炎症反应[40]，而电生理学研究已证明牙内 A 纤维的致敏作用，特别是支配牙颈本质的神经纤维[41,42]。这些变化包括对流体力学刺激的敏感性增加和出现自主激发动作电位[41]。

口腔溃疡

偶尔可见 FOPS 病例伴发口腔溃疡，如猫呼吸道病毒感染（猫杯状病毒）引发的口腔溃疡[33]。

神经病理性疼痛、认知和应激

疼痛会影响认知，反之亦然。慢性疼痛会损害啮齿动物模型的学习和记忆能力、干扰注意力，并影响决策过程。患口面部疼痛的人更易出现精神病理学疾病[43]和焦虑[44]。由于神经炎症会影响杏仁核、扣带回、岛叶和额叶前部皮质的"情绪-疼痛回路"，因此这类损害发生在分子层面[43,45,46]。反过来，认知过程和情绪状态可通过下行通路[47]

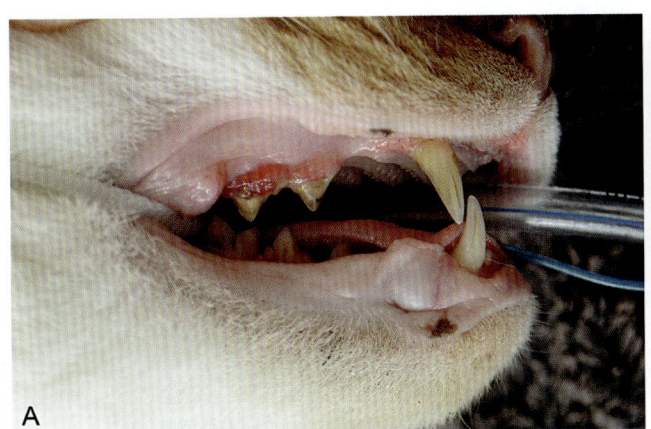
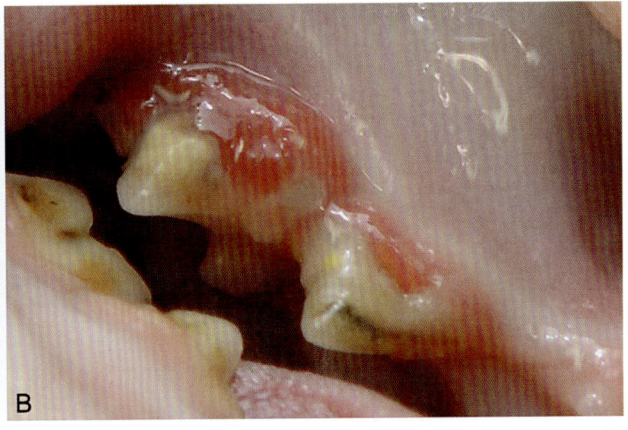

图 16-7 一只家养短毛猫的猫破牙细胞再吸收病变（feline odontoclastic resorptive lesions，FORL）。A 注意上颌第 3 前臼齿处发炎、增生的齿龈区域；B 检查该组织下方可见牙齿表面被腐蚀。在调查猫口面部疼痛综合征（FOPS）的病因时，质量良好的牙科 X 线检查至关重要（感谢 Dr. Anne Fawcett, Sydney Animal Hospitals Inner West 提供）

调节疼痛，而长期接触社交应激等应激性刺激时，会诱发脑内和脊髓不同区域的免疫反应，导致神经炎症触发感觉过敏[46,48]。

应激*一直都是维持和放大疼痛严重程度的因子，近期的研究提示去甲肾上腺素能蓝斑核调节该过程，该部位能协调应激反应的众多组分和伤害感受的传导[49]。最终，疼痛的动物更易出现与应激相关的行为疾病，而慢性应激可能会触发或恶化疼痛的行为症状。因此，在调查和治疗疼痛性疾病时，必须使用全面方法。这点适用于FOPS和其他疼痛性疾病。例如，已发现人的间质性膀胱炎和炎性肠病等慢性骨盆/内脏疼痛性疾病包含了神经病理性和情绪成分[28,50]。一项回顾性研究发现环境因素会影响1/5的FOPS病例的疾病表达，而在多猫家庭中，社交应对能力较差的个体似乎更易患病[33]。

与人口面部疼痛综合征相比较

根据国际头痛学会的分类[51]，三叉神经痛的特征为简单的电击样疼痛，突然发作和终止，并限制在三叉神经分布的单个或多个分区。疼痛一般为单侧性，并会自发发生，但也常由嘴部运动和/或触碰嘴或面部的某些区域触发，尤其是鼻唇褶和/或下巴处。与FOPS类似，三叉神经痛存在加剧和消退的过程，并随着患者的年龄增长，消退期逐渐缩短。在神经病理性疼痛综合征中，极罕见完全消退期，这是区分三叉神经痛和其他疼痛性疾病的特点。遗传易感性也是某些病例的发病起因，据报道4.1%的单侧三叉神经痛患者和17%的双侧三叉神经痛患者存在家族性发病[52]。经典三叉神经痛最常见病因是三叉神经根进入脑干处的微血管被压迫。症状性三叉神经痛的病因是结构性病变而不是血管压迫，如与多发性硬化相关的脱髓鞘。持久性特发性面部疼痛（非典型性面部疼痛）并无头部神经痛的特征，不属于不同的疾病。神经学检查、X线检查、磁共振成像（magenetic resonance imaging，MRI）和计算机断层扫描（comuted tomograpy，CT）等诊断性检查结果并无明显异常。与三叉神经痛不同，这种疼痛被描述为深度、不易定位的疼痛，并且持续时间长，常持续整天且每天都发生。它通常限制在面部一侧的特定区域。与FOPS相似，可能由面部、牙齿或齿龈手术或损伤引起疼痛，但之后在无任何明显局部病因的情况下，仍会持续发生。持久性特发性疼痛的亚型之一为非典型性牙痛，特征为在缺少任何可辨识的牙科病因时，牙齿或拔牙后的牙槽窝内出现持续性疼痛。舌咽神经痛的特征是耳区、舌基部、扁桃体窝或下颌角下方阵发性疼痛。与三叉神经痛相似，疼痛的触发因子包括吞咽、讲话或咳嗽，并具有消退和复发过程。口灼伤综合征指在无药物或牙科病因时，出现了口内灼伤感。它的特征为每天发生，并在一天中的大部分时间持续存在不适。如果疼痛局限在舌部，那么可称为舌痛。患者还会描述存在主观性口腔干燥、感觉异常和味觉改变。

诊断

FOPS无确切的诊断方法，可根据适当的病征，排除其他病因和确认起因，来做出诊断（方格16-1）。

方格16-1 支持猫口面部疼痛综合征（FOPS）诊断的标准

- 提示单侧口腔疼痛的症状
- 面部感觉无缺陷
- 由嘴部运动等触发条件（进食、饮水、理毛）引起疼痛
- 夸张的反应——出现自损并不正常，这种行为本身就提示存在感觉处理紊乱
- 对常规镇痛药（非甾体类抗炎药和阿片类）和牙科治疗无反应
- 适当的病征——缅甸猫或杂种猫

---

*任何刺激扰乱个体内稳态后，产生的生理和情绪反应的集合就是应激[28]

收集病史

在调查 FOPS 病例时，花一些时间确定猫的生活环境和社交互动，特别是与其他猫之间的社交互动，这是至关重要的。获取行为病史时，收集范围要广泛，要包含猫、猫的社交环境相关信息，包括猫和人类的社交互动及其周边的物理环境。在某些情况下，全科医生可能觉得能够做到这点，但可能需要考虑将另一些病例转诊给动物行为学家或其他有资质的动物行为学家。收集的病史还应包括之前的用药史，很明显这在全科医生的职责范围之内。

有关猫生活环境的信息对来自单猫或多猫家庭的病例都很重要。猫的基础需求包括有控制感，能自由和及时获取与存活有关的资源。应确定水、食物、休息处和厕所的位置，并观察房内布局，判断猫穿过领地时避免与其他猫发生冲突的能力。如果猫能到达户外，应了解猫门的位置或在无猫门的情况下，猫是如何到达室外的信息。应让猫能自由接近进入和外出的位置，在多猫家庭和社区内，限制猫在领地上的活动是应激的显著来源之一。

由于社交应激是许多 FOPS 病例的非常重要的因素，必须调查猫在多猫家庭内的关系，还应询问邻里猫之间的互动问题。让客户在 7 天内密切观察它们的猫，以便发现猫之间的亲密互动行为，如互相舔毛和互相磨蹭，这有助于确定居住在家中的猫有多少个社交群体。已证实当家养猫之间存在被动的紧张关系时，主人通常并未意识到它们之间存在紧张关系，因此动物诊所不应仅凭客户对猫间关系的个人感觉，来判断猫间存在社交紧张，进而引发 FOPS 的可能性（见第 26 章）。

有关视觉可见点的信息是极其重要的，家中的猫通过视觉可见点能看到外部环境，邻居的猫也可由此处从视觉上入侵到屋内，而视觉上和实际入侵核心领地都会引发社交应激。应提出一些问题来确定邻居家的猫是否能够潜入花园、棚顶、围栏或墙壁上，以及是否限制家中的猫自由进入户外环境（见第 26 章）。

家访是让兽医充分了解房屋和社区布局的理想方式，并能由此辨别应激的潜在来源，但许多诊所无法做到。现代科技提供了进行虚拟家访的可能性，如可使用 Facetime 和 Skype 等，应考虑使用这种方法来最大程度地充分调查应激对 FOPS 病例的作用，也可给在家养环境中，正常的猫行为受损害的任何病患使用该法（见第 12 章）。

临床检查

多种组织疾病会引发口面部疼痛，如脑膜、角膜、牙髓、口/鼻黏膜和颞下颌关节。

应区分 FOPS 与三叉神经病变。多数三叉神经病变会引发皮肤和眼部感觉缺陷，因此必须检查面部和角膜的感觉情况（图 16-8）。运动性三叉神经缺陷会引发咀嚼肌萎缩和下颌张力下降。由于三叉神经与其他神经结构相离很近，因此很少仅发现三叉神经损伤，可能也存在面部肌肉瘫痪和干眼症（面神经）；霍纳氏综合征（支配眼部的交感神经）；头倾斜和其他前庭症状（前庭神经）、精神状态沉郁和轻瘫（脑干）（图 16-9）。相反，FOPS 的神经学检查结果是正常的。应仔细检查嘴部，因为破牙细胞再吸收和口腔病变与 FOPS 有关，也应确定是否有其他因素可解

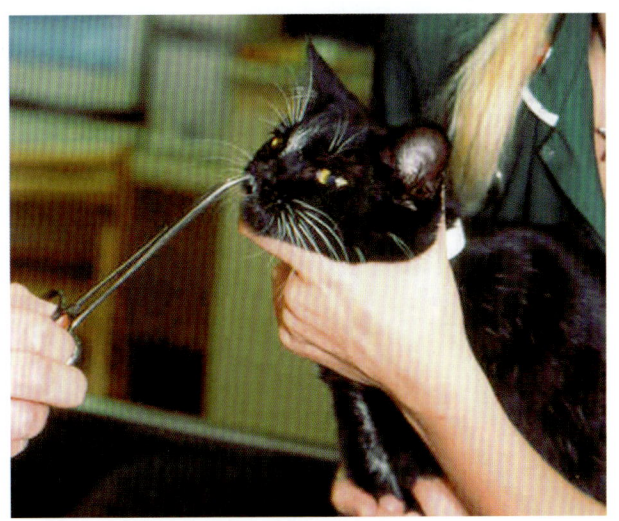

图 16-8 评估猫的面部感觉。在多个位置用动脉夹使皮肤发痒或轻轻钳夹皮肤，包括鼻孔、唇部和耳部。耳部抽动、唇部回缩和行为反应等面部肌肉活动表明面部感觉完整

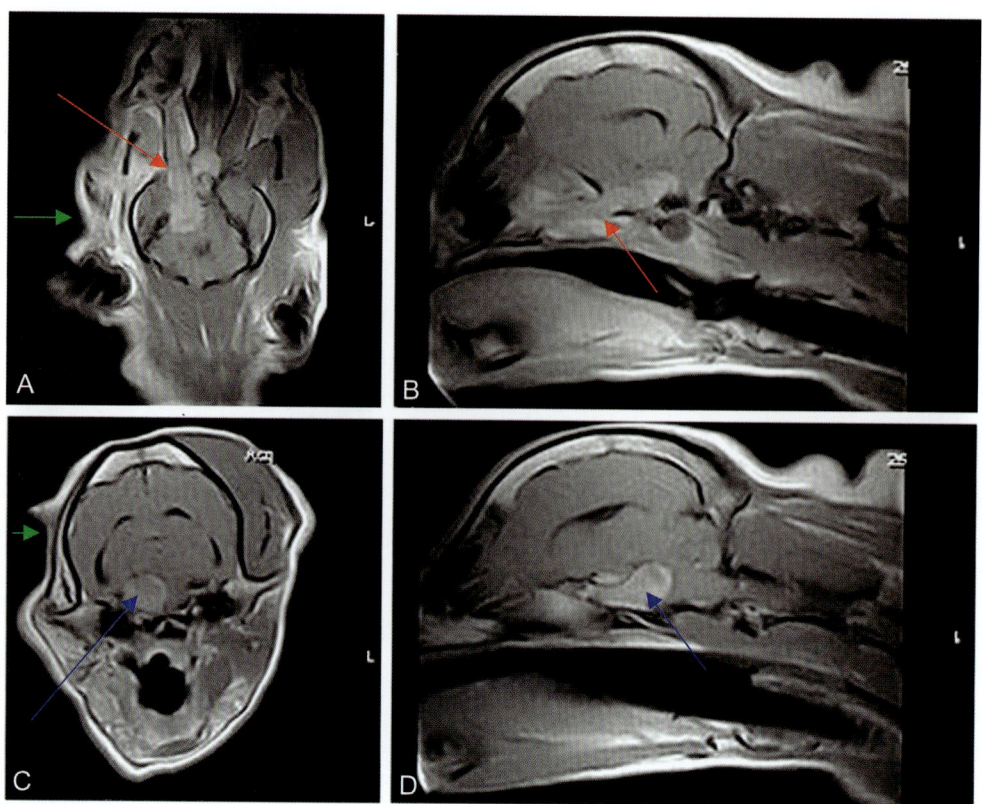

图 16-9 一只 11 岁西高地白㹴的多平面（A 头骨基部背侧；B 眶下管矢状面旁；C 脑桥横断面；D 正中矢状面）钆增强 T1 加权磁共振成像（MRI）扫描，这只犬最初就诊时的症状为右侧角膜溃疡，随后发展为右侧头倾斜。神经学检查显示还存在右侧霍纳氏综合征，伴发泪液生成减少（干眼症）。右侧面神经麻痹，右侧面部也存在感觉缺乏。也可见右侧咀嚼肌广泛性萎缩、精神沉郁和右侧轻偏瘫。MRI 扫描显现存在广泛性咀嚼肌萎缩（绿色箭头），并提示有三叉神经根肿瘤。可见增厚和经钆造影增强的三叉神经上颌分支通过眶下管延伸（红色箭头）。在三叉神经根处，一个大肿物压迫脑桥（蓝色箭头）

释这种不适。破牙细胞再吸收病变的特征是病变上方有发炎的齿龈区域。炎症区一般呈圆形，并且高度血管化和水肿。使用探针可发现齿槽处的下陷程度，且一般会伴发严重的齿龈出血（图 16-7）[39]。

实验室检查

FOPS 无特异性血液学或血清生化检查异常。但是，应至少获得最小数据库，来排除相关的全身性疾病，并确定是否存在任何药物治疗的禁忌证。另外，建议确定猫的反转录病毒感染情况。

影像学诊断

牙科 X 线检查是诊断 FOPS 的关键部分。最好使用牙科 X 线机进行 X 线检查，虽然最初可通过右侧和左侧下颌前臼齿和臼齿的 X 线片来确定相关情况，但最好应拍摄全口 X 线片[53]。全口 X 线片应包括下颌后部齿式的平行侧位片；使用分线角技术拍摄的所有上颌和下颌前部牙齿的 X 线片；犬齿、前臼齿和臼齿的侧位观；切齿和犬齿的近中－远侧或前－后侧观；以及上颌第 4 前臼齿的斜位观。破牙细胞再吸收病变的相关变化通常很明显（图 16-10），特征是牙齿组织溶解，一般发生在釉牙骨质界的齿槽处；但是，早期病例可能很难辨别，应在强光下用放大镜或放大数字 X 线片来仔细检查[39]。在排除三叉神经疾病的其他病因时，MRI（图 16-2、图 16-4、图 16-9）很有用，但发生 FOPS 时的检查结果不显著。

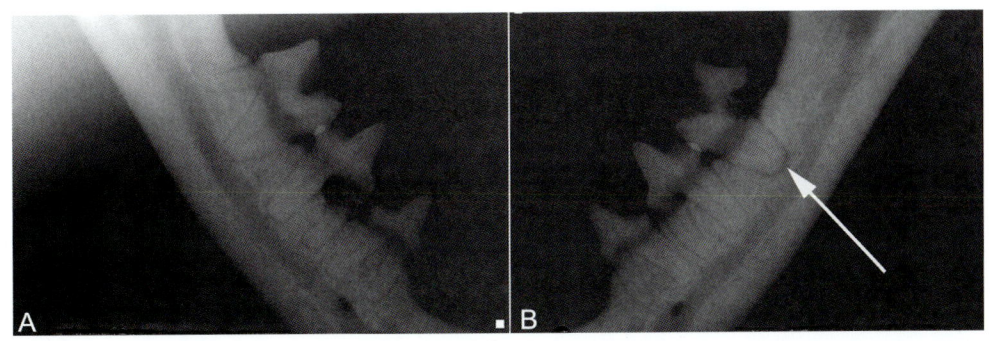

图16-10 一只6.8岁的绝育雌性缅甸猫的下颌前臼齿侧位X线片，拍摄X线片时，它正经历第3次猫口面部疼痛综合征（FOPS）发作，共发作了5次。这次检查发现它存在广泛性2级齿龈炎（探诊时出血），并且有大量"缺失"齿。牙科X线检查确认了前臼齿和臼齿存在破牙细胞再吸收病变。此外，还存在明显的齿龈萎缩、水平骨丢失和左侧臼齿前根的根尖周脓肿（箭头）。治疗措施包括手术拔除犬齿后方所有的颊部牙齿，术后口服2周苯巴比妥。这只猫的其他几次FOPS发作时间是5月龄（恒犬齿萌发）；5.5岁（口腔溃疡）；7.5岁（出席了一场猫展）和8岁（待在猫舍）（感谢Lisa Milella BVSc, DipEVDC, MRCVS提供）

管理

图16-11说明FOPS的诊断和管理方法。在控制不适感前，可能需要使用伊丽莎白脖圈和/或爪部包扎或塑料甲套如"Soft Claw"或"Soft Paw"产品等，来防止自残。如果采用这种方法，必须记住使用这种阻碍方式会引发应激，因此管理方法中的减轻应激部分一定是所有之中最重要的。

减轻应激

应解决任何系统性或环境影响因素。应告知客户疼痛和应激之间的相互作用，并理解有必要对这些病例进行行为及物理治疗。要从猫的角度优化家庭环境，就需要了解猫行为的基本原则，如任何时候都要有控制感，并能自由、立即获取到这些资源。与调查室内随地排泄等原发行为问题类似（见第24章），使用房屋平面图能帮助兽医确定猫的5种必需资源的分配问题，必需资源包括食物、饮水、休息场所、厕所以及进出领地的位点。与客户讨论如何优化分配时，平面图也有用。当确定家中不止一个社交群体时，必须向客户解释建立明显分离开的资源点的重要性（见第26章），而在多猫社区，可能需要使用百叶窗或临时在窗户上添加磨砂表面，来防止视觉入侵，并使用微芯片控制的猫门来防止实际入侵。要控制应激，家中的猫需要一个安全、稳固的核心领地，并能接近藏身处和高处空间。在家庭环境中使用猫面部费洛蒙F3产品，可以增加猫的安全感，但这仅在与环境改良一同使用时才有效（见第18章）。也可能需要考虑使用药物来管理应激，FOPS的药物治疗部分将对此进行讨论。

牙周病

处理牙科疾病的同时提供适当的镇痛，可以消除猫的许多症状，但应采取最合适的管理方式，因为不当的治疗不仅可能无法消除FOPS，甚至会触发FOPS。许多病例是在进行常规牙科治疗和拔牙后出现FOPS。特别是在粉碎牙根（去除牙根）时，只能使用高速手，并由有经验的操作者进行。如果损伤齿槽骨，会破坏包括感觉神经在内的关键结构。神经病理性疼痛的特征之一是在缺乏或移除初始刺激因素后仍存在的持续性疼痛，而解决某些病例的易感因素后，也无法消除FOPS。如果没有拔牙或治疗FOPS所需的专业技术和设备，建议将病例转诊给动物牙科专家。

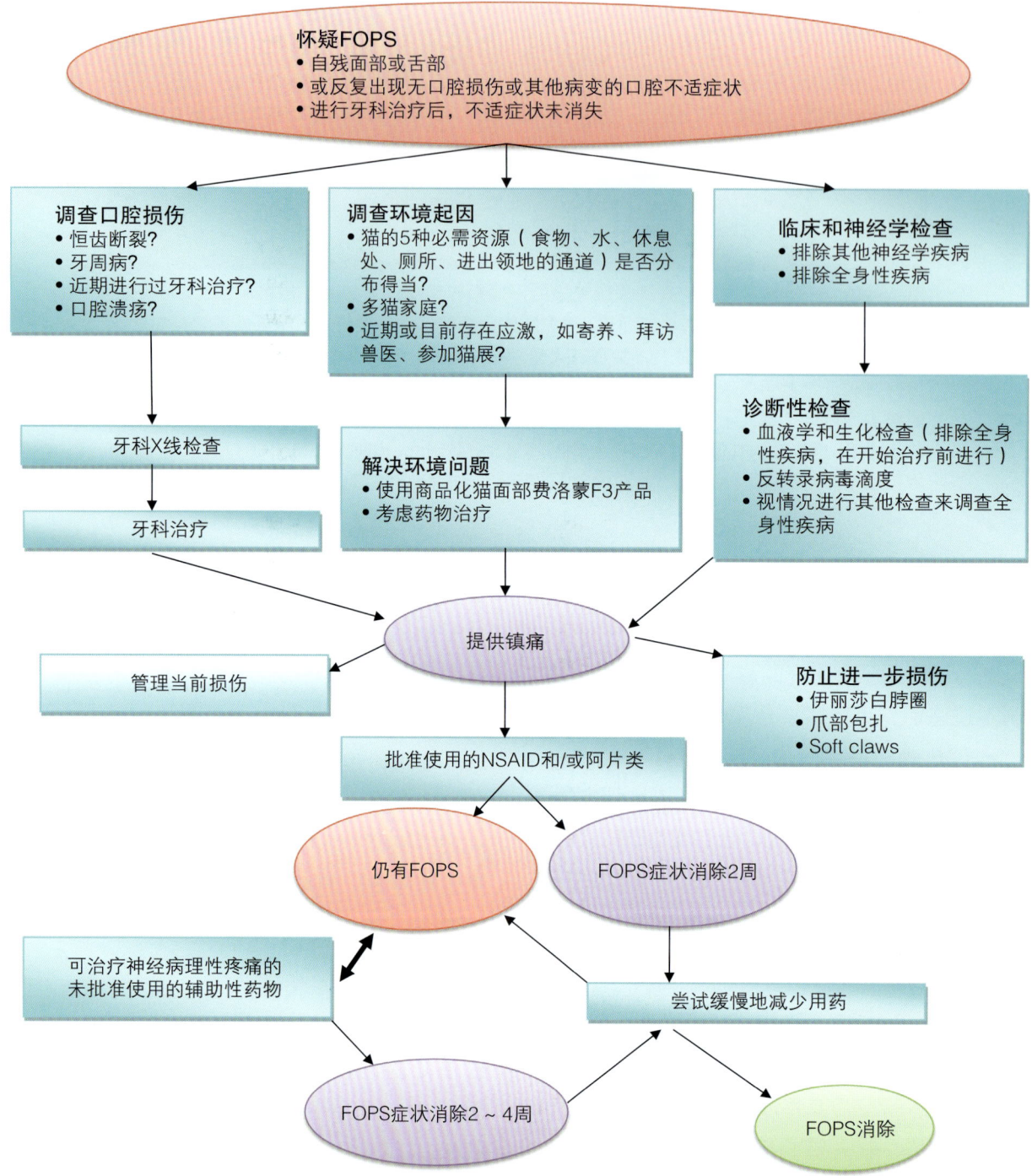

图 16-11　猫口面部疼痛综合征（FOPS）的诊断和管理流程

FOPS 的药物治疗

FOPS 的一线镇痛药应为批准使用的非甾体类抗炎药（nonsteroidal anti-inflammatory drugs, NSAIDs）和阿片类药物。但是，由于神经病理性疼痛涉及紊乱的躯体感觉神经系统过程，这种治疗对很多病例来说是不足的。用来治疗神经病理性疼痛的药物以"发条"机制为作用目标，也就是可减少兴奋或增强抑制（表 16-2）。不幸的是，由于药代动力学情况不明或已经确定不适合使用，并不能给猫使用很多用来治疗人的神经病理性疼痛的药物。根据有限的信息和迄今为止进行过的研究，口服治疗的最合理口服辅助镇痛药为苯巴比妥或加巴喷丁[33]。对住院病例进行急性管理时，如肠外苯巴比妥和/或恒速输注的利多卡因、氯胺酮、吗啡和/或右美托咪定等药物可能有用。当已控制了FOPS的生理症状后，应继续评估猫生活环境中的潜在应激源和猫所经历的焦虑水平。无论何时，持续解决社交和环境应激源都是明智的选择，但在优化了某些病例的环境后，可能仍需要使用药物来减轻焦虑。在这种情况下，可以考虑使用选择性血清素再摄取抑制剂（selective serotonin reuptake inhibitors, SSRI）进行治疗（见第19章）。

表 16-2　治疗猫神经病理性疼痛的辅助镇痛药

靶位	药物	剂量	注意
减少应激			
谷氨酸	加巴喷丁	3～10毫克/千克 q 12～24 h	口服混悬剂添加了木糖醇来增甜，因此不推荐使用 最小的胶囊大小为100mg；不过其中可能含复合制剂
	普瑞巴林	1～5毫克/千克 PO q12～24 h 根据效果和镇静情况逐渐增加剂量	与人的受体的结合力更强，结合时间更久 最小胶囊大小为25mg
	苯巴比妥	1～3毫克/千克 bid	可能因镇静、共济失调和多食等副作用而限制使用
NMDA受体	氯胺酮	负荷剂量为0.25～0.50毫克/千克 IV，之后为2～20毫克（千克·分钟）CRI	住院动物 常与利多卡因和吗啡结合使用
钠通道	利多卡因	负荷剂量为0.25毫克/千克，之后为0.6～1.5毫克（千克·时）(10～25微克/（千克·分钟)CRI	住院动物 常与氯胺酮和吗啡结合使用
	阿米替林	0.5～2.0毫克/千克 sid	可能因镇静和体重增加等副作用而限制使用。影响精神状态的特性可能对焦虑性FOPS有用
	卡马西平	25毫克 bid	卡马西平是人三叉神经痛的一线用药（并已批准），但奥卡西平的副作用更少
增加抑制			
GABA受体	苯巴比妥	1～3毫克/千克 bid	可能因镇静、共济失调和体重增加等副作用而限制使用
	地西泮	0.1～0.5毫克/千克 sid-bid	可能因镇静、共济失调和体重增加等副作用而限制使用
去甲肾上腺素（蓝斑）	右美托咪定	40微克/千克 IV或IM	住院动物。可能因镇静等副作用而限制使用[55]
血清素	氟西汀	0.5～1.0毫克/千克 sid	SSRI治疗人的神经病理性疼痛没有那么有效，但影响精神状态的特性可能发焦虑性FOPS有用
阿片	丁丙诺啡	0.02毫克/千克经颊黏膜 tid-qid	可能因厌食而限制使用[56]
	布托啡诺	0.2～1.0毫克/千克 qid	生物利用度和持续时间有限[57,58]

注意：都未评估过这些药物在FOPS的应用剂量或有效性，因此都是根据其他疼痛性疾病的推荐剂量和作者经验得出上述经验性剂量和效果。这些药物都未被批准用来治疗猫的神经病理性疼痛。应给所有使用了长效辅助镇痛药的猫定期采血，评估血清生化和血液学状况。

bid，每天2次；CRI，恒速输注；FOPS，猫口面部疼痛综合征；IM，肌肉注射；IV，静脉注射；PO，口服；qid，每天4次；sid，每天1次；SSRI，选择性血清素再摄取抑制剂；tid，每天3次

致谢

作者非常感谢 Penny Knowler 对图片准备的帮助，感谢 Drs. Christine Hawke 和 Anne Fawcett 对牙科管理部分的点评，以及 Dr. Richard Malik 对原稿的审阅和点评。

参考文献

[1] Merskey H, Bogduk N. Pain terms, a current list with definitions and notes on usage, classification of chronic pain. 2nd ed. Seattle: IASP Press; 1994.

[2] Woolf CJ, Mannion RJ. Neuropathic pain: aetiology, symptoms, mechanisms, and management. Lancet. 1999;353 (9168):1959–1964.

[3] Herrero JF, Laird JM, Lopez-Garcia JA. Wind-up of spinal cord neurones and pain sensation: much ado about something? Prog Neurobiol. 2000;61(2):169–203.

[4] Todd AJ, ed. Neuronal circuits and receptors involved in spinal cord pain processing. Seattle: ISAP Press; 2009.

[5] Evans HE, De Lahunta A. Cranial nerves. In: Miller's anatomy of the dog. 4th ed. St Louis: Elsevier Saunders; 2013:708–730.

[6] Fried K, Bongenhielm U, Boissonade FM, Robinson PP. Nerve injury-induced pain in the trigeminal system. Neuroscientist. 2001;7(2):155–165.

[7] Robinson PP. The course, relations and distribution of the inferior alveolar nerve and its branches in the cat. Anat Rec. 1979;195(2):265–271.

[8] Takemura M, Sugiyo S, Moritani M, et al. Mechanisms of orofacial pain control in the central nervous system. Arch Histol Cytol. 2006;69(2):79–100.

[9] Andrew D, Matthews B. Displacement of the contents of dentinal tubules and sensory transduction in intradental nerves of the cat. J Physiol. 2000;529(Pt 3):791–802.

[10] Narhi M, Jyvasjarvi E, Virtanen A, et al. Role of intradental A- and C-type nerve fibres in dental pain mechanisms. Proc Finn Dent Soc. 1992;88(Suppl 1):507–516.

[11] Dessem D, Luo P. Jaw-muscle spindle afferent feedback to the cervical spinal cord in the rat. Exp Brain Res. 1999;128 (4):451–459.

[12] Narhi M, Hirvonen T, Jyvasjarvi E, Huopaniemi T. Reflex responses in the digastric and tongue muscles to stimulation of intradental nerves in the cat. Proc Finn Dent Soc. 1989;85 (4–5):383–387.

[13] Byers MR, Narhi MV. Dental injury models: experimental tools for understanding neuroinflammatory interactions and polymodal nociceptor functions. Crit Rev Oral Biol Med. 1999;10(1):4–39.

[14] ByersMR,Wheeler EF,BothwellM. Altered expression of NGF and P75 NGF-receptor by fibroblasts of injured teeth precedes sensory nerve sprouting. Growth Factors. 1992;6(1):41–52.

[15] Li YQ, Li H, Wei J, et al. Expression changes of K+-Cl- cotransporter 2 and Na+-K+-Cl- co-transporter1 in mouse trigeminal subnucleus caudalis following pulpal inflammation. Brain Res Bull. 2010;81(6):561–564.

[16] Bowles WR, Withrow JC, Lepinski AM, Hargreaves KM. Tissue levels of immunoreactive substance P are increased in patients with irreversible pulpitis. J Endod. 2003;29 (4):265–267.

[17] Hargreaves KM. Orofacial pain. Pain. 2011;152(suppl 3): S25–S32.

[18] Cave NJ, Bridges JP, Thomas DG. Systemic effects of periodontal disease in cats. Vet Q. 2012;32(3–4):131–144.

[19] Cohen LA, Harris SL, Bonito AJ, et al. Coping with toothache pain: a qualitative study of low-income persons and minorities. J Public Health Dent. 2007;67(1):28–35.

[20] Katz DB, Nicolelis MA, Simon SA. Nutrient tasting and signaling mechanisms in the gut. IV. There is more to taste than meets the tongue. Am J Physiol Gastrointest Liver Physiol. 2000;278(1):G6–G9.

[21] Moretti R, Torre P, Antonello RM, et al. Gabapentin treatment of glossopharyngeal neuralgia: a follow-up of four years of a single case. Eur J Pain. 2002;6(5):403–407.

[22] Lazarov NE. Comparative analysis of the chemical neuroanatomy of the mammalian trigeminal ganglion and mesencephalic trigeminal nucleus. Prog Neurobiol. 2002;66 (1):19–59.

[23] Shigenaga Y, Okamoto T, Nishimori T, et al. Oral and facial representation in the trigeminal principal

and rostral spinal nuclei of the cat. J Comp Neurol. 1986;244(1):1−18.

[24] Marfurt CF. The central projections of trigeminal primary afferent neurons in the cat as determined by the tranganglionic transport of horseradish peroxidase. J Comp Neurol. 1981;203(4):785−798.

[25] Azerad J, Woda A, Albe-Fessard D. Physiological properties of neurons in different parts of the cat trigeminal sensory complex. Brain Res. 1982;246(1):7−21.

[26] Barnett EM, Evans GD, Sun N, et al. Anterograde tracing of trigeminal afferent pathways from the murine tooth pulp to cortex using herpes simplex virus type 1. J Neurosci. 1995;15 (4):2972−2984.

[27] Iannetti GD, Mouraux A. From the neuromatrix to the pain matrix (and back). Exp Brain Res. 2010;205(1):1−12.

[28] Clauw DJ, Ablin JN. The relationship between "stress" and pain: Lessons learned from fibromyalgia and related conditions. In: Castro-Lopes J, ed. Current Topics in Pain: 12th World Congress on Pain. Seattle: ISAP Press; 2009:245−270.

[29] Moseley GL. A pain neuromatrix approach to patients with chronic pain. Man Ther. 2003;8(3):130−140.

[30] Gandolfi B, Rusbridge C, Malik R, Lyons LA, eds. You're getting on my nerves! Feline orofacial pain syndrome. In: 7th International Conference on Advances in Canine and Feline Genomics and Inherited Diseases 2013; September 23−27, 2013, Boston.

[31] Noseda R, Burstein R. Migraine pathophysiology: Anatomy of the trigeminovascular pathway and associated neurological symptoms, cortical spreading depression, sensitization, and modulation of pain. Pain. 2013;154(suppl 1):S44−S53.

[32] Mollaoglu M. Trigger factors in migraine patients. J Health Psychol. 2013;18(7):984−994.

[33] Rusbridge C, Heath S, Gunn-Moore DA, et al. Feline orofacial pain syndrome (FOPS): a retrospective study of 113 cases. J Feline Med Surg. 2010;12(6):498−508.

[34] Bennett GJ. Neuropathic pain in the orofacial region: clinical and research challenges. J Orofac Pain. 2004;18(4):281−286.

[35] Westrum LE, Johnson LR, Canfield RC. Ultrastructure of transganglionic degeneration in brain stem trigeminal nuclei during normal primary tooth exfoliation and permanent tooth eruption in the cat. J Comp Neurol. 1984;230 (2):198−206.

[36] Westrum LE, Canfield RC. Normal loss of milk teeth causes degeneration in brain stem. Exp Neurol. 1979;65(1):169−177.

[37] Brenan A. Innervation of the dental pulp during tooth succession in the cat. Brain Res. 1986;382(2):250−256.

[38] Ingham KE, Gorrel C, Blackburn J, Farnsworth W. Prevalence of odontoclastic resorptive lesions in a population of clinically healthy cats. J Small Anim Pract. 2001;42 (9):439−443.

[39] Johnston N. Acquired feline oral cavity disease Part 2: Feline odontoclastic resorptive lesions. In Pract. 2000;22:188−197.

[40] Hirvonen T, Ngassapa D, Narhi M. Relation of dentin sensitivity to histological changes in dog teeth with exposed and stimulated dentin. Proc Finn Dent Soc. 1992;88(suppl 1):133−141.

[41] Narhi M, Yamamoto H, Ngassapa D, Hirvonen T. The neurophysiological basis and the role of inflammatory reactions in dentine hypersensitivity. Arch Oral Biol. 1994;39 (Suppl:23S−30S).

[42] Narhi M, Kontturi-Narhi V, Hirvonen T, Ngassapa D. Neurophysiological mechanisms of dentin hypersensitivity. Proc Finn Dent Soc. 1992;88(suppl 1):15−22.

[43] Low LA. The impact of pain upon cognition: what have rodent studies told us? Pain. 2013;154(12):2603−2605.

[44] McNeil DW, Au AR, Zvolensky MJ, et al. Fear of pain in orofacial pain patients. Pain. 2001;89(2−3):245−252.

[45] Buffington AL, Hanlon CA, McKeown MJ. Acute and persistent pain modulation of attention-related anterior cingulate fMRI activations. Pain. 2005;113 (1−2):172−184.

[46] Rivat C, Becker C, Blugeot A, et al. Chronic stress induces transient spinal neuroinflammation, triggering sensory hypersensitivity and long-lasting anxiety-induced hyperalgesia. Pain. 2010;150(2):358−368.

[47] Weissman-Fogel I, Moayedi M, Tenenbaum HC, et al. Abnormal cortical activity in patients with temporomandibular disorder evoked by cognitive and emotional tasks. Pain. 2011;152(2):384−396.

[48] Feuerstein M, Sult S, Houle M. Environmental stressors and chronic low back pain: life events, family and work environment. Pain. 1985;22(3):295−307.

[49] Bravo L, Alba-Delgado C, Torres-Sanchez S, et al. Social stress exacerbates the aversion to painful experiences in rats exposed to chronic pain: The role of

the locus coeruleus. Pain. 2013;154(10):2014 – 2023.

[50] Labat JJ, Riant T, DelavierreD, et al. Approche globale des douleurs pelviperineales chroniques: du concept de douleur d'organe a celui de dysfonctionnement des systemes de regulation de la douleur viscerale. [Global approach to chronic pelvic and perineal pain: from the concept of organ pain to that of dysfunction of visceral pain regulation systems]. Prog Urol. 2010;20(12):1027 – 1034.

[51] Headache Classification Committee of the International Headache Society (IHS). The International Classification of Headache Disorders, 3rd edition (beta version). Cephalalgia. 2013;33(9):629 – 808.

[52] Pollack IF, Jannetta PJ, Bissonette DJ. Bilateral trigeminal neuralgia: a 14-year experience with microvascular decompression. J Neurosurg. 1988;68(4):559 – 565.

[53] Heaton M, Wilkinson J, Gorrel C, Butterwick R. A rapid screening technique for feline odontoclastic resorptive lesions. J Small Anim Pract. 2004;45(12):598 – 601.

[54] Stoyanova II. Gamma-aminobutiric acid immunostaining in trigeminal, nodose and spinal ganglia of the cat. Acta Histochem. 2004;106(4):309 – 314.

[55] Porters N, Bosmans T, Debille M, et al. Sedative and antinociceptive effects of dexmedetomidine and buprenorphine after oral transmucosal or intramuscular administration in cats. Vet Anaesth Analg. 2014;41(1):90 – 96.

[56] Robertson SA, Lascelles BD, Taylor PM, Sear JW. PK-PD modeling of buprenorphine in cats: intravenous and oral transmucosal administration. J Vet Pharmacol Ther. 2005;28(5):453 – 460.

[57] Carroll GL, Howe LB, Slater MR, et al. Evaluation of analgesia provided by postoperative administration of butorphanol to cats undergoing onychectomy. J Am Vet Med Assoc. 1998;213 (2):246 – 250.

[58] Wells SM, Glerum LE, Papich MG. Pharmacokinetics of butorphanol in cats after intramuscular and buccal transmucosal administration. Am J Vet Res. 2008;69 (12):1548 – 1554.

第 17 章
理解猫的情绪

Christos Karagiannis and Sarah Health

引言

通过特定的皮层下脑回路，人类、猫等所有非人类哺乳动物可监控和评估周边环境，进而表现对应的活动。这些脑回路带有不同的神经生物学基础——原始情绪系统[1]。第1步，这些脑回路作为个体过滤器可过滤外部世界的刺激，创建任何外部环境的内部表征；第2步，这些脑回路会激发触发器，进而产生行为反应。因此，激发这些脑回路后，可引发大多数行为动作。但是，不同的情绪系统可产生相同的行为动作，因此从行为学角度考虑问题时，兽医的作用是诊断行为的潜在病因，从而达到纠正行为的目的，不应仅注重纠正不希望出现的行为或问题行为本身。从临床角度看，与任何客户谈论他们的宠物猫时，常可听到他们对猫的行为描述包含了猫的情绪状态。客户给出的评论显示他们认为他们的宠物具备与自身类似的情绪反应，如"他真的不喜欢那样"或"她害怕他"等（图 17-1）。但是，动物的情绪是由科学定义的生理和行为成分组成的，并不仅仅是动物主人所进行的拟人化描述。

近几年，关于动物行为的研究已取得巨大进展。在科学的前提下，研究者依据多因素状态来讨论动物的情绪，这些多因素状态包含生理和行为成分。由于人通常通过语言来有意识地表达情绪，因此过去倾向认为其他动物不具备人的复杂情绪。但是，人们近期对研究动物情绪的认知成分开始感兴趣，希望通过其他一些可研究情绪状态的方法，帮助从情绪水平增进理解生产动物和伴侣动物[2]。兽医要理解患病动物的行为，保障它们的福利，关键应理解患病动物的情绪反应。

理解患猫的情绪反应

猫科诊所的每个部分都需要理解猫的情绪状态，这影响着从问诊和住院期间如何接近和接触患猫，到为医学和行为问题给出诊断及选择治疗方案的每件事情。临床兽医师在面对有行为问题的宠物猫时，应理解简单地纠正不希望出现的行为，而不解决潜在的情绪动因，就像治疗一种医学症状，而不研究潜在的疾病状态一样。这两种情况都是不够好的实践操作，都会潜在威胁患病动物的福利。作为兽医从业者，必须按内科医学范例来解决行为问题，并使用完全一致的临床技巧来获得准确的诊断。此外，人们已越来越多地认识到情绪状态和身体健康的关联关系难分难解，因此情绪诊断也是处理一系列猫科疾病的重要组成部分。所以，理解患猫的情绪反应是好的猫科诊所的重要基础。

图 17-1 猫主人可轻易地根据他们自身能感受到的情绪来归类他们的宠物猫的某些行为——例如在图中的情况下，猫主人会说这只猫"害怕这只幼犬"

情绪

反对讨论伴侣动物情绪的主要原因之一与人类对情绪的理解相关,人们通过分析人的口头报道,来研究人类的现象学经验,在此基础上发展出对情绪的理解。这就引出了一个问题:非人类动物无法口头描述情绪,那么怎么可能讨论非人类动物的情绪呢?

这个问题的第一部分答案为情绪并不等同于人们所理解的"情绪体验"。情绪是激励-情感系统,该系统能调节本能的情绪激发[3]。第二部分答案来自行为和情绪神经科学研究课题,这些课题研究了自然展示和响应脑深部刺激的本能的情绪激发[4]。

现今,虽然人类的脑部影像学和映射人类情绪的部分早期步骤已取得重要进展,但使用在动物研究中的正电子放射造影术(positron emission tomography,PET)和功能性磁共振成像(functional magnetic resonance imaging,fMRI)等技术仍处于初始阶段[5]。

Siegel等是最先辨别猫的激励-情绪系统的神经解剖和行为区别的研究团队之一[6],他们研究了现象上的相似攻击行为,描述了不同的激励因子和不同的独特神经回路。他们使用电刺激、全身注射和脑内注射来刺激猫的脑部区域,同时监控出展示的行为。刺激内侧下丘脑会伴发防御行为(毛立起、耳朵朝向后方、弓背、瞳孔明显放大、发出叫声-嘶叫声和伸出爪子),而刺激穹窿周区外侧下丘脑会伴发表现为安静地咬住的捕猎袭击行为(潜行、安静地咬住),这些反应都与自然行为非常相似(图 17-2、图 17-3)[6]。

Pankseep[1]调整和发展了情感神经科学,从该角度考虑[3],可将激励-情绪系统划分为不同的系统。

需求系统

激发猫的需求系统后,会诱发猫探索周边世界的强烈兴趣,增加猫进行搜寻和完成活动的潜

图 17-2 猫的防御行为包括耳朵转向后方和毛立起。如果猫感知到威胁升级,会进一步展现更强烈的信号,例如弓背、嘶叫和伸出爪子

图 17-3 猫在进行捕猎袭击前,会先表现警觉的跟踪行为

力。这最终会让猫热切期望和找到生存所需的所有资源,例如水、食物、温暖和凉快的环境[4]。捕猎就是需求系统被激发的表现,这个需求系统注重寻找食物资源,并不是一个不同的激励-情绪系统(图17-4)。因此,需求系统触发了猫的独自玩耍物体行为,而不是社交游戏行为。需求系统会促进食欲性学习行为和学习捕猎行为,从而在猫将要获得它们所需求的物体时,提高猫的兴奋度,例如猫使用绳子进行玩耍的情况(图17-5)[7]。

图 17-4 捕猎是需求系统被激发的表现（感谢 A. Dossche 提供）

图 17-5 需求系统正在起作用（感谢 A. Dossche 提供）

需求系统会被错误地冠上"奖励"或"愉悦"系统的概念。实际上，需求系统是一种通用的神经系统，这个神经系统会促使猫去往能找到和消耗生存所需资源的地方[4]。此外，需求系统通过同化世界中可预测的奖励关系来促进学习[8]。出于这个原因，如果这个激励-情绪系统被破坏了，动物会致命地失去动机，死在"一片丰裕中"[4]。

激发该系统的至关重要的神经化学物质包括多巴胺、谷氨酸盐、阿片类和神经降压素[9]。

挫折系统

挫折系统会尝试缩减一只动物的活动自由度[4]，会整合失败的个体意义，包括无法满足预期、获得资源或保留控制[3]。当猫无法控制某个情况，处于被激怒或被限制的状态时，这个系统会强化和加剧行为反应，这与攻击行为相关。该系统也会激发恐惧，从而帮助猫防御自身[4]。例如，当一只猫被较长时间烦扰时，它可能被激怒（受到挫折），需要采用主动策略来避免刺激，例如嘶叫、用爪抓或咬爱抚它的人。在其他情况下，如果这只猫没法直接解决问题，为了解决问题，它可能会尝试把它的行为反应指向并非引起问题的事物。在这些情况中，挫折集中于行为的挫败，而不是挫折的起因，这常被称为转向行为。例如，当两只猫生活在室内时，其中的一只猫透过窗户看到花园里有一只陌生的猫，这时它可能进入一种挫折状态（图 17-6）。如果室内的猫能接近花园，它会跑出去，追赶、威胁或猛击未撤退的陌生猫，但当这只猫被迫待在室内，窗户阻碍了它进入室外时，它会感到挫折。如果此时室内的第 2 只猫靠近，第 1 只猫就可能会攻击它[3]。

图 17-6 看到其他猫在花园里会触发挫折系统（感谢 A. Dossche 提供）

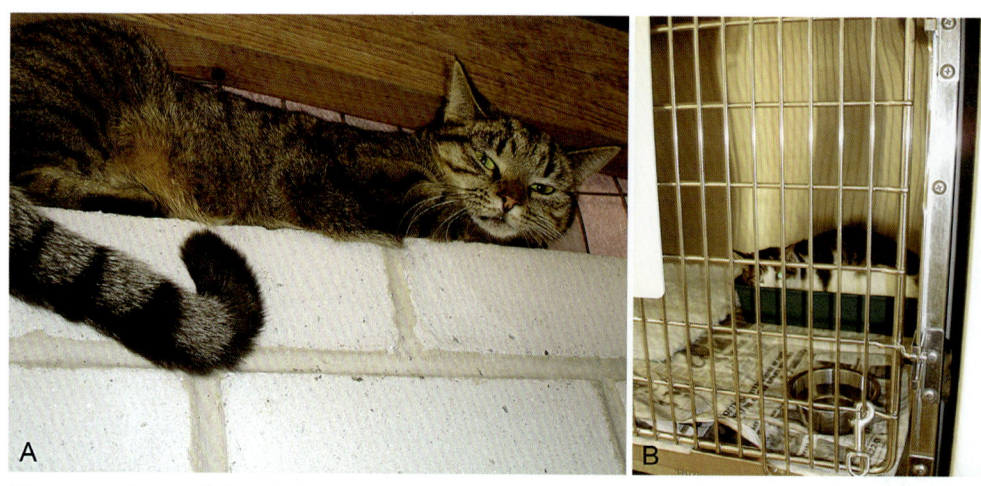

图 17-7 这两只猫表现出符合恐惧－焦虑系统的行为。A 该猫处于高处，躲藏在它的安全中心围墙上；B 该猫躲藏在动物医院住院部的笼子里的猫砂盆里。感知到对它们个体安全的威胁后，这两只猫都结合使用了躲避和抑制策略

一项针对苏格兰野猫的研究发现，挫折系统和恐惧－焦虑系统之间存在行为差异，本章稍后会对此进行讨论[10]。

激发挫折系统的关键神经调质包括多巴胺、谷氨酸盐、P 物质和乙酰胆碱，而抑制该系统的主要神经调质是神经肽 Y[9]。

恐惧－焦虑系统

恐惧－焦虑系统与保持舒适相关，要保持舒适需要满足 2 个条件，可获得的资源以及可掌控的个人和资源的安全威胁情况[3]（图 17-7）。强烈刺激这个系统时，神经回路会让猫逃跑或躲避当时的状况，但若减弱刺激，猫会表现僵住不动或抑制行为反应[4]。如果猫既不能使用躲避策略，也无法使用抑制策略，那么它可能会采用更主动的反应——排斥反应。例如，许多猫并不熟悉年幼的儿童，可能会感到害怕，为了感到安全，它们会有躲避年幼儿童的冲动。如果儿童跑向猫，尝试与猫玩耍，该猫会需要保护自己，表现嘶叫或抓挠的排斥行为，表明该猫需要更多的空间，才能感到安全。在临床情境下，应记住猫拜访一个过去曾让它感到害怕的环境，如动物诊所时，会激发这个系统。在此情境下，猫预期将要发生不愉快的事件，在接触真正的刺激物前，就会开始表现行为反应，例如进入动物诊所的停车场时，开始变得焦虑不安，或者猫主人在家中把猫的提箱放到猫的附近时，猫就立即变得有攻击性。本质上，这种恐惧－焦虑系统能帮助动物躲避危险，与被攻击和伤害相比，能感知预期性恐惧（焦虑）的适应性要更强[4]。

近期，人们已开始对使用面部表情区分行为反应的潜在情绪激励的作用感兴趣。Finka 等[10]使用苏格兰野猫进行了前期行为研究，检测与恐惧－焦虑系统和挫折系统相关的猫的自发脸部反应。第 1 种情况，让一个人接近猫，从而创建与恐惧－焦虑系统相关的刺激；第 2 种情况，在进食时间内，短时间内让猫没法接近食物，创建与挫折系统相关的情况。在第 1 种情况下，激发恐惧－焦虑系统后，猫耳朵的位置更多地朝向下方，而在第 2 种情况下，激发挫折系统后，猫会旋转双耳，且右耳的旋转幅度更大[10]。要完全理解微妙的姿势和脸部信号，帮助区分情绪激励，就需要有更多的研究。但是，已公认视觉信号是猫的交流系统的重要组成部分，在动物诊所与猫进行互动和诊断客户发觉的问题行为的激励因子时，应记住监测这些信号。

激发恐惧－焦虑系统的重要神经化学物质是谷氨酸盐、地西泮结合抑制因子、促肾上腺皮质激素释放激素、胆囊收缩素和 α-黑素细胞刺激素[9]。

疼痛系统

疼痛系统与维持机体完整性和功能性相关，既是一种独特的感觉，也是一种激励因子（图17-8）[11]。面对与已发生或潜在的组织损伤相关的环境刺激时，会激发这个系统[3]。在猫预期会出现一种疼痛状况的临床下，如注射疫苗时，应区分恐惧－焦虑系统和疼痛系统。此时，恐惧－焦虑系统激发了这个行为，而不是疼痛系统，因为对疼痛的恐惧/焦虑并不是疼痛本身，它们分别代表两个不同的激励－情绪系统。

图17-8 疼痛系统与维持机体完整性和功能性相关，既是一种独特的感觉，也是一种激励因子（感谢 S. Robertson 提供）

疼痛系统的主要神经调质是谷氨酸盐、神经激肽 A、神经激肽 B 和 P 物质，而抑制该系统的主要神经调质是 GABA 和阿片类[11]。

恐慌－悲伤系统

前面讨论的两个激励－情绪系统与猫个体如何保护自身和它们的资源相关，但接下来要描述的这个系统更多地与保护物种相关，而不是个体。这个系统与保障幼猫的生存相关，因此它是在保护一个物种的基因生存。在幼猫能保护自己前，会开始表现强烈的情绪激发，表明它们迫切需要养育护理（图17-9）。最能体现这个现象的就是当幼猫走失或被留在不熟悉的地方时，会发出高强度的喵叫声——"哭喊声"。分离的喵叫声的主要功能是提醒母猫来寻找、带回和大力满足幼猫的需求[4]。这种恐慌－悲伤系统与由其他人提供的保护相关，也体现在对社交接触的需求上[3]。幼猫的这个系统为功能系统，能起保护它们的作用，成猫不常激发这个系统，因为成猫是独行生存者，表现高水平的自给能力。当一些成猫被社交孤立或远离依恋对象时，也会激发这个系统。在这种情况下，对猫和猫主人来说，猫的孤立状态都会造成问题，特别是当猫开始忧虑和表现分离焦虑症的行为症状，如在猫砂盆外排便[12]。

图17-9 恐慌－悲伤系统与保障幼猫的生存相关

激发恐慌－悲伤系统的重要神经化学物质是促肾上腺皮质激素释放激素和谷氨酸盐，而抑制该系统的神经化学物质是阿片类、催产素和催乳素[9]。

护理系统

为了激励母猫在它们的后代身上投入大量时间和能量，需要在它和它的幼猫之间有一种强烈的纽带连接（图17-10）。激励－情绪系统里的护理系统的作用是通过可识别的亲代抚育或养育其他个体，来维持与幼崽个体的纽带[3]。在幼崽出生前的短期内，已被详细描述的激素变化（雌激素、催乳素和催产素升高，黄体酮降低）会激发这个系统。这个系统的行为效应是在幼猫出生后，母猫会照顾幼猫，并持续照顾很长一段时间，直至幼猫能独立生存。母猫的激素变化会增强母性意识，促进母猫与后代建立强烈的社交吸引和纽带[4]。

图 17-10 护理系统与母猫和它的幼猫之间的纽带相关

激发护理系统的关键神经调质是催产素、催乳素、多巴胺和阿片类[9]。

性欲系统

在激发护理系统前,需要激发由特定的脑回路调节的二态性冲突[4]。这个脑回路称为性欲系统,会组织特定的生殖需求,包括通过求偶来吸引或选择配偶的需求,与性伴侣建立纽带和交配的需求[3]。在室内家养环境下,大部分猫通常在发育的青春期前的阶段已被绝育/去势,因此大部分猫与性欲系统和护理系统的相关性很低,但在繁殖环境下,需要考虑这两个系统(图17-11)。

图 17-11 性欲系统与吸引和选择性伴侣相关(版权所有©iStock.com)

激发两种性别的性欲系统的重要神经化学物质包括类固醇、加压素、催产素、促黄体激素释放激素和胆囊收缩素[9]。

社交游戏系统

人们常认为猫是冷淡和孤独的动物,但它们是社交性哺乳动物,它们需要发展出多种社交技巧,尤其是成为社交群体的一部分的能力。社交游戏系统是一个特定的脑回路,可以给个体一些信息,这些信息与个体的自身社交能力和与其他个体建立潜在关系有关[3]。与社交成熟的成猫相比,这个系统更容易在幼猫被激发,幼猫会与同伴或父母玩耍(图17-12)。年幼的个体有强烈的冲动要进行身体接触性玩耍[4],来安全地建立它们的社交技巧,避免敌对冲突[3]。社交游戏(追逐打闹游戏)必须与实物游戏区分开来,这两种游戏的脑回路是不同和独特的,不同的游戏类型满足不同的需求。社交游戏系统激发社交游戏,而如前所讨论的,需求系统激发实物游戏。

图 17-12 当幼猫互相玩耍时,会激发社交游戏系统

社交游戏系统的主要神经调质包括谷氨酸盐、阿片类和乙酰胆碱，而抑制该系统的主要神经调质是阿片类[9]。

结论

如前面的段落所描述的，总共有 8 个不同的激励 – 情绪系统来满足特定的生物需求，包括寻找资源（需求系统），获得资源和防守资源（挫折系统），躲避威胁和伤害（恐惧系统），形成社交依恋（恐慌 – 悲伤系统）、性伴侣（性欲系统），养育行为（护理系统），避免组织损伤（疼痛系统）和对未来的社交行为进行练习和认知澄清的机会（游戏系统）[2]。但是，一种行为的触发因子可能不止一种情绪，因为情绪反应并不是互相排斥的，某个个体在给定时间内可能发生不止一种情绪[13]。例如，一只猫对兽医进行体格检查表现反感，这可能是挫折（由身体操作导致）和疼痛的综合作用结果。另一方面，并不是所有的行为都是由象征性情绪因素激发的。例如，显著可预测的无伤害事件常会激发相对无情绪的反应，通过重复作用可习惯化该过程[3]。表 17-1 包含每种激励 – 情绪系统的作用的简短描述和相关行为问题举例，以及与每个系统相关的主要神经调质的总结。

在猫科动物诊所内，这些系统的临床意义深远。必须理解和识别猫行为、客户提出的问题行为、动物诊所内不希望出现的行为反应或疾病的行为影响所对应的潜在的激励 – 情绪系统。这能让临床兽医师们面对患猫时，从医疗和行为角度进行合理接触，提供适当的治疗，从而获得更佳的结果。单单管理或抑制不希望出现的行为反应时，未来存在发生重要情绪改变的风险和产生更严重的行为和疾病的可能性。因此，要尊重和保障患猫的福利，就需要理解患猫的情绪。

表 17-1　每个激励 – 情绪系统的作用及其相关的行为问题举例和每个系统的主要相关的神经调质

激励 – 情绪系统	系统的作用	可能相关的行为问题举例	神经调质 *
需求系统	寻找资源	在夜间发出喵叫声（寻求关注）	多巴胺、谷氨酸盐、阿片类、神经降压素
挫折系统	获得资源和防守资源	被爱抚时的攻击行为	多巴胺、谷氨酸盐、P 物质、乙酰胆碱 抑制：神经肽 Y
恐惧 – 焦虑系统	躲避威胁和伤害	由于过去的负面经历（社交或疼痛）发生在猫砂盆外排泄	谷氨酸盐、地西泮结合抑制因子、促肾上腺皮质激素释放激素、胆囊收缩素、α – 黑素细胞刺激素
疼痛系统	避免组织损伤	猫的行为快速改变，常表现攻击行为增加或活动减少	谷氨酸盐、神经激肽 A 和神经激肽 B、P 物质 抑制：GABA、阿片类
恐慌 – 悲伤系统	社交依恋	与分离相关的问题	促肾上腺皮质激素释放激素、谷氨酸盐 抑制：阿片类、催产素、催乳素
护理系统	养育行为	养育行为不佳（如母猫不愿接受它的幼崽）	催产素、催乳素、多巴胺、阿片类
性欲系统	性搭档	尿液标记（当涉及完整动物时）	类固醇、加压素、催产素、促黄体激素释放激素、胆囊收缩素
游戏系统	练习运动和认知技能及学习适当的社交行为的机会	与其他猫的互动不适当	谷氨酸盐、阿片类、乙酰胆碱 抑制：阿片类

改编自 Mills 等，2013.3

参考文献

[1] Panksepp J. Affective neuroscience: the foundations of human and animal emotions. New York: Oxford University Press; 1998.

[2] Paul ES, Harding EJ, Mendl M. Measuring emotional pro- cesses in animals: the utility of a cognitive approach. Neurosci Biobehav Rev. 2005.29:469-491.

[3] Mills D, Braem Dube M, Zulch H. Principles of pheromonather- apy. In: Stress and Pheromonatherapy in Small Animal Clinical Behavior. Chichester, UK: Wiley-Blackwell; 2013.37-68.

[4] Panksepp J, Wright JS, D€obr€ossy MD, Schlaepfer TE, Coenen VA. Affective neuroscience strategies for understanding and treating depression from preclinical models to three novel therapeutics. Clin Psychol Sci. 2014.2:472-494.

[5] Berns GS, Brooks AM, Spivak M. Functional MRI in awake unrestrained dogs. PLoS One. 2012.7:e38027.

[6] Siegel A, Roeling TA, Gregg TR, Kruk MR. Neuropharmacology of brain-stimulation-evoked aggression. Neurosci Biobe- hav Rev. 1999.23:359-389.

[7] Panksepp J, Moskal J. Dopamine and SEEKING: subcortical "reward" systems and appetitive urges. In: Elliot A, ed. Handbook of Approach and Avoidance Motivation. New York: Taylor & Francis; 2008.67-87.

[8] Wright JS, Panksepp J. An evolutionary framework to understand foraging, wanting, and desire: the neuropsychology of the SEEKING system. Neuropsychoanalysis. 2012.14:5-39.

[9] Panksepp J. Emotional endophenotypes in evolutionary psy- chiatry. Prog Neuropsychopharmacol Biol Psychiatry. 2006.30:774-784.

[10] Finka L, Ellis SLH, Wilkinson A, Mills D. The development of an emotional ethogram for Felis silvestris focused on FEAR and RAGE. J Vet Behav. 2014.9:e5.

[11] Craig AD. A new view of pain as a homeostatic emotion. Trends Neurosci. 2003.26:303-307.

[12] Stella JL, Lord LK, Buffington T. Sickness behaviors in response to unusual environmental events in healthy cats and cats with FIC. J Am Vet Med Assoc. 2011.1:67-73.

[13] Mills D, Karagiannis C, Zulch H. Stress—its effects on healthand behavior: a guide for practitioners. Vet Clin N Am Small Anim Pract. 2014.44:525-541.

第 18 章
费洛蒙在猫科诊所的应用

Theresa L. DePorter

引言：费洛蒙疗法

与人类阅读报纸来知晓世界发生的重要事件相似，猫会读取其他猫留在环境中的化学信息素。就像将文字写在纸上是为了将来能被阅读，猫把费洛蒙留在物体表面是为了之后能让其他猫接收到所传达的信息。费洛蒙疗法帮助临床兽医师在猫所处的环境编译一种友善的信息，从而影响猫情绪反应的偏向。

理解费洛蒙

化学信息素是从一个生物体向另一个生物体传递的信息，从而影响受体行为的化学物质[1]。化学信息素术语衍生自希腊单词"semion"，含义为"标记"[2]。艾利洛蒙（allelomone）是由某一种属的生物制造出来影响另一种属生物的化学信息素。费洛蒙则是在同一种属的个体之间发挥作用的化学信息素[3]。费洛蒙信号物质储存在体液当中，比如尿液、汗液、特殊的外分泌腺和性腺的黏性分泌物（图 18-1）。根据对昆虫至哺乳动物等多种生物的研究，获得了对费洛蒙的生理、行为和分子水平方面的作用知识。费洛蒙的化学结构多样，包括挥发性小分子、硫酸化类固醇到大分子类的蛋白质。将这些化合物都归类为费洛蒙是因为它们会跟特定的受体相结合，对行为产生影响，而不是因为它们的分子结构相近。哺乳动物通过鼻腔内硬腭近口端的犁鼻器（又称雅各布森器）探测费洛蒙。在此处，分子与特异性受体相结合，从而影响大脑边缘系统（详见"化学感应系统和费洛蒙探测"）。

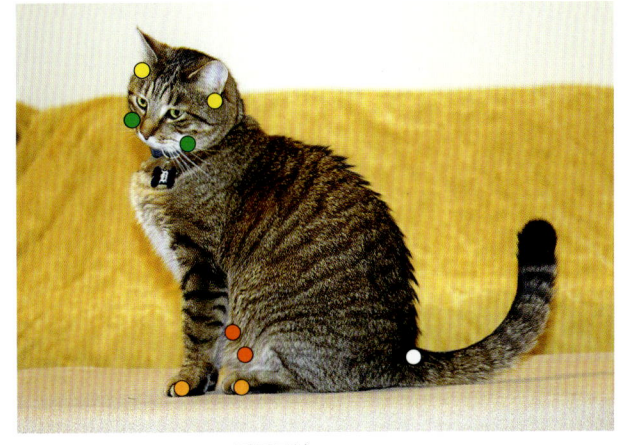

○ 耳周区域
○ 面颊
○ 脚垫
○ 乳沟
○ 尾根部

图 18-1 猫身体周边多种特殊的外分泌腺释放费洛蒙信号物质

费洛蒙的种类

费洛蒙分为释放费洛蒙和导引费洛蒙。释放费洛蒙会引发特定行为。例如，性费洛蒙就属于释放费洛蒙。发情母猪会对公猪唾液中发现的两种类固醇费洛蒙——3α-雄甾烯醇和5α-雄甾烯酮产生反应，摆出僵硬不动的姿势，这反映母猪是否乐于繁殖。这就是引起特定行为的释放性效果例子。导引费洛蒙更为常见，是与临床更相关的费洛蒙。引物费洛蒙能引起情绪状态改变，并对其他类型的行为治疗和环境改变有一定的辅助改善功能。面部、指间的导引费洛蒙和安慰性费洛蒙能调节神经内分泌边缘系统的激活，包括作为大脑的恐惧和情绪控制中心的杏仁核，从而产生延迟效果。通常只有产生费洛蒙的物种存在该种费洛蒙的受体,因此只会对特定物种产生效果。哺乳动物的母畜在生产后头几天会产生安慰性费洛蒙,新生幼崽能接收到这类费洛蒙,让新生幼崽被母畜吸引,并对母畜产生依赖。目前,安慰性费洛蒙的最佳商品代表是 Adaptil,能够让犬感觉状态良好、更安全和更舒适。现在也能在美国购得猫的安慰性费洛蒙产品 FeliwayMultiCat。

与天然费洛蒙类似,合成费洛蒙类似物能与犁鼻器上的受体相结合,调节对大脑边缘系统的作用。因此,可在环境中应用合成类似物,向患猫传递特定信息。猫会根据多种感受器接受的传入信息和习得性传入信息来对环境做出对应反应,对化学信息的感受只是其中之一。费洛蒙的安慰作用并不能完全盖过极端恐惧或痛苦传达的强烈冲突性信息,而其他感受和感知可能会引发这类痛苦状态。

费洛蒙的化学感应系统和探测

费洛蒙的接收器官是犁鼻器(vomeronasal organ,VNO),该器官是位于硬腭上方鼻中隔附近的一对管状结构。VNO 与鼻腔相通,犬和猫等动物的 VNO 也通过门齿管与口腔相连通。反刍动物和马的"裂唇嗅反应"表现为鼻孔闭合,嘴唇卷曲和深吸气,把空气吸入 VNO 的通道。猫则会做出一种称为"张嘴"的反应来收集费洛蒙。张嘴表现通常出现在猫进行嗅闻检查后,特征为猫先用舌头舔鼻子,接着眼睛呈全神贯注思考状,同时上唇轻微抬起,使嘴部呈稍微张开的状态(图 18-2)[4]。一般情况下,气流通过呼吸通道时,并不接触此处的特殊上皮组织;周围血管组织会将分子们泵送入内腔。VNO 内腔内排列着特殊的受体神经元;将信息通过传入神经元转发给嗅球、杏仁核和腹正中部下丘脑。除了熟悉的 VNO 路径外,嗅觉系统里的特殊化学信息感应受体会引发分子和电子的级联反应,这会对情绪处理产生内在作用,最终影响受体动物的社交熟悉度、动机冲动和情绪偏好行为。

图 18-2 这只猫正表现"张嘴反应"或"裂唇嗅反应"(感谢 A. Dossche 提供)

费洛蒙的预防性和治疗性应用

猫通过在环境中留下称为费洛蒙的化学信息,来与其他猫进行交流,而其他猫就像人阅读报纸或书籍获取信息一样,"读取"这些信息。如果我们能同猫"谈话"呢?如果我们能用猫的语言写一条信息,发送给猫,从而影响它们的行为呢?费洛蒙疗法就是通过引入一种天然费洛蒙的合成类似物,来将已编码的、对猫友好的信息散布在环境中。这些交流应能传递平和和安慰;这些化学信息素应能改善猫的情绪健康,而不仅是改变它们的行为。

虽然数代猫与人类生活在一起,但猫仍未被完全驯化。然而,在全世界范围内,作为宠物的猫越来越受欢迎。猫天生就对新事物感到怀疑;随着人类环境的剧烈变化,猫比以前更需要安全感和保障感[5]。猫可能无足够的适应能力和弹性来应对现代家养生活的多变度和复杂度,这会引发猫的问题行为。

现在,猫是世界上许多地区排名第一的宠物;在北美,共约有 8 170 万只宠物猫,而宠物犬只有约 7 200 万只。将近一半的养猫家庭(49%)拥有 2 只或更多的猫,有 354 万美国家庭拥有至少 1 只猫[6]。宠物猫总数不仅上升了,而且饲养密度也出现上升,每户家庭平均有 2.1 只猫。一些地区趋向将猫限制在室内,这不仅要求它们具备适应人类的能力，还需要应对猫之间的复杂关系。猫天生社交独立，因此一旦敌意破坏了猫之间的友谊，它们缺少固有的技能来与另一只猫和解。当然，一些猫的反应较小、耐受力更高和有更好的和解能力，这些猫可能与其他同居猫相处。但总体而言，猫天生不会自己调节和解决问题关系。要让猫之间和平相处，不应当惩罚有攻击性的猫，而应理解这种天生的互动情况，给和平相处提供便利，调节环境中的化学信息素交流，减少恐惧，改善猫的情绪健康。猫天生会在环境中释放和留下恐惧及痛苦信号，这种痛苦信号可能会引起或维持猫之间的敌对状态。预防猫之间产生敌意比治疗这种状态要更有效（见第 26 章提供关于猫之间的冲突的更多详细信息）。

费洛蒙的使用方法

猫通过轻触、磨蹭、滚或抓等动作，在家具表面、人或其他动物身上留下天然费洛蒙。为了模仿这些天然的行为，天然费洛蒙的合成类似物有不同类型的商品，包括喷雾器、扩散器和小湿巾产品，可根据所需效果选用合适类型的产品。喷雾型产品适合用于某些特殊的或重要的地点。也应调整喷洒时机以获得最理想的效果。应注意在进行喷洒时要远离猫。一些猫可能厌恶喷雾中的酒精载体；在这种情况下，最好在酒精挥发之后，再让猫接收费洛蒙信息。另外，在喷洒费洛蒙时，应确保猫不会感到受威胁或惊吓。一些猫会害怕喷洒的声音和跑离喷洒区域，这并不是我们希望获得的效果。在一些国家也可购得浸满费洛蒙的小湿巾，这类产品适用于多种场合，如在运输之前，用来擦拭旅行箱的内面。目的是在引入猫前，在环境内应用费洛蒙，让猫在首次探查环境时，就能接收到费洛蒙所传递的化学信息，让猫在该环境内有安全感。喷剂和小湿巾式费洛蒙非常方便，具有便携的优势，但为了获得持续的效果，必须常在环境内重复使用。因此，在需要长期维持正面感受的特定地方，最好的选择可能是电子扩散器。

扩散器含一种只对猫起作用的面部费洛蒙产品，对人或其他动物无效。当猫嗅闻并吸入这种产品时，就会产生效果。大多数人不会发现或闻到这种产品的味道，但有一些敏感的人可能会注意到一种很淡的气味，这种气味通常在最初使用的 24 小时内就会消散。Ceva 的扩散器使用不可燃的塑料材质，配有专门的 Feliway 补充瓶。可将扩散器插入电源插座（符合欧洲、日本、澳大利亚和其他国家供电的当地标准，110～240 伏），在一些国家，可通过电源指示灯确定扩散器开始运行。一旦载体油的温度升至挥发温度，费洛蒙就会扩散进猫的生活环境中，大概能够覆盖 50～70 平方米（500～700 平方英尺）。扩散器需持续接入电源，不应经常拔出或移动。每个补充瓶可持续使用 28 天（美国）或 30 天（英国），但在不同家庭环境内（如湿度、气流和温度）的挥发速度可能加快或变慢。在部分国家也可购得可使用 60 天的补充瓶。在部分装置中，当扩散器瓶看起来已经干燥时，芯部仍残留一些液体，而在另一些装置中，即便扩散器瓶中看起来还有液体，芯部可能已经干燥，因此建议主人应在厂商推荐的更换时间（美国可购得 28 天或 56 天的补充瓶）更换补充瓶。美国安全检测实验室公司（Underwriters Laboratories，UL）已测试和认证了 Feliway 扩散器，但只针对使用 Feliway 补充瓶的情况。选择理想的区域，最好覆盖猫最喜欢的休息场所。应确保扩散器装置的周围有足够的空间，特别应避免将扩散器放在柜子或桌子等冰冷台面的下面，因为这样会使得蒸发出来的油快速冷凝，阻挡费洛蒙扩散到环境中去。走廊、进食位点和猫砂盆等猫的通行区域并不是传递化学信息素的最佳位置。费洛蒙的最佳放置位置是猫能在放松状态下接收和解读信息的位置。可在收容所、寄养设施和动物诊所使用扩散器，给前来拜访的猫持续提供安慰信息。

面部费洛蒙的预防性和治疗性应用

可使用费洛蒙预防或治疗特定的行为问题。发现 5 种猫面部费洛蒙，分别命名为 F1 到 F5。猫通过面部标记和磨蹭脸颊在物体或人身上留下 F3 费洛蒙。它会在环境中产生一种熟悉的、能安慰"自己"的气味[7,8]。F3 片段的合成类似物的商品名是 Feliway。在猫的社交问候过程中，猫使用猫面部费洛蒙复合体的 F4 片段进行同类标记和识别。在一些国家，F4 片段的合成类似物商品名为 Feliway Friends。

猫面部费洛蒙复合体 F3 片段的预防和治疗应用

在行为干预研究中，对费洛蒙的应用研究仍是最广泛的，有无数关于 Feliway 减少尿液标记的有效性研究（方格 18-1）。应在猫还处于低激发状态，在习得负面关联前和在启动应激应对策略前，就进行预防性应用。一旦发生了尿液标记、攻击或磨爪等行为，就可能很难治疗或从动物的日常行为中完全移除。更难界定预防措施的益处：这就像在一个好的免疫程序中，不出现问题和异常情况才是成功的表现。

> **方格 18-1　Feliway 的应用**
>
> - 适应新家（如新幼猫、新猫或多猫家庭）
> - 新经历（如第 1 次坐车、第 1 次梳毛或第 1 次进入吵闹的环境）
> - 应激事件（如烟火、暴风雨、节假日、派对）
> - 猫的居住环境改变（如改造、翻新、重装修）
> - 访问兽医、收容所或寄养
> - 猫笼运输和旅游
> - 尿液标记
> - 领地性磨爪
> - 应激造成食欲减退
> - 应激造成正常行为发生改变

发生尿液标记与社交领地交流和应激表现有关。已证实在标记过的区域喷洒 Feliway 喷剂，能减少 74%～91% 的家庭尿液标记行为，能根除 33%～52% 的家庭尿液标记行为[18-22]。在一项近期的荟萃分析中，使用氟西汀、氯米帕明或 Feliway 能显著减少或改善至少 90% 的尿液标记[9]。在发生尿液标记的位点上应用 Feliway，甚至能改善长期进行尿液标记的猫的表现情况。难度高的案例可能需要联合应用环境改变、行为疗法、药物治疗和费洛蒙，来充分减少尿液标记的发生率（见 24 章）[23]。

在动物诊所、猫舍、寄养设施和猫收容所内，使用费洛蒙来改善猫访客的健康和福利。在一个安慰剂对照试验中，给因下泌尿道疾病而住院的猫使用合成 F3 费洛蒙能促进理毛行为，提高猫的食欲[24]。此外，与仅提供 Feliway 相比，在笼子内放置用 Feliway 处理过的提箱作为躲藏区域，能显著升高猫在 24 小时内的摄食量[24]。另一个有安慰剂对照的试验比对了在插管之前，作为术前用药，单独使用 F3 类似物或联合使用乙酰丙嗪的效果。当联合使用 F3 类似物和乙酰丙嗪时，F3 能对猫发挥额外的镇静作用，如不使用乙酰丙嗪，则 F3 的镇静作用较低。猫面部费洛蒙合成类似物（feline facial pheromone, FFP）可能使猫更加镇静，但无法减少因放置静脉导管而引起的挣扎[24]。根据猫在笼中的头部姿势和位置，判断联合使用 Feliway 和乙酰丙嗪组的猫在笼中更放松[25]。在动物诊所内，猫可能被消毒剂、外用酒精、血或空气清新剂等气味包围，这些气味可能会导致猫感到恐惧或痛苦。不熟悉的、痛苦的猫散发出的气味和信息可能将惊恐和恐惧信息传递给其他猫。猫可能因这些信息而感到很痛苦，就像在机场的人会因听到关于飞机失事或恐怖袭击的事件而感到痛苦，可能并不存在真正的威胁，但交流会传递真实或感知到的恐惧，引发实际的情绪痛苦。在动物诊所放置扩散器，能提供稳定的信息，这可能有益于患猫。在操作或限制猫前，应提前 15 分钟将费洛蒙喷洒在猫可能接触到的毛巾、猫垫或其他物品上。

在旅行之前，在猫提箱内喷洒 Feliway 能减少与焦虑相关的体征（如呕吐、排尿、排便）和与乘车出行相关的行为表现[26]。在一些国家，可以购得一种新型的便携式擦拭产品，可用此产品在提箱或动物医院住院笼的内面擦拭 Feliway。已证实 Feliway 有助往新环境引入猫，能增进食欲、减少喷尿和到处走动[27]。应激会显著影响行为和身体健康，包括心脏、皮肤、胃肠道和泌尿系统，在降低引发猫特发性膀胱炎等疾病的潜在应激状态时，Feliway 可起辅助治疗作用[28]。

小案例：控制尿液标记

通过提供经尿液标记的猫砂盆，每天服用氟西汀和在被尿液标记的位置使用 Feliway 扩散器，来治疗一只猫在家具上进行尿液标记的行为。在被尿液标记的位点边上放置食物和玩具。当所有环境因素都稳定时，这只猫不会在家具上做尿液标记。但是，当这只猫因房子外面的猫而发生应激时，他会每天去经尿液标记的猫砂盆里喷尿数次；如果 Feliway 扩散器不小心完全空了，它还是会喷尿到家具上。虽然这只猫产生尿液标记行为的压力阈值很低，客户还是希望可以停止药物治疗。在房内各处放置了更多的 Feliway 扩散器。在每月的不同时间插入各个扩散器，这样就算主人忘记更新其中一个扩散器，家里仍能维持有 Feliway 起作用。在院子内使用移动感应设备，来驱逐房子外的其他猫。最终，这只猫成功摆脱了药物治疗。

猫面部费洛蒙复合体 F4 片段的预防和治疗应用

猫面部费洛蒙复合体 F4 片段的合成类似物在市场上的商品名是 Feliway Friends，可用来促进猫的社交问候。在可以购得该产品的国家，Feliway Friends 的产品形式为喷剂，使用方法为直接喷洒到人的手掌和腕部，然后搓手涂抹均匀。收容所或动物诊所的看护人或其他任何需接触不熟悉猫的人都可使用 Feliway Friends。Feliway Friends 含酒精载体，一些猫可能不喜欢酒精的味道，因此在接近猫之前，一定要注意先让酒精挥发完全。将手喷洒 Feliway Friends 后，放于离猫 20 厘米的位置，持续 1 分钟，让猫认为操作者是熟悉的人，从而认为接下来的互动威胁性较

小。接下来的互动行为不应违背一开始通过化学信息素缓慢建立起的信任。根据 AAFA/ISFM 猫友好操作指南[29]，在所有操作互动中，都应让猫觉得安全、放松和舒适。最好在初次进行互动前使用 Feliway Friends，一定要在任何负面互动或应激开始出现之前，就使用 Feliway Friends。因此，最好仅给没有太多互动经验的猫使用该产品，而不是用于已经因人的操作处理而有大量负面经历的猫。

在向猫介绍不熟悉的宠物时，将 Feliway Friends 涂到犬或其他猫的右侧，可能有助社交互动（方格 18-2）。建议先将 Feliway Friends 喷到一块布上，再用布涂擦不熟悉的宠物的侧腹，如果直接喷洒到动物身上，则可能会吓到猫。再次强调，应在猫进入激发状态或应激升级之前使用 Feliway Friends，在猫间已存在紧张关系时，许多行为学家不建议使用这个产品。需要兽医使用 Feliway Friends 的常见应用场景是一只来自多猫家庭的猫因健康原因被单独隔离，一段时间后需重新将该猫引入家中。在进行分离之前，家庭内猫之间的关系良好的情况下才适合使用该产品。

方格 18-2　Feliway Friends 的应用

- 引见或再次引见人和动物，包括其他猫
- 包括操作处理的新经历（如第 1 次梳毛或第 1 次见兽医）
- 医疗程序（如体格检查、疫苗免疫、静脉穿刺、针灸）
- 护理或理毛（如洗澡、剪指甲或用药）
- 收容所或寄养，需要面对新看护人

小案例：安抚恐惧的猫

Bella 是一只 2 岁的已绝育玳瑁色短毛母猫，来动物诊所进行年度健康检查和例行疫苗免疫。因为很难抓到 Bella，客户在就诊时迟到了，并且客户和猫都很烦躁。当主人在向技术员询问疫苗的必要性问题时，贝拉正缩在提箱的后方，发出嘶叫声，并随时准备出手攻击。技术员在手上喷洒了 Feliway Friends，然后用一块喷了 Feliway 的毛巾盖住提箱，并播放有安慰作用的生物声学音乐 "Through a Cat's ear"。当技术员在讨论年

度体检和疫苗免疫的重要性时，她将手伸入提箱 1 分钟。此后，便可从提箱内将 Bella 轻柔地提出。它仍然蜷缩着，但不再发出嘶叫声。将一块 Feliway 小湿巾放进 Bella 的提箱里。通过执行低应激操作处理技术，在接下来的就诊中，Bella 的经历是正面和愉快的。

安慰性费洛蒙的预防和治疗应用

母亲在照顾它的后代时，会释放安慰性费洛蒙，可促进母亲和后代的纽带形成，同时安抚新生儿。已在犬科动物广泛使用安慰性费洛蒙的合成类似物，用来减少焦虑，促进舒适和健康的感觉。Adaptil（过去是 D.A.P.）是一种犬的安慰性费洛蒙的合成类似物，对年龄较大的幼犬和成犬有相似效果。已有效使用该产品来帮助幼犬适应新家；减少幼犬在幼犬课堂、动物诊所、收容所和乘车期间的恐惧和焦虑；改善长期社交；与行为治疗结合使用，可治疗分离焦虑症和噪声恐惧症[30-37]。

母猫的乳腺沟会产生安慰性费洛蒙。产品类似物提取自护理幼猫的母猫的费洛蒙，有希望可促进猫与猫和猫与人之间的互动。一种称为"Feliway Friends"的扩散型新产品是一种安慰性费洛蒙，与有相同名称的猫脸部费洛蒙产品 Feliway 事实上是不同的（方格 18-3）。最后，与 Adaptil 可提供给犬的益处类似，Feliway Friends 可能对猫有益处，但直至本书出版时，仍仅有少数研究和经验报告可供参考，且目前仅在美国可买到该产品。

方格 18-3　Feliway Friends 扩散器的应用
• 向人和动物，特别是其他猫，引见或重新引入猫
• 在多猫家庭内，解决或预防熟悉的家庭猫之间的社交冲突
• 预防经过医疗程序（如牙科手术）或美容后，家庭内的猫之间发生社交冲突
• 对单只猫可发挥的益处包括减少焦虑，改善与其他物种的社交关系，但直至本书印出时，仍未全面研究这类效果

一个病例报告提出猫的安慰性费洛蒙产品（如今为 Feliway Friends）对恐惧的猫有用。经过治疗的猫待在社交环境内的时间更长，与人类能进行时间更长、强度更大的互动，并更愿意面对人类，较少急促地逃开[38]。在有攻击性互动的猫里，猫的安慰性费洛蒙也可能减少社交张力，这可作为新的治疗方法[39,40]。一个家庭提供了他们的猫对猫安慰性费洛蒙试验配方产品（IRSEA，法国）反应的经验性报告。在使用费洛蒙扩散器进行治疗期间，他们的猫经受的社交紧张感较少，特征表现为待在相对较近距离内的时间增加，更能耐受争斗，能更快地从冲突中恢复过来，同时整体紧张感下降[40,41]。此外，猫主人还观察到猫变得更友爱，更愿与人类家庭成员互动。猫会展现更多的触碰和磨蹭行为；它们会更常寻求关注，特别是在睡觉时间；它们会更常与家庭成员一起睡觉，时间也更长。

一项有 45 个家庭（家庭内熟悉的猫间存在攻击行为）参与的安慰剂-控制研究显示猫的安慰性费洛蒙 Feliway Friends（Ceva Sante Animale, Libourne, 法国）可减少攻击，甚至在治疗的前 7 天就会起效。熟悉的猫之间的攻击行为是一个常见问题（图 18-3），可能会持续数月或数年，会迫使猫主人给猫找新家，或让猫生活在由社交冲突引发的慢性痛苦中[42]。

图 18-3　对家庭内熟悉的同伴表现攻击行为的猫常会因害怕受伤或敌对行为而避免互动，它们会交替使用喜爱的空间和接近偏爱的资源。这些猫会躲避对方；但降低了社交紧张感后，猫主人拍到了它们在相对较近的位置睡觉的照片。注意这些猫并未放松，虽然已改善了社交紧张感，但是此时并未完全解决问题，仍有更多的工作要做

小案例：解决猫间的攻击

Max 是一只 7 岁的去势家养短毛公猫，Sassy 是一只 7 岁的绝育家养短毛母猫，自它们第一次见面后，已持续 5.5 年会发生互相攻击的行为。在 7 年前收养 Sassy 时，Max 立即开始追逐、拍打和堵截 Sassy。Sassy 会逃走，退缩到墙前，压着耳朵并发出嘶叫声，等人过来帮它远离 Max。在其他时间，它会躲藏和躲避与 Max 的互动。客人也是 Max 的攻击目标，大多数人都害怕 Max。已给予该家庭指导，避免针对 Max 的不希望出现的行为使用惩罚和惊吓技术。已向该家庭描述了让 Max 行为转向的方法。在使用一种猫安慰性费洛蒙扩散器产品——Feliway Friends 2 个月后，猫主人报告 Max 的攻击行为已减少，他们观察到"Max 发生了难以置信的改变，同时并未改变它的个性。它仅是看起来更快乐了。"该家庭观察到两只猫之间会发生短暂的"碰鼻"，这在以前是从未出现过的。

合成的猫趾间化学信息素的预防和治疗应用

可使用合成的猫趾间化学信息素（feline interdigital semiochemical，FIS）来诱发猫的磨爪行为。虽然磨爪是猫的一种正常技能，但不希望出现的磨爪行为是猫主人报告的第 2 最常见的行为问题[43]。过去很长时间里，都将磨爪行为的动机解释为磨尖爪子和维持爪子伸展及回缩系统的方法，但这并未解释该种行为的全部动机。磨爪可提供重要的视觉和嗅觉交流手段，可交流即时和长期的社交信息[44,45]。通过存留足底垫腺释放的化学信号和在磨爪表面留下"标志"，可利用磨爪来进行领地标记（图 18-4）。在一项[19]只在实验室饲养的猫的交叉临床试验中，与安慰剂组相比，合成的 FIS 类似物可改变猫的磨爪行为，包括磨爪的间歇时间、时长和频率。通过独特的机制，Feliscratch 可鼓励猫在主人认为适当的位置磨爪，同时可在猫主人不希望猫磨爪的位置使用 Feliway。这种费洛蒙管理方法可指导和鼓励猫在主人偏爱的表面上磨爪。目前，Feliscratch 仍未广泛得到应用（BIOSEM Labs，巴黎，法国）。

图 18-4 通过在磨爪表面存留化学信号和"标志"，可使用磨爪进行领地标记（感谢 A. Dossche 提供）

费洛蒙治疗的商业产品

费洛蒙产品出现后，可仅通过让动物接触产品，就可影响动物的行为。但是，在自然环境中，动物仅释放出极少量的费洛蒙，并是在多感官背景下影响动物的行为。自然释放的费洛蒙与释放者的景象、声音和存在相关，释放者以此来传达复杂的多维信息。例如，野猪会在唾液里产生费洛蒙，同时野猪也会嗅闻、用鼻子拱、尝试骑跨，并发出由一系列轻柔的喉部咕噜声组成的"求爱之歌"。结果就形成了多感官信息，以此来引起母猪生殖方面的注意。一只哺乳母猫的乳腺沟能产生它自己独特的安慰性费洛蒙混合物，以此来向它的后代传达安全感和母性安抚，并通过母猫的舔舐、哺乳和听觉信号，来进一步提高上述信息强度。这些信息共同向幼猫传达母性保证和安全感。

费洛蒙产品是由自然样本提取的分子混合物组成的合成类似物。样本采自多只动物，理想状况下应选择社交互动良好的动物。必须谨慎和准确获取这些样本，接着使用气相色谱和质谱法进行分析。根据色谱分析结果，来人工合成产品。要最终确认产品的有效性，需进行生物筛选和临床试验。需让产品的浓度远高于自然产生的费洛蒙浓度。一些新出现的产品声称产品是"天然"配方，而不是合成类似物。但是，必须考虑要获得这类天然配方产品需饲养多少只猫。清楚理解收集天然费洛蒙的复杂度，就能明白这类广告是多么荒谬。Ceva Santé Animale（Libourne，法国）一直是行为产品和研究并评估其合适用法的世界领先者。已有一篇综述总结了费洛蒙治疗领域的最新进展，可作为实际应用的参考指导[46]。

理解费洛蒙的衍生物和自然应用情况，有助于阐明费洛蒙的适当应用方法和可能发生的不当使用。如果一只猫被吓到了，同时又感知到传导舒适和平静的化学信息素信息，可以想象这会让猫感到困惑，或让猫的心理变得不安。因此，最好用费洛蒙产品来影响行为反应；并不适合使用费洛蒙产品来完全控制特定的活动顺序或反应。应完全了解宠物表现不希望出现的行为的动机，才能考虑使用何种介入方法。例如，一位客户要求帮助减轻她的猫在沙发上磨爪子的现象。应了解猫磨爪子的动机，这是很重要的。当猫在环境内感到安全和舒适时，一般就会减少磨爪行为。但如果猫因磨爪而被吓到或被水喷，那么猫在环境内的焦虑或舒适情况就不会有改善，而是会发生恶化。应给猫提供可接受的位置来磨爪，并轻柔地让猫转向其他可代替磨爪行为的活动。

关于合成费洛蒙的常见问题

- 猫费洛蒙会影响人或犬吗？

每种费洛蒙都只对特定物种起作用。家庭内其他动物的行为可能会发生变化，但这是因为费洛蒙影响了猫的行为，猫的行为变化间接调节了其他动物的行为。

- 合成费洛蒙会引发副作用吗？

目前未知合成费洛蒙类似物有任何有害作用。Feliway、Feliway Friends 和 Feliway Friends 是专门为猫设计的产品，不具备镇静效果，对人或任何其他动物无作用，可与补充剂或药物联合使用。一些颈圈类产品可能带有让猫讨厌的气味（如花香味），因此会让猫感到厌烦。已报道带粉状残渣的颈圈会刺激一些猫的皮肤。

- 合成费洛蒙扩散器是否会产生气味？

大多数人不会注意到任何可感知到的气味或香味。在24小时内，新的扩散器可能略有气味。这通常与在未使用期间，空气内的粉尘或存留在扩散器上的粉尘有关。如果环境内的粉尘很多，那么气味可能一直存在。如果持续、长期使用扩散器，应每6个月或每更换6次替换装后，就更换扩散器。

- 要控制一种行为，需使用多长时间的合成费洛蒙？

长期使用费洛蒙对多数猫是有益的。每个案例里的个体性格、处理方法和每日或偶尔出现的应激因子决定合成费洛蒙的使用必要性不同。可以持续或间歇使用费洛蒙，并不会引发任何有害作用或发展出耐受性。

费洛蒙治疗的发展前景

气味交流和费洛蒙存留对猫的重要程度已很明了，但可能仍低估了费洛蒙的重要性。费洛蒙治疗提供了"对猫说话"的机会，可传达安全、健康和社交交流信息。应负责任地使用这些信息，为猫的精神、情绪和身体福利着想，同时不应误导或欺骗猫。费洛蒙的应用仍是研究最多的行为介入形式。自从在1996年的讨论会上首次提出使用脸部费洛蒙的概念，兽医群体的反应由怀疑变为将其视为灵丹妙药，在面对所有不希望出现的猫行为时，都会首选使用费洛蒙[47]。临床兽医师应辨识问题行为，评估病因动机，形成诊断，执行全面的行为纠正方案，推荐进行以理解猫为关键的环境纠正，并总结顾客可监测的关键症状，随着时间发展来评估进程。行为研究可能包括顾客观察和解读恐惧或痛苦的行为症状（如发出叫声、食欲不振或躲避）和身体症状（如逃跑、排尿、流涎或磨爪）。评估临床病例的反应时，需要依赖顾客来感知改善情况以及学习或引入新应激因子的影响。关于猫费洛蒙有效性和应用的证据和临床试验数目繁多，感兴趣读者可联系Ceva获得参考指导，包括这类研究的详细摘要和会议文档。

费洛蒙治疗的发展前景包括新的合成配方类似物，考虑在多样化应用和背景下的使用情况，通过猫的语言来改善猫的福利，与猫分享信任和舒适的信息。

附加资源

Horwitz D, Mills D. BSAVA Manual of Canine and Feline Behavioural Medicine. BSAVA; 2009.

Landsberg GM, Hunthausen WL, Ackerman LJ. Behavior Problems of the Dog and Cat. Edinburgh: Saunders/Elsevier; 2013.

Mills D, Braem Dube M, Zulch H. Stress and Pheromonatherapy in Small Animal Clinical Behaviour. Chichester: Wiley Blackwell; 2013.

American Association of Feline Practitioners has recommended guidelines for Feline-Friendly Handling.

The Cat Friendly Practice (CFP) program contains the tools for practices to integrate a feline perspective and embrace the standards needed to elevate care for cats. http://catfriendlypractice.catvets.com/

The CATalyst Council program provides resources and tips for owners taking their cat to the veterinarian. http://www.catalystcouncil.org/resources/video.

International Cat Care—a charity dedicated to improving the lives of all cats. http://www.icatcare.org/search/gss/pheromone.

参考文献

[1] Mills DS, Braem Dube M, Zulch H. Stress and Pheromonatherapy in Small Animal Clinical Behaviour. Chichester: Wiley-Blackwell; 2013.

[2] Wyatt TD. Pheromones and Animal Behaviour - Communication by Taste and Smell. Cambridge: Cambridge University Press; 2003.

[3] Tirindelli R, Dibattista M, Pifferi S, Menini A. From pheromones to behavior. Physiol Rev. 2009.89:921-956.

[4] Houpt KA. Domestic Animal Behavior for Veterinarians and Animal Scientists. Ames, IA: Wiley-Blackwell; 2011.

[5] Hargrave C. Pheromonatherapy and animal behaviour: providing a place of greater safety. Companion Animal. 2014.19:60-64.

[6] American Veterinary Medical Association. U.S. Pet Ownership and Demographic Sourcebook. Schaumburg IL: AVMA; 2012.

[7] Pageat P, Gaultier E. Current research in canine and feline pheromones. Vet Clin North Am Small Anim Pract. 2003.33:187-211.

[8] Rodan I, Sundahl E, Carney H, et al. AAFP and ISFM feline- friendly handling guidelines. J Feline Med Surg. 2011.13:364-375.

[9] Mills DS, Redgate SE, Landsberg GM. A meta-analysis of studies of treatments for feline urine spraying. PLoS One. 2011.6:e18448.

[10] Pageat P. Functions and uses of the facial pheromones in the treatment of urine marking in the cat. In: Proceedings of the XX1st Congress of the World Small Animal Veterinary Asso- ciation; 1996, Jerusalem.

[11] Pageat P. Experimental evaluation of the efficacy of a synthetic analogue of cat's facial pheromones (Feliway*) in inhibiting urine marking of sexual origin in adult tomcats. J Vet Pharmacol Ther. 1997.20(suppl 1):169.

[12] White JC, Mills D. Efficacy of synthetic feline facial pheromone (F3) analogue(Feliway) forthetreatmentofchronicnon-sexual urine spraying by the domestic cat. In: Proceedings of the first International Conference on Veterinary Behavioural Medicine; 1997,

Birmingham.

[13] Frank D, Erb HN, Houpt KA. Urine spraying in cats: presence of concurrent disease and effects of pheromone treat- ment. Appl Anim Behav Sci. 1999.61:263-272.

[14] Hunthausen W. Evaluating a feline facial pheromone analogue to control urine spraying. Vet Med. 2000.95:151-156.

[15] Ogata N, Takeuchi Y. Clinical trial a feline pheromone analogue for feline urine marking. J Vet Med Sci. 2001.63:157-161.

[16] Mills DS, White JC. Long-term follow up of the effect of a pheromone therapy on feline spraying behaviour. Vet Record. 2000.147:746-747.

[17] Mills DS, Mills CB. Evaluation of a novel method for delivering a synthetic analogue of feline facial pheromone to control urine spraying by cats. Vet Record. 2001.149:197-199.

[18] Frank D, Erb HN, Houpt KA. Urine spraying in cats: presence of concurrent disease and effects of pheromone treat- ment. Appl Anim Behav Sci. 1999.61:263-272.

[19] Ogata N, Takeuchi Y. Clinical trial of a feline pheromone analogue for feline urine marking. J Vet Med Sci. 2001.63:157-161.

[20] Hunthausen W. Evaluating a feline facial pheromone analogue to control urine spraying. Vet Med. 2000.95:151-156.

[21] White JC, Mills DS. Efficacy of synthetic feline facial pheromone (F3) analogue (Feliway) for the treatment of chronic non-sexual urine spraying by the domestic cat. In: Mills DS, Heath SE, Harrington LJ, eds. Proceedings of the First International Conference on Veterinary Behavioural Medicine, Bir- mingham, UK, April 1-2. Potters Bar: Universities Federation for Animal Welfare; 1997.

[22] Mills DS, Redgate SE, Landsberg GM. A meta-analysis of studies of treatments for feline urine spraying. PLoS One. 2011.6:e18448.

[23] Landsberg GM, Hunthausen WL, Ackerman LJ. Behaviorproblems of the dog and cat. Edinburgh: Saunders/Elsevier; 2013.

[24] Griffith CA, Steigerwald ES, Buffington T. Effects of synthetic facial pheromone on behavior of cats. J Am Vet Med Assoc. 2000.217:1154-1156.

24a. Rand JS, Kinnaird E, Baglioni A, et al. Acute stress hyperglycemia in cats is associated with struggling and increased concentrations of lactate and norepinephrine. J Vet Intern Med. 2002.16:123-132.

[25] Kronen PW, Ludders JW, Hollis NE, et al. A synthetic fraction of feline facial pheromones calms but does not reduce struggling in cats before venous catheterization. Vet Anaesth Analg. 2006.33:258-265.

[26] Gaultier E, Pageat P, Tessier Y. Effect of a feline appeasing pheromone analogue on manifestations of stress in cats during transport. In: Proceedings of the 32nd Congress of the International Society of Applied Ethology Clermont- Ferrand: ISAE; 1998.

[27] Pageat P, Tessier Y. Usefulness of the F3 synthetic pheromone Feliway in preventing behaviour problems in cats dur- ing holidays. In: Proceedings of the 1st International Conference on Veterinary Behavioural Medicine; 1997, Birmingham.

[28] Gunn-Moore DA, Cameron ME. A pilot study using synthetic feline facial pheromone for the management of feline idiopathic cystitis. J Feline Med Surg. 2004.6:133-138.

[29] Rodan I, Sundahl E, Carney H, et al., AAFP and ISFM feline- friendly handling guidelines. J Feline Med Surg. 2011.13:364-375.

[30] Mills DS, Ramos D, Estelles MG, Hargrave C. A triple blind placebo-controlled investigation into the assessment of the effect of Dog Appeasing Pheromone (DAP) on anxiety related behaviour of problem dogs in the veterinary clinic. Appl Anim Behav Sci. 2006.98:114-126.

[31] Tod E, Brander D, Wran N. Efficacy of a dog appeasing pheromone in reducing stress and fear related behaviour in shelter dogs. Appl Anim Behav Sci. 2005.93:295-308.

[32] Levine ED, Ramos D, Mills DS. A prospective study of two self help CD based desensitization and counter-conditioning programmes with the use of Dog Appeasing Pheromone for the treatment of firework fears in dogs (Canis familiaris). Appl Anim Behav Sci. 2007.105:311-329.

[33] Taylor K, Mills DS. A placebo controlled study to investigate the effect of Dog Appeasing Pheromone and other environ- mental and management factors on the reports of distur- bance and house soiling during the night in recently adopted puppies (Canis familiaris). Appl Anim Behav Sci. 2007.105:358-368.

[34] Siracusa C, Manteca X, Cuenca R, et al., Effect of a synthetic appeasing pheromone on behavioral, neuroendocrine, immune, and acute-phase perioperative stress responses in dogs. J Am Vet Med Assoc. 2010.237:673-681.

[35] Gaultier E, Bonnafous L, Bougrat L, et al., Comparison of the efficacy of a synthetic dog-appeasing pheromone with clomipramine for the treatment of separation-related disorders in dogs. Vet Rec. 2005.156:533-538.

[36] Estelles MG, Mills DS. Signs of travel-related problems in dogs and their response to treatment with dog-appeasing pheromone. Vet Rec. 2006.159:140-148.

[37] Gaultier E, Bonnafous L, Vienet-Lague, et al., Efficacy of dog appeasing pheromone in reducing behaviours associated with fear of unfamiliar people and new surroundings in newly adopted puppies. Vet Rec. 2009.164:708-714.

[38] DePorter TL. Exploration of possible clinical applications for cat appeasing pheromone: multiple case review. In: 9th International Veterinary Behaviour Meeting; 2013, Lisbon.

[39] Cozzi A, Monneret P, Lafont-Lecuelle C, et al., The maternal Cat Appeasing Pheromone: exploratory study for the effects on aggressive and affiliative interactions in cats. In: Proceedings of the 7th International Veterinary Behaviour Meeting; 2009, Edinburgh, Scotland.

[40] DePorter TL. Case report: role of cat appeasing pheromone in the resolution of conflict between familiar felines. In: Interdisciplinary Forum for Applied Animal Behavior. 2013. San Diego. http://ifaab.org/2013/abstracts2013.htm

[41] DePorter TL. Case report: Role of reconciliation in the resolution of conflict between familiar felines. In: 18th Annual Meeting of the ESVCE European Society of Veterinary Clinical Ethology; 2011, Avignon, France.

[42] DePorter TL, Lopez A, Ollivier E. Evaluation of the efficacy of a new pheromone product versus placebo in the management of feline aggression in multi-cat households. Denver, CO, USA: In Proceedings AVSAB/ACVB annual congress; 2014.

[43] Heidemberger E. Housing conditions and behavioral problems of indoor cats as assessed by their owners. Appl Anim Behav Sci. 1997.52:345-364.

[44] Casey R. Management problem in cats. In: Horwitz DF, Mills DS, eds. BSAVA Manual of Canine and Feline Behavioural Medicine. 2nd ed. Gloucester BSAVA; 2009.98-110.

[45] Bradshaw J, Casey RA, Brown SL. The Behaviour of the Domestic Cat. Oxfordshire, UK: CABI; 2012.

[46] Bowen J, Gunn-Moore D, Heath S, Mills D. Comprehensive References. Ceva; 2011 [Available by request from Ceva Sante Animale as an e-publication or book].

[47] Frank D, Beauchamp G, Palestrini C. Systematic review of the use of pheromones for treatment of undesirable behavior in cats and dogs. J Am Vet Med Assoc. 2010.236:1308-1316.

第 19 章
行为工具：精神药物学和营养学

Theresa DePorter, Gary M. Landsberg, and Debra Horwitz

引言

当仅仅改变行为和环境无效时，可以使用精神类药物来帮助改善或解决猫的问题行为、异常行为或猫个体的情绪受到干扰后表现的自然行为。精神类药物的使用应总是多模式行为治疗方案的一部分，这类行为治疗方案考虑了猫的所有自然行为、行为性和动机性的因素、种间和种内的社交关系及影响猫行为的环境因素。药物的主要作用是减少猫的焦虑、恐惧、激发或警惕性；抑制攻击性；减少冲动性（图 19-1）。这类药物可以帮助猫参与社交互动，或者促进行为转变。与药物治疗相呼应，必须尊重猫的自然社交行为，并提供机会让猫表现猫和客户都渴望的行为。环境改变的重点应放在安全感、可预测性、情绪稳定性和身体舒适性的培养。如果在现有住所内，无法妥善解决社交和环境问题，则需要考虑为猫找新家等替代措施。依赖力量、强迫或惩罚的行为改变方法会增加猫的恐惧和焦虑，不推荐使用这类方法。这种方法可以作为权宜之计，但会对猫的整体福利产生短期和长期不良影响，会增加猫的不良行为（如攻击和随地排泄）或降低猫与主人互动的积极性。在使用药物来缓解焦虑时，却使用正面惩罚方法来增加恐惧，进而减少行为，这不仅无法获得预期效果，也是违反常理的。此外，使用药物是为了改善猫的福利，必须采用不会损害猫的福利的给药策略。必须避免采取强制喂药和追捕喂药策略。始终应考虑使用精神类药物来改善猫的机体健康和福利，同时应考虑个体猫的最佳利益。

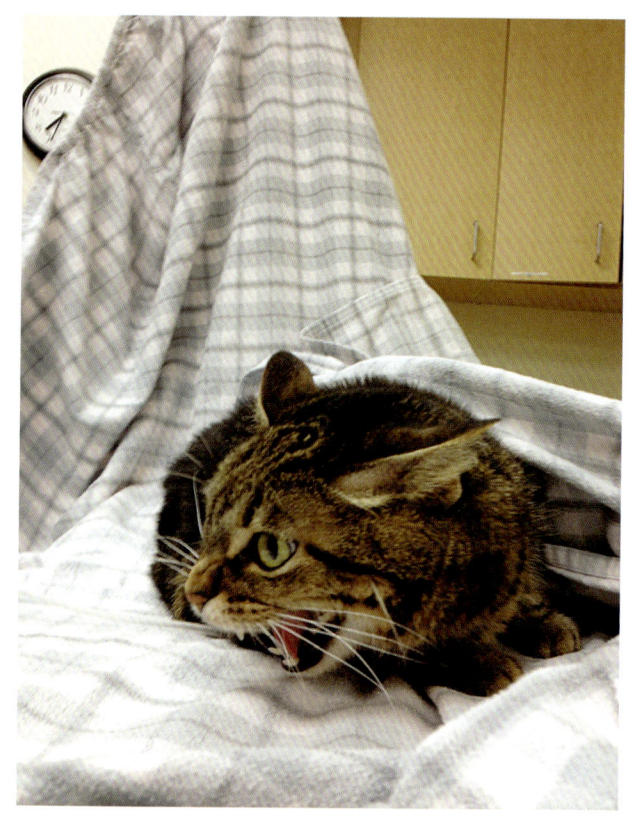

图 19-1 应根据希望获得的效果来选择药物，不应仅考虑诊断结果或症状表现。例如，攻击行为在某种情况下是正常的，但在另一种情况下就代表情绪不稳定

本章概述了行为治疗中常用的药物学和营养学手段及其益处。我们致力于找出帮助全科兽医做出决策的依据（猫相关内容极度缺乏），包括这些工具的有效应用和其他章节解释的诊断和治疗程序。本章提供小案例来帮助临床兽医师由理论转换到实际应用。对最有用的精神类药物分类进行总结，包括选择性血清素再摄取抑制剂（selective serotonin reuptake inhibitors，SSRIs）、三环类抗抑郁药（tricyclic antidepressants，TCAs）、苯二氮卓类药物（benzodiazepines，BDZs）和阿

扎哌隆。单胺氧化酶抑制剂（monoamine oxidase inhibitors，MAOIs）、激素、抗组胺药、抗惊厥药、镇静剂、抗抑郁药、神经肽和情绪稳定剂等其他药物也可调整行为变化。本章末尾的宣传材料列出了精神类药物学的进一步研究领域建议。

本章的目的是指导如何以无应激的方式缓解焦虑，支持友善的环境，在尊重猫的同时促进最优行为的表达。也总结了天然补充剂和日粮选择，这些可单独使用或与药物配合使用。本章旨在为那些愿意将精神治疗纳入猫行为医学中的兽医提供最新的参考资料，而不是阐述药理学。

选择药物

给药方式

目标是以非强迫或无应激的方式适当给药，应使用适当的药物剂量，遵循正确的用药间隔。给任何猫喂药都存在许多障碍，特别是给有行为问题的猫喂药，给患猫喂处方药的可操作性也会有许多问题。有必要与猫主人进行开放谈话，了解主人给猫喂药的能力和经验。客户给猫喂药的难易程度将有助于判断能达到或达不到何种目标。

选择药物的注意事项

准确的诊断、适应证、可用性、强度、大小、配方、成本、味道、用药间隔和生物利用率都能影响药物的选择、给药的可操作性以及诊疗效果。如果药物适用于已确诊的疾病，需要考虑的因素包括功效证据、潜在的益处和风险，并应从实际操作角度确定能否安全、有效和温和地给予该药。当对动物的诊断和就诊原因包括警惕、恐惧或攻击性，会进一步复杂化患猫的给药方式。因此，为了有效使用药物，使其成为治疗计划的辅助部分，临床兽医师必须考虑给药策略，并给客户提供咨询，将其作为行动计划的一部分。

选择正确的药物

为患猫选择最优的精神类药物时，应考虑以下的每一点：
- 诊断是什么？
- 是否已充分解决引发行为问题的社交和环境因素？
- 何种药物、日粮或补充剂有益于当前症状？
- 是否有证据支持这种适应证？
- 所用药物在猫的药代动力学、副作用和禁忌证是什么？
- 所选择药物的适当剂量和剂量范围是多少？用药频率如何？
- 考虑猫的年龄、性别、健康和同时使用的其他药物，潜在风险是什么？
- 客户如何看待给猫使用改变心情的药物？
- 药物是否有益于缓解行为问题？
- 如果不使用药物或推迟药物的使用，成功解决行为问题的可能性如何？

给药方式
- 可选用什么样的剂型（片剂或液剂）？
- 猫将如何服药？
- 猫在过去使用药物的经历和对药物的接受度如何？

反应和治疗效果
- 是否已确定药物的预期反应？
- 是否已确定预期反应的参数（如出现、频率和强度）？
- 良好效果的特征（目标行为）是什么？
- 产生反应的预期时间？
- 需要在多长时间内使用药物和如何停药？

益处和风险
- 如果未获得反应，主人、人和猫之间的纽带和猫将会面对什么风险（如找新家、安乐死）？
- 如果行为问题继续存在或加剧，会对猫的福利产生什么影响？
- 给特定患猫使用药物治疗有什么健康风险？
- 如果环境损害猫的行为，且无法有效改变环境，那么慢性应激的副作用是什么？
- 是否充分讨论了药物的替代措施？

评估成功选药和给药的混杂因素

虽然利用治疗试验决定行为问题是否改善很诱人，但使用药物有效控制行为问题并不能确诊该问题。即使在宠物中，安慰剂效应也是非比寻常和令人信服的。在一些情况下，如果使用药物可以缓解猫的应激，则可显著改善主要疾病（如猫特发性膀胱炎或其他下泌尿道疾病）。此外，精神类药物有多种功能，可以缓解焦虑、癫痫和神经病理性疼痛的症状，而这些症状又会引起行为问题。氯米帕明或SSRI可以改变排泄的频率或减轻猫的焦虑、反应性或敏感性，同时提高猫的应对能力，进而减少室内随地排泄问题的症状和表现。但是，如果猫有潜在疾病，改善了猫砂盆后，可能会掩盖动物仍未得到解决的健康问题。

因此，在进行药物治疗之前，必须全面评估各种医学因素，同时解决身体和情绪健康问题。但是，当患猫表现明显的恐惧或焦虑症状时，应在未诊断之前考虑立即使用抗焦虑药来解决猫的福利问题。最后，使用精神类药物成功解决行为问题时，这可能有助于诊断行为问题，但并无法绝对确诊。

调节行为的神经递质

精神类药物通过作用于中枢神经系统（central nervous system，CNS）的神经递质和受体来影响行为。伴侣动物的行为治疗主要着重于血清素（5-羟色胺或5-HT）、去甲肾上腺素、多巴胺、乙酰胆碱、γ-氨基丁酸（γ-aminobutyric acid，GABA）、P物质受体（神经激肽或NK1）和谷氨酸盐等兴奋性氨基酸。神经传导是一个复杂的过程，由神经递质、突触前和突触后受体、再吸收泵和降解酶的基础动态交互作用产生[1]。精神类药物作用于不同位点：突触前、突触后和突触。药物有多种作用机制，包括增强神经递质的产生和释放、抑制神经递质对突触后受体的作用、作用于突触前神经元和/或突触后神经元的受体或抑制突触前神经元再吸收神经递质。药物也可抑制神经递质在突触前神经元或突触中的降解而起效。

不同神经递质间存在复杂的动态关系。还未发现许多药物和自然疗法的作用机制。另外，药物对神经递质和受体的影响存在种间差异。由于在猫行为医学中，仅报道了少量临床治疗试验，所以都是根据访问的临床经验、由其他物种外推或参考已发表的为数不多药代动力学数据，来推荐使用的药物和剂量。此外，也很难预测个体动物会对所选药物有何反应。通常在试验的基础上为患有精神疾病的人类给药，同时需要监控该药的益处和不良反应，对患猫来说也是如此。一旦决定选择并使用了某种药物，必须通过观察临床症状的减少情况和猫的情绪健康改善情况来评估药效。使用药物的目标是改善猫的健康和福利，改变不希望出现的行为，同时保有正常的社交和互动行为。本章末尾的附加资源列出了更多有关神经递质及其作用机制的参考资料。

给猫使用改变情绪药物的依据

循证决策可检查信息的有效性、临床试验设计和统计应用，因此临床兽医师可选择最适合宠物、客户和所遇问题的治疗方案。但是，伴侣动物仍缺乏用来治疗行为问题的精神类药物的明确、详细的依据与使用程序，尤其缺乏有关猫的信息。大部分伴侣动物行为问题的药物治疗信息来自病例研究和动物行为学家的访问的临床经验（常仅少量病例），以及通过比较人类的精神疾病和宠物的行为问题推测而得。虽然从业者有义务在法律允许的范围内开处方（首选批准给目标动物使用的药物），但经批准可给猫使用的产品少之又少。因此，依据可用证据的最佳选择是使用经批准给猫在其他用途使用的药、在另一个国家批准给猫使用的药或批准给其他物种使用的药，但该药的剂型应符合给猫喂药的实际情况。从业者也必须根据动物行为和精神药理领域的持续、发展情况，来考虑本章的信息。

配方和标签外用途

大多数国家无标示和批准用于猫行为问题的药物，仅有极少量的相关补充剂或日粮选择。在开具未批准给猫使用的精神类药物时，必须向客户充分公开药物标签外使用情况和潜在副作用，并让客户签署知情同意书（图 19-2）。详情见标题为"猫使用精神类药物的知情同意书"宣传材料。建议兽医雇佣律师审查所有的知情同意文件，确保他们遵守了符合当地管辖权的法规或限制。在英国，兽医防卫协会为从业者提供知情同意书表格。知情同意书并不能免除兽医的责任，但它的作用是告知客户事实，并记录已分享的信息。以下将讨论的是可给人或犬用的药物配方。但是，最适合人类病患或患犬的药片的大小、溶剂、风味或强度可能并不适合患猫。可由人药房、便宜地购得大多数给猫使用的药品，尤其是通用配方药品。客户可能因自身经验而熟悉这些药物，客户了解药物使用，具备熟悉度和舒适度的优势和劣势；因此，了解客户在这方面的经验可能是有益的。另外，因为人类使用或滥用一些药物会带来风险，所以需注意熟悉这类药物的客户。兽医不应直接询问有关人类药物使用的私人问题，而应积极聆听客户的看法和担忧，这能反映客户的私人经验，且可能会影响客户与患猫护理相关的决定。

精神类药物的调制使用

将药物重新配制成适口性好的剂型的做法已越来越普遍。当药物的剂量、适口性和可用性存在问题时，可考虑调制药物，但并不是所有国家都能这么做。可溶性、稳定性、吸收和药效是调制用药需要考虑的问题，特别是为了给药而要改变或重配药物时。更明确地说，如果将使用泡沫包装、需防潮和避光的药物由包装内取出，可能会破坏药物的稳定性，或无法混入液体配方中。此外，带延迟释放功能或包有肠溶衣的药品是专为人类消化道设计的；因此，并不适合给猫使用。与选择药物时遇到证据缺乏的情况类似，调制药物也缺乏证据，且可能更严重。因此，临床兽医师在为患猫开处方时，必须考虑当地和国家法规等所有因素。

经皮给药

人类经皮给药（如硝酸甘油）的历史已有几十年，一些国家正在发展和推动制定宠物药品的新型经皮给药方法。经皮给药看上去是一种简单、可耐受和方便的方式；但不幸的是，考虑到多种原因，这并不是一种普遍推荐的给药方式。用作转运载体的渗透性增强剂会增加组织角质层的流动性，导致皮肤剥落、出现红斑或受到刺激。长期使用可能会增加局部刺激，与人类相比，猫能使用的部位较有限（耳廓或肩胛骨之间）。由口服剂量推测经皮给药的剂量是很复杂的。如果药物渗入皮肤的能力很弱，那么仅可吸收极少量的药物；如果药物不第一时间经肝脏代谢，则会造

图 19-2　兽医团队有责任与宠物主人详细讨论精神类药物的益处和副作用

成循环系统中的药物含量过高或达到中毒剂量。从业者不能因其他经皮给药药物（如甲巯咪唑）有一些功效和吸收性数据，就轻易假设精神类药物也有相同的功效。仍缺乏显示精神类药物的有效剂量、生物利用率和有效性的研究。在一项研究中，与口服相比，氟西汀（在普朗尼科磷脂有机凝胶[（pluronic lecithin organogel，PLO）中占15%，也就是150毫克/毫升]经皮给药的生物利用率约为10%[2]。在另一项研究中，发现阿米替林和丁螺环酮的全身吸收率微乎其微（与口服相比）[3]。并不清楚提高剂量能否达到治疗所需的血浆浓度；但更高的剂量可能会对猫产生一定刺激。

经皮给药的另一个问题是生活在群体中的猫有社交互动，如互相舔毛或轻碰家庭成员，因此会将药由患猫传递给另一个猫或人类个体。无意中让儿童或其他家养宠物吸收可改变情绪的药物，会涉及严重的道德和医学问题。

因此，猫对经皮给予的精神类药物试验无反应，并不能确定猫对口服药剂的反应。如果客户坚信"试用"药物不起效，那么就失去了进行介入的宝贵机会。随着更新型的渗透增强剂可供选择，临床兽医师需考虑是否有充足的证据表明已充分克服上述问题和是否已进行可靠的生物利用率评估。应非常谨慎地使用经皮给予的精神类药物，仅在无法使用其他给药方式时，才考虑经皮给药。

客户的顾虑和配合

给猫使用精神类药物的最大障碍是客户抵制给宠物用药，担心存在副作用和给宠物喂药有挑战性。客户对给猫用药有所疑虑，这可能与负面感知有关，包括他们认为药物并不能改善问题，坚信精神类药物会让猫性格变差，坚信最好避免使用精神类药物，或担心如果药物解决了问题，他们的猫可能在很长一段时间内甚至余生都会依赖药物。

为有效缓解猫的行为问题，并逐渐让猫不需要使用药物，需要使用多模式方法，首先应进行准确的诊断，并整合应用适当的行为和环境管理策略（如全书所讨论的那样）。可观察到的结果也能反映猫的情绪健康状况得到改善，猫的恐惧感减少，更社会化，且"更乐意"与人和其他宠物相处。使用精神类药物的目的是改善情绪和促进学习能力，而不是起镇静或制动的效果。虽然一些猫可能需要长期或终生用药，应让客户确信始终会以个体情况为基础，通过仔细观察和对逐渐减少药量的反应做出决策。当证明有必要给猫用药和清晰定义了长期目标后，客户给猫用药的信心开始增强。应公开、全面地与客户讨论给药的替代措施，特别在从猫的自然行为角度出发，无法满意解决社交和环境因素问题时。本章的目的是在需要使用药物治疗时，提供信息帮助用证据和理由减轻客户的顾虑。

副作用：问题和观念

许多猫在刚开始服药时会产生副作用。这些副作用可能会引起一些问题，或在某些情况下，实际上是有益处的。例如，如果药物能导致猫嗜睡，那么就能减少问题行为的发生。因为这些反应都是短暂的，应告知客户这些可能出现的影响，并让他们理解这类影响并不会持久。此外，副作用的出现可为临床兽医师提供有效给药、药物吸收和代谢的证据。应仔细询问客户有关药物有效吸收和代谢的证据。例如，许多猫在口服氟西汀和氯米帕明后，就有短暂镇静和食欲抑制的现象，特别在用药第1周时；因此，如果没有出现类似反应，则说明吸收不充分和/或配合度较低。如果猫产生了严重的不良反应，则需要降低剂量。如果猫表现出冷淡、退缩或更加害怕主人，就会引发另一种顾虑，但这可能是抓捕和保定技术不佳导致的，而不属于药物的副作用。应鼓励客户等待不良副作用消退，不要为受抑制行为的明显"快速修复"而感到欢欣。建议应谨慎评估药物的有效性和改变所用药物。除非给予治疗剂量的药物，药物真正被消化或吸收，且适当代谢至少4～6周，否则无法完全体现许多精神类药物的有效性。如果过早地调整剂量或改变药物，会传递给客户无计可施的错误感知，但实际上并未完成完整的药物试验。

小案例

一只6岁的橘色斑纹猫，雄性，已绝育，因尿液标记行为而前来就诊。主诉该猫很享受眺望窗外，担心药物会改变猫的外向性格。根据主人详细描述的猫行为情况，推测该猫警惕心较高，易被激发情绪。该猫在一天中的大部分时间都在凝视窗外，在窗户之间跑来跑去，因看到和听到室外的其他猫而发出叫声。向客户解释了该猫的警惕心和与应激相关的窗边巡视都是同一种情绪反应的症状，这种情绪反应也引发了尿液标记行为。让客户启动了环境管理方案，减少猫能看到窗外的机会，让室外的其他猫无法看见这只猫。当改变环境无法有效减少警惕心时，与客户讨论了使用辅助药物减缓潜在焦虑的方法，客户同意进行药物试验。希望获得的结果是降低猫在眺望窗外时的警惕心，并减少尿液标记行为。

让客户配合药物治疗

只有在客户能成功、定期地给猫喂药的前提下，才能达到（或评估）精神类药物的疗效。因此，在开处方时，应询问客户给宠物喂药的方便程度，过几天后询问客户是否能有效喂药。

在让客户配合给药时，有经验的兽医技术员和/或护士能提供极大的帮助。他们还能为客户提供资源和跟进，确保治疗方案成功实施，解决客户的顾虑，并提供猫行为问题支持。让一些客户接受正确的训练和指导，他们就能直接熟练给药。把药物与人类食物或给药零食（Greenies Pill Pockets；The Nutro Company，Franklin，Tennessee，USA）混合，能轻易地让一些猫口服药物。也可将药片压碎或将胶囊打开，将粉末混入人类的美味食物中，如酸奶、芝士、鱼酱、肉酱或鱼酱，也能顺利给药。虽然猫无法像人类那样感受甜食，但一些猫可能会接受包裹着生奶油的药丸。如果药物并非无法粉碎的包被或缓释配方，最好调制药物，这样药物在使用前都能保持原有形式。可以用干粮颗粒替代药片来训练幼猫接受给药操作和操纵（图19-3）。关于给猫喂药的更多信息请参见标题为"如何友善地给您的猫喂药：猫友好型药物治疗"和"猫友好型给药技术"的宣传材料。

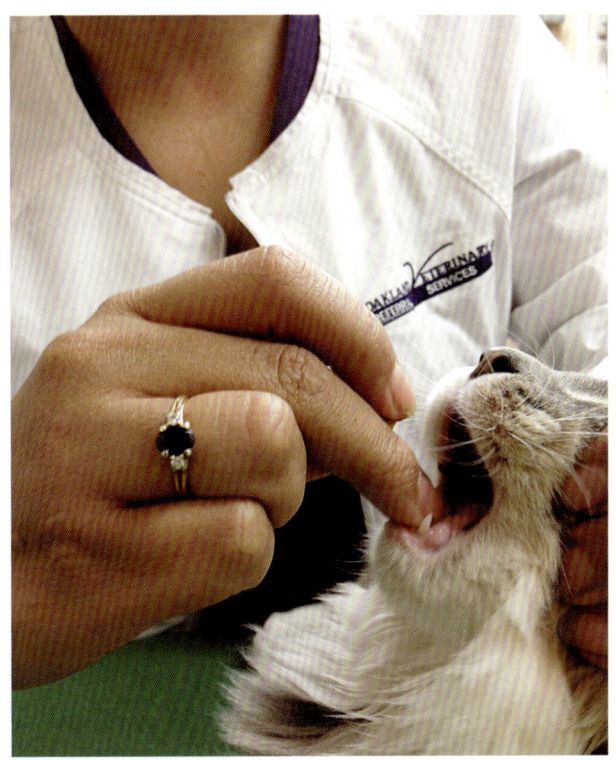

图19-3 以喂药的方式喂这只猫一颗猫干粮颗粒。在猫需要服用药物前，教会猫适应这种操作方式，能让猫终生更适应服药

小案例

主诉猫每日服用1次4 mg的氟西汀（8 mg规格药片的一半，Elanco Animal Health，Greenfield，Ind），但服药5周后，猫突然间变得冷淡和疏远，客户所以想要停药。客户晚间在电脑前工作时，猫通常会伴其左右，但现在这种情况消失了。经过进一步询问，发现起初猫会吃与食物混合的药物。但在几周后，猫不吃所有药物，所以客户决定手动给药，客户认为猫"并不介意"。当猫经过客户的电脑时，客户会想起给猫喂药。经过数

周后，猫不愿经过客户的电脑。因此，实际上是给药过程和猫的对应学习过程引发了冷漠"副作用"，源头并不是药物的有害作用。

药物的相互作用和血清素综合征

血清素过度升高会引发一种罕见的、但很严重的医源性中毒，称为血清素综合征或血清素中毒症候群[4]。确切的发生机制目前尚未明了，可能是因提高血清素含量药物的剂量逐渐增加，辅助药物的添加或在长期维持治疗后自发产生。血清素综合征的症状包括心动过速、呼吸急促、烦躁、厌食、高烧、易怒、高血压、腹泻、癫痫甚至死亡。虽然罕见这种情况的报道，但随着行为药物的使用增多和复方药的普及，这种情况可能会更普遍。混合使用会提高血清素含量的药物、补充剂或日粮，会增加血清素综合征的发病风险。如果将一些特定药物与精神类药物混合给药，如混用 SSRIs 或 TCAs，或将这两种药物之一与丁螺环酮、曲马多和胃复安混合使用，都会引发反应。也应注意某些草本配方和补充剂（如贯叶连翘和色氨酸）。血清素综合征的一些症状和需要治疗的临床症状相似，因此，临床兽医师需仔细评估主诉，确定猫烦躁的原因是未解决的焦虑问题还是副作用。

实用的管理工具

猫的精神类药物学并不仅局限于药物的选择。临床兽医师可能有一些实用性方面的顾虑，如怎样评估行为改善和长期管理结果，这使他们不愿使用精神类药物。在开始药物治疗之前，应考虑是短期给药、情境给药还是长期给药，并考虑何时和如何停用长期用药，以及是否使用单一或多种个方面调整。使用多方面调整法可能无法确定何种介入方式最有效，但临床兽医师不应因此而不同时进行多方面调整。例如，可同时改变糖尿病患猫的胰岛素、日粮、锻炼和饮水量，而不用担心何种介入有效。事实上，要达到预期效果，行为治疗计划的所有因素都是必不可少的，任何单独的干预可能都无法充分起效。

情境介入措施

当某种状况需要立即进行干预，但这类状况很少发生时，就需要考虑采取情境介入措施。当猫表现问题行为且其发生存在周期性特征时，应评估最佳介入药物。在乘车出行期间和就诊时，一些猫可能感到焦虑或害怕陌生人，这类情况不常见，因此可在这类情况发生之前，可饲喂苯二氮卓。但是，如果家中常有访客，可能需要使用维持型介入措施，如使用温和的抗焦虑日粮或补充剂产品（如 Royal Canin Veterinary Diet CALM，Aimargues，France；Composure，VetriSCIENCE Laboratories，Essex Junction，Vt.；或 Anxitane，Virbac，Fort Worth，Tex）或有温和抗焦虑作用的药物（如丁螺环酮）。

短期或长期维持用药和停药

可能需要使用药物来缓解近期出现的行为问题。迅速开始使用正确剂量的适当药物（如苯二氮卓类和费洛蒙）能获得较快的反应。慢性和持续存在的问题可能需要长期使用丁螺环酮、TCAs或SSRIs 等药物。联合使用改变情绪的药物和环境、行为调整策略，能长期解决行为问题，仅使用其中的一种方法并无法取得改善效果。此外，正确的联合应用方法能让猫习得、养成习惯和建立关联。一般来说，应在良好解决问题和保持稳定后，经过数周或数月的足够长的时间，才考虑减少药物剂量。在减少药物剂量前，还应考虑新行为的特性和可接受性，以及治疗方案的其他方面。稳定的行为也可提供机会让客户在行为纠正方案的其他方面取得成功。例如，客户能教会猫在听到呼唤时过来，或学会一些小技巧，用来对抗条件反射并教会达成目的。猫可习得服药这个任务，但无药物支持时，它们可能会变得过于恐惧或多疑。与任务相关的目标让客户清楚了解在猫脱离药物之前必须完成的内容。这通常意味着数周或数月的维持治疗。临床兽医师应考虑问题的严重程度、取得成功的难度、改善的幅度和该方案其他方面的作用，来决定继续用药是否会导致风险大于获益。让一些猫长期或终生服药是有益的。如果药物可减缓压力、改善猫的福利、提高生活质量或猫在不服用药物时表现行为异常，则应一直监测猫，并定期进行药物和行为评估。

小案例

受室外猫的影响，一只家养短毛猫会转而攻击主人，为此给它开了帕罗西汀。在开始使用药物3周后，因为半夜野猫在窗外喊叫，该猫变得激动并产生过激行为。隔天客户电话告知认为药物已失效。您会做什么？当然是继续药物治疗！这件事并不代表药物治疗失败。帕罗西汀的峰值效应出现在是服药后4~6周，而这次事件是极端的，超过了单独用药能达到的效果，并且发生在最大药效期之前。

小案例

因为尿液标记行为，每日给一只家养长毛猫服用4毫克氟西汀。客户在某些天会忘记给药，但只要猫每周服用至少6天药，就不会出现尿液标记问题。如果减少到每周服药5天，就会出现尿液标记行为。因此，可计算出该猫的每周起效药量为24毫克（4毫克×6=24毫克/周），重新分配药物剂量后，可改为使用规格为8毫克的药片，每周服用3次。虽然使用了同样的剂量，但这样能让客户更好地对猫进行稳定的药物管理。

当药物不再起效时：下一步措施是什么？

如果在恰当的时间内，按照充足的起效剂量使用最开始选用的药物，并未解决目标行为问题，那么在使用复方药物之前，临床兽医师应需考虑替代方案，包括调整行为计划、进一步调整环境因素、再评估诊断正确性，甚至可以考虑为猫找新家的可能性。

在处理顽固性病例时，尤其是临床兽医师不熟悉联合用药方案时，应考虑转诊给经资格认证的动物行为学家。在尝试替代方法前，必须确认给予充足剂量的当前药物，有充分的起效时间，并准确评估了现有结果。多种、连续未达治疗剂量和时长的试验不太可能产生所需结果，并可能会降低客户相信存在有效治疗药物的信念。如果猫未经历副作用，那么增加剂量可能会得到想要的结果。如果猫经历了明显、短暂的副作用，那么增加剂量会导致副作用复发。

改变药物

理想情况下，在使用新药物之前，最好应逐渐停止当前药物的使用；但是，根据病情的严重程度和客户的承受能力，可能需要更快启动药物试验。从一种SSRIs转而使用另一种SSRIs时，中间只需要停药数日即可，或如谨慎处理，则仅需间隔1天。然而，当从MAOI转而使用SSRI或者TCA时，为避免潜在毒性作用，需有2周的过渡期。TCA和SSRI的用药互换过程需要有缓冲期，但一般都能在较短时间内安全完成药物转换（如3天的缓冲期）。由TCA换为其他药物所产生的严重副作用风险较小。受用药剂量、个体对药物治疗的反应、治疗时长、被停用药物的半衰期和清除率影响，在从一种药转而使用另一种药的过渡期内，仔细监测猫的情况，一般不会有大的问题。若无法使用最佳缓冲时间，建议开始用新药时，选择使用最低有效剂量。应告知客户更换药物的潜在副作用，并说明更换药物后可能需要数周时间，才能获得全面的治疗效果。

联合治疗

临床兽医师在处理复杂的行为病例时，需要考虑使用联合治疗；但是，在评估结果方面会面临最大挑战。如果联合用药的副作用小于单种药物高剂量使用，则联合用药是更好的选择。联合用药可能对成功控制复杂顽固病例有效。一旦解决了问题，需每次减少一种药物的剂量，确认减少哪种药物会导致问题复发。

全科执业者应知晓可使用何种联合药物，在处理复杂和顽固病例时，应考虑转诊给经资格认证的动物行为学家。

SSRI 或 TCA+ 日粮（如果日粮含色氨酸，则需监测血清素综合征）

SSRI 或 TCA+ 苯二氮卓类[5]

SSRI 或 TCA+ 丁螺环酮（监测血清素综合征）

SSRI、TCA 或苯二氮卓类 + 保健品（如果已知保健品会影响血清素含量，则需监测血清素综合征）——未有费洛蒙、Anxitane 和 α - 酪蛋白水解肽的相关报道

SSRI、TCA 或苯二氮卓类 + 加巴喷丁

应结合应用药物治疗、费洛蒙疗法和环境管理（见第 18 章，小案例：控制尿液标记行为）。

逐渐降低剂量

临床兽医师和客户常怀疑猫是否需要持续的药物治疗。要解决行为问题，通常需要经历数周或数月的治疗，并可能需要复杂或多模式的介入方法。通过尝试降低药物剂量的试验和监测目标行为的复发情况，猫有可能完全停药或仅需最低有效剂量的药物。通过要求客户监控症状的复发情况，在降低精神类药物剂量的过程中，可确定药物缓解行为问题的有效情况。逐步降低每种介入药物的剂量，最后可能帮助猫完全停药或将药物剂量降低至最低起效量，在某些情况下，也可通过这个过程证明药物治疗的必要性。如果每一种药物的剂量强度不同，那么降低药物剂量的过程会更复杂。TCA 和 SSRI 有延迟起效的特点，所以虽然降低药物剂量后更常立刻出现症状复发，但数周之后才能观察到药物减量的实际影响。最好在 4～6 周间隔时间内，将药物剂量降低 25%。在降低药效持久的药物剂量时，建议使用更长时间逐步降低。如果猫已稳定使用药物数月，则需花费数周来降低药物剂量；如果猫已稳定使用药物 1 年或以上，则需花费数月来降低药物剂量。持续时间较长的停药程序有助于确定最低有效剂量。对半衰期较长的药物（即 SSRIs），最好先计算每周需要量，再乘以 75%，然后除以可用的每片药的规格，确定符合实际的减量程序，该程序包括 2 个或 3 个为期 6 周的循环。

一只体重为 5 千克的猫固定每日服用规格为 10 毫克的帕罗西汀 1/2 片（总量 =35 毫克 / 周，减量后的目标量 =35 毫克 ×0.75=26 毫克）。目标是将药量降低至每周 26 毫克。大致为每周服用 5 次，每次服用 5 毫克（每周总量 =25 毫克）。维持使用此方案 6 周，观察是否复发。重复此过程。

监测

精神类药物介入措施可能对猫有益，但应仔细考虑目标行为、药物的预期起效时间和有效性、有效且不会引起应激的给药方式。在选择药物和联合使用药物或保健品介入措施、环境管理和行为纠正时，应考虑药物的安全性、有效性证据、给药方式、给药间隔、禁忌证和实用性。因为有些猫对变化适应性不强，可能会是药物治疗的目标。要取得成功，多数行为方案需要时间、毅力和耐心。应告知客户一旦取得满意的改善效果，即可开始降低药物剂量，以确认最低有效剂量，或帮助猫完全停止使用药物。但是，可能需要长期给一些猫用药。如果环境对猫的正常行为不利且无法纠正，应让客户意识到可能很难让猫的行为发生变化。针对这种情况有两种方法，一是长期给猫用药；二是改变房屋布局，但这两种方法都不是最优解决方法。常规的健康护理应包含行为评估。建议给无论因什么原因需要长期用药的猫（包括使用精神类药物）进行定期的实验室检查（全血细胞计数、血清生化和尿液分析），应根据猫的年龄和健康状况选择适当的检查项目。采取这些策略可确保猫的完整行为纠正策略里包含有关用药和持续用药的决定，使行为纠正策略能支持猫的长期福利和情绪健康。对长期用药猫的监测频率必须符合任何地区或国家的专业和法律要求。

常用的精神治疗工具概述

猫的精神治疗工具包括药物、补充剂和日粮。行为相关药物的分类主要包括长效药，如 SSRIs 和 TCAs，可以单独使用或与情境治疗联合使用，

还包括起效较快的药物，如苯二氮卓类、阿扎哌隆或神经安定药。

一般来说，较为明智的做法是将初始剂量设置为药物有效剂量的下限，然后再参考药物情况和病情，逐渐增加药量。同样，需根据副作用的情况调整剂量或停药。无法根据剂量表来预测个体猫的反应，增加剂量并不一定能得到更好的结果。更多并不总是更好。临床兽医师必须观察每只患猫的预期效果，进而确定最佳剂量。应注意因为存在品种和个体差异、疾病状况和同时使用其他药物等因素，临床兽医师需调整一些个体的剂量或停药。因此，临床兽医师需告知宠物主人预期的治疗效果、副作用，并嘱咐如果猫出现任何预料之外的健康和行为变化，应立即报告。关于精神类药物的剂量和作用的新数据会不断出现。所有临床兽医师在为宠物开取药物之前，应依据经验评估所有剂量，确认是否使用合理。了解当地有关药物标签外使用的法规是临床兽医师的职责，并应有适当的知情同意书或经签字的授权协议书。标题为"给猫使用精神类药物的知情同意书"的宣传材料中有授权协议书的范例。

选择药物需考虑多种因素，包括分析、经验和可用性。在本章节中，药物名称旁的标记是用来帮助临床兽医师选择常用药物和不常用的其他药物（详情见下文）。注意下文中的建议和使用方法来源于作者的集体经验、使用频率和对与行为相关应用的安全性和有效性的了解。

*药名旁的一个星号表示该药常用，结合作者们的临床经验和发表的证据，一般认可选择使用该药。

**两个星号表示该药偶尔使用，使用上有地区差异性或是药物治疗的次要选择。此标记说明使用该药的证据强度较低，但根据传闻经验和作者意见，可给疑难和顽固病例使用该药。

†短剑表示一般从业者，甚至是作者都需谨慎使用。应谨慎的原因包括罕见或少见实际临床使用经验、相关使用报道很少、有其他更好的选择或产生副作用的可能性较高。仅在首选或次选的药物都无效的情况下，才考虑使用此类药物。

精神治疗药物

抗抑郁药

最常使用的抗抑郁药是 SSRIs 和 TCAs，都属于改变情绪的药物。依据人医早期使用的少数药物，定义了"抗抑郁药"分类。如今，抗抑郁药的种类繁多，有许多具备复杂作用机制的新型药物。客户可能会对抗抑郁药这个术语感到疑惑，因此需用言简意赅的语言与客户讨论该术语。虽然根据人类的诊断性术语，宠物通常不是因"抑郁"而接受治疗，但它们应对逆境的方式不同。一位觉得生活过于压迫的神经心理障碍患者会选择躲避社交互动。宠物无这样的选择，被迫应对它们觉得过于压迫的状况，常表现为恐惧和焦虑。与苯二氮卓类药物不同，抗抑郁药不会抑制学习能力或记忆力。虽然抗抑郁药可在胃肠道被轻易吸收，并在数小时内达到效果高峰，但再吸收抑制会减少突触后受体的合成。因此，建议经过 4~8 周的治疗，再对药物功效进行完全评估。可能很快看到一些行为效果，但这种快速起效的现象可能和镇静作用有关。例如，阿米替林等药物有显著副作用，并且起效很快，但这可能是因为药物的镇静作用，而不是下调了血清素的受体。应避免同时使用 MAOIs（如司来吉兰）。如果宠物有癫痫病史，应谨慎使用抗抑郁药。由于联合使用抗抑郁药会引发血清素综合征，因此不建议混合使用。血清素综合征是一种罕见的血清素激活药物的中毒症候群，本章前文中的药物相互作用和血清素综合征部分已有阐述。

选择性血清素抑制剂（SSRIs）

作用机制：SSRIs 可以有选择性地阻断突触前神经元再摄取 5-HT1A。

举例：氟西汀*、帕罗西汀*、舍曲林**、氟伏沙明**、西酞普兰†和依他普仑†

常见适应证：焦虑、攻击行为、易冲动、强制性/重复性行为和尿液标记。

功效：需要至少4周来评估效果。较长的半衰期意味着需要数周来完全体现药物剂量变化的影响。最常见的副作用是嗜睡和厌食，在开始服药后2周表现最显著。

禁忌证/注意事项/警告：不能和MAOIs类药物同时使用。避免或谨慎与其他能提高血清素含量的药物或补充剂混合使用。

实用性考虑：常将SSRIs当作治疗一般焦虑、尿液标记和缺乏控制冲动的一线治疗方法。

如何起效

SSRIs可以有选择性地阻断突触前神经元再摄取5-HT1A。该类药需每日使用1次，这对临床兽医师和客户来说很方便。因为SSRIs主要影响血清素受体而不显著影响去甲肾上腺素和多巴胺的再摄取，因此它的副作用要少于TCAs。应用最广泛和最受认可的SSRIs是氟西汀。可将帕罗西汀、舍曲林、西酞普兰和依他普仑等其他SSRIs与氟西汀进行比较，来发现异同点。猫口服氟西汀的吸收率是100%，半衰期为34～47小时，直接代谢产物诺氟西汀的半衰期为51～55小时[6]。猫的氟西汀安全使用剂量范围很广[致死剂量>50毫克/千克（22.7毫克/磅）体重][7,8]。可以用来治疗猫因焦虑而产生的行为的药物有很多种，但进行持续或慢性控制的首选药物仍是氟西汀。如果氟西汀部分起效、不完全起效或不起效，其他SSRI可能仍然有效。每只猫对药物的反应都不相同，只有进行治疗试验才能评估药效。也可以通过增加或降低剂量的剂量试验确定最佳有效剂量。如果猫对现有剂量未产生有效反应，且剂量未达到建议剂量的上限，那么符合逻辑的选择是增加药物剂量，但有些患猫可能对较低剂量反应更强。但是，使用未达治疗剂量的药物并无益处，经过数周或数月逐渐增加药物剂量，可能会下调细胞水平的药物浓度，反而抵消了剂量增加部分的影响。如果发生部分有效反应且未产生副作用，则应尝试更高剂量，而如出现显著的副作用和效果微弱时，则提示临床兽医师应降低剂量或尝试同一种类或其他种类的其他药

物。其他SSRIs值得特殊考虑。帕罗西汀是一种SSRI的新型苯基哌啶化合物。帕罗西汀是比氟西汀、舍曲林或氟伏沙明更具选择性和更有效的SSRI，根据人类医学研究，其药代动力学十分适合在临床使用[9]。在欧洲，最常用的药物是氟伏沙明，而在北美则没那么常用该药。帕罗西汀的代谢特点为不会产生活性代谢产物，这对老年动物或患肝脏或肾脏疾病的动物更有利。帕罗西汀在缓解人的社交紧张或社交恐惧症方面的效果更显著。西酞普兰是温和、独特的人用组胺药；依他普仑的副作用低，常用于老年人；但是，仍未知这些药物在猫身上的使用情况。

副作用

嗜睡和厌食是最常见的副作用。已报道SSRIs的副作用包括食欲减退、体重减轻、嗜睡、胃肠道紊乱、坐立不安、睡眠障碍和心脏传导变化。通过降低剂量或隔天使用，可提高对这些副作用的耐受性或缓解这些症状。当存在心脏疾病、尿潴留、眼压增高、镇静或抗胆碱作用时，优先使用SSRIs而不是TCAs。帕罗西汀有轻度抗胆碱作用，可能导致猫便秘。因为SSRIs会抑制细胞色素P450酶活性，所以如联用需要通过细胞色素P450酶代谢的药物时，会增加药物毒性。虽然可能较早就可注意到效果，但一般在开始用药4～6周后，才有治疗效果。一旦成功解决了行为问题，则应考虑在维持每周所用剂量的情况下，修改用药间隔。在停药或减少剂量来确定最低起效剂量时，也可使用同样的策略。由于SSRIs半衰期较长，一旦稳定了某些猫的目标行为，就可以维持每周用药1～2次。因为氟西汀和诺氟西汀的消除半衰期较长，不需要进行逐渐断药，但如果用药超过8～12周，逐渐减少剂量有益行为稳定。

关于使用适应证的研究

在一项研究中，用1毫克/千克的氟西汀治疗猫尿液标记行为有极显著疗效[7]。在这项设有安慰剂作为对照组的研究（17只猫）中，用氟西汀治疗的猫在第2周的喷尿行为显著减少，在第

7周和第8周，喷尿行为持续减少。在第7周和第8周，将改善程度未达到或低于70%的2只猫的用药剂量升至1.5毫克/千克。猫停药后的复发情况不同，在治疗前标记行为最突出的猫更容易复发。许多行为学家会开具0.5毫克/千克的氟西汀。

氟西汀、舍曲林或帕罗西汀能够改善尿液标记、焦虑或重复性行为。注意区分排泄问题或疾病问题引发的室内随地排泄和尿液标记行为，前者可能不一定和焦虑相关。理论上来说，给某些猫进行药物支持后，能更好地应对行为纠正方案，或对卫生情况差的猫砂盆有更好的容忍力。但是，不应使用药物来掩盖不良的环境条件，在用药物治疗时，应同时进行适当的行为、环境改变，为猫提供基础护理（如保持猫砂盆卫生）。在一项研究中，研究人员每天分别给猫使用0.5毫克/千克的氯米帕明和1毫克/千克的氟西汀，使用16周，进行效果比较。这两种药物的效果相似，治疗时间长于8周效果更好。突然停止使用氟西汀后，大多数猫会再次出现尿液标记情况，但如果再次服药，仍可控制该行为[10]。

三环类抗抑郁药（TCAs）

作用机制：通过不同程度的抗胆碱、抗组胺和α-肾上腺素作用，阻止血清素和去甲肾上腺素的再摄取。

举例：阿米替林†、氯米帕明（Clomicalm；Novartis Animal Health, Larchwood, Iowa）*、多虑平**和去甲替林†

常见适应证：焦虑、攻击行为、冲动、强制性/重复性行为和尿液标记。

功效：使用4～6周后可评估功效。

禁忌证/注意事项/警告：除了氯米帕明，其他TCAs并不是治疗首选药物，因为它们的副作用稍强于SSRIs。

实用性考虑：无专门给猫使用的氯米帕明制剂，但可将5毫克药片掰碎后给猫使用。

如何起效

TCAs阻止血清素和去甲肾上腺素的再摄取。在TCAs中，氯米帕明是选择性抑制血清素再摄取效果最强的药物。它也能抑制去甲肾上腺素再摄取，并有轻度抗胆碱和抗组胺作用。TCAs不太可能抑制学习或记忆能力。虽然在动物医学文献中推荐使用多虑平、丙咪嗪和阿米替林，但仍缺乏相关功效性的证据。抗抑郁药很容易在胃肠道被吸收，并在数小时内即可达到效果最高峰；但是，再摄取抑制作用起初会下调突触后受体。因此，虽然部分猫很快就会出现改善，但要完整评估这些药物的功效，仍需持续治疗4～6周。应避免与司来吉兰等MAOIs同时使用。有癫痫病史的宠物应慎用TCAs[11]。

副作用

TCAs有不同程度的抗胆碱、抗组胺和α-肾上腺素活性作用，可能引发嗜睡、口干或胃肠道症状等副作用。如猫患心脏疾病、青光眼或有尿潴留风险时，则不能使用TCAs[11]。一项评估氯米帕明对心节律作用的研究选择了7只健康猫，每只猫每天服用10毫克氯米帕明，服用28天后，心电图显示无异常。用阿米替林和氯米帕明治疗犬，也可见相似结果[3,12]。在同一项研究中，研究者发现在使用氯米帕明后，血清甲状腺素含量（T4、T3和游离T4）在统计学上显著下降[12]。应给甲状腺疾病患猫谨慎使用氯米帕明，因为这种药物会将低血清甲状腺素立平而掩盖猫的甲状腺功能亢进。

关于使用适应证的研究

与SSRIs类似，动物诊所使用TCAs来减少动物的焦虑、恐慌和冲动。在人类医学中，TCAs的使用早于SSRIs，但会产生不良副作用。为了寻找可抑制突触间的5-HT吸收，同时不良受体效应较少的药物，发现和发展了SSRI氟西汀盐酸盐（百忧解；Eli Lilly, Indianapolis, Ind）。1988年1月，美国市场开始引进百忧解，该药很快成为世界范围内使用最广泛的处方抗抑郁药[13]。随后，动物医学在多方面也有同样的趋势，因为许多临床兽医师发现与TCAs相比，SSRIs更有效、更划算、更方便，且副作用更少。此外，客户和猫都更易接受 SSRI 每日使用 1 次的灵活用药方法。虽然较老的文献、病例报告和文章更关注 TCAs，但这仅表示当时 TCAs 的可获得性、临床热度更高或是新开发替代药物的成本较高，而不是研究人员有实际偏好或因药物有临床优势[10,14-19]。将被批准给犬使用的药（氯米帕明）分割成猫可用的剂量规格，可使成本更合理且更方便操作。已批准用氯米帕明来治疗犬的分离焦虑，同时应实施行为纠正方案[14]，在一些国家可用来治疗犬的强制性行为和焦虑症。氯米帕明可有效缓解或控制猫的尿液标记行为，澳大利亚已批准了该药的使用[20]。阿米替林和多虑平能阻断 H1 和 H2 受体，因此有强效抗组胺作用，但无法完全以人类医学文献的报道为基础，外推出猫的使用情况。阿米替林对 H1 和 H2 受体的影响相同，而多虑平更倾向选择 H1 受体。多虑平对 H1 受体有较强的亲和力，体外试验发现多虑平的亲和力是羟嗪的 56 倍，苯海拉明的 775 倍[21,22]。多虑平对猫的镇静作用很明显，很难确定既能有效改善焦虑，又能避免镇静的最低剂量。因为多虑平有独特的抗组胺作用，可考虑给过敏或皮肤病患猫使用。已使用阿米替林来治疗猫的尿液标记行为，但关于成功治疗的报道仍是传闻，未见猫使用的研究文章发表。阿米替林药片味苦，这可能引起猫嘴部过度流涎和起沫，导致许多猫抵触服药（图 19-4）。如果选择使用阿米替林，需特别注意勿掰碎药片。不推荐长期使用阿米替林等味苦的药片，因为猫对药物的抵触只会迫使客户抓捕猫并强制喂药行为，而这会引起猫反应激并且增加猫的心理创伤经历。许多猫服用阿米替林后，会表现出过度镇静，这会引发社交冷漠，虽然这确实减少了猫的尿液标记行为，但这并不是改变情绪药物的预期效果。据说，大部分行为学家表示他们很少开具阿米替林。尽管阿米替林在过去有重要临床意义，但行为学家正逐渐停止使用该药，很大程度上已被其他接受度更高、更有效和更划算的药物代替。

图 19-4　避免食用味苦或其他不寻常味道的食物是猫的天性。一些药物，特别是味苦的药物会导致猫口吐白沫和心情沮丧

阿扎哌隆

作用机制：血清素 1-A 受体激动剂

举例：丁螺环酮 *

常见适应证：焦虑和恐惧；社交紧张、胆小或退缩。显著影响猫对同种或其他物种的社交亲和行为。

功效：使用 2～4 周后可评估功效。

禁忌证 / 注意事项 / 警告：警惕肝脏和肾脏疾病。

实用性考虑：接受度高、镇静作用较小，必须每日使用 2 次。

如何起效

阿扎哌隆是血清素（5-HT1A）受体和多巴胺（D_2）受体的激动剂[24]。该药无镇静作用，也不会刺激食欲或抑制记忆力。它需 1 周或以上才能起效。任何抗焦虑药都会因抑制解除而引发攻击行为。

副作用

副作用可能影响胃肠道，但一般程度较轻和温和。据说，给猫使用丁螺环酮后，猫会对人和其他猫更友善，会减少躲避行为，增加亲密度，并会通过磨蹭和触碰寻求与人接触。但是，如果给恐惧的猫使用该药，可能会因去抑制作用而引发攻击行为。因此，当猫之间存在社交问题时，最适合使用丁螺环酮来让恐惧的受害猫建立自信。对猫-人或猫之间关系差的猫来说，联合使用减少恐惧措施和对抗条件反射作用，能获得所需的效果。增进人和动物之间的纽带，可以降低弃养或安乐死的概率。当混合使用丁螺环酮和红霉素或伊曲康唑时需谨慎，因为这些药都能增加血浆丁螺环酮含量。

关于使用适应证的研究

丁螺环酮可有效治疗猫的轻度恐惧、焦虑以及尿液标记行为。Hart 及其同事为确定丁螺环酮对因焦虑引发尿液标记和不适当的排尿行为的猫的效果，让每只猫每日服用 2 次丁螺环酮，共 2.5 毫克，连续使用 2 周。如果使用该剂量无法减少排尿问题至主人满意的程度，则将剂量增至 5mg，每日使用 2 次。通过电话访问主人来评估抑制喷尿的程度（100%、75%、50%、25% 或无）[10]。使用丁螺环酮能有效治疗 55%（减少 > 75%）的猫的喷尿行为。治疗 2 个月后停药，有一半的猫会复发喷尿行为，随后给这些猫使用丁螺环酮治疗 6～18 个月。经过 8 周治疗后，停药后有 53% 的病例会复发[23]。因丁螺环酮副作用较小，可与 SSRIs、TCAs 药物混合使用；但是，使用时应注意血清素综合征的症状，特别是使用剂量较高时[1]。在欧洲不常使用丁螺环酮；在北美使用较多。丁螺环酮的价格昂贵，且每日需使用 2 次，这是潜在的劣势。丁螺环酮在不同地区，甚至不同药房内的价格和可用性存在极大差异。

苯二氮卓类

作用机制：促进抑制性神经递质 GABA 的作用，从而通过对 GABA 受体的激发作用，增强神经抑制。

举例：阿普唑仑 *、奥沙西泮 *、劳拉西泮 *、氯硝西泮 *、氯拉卓酸 ** 和地西泮 **

常见适应证：尿液标记、情境性焦虑或活动（旅游、美容和就诊），较少长期使用，如治疗因猫间攻击而感到恐惧的猫或控制痛觉过敏猫的激发状态（和肌肉痉挛、癫痫）。

功效：抗焦虑、镇静、松弛骨骼肌和抗癫痫作用，使用后立即起效。

禁忌证/注意事项/警告：可能因去抑制作用引发攻击行为和/或增强食欲。在猫应谨慎使用，据报道地西泮会造成极少部分病例发生致死性肝坏死。如果在开始使用地西泮后，猫表现出无精打采或厌食，需重新评估，特别应注意肝脏疾病。

肝功能障碍的猫需谨慎使用：剂量过高会引发明显的 CNS 抑制。

实用性考虑：主要为短期或情境使用。可依据情境需求，与其他药物混合使用，或用作长期维持药物。一些病例可能需要长期治疗（专家使用）。

如何起效

苯二氮卓类可以增强抑制性神经递质 GABA 的功能。未知确切的机制，但推测机制包括与血清素的颉颃作用，增加 GABA 释放活动和/或增强 GABA 活性，减少乙酰胆碱在 CNS 中的释放或周转[25]。苯二氮卓类药物可缓解焦虑、引起肌肉松弛、减少自主活动，并可能引起食欲过盛（在进行食物的对抗性条件作用时有效）。它们可能会引起似是而非的兴奋性，并负面影响学习和记忆力。每次使用苯二氮卓类药物后，在较短时间内即能达到效果峰值，因此可按需在特定情境下使用或与其他药物混合使用[5]。应将反常的兴奋性和抗焦虑作用区分。虽然地西泮是最受认可的苯二氮卓类药物，但行为学家通常会选择该分类中的其他药物，用来减少猫的应激和缓解焦虑。在首次使用苯二氮卓类药物后，通常能快速起效。治疗起效的时间通常是几个小时，但可能会因个体和同种类不同药物的差异而有变化。客户应观察起效时间和对宠物产生影响和/或改善行为的持续时间。猫的地西泮消除半衰期是 5.5 小时，而它的活性中间代谢产物去甲地西泮的消除半衰期是 21.3 小时[25]。人的地西泮消除半衰期是 20～50 小时，而去甲地西泮的消除半衰期可高达 200 小时。这能解释物种间的药物应用和有效性差异。

副作用

在给猫使用地西泮 1 周后，可能会发生由特发性肝细胞中毒导致的肝中毒和死亡，但这是罕见现象[26]。通过新陈代谢，地西泮会经生物转化为同样需要代谢的活性代谢产物。猫无法像其他物种一样有效利用葡萄糖醛酸途径，所以给猫使用地西泮时，有部分猫会产生活性中间代谢产物堆积的情况。因此应进行预防措施，建议在使用苯二氮卓类药物前，检测猫的血液生化指标，特别应检查丙氨酸氨基转移酶（alanine aminotransferase，ALT）和天门冬氨酸氨基转移酶（aspartate aminotransferase，AST），并在用药 3～5 天后复查这些指标。如果出现厌食或 ALT 和/或 AST 指标上升，则需停药。由于氯硝西泮、奥沙西泮和劳拉西泮不会产生活性代谢产物，因此它们对猫一般更安全，特别是对肝功能障碍的猫。在持续使用苯二氮卓类药物时，虽然存在极大的个体差异性，但氯硝西泮和奥沙西泮也有较长的起效期，可减少用药频率。长期使用苯二氮卓类药物会产生依赖性，因此在停药时，目标行为会出现反弹。为对抗这种作用，建议逐渐减少药量。

关于使用适应证的研究

当需要快速控制焦虑时，苯二氮卓类药物是一个较好且有用的选择。已证实地西泮可改善猫的尿液标记行为。55%～74% 的猫使用地西泮后可有效减少至少 75% 的喷尿行为[27]。在猫已报道停止用药后会有 76%～91% 的复发率[25,27]。苯二氮卓类药物需每日使用 2 次。虽然与 SSRIs 和 TCAs 相比，苯二氮卓类药物的效果并无优势，但效果绝对比黄体酮更好[28]。在无法使用 SSRIs 或 TCAs，或这两类药物无法完全起效的情况下，可选择长期使用苯二氮卓类药物（2 次/天），但需谨慎使用；一般来说，都应将苯二氮卓类药物当作短期药物。由于苯二氮卓类药物的优势是起效较快，当客户无法忍受药物治疗见效慢时，可将该药作为临时辅助或过渡药物。最终都要更换为另一种药物。

单胺氧化酶 B 抑制剂（monoamine oxidase B inhibitors，MAOBIs）

作用机制：与 MAO-B 快速结合而不可逆地抑制单胺氧化酶。

举例：司来吉兰（Anipryl，Zoetis，Florham Park，N.J.；Selgian，CEVA，Lenexa，Kan）**

常见适应证：认知功能障碍或认知减退。同时可用于情绪紊乱（即慢性应激或恐惧状态）。

功效：至少需使用 3 周后，再评估功效；也可能需使用 6 周后，才能表现效果。

禁忌证/注意事项/警告：不能和某些药物，特别是 TCAs、SSRIs、曲马多、甲硝唑、泼尼松和磺胺甲氧苄啶一起混用。

实用性考虑：由于具备兴奋剂的特点，建议在早上给药。如果认知功能障碍患猫对司来吉兰反应良好，则应终生使用该药。

如何起效

MAOBIs 可增强儿茶酚胺的转运，北美批准用该药治疗犬的认知功能障碍，欧洲批准用该药治疗情绪障碍。已报道 MAOBIs 能增加健康鼠、兔和犬的寿命[29]。

副作用

副作用可能包括坐立不安、烦躁、呕吐、腹泻和听力下降。禁忌证包括已知的敏感性和与其他药物混用，特别是 TCAs（阿米替林、氯米帕明和多虑平）、SSRIs（氟西汀和帕罗西汀）、曲马多、甲硝唑、泼尼松和磺胺甲氧苄啶[30]。服用司来吉兰的人类患者需注意避免食用奶酪，因为混合的 MAOIs 或代谢物的影响，酪胺蓄积有增加发生高血压的风险。但在使用临床剂量的情况下，可能不需要让犬猫避免食用奶酪。但是，仍建议避免给正在使用MAOBI的猫饲喂奶酪，因为不同物种或个体的MAO-A、MAO-B受体比例和中间代谢产物的活性和半衰期有差异，而个体反应以此为基础[30]。在停用司来吉兰后，在至少2周内不应给猫使用TCAs。在停用这类药物后，如接下来要使用SSRIs，2周的缓冲期可能是足够的，但也有建议需要更长缓冲期（5周）[30]。虽然司来吉兰可改善老年猫的认知功能和生活质量，但也应仔细考虑药物的其他潜在影响。

关于使用适应证的研究

据说，司来吉兰可改善猫的认知功能障碍症状。在一项小规模研究中，研究者发现剂量高达10毫克/千克的司来吉兰不会对猫产生毒性[31]。至今为止，虽然有报道表示司来吉兰可改善由认知功能障碍和情绪障碍引起的尿液标记、食欲下降或睡眠周期变化等症状，但并无有关司来吉兰对猫疗效的研究发表[32,33]。

有交叉精神治疗作用的其他药物

加巴喷丁

作用机制：在构造上与GABA有关，但未明确是否存在对GABA或其受体的直接作用。

举例：加巴喷丁（Neurontin；Pfizer, New York）*

常见适应证：过敏、神经病理性疼痛或辅助治疗焦虑和攻击行为。

功效：使用数天或数周后，才会出现显著反应。

禁忌证/注意事项/警告：耐受度较高。有轻度不良反应。可获得的相关信息有限。

实用性考虑：与普瑞巴林相似（Lyrica；Pfizer），在本书撰写期间，价格仍很昂贵。

如何起效

加巴喷丁的结构与GABA相似，但它并不会改变GABA的连接、再吸收或降解。该药会与突触前电位闸门钙通道的α2δ1亚基结合，并通过此通道抑制钙离子流入。加巴喷丁抑制初级传入神经纤维释放兴奋性神经递质（P物质、谷氨酸盐和去甲肾上腺素）。该药适合用来治疗顽固性癫痫、慢性疼痛和神经病理性疼痛，特别是与其他药物联用效果更佳。除了抗痉挛特性外，在行为治疗方案中也可使用加巴喷丁，如治疗广泛性焦虑症、冲动、情绪障碍、恐惧症、疼痛障碍和冲动控制障碍，还可用来辅助治疗强迫性障碍。在进行检查或临床操作之前，可给已知会对保定反应过激的猫使用加巴喷丁。由于加巴喷丁在某种程度上能缓解神经病理性疼痛，可单独使用加巴喷丁或与SSRIs配合使用，来治疗冲动控制障碍、噪声恐惧和自残行为。如果用加巴喷丁控制癫痫，可将服药次数提至每日3次；如果用来控制疼痛或治疗神经性感觉，减少给药次数更有效，通常为每日2次。使用加巴喷丁1.5～3小时后，血浆浓度达到峰值，清除半衰期大约为3小时[34]。最常见的副作用是镇静，但可能表现为一过性。如果加巴喷丁可有效减轻疼痛或由疼痛继发的反应和烦躁，可长期使用加巴喷丁，同时减少其他疼痛缓解药物的剂量甚至停药。

副作用

常见的不良反应包括轻度镇静或共济失调。应避免使用人类口服液（含300mg/mL木糖醇），因会产生与木糖醇有关的不良反应，包括低血糖、肝中毒和试纸测试尿蛋白的假阳性结果。

关于使用适应证的研究

一般来说，关于猫的加巴喷丁使用剂量方面的建议数量有限且各不统一，但随着对该药对猫的作用了解越多，可认为该药对猫是安全的。

马罗匹坦

作用机制：神经激肽（NK1）受体拮抗剂、止吐剂。

举例：马罗匹坦（Cerenia；Zoetis）。

常见适应证：急性呕吐和预防呕吐。

功效：缓解恶心和呕吐。

禁忌证/注意事项/警告：猫对马罗匹坦的耐受度较高，但可获得的相关信息有限。

实用性考虑：建议在猫服用药片前1小时，给猫饲喂少量食物。避免在给药前长时间空腹。如果用食物或零食包裹药片，会延迟药片溶解。铝箔包装可预防潮湿。

如何起效

马罗匹坦是神经激肽-1（NK-1）受体的拮抗剂，能抑制外周神经或中枢神经介导的呕吐，通过抑制呕吐的关键性神经递质P物质而对CNS起作用。猫口服马罗匹坦的生物利用率约为50%，皮下给药的生物利用率为100%。马罗匹坦的最终消除半衰期大约为15小时[35]。

副作用

猫对马罗匹坦的耐受度较高，但可获得的相关信息有限。一些猫服药后，会吐出药片或分泌过多唾液。已报道会发生腹泻和厌食。在一项针对30只猫的研究中，给猫使用不同剂量的马罗匹坦（剂量范围为0.5～5毫克/千克，连续皮下给药15天），猫的耐受度都较高。部分猫注射药物的部位会有局部反应[35]。

关于使用适应证的研究

马罗匹坦的主要作用及标签推荐是预防急性呕吐和因晕动病而产生的呕吐。实际上，部分猫在乘坐交通工具时，会同时并发焦虑和晕动病。因此，在治疗与旅行相关的焦虑时，若猫表现多涎、流口水或呕吐，马罗匹坦是合乎逻辑的辅助药物。NK1拮抗剂马罗匹坦柠檬酸盐（Cerenia）无明显镇静作用，与乙酰丙嗪相比，是治疗旅行相关恶心的更好选择[35]。在就诊、美容或进行其他可能引起猫恐惧的活动前，将马罗匹坦按标签外用途给猫口服，并联合苯二氮卓类药物，会有一定效果[36]。作为NK1拮抗剂，马罗匹坦可能减缓与疼痛或过敏相关的痛苦，但需进行进一步研究。猫的中脑桥周围灰质中的NK1P物质受体能加强防御性愤怒和抑制捕食类攻击[37]。美国和英国已批准使用止吐宁注射液治疗16周龄及以上年龄的猫的呕吐症状[38]，但使用药片或用于其他适应证仍然属于标签外用途。马罗匹坦通过抑制P物质在CNS里起作用，P物质是与呕吐相关的关键神经递质。P物质是脊髓和CNS内的一种神经肽，它可以调节与生理伤害相关的有害刺激的信号强度。与NK1一样，P物质也可能与身体对应激、焦虑、侵犯领土、有害或厌恶刺激的反应有关。NK1在下丘脑、垂体和杏仁核内存在，对情感行为和应激反应起作用。仍未探索马罗匹坦对缓解猫的痛苦和焦虑是否有效。

神经松弛剂

作用机制：神经松弛剂可阻断大脑中的多巴胺受体，引起CNS的非特异性抑制，减少基底神经节的运动功能，提高催乳素含量，削弱对外界刺激的意识。

举例：乙酰丙嗪†

常见适应证：镇静。

功效：快速镇静或制动，抗焦虑效果不佳。

禁忌证/注意事项/警告：不建议单独用来治疗焦虑或问题行为。需要监测是否有噪声敏感，极少数病例会增加攻击行为（很可能是一种矛盾效果）。

实用性考虑：由于缺乏抗焦虑效果，且有显著的停止活动作用，因此不建议用来缓解猫的焦虑和改善猫的福利。

如何起效

神经松弛剂是可以阻断大脑中多巴胺受体的药物，可引发CNS的非特异性抑制，能减少基底神经节的运动功能，提高催乳素含量，同时削弱对外界刺激的意识[39]。

副作用

在动物医学中，已广泛使用神经松弛剂作为镇静剂，也会用来控制晕动病。另外，它有抗胆碱作用，不能给癫痫、肝脏疾病或心脏疾病患者使用。其他副作用包括低血压（由于阻滞了α-肾上腺素能）、癫痫阈值降低、心动过缓、共济失调、产生肌肉震颤、肌肉痉挛、肌肉不适和运动不稳定等锥体外系症状。使用乙酰丙嗪等传统的吩噻嗪类药物时，即使给予足够减少活动量的剂量，也无法减少恐惧。

关于使用适应证的研究

不推荐也未研究单一使用神经松弛剂来治疗焦虑相关的行为问题。吩噻嗪类药物被广泛用作镇静剂，但因为该药无法减少焦虑不足以成为治疗行为问题的一线药物，特别是单独使用时[40]。

N-甲基-D-天冬氨酸盐拮抗剂

作用机制：与N-甲基-D-天冬氨酸盐（N-methyl-D-aspartate，NMDA）相颉颃。

举例：金刚烷胺†

常见适应证：疼痛或异常性疼痛、自残行为。

功效：在1～2周内效果显著。

禁忌证/注意事项/警告：避免给肾损伤患者使用此药。

实用性考虑：持续或脉冲治疗可能有益。

如何起效

金刚烷胺是一种NMDA拮抗剂，可有效辅助治疗猫的慢性疼痛，但并不常用于猫，相关临床经验报道也很少。在CNS内，当谷氨酸盐或天冬氨酸盐与NMDA受体结合时，可能会维持或加重慢性疼痛。异常性疼痛是一种由正常非有害性刺激引发的痛觉，已描述了人的这类病症，但必须对患病动物重新进行研究。这种对良性刺激的高度敏感可显著影响行为或社交互动。

副作用

主要通过尿液排出金刚烷胺；因此，应减少肾脏损伤患者的使用剂量。据报道开始服药时，会产生胃肠道反应（即腹泻或胃肠胀气）或烦躁等副作用。猫的使用经验有限。仍未完全阐述所有副作用情况，但安全剂量范围似乎很窄[39]。据报道猫的中毒剂量为30毫克/千克[39]。

关于使用适应证的研究

单独使用金刚烷胺无法起到很好的镇痛作用，但可与其他镇痛药（如阿片类、非甾体抗炎药）混合使用，来减轻慢性疼痛[39]。可使用金刚烷胺管理慢性疼痛或脊椎疼痛，这类疼痛可能导致猫焦虑、与操作相关的攻击人的行为、自残尾部、痛觉致敏或攻击共同居住的熟悉的猫。长期每日使用金刚烷胺可能有效，2周一次的脉冲治疗也有效[41]。

其他药物

还有许多有助于纠正猫行为的药物，但除了传闻及个人间交流之外，这些药物的相关信息很少，所以这些药物的使用频率较低。这些药物包括氯硝胺、曲唑酮、普萘洛尔、卡麦角林、心得乐、赛庚啶和米氮平。这些药物将来可能会受到青睐或变得禁用于猫；因此，本章仅提及这些药物，但并不做详细阐述。

应注意其他有行为或精神作用的药物。黄体酮可缓解某些行为，但产生严重不良反应的风险较高，所以这种药物的使用是过时的或不适当的。已使用甲羟黄体酮和醋酸甲地黄体酮等人工合成的黄体酮来治疗猫的多种问题，包括攻击行为和尿液标记[42-44]。天然的黄体酮主要由黄体内源性产生。黄体酮可影响垂体促性腺激素的分泌，同时还具有抗胰岛素作用。如果单独或长期使用黄体酮可能会产生严重的医疗后果，包括肾上腺皮质功能减退、乳腺肥大、乳腺肿瘤、子宫内膜增生、糖尿病、甲状腺功能减退、骨髓抑制和子宫积脓。其他不良反应还包括伴随体重增加的食欲增加和/或口渴、抑郁、嗜睡、性格改变以及暂时抑制精子形成。应权衡可能产生严重不良反应的风险和所有其他可用的治疗选择。在过去，曾给许多表现不希望出现的行为的动物滥用和过度使用作为单一治疗药物的黄体酮，而未理解和实施行为纠正方案。仅应在其他疗法均失败时，才考虑使用黄体酮，并应向客户解释和披露更安全的替代方案。

赛庚啶可有效增进食欲，控制猫的尿液标记行为，特别是公猫的尿液标记行为[42]。但是，在一项比较试验中，发现氯米帕明比赛庚啶更能有效地控制尿液标记[16,42]。米氮平是促进食欲的极佳选择，尽管它被归类为去甲肾上腺素和特定的血清素药物，可用来治疗人的抑郁和焦虑，但未探索它作为猫的行为药物的情况。已联合使用普萘洛尔等β受体阻断剂和其他可减少行为症状的药物，来减少焦虑的生理症状（心率、呼吸频率、胃肠不适）。较少使用心得乐来促进人和犬的 SSRI 反应，特别是与帕罗西汀联合使用时。当前并未有给猫使用心得乐的支持性证据。

补充和替代医学（complementary and alternative medicine，CAM）

国家补充与整合医学中心（The National Center for Complementary and Integrative Health，NCCIH）将补充和替代医学或 CAM 定义为多种药物和健康护理措施和产品，这些措施和产品一般不属于常规医学。CAM 涵盖中草药、维生素、矿物质和其他天然产品；包括放松练习和针灸的精神及机体医学；包括脊椎按摩和治疗按摩的推拿疗法；包括触摸治愈法和顺势疗法的能量疗愈。

安全性和功效

理想情况下，应按照同样严格的标准判断所有治疗方案的安全性和功效。为了取得许可，必须证明药物的安全性和功效。此外，必须记录药物的毒性、禁忌证、药物相互作用和副作用。但是，只要 CAM 治疗方案是安全的，并且无关于健康或疾病，就可被推至市场。然而，因为有效性的传闻及"纯天然"的卖点，许多人对这些产品深信不疑。当然，无法测出活性成分的含量时，安全性和潜在的不良反应就不足为虑，如顺势疗法或巴赫花疗法。但是，当天然产品（植物/草药、动物产品、保健品、维生素和矿物质）的原料含量可被测定时，确实应关注功效、安全性、毒性、副作用和禁忌证。

针对天然产品需考虑的另一个问题是剂量。许多在动物上使用的天然产品，使用剂量是根据 70 千克体重的人的剂量推算的。但是，考虑到不同物种的药物吸收程度和代谢的差异很大，并不能保证按照人用剂量计算出的剂量对猫是安全或有效的。近期的试验证明一些天然产品具有不同程度的临床或实验室功效，或两者兼而有之。因此，如果可以验证一些天然产品的有效性和安全性，这些产品最终可能会成为"常规"药物。

优点和缺点

- 对客户的吸引力

优点：天然产品对抵制药物和常规选择的客户有一定吸引力。

缺点：客户可能听信天然疗法有效的传闻，而放弃以证据为基础的药物治疗方案。

- 适口性和给药难易程度

优点：L-茶氨酸等天然产品对猫的适口性非常好。此外，更易饲喂风味补充剂和处方粮，更可能取得配合。

缺点：如果宠物无法自主采食补充剂或日粮，则不易给药。此外，改变某些猫的日粮可能在临床上并不适当。

- 安全性

优点：多数天然产品有很宽的安全使用范围和较小的副作用。实际上，在顺势疗法中，已将活性成分稀释到无法检出的程度。天然产品的高安全使用范围表明甚至可将该类产品和其他药物混合使用，但仍缺乏有关证据。

缺点：一个产品标明是天然的，并不代表它是安全的。这对给宠物使用的人用产品尤其如此。例如，受剂量影响，α-硫辛酸和大蒜可能对猫有毒。此外，一些天然产品可能含有毒物质[45,46]。如果客户不告知兽医他们当前正给猫使用这些产品，那么可能会发生不良反应，如同时使用人参或色氨酸和能增强血清素传递的产品。

- 可用性和成本

优点：不需开具处方（over the counter，OTC）就可获得许多天然产品；因此，很容易获得这些产品。部分产品相对廉价。客户可能根据自己对有益反应的理解，选择继续使用该种天然产品。

缺点：并不是所有天然产品都是相同的，可能需付出更高的代价才能保证产品质量（如益生菌、硫酸软骨素）。有些天然产品的价格高于药物。

- 有效性

优点：已被证明对猫有效的天然产品很少。某些产品能快速起效，但其他产品可能起效较慢，如要使用1个月或更长时间的L-茶氨酸或CALM日粮后才能起效。

缺点：大多数天然产品的有效性未经科学方法论证。此外，与药物相比，OTC产品并没有标准，也缺少管理。不同产品和生产厂家的质量、生物利用率和浓度会高度参差不齐。

- 选择保健品替代药物的基本原因

优点：一些猫会很快采食保健品，客户更愿意接受这种治疗形式。在让客户给猫使用改变情绪的药物之前，客户需要感到他们已经尝试了所有其他方法。如果可以缓解猫的焦虑或反应性，猫会更容易接受药物治疗。从饮食方面下手对猫来说是一种更友好的抗焦虑方式。

缺点：一般来说，天然产品的药力要比处方药物低，因此选择使用对象很重要。如果选择了药力不足的保健品，那么在使用该产品期间，猫的行为可能会发生恶化。猫的行为问题恶化可能会导致客户减少，以及对兽医建议的信任感。

CAM 方法举例

α-酪蛋白水解肽

如何起效

α-酪蛋白水解肽（α-S1胰蛋白酶酪蛋白）是牛奶中的α-S1酪蛋白的胰蛋白酶水解产物。它的抗焦虑效果和苯二氮卓类药物的类似。据说它可与脑中的$GABA_A$受体结合。

用途

可使用α-酪蛋白水解肽来缓解猫的恐惧、焦虑、应激和治疗与行为相关的问题。

副作用

未知或未报道α-酪蛋白水解肽的副作用或禁忌证。

适应证和研究

一项设置安慰剂作为对照组的研究发现α-酪蛋白水解肽能显著改善猫对陌生人的恐惧感，能促进猫和熟人的互动，缓解一般的恐惧感、由恐惧引起的攻击行为和自主性症状[47]。每日的最低剂量是15毫克/千克，一般在使用后的15～30天内起效。

色氨酸

作用机制

色氨酸是一种必需氨基酸和血清素的生物前体，只能从食物中获得。色氨酸也是烟酸和褪黑素的前体。

如何起效

色氨酸可转变为血清素，因此在日粮中加入色氨酸，同时使用转化所需的辅酶，就可提高血清素的含量或传递，进而稳定情绪、缓解焦虑和冲动。但是，为给犬有效补充色氨酸，应减少日粮中的其他氨基酸的含量或增加碳水化合物的含量，如添加意大利面和米饭，以此相对减少循环系统内其他氨基酸的含量，从而降低转运蛋白质入脑的载体的竞争压力[48]。

用途

可使用色氨酸辅助治疗猫的焦虑和与应激相关的行为问题。很少有证据支持单独使用色氨酸。

副作用

如果在使用其他能增加血清素含量或促进血清素传递的产品情况下，同时补充色氨酸（或5-HT）可能会增加发生血清素综合征的风险（见后文讨论）。因此，应避免同时使用SSRIs、丁螺环酮、曲马多或其他能增加血清素含量的产品。如果必须使用这些产品，则应密切监控是否产生与血清素综合征相关的胃肠道或神经症状。

适应证和研究

在一项设置了安慰剂对照组的研究中，研究者发现在日粮中添加L-色氨酸，能在统计学上显著减少生活在多猫家庭中的猫与应激相关的行为，如发出叫声、敌对行为、室内随地排泄、抓坏家具和敌对互动等[49]。此外，虽然与 SSRI 联用时应谨慎（见上文"副作用"部分），但当单独使用 SSRI 产生的反应不足时，联合使用色氨酸和 SSRI 能增加宠物的血清素浓度。在回顾以往研究色氨酸对人的抑郁影响的经验性研究中，重点为通过饮食来影响色氨酸浓度。研究者表示缺乏通过调整日粮的色氨酸浓度来改善情绪的经验性证据，并且很难仅使用日粮就能改变血浆的色氨酸浓度[50]。

应激控制处方粮

当前只有一种控制应激的日粮产品，即皇家 CALM 处方粮。

如何起效

CALM 配方是一种营养全价、适口性好的日粮，包含能减少宠物焦虑和缓解应激的 3 种独特的、有平静作用的营养素。首先，α-酪蛋白水解肽是一种来源于牛奶的氨基酸链。此外，CALM 还包括 L-色氨酸和烟酰胺（维生素 B_3），已知这两种物质有缓解应激的作用。

用途

可使用应激控制处方粮治疗恐惧、焦虑、应激及所有与行为相关的问题。

副作用和禁忌证

日粮本身并无特定副作用，除非因其他药物的性质，而不能使用此种日粮（见上文"色氨酸"部分）。

适应证和研究

若能通过日粮减少应激、与应激相关的行为和焦虑，则能极大改善给药的难度和配合度。仍未确定日粮的起效时间，但大概至少需要 3 周才能确定日粮是否有效。潜在功效的证据见对单一成分（α-酪蛋白水解肽和 L-色氨酸）的讨论。目前，仍未有发表的数据说明日粮中各种成分的混合效果要优于单一成分的效果。仍未有关于猫使用 CALM 的特定证据发表，但已发表一篇关于给犬使用 CALM 来治疗与焦虑相关的行为的论文。

L-茶氨酸

如何起效

L-茶氨酸是绿茶中的一种天然产品，它的结构和谷氨酸盐（一种兴奋性神经递质）相似。因此，它能够抑制谷氨酸盐的作用，并增加 GABA（一种抑制性神经递质）的活性。

用途

可使用 L-茶氨酸治疗猫的恐惧、焦虑、应激及所有与行为相关的问题。

副作用

未报道有副作用。

适应证和研究

使用 L-茶氨酸（Anxitane）的一个特别优势是它对大多数猫的适口性非常高。在一项关于猫的前期试验中，发现使用 L-茶氨酸 30 天后，可改善不可接受的排泄行为、因恐惧引发攻击行为、害怕人类和焦虑的生理症状等情绪失调症状[51]。猫的剂量为 50mg 规格药片的 1/2，每日使用 2 次。

小案例

在一个家庭内有 2 只收养的流浪猫，它们很难亲近，且几乎不离开偏僻卧室的安全范围，极少从床底下出来，几乎不可能给它们进行药物治疗。作为替代措施，每日将 L-茶氨酸药片（Anxitane）放在主人的床下，连续放置 2 周。最优剂量为每天使用一小片药。最后，每天药片都会消失一部分，虽然不能确定是哪只猫吃了 Anxitane 或是否是一只猫吃了所有药片。有关该药物的安全资料显示此剂量的 5 倍仍是安全的。Anxitane 安全、适口性好，所以给药时无须过多监管。联合使用 Anxitane 和满足猫的环境及社交需求的全面行为方案，可很快减少目标行为。

脂肪酸

作用机制

多不饱和脂肪酸对维持神经元完整性和增强神经元的能量利用有重要作用，特别是最广为人知的二十二碳六烯酸（docosahexaenoic acid，DHA）。它们是许多组织的组成成分，并承担结构和信号功能，是脑部和视网膜早期发育不可缺少的营养素。它们也可改善早期学习能力[52]。据报道猫的肝脏不能合成 Ω-3 和 Ω-6 长链脂肪酸[53]。

用途

可使用多不饱和脂肪酸来促进幼猫脑部和视网膜的健康发育，提高学习能力，还可改善老年猫的认知能力，帮助管理恐惧和焦虑问题。

副作用

应避免使用高剂量的多不饱和脂肪酸，这会引发胃肠道反应，改变免疫功能和血小板功能以及增加体重。犬的二十碳五烯酸（eicosapentaenoic acid，EPA）和 DHA 混合安全使用上限为 370 毫克/千克，但未确定猫的安全使用上限[54]。

适应证和研究

给哺乳期的母猫及其幼猫补充多不饱和脂肪酸，对幼猫的脑部健康发育至关重要。深海鱼油补充剂有利于改善老年猫的认知功能[55,56]。

褪黑素

如何起效

褪黑素由松果体中的血清素合成。它在调节昼夜节律和睡眠 - 苏醒周期中起重要作用。在晚间，循环系统中褪黑素浓度较高，反之白天的浓度较低。褪黑素可增加血清催乳素和生长激素的浓度，如长期使用，可能会降低促黄体激素浓度。它还是一种自由基清除剂。

用途

在可以获得褪黑素的国家，用它来治疗睡眠周期紊乱或焦虑。

副作用

未有使用褪黑素的副作用报道。

适应证和研究

虽然缺乏褪黑素的对照试验，仍有报道表明它可有效治疗犬和猫的焦虑、恐惧及睡眠周期紊乱。猫的使用剂量范围为 1.5～3 毫克（虽然有报道曾使用高达 12 毫克的褪黑素）[39]。并不是在所有国家内都能获得褪黑素。

费洛蒙

无论是单独使用还是用于联合治疗，费洛蒙都是一种安全、天然和有效的药物。费洛蒙通过犁鼻器作用于杏仁核[57]。有大量关于使用费洛蒙治疗猫行为问题的有效性文献。第 18 章描述了这些疗法。费洛蒙调节行为的机制与前文提到的药物和补充剂的机制不同。它给全科从业者提供了非常安全的强化治疗方法。

猫薄荷

如何起效

猫薄荷通过嗅球而不是犁鼻器作用于 CNS[58]。猫薄荷（荆芥）（Nepeta cataria）的活性成分是荆芥内酯精油，这是一种由两个异戊二烯组成，共有 10 个碳的萜烯。猫薄荷或假荆芥可令 50%～70% 的猫产生愉快和迷幻的感觉，据报道这种反应为常染色体显性特征，在 8 周龄时即可发生。受影响的猫常会做出一系列动作，如闻、舔和咀嚼植物，摇头，磨蹭下巴和脸颊、旋转头部和磨蹭身体。这些反应可持续 5～15 分钟，并在间隔 1 小时或更久后再次出现。可获得的猫薄荷为叶子形态，但也可获得液体或气溶胶形式的猫薄荷。挥发性精油表现出类似胆碱的作用，这可能是它起部分精神治疗作用的原因。

用途

可使用猫薄荷进行环境丰富、以强化作用为基础的训练、作为反应代替物和对抗调节反射作用。

副作用

使用猫薄荷并不是完全没有风险，已有猫薄荷中毒的报道[59]。此外，如果猫的行为反应不是猫或客户希望出现的，就应该停止使用。

适应证和研究

能够产生反应的猫即使嗅闻了很少量的猫薄荷，它们随之就会开始摇头，舔、咀嚼或蹭猫薄荷，然后开始颤动，分泌唾液，在地板上打滚，整个反应最多持续 15 分钟。这种反应类似口腔 / 食欲、玩耍、捕食和性行为的组成部分[58]。对会产生反应的猫，可使用猫薄荷进行正向强化的训练，作为反应替代物（使猫表现出可接受的替代行为），丰富环境和对抗条件反射作用。例如，可将猫薄荷放在猫在家中经常聚集的公共区域。猫薄荷可自然地将猫的情绪转化为愉快、爱玩耍的情绪，可用来促进社交互动。

顺势疗法和巴赫花疗法
如何起效

顺势疗法的基本原则是将令健康个体产生症状的一种物质（植物、动物和矿物质）稀释至无法检出的浓度，用来治愈表现同样症状的疾病（"以毒攻毒"）。虽然无法检出稀释后的浓度，但是据说这类疗法含能与患者的模式相匹配的振动能量精华。未有科学依据能够解释顺势疗法的作用机制，并且研究人员在两项设置安慰剂为对照组的随机试验中，发现顺势疗法无法缓解犬的噪声恐惧症[45,60,61]。巴赫花疗法是一种振动能量，来源于由泉水灌溉生长的野花，并用27%的白兰地或甘油保存这些野花。巴赫花疗法使用的是顺势疗法的稀释液。但是，与顺势疗法不同，当配制完稀释液时，激活作用即停止；因此，进一步稀释并不能增强稀释液的功效。

用途

关于顺势疗法和巴赫花疗法能够治疗焦虑、应激和行为问题的传闻有很多。可由加工或混合疗法（如救援疗法；Directly from Nature, Thousand Oaks, Calif）获得这些药剂，或者可根据猫的特定临床表现，进行个性化定制。

副作用

除了为防腐效果而使用了白兰地外，因为原料浓度都无法检出，且增加剂量会导致功效下降，所以这些产品都是安全的。动物主人可能会忽视标签上的说明，给猫服用大剂量的产品，这可能会导致猫因酒精而发生镇静。

适应证和研究

虽然顺势疗法的作用机制缺乏科学依据，但仍越来越受欢迎。仍缺乏顺势疗法的行为适应证证据，当客户尝试探索顺势疗法时，可能会让猫无法接受到适当的、以证据为基础的治疗方法[45,60,61]。

其他

其他有行为作用的草药和保健品包括缬草属植物、贯叶连翘和卡瓦胡椒，但缺乏关于它们的适应证、剂量和安全性的证据。第25章讨论了包括S-腺苷甲硫氨酸的认知功能补充剂对老年行为和认知功能障碍的影响。即使未诊断出老年猫患原发性认知功能障碍，给表现出行为问题的老年猫补充提升认知功能的补充剂也是有益的。

附加资源

Crowell-Davis SL, Murray T. Veterinary Psychopharmacology. Ames, IA: Wiley-Blackwell; 2005.

Crowell-Davis SL, Landsberg GM. Pharmacology andpheromone therapy. In: Horwitz DF, Mills D, eds. BSAVA Manual of Canine and Feline Behavioural Medicine. 2nd ed. Gloucester, UK: British Small Animal Veterinary Association (BSAVA); 2009.

Landsberg G, Hunthausen W, Ackerman L. Behavior Problems of the Dog and Cat. 3rd ed. Oxford: Saunders; 2013.

National Center for Complementary and Integrative Health (NCCIH) homepage. https://nccih.nih.gov/ Accessed February 1, 2015.

Overall KL. Manual of Clinical Behavioral Medicine for Dogs and Cats. St Louis: Elsevier; 2013.

Papich MG. Saunders Handbook of Veterinary Drugs.3rd ed. St Louis: Elsevier; 2011.

Plumb D. Plumb's Veterinary Drug Handbook. 7th ed.Ames, Iowa: Wiley-Blackwell; 2011.

Stahl SM. Stahl's Essential Psychopharmacology. 3rd ed.Cambridge, UK: Cambridge University Press; 2007.

Stahl SM. The Prescriber's Guide. 3rd ed. Cambridge, UK: Cambridge University Press; 2009

参考文献

[1] Stahl SM. Stahl's Essential Psychopharmacology. 3rd ed.Cambridge, UK: Cambridge University Press; 2007.

[2] Ciribassi J, Luescher A, Pasioske KS, et al. Comparative bioavailability of transdermal versus oral fluoxetine in healthy cats. Am J Vet Res. 2003;64:994–998.

[3] Mealey KL, Peck KE, Bennett BS, et al. Systemic absorption of amitriptyline and buspirone after oral and transdermal administration to health cats. J Vet Intern Med. 2004;18:43–46.

[4] Gillman PK. Triptans, serotonin agonists, and serotonin syndrome@ (serotonin toxicity): a review. Headache.2010;50:264–272.

[5] Crowell-Davis SL, Seibert LM, Sung W, et al. Use of clomipramine, alprazolam and behavior modification for the treatment of storm phobias in dogs. J Am Vet Med Assoc.2003;222:744–748.

[6] PapichMG. Saunders Handbook of Veterinary Drugs: Small and Large Animal. 3rd ed. Philadelphia: Elsevier/Saunders; 2011.

[7] Pryor PA, Hart BL, Bain MJ, Cliff KD. Causes of urine marking in cats and effects of environmental management on frequency of marking. J Am Vet Med Assoc.2001;219:1709–1713.

[8] Stark P, Fuller RW, Wong T. The pharmacologic profile of fluoxetine. J Clin Psychiatry. 1985;46:7–13.

[9] Boyer WF, Feighner JP. An overview of paroxetine. J Clin Psychiatry. 1992;53(suppl):3–6.

[10] Hart BL, Cliff KD, Tynes VV, Bergman L. Control of urine marking by use of long-term treatment with fluoxetine or clomipramine in cats. J Am Vet Med Assoc.2005;226:378–382.

[11] Crowell-Davis S, Murray T. Tricyclic antidepressants. In: Veterinary Psychopharmacology. Ames, IA: Blackwell;2006:179–206.

[12] Martin KM. Effect of clomipramine on the electrocardiogram and serum thyroid concentrations of healthy cats. JVet Behav. 2010;5:123–129.

[13] Wong DT, Perry KW, Bymaster FP. Case history: the discovery of fluoxetine hydrochloride (Prozac). Nat Rev Drug Discov. 2005;4:764–774.

[14] King JN, Simpson BS, Overall KL, et al. Treatment of separation anxiety in dogs with clomipramine: results from a prospective, randomized, double-blind, placebo-controlled, parallel-group multicenter clinical trial. Appl Anim Behav Sci. 2000;67:255–275.

[15] Tynes VV, Hart BL, Pryor PA, et al. Evaluation of the role of lower urinary tract disease in cats with urine marking behavior. J Am Vet Med Assoc. 2003;223:457–461.

[16] Kroll T, Houpt KA. A comparison of cyproheptadine and clomipramine for the treatment of spraying cats.In: Overall KL, Mills DS, Heath SE, Horwitz D, eds. Proceedings of the 3rd International Congress on VeterinaryBehavioural Medicine. Potters Bar, UK: Universities Federation for Animal Welfare; 2001:184–185.

[17] Dehasse J. Feline urine spraying. J Appl Anim Behav Sci.1997;52:365–371.

[18] Landsberg G, Wilson AL. Effects of clomipramine on cats presented for urine marking.JAmAnimHospAssoc. 2005;41:3–11.

[19] King JN, Steffan J, Heath SE, et al. Determination of the dosage of clomipramine for the treatment of urine spraying in cats. J Am Vet Med Assoc. 2004;225:881–887.

[20] Seksel K, Lindeman MJ. Use of clomipramine in the treatment of anxiety-related and obsessive-compulsive disorders in cats. Aust Vet J. 1998;76:317–321.

[21] Bernstein JE. Effect of doxepin hydrochloride on acute and chronic urticaria. J Invest Dermatol. 1982;78:353–354.

[22] Kaplan HI, Sadock J, eds. Pocket Handbook of Psychiatric Drug Treatment. 2nd ed. Baltimore: Williams and Wilkins; 1996.

[23] Hart BL, Eckstein RA, Powell KL, Dodman NH. Effectiveness of buspirone on urine spraying and inappropriate urination in cats. J Am Vet Med Assoc. 1993;203:254–258.

[24] Crowell-Davis SL, Murray T. Azapirones. In: Veterinary Psychopharmacology. Ames, IA: Blackwell; 2006:111–118.

[25] Crowell-Davis SL, Murray T. Benzodiazepines. In: Veterinary Psychopharmacology. Ames, IA: Blackwell; 2006:34–71.

[26] Center SA, Elston TH, Rowland PH, et al. Fulminant hepatic failure associated with oral administration of diazepam in 11 cats. J Am Vet Med Assoc. 1996;209: 618–625.

[27] Marder AR. Psychotropic drugs and behavioral therapy. Vet Clin North Am Small Anim Pract. 1991;21:329–342.

[28] Cooper L, Hart BL. Comparison of diazepam with

progestin for effectiveness in suppression of urine spraying behavior in cats. J Am Vet Med Assoc. 1992;200:797–801.

[29] Knoll J. (-)Deprenyl (selegiline) a catecholaminergic activity enhancer (CAE) substance acting in the brain. Pharmacol Toxicol. 1998;82:57–66.

[30] Crowell-Davis SL, Murray T. Monoamine oxidase inhibitors. In: Veterinary Psychopharmacology. Ames, IA: Blackwell;2006:134–147.

[31] Ruehl WW, Griffin D, Bouchard G, Kitchen D. Effects of L-deprenyl in cats in a one month dose escalation study [abstract 206]. Vet Pathol. 1996;33:621.

[32] Landsberg G. Therapeutic options for cognitive decline in senior pets. J Am Anim Hosp Assoc. 2006;42:407–413.

[33] Dehasse J. Retrospective study on the use of selegiline (Selgian) in cats. New Orleans. Presented at the American Veterinary Society of Animal Behavior annual meeting, New Orleans, LA, 1999.

[34] Siao KT, Pypendop BH, Ilkiw JE. Pharmacokinetics of gabapentin in cats. Am J Vet Res. 2010;71:817–821.

[35] Hickman MA, Cox SR, Mahabir S, et al. Safety, pharmacokinetics and use of the novel NK-1 receptor antagonist maropitant (Cerenia) for the prevention of emesis and motion sickness in cats. J Vet Pharmacol Ther. 2008;31:220–229.

[36] Hart BL. Behavioral indications for phenothiazine and benzodiazepine tranquilizers in dogs. J Am Vet Med Assoc.1985;186:1175–1180.

[37] Gregg TR, Siegel A. Differential effects of NK1 receptors in the midbrain periaqueductal gray upon defensive rage and predatory attack in the cat. Brain Res. 2003;994:55–66.

[38] Zoetis: Cerenia online brochure. https://www.zoetisus.com/products/pages/cerenia/pdf/Cerenia_Combo_PI_May2012.pdf Accessed February 2, 2015.

[39] Plumb D. Plumb's Veterinary Drug Handbook. 7th ed. Ames, Iowa: Wiley-Blackwell; 2011.

[40] Overall KL. Pharmacological approaches to changing behavior and neurochemistry. In: Manual of Clinical Behavioral Medicine for Dogs and Cats. St Louis: Elsevier; 2013:474–475.

[41] Stein B. VASG Dog & Cat Anesthesia & Pain Management Support. http://www.vasg.org/ Accessed February 2, 2015.

[42] Schwartz S. Use of cyproheptadine to control urine spraying in a castrated male domestic cat. J Am Vet Med Assoc.1999;215:501–502.

[43] Voith VL, Marder AR. Canine behavioral disorders. In: Morgan RV, ed. Handbook of Small Animal Practice. New York: Churchill Livingstone; 1988:1033–1043.

[44] Hart BL. Objectionable urine spraying and urine marking in cats: evaluation of progestin treatment in gonadectomized males and females. J Am Vet Med Assoc. 1980;177:529–533.

[45] Overall K, Dunham A. Homeopathy and the curse of the scientific method. Vet J. 2009;180:141–148.

[46] Landsberg G, Hunthausen W, Ackerman L. Complementary and alternative therapy for behavior problems. In: Behavior Problems of the Dog and Cat. 3rd ed. Oxford, UK: Saunders;2013:139–149.

[47] Beata C, Beaumont-Graff E, Coll V, et al. Effect of alphacasozepine (Zylkene) on anxiety in cats. J Vet Behav Clin Appl Res. 2007;2:40–46.

[48] DeNapoli JS, Dodman NH, Shuster L, et al. Effect of dietary protein content and tryptophan supplementation on dominance aggression, territorial aggression, and hyperactivity in dogs. J Am Vet Med Assoc. 2000;217:504–508.

[49] Pereira GG, Fragoso S, Pires E. Effect of dietary intake of L-tryptophan supplementation on multihoused cats presenting stress related behaviours. In: BSAVA Congress 2010 Scientific Proceedings: Veterinary Programme Gloucester, UK: British Small Animal Veterinary Association (BSAVA); 2010.

[50] Soh NL, Walter G. Tryptophan and depression: can diet alone be the answer? Acta Neuropsychiatr. 2011;23:3–11.

[51] Dramard V, Kern L, Hofmans J, et al. Clinical efficacy of Ltheanine tablets to reduce anxiety-related emotional disorders in cats: a pilot open-label clinical trial [abstract 7]. J Vet Behav. 2007;2:85–86.

[52] Heinemann KM, Bauer JE. Docosahexaenoic acid and neurologic development in animals. J Am Vet Med Assoc.2006;228:700–705.

[53] Filburn CR, Griffin D. Effects of supplementation with a docosahexaenoic acid-enriched salmon oil on total plasma and plasma phospholipid fatty acid composition in the cat. Int J Appl Res Vet Med. 2005;3:116–123.

[54] Lenox CE, Bauer JE. Potential adverse effects of omega-3 fatty acids in dogs and cats. J Vet Intern Med. 2013;27:217–226.

[55] Pan Y, Araujo JA, Burrows J, et al. Cognitive enhancement in middle-aged and old cats with dietary supplementation with a nutrient blend containing fish oil, B vitamins, antioxidants and arginine. Br J Nutr. 2013;110:40–49.

[56] Cupp CJ, Jean-Philippe C, Kerr WW, et al. Effect of nutritional interventions on longevity of senior cats. Int J Appl Res Vet Med. 2007;5:133–149.

[57] Tirindelli R, Dibattista M, Pifferi S, Menini A. From pheromones to behavior. Physiol Rev. 2009;89:921–956.

[58] Hart BL, Leedy MG. Analysis of the catnip reaction; mediation by olfactory system, not vomeronasal organ. Behav Neural Biol. 1985;44:38–46.

[59] Hornfeldt CS. Nepeta cataria (catnip) 'poisoning' in cats. Vet Pract Staff. 1994;6(1):7.

[60] Cracknell NR, Mills DS. A double-blind placebo-controlled study into the efficacy of a homeopathic remedy for fear of firework noises in the dog (Canis familiaris). Vet J.2008;177:80–88.

[61] Cracknell NR, Mills DS. An evaluation of owner expectation on apparent treatment effect in a blinded comparison of 2 homeopathic remedies for firework noise sensitivity in dogs.J Vet Behav. 2011;6:21–30.

第 20 章
提供猫友好型就诊

Eliza Sundahl、Ilona Rodan and Sarah Heath

引言

采用"猫友好型"方案和流程会影响到参与就诊的每个人。许多客户会由于之前的负面体验，避免带宠物到诊所，这其实对猫的福利不利。许多动物主人感到他们的宠物"讨厌"去诊所，而这种感觉也会明显影响他们自身的情绪反应，他们会说仅仅想到要去动物诊所，就会感到压力[1]。猫拜访动物诊所的频率要明显低于犬[2]。通过更好地了解猫及其情绪反应，动物诊所能营造一个良好的就诊环境，鼓励客户有规律地回访，更接受为猫提供所需的兽医护理。

已发现在给猫进行处理的过程中，受伤是动物诊所员工申请保险理赔的首要原因[3]。预防猫发生负面情绪是降低动物诊所内攻击行为等不希望出现的行为反应的关键，进而可以降低客户、患猫和员工发生受伤和应激的风险。

诊所文化

兽医专业人员有很好的机会可重塑客户的感受和改善猫的就诊体验，为了实现这一点，要确保诊所能从猫的视角看待就诊过程。为了建立猫友好型诊所文化，有必要解决如下一些重要问题。

- 团队成员能辨识患猫的恐惧吗？
- 他们有接受过对猫友好的特定操作技术培训吗？
- 是否有某些团队成员发表的评论或使用的肢体语言会加剧恐惧的猫的负面就诊体验？
- 他们愿意接受改变，尝试从猫的视角看待就诊吗？

应让团队成员接受相关训练，不仅可改善猫的经历，也能确保他们更安全，工作得更愉快。

团队成员应控制以负面方式应对患猫行为的冲动。员工培训应注重如何从猫的视角看待这个世界，应能够识别和预防猫的细微恐惧症状。员工采用恶毒或邪恶等词汇描述患猫是毫无帮助的，这么做将会养成一种负面认识，导致个人失去耐心和对猫的行为表现出气愤，但实际却是因恐惧、焦虑或疼痛引发猫的这些行为。员工不应对动物的行为感到烦恼或产生气愤情绪，而应能依据对患猫的情绪状态的理解，采取一些必要措施。当兽医专业人员降低了猫的受威胁感，将能大为改善相应的结果，所有相关人员也能有更安全的经历。

许多动物诊所会安排一名团队成员作为"猫拥护者"去帮助猫。这些人是诊所的重要资源，应鼓励他们促成一些诊所内的必要改变，以改善猫的就诊。不幸的是，许多诊所的员工，甚至是兽医，跟猫接触的时候会感到不自在，认为处理患猫的病例是一件非常有挑战的事情[4]。这些人可能会抗拒改变诊所文化，尤其当他们不相信恐惧会影响患猫的挑战性行为时。因此，应花点时间对诊所内的每一个人都进行相应培训，培训有关猫的正常行为和交流方式，让每一个人对建议进行的改变有充分的科学认识。目标是对整个团队进行培训，包括前台人员到诊所的拥有者，这样他们才能很好地理解患猫，在为患猫进行操作处理时，能尊重患猫。要成功实施猫友好型程序，采用全体动员的方式是至关重要的。

恐惧和焦虑

恐惧是对即时应激源的一种情绪反应，而焦虑则被定义为对可能发生也可能不发生的不良事件的情绪预知[5]。猫的处理者需清楚认识这两种状态，以便改善猫当前的就诊体验，同时也可预防下次就诊时产生焦虑。

猫被带到动物诊所时产生恐惧的原因有多种。如果仅在要去拜访兽医时，才会拿出提箱，那么在家中时就已经开始产生恐惧，而猫常被推、挤进提箱，这种将猫放入提箱的方式会恶化恐惧状态。猫平日里喜爱的人为了让猫进入提箱，常会未从猫的角度考虑，选择采取围追堵截猫的方式。接着会让猫经历引发恐惧的乘车过程，车最终停在猫不熟悉和常让猫感到威胁的动物诊所（第5章和第9章提供有关如何让猫适应提箱和改变这种经历的更多信息）。

如果不对这些事件采取任何措施，不仅会升级猫在当次就诊过程中的恐惧，也可能让猫在下次就诊时产生焦虑。例如，在就诊过程中，如果猫无机会利用天生的应对策略躲藏起来和失去了控制感，它就会一直维持很高的情绪激发状态，它的恐惧也会一直持续存在。对先前令它害怕的就诊经历的清晰记忆，会让猫在未来就诊时感到焦虑。如果猫在之前的就诊过程中经历了疼痛，也会形成相似的负面关联。例如，如果在上次就诊时，猫经历了会诱发疼痛的检查或操作，且未有充分的镇痛措施，就会形成对疼痛经历的记忆，导致在未来就诊时变得焦虑。焦虑状态的预测性质会让猫准备好保护自己，在进入诊所时，就可能已表现出明显的攻击行为，如尖叫、猛扑或袭击。

为预防猫的恐惧和焦虑，有必要了解猫的自然行为和识别这些情绪状态的引发方式和表现。在动物诊所内，与猫最成功的互动涉及最大程度地利用猫自己的应对行为[6,7]。

恐惧的表现是什么？

在面对感知到的威胁时，猫会通过行为反应来应对它们的情绪状态，这些行为反应与称作"打斗或逃跑"的反应相关。已将这些反应划分为4种一般类别，分别是僵住、不安/烦躁、逃跑或打斗[8]。抑制、姑息、回避和排斥是最新术语，更好地描述了猫可能出现的行为类别。这些行为表现各式各样，每只猫的可能都不一样。此外，猫可能表现出不止一种反应，而且随着威胁情况的发展，可能会改变它们的反应。成年后，猫的姑息策略常非常有限，如果可行的话，成年猫常会选择更被动的回避（逃跑）和抑制（僵住）反应。当这些反应没有成功或猫无法做出这些反应时，猫就会采取更积极的排斥反应（打斗）。第12章和第17章提供了更多信息。

被抑制或"僵住"的猫的行为表现常让人误解这是一只顺从的猫。学会识别抑制反应的特征，如蹲下姿势和头部的位置、瞳孔放大和往后压的耳朵，能区分猫是处于抑制状态，还是在环境内感到舒适（图20-1）。当猫处于激发的情绪

图 20-1　应能鉴别对环境满足的猫（A）和因恐惧等负面情绪而表现出抑制行为的猫（B）的姿势

状态时，猫可能表现出换位行为，如变换位置、踱步或舔舐。这些行为反应可能会与其他行为反应同时发生。例如，猫可能会表现躲避、逃离威胁的行为，接着自己坐下和理毛，或者猫可能表现排斥、发出嘶叫声和哈气声，然后开始舔舐（图20-2）。存在抑制、回避和排斥等行为反应时，提示猫存在负面情绪反应，不应对此置之不理（图20-3）。当猫正在表现出换位行为时，应保护猫不受感知威胁的影响，确保身体和社交环境符合它的行为需要。

图 20-2　当猫处于激发的情绪状态时，它们会表现换位行为，如理毛（版权所有 ©iStock.com）

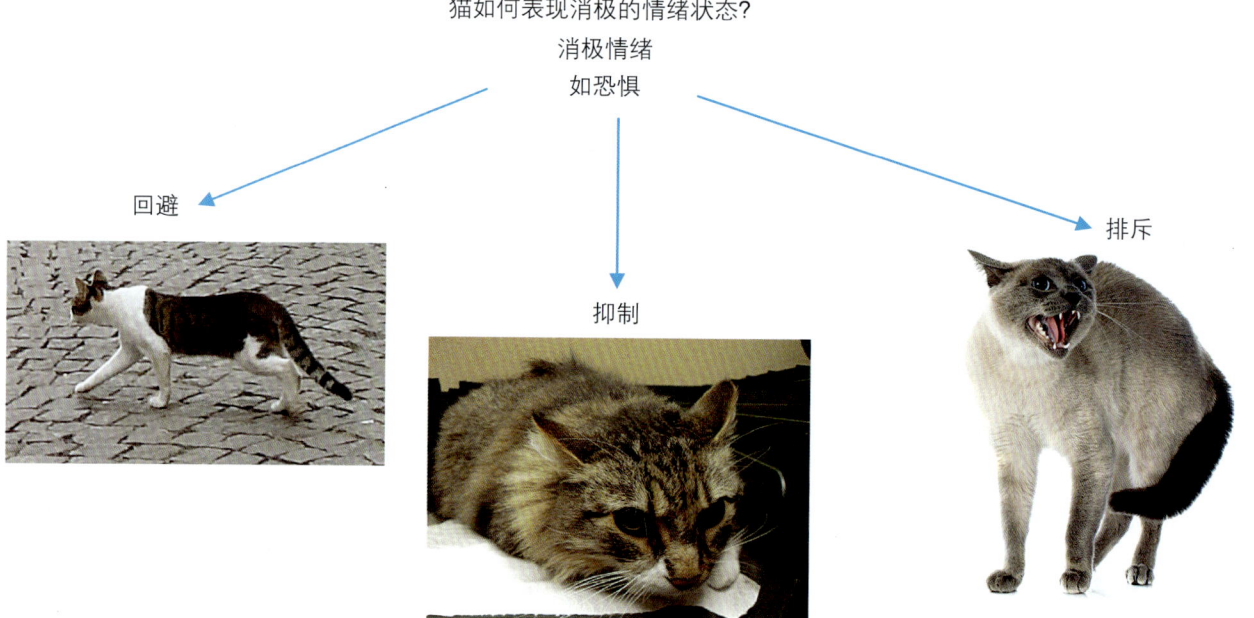

图 20-3　猫是独居生物，自我保护至关重要。在面对恐惧等负面情绪时，如果可行的话，它们会选择回避和抑制等更消极的行为反应。当消极反应不可行时，它们会选择使用排斥行为。理解这些行为反应相应的身体姿势和面部表情后，能增加对猫的理解，帮助预防患猫产生额外的恐惧和发生人类受伤的情况

表现出明显攻击行为的猫通常是处于恐惧状态的猫，由于无机会采取其他更适当的应对策略，才发展出更高等级的情绪激发状态。当使用防御策略里的回避（逃跑）和抑制（僵住）无法成功获得自身安全时，猫就会被迫转而采取排斥（打斗）防御措施[8]。更早辨识提示恐惧的行为是一种挑战，这样才可采取措施鼓励猫使用更易被接受的回避和抑制防御策略，从而避免防御性攻击行为带来的不良后果。理解猫的正常行为和猫如何应对恐惧，有助于形成建立相应策略的基础，

这些策略能减少恐惧和与恐惧相关的攻击。动物诊所常错过平息负面情绪逐步升级的机会。例如，当猫感到受威胁时，基础的应对策略是躲藏[9]。采取简单的措施让猫感到自己隐藏了起来，就足以让猫应对周围环境，避免进一步激发情绪[9]。在猫的世界中，失去控制感是另外一种基本的应激源。因此，采用强制保定措施会有矛盾效果，让猫更难接受操作。许多兽医专业人员被教育要采取强制保定方式来控制猫。但是，当猫感到对周围环境的控制降低时，猫会变得更加恐惧和怀

疑周围环境[10]。因此，强制操作会触发猫的负面情绪，迫使它们采取防御性行为策略。要让就诊过程更加顺利，成功的关键是要采取预防性措施来将患猫的情绪激发状态维持在较低水平，并鼓励保持正面情绪状态。

应理解猫在面对感知到的威胁时，防御策略是一种生存机制。因此，当猫表现出防御性行为时，必须考虑猫感知到受威胁。这种威胁可能来自动物诊所员工的无意为之。但是，猫的感知才是重要的，要获得一次成功的就诊体验，关键就是及早准确地识别猫的情绪状态，尽早进行干预，让猫尽可能使用它的本能应对策略[8]。由于恐惧的早期表现可能不易察觉，很难识别恐惧的早期症状；因此，有必要给所有员工提供相应的培训教育。

在动物诊所环境内，当猫表现出恐惧或焦虑等负面情绪时，可使用多种技术进行处理。目标之一是诱发更正面的情绪反应，如可提供玩具或零食，或者让客户与猫互动。另外一个目标是鼓励猫使用本能行为反应去应对负面情绪，如提供可躲藏的地方。在猫选择会引起更多问题的防御性排斥行为前，这些措施都能帮助缓解应激和避免状态升级。

考虑到猫是独居生物，猫在面对潜在威胁时采取一切可行的措施来保护自己是合理的。因此，猫在面对恐惧的状况时，回避就成为一种本能和显而易见的反应。但在动物诊所环境内，由于要进行检查或其他进一步操作，逃跑通常是不可行的。逃跑反应受挫后，猫可能会选择抑制反应，尽可能去躲藏。如果允许它们这么做，猫会变得很顺从。另一种可能是猫由回避反应转而采取排斥反应。在互动的初始阶段，猫仍会优先选择避免明显的对抗，它的身体语言会由不明显的装腔作势变为更明显吓唬。猫可能把毛立起来，以此来增加它们的直观体积，发出嘶叫声和威胁声，避免发生身体冲突。这些行为表现提示员工应避免情况升级，可给猫提供躲藏的地方，如用毛巾进行覆盖。如果员工忽视了猫的警示，坚持继续进行操作，猫就只能选择参与身体冲突。

应记住动物在被迫面对恐惧和焦虑等负面情绪时，可能有不同的反应方式。每只猫有不同的阈值或情绪处理能力，这将影响它应对和保持正面及放松状态的能力。

以对猫的理解为基础的操作原则

有必要使用操作方案来预防或降低猫的负面激发状态。以猫的本能应对机制为基础建立的方案是最有效的。在物理空间和日常活动方面，提供可预知的环境对帮助预防恐惧很重要[10]。让猫感到自己是"不可见的"，有助于尽可能减少焦虑，尤其在猫需面对不熟悉的环境时（图20-4）。让猫有一个安全的地方躲藏时，不但仍能观察和检查猫，还能帮助它们维持隐藏行为。

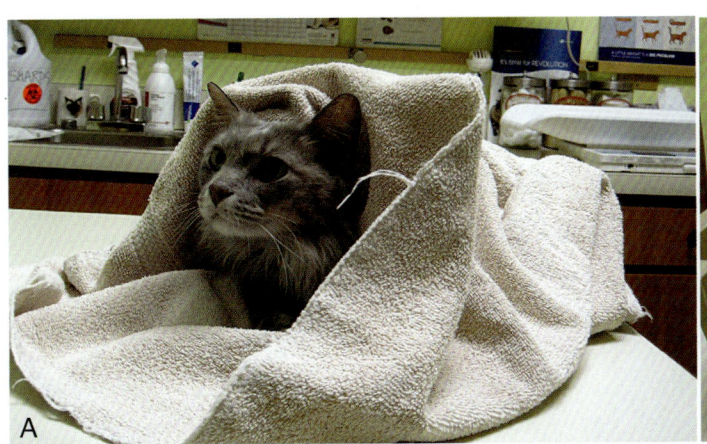
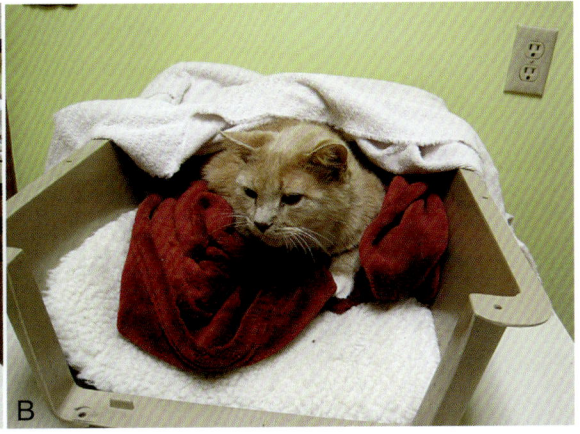

图20-4　给猫提供毛巾可让它们感到处于躲藏状态，这能让患猫感到更安全

由于每只猫的忍耐度不同，它们会以自己的方式表达反应，兽医员工应认识到在进行操作处理时，应整合考虑每只猫已知的正常行为情况。表 20-1 提供了要理解猫应记住的要点，这些要点有助于预防猫的恐惧和改善猫的就诊质量。本书的其他章节（第 3 章和第 4 章）更详细地介绍了猫的正常行为。

表 20-1　理解猫的行为可预防发生恐惧

正常的猫行为和交流	理解猫预防发生恐惧
猫的社交体系： 猫较不可能与不熟悉的猫或其他动物互动，倾向避开它们	给猫提供一个不会见到不熟悉的猫或其他动物的环境： • 用毛巾或毯子盖住提箱 • 尽快将猫带进检查室 • 让猫在检查室内完成检查和样本采集 • 病房内笼子应"背靠背"或"侧面靠侧面"，这样猫就不会见到不熟悉的动物
同一社交群体内的猫会互相磨蹭和理毛，尤其偏爱头部和颈部	按摩或爱抚猫的下巴、面颊区域和两耳之间的区域
猫喜爱熟悉感	• 让猫在家中适应提箱 • 让猫适应乘车或其他出行方式 • 让猫在家中适应模拟检查和护理流程 • 就诊时带上猫喜欢的垫子和玩具等 • 提供"有趣"兽医就诊体验
猫需要有控制感	• 尽可能让猫自己选择从提箱内出来 • 检查猫时，让猫待在想待的地方和保持它偏爱的姿势 • 在寄养和病房内，提供可躲藏和爬高的地方 • 限制操作者的数量和尽量少用保定措施
猫通过正面强化和奖励能学得更好	奖励或正面强化希望出现的行为 不要惩罚；而应忽视或定向改变不希望出现的行为
猫通过嗅觉交流，对环境中的气味敏感。用费洛蒙进行交流	避免强烈的气味 采集样本时不要使用酒精 在动物诊所内安装猫的合成费洛蒙类似物扩散器，并在适当的地方使用喷雾
视觉： 猫对快速移动的物体比较警觉 盯着猫看会被当成一种威胁	缓慢操作可更快获得结果 从后面或侧面对患猫进行检查和处理 不要直视害怕的猫；要不断"眨"眼睛
听力： 猫的听力比我们的敏锐	轻柔说话 让猫远离噪声（如离心机、洗衣器、烘干机）
触觉： 猫对触觉敏感	将触碰互动限制在头部和颈部 不要紧握猫的脚

初次接触

在猫主人拜访动物诊所前，给猫主人提供信息是减少就诊应激的第 1 步。由客户的初次接触开始，启动实施猫友好型操作策略。当一个新客户联系诊所进行预约时，应训练员工问询客户先前的就诊体验。如果客户提到他们或他们的猫已往的不悦就诊经历，应花些时间帮助他们理解未来如何帮助缓解猫的恐惧和焦虑。提供一些在线阅读或宣传册形式的文字材料，让客户了解如何在家中让猫熟悉提箱，从而减少猫的恐惧（第 9 章提供更多信息）。

应训练在前台工作的团队成员通过初始问题来确定会发生恐惧的患猫，并标记这些预约，这样其他员工可准备从咨询开始就采取措施预防恐惧升级。应在病例档案中记录猫就诊时容易出现的恐惧，也应记录针对个体患猫的最成功的操作技巧。应在焦虑和恐惧升级前，就做好准备来避免发生升级。

要降低与就诊相关的潜在应激，选择适当的提箱是一项重要因素。对发生过问题的猫的主人，应建议他们选择那种不是很贵的提箱，如塑料材质、可从中间拆分的提箱，这样有助于实施适当的操作，显著降低猫的应激水平（图 20-5）。

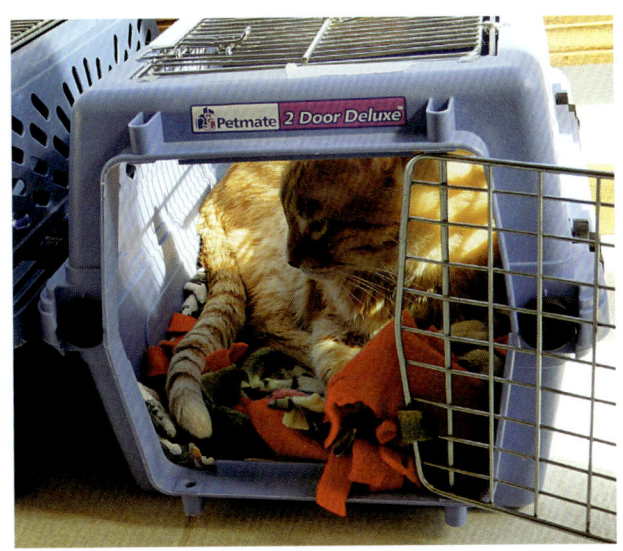

图 20-5　可以拆分这种提箱和打开提箱的顶盖。这能让猫留在提箱内，不需要将猫拿出来放到检查台上，避免发生冲突或挣扎，或可在猫喜欢的任何地方进行检查

大部分被带到动物诊所的猫都更愿意待在自己的提箱内。即使那些在家中不喜欢提箱的猫也会被提箱带有的家中气味吸引，更愿意躲在提箱内。对那些暴露在就诊室的充满挑战的环境感到紧张的猫，提箱就会成为一个相对安全的地方，与坐在检查台上相比，猫更喜爱待在提箱内。

为进行检查或治疗，强迫猫从提箱内出来会引起猫的恐惧反应，包括升级至由恐惧引起的"攻击"。很难在带拉链的、帆布材料、软面的提箱内检查猫，常需强制把猫移出这类提箱。如前所述，最好选用可被部分拆解的硬质提箱，这样检查和治疗猫时，猫就可安全地待在自己提箱的下半部分。应确保客户理解这类提箱的关键点是可以移除顶部，而不仅仅是顶部有开口。每次使用时，客户都应检查这类提箱的插销和螺丝，确保功能良好。提箱被长期放置起来的现象并不少见，因此在让猫进去前，应检查提箱的情况。应能牢固地对齐插销，可自由转动螺丝和螺栓，确保可以轻松打开。人费力打开提箱所产生的噪声会让里面的猫感到害怕。

应建议客户从家中找熟悉的毯子或毛巾铺在提箱内，这样可增加熟悉感和安全感。让客户额外再带一条有猫气味的毛巾，在医院对猫进行操作时可使用这条毛巾，进一步减少猫的恐惧。使用喷雾或湿巾涂抹形式的 Feliway 等合成的猫面部费洛蒙类似物可以增加猫的安全感。由于费洛蒙喷剂使用乙醇作为悬浮载体，应在猫进入提箱内的 10～15 分钟前使用喷剂，避免挥发乙醇的气味引发厌恶作用[11]。第 9 章的表 9-1 列举了推荐的影像资料，可帮助客户进行就诊前应做的准备，包括如何选择适当提箱的信息。

动物诊所的准备工作

不熟悉的气味、声音、景观或触觉接触都会引起猫的明显恐惧。为了增加诊所内的熟悉感，应在猫会到的每个房间内使用合成面部费洛蒙扩散器。费洛蒙具有种属特异性，因而不需在给犬、禽类或小型哺乳动物使用的诊室内使用，但在诊所内的对应区域，也应考虑管理这些动物的应激。将猫的合成费洛蒙喷洒在织物上也是有用的，比如喷洒在进行操作处理所需的毛巾上，由于存在乙醇载体，至少应在准备使用的 10～15 分钟前喷洒。如果要建造全新的动物诊所，建议使用坚固的门和隔音材料等建筑耗材来尽可能减少噪声。但是，在大多数情况下，重新设计和修改建筑本身的可能性很小或几乎不可能，要降低诊所内的噪声可采取其他简单方法，包括轻声说话，在拆分提箱时避免螺丝或螺栓掉落到提箱顶部上，降低因在检查室内使用物品而发出突然或很大声的噪声，比如使用放在柜台上的设备或撞击到猫提箱。推荐播放一些背景音乐来改善猫的正面情绪状态，"Through a Cat's Ear"等"白噪声"或安抚性音乐可能会有帮助。第 22 章提供该主题的更多信息。通过分开候诊和笼子区域可避免猫见到其他动物，如果这无法实现，建议用毛巾和帘子遮挡，尽可能减少视线接触。在专门的猫候诊区域，可使用一系列方法来减少应激，如提供可避免猫见到彼此的座位设计（第 9 章提供更多详细内容）。建立高效的预约系统让猫不用在候诊室等待，最好可被直接带入检查室。通过考虑就诊台的台面材质，也可进一步减少猫的应激，可选用良好触感的材料，如羊毛织物、毛巾和小毯子。这些材料也可允许猫表现抓刨行为或其他令猫感到舒适的行为。层压材质的就诊台表面要比不锈钢的好，但如果只可使用不锈钢材质，可用柔软的毛巾或羊毛织物覆盖表面，下面再铺上防滑材料（详见第 21 章）。这样的表面可为猫提供能接受的触感，尽可能减少会引发惊恐和应激的与不锈钢桌面相关的因素，如倒影、冰冷的表面、打滑和噪声。

有效的卫生控制不仅可降低交叉感染的风险，还能帮助限制不希望出现的患猫之间的接触交流，这些交流可能会增加刺激和焦虑。因此，应清理猫磨蹭过的区域，这些区域会有猫留下的气味分泌腺分泌物，也应清理猫站过的表面，这些表面会留有爪垫上的气味信息。洗手不仅是为了卫生，还可帮助清除猫的社交气味，避免员工无意间在猫间传递信息。在接触下一个病例前，可用胶带滚筒清除粘在员工衣服上的猫毛，这些猫毛也携带了明显的猫的气味。

当决定如何设计开展检查的合理方式时，检查室的设计和布局将是非常重要的影响因素（第 10 章）。尽管给猫提供躲藏地方是低应激处理方式的原则，但躲藏的地方需有助于进行检查，并且不会违背尽可能让猫保持平静的目标。理想的猫检查室配备的家具应尽可能少，使用嵌入式座位和工作表面，侧面应直接落地。

就诊室的构造不应有无法接近的躲藏处，猫可能会藏身在这些地方。在传统的检查室内，会有带腿儿的桌子和椅子，这两种家具都是潜在的可躲藏区域，猫从出行提箱内出来后，会被吸引躲进这些区域内。当检查室内有数件家具时，如有一个检查桌、一组陈列柜和一些座椅，猫可能为寻找躲藏的地方，从一个位置跳到另外一个位置（图 20-6，A）。一旦猫在一个隐蔽的地方躲好，当员工不得不把猫从安全的躲避处移出来或赶出来时，猫就会感到受威胁。在这种情况下，让猫待在提箱内会更好，可避免感知到的对抗和随之而来的恐惧引发激发状态升级。

如果猫检查室的设计良好，有精心规划的休息和躲藏区域来尽可能提供舒适和安全感，那么

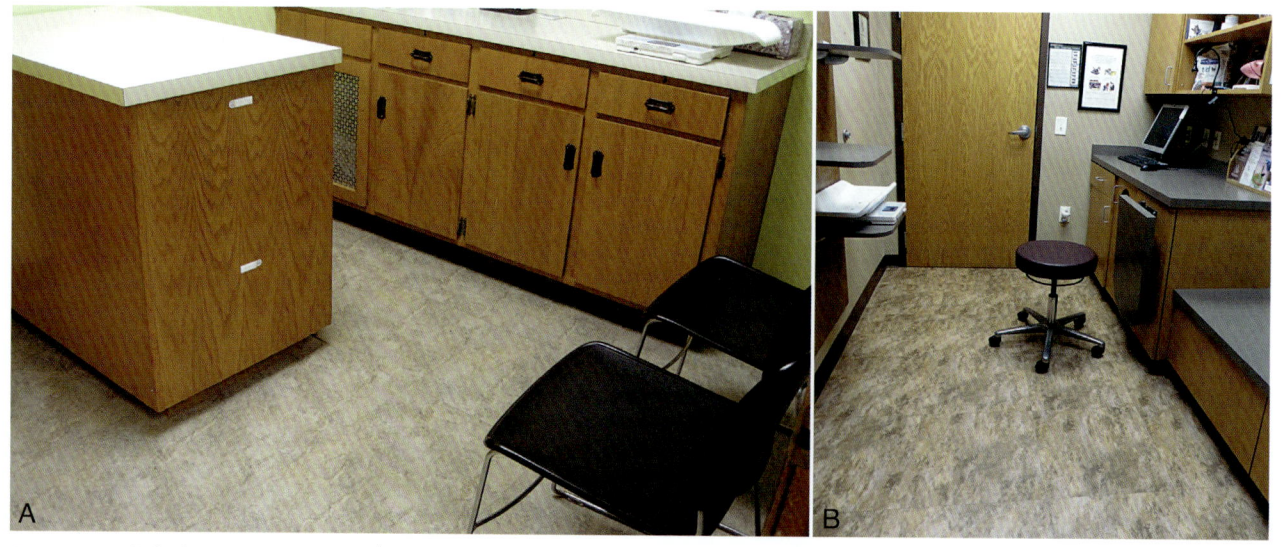

图 20-6　注意这两间检查室的差异。A 房间设计显示椅子下方有可躲藏区域，但也有不易接近的躲藏处，这会鼓励猫乱窜，因此最好让猫待在提箱的下半部分或更封闭、易于接近的地方。B 这间诊室无明显可躲藏的地方，由于猫不会卡在员工无法接近的地方，可以允许猫在屋子内闲逛

就可能让猫有在屋内探索的机会，允许它按自己的步调收集信息，这样做有助于减少猫的焦虑，从而较少引起恐惧性行为（图20-6，B）。在设计猫检查室时，提供既可满足猫的需求，同时员工又可接近的猫的安全休息区有很大好处。可提供椅子让客户坐着，再让猫待在客户的腿上或待在客户旁边接受检查，这样做可明显减少客户和猫的应激（图20-7）。猫通常喜欢待在带侧面的地方，即使像许多猫体重秤的侧面那样低的地方也是如此，这些地方能明显让猫感到舒适（图20-8）。硬质提箱的下半部分也可以作为一个安全的休息区（图20-9）。在大号、空的猫砂盆或矮的存储箱内垫上毛巾或羊毛织物，也会有同样的效果（图20-10）。应将休息区设置在员工可轻易接触到猫，并能进行充分的临床检查的地方。当使用体重秤等移动休息区时，如果兽医需检查猫的其他身体部位，可让猫待在容器内一起移动，这比移动猫本身产生的应激要小。如果在检查桌上进行检查，与平坦的桌面相比，猫更喜欢带侧面的桌子。再次强调，硬质提箱的下半部分和带浅边的容器都可作为安全的休息区。如果将提箱的下半部分或托盘放在客户或兽医的腿上，一定要保持提箱稳定，因为猫在维持稳定的平面上会感觉更安全（图20-11）。

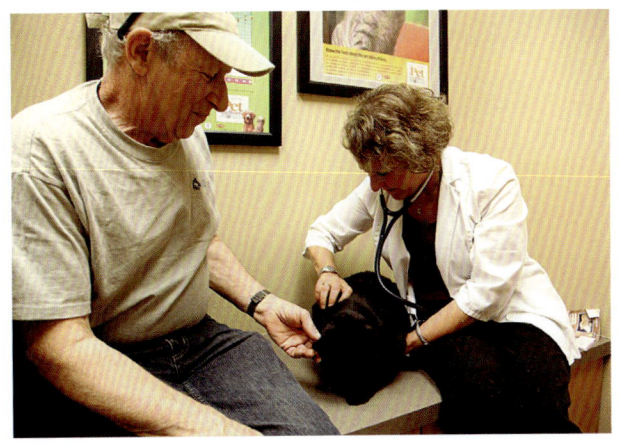

图 20-7　待在主人旁边会让猫感觉更舒适，这样可同时减少客户和猫的应激

图 20-8　猫喜欢在感到被保护的地方休息。因为诊室体重秤的侧边抬高，猫可以躲藏在内，因此与检查桌相比，猫更喜欢待在体重秤里（摘自 Rodan, I: Understanding the Cat and Feline-Friendly Handling. IN Little, SE: The Cat, Elsevier, St. Louis, 2012）

图 20-9　猫躲在提箱的下半部分时常会感到更安全

图 20-10 大号、带边的空猫砂盆也很有帮助，特别适用于那些不是用提箱带到诊所的猫

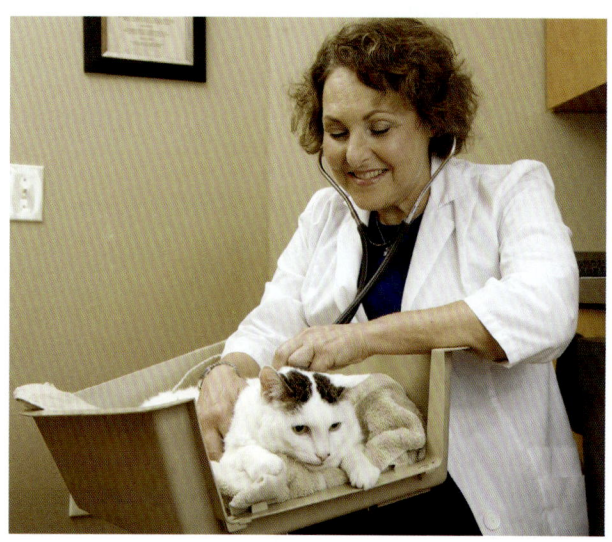

图 20-11 将提箱的下半部分放在大腿上，让猫面向远处，只要保持提箱稳定，这就是一个极佳的操作程序（摘自 Rodan, I: Understanding the Cat and Feline-Friendly Handling. IN Little, SE:The Cat, Elsevier, St. Louis, 2012）

最大化舒适感

应遵循的很重要的一项原则就是让猫有控制感，允许它在自己挑选的地方，并以尽可能舒适的姿势接受检查。为达到检查目的，强迫猫待在一个特定的位置或用力保定猫，会导致猫的恐惧升级。应考虑检查空间的特点、猫和客户的举止，来提前准备操作计划。也应使用可安抚猫或让猫感到舒适的感官暗示，如带家里气味的物品。每个病例需要不同的处理方式，如果兽医心中能有一个整体策略，并据此安排人员、设备和物品，来尽可能减少猫的应激，这样是非常有利的。在进行客户讨论和教育的过程中，如果能在一个固定地点进行所有操作，猫可以待在一个安全可靠的地方，此时猫的表现最佳。但是，一些猫会快速出现激发情绪，要让这些猫表现得更好，可将就诊过程分为数个步骤。应观察猫的肢体语言，在猫出现早期情绪变化时就暂停处理操作，不要等到猫进入高度应激状态后再采取行动。来自先前就诊的笔记非常有助于指导操作过程。如果没有之前的信息，应把这次的就诊情况记录在病例档案里，以便改善猫的未来就诊经历。

有必要在客户带猫进检查室时，告知客户让猫待在提箱内，这样兽医或技术人员/护士可评估猫在提箱内的肢体语言和面部信号，这是非常重要的第一步。这时，关注点应放在客户身上，在初始谈话期间，必须避免对猫进行明显的观察，尤其是盯着猫看。在观察猫时，应慢慢眨眼，并将头稍微转向侧面。如果猫的反应是慢慢眨眼，这就表明它的激发水平下降[8]。应确认是否应让猫从提箱内出来，以及猫是否对此感到舒适。面对处于抑制状态或想要出去探索的猫和带恐惧-攻击性或烦躁的猫的处理过程是不同的。当猫从提箱内出来，在决定是否让猫自由行动之前，必须考虑检查室的布局。来自检查室的感官输入会增加部分猫的焦虑；因此，应持续监测猫的肢体语言，以帮助指导决定对猫的最佳操作程序。

在收集病史时，如果猫正在检查室内探索，可提供零食、猫薄荷或吸引猫的玩具，这有助于增强猫的安全感，或如果发现猫表现出害怕的身体语言，可转换猫的注意力。猫在更为舒适的状态下探索诊室时，倾向在几分钟后选择它们认为最安全的位置待着。通常这个位置为具有侧面的地方（如提箱或体重秤）或客户旁边的位置。

一些猫喜爱待在人腿上。不要让周围的人俯视它们，保持与猫齐平可减轻威胁感。如果猫比较平静，它会面向家庭成员；如果猫感到焦虑，它会将头藏在垫子或毛巾下面。此外，让猫倚靠在人的胳膊或身体上，可让它感到更安全，避免产生身体向下滑落的感觉。可让猫卧在主人腿上接受检查，猫可选择待在感到最安全的位置上。兽医坐在客户身旁时，可与客户讨论猫的情况和他们关心的问题，这样可让客户感到自己也是宠物健康护理团队的一员。

如果猫留在提箱内能更为舒适，那么应尽可能让它待在那里。面对焦虑表现为抑制反应的猫常会选择待在提箱内。这些猫具有强烈的躲藏欲望，所以要尽可能地给猫提供隐蔽感。让猫待在带侧面、盘状的休息区（如提箱的下半部分）是非常重要的，但用覆盖物包裹猫能让它们感到更安全。在移除提箱的顶部时，可用毛巾盖住提箱下半部分，这也能维持猫的安全感。有些猫会想往外看，有些猫则想完全藏在毛巾里。仅移除毛巾的一小部分，将需要观察、触诊的部位暴露出来，这样既可保证猫保持隐藏感，又能让兽医轻易开展必要的检查（图 20-12）。

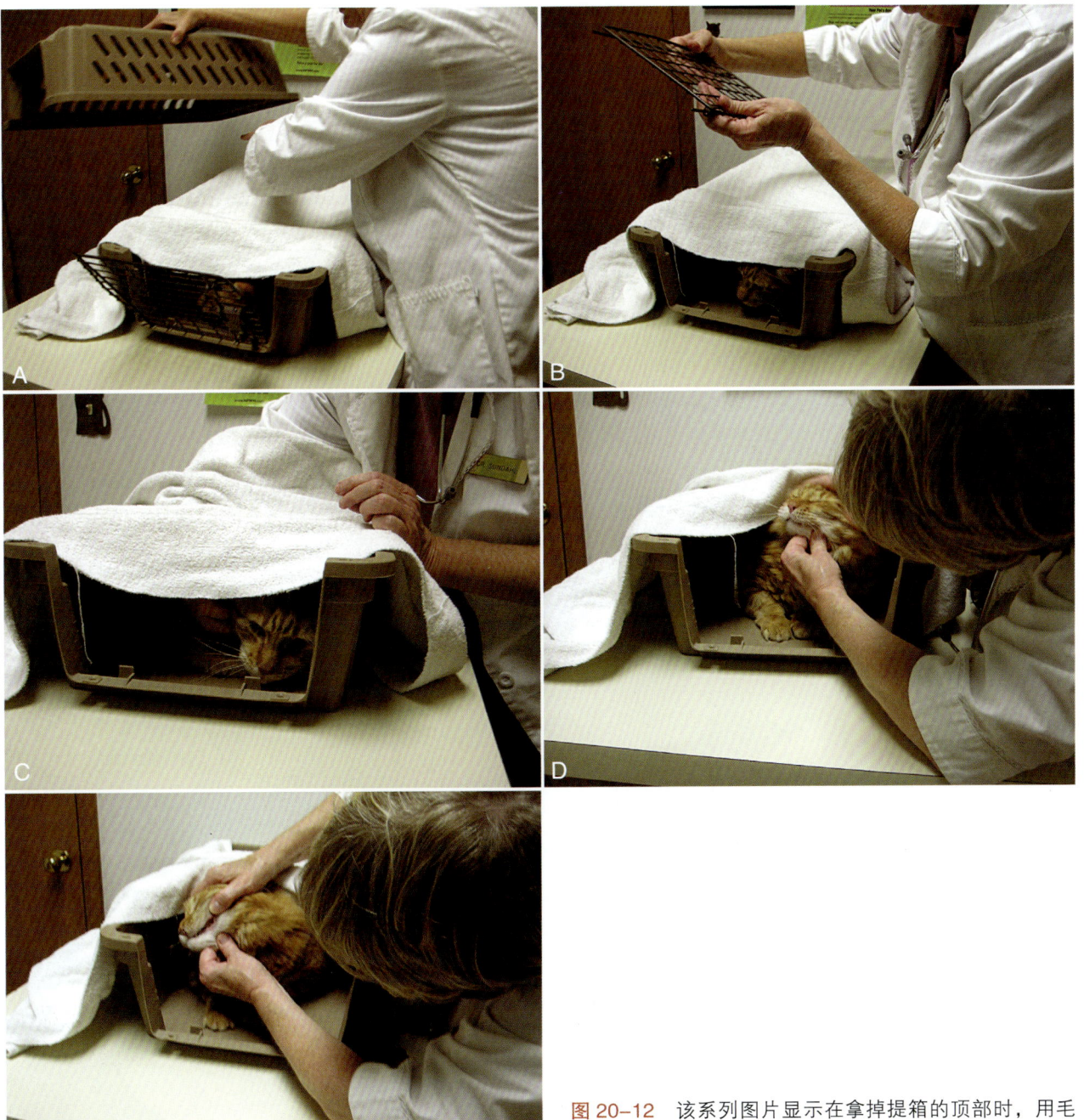

图 20-12 该系列图片显示在拿掉提箱的顶部时，用毛巾覆盖猫的顺序。按需移开毛巾，检查猫的不同部位。这一方法对拒绝离开提箱的猫非常有效

在运输过程中或在检查室内,当猫表现出对负面情绪的极端行为反应时,可考虑使用加巴喷丁、阿普唑仑等适当的抗焦虑药物。阿普唑仑是一种短效的抗焦虑药物,也可减少对恐惧事件的记忆,对就诊时有轻度到中度的焦虑的猫有用。

加巴喷丁是另一种抗焦虑药,北美的作者和兽医已用该药来预防就诊前焦虑,效果非常显著。给每只猫使用10毫克/千克的加巴喷丁(最高剂量为每只猫100毫克,部分兽医用到150毫克),可减少猫的焦虑和与恐惧相关的攻击。许多猫也会经历一定程度的短暂镇静效果。加巴喷丁的安全剂量范围很广。在就诊的90分钟至3个小时前,给猫使用100毫克的加巴喷丁,可获得极佳的效果。空腹给药或将药混入少量的罐头或零食中,可让效果更有预测性。如果猫以前曾需要较重度的镇静或对阿普唑仑无法产生有效反应,那么加巴喷丁是一个很好的选择。该药是美国作者的首选用药。第19章更详细地讨论了药物选择情况。

理想情况下,药物只是短期的解决方案,而从更长期的角度考虑,需要行为工作来让猫变得适应动物诊所的环境。通过提箱训练、在低应激状态下重复前往诊所或"模拟"就诊过程,一些猫会变得更放松。最后,它们会改变它们的反应,甚至不再需要药物控制。

如果未曾采取预防措施,而猫来到诊所时已经情绪亢奋,表现出排斥(攻击)行为,此时应将猫留在提箱中,在一个安静的房间内放置数分钟。一些猫会安静下来,但另一些猫会受到诊室中感官信号的刺激,加剧排斥反应。这种情况下,简单的操作技术不够安全,需考虑使用辅助操作工具。已描述了适用于轻度恐惧-攻击的猫的多种毛巾包裹术。有时给猫全身加压可最小化攻击反应。安定背心(ThunderShirt)(ThunderWorks, Durham, N.C.)就是据此设计的一款产品。人们对这个方法的看法存在分歧,安定背心在美国比在英国更常见。如第22章所述,客户可以尝试该工具的使用,但应确认猫是否愿意穿上该设备,如果背心让猫完全无法动弹,那么就不可使用。在操作中等程度焦躁的猫时,可考虑使用刚性嘴套,嘴套可分散猫的注意力,保证员工安全。但是,若猫已处于高度亢奋状态,有抓扑和撕咬的表现时,则不宜尝试使用嘴套。嘴套在猫的脸上不宜套得过紧,末端应有开口,保证猫能顺畅呼吸。压力承受点分布在嘴套背侧。许多猫科医师认为与紧密贴合的嘴套相比,这类嘴套的限制较少,能让猫在想要往外看时,由嘴套末端看到外面,从而让猫有控制感(图20-13)。操作者必须评估猫的身体语言,准确判断挣扎是否减轻,

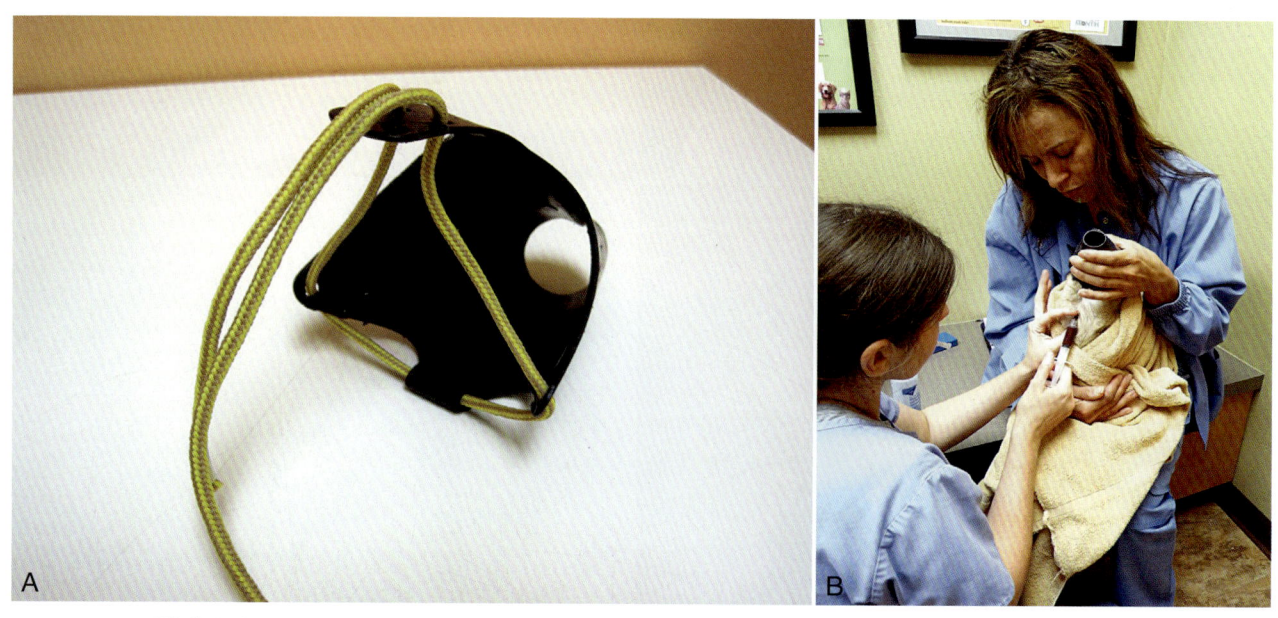

图20-13 刚性嘴套会比软嘴套更舒适,能帮助减轻猫的恐惧,增强人员安全

身体状态和姿势信号是否暗示兴奋减弱。也可使用其他技术和设备来辅助操作，但操作者必须保持将重点放在减少猫的恐惧这一目标上。无论使用哪种方法，操作者必须能够评估他们是否通过增加应对机制，确实减轻了猫的恐惧，或仅是简单建立了一种抑制或僵住反应。在使用辅助工具时，目的是降低猫的激发状态、反应性和焦虑，而不仅仅是保定猫来完成任务。如果保定住猫后，猫仍处于负面情绪状态，那么更有效的方式是使用适当的化学保定（详见第 22 章）。

就诊

一旦采取了措施尽可能减少猫的应激，就可开始进行检查。在进行检查和操作处理时，执业兽医师应继续尽力减少会进一步引发负面情绪的触发因子。操作的目的是在检查期间预防猫发生害怕和疼痛，同时仍能进行全面的体格检查和培训客户。

应针对恐惧或疼痛给患猫量身定制检查的顺序，让这些猫更易接受检查；而不是使用统一的检查顺序，由头部开始，检查到尾部结束，兽医应根据情况灵活处理，最先检查非疼痛部位，这样才不会激发猫的情绪。可使用替代行为来分散焦虑猫的注意力，这些替代行为可诱发正面情绪状态，如玩互动玩具、进食零食或磨蹭猫薄荷（图 20-14）。如果使用玩具，需快速、无规律地移动玩具，以此来增加猫的兴趣，但即使能正面激励猫，也需注意避免猫过于兴奋。也可通过轻触猫天生喜爱被碰触的部位，来安抚一些猫和转移它们对操作的注意力。例如，轻轻抚摸猫耳朵后区域，摩擦它的下巴或按摩耳朵和眼睛之间的前额区（图 20-15）。应避免拍或抓猫身体的其他部位，许多猫会因此变得更加激动。在大多数情况下，检查者最好独立对猫进行操作；这样较少引起猫害怕和激动，事实上猫会更加顺从。客户常热衷于安抚他们的宠物，会使用强度更高的操作方式，往往会适得其反。

为最小化不适感，应将猫放在叠起来的毛巾或毯子等柔软的垫子上进行检查，而要避免使用硬质表面。正在经历疼痛的猫可能会为了保护自身而非常紧绷和抗拒检查。有时被认定为表现恐惧-攻击的猫其实正在经历疼痛。一旦解决了疼痛，猫在就诊中就会变得更为平静。轻柔处置和镇静措施有利于开展检查，可让患猫尽可能感到舒适[1,2]。第 21 章提供就诊时预防疼痛的更多信息。

 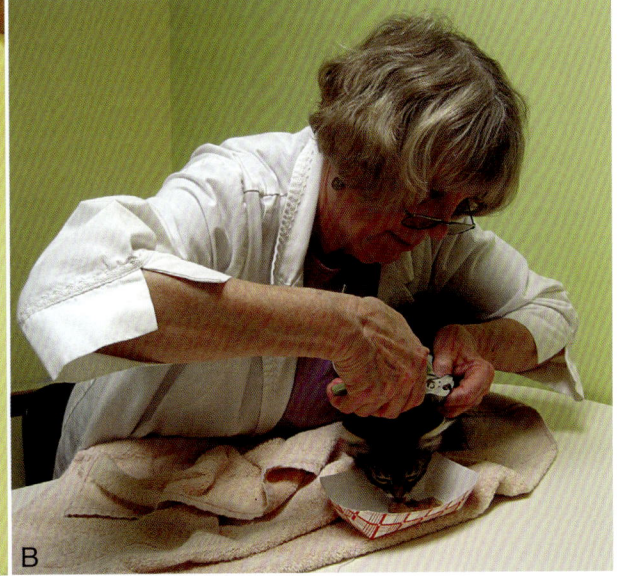

图 20-14　用玩具和零食分散幼猫和猫的注意力，能预防或减轻猫的恐惧

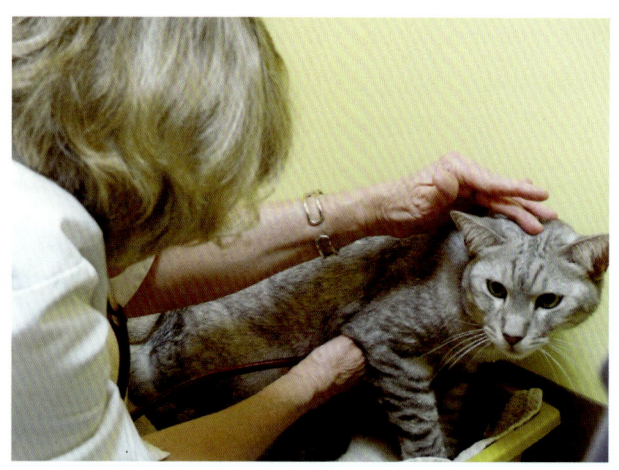

图20-15 猫喜爱被抚摸头部和颈部,如像图中那样轻柔地按摩耳朵和眼睛之间的前额区域

在讨论猫的处置方式时,"从缓慢移动到快速移动"这句特别有帮助。应以可测定的方式进行所有互动,而应避免进行快速、突发的干预。例如,要伸展猫的腿进行检查,或固定头部来评估口腔时,都应缓慢进行这些举动。应让猫意识到您的目的,可将一只手或手指放在将要操作的身体部位上。要进行某些形式的介入措施时,如在翻开嘴唇评估牙齿和牙龈,或捏起皮肤进行皮下注射之前,可缓慢、轻柔地抚摸该处皮肤。在进行全身检查时,要检查猫的后躯、腹下或足部时,应意识到猫对触碰这些部位的忍耐度很低。在检查这些区域时,应顺着毛发生长方向,力度轻柔、稳定按压这些区域,这样更可能成功进行评估。离开该区域,又再次触碰该区域时,会增加猫的反应。缓慢移动对员工也更安全。快速的手部动作会激发恐惧-攻击反应或咬人,或诱发一系列捕猎玩耍行为。

应评估猫的肢体语言和姿势,以评估采取哪些步骤能保持更正面的情绪状态。在兽医检查中,触诊非常重要,应以非唐突的方式进行肌肉状态评分、淋巴结和腹部触诊。可以在不暴露身体的情况下,将听诊器滑动至胸骨处来完成心音听诊。无论猫选择待在何处,如果猫能全程躲在覆盖物下,会感到更加舒适。在与客户讨论病情和进行培训时,如果猫偏爱如此,应让它返回提箱或藏在某处,保持这种"看不见"的躲藏状态。

测量肛温常会引起猫的应激。此外,猫未发烧时,常见因应激表现体温过高[12]。许多兽医仅根据病史和临床症状决定是否评估体温。在条件许可的情况下,另一些兽医则选择使用耳温温度计,而非直肠温度计。无论使用哪种方法,都应避免猫发生应激或不适。

样本采集和处理程序的操作

样本采集操作目的是尽可能减少猫的恐惧,同时降低采集过程中遇到的猫的抗拒程度。虽然就像人在经历医疗操作时的反应一样,很难做到完全避免恐惧,但使用更为温和的操作手法代替下手更重的方法,能减少猫的恐惧。温和的操作手法可让紧张的肌肉放松下来,可通过监测肌肉的紧张度来衡量处置手法是否成功。在进行任何操作的过程中,检查者应全程评估患猫的焦虑水平,运用视觉、听觉和触觉信息来评估猫的真实情绪状态。

在诊室内进行尽可能多检查和操作是有益的。多种原因导致改变猫在动物诊所中的位置会引发猫的恐惧。改变位置本身就会使猫产生恐惧,而动物诊所的处置室内的噪声、其他活动和周围存在其他动物等,都有可能增加猫的焦虑。理想情况下,到动物诊所就诊时,应尽可能少地移动猫。如果客户能在诊室内亲眼看到血压测量、静脉穿刺和膀胱穿刺等操作,他们常会心存感激,较少产生焦虑。当客户能看到工作中的员工时,可提升客户对动物诊所的医护水平的好评,提升客户对所接受服务价值的认识。如果客户观看时感到不适,通常也会感谢有离开诊室的机会,与注视员工将猫带去处置室相比,他们自己离开诊室会让他们感到更为舒适。

在开始操作之前,应评估是否需要镇痛措施,应考虑操作本身引发疼痛的可能性,以及猫处于不寻常或不舒适姿势所引发的疼痛。例如,挤肛门腺对许多猫是非常疼痛的。进行此操作时,使用丁丙诺啡可很大程度地提升猫的舒适感(第12章提供有关操作处于疼痛状态的猫的更多信息)。

为了使猫获得尽可能正面的体验，应尽可能有效率地进行操作，在开展样本采集等操作之前，提前备好操作所需物品。由两名员工保定动物，另一名员工完成样本采集操作，可有效降低操作所带来的应激；但是，可将大多数猫包在毯子里，这样就仅需一名保定人员（图 20-16）。操作时应灵活，尽力让猫在最放松的状态完成操作。在采血或测量血压时，可让猫待在提箱内的柔软、充满家里气味的垫子中。应轻声交谈和尽可能减少有可能加剧猫的惊吓和焦虑反应的环境问题。如可行，也可用玩具或食物转移猫的注意力。给一些进食的幼猫打针时，这些幼猫不会注意针头（图 20-17）。针头在插入药瓶后会变钝，而许多疫苗需使用两个药瓶。使用新的针头可减少注射的不适感。

在客户的腿上时，许多猫能耐受侵入性最低的操作，如血压测量、耳道检查或皮下注射。为避免伤及客户的风险，员工必须运用专业判断来决定该位置是否适合操作。除了为员工提供如何与客户沟通该种方法、审查风险和利益的信息外，最好能制定一份遵循国家或地区条例的动物诊所规章。也可使用授权协议书。

血压测量是老年猫的必查项目之一，建议在诊室的各个地方、猫身体的多个部位进行检测。应在检查开始之前测量血压，或至少应在进行任何操作之前测量。先让猫待在喜爱的位置上至少 5～10 分钟，让它熟悉环境[13]。建议制定一个动物诊所的血压检测规章，以便所有员工都了解最佳操作流程，从而减少猫的应激，获取更为准确的血压值（图 20-18）。兽医应判断给猫 1～2

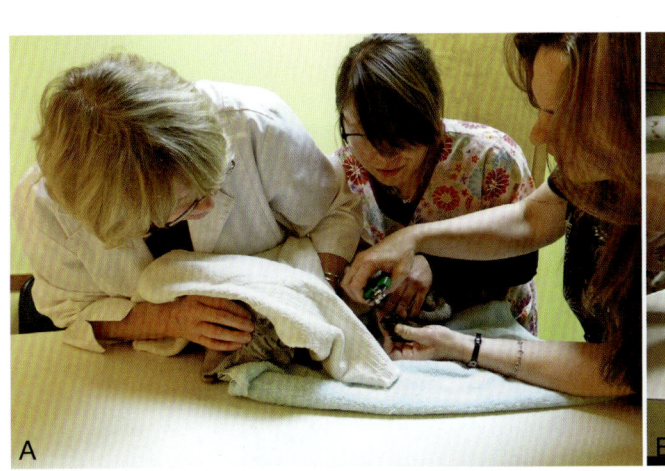
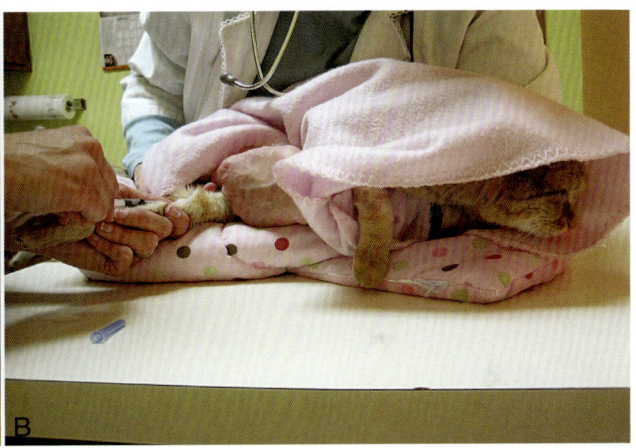

图 20-16　虽然部分猫需要两名员工进行保定，由另一名员工采集样本，但大多数猫可被包在毯子里，让它们感到舒适，从而仅需一名员工进行保定

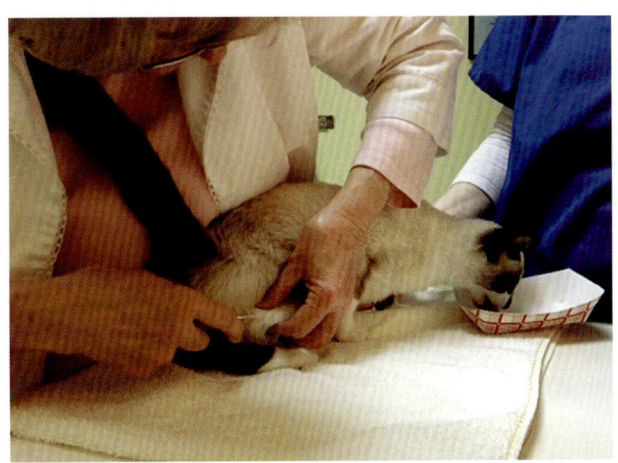

图 20-17　在给多数幼猫和部分成猫进行注射时，可给予食物或零食轻易地分散它们的注意力

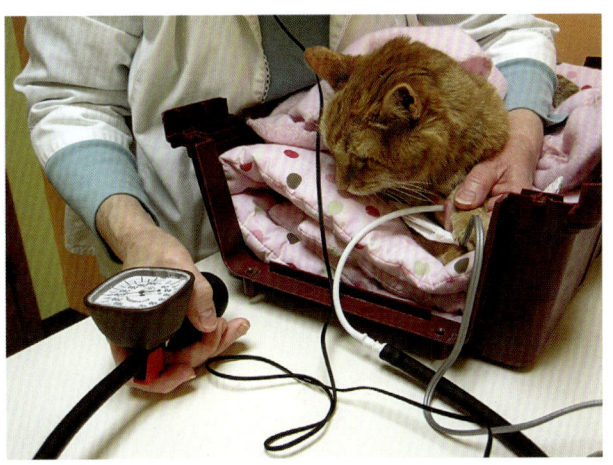

图 20-18　应当在其他诊断检测前，进行血压测量。许多猫在卧于提箱的下半部分时，能够配合血压检测

分钟来适应腿部的袖带，能否减少猫的焦虑。部分猫会因有适应期而有更好的表现，而另一部分猫则在无适应期时的应激水平更低，可直接压住袖带测量血压。当猫表现舒适状态时，可将袖带的末端与充气设置的管道相连。无论使用哪种测量方法，都建议进行多次测量读数。在读数前给袖带充气，能在不惊吓猫的情况下，获取初始值。

与违背猫的意志揪住猫的脖颈或进行过度保定相比，让它保持舒适的姿势，并有一定程度的控制感时，猫更容易接受静脉穿刺。采用特定的抱法是一种有效的方法，将猫的身体搭在操作者的前臂上，这样操作者可轻轻地把猫前肢弯向它的身体，同时阻断下方后腿的隐静脉（图 20-19）。保定时，保持猫身体的前半部分呈胸卧位，甚至让前爪承担了部分体重，这样做会使猫感到更为舒适。虽然强制全身保定常会导致挣扎，但给一些猫的全身施加轻度压力感是有益的。当保定人员让猫与自己的身体紧贴时，可给猫的后背提供支撑。源自包裹毛巾或保定人员身体的轻微压迫感能让猫平静下来，同时不会因过度保定导致猫惊慌。通常仅需一名员工采用此法保定猫，再由另一名员工采集血液样本。但是，针对部分猫，特别是大型猫或曾有疼痛经历的猫，可让一位操作者位于猫前方，另一位在猫的后方。这样有利于猫保持更舒适的姿势，同时在兽医尝试刺入静脉时，猫的前肢较少发生挣扎。一些兽医可采用单手颈静脉采血技术，即使在这类情况下，有其他人在后方阻止猫后退也是有帮助的（图 20-20）。也可缓慢伸展猫的前腿，同时让它保持胸卧位的舒适坐姿。当保定者抚摸猫的两眼之间、脑顶和枕骨区域时，许多猫仅需稍微固定头部即可。

在所有进行操作的姿势中，必须保持猫的四肢处于正常位置，尽可能减少对四肢的作用力。应记住猫的正常解剖结构和运动受限范围。应注意避免旋转患猫的四肢而导致受伤。

在所有的诊断方法中，评估无菌尿液样本是最重要的部分之一，应在低应激状态下自信地采集样本。进行膀胱穿刺时，也可采用相似的保定方法。部分猫能在保持站姿或半坐姿时，耐受膀胱穿刺。进行该操作时，对肥胖猫进行触诊和固定膀胱位置有一定的难度，可能需使用超声检查来引导穿刺程序。但在各种体位下，包括站姿，都可轻易触到大多数猫的膀胱。

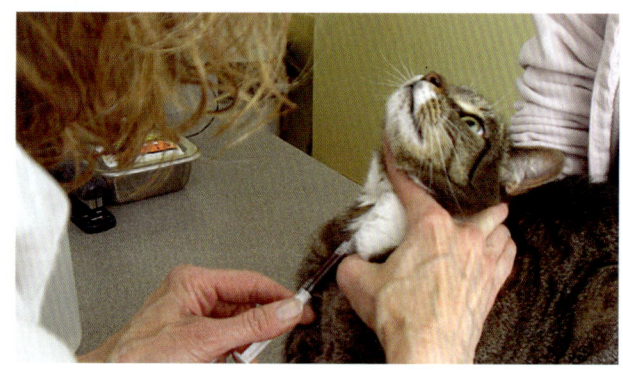

图 20-20　一些兽医和技术员可单手进行颈静脉采血而无须他人辅助（感谢 J. Brunt 提供）

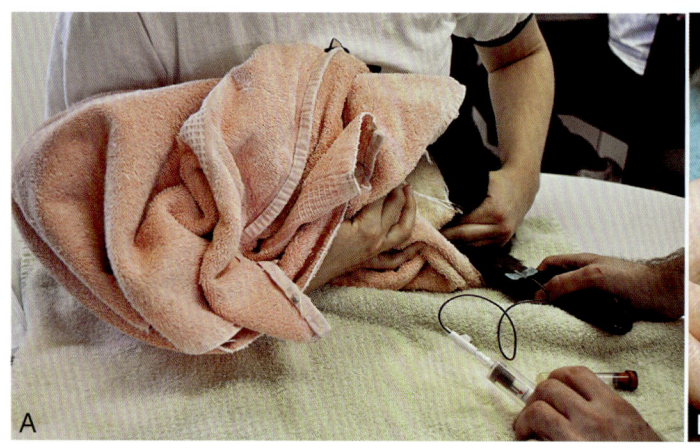
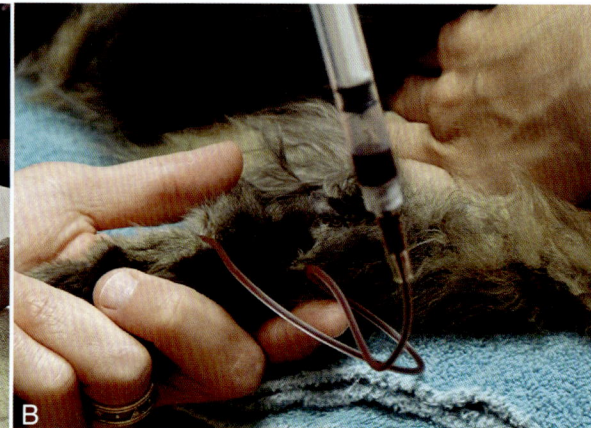

图 20-19　这种抱法有利于腿内侧大隐静脉的穿刺（A，感谢 M. Brown 提供）

虽然使用上述技巧能成功地对大多数猫进行操作，对一些猫却是无效的。动物诊所员工必须能辨识给哪些猫使用较低水平的额外保定技术，就能进行适当操作，同时不会引起过多的应激；而需要给哪些猫使用药物介入。如果使用较低水平的额外保定技术就能减轻猫的挣扎和抵抗，那么这种方法就是可取的。例如，将一些猫裹在毛巾中或采用"墨西哥卷"式保定法，就能接受该类操作（图20-21），但另一些猫则如上文所述，可使用刚性口罩来遮挡部分视线，从而分散猫的注意力。使用这两种方法其中之一或都使用时，应轻柔地摇动猫和发出低声、重复的安慰声音，这有助于让猫产生可感知的放松感，但部分猫可能会因此而更加焦虑，因此保定者应仔细监控所用手法是否有效。

提箱时（图20-22）。当猫安全进入提箱后，可与客户进行讨论或对客户进行培训。在就诊结束后，兽医可评估就诊进行情况，在猫的病例档案中记录可良好管理和无法管理患猫的应激和焦虑的方法。

图20-22　一旦完成检查和其他程序，大多数猫会迅速地返回提箱。在与客户进行讨论时，不应强迫猫仍待在旁边，应让它们返回安全处

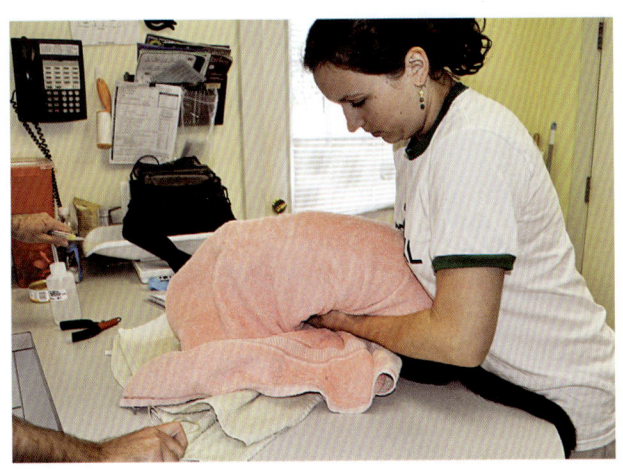

图20-21　采用"墨西哥卷"式保定法可让大多数猫感到更安全而停止挣扎（感谢 M. Brown 提供）

如果上述所有保定技术都失败，猫仍然表现抗拒和挣扎，那么建议停止对猫的任何操作。可考虑使用化学保定作为替代方法。猫持续感受到的负面经历越多，下一次来诊所就诊时，它将会表现出越多的焦虑和抗拒。因此，最好使用不仅有镇静作用，还会引发一定程度记忆缺失的药物。第22章讨论了如何接近一只表现恐惧-攻击的猫。

一旦完成操作程序后，操作者应当立即让猫返回安全的地方。这个地方常是提箱。许多客户都惊讶于猫竟会如此快速地返回提箱，特别当这些猫在家从未接受过提箱训练，很难让它们进入

在整个动物诊所贯穿实施这些原则

所有上述对猫进行操作的原则不仅适用于诊室，也同样适用于住院或被留在动物诊所进行门诊程序时的猫。必须避免猫能看到其他动物，也应控制猫接触气味、噪声和犬吠声。如果诊所的建筑设计能满足猫的需求，则更有利于开展适当的猫友好型操作。应确认会挑战猫的应对技能的环境和社交触发因子，并纠正这些因子，避免猫的情绪状态升级为充满恐惧的攻击。当猫无法使用回避或抑制行为反应来应对负面情绪状态时，只能采用排斥反应。

本书的其他章节讨论了动物诊所的适当设计（详见第9、第10、第11章）。最佳的情况是按猫友好型诊所的需求来建立动物诊所。但是，许多诊所只能使用已有建筑，在这种情况下，只能使用尽可能减少会引发应激的环境特征的策略。把猫放在笼子里时，将猫留在提箱中或至少留下提箱的底部，可让部分猫感到更加舒适。将笼门遮盖好，可挡住猫的视线，让猫感到自己处于隐藏状态，这常是有帮助的（图20-23）。在笼内设置隐藏空间或爬高位置，能让猫居于高处或躲

藏来作为应对策略。在任何笼子内都可做到这一点，可使用硬纸板箱或塑料桶，在里面铺上柔软的垫子，或者使用专门设计的设备——英国猫保护中心的猫城堡产品（图20-24）（第11章提供更多信息）。可鼓励客户从家中带来一些毛巾或衣物制品等，可帮助增加笼内的气味熟悉感，同时可在动物诊所内使用合成费洛蒙，进一步改善动物诊所的气味分布（第18章）。

当猫在笼内时，注意不可直接或突然接近它。应从猫视线的一侧接近，如果可行的话，在打开笼门之前，应让猫先闻您的手（图20-25）。接近猫时，采用前文所述的"缓慢眨眼"法，也可帮助降低猫的受威胁感。

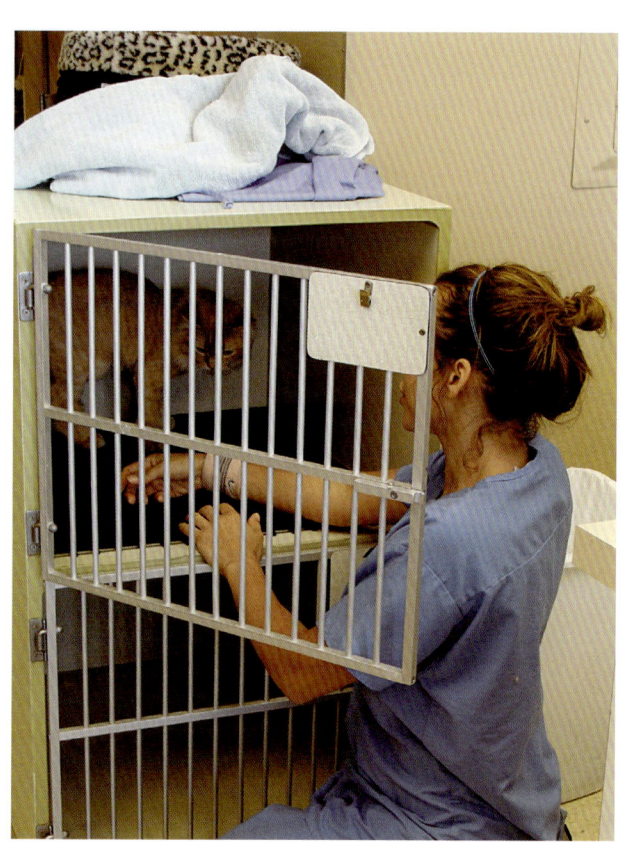

图20-25　接近笼中的猫时，应保持被动状态，让猫从伸入笼内、保持不动的胳膊上获取气味信息。这样做的目的是避免直接抓或强行移动猫，而让猫自行选择移动到笼子前方（摘自 Rodan, I: Understanding the cat and feline-friendly handing. IN Little, SE: The Cat, Elsevier, St. Louis, 2012）

图20-23　给笼中的猫使用遮盖物可提高安全感。猫通常会向外张望，观察外界正在发生的事情

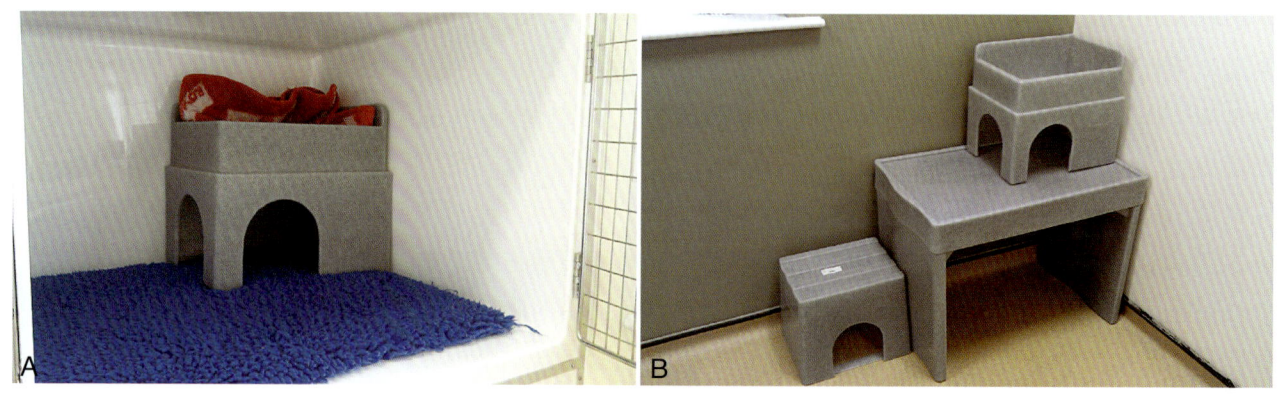

图20-24　A 猫城堡可提供隐藏空间和爬高处，笼内的猫可以选择跳高或躲藏。B 全套猫城堡提供了极佳的运动空间、隐藏空间和爬高处（感谢 H. Rooney 提供）

将猫从病房或治疗区域转移到安静的检查室来进行检查和操作，要比在动物诊所的繁忙位置进行这些操作更有优势，即使这涉及要改变猫所处的位置。在移动猫前，将猫放到提箱中，如果猫感到害怕，可用毛巾覆盖提箱，这能降低患猫的激发状态，减少员工受伤的可能性。

回家后的指导

当患猫返回到多猫家庭时，应记住留在家中的猫或猫们可能会害怕患猫携带的动物诊所的气味。由于气味是猫认识世界的一项关键因素，留在家中的猫可能不再认识归家的患猫，这毫无疑问会引发敌对状态。为了避免发生这种情况，应建议客户先将归家的猫隔离在一个安全的房间里，如客户的卧室或办公室等有多种气味的房间，让动物诊所的气味渐渐变淡，逐渐重建家中的气味，再将归家的猫引见给家里其他的猫。建议同时使用合成猫费洛蒙（第 18 章）。如果曾因就诊或住院分离，导致猫间发生攻击，应鼓励猫的主人在带猫回家前，就开始使用费洛蒙。一些有 2 只猫的客户发现最好同时带 2 只猫来诊所，以减少发生冲突的可能性。

结论

已存在的动物诊所很难做出必要的改变来提供猫友好型就诊，发现诊所潜在的障碍是十分重要的，如此才能克服这些障碍。

在决定如何接近猫时，必须考虑工作区域的实际布局。如果无法做出让猫能在诊室内自由活动的改变，那么最好将重点放在如何减少猫的应激上，同时能让猫待在较封闭的位置里。

为进行静脉穿刺等操作，一些诊所可能无法提供足够的员工来适当地保定猫，但有 3 名员工来进行辅助是很重要的，以确保进行这些介入措施时，猫比较舒适，并将猫的抗拒降到最低。培训前台员工进行低强度的猫保定操作方法，可以更灵活地克服这个困难。要学会猫友好型操作技能需要耐心，学会"从移动缓慢到移动快速"也是困难重重。虽然初期采用这些步骤会感到就诊时间过长，但是长期来看可减少浪费掉的时间。不仅从猫的福利角度考虑，采用下手过重的保定方法是不恰当的，而且也有让员工和客户受伤的风险。当这些方法不起效时，也会让猫处于激动、激怒的状态，降低化学保定的效果，而药物需要时间起效，这会进一步推后就诊时间。

发展猫友好型诊所是一件充满挑战的事，诊所的全体人员需坚定地做出这些改变，全身心地投身于采纳不同的操作技术。当团队中的多名核心成员能够起到榜样作用时，就能让猫友好型项目取得更大的成功，并持续进行更长时间。

参考文献

[1] Volk KO, Felsted KE, Thomas JG, Siren CW. Executive summary of the Bayer veterinary care usage study. J Am Vet Med Assoc. 2011;238:1275–1282.

[2] Lue TW, Pantenburg DP, Crawford PM. Impact of the owner-pet and client-veterinarian bond on the care that pets receive. J Am Vet Med Assoc. 2008;232:531–540.

[3] Employee injury trends at veterinary practices. AVMA PLIT safety bulletin. 2007;15(3), Summer.

[4] Bayer Veterinary Care Usage Study III: Feline Findings; 2012.BayerBCI BVCUS III Feline Findings 2013.pdf Accessed February 2, 2015.

[5] Notari L. Stress in Veterinary Behavioural Medicine. In: Horwitz D, Mills DS, eds. BSAVA Manual of Canine and Feline Behavioural Medicine. ed 2. Gloucester, UK: British Small Animal Veterinary Association (BSAVA); 2010:136–145.

[6] Heath S. Feline Aggression. In: Horwitz D, Mills D, Health S,eds. BSAVA Manual of Canine and Feline Behavioural Medicine. ed 1. Gloucester, UK: British Small Animal Veterinary Association (BSAVA); 2002:216–228.

[7] McMillan FD. Development of a mental wellness program for animals. J Am Vet Med Assoc. 2002;220:965–972.

[8] Griffin B, Hume KR. Recognition and Management of Stress in Housed Cats. In: August JR, editor: Consultations in Feline Internal Medicine. vol 5, St Louis: Elsevier; 2006, 717–734.

[9] Carlstead K, Brown JL, Strawn W. Behavioral and physiological correlates of stress in laboratory cats. Appl Anim Behav Sci. 1993;38:143–158.

[10] Rand JS, Kinnaird E, Baglioni A, et al. Acute stress hyperglycemia in cats is associated with struggling and increased concentrations of lactate and norepinephrine. J Vet Intern Med. 2002;16:123–132.

[11] Pageat P, Gaultier E. Current research in canine and feline pheromones. Vet Clin North Am Small Anim Pract.2003;33:187–211.

[12] Quimby JM, Smith ML, Lunn KF. Evaluation of the effects of hospital visit stress on physiologic parameters in the cat. J Feline Med Surg. 2011;13:733–737.

[13] Belew A, Barlett T, Brown SA. Evaluation of the white-coat effects in cats. J Vet Intern Med. 1999;13:134–142.

第 21 章
处理处于疼痛状态的猫

Ilona Rodan and Sarah Health

引言

兽医学的进步延长了猫的预期寿命，让许多猫可活到接近 20 岁，甚至是 20 多岁[1]。猫在任何年龄都会发生疼痛，但老年患猫更常发慢性疼痛，退行性关节病（degenerative joint disease, DJD）和牙周病等疼痛性疾病的发生率更高，疾病进展更严重。

无论疼痛经历的持续时间是多久，猫是无法合理认知疼痛或判断疼痛是否是一种持久状态。从福利的角度考虑，应合理处理处于疼痛状态的猫，这是兽医的一项重要责任。认识到疼痛状态的存在，同时具备辨别疼痛的能力，重视在舒适的诊所环境内温柔地处理所有猫，这是兽医问诊的必需组成部分，可以帮助改善患猫的舒适状况、病例结果和人的安全。

疼痛和情绪因素

疼痛是一种不愉快的感觉和情绪经历，会对身体健康和情绪健康产生负面影响[2,3]。身体的疼痛常会伴发恐惧和焦虑等情绪[3]。因此，无论何种动物，"疼痛不仅仅是你的感觉，而且影响你的感觉[4]。"

急性应激和慢性应激都会导致对疼痛的异常高度敏感[5]，由于应激会恶化疼痛[6,7]，应适当处理和护理猫，保持环境的一致性，让猫享有控制感，并最小化应激，这是疼痛管理和预防的重要组成部分。

辨识猫的疼痛

猫对疼痛的反应非常难以辨识，这使得发现猫的疼痛状态变得很困难。患犬常通过活动或叫声的明显变化来表明它们处于疼痛状态，但患猫更可能表现退缩或避免接触。但是，恐惧、应激或非疼痛性的疾病也会伴发退缩或躲避行为，因此这使得明确诊断疼痛状态变得更有挑战性。另一项需考虑的因素是疼痛经历具有个体差异性；因此，可引起某只猫剧烈疼痛的刺激物，可能只会使另一只猫发生轻度疼痛。

某些疼痛性疾病会间歇性发生，这让猫主人很难在家庭环境内辨识疼痛状态。在家庭环境内，猫通常表现舒适和活跃，但可能偶尔表现非正常行为。这些难以辨识和个体化的症状，加上间歇性疾病发作的特征，常让猫主人认为猫只是"有糟糕的一天"，并无理由需要感到担心。只有当疾病持续发作，猫主人才会意识到猫需要就诊。事实上，兽医专业人员也很难辨识处于早期阶段的疼痛状态。原因包括猫处于疼痛状态时的症状不明显，动物诊所环境的特定特征让辨识猫的疼痛状态具备挑战性。猫对身体疼痛和负面情绪状态的主要行为反应就是躲避，这会引发消极退缩或主动逃避。在动物诊所环境内，躲避行为（逃跑）受限制，甚至会主动制止这类行为。结果，猫可能进入抑制状态（僵住不动）或开始表现攻击症状。猫处于负面情绪状态（如恐惧或焦虑）和处于身体疼痛状态的行为表现是类似的，这让辨别这两者变得很困难。诊所内的许多猫会同时经历负面情绪和身体疼痛，这进一步复杂化了疼痛状态的辨识。

区分疼痛和情绪痛苦时，生理参数能提供的帮助有限，因为疼痛、恐惧和一系列身体疾病都会引起瞳孔扩大，心率、呼吸频率、体温和血压升高等生理变化[8]。

虽然辨识猫的疼痛很有挑战性，但这是兽医的责任，应让猫的疼痛经历和效应最小化。幸运的是，在处理患猫时，可采取多种措施来达到上述目的。第14章、第15章和第16章提供了关于处于疼痛状态的猫的全面信息。第20章描述了处理患猫时，预防发生恐惧的原则。在与处于疼痛状态的猫互动时，这些原则也适用。本章的目的是指导如何辨识和预测疼痛，描述在处理就诊的猫时，可预防疼痛恶化的技术。

辨识会引发疼痛的操作步骤和状态

在诊所内实施有效的疼痛管理和预防的一种重要方法是在进行常规程序时，辨识会引发疼痛的可能性（方格21-1）。执行操作步骤前，应根据对应会发生或可能发生的疼痛水平，提前使用止痛药，这是一项重要的福利考虑。例如，放置静脉导管时应进行局部镇痛，进行胸腔穿刺时应进行全身镇痛。对于会引发严重疼痛的程序，可结合进行镇静、麻醉和镇痛；手术和牙科程序需要结合使用镇痛和麻醉。

在猫进行预防护理拜访和因表现疾病的临床症状而前来就诊时，都应考虑检查是否存在疼痛状态。引起猫的慢性疼痛的最常见原因是DJD、猫特发性膀胱炎、创伤和肿瘤[9]。口腔疾病也很常见，晚期牙周病、重吸收损伤、导致牙髓暴露的牙齿断裂、口腔炎和其他牙科疾病会引起无法辨识的疼痛，特别是当食欲不受影响时。方格21-2列出了会引起猫的疼痛的临床疾病，应记住老年患猫常有并发疾病。

一只猫可能因非疼痛性疾病来到动物诊所就诊，但它也可能同时在遭受不相关的疼痛性疾病，且该病未得到妥善解决。在就诊期间，给猫提供镇痛措施能增加患猫的舒适度，促进检查和任何所需操作步骤或检测的顺利进行。增加客户的相关意识也能保证猫能继续获得适当的镇痛措施。

通过行为变化辨识疼痛

身体疼痛和负面情绪状态会伴发行为改变，也会引发室内随地排泄或攻击等不希望出现或不可接受的行为（方格21-3、方格21-4）[9-14]。可能仅在可拜访兽医时，才会注意到与疼痛相关的一些行为变化。例如，触诊猫的疼痛区域时，猫会通过紧绷反应和转向触诊区域来防护疼痛区

方格21-1　会引发猫的疼痛的操作步骤举例

医疗程序
- 腹腔穿刺
- 挤压肛门囊
- 绷带包扎
- 放置胸导管
- 引流和引流程序
- 清洗耳朵
- 放置饲管
- 保定和强行处理程序
    - 检查
    - 实验室取样
    - 进行X线检查和超声检查程序

处理：在硬的表面上，即使是温柔的处理措施，也会增强已有的疼痛
- 放置静脉导管
- 人工采集粪便
- 胸腔穿刺
- 导尿

手术程序
- 去势
- 绝育
- 移除生长
- 断爪术
- 所有其他手术程序

摘自AAHA/AAFP疼痛管理指导和新泽西兽医协会预防、辨识和治疗医院内的疼痛指导

方格 21-2　会引发猫的疼痛的身体疾病

皮肤
- 脓肿
- 烧伤
- 蜂窝织炎
- 严重的下巴痤疮
- 剪伤
- 皮肤发炎
- 撕裂伤
- 耳炎（耳内炎症、耳螨、真菌或细菌感染引起）
- 瘙痒（发痒和/或皮肤发炎）
- 剪力式损伤或撕脱伤
- 尿液灼伤
- 伤口

胃肠道
- 肛门囊堵塞
- 便秘
- 里急后重式腹泻或频繁腹泻
- 异物
- 出血性胃肠炎
- 炎性肠病（通常）
- 巨结肠
- 胰腺炎
- 腹膜炎
- 顽固性便秘
- 梗阻
- 呕吐

骨骼肌肉
- 退行性关节病（DJD）
- 脱臼
- 骨折
- 免疫介导性多关节炎
- 椎间盘疾病
- 韧带拉伤或断裂
- 肌肉酸痛
- 椎关节强硬

眼科
- 角膜溃疡和其他角膜疾病
- 青光眼
- 葡萄膜炎

心肺
- 充血性心力衰竭
- 肺水肿
- 胸腔积液
- 脑血管意外
- 血栓栓塞
- 胸膜炎

口腔
- 猫口腔再吸收损伤（"牙颈"损伤）
- 牙周病
- 口腔溃疡
- 口腔肿瘤
- 口炎
- 牙齿脓肿
- 牙齿断裂

泌尿生殖
- 急性肾衰
- 肾脏增大（囊式肿胀），无论何种病因
- 输尿管结石
- 所有会引发排尿困难和尿频的病因
  - 猫特发性膀胱炎
  - 结晶尿
  - 尿结石
  - 移行细胞癌
  - 下泌尿道感染
- 尿路梗阻
- 产仔
- 尿液灼伤
- 阴道炎

肿瘤
- 大多数癌症都会引发疼痛

神经
- 糖尿病性神经病变
- 椎间盘疾病
- 中枢神经系统疾病
- 外周神经疾病

摘自 AAHA/AAFP 疼痛管理指导和新泽西兽医协会预防、辨识和治疗医院内的疼痛指导域；当触诊一只在其他方面都表现平静状态的猫的疼痛区域时，会让猫表现出攻击行为。但是，在家庭环境内才能最好地辨识出大多数与疼痛相关的行为变化。因此，客户是猫健康护理团队的重要一员。与兽医相比，客户常能更准确地识别自己养的猫的疼痛状态，熟识它们的正常行为，能更轻易地识别行为变化。当猫患DJD时，这种情况更是如此[9-11,13,15]。不幸的是，当客户注意到行为变化时，常认为这是由"年龄大了"导致，而不会考虑是疼痛或疾病[1,16]。这种误解会让客户认为变化是不可避免的，而不会认为这是需要兽医干预的症状。基于上述理由，客户教育是不可或缺的，应训练客户认识到难以辨识、甚至是不显著的变化的重要性，并尽快向动物诊所报告这类情况，以最大化兽医干预的潜在益处。要理解疼痛控制的有效性，也需要客户的参与[12,16]（见宣传材料"我的猫处于疼痛状态吗？"）。有趣的是，一项研究显示DJD患猫的主人更重视非身体性预后（60%），如在休息和舔毛期间的舒适度，而不重视身体性预后，如能代表DJD患猫的生活质量指标的移动能力情况[10]。因此，应同时询问客户宠物的非身体性和身体性的变化情况。

> **方格 21-4　伴发于疼痛的不希望或不可接受的行为**
>
> - 室内随地排泄
>   - 在猫砂盆外排尿和/或排便
> - 攻击
>   - 非特异性易怒
>   - 针对人的特定行为
>   - 针对另一只宠物或其他宠物的特定行为

DJD对处理患猫的影响

DJD是猫慢性疼痛的常见病因，但常会无法识别和诊断出该病[11,12,17]。与DJD患犬不同，DJD患猫通常不表现跛行等常见症状，因为猫的DJD通常是双侧性的。更常被注意到的症状是动物醒来时表现僵硬，在准备跳上或跳下时表现犹豫，像是在决定目标是否值得花力气（和潜在的疼痛）。其他特异性较低的变化包括猫在躺下时，会频繁调整姿势（说明它很难找到一个舒适的姿势），不再花时间陪伴主人和毛发蓬乱（说明它舔自己存在困难）。由于身体的疼痛状态常伴发行为变化（方格21-3、方格21-4），应询问客户猫的行为问题，这有助于发现DJD（方格21-5）。

> **方格 21-3　伴发于疼痛的正常行为变化**
>
> - 食欲
>   - 对食物的兴趣降低或增加
> - 排泄
>   - 排便或排尿的方式改变（如排尿时采用站姿 vs 蹲姿）
>   - 改变排泄的位置（如由于难以接近地下室，而不使用摆在地下室的猫砂盆）
> - 发声
>   - 吼叫
>   - 音量增加或减少
>   - 不似往常一样为获得零食或食物发出喵叫声
>   - 呼噜声增加或减少：当猫为了尝试让自己感到舒适时，会发出呼噜声
> - 移动能力
>   - 进入和走出猫砂盆的能力发生变化
> - 舔毛
>   - 过度舔一个或多个区域的毛
>   - 不舔毛发，毛发可能结团
> - 睡得更多
> - 睡得更少
>   - 无法舒适地入睡
>   - 不安
> - 活动
>   - 减少或增加
> - 游戏
>   - 减少
> - 社交互动
>   - 与人或其他宠物的互动发生改变
>   - 互动减少——伴发退缩和躲藏
>   - 互动增加——变得黏人
> - 敌对的互动和易怒

方格 21-5　DJD 患猫的行为症状

- 与其他猫的互动
  - 退缩或躲避其他猫
  - 躲藏
  - 更黏人或寻求关注
  - 被触碰或处理时易怒
  - 对其他猫表现敌对，引发猫间的攻击
  - 对人的敌对引发猫对人的攻击
- 睡眠和休息
  - 增加或减少
  - 可能假寐
  - 不安，尝试寻找舒适的姿势
  - 表现不寻常的躺姿（未蜷缩）
- 食欲
  - 增加或减少
- 姿势
  - 弓背
  - 低头
  - 僵硬
  - 坐姿或躺姿异常；睡觉时未正常蜷缩
  - 发生急性疼痛时出现斜眼
- 舔毛
  - 减少舔毛，导致毛发蓬乱
  - 增加舔毛，导致过度舔舐疼痛区域，可能引发脱毛
- 猫砂盆的使用
  - 排泄时的姿势改变（如无法以正常蹲姿排泄）
  - 无法进入猫砂盆，发生室内随地排尿和/或排便
  - 肠道运动降低，引发便秘
- 游戏
  - 游戏行为整体减少
  - 选择性减少跳跃等某些游戏运动
- 发声
  - 增加
  - 正常的问候和其他愉悦的叫声减少
  - 触碰疼痛区域会发出嘶叫声
  - 伴发疼痛的呼噜声
- 移动性
  - 减慢（"年龄大了"）
  - 跳跃不频繁或跳跃高度下降
  - 跳上或跳下时表现犹豫
  - 上楼梯和/或下楼梯时存在困难
  - 僵硬
  - 较不活跃
  - 进入或走出猫砂盆存在困难
  - 在更易接近的位置睡觉
  - 跛行（不常见）
- 继发于 DJD 的行为问题
  - 随地排尿
  - 随地排便
  - 猫对人的攻击
  - 猫间的攻击

由于近期才认识到猫 DJD 的发病率，兽医常无法识别该病，导致该病未被治疗。要保障猫的福利，必须理解该病的流行病学情况，了解最常发病的身体位置，来预防在处理患猫时产生疼痛。

猫的脊柱和四肢都会发生 DJD。脊柱或轴部 DJD 更常发于胸椎 T7～T10，但腰椎发病时会更严重[21]。过去常认为腰椎病是一种偶然的发现，但该病会引发剧烈疼痛，因此具备临床和福利意义。无论病因如何，如果通过抓住颈背来保定或提起存在脊椎疼痛的猫，或者通过不适当的处理措施引发其他疼痛性操作，都可能会恶化疼痛，造成进一步的伤害。

较常被影响的四肢关节是肘部、髋关节、膝关节和跗关节。与轴部 DJD 相比，四肢 DJD 在不同年龄阶段的发生率是相同的，年龄最小组在 6 月龄就开始发病[17]。但是，该病是会逐步发展的，在 10 岁时，发病率和疼痛程度会显著增加[10]。虽然该病在老年猫的病情更为严重，但在给所有年龄段的猫进行体检或诊断检测时，由于许多猫患 DJD，处理腿部时会让它们感到不适。因此，应允许猫保持它认为舒适的姿势，而不是通过某些形式的处理来强迫它们保持姿势。不应紧抓和拉伸猫腿，而应让腿保持在较不极端的位置，维持更为舒适的姿势（图 21-1）。在进行检测评估前，可能需要使用镇痛剂或麻醉剂，来预防引发或恶化疼痛。

DJD 的 X 线检查结果无法反映疼痛水平。猫的 X 线检查结果未显示 DJD 的支持性证据时，

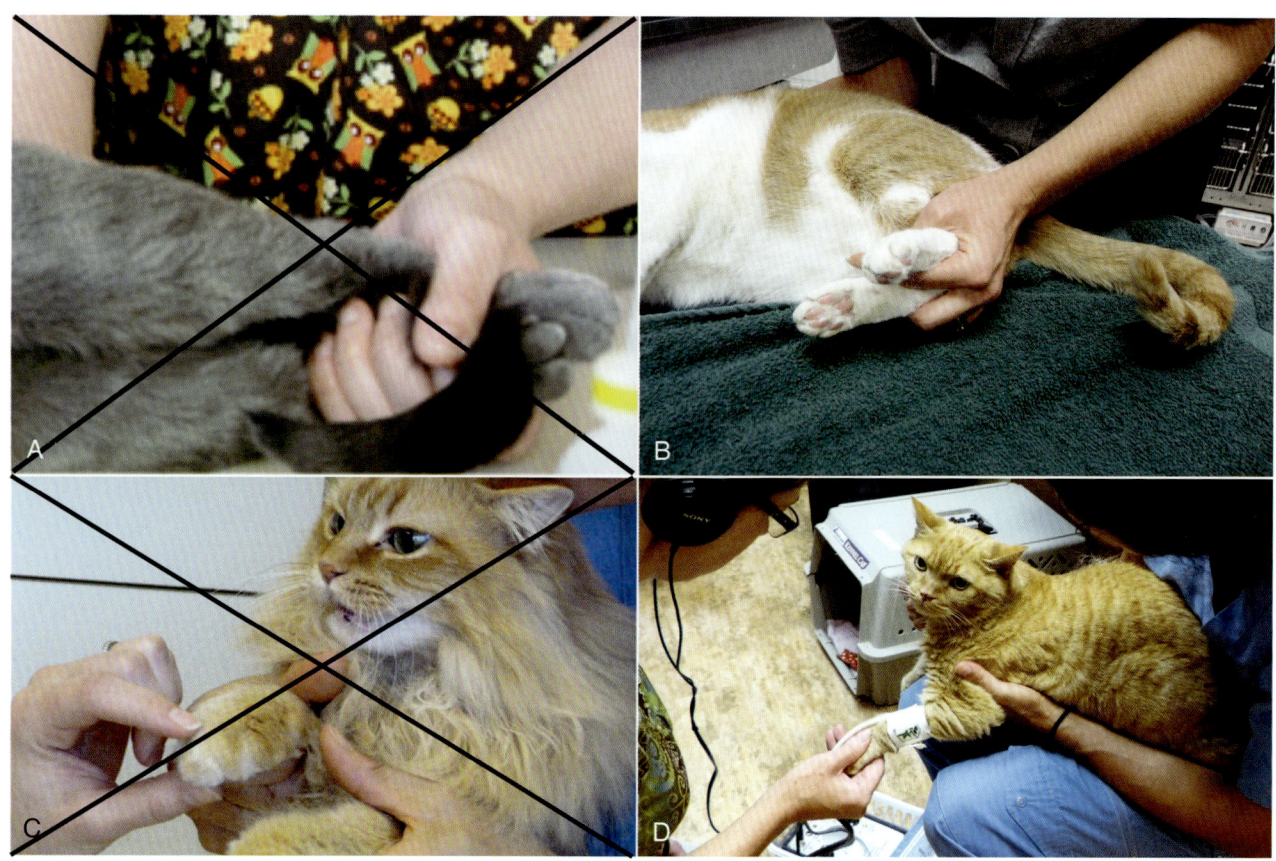

图 21-1　A 不应紧握或过度拉伸猫的腿，且永远不可把猫的尾巴与后肢一起握住。把尾巴和后肢一起握住会恶化轴部和四肢的退行性关节病（DJD）；B 将一个或两个指头放在后肢之间的跗关节位置，通过这种方式保定猫的腿部，不需要拉伸猫腿，这对猫是更舒适的一种保定方式。注意让尾巴留在患猫偏爱摆放的位置；C 站在猫的面前，抓住猫的足部并向前拉腿，会引发疼痛、恐惧和攻击，应避免这种情况；D 轻柔地将手放在前肢尾侧的肱骨位置，缓慢地将腿往前移动，这是一种获得血压检测的舒适和非威胁性处理方法

猫仍可能表现移动能力下降和与该病相关的疼痛。客户可能未知过去曾发生过的肌肉骨骼损伤引发的疼痛，或者体重超重都会加剧 DJD 引发的疼痛[18,19]。事实上，DJD 引发的疼痛是超重猫的一个重要问题，特别是在美国，58% 的猫具有超重或肥胖问题[20]。

并发疾病是 DJD 患猫的一个问题；一项研究发现 44% 的 DJD 患猫表现并发疾病的症状，特别是慢性肾脏疾病的症状[22]。因此，当猫因慢性肾脏疾病来就诊时，必须考虑 DJD 引发的不适。第 15 章提供了关于 DJD 的更多信息。

健康护理团队预防疼痛的方法

由于未经治疗的疼痛是一种严重的福利问题，动物诊所的首要任务是识别、预防和治疗疼痛，同时应考虑个体情况。在处理猫时，要管理和预防疼痛，需要健康护理团队的每位成员提供综合方法。兽医、技术员/护士、兽医助理和住院部助理都需要接触和处理患猫，需要教育他们识别与疼痛相关的行为变化，并使用适当的处理技术，来预防疼痛恶化[4]。兽医团队是客户获得疼痛预防的可靠信息来源；通过适当的文献和客户教育会议，让客户获得早期发现[7]的客户教育，这是诊所疼痛管理方案非常有价值的一部分。应训练客户服务代表或前台人员，让他们帮助客户识别猫何时处于疼痛状态，以及在进行常规拜访的间隔期，何时应让猫接受兽医护理（见小案例）。这种方法十分有益于推动早期干预。

小案例

Jones 女士和 Buddy 的关系十分密切，在 12 年内会定期拜访动物诊所。Buddy 一直是一只健康的猫，但最近它开始不再与 Jones 女士一起睡在床上。从它还是幼猫时起，它就一直与 Jones 女士睡在床上。它最近还开始偶尔在猫砂盆外排泄。Jones 女士感到难过，希望找出出现了什么问题。

客户服务团队里的一员给予 Jones 女士建议，说明 Buddy 的行为改变可能是一种疼痛性健康问题的症状，Jones 女士就此预约了兽医。进行体检时，发现 Buddy 的腰椎和膝关节有退行性关节病。排除了其他问题后，开始给予治疗 DJD 的药物；同时建立后续追踪方案；在不同的位置放置了更多的猫砂盆；Jones 女士买了一组阶梯，这样 Buddy 能爬上床。2 周后再次检查 Buddy 时，它的行为已恢复正常，Jones 女士感到非常开心和感激。

抓住颈背、紧紧按住猫或紧抓猫的腿部，同时完全拉伸猫的腿部等处理技术都会恶化身体的疼痛，还可能引发恐惧和焦虑等负面情绪状态。教育所有员工适当的处理技术是非常关键的。使用 Feliway 有助于通过熟悉和安全的信号来增强正面情绪。猫在诊所环境内需要感到安全，应让它们选择体检舒适的姿势和位置，预防或减少恐惧，避免增加激怒状态。

给处于疼痛状态的猫准备好诊所

舒适的表面

大多数动物诊所使用不锈钢或层压板体检桌。将软垫或毛巾，最好使用从家里带来的猫熟悉或喜爱的软垫或毛巾，放在检查桌上，或者使用软、厚的带垫表面（图 21-2），可避免猫遭受冷、硬表面带来的不适感。对年老、患关节病或体重过低的猫来说，垫子尤其重要。垫子必须是防滑的。在垫子或毛巾下方放置防滑垫、抽屉衬垫或按大小剪裁的相似物质，可以起防滑作用（图 21-3）。在不同患猫的就诊间隙，清洗垫子表面、毛巾或垫子，可消除其他动物的气味，减少发生交叉感染的可能性。

在就诊期间，大多数猫偏爱待在它们的提箱内，或者待在从家里带来的喜爱的猫床或垫子上，这类东西带有它们的气味，让它们感到熟悉（图

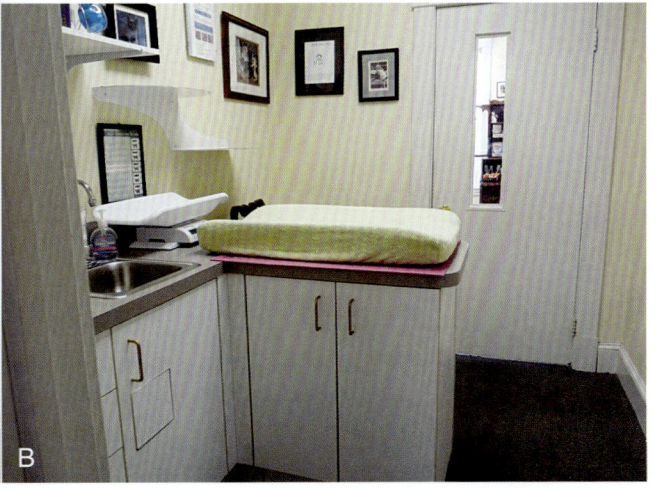

图 21-2 A 一个非常柔软、带垫的"蓬松枕头"有助于预防这只退行性关节病患猫产生疼痛；B 用婴儿更换尿布的垫子可提供柔软的表面，同时它的侧边能让猫感到更安全（感谢 J Bunt 提供）

21-4）。在检查的大部分或所有阶段，猫可一直待在提箱的下半部分，预防发生不舒服的处理和姿势。甚至在取样进行实验室检测时，也可让猫仍待在提箱或猫床内。一种非常有用的方法是把猫放在操作者的腿上，同时在猫的身体下方放置毛巾或提箱的下半部分（图 21-5）。检查者通过使用自己的身体来让猫保持姿势，可快速发现由恐惧或疼痛引发的猫的身体紧张状态。如果仅在检查者触诊膝盖或腹部等某些区域时，猫才发生紧缩或朝向检查者，那么很有可能这些部位存在疼痛。

猫和提箱

关于提箱训练的客户教育对预防疼痛是非常重要的。第 9 章和第 20 章提供了更多相关信息。应告知猫主人握住提箱的底部和顶部的交接处，与握住提手相比，能让"旅程"更为平稳，让猫保持自己选择的姿势，从而减少恐惧和疼痛。在提箱内放猫熟悉的垫子，能增加猫的舒适感和安全感（在检查期间，垫子也可作为桌垫）。最后，在车内用安全带固定住提箱，能增加安全度，预防在车开动过程中提箱发生撞击（图 21-6）。

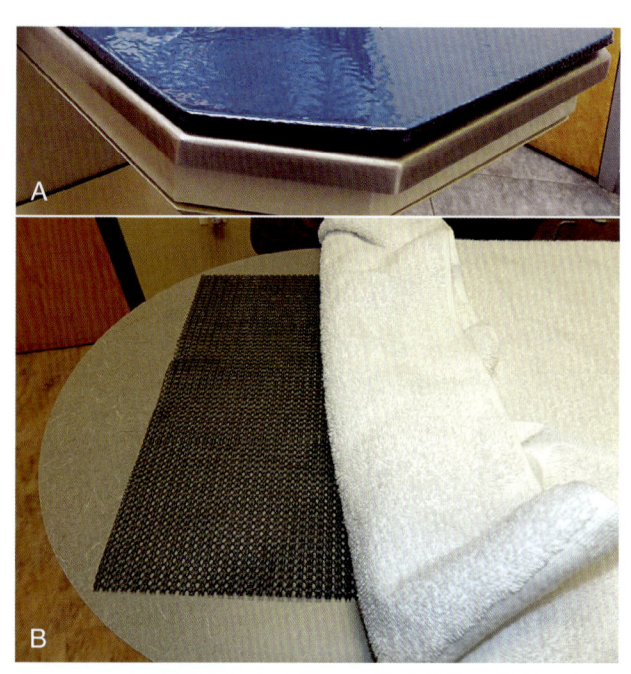

图 21-3　A 使用装在桌上的易于清洁的垫子代替不锈钢桌。对患猫来说，这种垫子的表面比硬、冷的不锈钢桌更温暖、舒适，且可起防滑作用；B 这种抽屉衬垫材料能预防毛巾滑动，可增加舒适感，减少患猫的恐惧

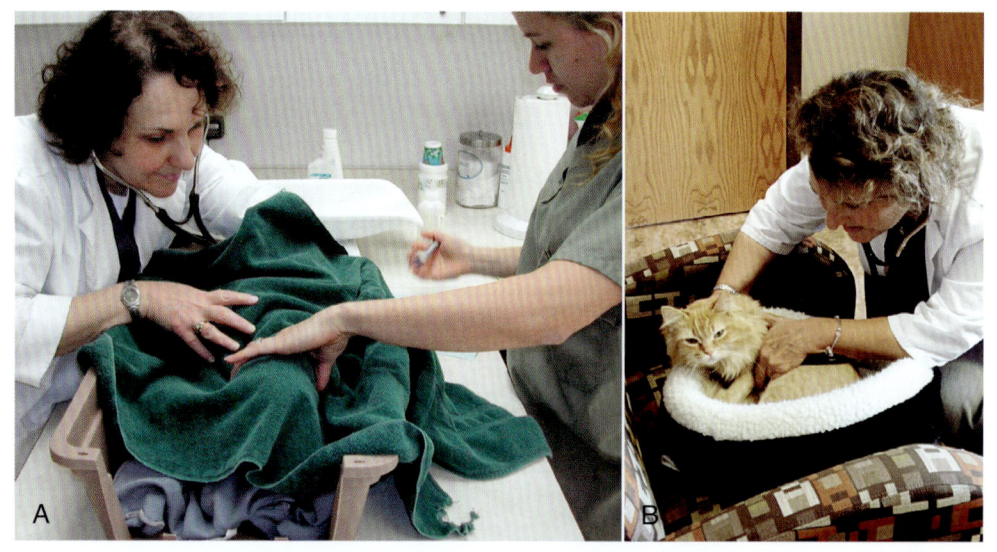

图 21-4　A 这只猫因疼痛或恐惧而表现攻击性。移走提箱的上半部分，用毛巾盖住猫，能让猫处于隐藏状态，降低发生进一步攻击的可能性。把猫的头移向另一侧，这样在检查期间，猫无法看到正在发生什么。注意技术员的手的位置，这能让猫的头保持在一个位置，同时不会让猫受伤；B 用提篮带这只猫来诊所时，将猫放在它自己的猫床上。用这个猫床能让猫感到更舒适，便于进行检查

第 21 章 处理处于疼痛状态的猫

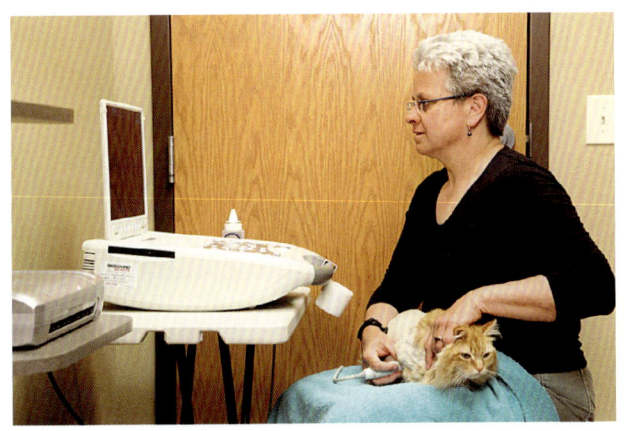

图 21-5 这位心电图操作者将猫放在她的腿上，进行检查。如果不让猫的视线接触不熟悉的人，即使是最恐惧的猫也能待在操作者的腿上

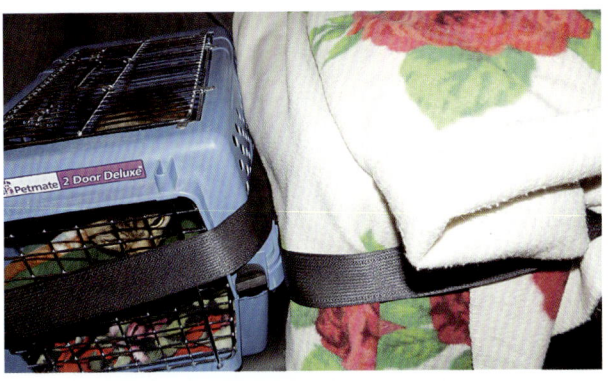

图 21-6 使用安全带固定提箱，能预防撞击，增加安全度。应用毛巾或毯子盖住恐惧的猫的提箱，来预防视觉移动

永远不应将猫从提箱内倒出或硬塞进提箱（图 21-7），这样会引发疼痛和恐惧。正确的措施是在进行病史收集时，让猫自己选择是待在提箱内，或是自己出来。这种方法能让猫有时间适应诊室。一些猫会自己走出提箱，特别是在用零食诱惑它出来时（图 21-8）。如果收集完病史后，猫仍待在提箱内，可以移开提箱的上半部分，让猫在就诊的大多数时间内，都能待在提箱的下半部分。

图 21-8 在收集病史时，这只猫正被零食诱惑而走出提箱

图 21-7 A 如果猫患退行性关节病或其他会引起肢体不适的疾病，将猫倒出提箱时，会让猫感到害怕和疼痛。注意这只猫的耳朵表现出的恐惧状态；B 和 C，抓住猫的颈背，拉伸猫的身体或握住猫的后腿来把猫塞回提箱内，都会引发后背和/或肢体疼痛，必须避免这种操作（版权所有 ©iStock.com）

在带软性侧边的提箱内检查猫会比较困难，但一些提箱型号同时带有上方开口和下方开口，让兽医可对待在提箱内的猫进行检查和其他操作步骤（图21-9）。猫若偏爱软性侧边的提箱，应鼓励客户使用这类型号的提箱。

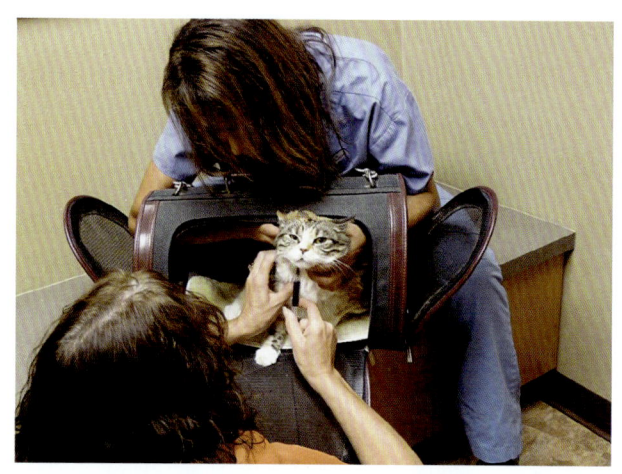

图21-9　这个带软性侧边的提箱有3个开口，包括顶部可提起的开口，便于通过此处进行检查和操作程序

在就诊期间识别和预防疼痛

病史

询问开放式问题，聆听时不打断客户，可获得更全面的病史，提供关于客户关注点的信息，而如果仅询问特定问题，可能会错失这些信息[23]。这种方法也能改善交流，促进与客户建立的联结。进行疼痛评估时，要确认相关的行为变化，关键是使用开放性问题。收集病史时，可以这类问题开头，"您注意到猫的行为或态度发生了什么变化？"这既表明猫的行为变化的重要性，又鼓励客户描述他们最迫切关心的问题，而这常包括行为问题。在获得最初的答案后，后续问题可问"您还注意到其他什么情况吗？"这常能让客户告知更多的细节信息。

根据开放式问题的反映来询问后续问题时，更适当的做法是使用更有针对性的后续问题。例如，如果客户注意到猫"行动缓慢"或"年龄大了"，应询问客户为什么这么认为。一只曾经在楼梯上跑上跑下的猫现在仅能僵硬和缓慢地爬楼梯。一只喜爱跳上床或窗台的猫现在只能在地面上看着喜爱的位置，犹豫是否要跳上去。客户可能会描述猫开始跳跃、犹豫，然后放弃。其他症状包括醒来时表现僵硬，腿部颤抖或摇晃，"耷拉"膝关节或腕关节以下的腿部，或者整体的移动性下降。包括正常行为丢失、新行为的形成或行为问题等任何变化都有意义，应进行记录。

初始观察

收集病史可让猫有5～10分钟的时间来适应新的房间[24,25]。同时可从远处检查猫，兽医可评估猫的呼吸质量、体态和（如果可能的话）步态。急性疼痛常伴发弓背、斜眼和呼吸频率升高。如果可能的话，可诱惑猫行走，但不应强迫猫行走。DJD或其他肌肉骨骼问题引发的疼痛常伴发行走时的僵硬表现或其他步态异常、四肢上的肌肉萎缩（由受影响的腿部的使用减少引发）、跳跃或坐下困难。

如果猫一开始选择待在提箱内，最好在就诊结束，完成检查和诊断检测后，评估猫的步态。把猫放在离提箱尽可能远的位置，可很好地评估猫的步态，因为大多数猫会立即向熟悉的提箱前进。如果诊室比较小或猫会溜走而不是走开，也不应把猫带到诊所的另一个诊室或走道内去评估步态。虽然这种方法常用于患犬，但这可能会引发恐惧，导致猫表现完全的抑制行为或尝试逃跑。如果追逐尝试逃跑的猫，可能会使猫的防御反应变为排斥反应，猫将会表现攻击行为。作为替代措施，应让客户在家里录下猫的移动情况。大多数智能手机都能录像，因此不需要昂贵的设备。许多兽医软件程序都能将客户提供的照片和录像导入诊所的病例库内，这样在接下来的就诊过程中，便可更方便地监控变化情况。回顾前期检查的记录也有助于发现问题，如以前记录猫的肌肉发达，现在却发现猫发生了肌肉流失。

亲自动手检查

如果可能的话，应让猫待在选定的稳定和舒适的表面上，而不是将猫从一个位置移到另一个位置。这种方法能让猫感到有控制感,可增加猫的安全感和舒适度,预防发生恐惧和疼痛。熟悉的垫子能进一步增强猫的安全感,预防猫因恐惧而紧张。大多数猫偏爱隐蔽的地方,如提箱的下半部分、带高侧边的猫床、小的体重秤或人的大腿上(图 21-10)。更自信的猫可能偏爱架子、沙发或地面。不幸的是,一些兽医专业人员在评估患猫的整体情况时,仍更偏爱将猫举在空中(图 21-11),或仅让猫的后脚接触检查桌(图 21-12)。这种姿势会让猫感到害怕,常会引发猫的不适,应避免使用。

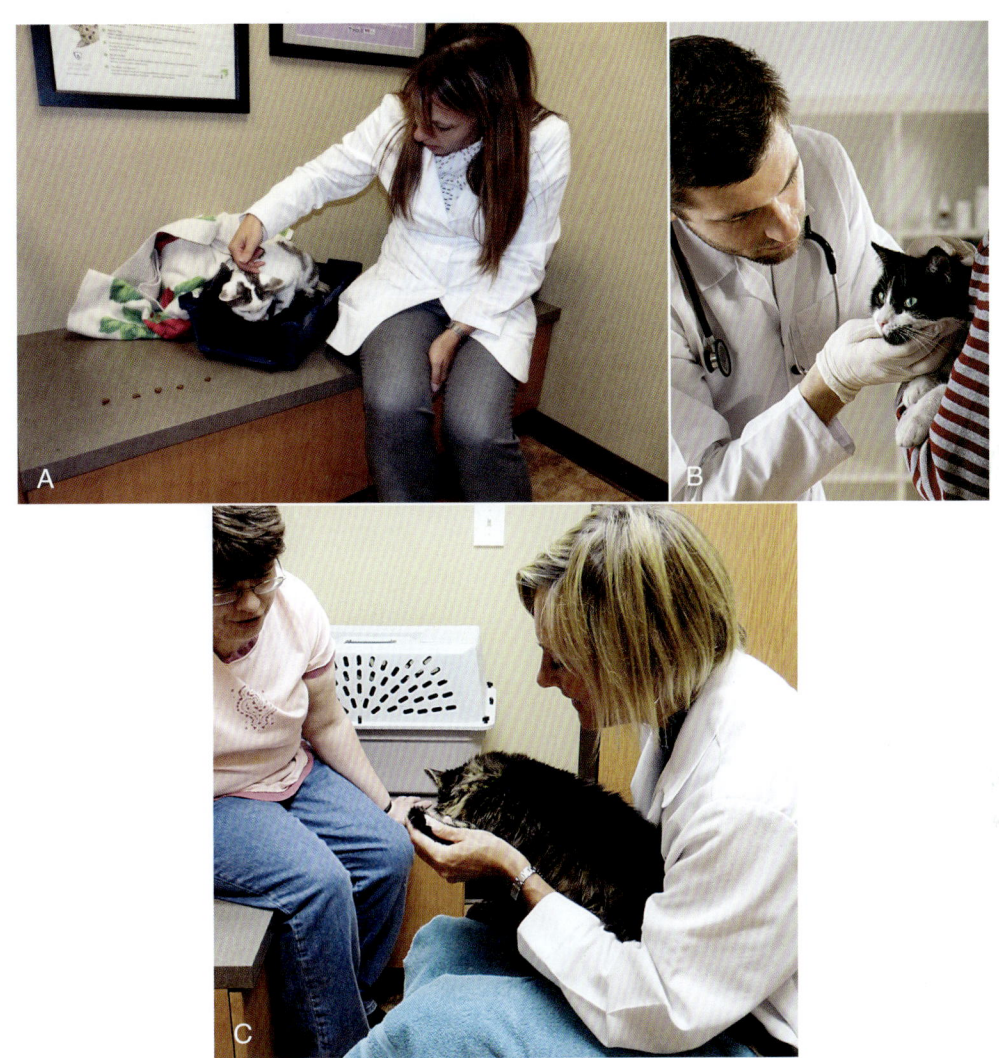

图 21-10　A 让猫待在它感到熟悉的提箱内和由家里带来的垫子上,能增加猫的安全感。提箱的侧面能给猫提供隐藏的位置,让猫感到受保护;B 在评估猫的面部时,提供软的毛巾或打开侧面的高的猫床,让猫可以躺进去,这能让猫感到舒适;C 把猫保定在腿上便于进行触诊,让保定者能环抱猫,预防猫逃跑,同时可发现任何紧张表现,这类表现常伴发于疼痛(A、C,感谢 D. Echelberry 和 M. Miller 提供;B,版权所有 ©iStock.com)

图 21-11 将猫举在空中来获得整体评估会让患猫感到害怕。注意猫的耳朵朝向后方。这个姿势也会造成猫的后背和前肢不适（版权所有 ©iStock.com）

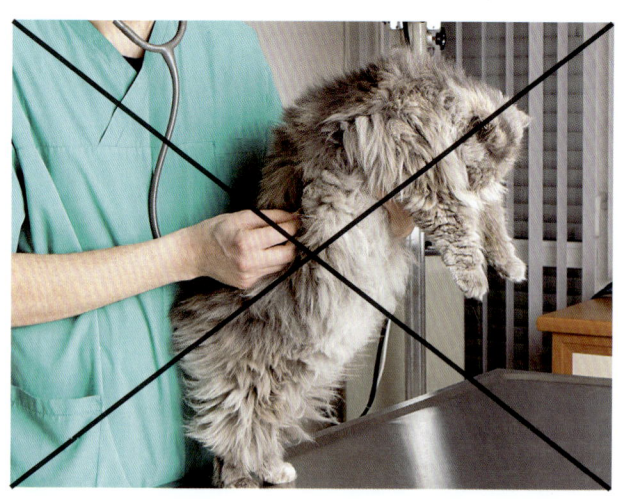

图 21-12 提起猫的前半部分身体会让猫没有控制感，还会让猫感到害怕和疼痛。用这种方式保定会引发后背和后肢疼痛，后腿在不锈钢桌上很易打滑（版权所有 ©iStock.com）

应根据个体猫的情况制定检查顺序，推后会引发疼痛或应激的检查部分，直到最后进行。在猫会经历疼痛前，就应获得心率、呼吸频率和血压的读数，这样可改善这些结果的准确度。如果在体格检查前或期间注意到疼痛状态，应停止检查，给予镇痛药。在这种情况下，经过黏膜或肌内给予的丁丙诺啡是一种极佳的镇痛药。可以继续检查不存在疼痛的区域，在进一步评估疼痛区域前收集用于诊断的样本。

步态、体态、可见的伤口和患猫的病史都能帮助确定疼痛区域。例如，如果病史包含呕吐或腹泻，保留腹部触诊直至检查结束时进行；如果客户认为猫"行动缓慢"，保留四肢检查直至检查结束时进行。如果病史并未表明存在任何不适，那么最好最后进行口腔检查，口腔疼痛的症状较不明显，但口腔疼痛却是普遍存在的。

检查头部和颈部

由于牙科疾病是猫最常见的疼痛性疾病之一，应定期以让猫最舒适的方式评估猫的口腔。从后面或侧面进行评估，可预防发生恐惧和可能与恐惧相关的攻击（图 21-13）。许多兽医会趋向于拉扯猫的毛发，来打开下颌（图 21-14），但这种方法会让猫感到不适，甚至是无口腔疼痛的猫也会感到不适，会让口腔评估变得更困难。

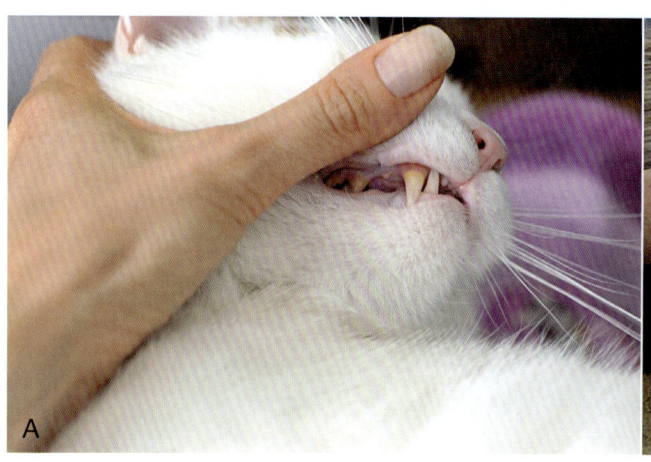
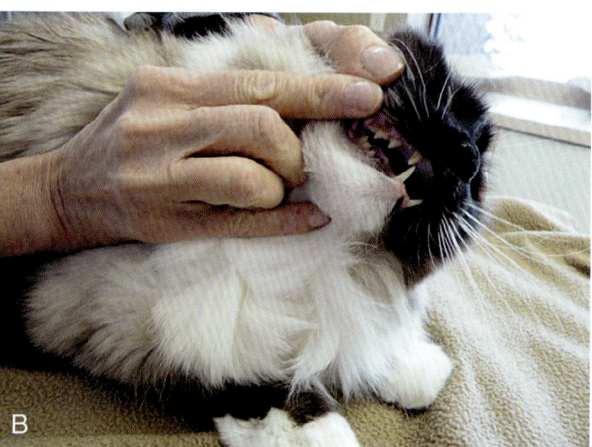

图 21-13 这些操作者都选择从侧面接近猫，来评估猫的口腔，因此可预防从正面接近猫而引发的恐惧。他们并未拉扯猫的毛发，而是轻柔地处理猫的唇部，来进行全面的牙科检查（A，版权所有 ©iStock.com）

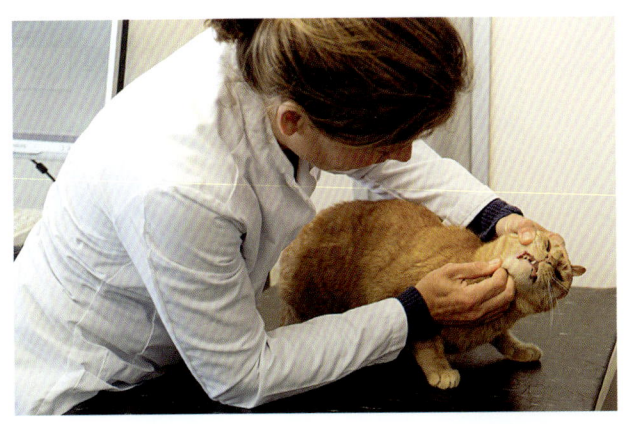

图 21-14 拉扯毛发来打开猫的嘴巴会引发疼痛。应避免使用这种方法（版权所有 ©iStock.com）

在几种情况下，在进行更全面的口腔评估前，适当的方法是进行镇静或麻醉。例如，在猫处于清醒状态时，不应用探针检查牙齿和牙龈。如果猫有位于一颗牙齿或数颗牙齿上方的牙龈炎、再吸收性损伤或很可能有其他牙科健康问题，这表明需要进行麻醉和牙科影像检查。此外，如果怀疑有口腔肿瘤、异物或其他疼痛状态，镇静或麻醉猫后进行口腔评估，能预防疼痛，进行更好地评估。所有检查都应包括对舌头、上颚和口腔其余部分的评估，才能早期发现异常。应在就诊的最后阶段进行视网膜检查，除了视网膜检查外，均应从侧面或后面检查头部、颈部和耳朵（图 21-15，A-C）。一些兽医甚至能从猫的后方进行视网膜检查（图 21-15，D）。如果存在结膜炎、角膜溃疡或其他眼部刺激或损伤，应往眼内滴入局部镇痛剂，最好从后方滴入（图 21-15，E）。

触诊四肢和背部

应进行背部和四肢的触诊，以分别确认疼痛性轴部 DJD 和四肢 DJD。最开始先施以轻微的压力，进行小范围的移动，仅当未立即出现疼痛症状时，再增加压力和移动范围，这样能预防恶化（图 21-16）。在腰部或腰骶部的轴部疼痛要更加严重[4]。在脊椎周边的肌肉会表现流失，但非疼痛性疾病也会发生这种肌肉流失，因此应考虑所有其他临床信息来做出判断。DJD 患猫的肘关节或膝关节常发生增厚，也会发生关节囊内渗出和移动范围下降，因此必须小心进行触诊[21,26]。

处于疼痛状态的猫可能很紧张，为了保护自己而抗拒检查。应意识到疼痛是引起攻击行为的因素之一，适当地治疗这种疼痛有助于让患猫保持舒适状态，便于进行检查和其他所需程序。对所有就诊参与者来说，这么做也有助于让就诊过程更平和、愉快。

收集实验室检测样本

在诊室内收集实验室检测样本、检测血压、进行静脉穿刺和膀胱穿刺，而不是将猫转移至其他位置进行上述操作，常可减少猫的恐惧，预防由恐惧引发的挣扎带来的疼痛。用毛巾或小毯子轻柔地包住猫，让猫感到有躲藏处，这也是有益的。常可在猫待在提箱的下半部分时，收集实验室检测样本。应让猫可保持自然的姿势，不应紧紧抓住它的腿和拉伸它的腿部或身体。通常仅需一名技术员或助理来保定猫，但偶尔会需要两名保定者，来预防挣扎和产生不适。有用的方法包括轻柔地对猫说话，用食物、零食或玩具来分散它的注意力。大多数需要 2 个以上的人来保定的猫都处于疼痛状态或感到恐惧，使用镇痛药、镇静药和/或麻醉药是有益的。

让猫待在诊室内还有另外一个优势，就是不用"在后面完成"样本收集过程，客户不会看不到样本收集过程，不用担心它们的宠物会遭受潜在的疼痛或痛苦。检查评估和样本收集过程也是一个进行客户教育的绝佳机会，可增强客户对诊所价值的认知，建立与诊所的联结。如果客户选择不看该过程，可让他们在前台区域等待，但猫应待在它已经适应的房间内。完成了所有程序后，如果猫想返回提箱内，应让它返回提箱，同时告知客户必要的治疗措施和未来的兽医拜访安排。

测量血压

对所有参与者来说，测量前腿血压通常是最简单的。应让猫保持舒适的姿势，待在人的腿上、座椅上或提箱的下半部分，可使用零食、

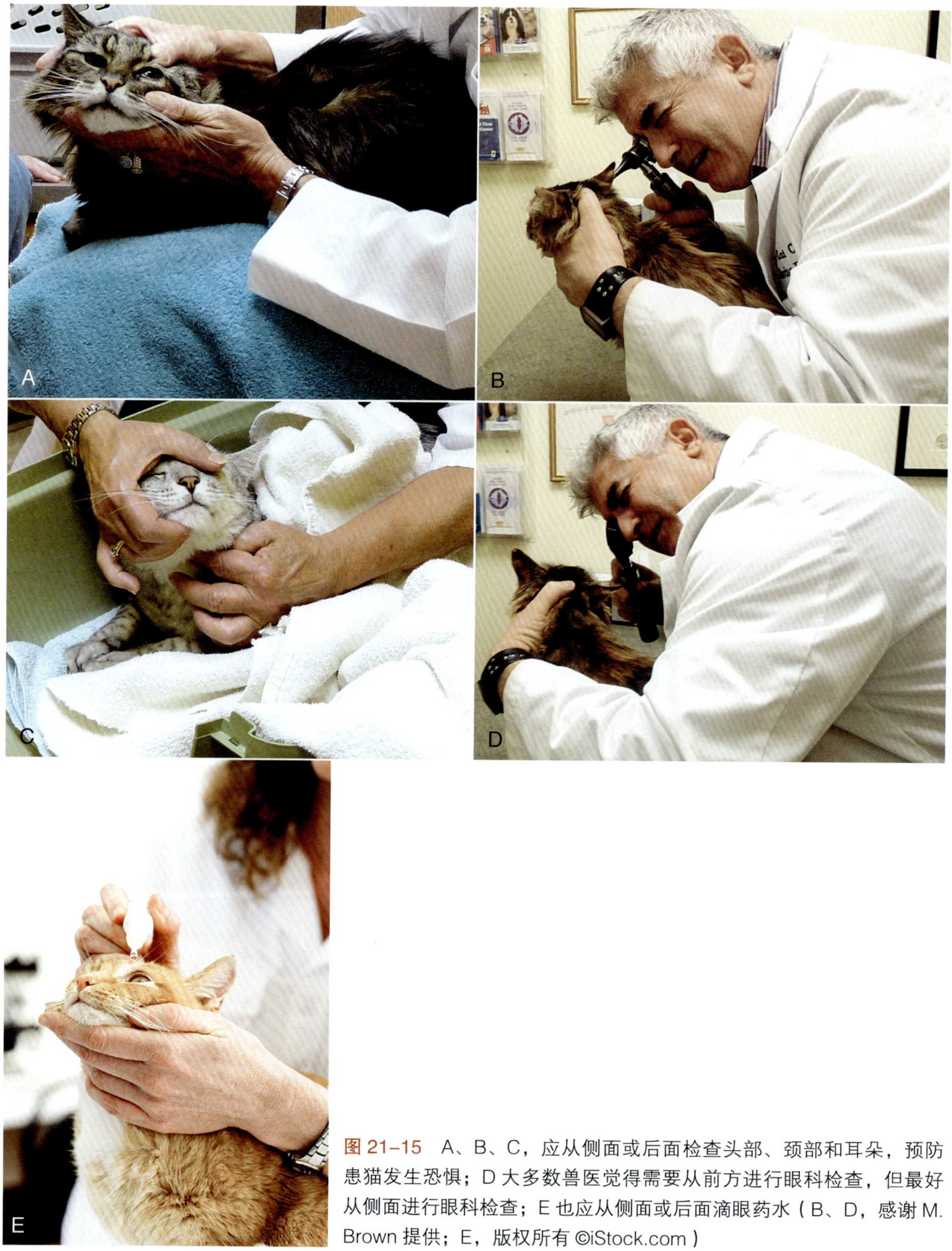

图 21-15 A、B、C，应从侧面或后面检查头部、颈部和耳朵，预防患猫发生恐惧；D 大多数兽医觉得需要从前方进行眼科检查，但最好从侧面进行眼科检查；E 也应从侧面或后面滴眼药水（B、D，感谢 M. Brown 提供；E，版权所有 ©iStock.com）

猫薄荷或抚摸来分散猫的注意力（图 21-17，A 和 B）。

永远不应拉扯脚部来移动腿部，这样会引发恐惧、疼痛和攻击。替代措施为轻柔地往前推肱骨的尾侧，通过这种方式来移动前肢。如果存在 DJD 或其他肌肉骨骼疾病，建议在未受影响的腿上测量血压（图 21-17，C）。如果要使用后腿，应轻柔地往后按压股骨，通过这种方式来往后移动后腿。要测量四肢都患 DJD 的猫的血压时，最佳位置是尾部静脉，但测量结果可能不是特别准

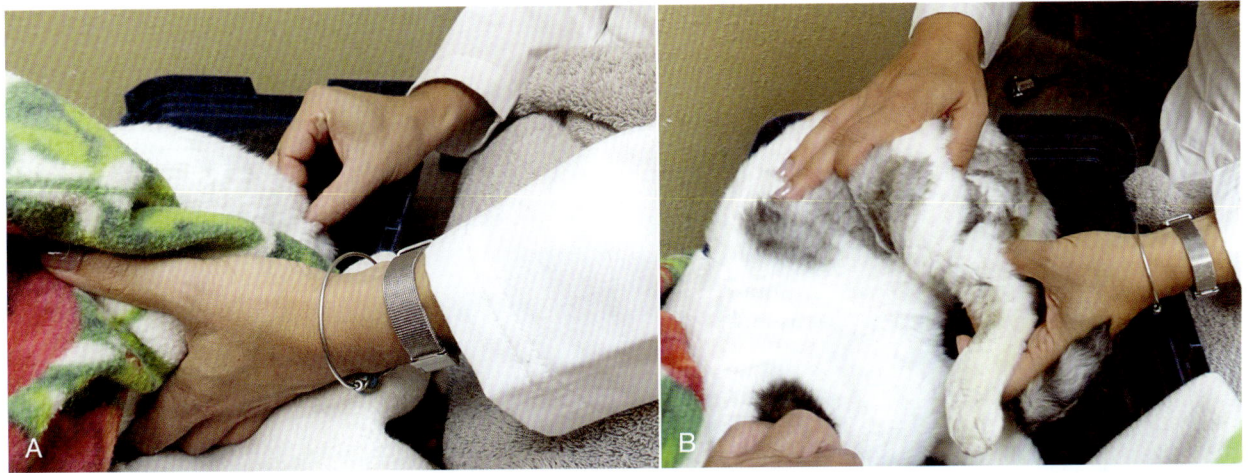

图 21-16 触诊背部和四肢时，应施以轻度压力，如果患猫没有反应，再增加力度。检验四肢关节的运动范围和评估关节厚度，也有助于发现疼痛

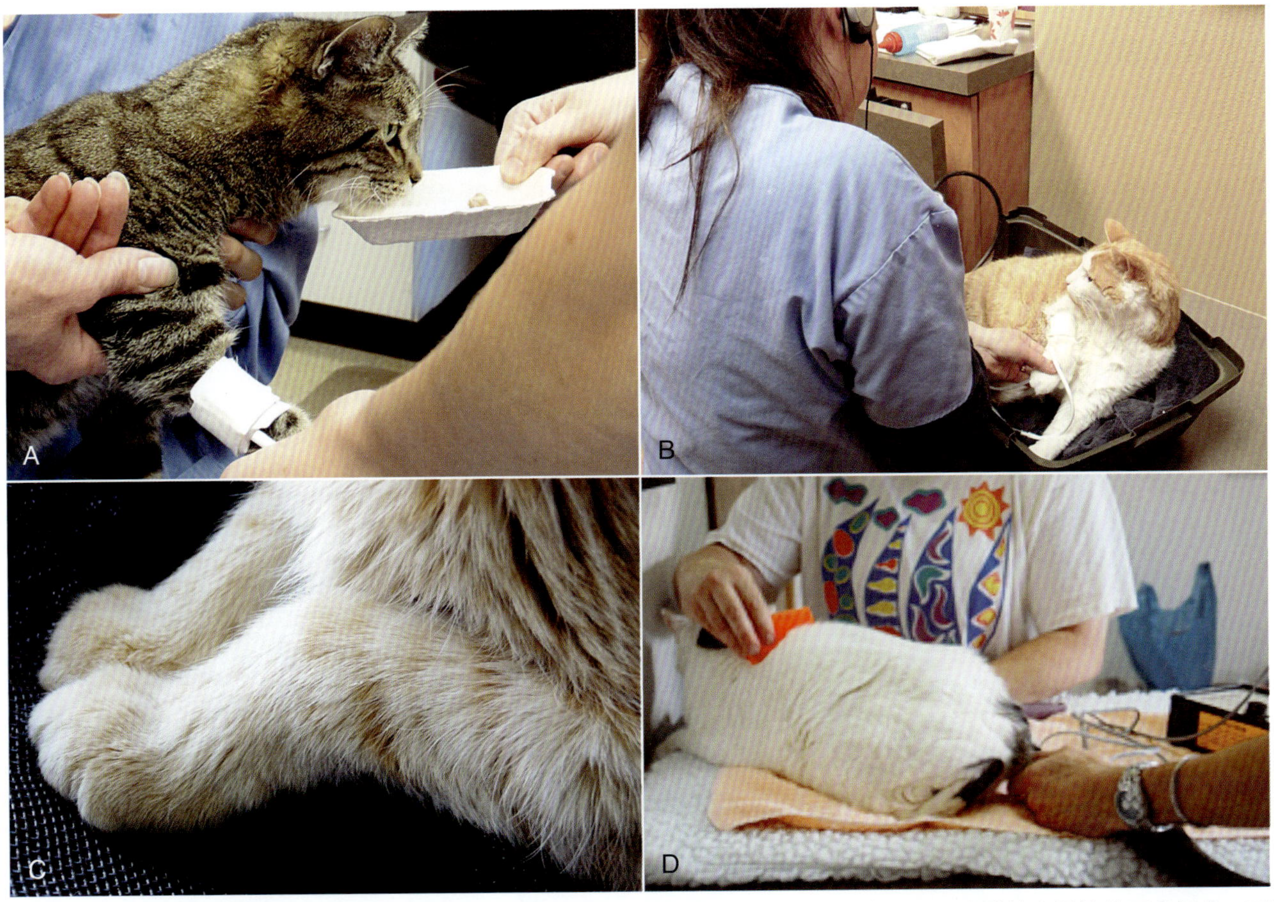

图 21-17 A 在测量血压时，对食物或零食感兴趣的猫，很容易就能被分散注意力；B 让患猫待在提箱的下半部分，可增加猫的安全感和舒适度，也便于获得测量血压的位置；C 严重的 DJD 患猫的四肢常可见畸形。测量血压时应使用另一条腿，不应使用这条处于疼痛状态的腿；D DJD 常是双侧性疾病，DJD 患猫的四肢常都处于疼痛状态。测量这类猫的血压时，最准确和产生疼痛最小的测量部位是尾巴

确。为了避免产生"白大褂高血压",应在收集病史后,体格检查前或后和进行其他的诊断检查前,在患猫尽可能处于平静的状态下测定血压。应保持环境安静,远离其他动物,让客户在场是很重要的,可避免产生"白大褂高血压"[27]。

静脉穿刺

猫的静脉穿刺部位最常是头静脉、内侧隐静脉或颈静脉。每个部位都有优势,猫常偏爱其中一个部位。疼痛的存在会影响这种偏爱,应在猫的病例里标明偏爱位置,以供未来就诊时参考。

从头静脉获得血液样本常可让猫以最舒适的姿势坐着。使用蝴蝶导管时,可把注射器和人手放在离猫较远的位置,可预防压力问题,这样就不需按压腿部来获得足量的血液(图21-18,A)。

由内侧隐静脉收集血液可预防猫看到正在发生的情况(图21-18,B-D),看到这些情况可能会引起某些猫的应激。由颈静脉收集血液是一种非常重要的技术,通过这种技术能更快地获得大量样本。这种技术对虚弱或个体较小的猫、抗拒保定的猫和四肢不适的猫特别有用。应让猫舒适地胸骨着地卧着或侧躺着。如果猫是胸骨着地卧着,不应向桌子边缘的下方拉扯猫的前肢,应让猫的前肢和身体其余部分保持一致的高度(图21-19,A)。在收集颈静脉血时,如果需要保定前肢,可使用手轻柔地握住前肢,避免同时挤压前肢而产生疼痛(图21-19,B)。如果让猫保持侧躺,应轻柔地抬高猫的头部,稍微往后移动前肢,最好使用毛巾。

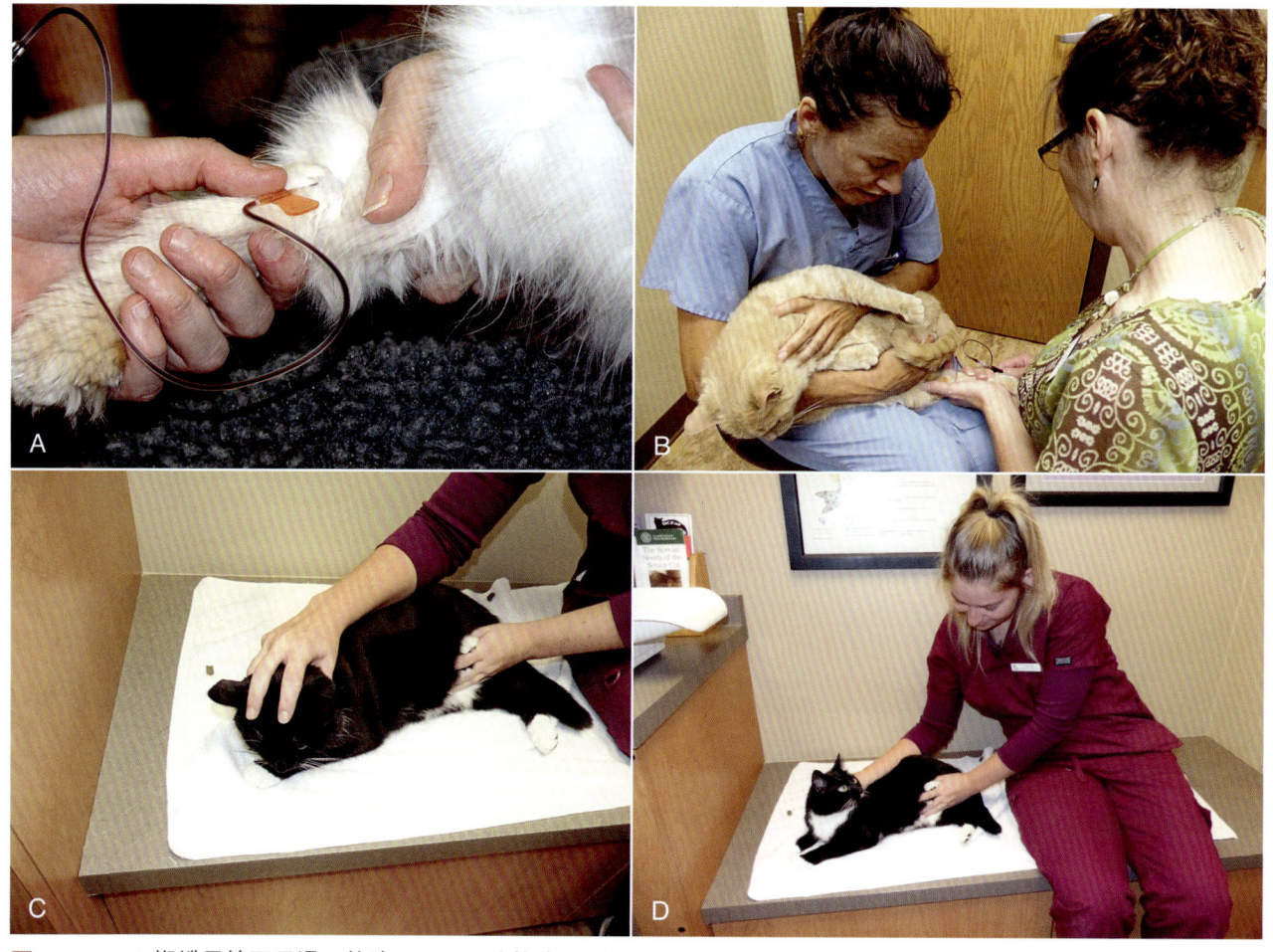

图21-18 A蝴蝶导管更易滑入静脉,可用于头静脉和内侧隐静脉。进行任何样本收集时,让猫保持舒适的姿势,可维持保定者和样本收集者的安全;B-D,3种由内侧隐静脉采血的不同处理方法

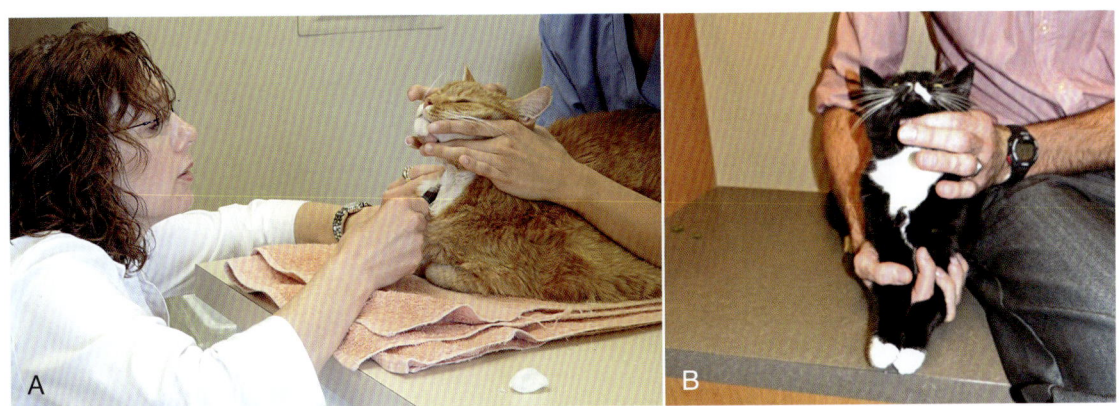

图 21-19　A 以这种姿势由颈静脉收集血液样本，注意猫的前肢仍在桌面上，保持猫喜爱的姿势。这种姿势不会干扰样本收集；B 如果必须保定前肢，用一只手来进行保定，将指头放在前肢之间，防止同时挤压前肢。用手松散地抓住腿部，可预防患猫挣扎

膀胱穿刺

收集尿液的首选方法是膀胱穿刺，但对处于疼痛状态的猫，这会引起一些问题。收集样本时，通常让猫维持侧躺姿势，把猫的后腿往后拉，以更好地定位膀胱。这个姿势常会引起 DJD 患猫的不适和挣扎。其他可预防发生不适的优秀技术包括让猫保持站姿（图 21-20，A），让猫仰躺，同时不往后拉伸后肢（图 21-20，B），或者让猫侧躺，同时不过度拉伸后肢（图 21-20，C 和 D）。

收集猫特发性膀胱炎或其他疼痛性膀胱疾病

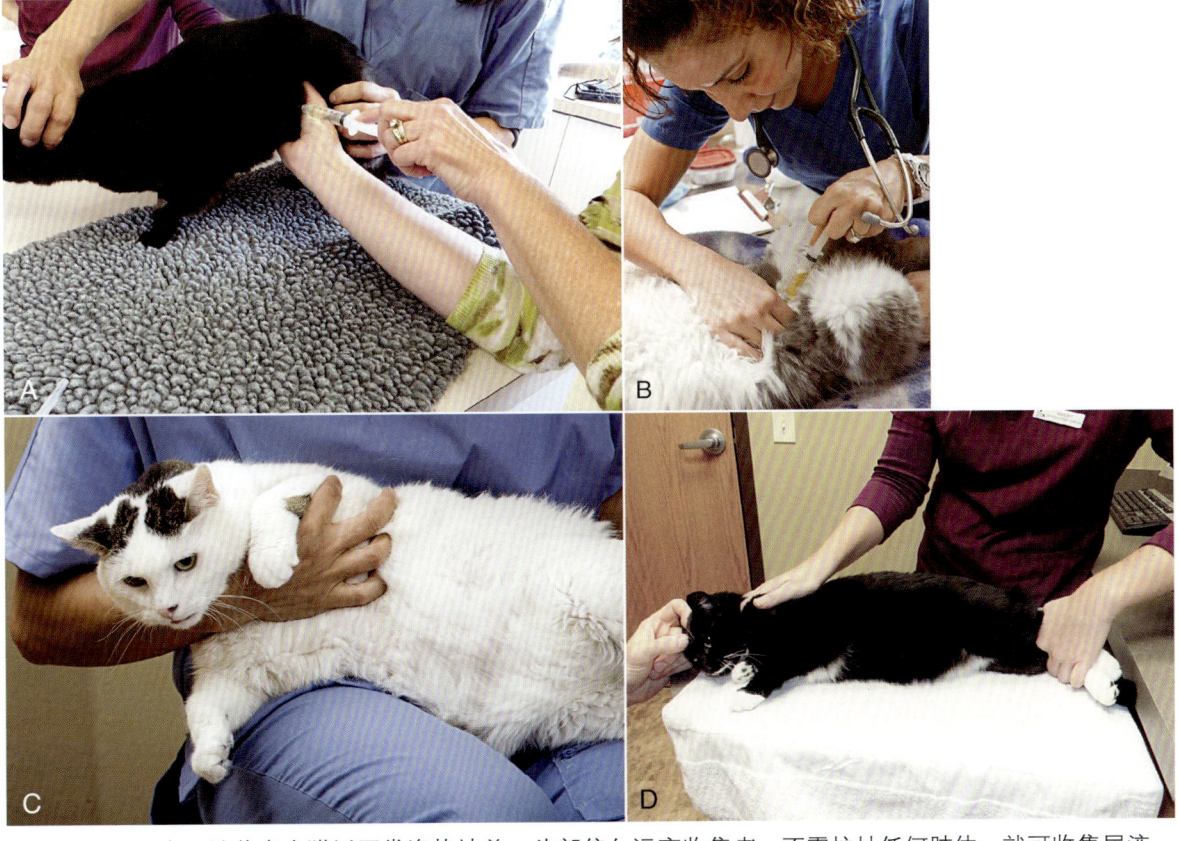

图 21-20　A 这只关节炎患猫以正常姿势站着，头部偏向远离收集者。不需拉扯任何肢体，就可收集尿液。B 进行膀胱穿刺时，可让猫仰躺着，让后肢保持蛙腿姿势，这样不需要去拉伸后肢。C 进行膀胱穿刺时，不需要往后拉伸后肢，仅需松散地保定后肢，让后肢处于放松的姿势，便于进行膀胱穿刺。D 注意如何轻柔地往后拉后腿，操作者用手的第 2 指和第 3 指轻柔地固定猫的头部，这是一种膀胱穿刺保定方法。让其他人温柔地抚摸猫的头部，分散猫的注意力，也能帮助安抚猫（B，版权所有 ©iStock.com）

患猫的尿液前，应给予适当的镇痛剂。经黏膜给予或肌内注射丁丙诺啡能预防频繁排尿，让膀胱充盈，便于收集尿液样本。若要收集猫特发性膀胱炎患猫的尿液，最好让猫在干净的猫砂盆内排尿，或者在无吸收性的沙子或其他猫砂上排尿，让尿液在猫砂盆内积聚。

X线检查和腹部超声

由于猫的疾病问题而需要进行X线检查和腹部超声，此时建议使用镇痛药来保持猫的舒适状态。进行X线检查时，要拉伸猫的腿部，让猫的身体完全展开，这尤其会引起DJD患猫的疼痛，应给予患猫麻醉剂或带镇痛作用的强效镇静剂。（在某些国家和美国的某些地区，规定进行X线检查时，必须使用麻醉剂或强效镇静剂，以避免使用人工保定）。需要进行胸部或腹部X线检查的猫可能也有由DJD引发的疼痛，镇痛剂可帮助缓解这类患猫已有的和继发的疼痛状态。美国作者的诊所有一套标准操作程序，要求在进行猫的任何X线检查前，必须给予猫镇痛剂，在给大多数猫进行腹部超声时，也需要使用镇痛剂。

作为诊断工具的镇痛试验

任何会引发人疼痛的程序也可能引发猫的疼痛。但是，人可被告知某个程序（如为抽血而扎入针头）会引起短暂的疼痛，患猫则无法获得该信息。如果患猫的病史显示疼痛可能会显著影响该个体，在进行检查前就应给予镇痛剂。如果无法获得病史，应谨慎地进行检查，一旦怀疑出现疼痛（根据体态、对触诊的反应、正常性情发生的变化或攻击行为），应立即给予镇痛剂，或者在进行任何会引发疼痛的程序前，给予镇痛剂。

如果怀疑发生疼痛，根据患猫的病史或从远处观察，最好在给予镇痛剂前，听诊心脏和肺部。直至镇痛剂的效果达到最大时，再检查疼痛区域或进行会引发疼痛的程序。如果程序会引发短暂的疼痛，如会按压肛门腺的直肠检查，使用经黏膜给予的丁丙诺啡或镇静剂能极大地缓解不适，

特别是对患DJD等并发健康问题的猫。无论是经黏膜给予还是肌内注射，丁丙诺啡均会在30分钟内发挥作用，在90分钟时达到最强效果[28,29]。在有其他病患等待的繁忙的动物诊所里，适当的方法是让客户知道在镇痛剂起效前，兽医需接待其他病患，让客户可选择等待或把猫留在动物诊所，这样客户就可返回去工作或处理事务。

在确定疾病诊断前，常需使用镇痛剂，这也是适当的做法。例如，确诊急性和慢性胰腺炎都需要时间，如果怀疑是胰腺炎，应在早期就给予镇痛剂。

在预防性地给予镇痛剂前，应与客户进行讨论，但大多数客户都会感到兽医关心他们宠物的舒适情况，很少有客户会拒绝预防性给予镇痛剂的推荐。

缺乏疼痛的外部表现证据，不意味着猫并未在经历疼痛和承受其负面后果，尤其因为疼痛是个体化的经历[32]。如果未知患猫的正常性情情况，比较给予镇痛剂前和镇痛剂后的观察结果，常能确认猫是否处于疼痛状态。这是一种非常重要的诊断工具，特别是在表现攻击的猫，可帮助区别攻击是由疼痛还是恐惧引发的[30,31]。镇痛剂产生的反应相对易于解读，但当患猫对镇痛剂无反应时，可能是药物剂量不足或药物类型不适当，无法控制疼痛。可能需要使用多模式镇痛剂或其他类型的镇痛剂（如针对神经性疼痛的镇痛剂）。第14章、第15章和第16章提供了更多信息。

在未来拜访兽医时预防疼痛

由于恐惧和应激会恶化疼痛，有益的措施是给客户开在拜访兽医前，可在家喂的药物。这类药物的目的是预防或减少拜访期间的恐惧、焦虑和疼痛。美国作者发现加巴喷丁对猫可起抗焦虑和镇痛作用。在带猫前往动物诊所前1.5～3小时，作者给猫使用10毫克/千克的加巴喷丁，最高用量为每只猫100毫克，将胶囊内的药粉与

罐头食品或婴儿食品相混合。

当其他镇痛治疗的效果不足时，可以给患慢性和间歇性疼痛的猫使用丁丙诺啡。在拜访兽医前，推荐经黏膜给予丁丙诺啡，可预防就诊期间发生疼痛。即使在家里能很好地控制患猫的疼痛，在兽医检查期间所需进行的操作和程序可能也使得在拜访兽医前，需给予丁丙诺啡。美国作者推荐在出发前的约90分钟（发挥最强效果的时间）经黏膜给予丁丙诺啡，降低旅途和拜访兽医期间的猫的不适。

应鼓励进行提箱训练，并提供教育材料来支持客户训练它们的猫去适应提箱。第9章提供了训练信息。在动物诊所，可使用明显的电脑"弹窗"或病例里的注意事项，来保证兽医团队的每个成员了解每只猫在进行检查时的最舒适姿势，以及测定血压和收集实验室检测样本的最佳位置（如抽血用的首选静脉和进行膀胱穿刺的首选位置）。

结论

能识别猫的疼痛症状的能力，加上了解潜在的会引发疼痛的程序和疾病，能提高使用预防疼痛的操作技术和必要时使用镇痛剂的需求意识。这些方法都能改善患猫的舒适度和所有兽医团队成员的工作满意度及安全。让猫感到舒适也能改善猫主人拜访兽医的安全和价值，提高他们未来回来拜访的可能性。

参考文献

[1] Gunn-Moore D. Considering older cats. J Small Anim Pract. 2006.47:430-431.

[2] International Association for the Study of Pain. IASP Taxonomy: Pain. http://www.iasp-pain.org/Taxonomy?navItemNumber¼576#Pain, Accessed February 15, 2015.

[3] McMillan FD. Quality of life in animals. Forum. J Am Vet Med Assoc. 2000.216:1904-1910.

[4] Reid J, Scott M, Nolan A, Wiseman-Orr L. Pain assessment in animals. In Pract. 2013.35:51-56.

[5] Imbe H, Iwai-Liao Y, Senba E. Stress-induced hyperalgesia: animal models and putative mechanisms. Front Biosci. 2006.11:2179-2192.

[6] Khasar SG, Burkham J, Dina OA, et al. Stress induces a switch of intracellular signaling in sensory neurons in a model of generalized pain. J Neurosci. 2008.28: 5721-5730.

[7] Stella J, Croney C, Buffington CAT. Effects of stressors on the behavior and physiology of domestic cats. Appl Anim Behav Sci. 2013.143:157-163.

[8] Quimby JM, Smith ML, Lunn KF. Evaluation of the effects of hospital visit stress on physiologic parameters in the cat. J Feline Med Surg. 2011.13:733-737.

[9] Robertson SA, Lascelles BDX. Long-term pain in cats: how much do we know about this important welfare issue? J Feline Med Surg. 2010.12:188-199.

[10] Benito J, Gruen ME, Thomson A, et al. Owner-assessed indices of quality of life in cats and the relationship to the presence of degenerative joint disease. J Feline Med Surg. 2012.14:863-870.

[11] Bennett D, Zainal Ariffin SM, Johnston P. Osteoarthritis in the cat: 1. How common is it and how easy to recognise? J Feline Med Surg. 2012.14:65-75.

[12] Sparkes AH, Heiene R, Lascelles BD. ISFM and AAFP con- sensus guidelines: long-term use of NSAIDs in cats. J Feline Med Surg. 2010.12:521-538.

[13] Lascelles BDX, Hansen BD, Thomson A, et al. Evaluation of a digitally integrated accelerometer-based activity monitor for the measurement of activity in cats. Vet Anaesth Analg. 2008.35:173-183.

[14] Taylor PM, Robertson SA. Pain management in cats: past, present and future. Part 1. The cat is unique. J Feline Med Surg. 2004.6:313-320.

[15] Zamprogno H, Hansen BD, Bondell HD, et al. Item genera- tion and design testing of a questionnaire to assess degener- ative joint disease-associated pain in cats. Am J Vet Res. 2010.71:1417-1424.

[16] Bennett D, Morton C. A study of owner observed beha- vioural and lifestyle changes in cats with musculoskeletal dis- ease before and after analgesic therapy. J Feline Med Surg. 2009.11:997-1004.

[17] Lascelles BDX, Henry 3rd. JB, Brown J, et al. Cross-sectional study of the prevalence of radiographic degenerative joint disease in domesticated cats. Vet Surg. 2010.39:535-544.

[18] Epstein M, Rodan I, Griffenhagen G, et al. 2015 AAHA/AAFP pain management guidelines for dogs and cats. J Fel Med Surg. 2015;17:251-272. http://jfm.sagepub.com/content/ 17/3/251.full.pdf+html, Accessed March 16, 2015.

[19] Epstein M, Rodan I, Griffenhagen G, et al. 2015 AAHA/AAFP pain management guidelines for dogs and cats. J Am Anim Hosp Assoc. 2015;51:67-84. https://www.aaha. org/professional/resources/pain_management.aspx#gsc. tab¼0, Accessed March 16, 2015.

[20] Association for Pet Obesity Prevention. Obesity Facts & Risks;2013. http://www.petobesityprevention.org/?s¼pet+obesity+facts, Accessed February 15, 2015.

[21] Lascelles BDX, Robertson SA. DJD-associated pain in cats: what can we do to promote patient comfort? J Feline Med Surg. 2010.12:200-212.

[22] Marino CL, Lascelles BDX, Vaden SL, et al. Prevalenceand clas- sification of chronic kidney disease in cats randomly selected from four age groups and in cats recruited for degenerative joint disease studies. J Feline Med Surg. 2014.16:465-472.

[23] McArthur ML, Fitzgerald JR. Companion animal veterinar- ians' use of clinical communication skills. Aust Vet J. 2013.91:374-380.

[24] Brown S, Atkins C, Bagley R, et al. Guidelines for the identification, evaluation, and management of systemic hypertension in dogs and cats. J Vet Intern Med. 2007.21:542-558.

[25] Love L, Harvey R. Arterial blood pressure measurement: phys- iology, tools, and techniques. Compendium. 2006.28: 450-461.

[26] Lascelles BDX, Dong YH, Marcellin-Little DJ, et al. Relation- ship of orthopedic examination, goniometric measurements, and radiographic signs of degenerative joint disease in cats. BMC Vet Res. 2012.8:10.

[27] Gunn-Moore D, Moffat K, Christie LA, Head E. Cognitive dysfunction and the neurobiology of ageing in cats. J Small Anim Pract. 2007.48(October):546-553.

[28] Robertson SA, Lascelles BDX, Taylor PM, et al. PK-PD modeling of buprenorphine in cats: intravenous and oral transmucosal administration. J Vet Pharmacol Ther. 2005.28:453-460.

[29] Robertson SA, Taylor PM, Sear JW. Systemic uptake of buprenorphine by cats after oral mucosal administration. Vet Rec. 2003.152:675-678.

[30] Hellyer P, Rodan I, Brunt J, et al. AAHA/AAFP pain management guidelines for dogs and cats. J Feline Med Surg. 2007.9: 466-480. http://www.catvets.com/guidelines/ practice-guidelines/pain-management-guidelines, Accessed February 15, 2015.

[31] Hellyer P, Rodan I, Brunt J, et al. AAHA/AAFP pain management guidelines for dogs and cats. J Am Anim Hosp Assoc. 2007.43:235-248. https://www.aaha.org/ professional/resources/pain_management.aspx#gsc. tab¼0 Accessed February 15, 2015.

[32] Landau R. One size does not fit all: genetic variability of mu- opioid receptor and postoperative morphine consumption. Anesthesiology. 2006.105:235-237.

第 22 章
处理有挑战性的猫

Sophia Yin

引言

许多兽医和技术员处理有挑战性或有攻击性的猫时会感到沮丧。有挑战性的猫不仅会给自身带来压力，也会引发员工和客户的压力及焦虑。这些猫和客户常比预定的时间到得晚，因为客户在家里很难抓到猫，这会延迟后续的预约，打乱动物诊所的时间表。有穿透力的嚎叫声或尖叫声会吓到其他患猫，让其他客户感到忧虑。一旦有挑战性的猫进入诊室后，通常很难让它从提箱内出来，甚至可能会尝试从提箱内扑向员工。它会抗拒进行处理或保定的任何尝试。幸运的是，有多种现成的简易和有效的技术能帮助兽医员工处理这类患猫，包括环境改变、毛巾包裹和镇静措施。

首先，当一只猫发出嘶叫声和进行攻击时，应意识到在前次就诊或在此次检查的更早时间点，这只猫可能表现要平静得多。在前次就诊或甚至当天的更早时间点的处理类型会引发猫的行为恶化。例如，持续与躲在笼子后方的充满恐惧的猫进行互动，常会导致猫待在动物诊所的后期变得有攻击性。兽医和其他员工的时间常常很紧，可能会着急完成治疗过程，但这种匆忙的方式会让猫变得更不易管理。

有些人可能会争论说这类猫本身就易变得有攻击性，没有什么好的解决方法。但是，若在猫感到压力时进行强制性处理，即使是平日里放松和表现良好的猫也会变得有攻击性。例如，就算猫前期在动物诊所内表现得很平静和放松，如果抓住猫的颈背或以冷漠的方式进行处理，那么这只猫更可能为了保护自己而发出嘶叫声和表现拍打动作。

虽然本章的重点是处理有挑战性的猫，但不是关于使用魔法来驯服正在发动攻击的猫。大多数技术着重于创造舒适、安全的环境，接着以平静、熟练和低压力的方式进行处理，这样才能让曾出现暴发情况的猫保持平静的状态。同样也提供了应急技术，来处理正在发动攻击的猫；但是，目标是在给定的就诊过程内，让猫以足够平静的状态到达诊所，不会发动攻击。同时让猫在动物诊所内的整个时期，周围的环境和处理方式都能让猫维持不变或较低的激活水平。应注意避免提高猫的激动水平，尝试为猫提供一次愉悦的经历。理想情况下，随着每次就诊的进行，猫应逐渐改善，而不是变得有攻击性和更难处理。

本章将简单描述让客户带猫来动物诊所时，让猫维持较平静状态的几个步骤，而不仅仅提供处理已有挑战性的猫的方案。接着，本章将根据猫在动物诊所内就诊的整个流程，提供让猫保持平静的技术、工具和药物的使用提示及指导。最后，本章会提供带猫回家时所需的注意信息，以及客户的后续指导。所提供的技术和环境建议不仅能帮助有困难的猫，也有助于仍未表现问题的猫。

为有挑战性的猫拜访兽医做准备

猫到达动物诊所时，由于在提箱和车内的旅程，恐惧和激动水平常已处于升高的状态[1]。这让它们易表现出攻击性行为。结果就是在猫到达动物诊所前，就必须启动处理有攻击性的猫的方案。虽然第9章更深入地阐述了许多这类策略,本章会进行概述[2],考虑成功完成就诊的一些重要步骤。

步骤1:针对提箱和旅程的脱敏化和对抗条件反射作用

客户可以也应该让他们的猫做好拜访动物诊所的准备,可训练猫认为在提箱内和乘车外出是正面的经历。通过结合使用脱敏化和对抗条件反射作用,可轻易完成上述训练。应先提供低强度的刺激,再系统性提高刺激水平,提高速度应让猫表现极少或不表现焦虑[3]。以提箱为例,结合脱敏化和对抗条件反射作用的最快方法就是在提箱内喂猫常规食物。最开始先把食物放在提箱门内侧,在提箱内放置毯子或毛巾,让提箱内变得舒适。目标是你所设定的起点能让猫毫不犹豫或几乎不犹豫地接近和进食食物,同时在猫可忍受的范围内,尽可能地靠近提箱内侧放置食物。如果猫不愿意或很缓慢地把它的脑袋伸入提箱内,应把食碗放到提箱外,开始进行上述过程。一旦猫能舒适地进食放在起点位置的碗内食物,下一阶段就是尝试把碗放到靠里的位置。每隔1餐或数餐,就系统性地将碗往靠近提箱内侧的位置移动。可以把较美味的零食放在提箱里,看猫是否会自愿更往里走。把这些零食留在提箱内,这样在一天里的其他时间,当猫自愿探索或漫步至提箱内部时,可以发现这些零食。总体而言,在第3～4天,猫就会愿意进入提箱,大多数猫可更早自愿进入提箱。理想情况下,猫会开始自己在提箱内睡觉或打盹,它们能将提箱与正面经历联系在一起。下一步是在猫进食时,关上提箱门,当猫完成进食时,立即打开提箱门。当猫在提箱内处于舒适状态和正在进食时,客户甚至可进行提起提箱和来回走动的步骤。在一星期内,大多数猫会愿意自己进入提箱,或者当它们看到主人拿着餐食接近时,自己进入提箱。如果提箱位于它们满意的休息位置时,一些猫甚至会选择夜间在提箱里面睡觉(图22-1)。

图22-1 如果一只猫会在提箱内自如地进食,这代表猫已建立待在提箱内的正面联系(感谢S. Yin提供)

如果猫有乘车时发生应激的历史,客户也可让猫对拜访兽医的这一部分进行脱敏化和对抗条件反射作用[3]。与提箱训练程序相比,这更难完成,但同样有效和直观。最开始,把可在提箱内舒适进食,同时处于饥饿状态的猫放在提箱内,提箱内放入餐食,再把提箱放入车内。如果猫能从容进食,接着开车在街区附近短暂行驶。目标是行驶时间短于猫完成餐食的时间,这样猫能专注于进食,而不是车的移动。行驶的最后目的地应是让猫感到舒适的位置,如家里,这样对猫来说,坐车预示着前往安全的环境。一旦猫能在短时间行程里感到舒适,能从容地进食,不会因恐惧而表现大叫、嘶吼或在提箱内僵住的应激症状时,就可以延长行驶时间。

步骤2:使用辅助工具来安抚猫

一旦猫至少对提箱完成脱敏化和对抗条件反射作用,如果能完成对乘车的脱敏化和对抗条件反射作用更好,那么就可带它前去动物诊所。

可使用食物来为动物诊所环境建立正面联系,但也可在拜访诊所前,让客户收起食物,保证在充满潜在应激的拜访诊所过程中,猫能有动力去进食餐食或零食。也可让客户带来猫熟悉和过去曾表现喜爱的零食。

可在猫在乘车过程中坐着的毛巾上喷洒Feliway。由于该产品使用酒精作为载体,应至少在猫坐到毛巾上的10～15分钟前,就喷洒上该产品。也可以使用Feliway擦拭巾，直接擦拭在提箱内的垫子上（第18章）。一些猫接触这种费洛蒙后，会明显表现更镇静，且在数分钟内就会起效。猫薄荷也能安抚某些猫，但也会使某些猫变得更兴奋，这并不利于拜访动物诊所。对于这类会变得兴奋的猫，不应在拜访动物诊所前或期间给予猫薄荷。

可以尝试使用压力垫，如用于猫的ThunderShirt。应记住对有些猫来说，压力垫可能仅仅是让它们无法动弹，并不会降低它们的焦虑。理论上来说，这反而会增加它们的焦虑。事实上，因这个原因，许多动物行为学家并不推荐给猫使用压力垫。但是，作者发现对某些猫来说，这种压力垫的益处显著，可快速产生正面效应。为了判定压力垫能否降低焦虑，应客观地评估焦虑的变化情况，与过去未使用压力垫的拜访情况做比较[4]。监测心率是否升高，检查爪垫是否出汗，观察是否出现焦虑的行为症状，如大叫、排尿或排便、嘶吼和饥饿时仍不愿进食零食。兽医员工也应比较保定或操作过程中的挣扎情况，与过去的行为进行比较。当猫回到家中时，仍应继续观察。猫主人应注意猫回到家中后的举止，并与过去拜访动物诊所回来后的情况做比较。猫是否表现不安？是否表现害怕？是否表现躲藏？需多久时间才恢复正常行为？

步骤3：阻断视觉接触

应鼓励客户在旅程、等待和就诊期间，按需使用毛巾覆盖提箱。这样能阻断会吓到猫的人、动物或环境的视觉接触，帮助减少激发状态。

步骤4：考虑在拜访动物诊所前使用镇静剂和速效抗焦虑药（第19章）

最常用于有挑战性的猫的口服药物是苯二氮类（阿普唑仑、劳拉西泮和地西泮）和乙酰丙嗪。在这类情况下，乙酰丙嗪是一种镇静药物，但不是抗焦虑药，仍不确定在此处的使用价值。员工应意识到使用口服药物进行镇静的动物，特别是使用不带抗焦虑作用（如苯二氮类发挥的抗焦虑作用）的乙酰丙嗪后，动物可能会变得对声音更为敏感，肢体上表现得很平静，但仍可能具备高度反应性，会出乎意料地往前冲或用爪猛击。因此，这类药物会给动物诊所员工带来错误的安全感，通常已认可乙酰丙嗪并不适用于该目的。

苯二氮卓类的剂量决定它的效果。低剂量的该药可产生镇静效果，中等剂量的该药可产生抗焦虑效果。可能会发生共济失调和深度镇静[5]。苯二氮类也会产生去抑制作用，也就是理论上，苯二氮类会让充满恐惧的猫变得更可能因恐惧而表现攻击行为[5-7]。在美国，也在拜访动物诊所前，使用加巴喷丁作为短效抗焦虑药。第20章提供了更多信息。

虽然可给焦虑、潜在恐惧-攻击性的猫口服镇静剂或抗焦虑药，但根据经验来看，它们的效果并不稳定。俄亥俄州立大学动物医学中心的社区实践部门一直致力于运用低应激处理和运行欢迎有挑战性的犬和猫的诊所，在这两种动物拜访动物诊所前，他们几乎不使用口服药物。如步骤1至步骤3所描述的，他们主要依靠建立安全的环境和让患病动物做好准备。如果需要使用镇静药物，在猫到达动物诊所时，立即使用注射针剂（Cassndra-Cox，个人交流，2013年7月）。

如果要在拜访前使用镇静剂或抗焦虑药，应提前进行数种剂量的效果测试。应让客户带回家一张信息列表，列出你通常推荐使用的药物的目标效果和副作用或药物的分类。也应给客户一张指导说明，应包含以下信息。

药物名称

药物强度

药物分类：客户可查询提供的药物信息说明，找到应注意的症状和副作用。

用量指导：包含指导如何根据猫的临床症状提高或降低用药剂量的说明。

试验时长：列出您希望客户执行的测试试验数目。

启动时间：告知客户药物何时起效，让客户注意观察症状。

效果特征：描述猫的任何可能的行为变化——移动的能力、活跃活动的时间变化、活动的性质和焦虑症状的变动（发出叫声）。

起效时长：告知客户药物发挥作用的持续时长，这样他们知道应监测猫多长时间。

同样应记录拜访动物诊所当天的药物效果，评估在将来的拜访过程中，是否继续使用该药物。

最小化到达动物诊所时的压力

立即让猫进入安静的区域

可预约在一天里的安静时段给猫进行检查，或者保证进入诊室的通道是不繁忙和安静的。当客户到达诊所时，让客户立即把猫带入诊室，这样能让猫适应诊所环境。诊室内应是安静的。可安装隔音板来降低噪声，可使用门封来降低从动物诊所的嘈杂区域传到诊室的声音。可以播放白噪声设备来抑制突然发出的声音，或者播放Through a Cat's Ear 的DVD，这是一种设计用于安抚猫的生物声学音乐。先让诊室处于昏暗的光线中，使用费洛蒙扩散器，并提供舒适的表面，如在检查桌上放置毛巾，这都能提高猫的舒适度。应确保有零食，如猫罐头食品、压榨奶酪或Greenies洁齿骨，在适当的情况下来建立正面联系，也可使用玩具和猫薄荷。一旦猫适应了该区域，它们就更可能感到足够舒适，愿意进食零食。

准备住院区域

如果猫将待在动物诊所（无论时长多久）和进入住院区域，就应准备一个舒适的笼子。笼子底部应有柔软的表面，如放置毛巾，应有可躲藏的地方，如侧边较高的床垫。有可能需要用毛巾遮盖部分笼门，阻断对其他动物的视觉接触。

如果可以饲喂猫，那么就可以把零食放在玩具里。

进行检查和相关程序

到就诊的这一阶段时，已考虑了帮助猫以平静的状态到达诊所的多种因素，下一步是让正面趋势在就诊过程中持续下去。

进行检查的第一时刻会给客户建立最持久的印象，处理猫的方式也会显著影响客户对诊所的看法。

把猫从提箱内拿出

小案例

Thor是一只在我们的诊所进行多年治疗的猫。当它到达诊所时，它是待在提箱内的，一旦有任何人接近它，它就会开始表现往前冲和嘶吼。在过去，要么是在提箱内就麻醉Thor，要么就是需要3~4名员工来尝试按住它。常有人会被咬或抓伤。目标是改变这种情况。

在学会新的操作技术后，我们希望能以不同的方式接近Thor。兽医和一名技术员进入诊室。移动Thor的提箱，让Thor面对墙壁而不是兽医和技术员，接着技术员打开提箱的上半部分，同时兽医安静地把一条毛巾盖到提箱的下半部分上，这样Thor仍有地躲藏。接着用毛巾包住它，把它从提箱内提出。Thor并未挣扎，这对每个人来说，都是更容易的经历。

如果把提箱放在地面上或带软性表面的检查桌上，猫常会自己出来。如果猫不自己出来，最好打开提箱的上半部分，而不是尝试倾斜提箱来把猫抖出来（图22-2）。当提起提箱的上半部分时，记得避免箱门掉落，这会吓到猫。

可以在提箱内或检查桌上进行检查，选择猫感到最舒适的地方进行。决定如何进行的方法之一是把猫从提箱内拿出来后，让它可自由选择是否撤退回提箱内。记住保持猫处于平静状态的目的，这有助于保证随着每次就诊，猫不会变得越来越难处理（图22-3）。一旦决定在诊室的检查桌上进行检查，最好将提箱放到猫看不到的地方，因为无法返回提箱的沮丧感会让情绪激发一直维持在较高水平。

第 22 章　处理有挑战性的猫

从提箱内拿出有挑战性的猫

兽医有时会碰到在检查一开始，就已表现击打、嘶吼和往前扑的猫。面对这类猫，用于 Thor 的方法是非常成功的。

步骤 1：在一开始，让一名技术员站在接近提箱前部的位置，让另一名负责放毛巾的技术员站在接近提箱后部的位置（图 22-4，A）。旋开提箱的固定栓，提起提箱顶部，同时保持提箱前门的位置不变，避免猫冲出去。应使用厚、大的毛巾（常用大小为 30 英寸 × 50 英寸的浴巾，厚度也合适）。如果认为猫会尝试咬或抓，可以同时使用两条毛巾，来增加厚度。

步骤 2：提起提箱顶部的后半部分，这样可以将毛巾伸进去并盖住猫（图 22-4，B 和 C）。注意进行操作时，应在猫从你手中逃离时仍无法逃脱房间内。

一旦用毛巾盖住猫后，可以把提箱顶部完全移开。首先，保持提箱前门在原来的位置，直到用毛巾盖住了猫的头部。把毛巾塞入猫身体的侧面。接着从后方抓住猫的前腿（图 22-4，D）。

把猫和毛巾一起提出提箱，放到检查桌上（图 22-4，E）。当用毛巾包着的这种方式提起猫时，许多猫会处于放松状态（图 22-4，F）。如果它们没有立即放松，要么继续让猫待在提箱底部，要么使用不同的技术来把猫移出提箱（参考应急毛毯包裹法）。

毛巾包裹技术

在把猫从提箱内提出时，除了使用毛巾来盖住猫的方法外，毛巾还可用于包裹技术。应了解毛巾包裹的基础原理和多种包裹方式，这样可根据猫的大小、个性和实际操作内容来选择合适的方式。本章展现了两种特殊的包裹模式。要了解其他技术和音像指导，可参考本章末尾的参考内容。无论使用何种包裹方法，应遵循以下几种规则[2]。

规则 1：一些猫喜爱它们的头被盖住。针对这些猫，单用毛巾盖住头部可能就是足够的。在

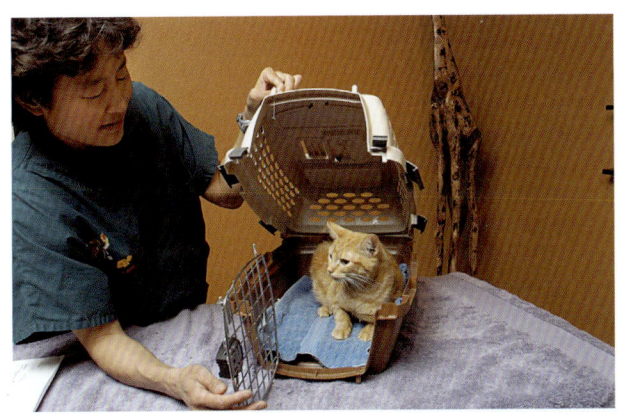

图 22-2　从提箱内把猫移出来时，应尽可能采取被动措施，同时提箱的设计应能满足一定的条件，既移除提箱的上半部分时，不会增加猫的痛苦。这种方式要优于尝试强迫猫从提箱内出来的方法（摘自 Yin S: Low stress handling, restraint and behavior modification of dog & cats, Davis, CA, 2009, CattleDog Publishing）

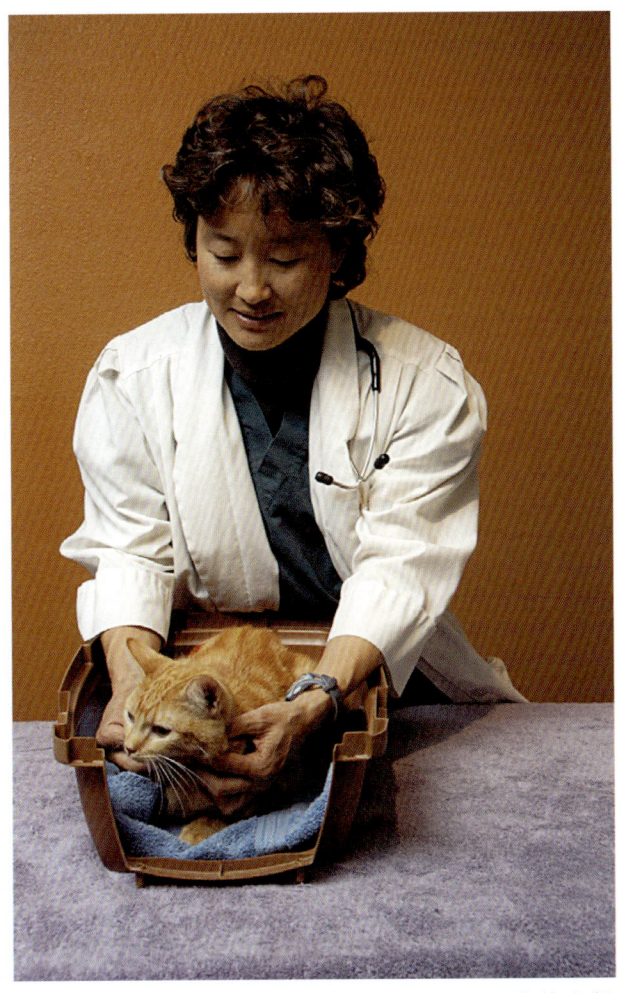

图 22-3　如果猫提箱的设计合适，可以让猫待在提箱内进行临床体检（摘自 Yin S: Low stress handling, restraint and behavior modification of dog & cats, Davis, CA, 2009, CattleDog Publishing）

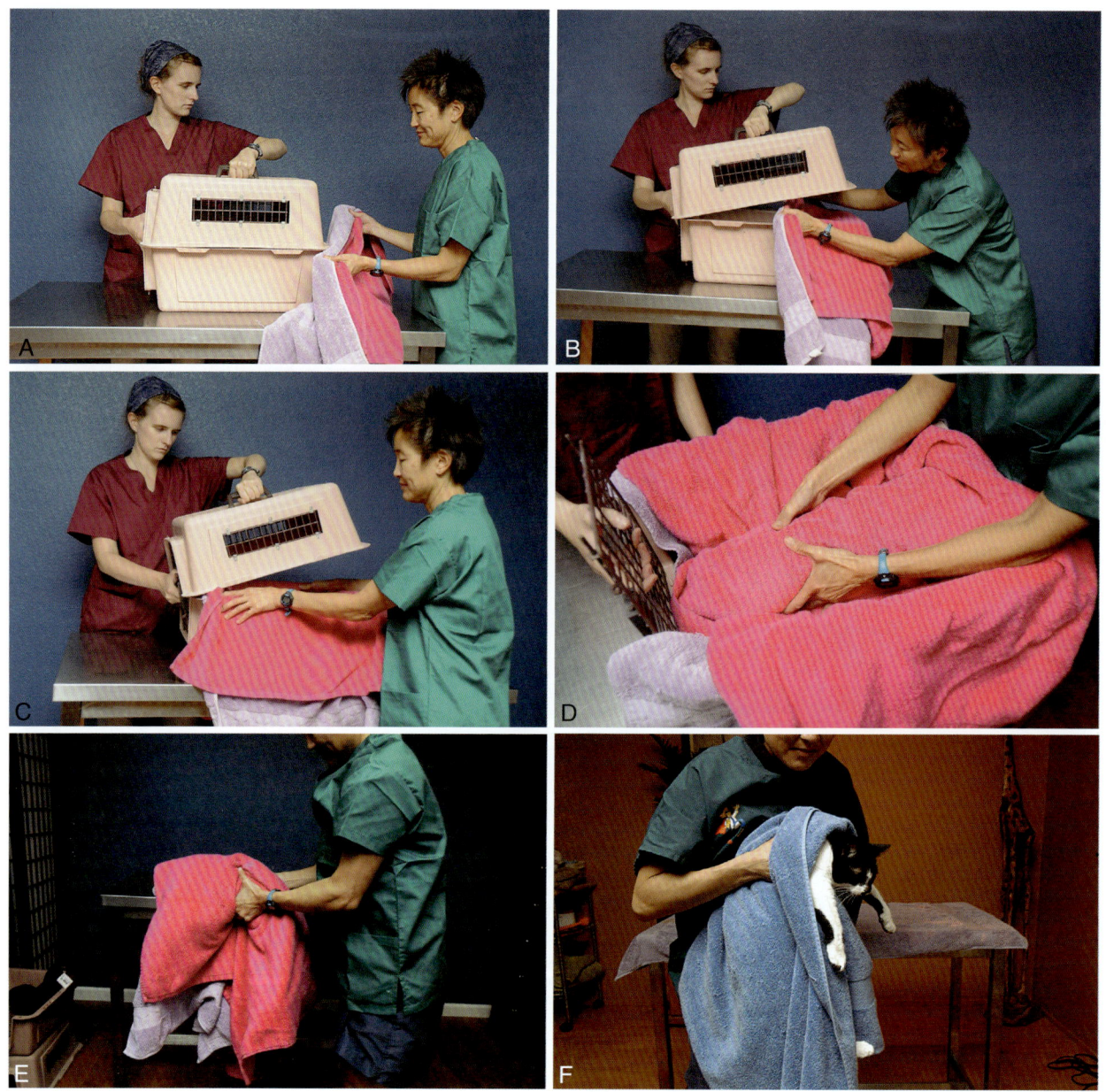

图 22-4 将有挑战性的猫从提箱内拿出的示例（A–E，感谢 S. Yin 提供；摘自 Yin S: Low stress handling, restraint and behavior modification of dog & cats, Davis, CA, 2009, CattleDog Publishing）

其他情况下，可能需要采用特殊的包裹方法来盖住头部。其他猫不喜欢它们的头被盖住。选择个体猫感到最舒适的技术。

规则2：使用毛巾包裹的目的是让猫保持平静和有安全感，而不是在猫竭力想逃跑时，强迫让猫保持不动的状态。总体而言，目标是在猫变得激动前就使用毛巾包裹；但是，在紧急情况下也可使用其中的一些方法。

规则3：包裹应足够紧，来控制猫和预防猫扭动，但也应足够松，这样不至于限制猫的呼吸。使用盖住头部的包裹方法时，应定期确认心率和呼吸。

规则4：毛巾包裹可帮助预防所有方向的移动——往前、往后、往上、往下、往左和往右。总体而言，开始包裹猫时，猫应是躺下的。如果在猫站着时进行包裹，会在猫的身体和毛巾之间产生空间。

规则5：这些技术看起来简单，但需要技巧

和练习。最好一开始使用毛绒玩具来练习，直到操作人员适应操作流程，再在平静的猫身上使用该技术。

规则6：如果客户将要使用这些技术，他们的练习部分应包括让猫坐在毛巾上，给予零食或餐食，这样猫能维持对毛巾的正面联系。

使用毛巾预防往前移动的两大总原则

有多种特殊的毛巾包裹技术。学习这些技术中的数种是很有用的，有助于了解如何使用毛巾来预防猫往前移动，不需要抓住猫的颈背而导致猫变得高度激动。预防往前移动的基础方法有两种。一种方法是仅绕着猫的脖子拉起毛巾，接着在猫的头部后方把毛巾一起抓住（图22-5）。接着可抓紧毛巾，让毛巾在脖子周围收紧，而不是抓住猫的颈背。如果目的主要是停止往前移动，可以较松散的方式进行。在进行包裹的起始阶段，也可使用该方法，再用毛巾裹紧身体。注意可以一开始让猫站在毛巾上，接着往猫的前面拉毛巾的边缘。或者可以一开始就把整条毛巾放在猫的前面。

另一种不让猫往前冲的方法是用毛巾包住猫的头部，接着用手指收紧毛巾，这样猫就无法低头从毛巾下方逃出。如果仅仅是为了预防往前移动，而不是作为紧急毛毯包裹等其他包裹模式（后文会说明）的一部分，那么可让猫爪伸在外面。要让这种包裹方式起效，应让猫保持卧姿（图22-6）。

围巾包裹法

使用围巾包裹法可检查猫的身体后端、后肢、腹部和头部。

一开始让猫趴在离毛巾前端边缘数英寸的位置，离毛巾两侧的距离相等。让猫的身体后端顶着操作员的身体，这样它无法轻易后退。把手放在猫头部后方，手臂与猫背部平行，鼓励猫保持躺下和静止的状态（图22-7，A）。用一只手臂固定猫的位置，用另一只手臂抓住毛巾前缘部分，

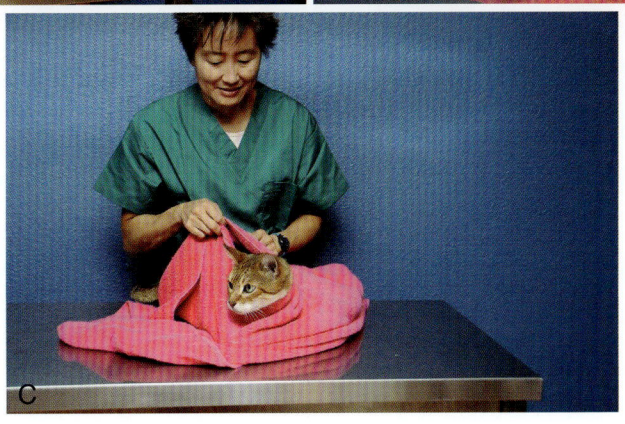

图22-5 预防往前移动的毛巾包裹技术（感谢S. Yin提供）

用毛巾裹紧猫的颈部,就像围巾那样(图 22-7,B)。持续这么做,直到毛巾裹紧整个颈部(图 22-7,C-F)。这是包裹的第一个"围巾"部分。现在应确认包裹的后部末端、经过身体的部分也收紧了。

一旦用毛巾裹住了所有部分后,拿起毛巾的另一侧,拉过来盖住猫(图 22-7,G)。确保包得够紧,特别是在猫后半部分身体的包裹部分,该区域的包裹是最松的(图 22-7,H)。现在用这一部分毛巾包裹猫,在脖子下方像戴围巾那样

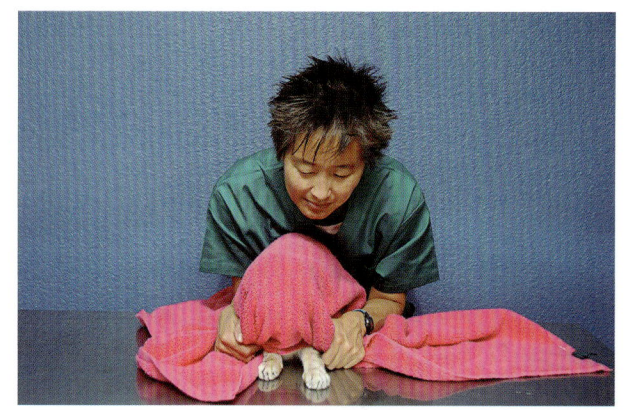

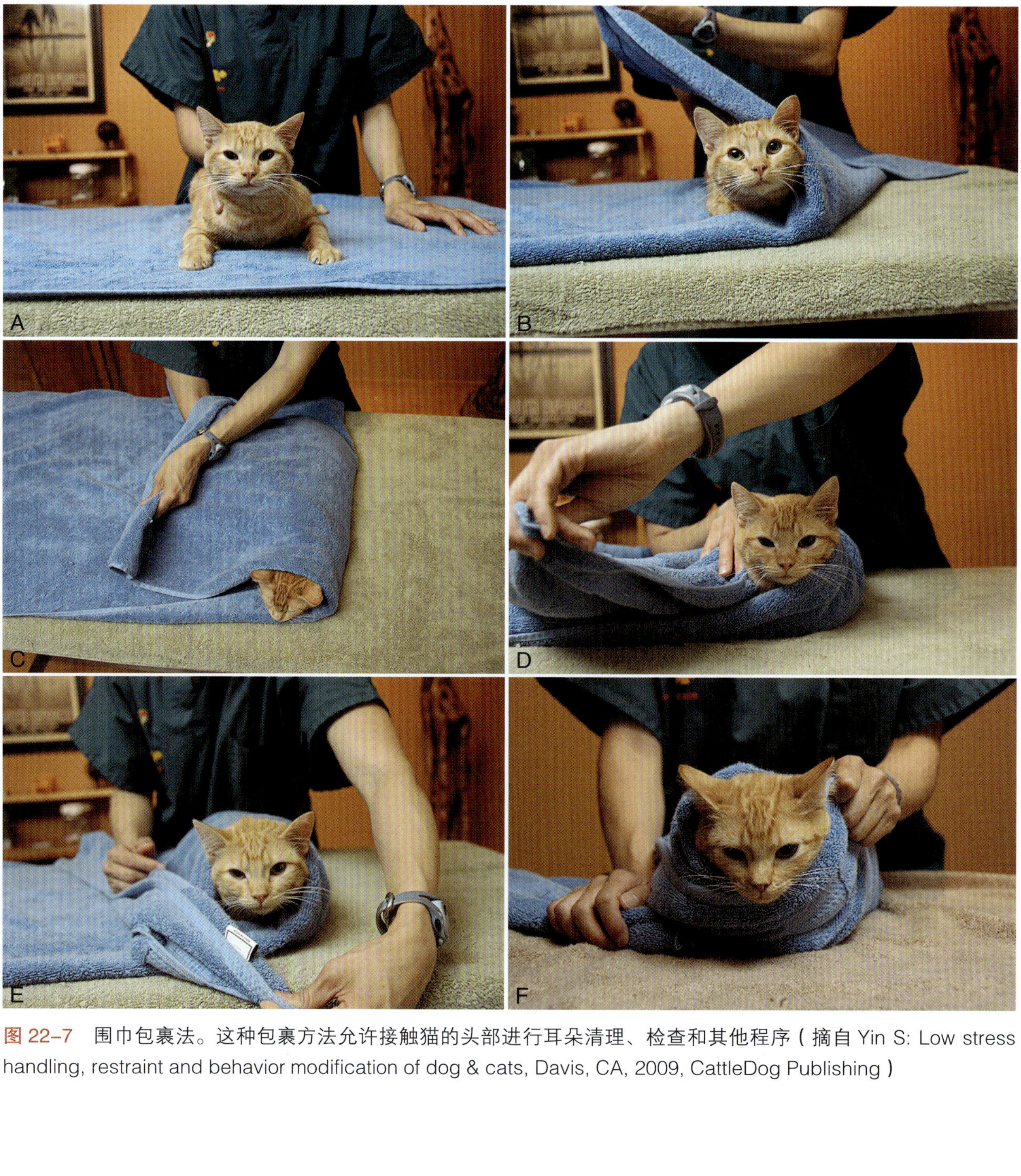

图 22-6　用手臂沿着猫的侧身按住毛巾,保持毛巾盖住猫的头部,直到猫放松下来(感谢 S. Yin 提供)

图 22-7　围巾包裹法。这种包裹方法允许接触猫的头部进行耳朵清理、检查和其他程序(摘自 Yin S: Low stress handling, restraint and behavior modification of dog & cats, Davis, CA, 2009, CattleDog Publishing)

进行包裹（图22-7，I和J）。确保包得足够紧。务必让手远离猫嘴。同样务必保持一个手臂放在与猫的脊椎平行的位置上，这样在进行包裹操作时，可让猫保持不动的状态。

完成包裹后，要很好地控制猫，可抓紧毛巾而不是猫。通过抓紧毛巾的顶部来收紧毛巾（图22-7，K和L）。也可使用手臂在毛巾的双侧形成凹槽。

该种包裹方法还有另外一种变动方法，在进行围巾包裹的第一阶段，可让一只前肢留在包裹部分外面，这样可在该前肢上进行头静脉抽血，或其他需要检查和处理前肢的程序。为了增加包裹在靠近需进行检查的前肢的头部的毛巾厚度，在包裹开始时，可以让猫朝向毛巾的右边缘或左边缘。如果松开背侧的包裹部分，也可对猫的背部进行检查。

同样，目标是在猫仍处于平静状态时，使用该种包裹方法来帮助猫保持平静状态。

图22-7（续）

紧急毛毯包裹法

可在紧急情况下使用该种包裹方法，此时需要从笼内拿出恐惧的猫或甚至是有攻击性的猫，或者需要抓住处于放松状态的这类猫。接下来是对该种包裹方法的概述。在本章末尾的参考资料可提供更多的详细指导。

步骤1：一开始使用大、厚的浴巾（30英寸×50英寸）。把手臂举起，与肩同宽，手指放在离毛巾边缘数英寸的位置。接着用手指翻转毛巾（图22-8，A）。这一步是很重要的，因为需要足够的毛巾来包裹猫的头部前方，既不需要太多毛巾部分，也应避免没有足够的毛巾部分来包裹猫的头部。

步骤2：使用这种包裹方法时，猫是朝向人还是背对人并不重要。当操作得当时，只需2秒就可完成包裹。在一步到位的操作里，将手臂平行举起，这样最后手臂可各落在猫的双侧，用毛巾盖住猫的头部，接着弯曲手指，让毛巾往前折（图22-8，B和C）。记住把毛巾往前折才能让猫不往前冲。把手臂平行放在桌上，这样可往下按压毛巾。

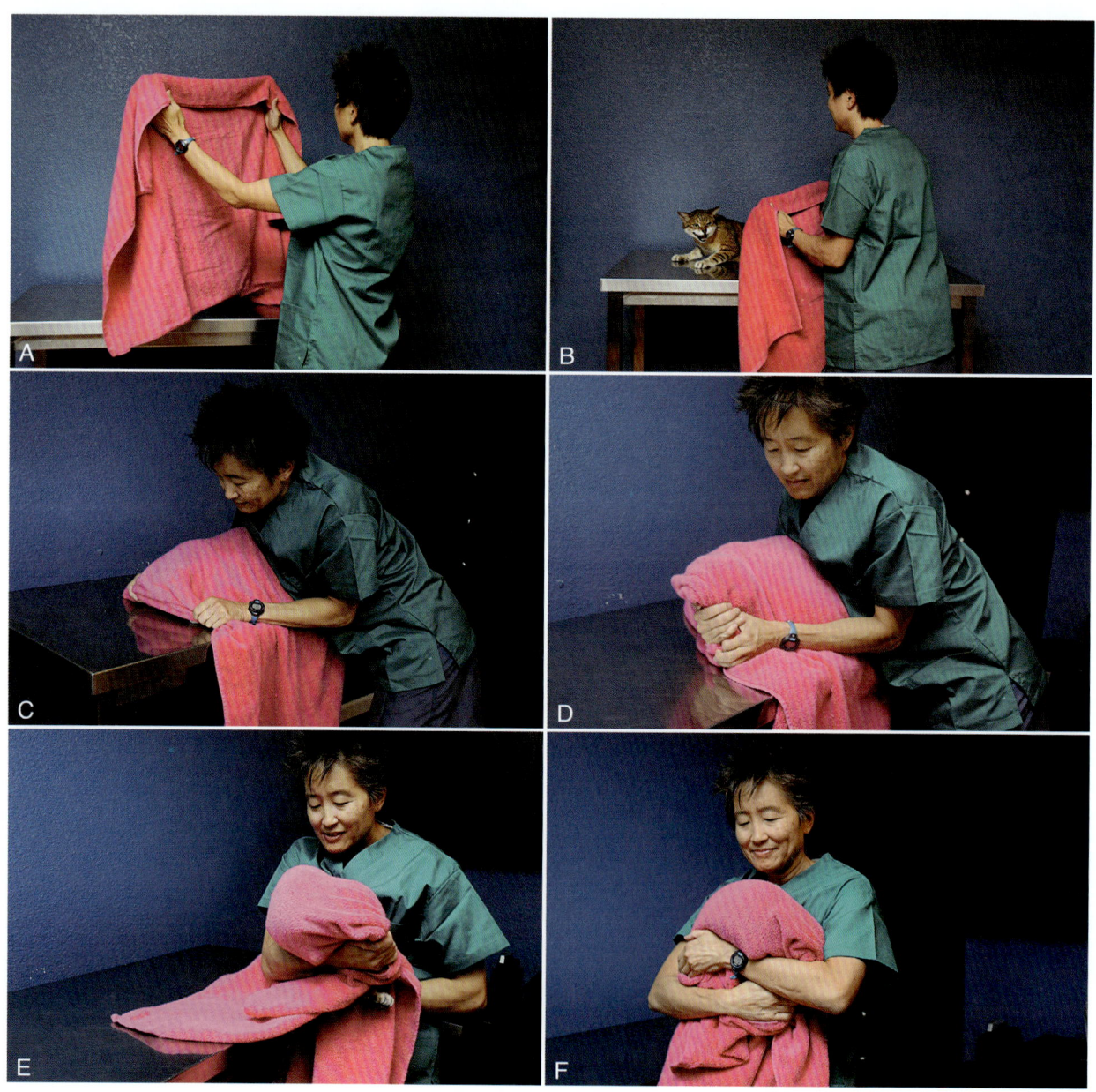

图22-8 紧急毛毯包裹法（感谢S. Yin提供）

接着，把平行的手臂往猫的下方拉，同时用一只手或两只手把毛巾的前方部分拉紧、密合（图22-8，D）。同时，把肘部向身体方向靠合，这样就让猫紧紧顶着操作员的身体。此时，猫已被包裹在毛巾内。

由此处开始，把猫往身体的方向拉（图22-8，E）。

应让猫靠着操作员的身体，整只猫都应在操作员的手臂上方，完全包裹在毛巾内（图22-8，F）。此时，可抱着猫，把它放回提箱或笼子内。以这种方式抓住和包裹猫，常可快速让猫平静下来。如果包裹的操作足够快（在数秒内）和平顺，还可能将猫放到带垫的检查桌上，进行剪指甲或抽血等操作。

在把猫放到检查桌上时，应用毛巾覆盖检查桌，这样兽医或技术员/护士可根据个体猫的需求调整毛巾。例如，可把毛巾的前端拉向猫的颈部，预防往前的移动，或者用毛巾给猫进行围巾包裹法和毛毯包裹法。一旦开始包裹后，可以按需移开覆盖猫的头部的毛巾部分。

目的是让猫在包裹内感到相对舒适和安全，这样才能让它配合。如果认为猫会开始挣扎或变得更加恐惧，最好使用静脉注射或肌注镇静。

可使用其他工具来降低对视觉或听觉刺激的感知。例如，可在猫耳朵内塞入棉花来降低声音（Cassandra-Cox，个人交流，2013年7月）。可使用安抚罩来阻断视觉，这是一种口鼻罩，可预防被猫咬，还可阻断猫的视觉（图22-9）。

精神药理学管理

在就诊期间，如果认为已采取的措施不足以让猫保持平静和配合，应考虑使用注射镇静剂。事实上，应在宠物有机会变得高度激动或反抗前，就使用镇静剂。在早期阶段使用镇静剂，能让效果更为恒定。通过预防发生进一步的恐惧、激动、不适和精神创伤，镇静剂是预防宠物经历高度负面经历的最好方法[1,6,7]。

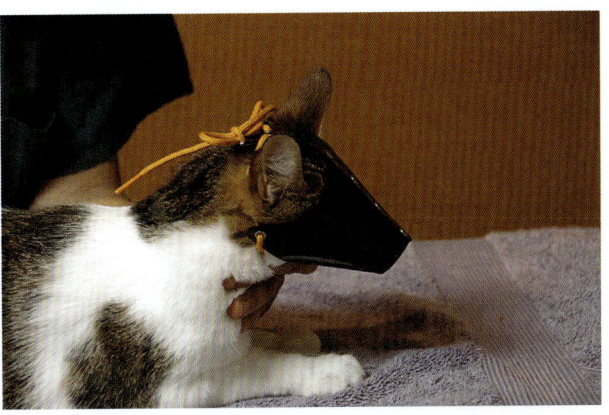

图22-9 作者认为锥形口鼻罩能很好地避免被猫咬，可简单、安全地给猫戴上，同时可避免被咬（摘自Yin S: Low stress handling, restraint and behavior modification of dog & cats, Davis, CA, 2009, CattleDog Publishing）

针对有挑战性的猫，可在就诊早期使用肌注镇静。在很多情况下，需要立即肌注镇静。当客户带来一只有挑战性的猫时，可直接带他们进入舒适的房间，房间应带昏暗灯光和播放可平静猫的音乐，如Through a Cat's Ear，这有助于阻断动物诊所的声音。应在提箱上覆盖毛巾，来降低视觉刺激，同时选择最适当的员工来进行相关操作。理想情况下，应有3个人参与该过程：一位负责保持提箱顶部处于打开状态，吸引猫的注意力，一位负责保定猫，一位负责注射。根据客户和当地的法律要求，可能需要让客户发挥吸引注意力的作用。应在进入房间前，就抽好镇静剂。应使用鲁尔接口注射器，避免在注射过程中，针头被从注射器上推掉。此外，应考虑使用内径较宽的针头，来进行更快速地注射，型号较大的注射器也能获得同样的效果。

一旦员工进入房间后，应注意以轻柔的声音说话，避免刺激猫。客户应抬起提箱前部的毛巾，从前方吸引猫的注意力，同时一名技术员从提箱后部接近，由顶部打开提箱。操作者滑入一条厚毛巾或一套毛巾（来增加厚度）盖住猫，接着在提箱内用毛巾保定住猫。可以用双臂来往下压紧毛巾，让毛巾包紧猫的身体侧面，同时让双手形成环圈，来固定住猫的肩部和颈部（图22-10，A）。操作者需要将一侧肘部提起，这样负责注射的人可以接触到毛巾下方的部位，触摸猫的脊椎，

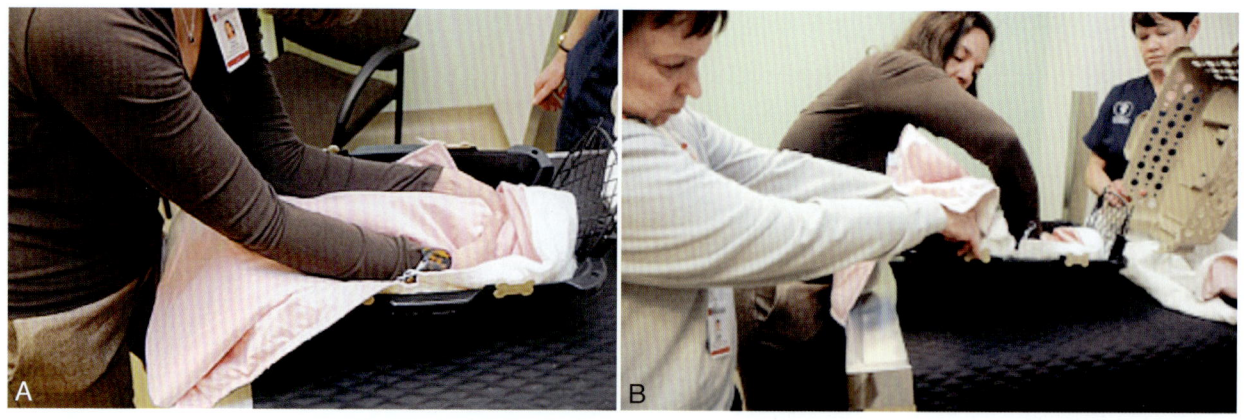

图 22-10 俄亥俄州立大学动物医学院的社区实践部门团队在镇静一只有挑战性的猫。A 用一条毛巾覆盖提箱顶部，来阻断视觉刺激；B 一个人负责保持提箱打开，另一个人负责保定猫，第 3 个人负责进行注射。整个过程仅需数秒钟（感谢 S. Yin 提供）

在轴上肌进行肌注（图 22-10，B）。这种保定和注射过程的所需时间不超过数秒钟。接着应将毛巾留在提箱内，继续覆盖着猫，重新盖上提箱的盖子。可以把客户和猫留在安静的房间内，直到镇静剂起效（通常需 15 分钟）。应指导客户接近猫，但避免进行肢体接触。另一种镇静方法是使用带软网的可折叠提箱。用毛巾覆盖提箱后，通过网孔/网格给猫进行注射。同样应在数秒钟内完成上述过程。

最常用的镇静药效果是可逆的。俄亥俄州立大学动物医学中心的社区实践部门非常注重低压力操作，会使用 20～30 微克/千克右美托咪啶和 0.2～0.4 毫克/千克布托啡诺进行肌注（可肌注 1/2 体积的阿替美唑来拮抗右美托咪啶的效果）。应避免给心脏病或心杂音患猫和高龄或重症患猫使用右美托咪啶（Cassandra，个人交流，2013 年 7 月）。

如有需要，俄亥俄州立大学诊所还会增用 3～5 毫克/千克的氯胺酮，但是使用氯胺酮会延长恢复时间，这样可能无法尽快让猫从动物诊所离开。

布托啡诺的替代药物是肌注丁丙诺啡（0.02 毫克/千克）[6,8]。也可使用 1mL 的注射器来经过口腔黏膜（oral transmucosal，OTM）给予 0.02 毫克/千克的丁丙诺啡。以这种方式给予丁丙诺啡时，在给药 90 分钟后，效果达到峰值，约在给药 15 分钟后开始起效。

监测被镇静的猫

一旦镇静猫后，应仔细进行监测。猫应是处于睡眠状态，无法俯卧。如果未充分镇静猫，在适当的情况下，可使用额外的镇静方式。一旦镇静猫后，可在猫的耳朵里塞入棉球，给猫的眼睛戴上镇静罩和/或塑料口鼻罩。目标是维持低水平外部刺激，阻断声音和视觉刺激，避免让猫变得激动，使镇静作用失效。在检查期间，技术员应轻柔地抱住猫，持续评估肌肉紧张、呼吸、心率和其他症状，这些症状指示猫是否对检查程序有反应。刺激度最高的检查通常是给猫翻身的操作。如果猫变得紧张，轻柔地固定住猫，给猫 10～20 秒来进行放松。接着重新评估是否需要额外的镇静措施。

如果需给清醒的或轻度镇静的猫进行静脉穿刺，若怀疑猫对注射敏感，可能需要考虑在静脉穿刺前使用局部麻醉药（利多卡因/丙胺卡因）。

让有挑战性的猫回家

给有挑战性的猫使用右美托咪啶等可逆药物进行镇静后，可以使用阿替美唑拮抗镇静效果，接着让猫在安静的位置和熟悉的提箱内醒来，同时应用毛巾覆盖提箱。一旦患猫从镇静状态恢复至可以回家时，让客户在安静的房间内接回患猫，给予客户带回家的指导。应指引客户如何使用安静的通道离开诊所，避免经过繁忙的候诊区。

应告知客户他们的猫可能处于困乏状态，如果猫在家内感到焦虑时，可能会对人或其他动物表现攻击行为。因此，最好把猫放在家里安静、舒适的位置，远离其他人和动物，直到它完全恢复。放置的位置应带有猫砂盆、舒适的睡觉区域和水。家里的猫有时会攻击刚从动物诊所回来的猫，最可能的原因是回来的猫带有陌生的气味。在其他时候，在动物诊所经受了创伤性经历的猫处于高度焦虑或激动状态时，会直接攻击家里的其他猫（见第 26 章）。如果家里有其他猫，应把带有所有猫共有气味的毛巾放在患猫房间内，也应放在家里其他猫的睡觉区域。应缓慢地重新向家里的其他猫引见患猫，减少发生社交冲突的风险。猫主人可记录患猫在家里的行为，注意患猫是否对人或其他宠物展现攻击行为，以及患猫开始表现日常行为模式的时间。如果在拜访动物诊所前，家里的猫可和平相处，那么适当的方法可能是使用 Feliway 来进行重新引入（第 18 章）。

安排技术员进行脱敏化和对抗条件反射作用的课程

如果客户有兴趣训练他们的猫将操作程序与正面经历相联系，就可极大改善拜访动物诊所的经历和健康护理水平。因此，如果员工认识到对患猫进行某些程序存在困难，如剪指甲、剃毛、梳毛或喂口服药，那么他们就可为客户提供参与短期"技术员行为健康课程"或"临床护理"的选择。

在这些课程中，技术员可复习特殊的脱敏化/对抗条件反射作用（desensitization/counterconditioning, DS/CC）方案，练习这类技术和计时；首先，使用毛绒玩具来展示如何将程序与食物或其他正面经历进行配对。一旦客户能进行正确计时和奖励措施，就可让他们使用猫练习，如动物医院的猫或患猫。这些训练课程的时长可为 10～20 分钟。技术员可由常见的程序开始，再增设其他对患猫更有针对性的 DS/CC 程序。在本章末尾列出的参考文献里有关于对抗条件反射作用的指导。

病例里的图表／记录信息

一旦就诊结束后，应以图表的形式记录宠物的行为和对所用的多种低压力程序的反应。在未来，这种图表有助于针对个体猫来计划就诊和制定对应方法。应考虑的要点包括以下内容。

- 对零食（描述何种类型）、玩具（类型）、猫薄荷和爱抚的反应；
- 猫到达诊所时的举止：躲藏、探索、发出呼噜声、嘶叫或躲避；
- 镇静剂的使用：如果使用镇静剂，那么该使用何种类型和剂量？
- 对镇静剂的反应：所用剂量可能仅适用于剪指甲，但进行任何疼痛性操作时，需要加大剂量；
- 使用的其他工具或辅助手段：Feliway、猫薄荷或毛巾；
- 相对上次就诊时的心率；
- 猫刚回到家中的行为：恐惧（躲藏、嘶叫）、激动

结论

虽然起初看起来似乎无法处理有挑战性的猫，但通过应用本章提供的方法和技术，动物诊所能预防大多数猫表现明显的攻击行为。针对挑战性较高的猫可能需要使用镇静剂，但使用本章描述的技术能让大多数就诊以更有时间效率的方式展开。大多数猫仅需动物诊所员工从猫的角度考虑所有情况，并保证让猫感到舒适和安全。学习数种特殊的毛巾包裹技术是有益的，有助于处理更有挑战性的患猫。目标是帮助宠物变得更健康和更快乐，同时让患猫和客户之间形成正面关系。

参考文献

[1] Rodan I, Sundahl E, Carney H, et al. American association of feline practitioners and international society of feline medi- cine: feline-friendly handling guidelines. J Feline Med Surg. 2011.13:364-375.

[2] Yin S. Low Stress Handling, Restraint and Behavior Modification of Dogs & Cats: Techniques for Developing Patients Who Love their Visits, Davis. CattleDog Publishing; 2009.

[3] Yin S. Preparing Pets for a Hospital Visit. In: Low Stress Han- dling, Restraint and Behavior Modification of Dogs & Cats: Techniques for Developing Patients Who Love their Visits, Davis. CattleDog Publishing; 2009.125-138.

[4] Velenovsky J. Effects of Compression Device on Cat Behavior and Biometrics for Veterinary Visit and Related Transportation. Chicago, IL: Case study presented at: 2013 ACVB/AVSAB Vet- erinary Behavior Symposium; 2013, ACVB/AVSAB, pp. 61-62.

[5] Overall K. Behavioral Pharmacology. In: Overall KL, ed. Clin- ical Behavioral Medicine for Small Animals. St Louis: Mosby; 1997.293-322.

[6] Landsberg GM, Hunthausen W, Ackerman L. Reducing Stress and Managing Fear Aggression in Veterinary Clinics. In: Behavior Problems of the Dog and Cat. ed 3. Edinburgh: Saunders; 2013.367-375.

[7] Moffat K. Addressing canine and feline aggression in the veterinary clinic. Vet Clin North Am Small Anim Pract. 2008.38:983-1003.

[8] Santos LC, Ludders JW, Erb HN, et al. Sedative and cardiorespiratory effects of dexmedetomidine and buprenor- phine administered to cats via oral transmucosal or intra- muscular routes. Vet Anaesth Analg. 2010.37:417-424.

[9] Robertson SA, Lascelles BDX, Taylor PM, Sear JW. PK-PD modeling of buprenorphine in cats: intravenous and oral transmucosal administration. J Vet Pharmacol Ther. 2005.28:453-460.

第23章
猫的正常但不希望发生的行为

Jacqueline M. Ley

引言

人们发现猫行为的很多方面都很有吸引力，如坐在人的腿上、发出呼噜声和寻求友爱的互动。但是，猫的另外一些行为却让主人感到不太满意，其中一些行为与猫进化、发育而来的正常行为反应有关。

猫祖先的生活环境与它们今天和人共享的典型家庭环境的差异很大。为了满足自身的营养需求，猫需要能够定位、追踪和捕猎小型啮齿动物、鸟类、爬行动物、两栖动物甚至昆虫。因为它们的许多猎物在凌晨或深夜活动，于是猫就进化出一种活动模式，即在黎明和黄昏时的活动达到顶峰。除了作为捕食者外，猫也是其他动物的猎物，并会在外出捕猎时，表现出谨慎的行为，这样可避免被抓到或吃掉，同时使用撤退和隐藏反应来保护自己。了解猫的进化史知识有助于更好地了解如今的猫，但它们所表现出的一些行为仍让人难以接受。捕猎就是猫正常行为的一个例子，在一些宠物主人看来，这种行为令人感到非常不安，其他这类行为还包括不可接受的排泄行为和在不适宜时间段的高活动量。理解正常的猫及其行为的生物史可以帮助宠物主人了解为什么他们的猫会这样做，并使宠物主人更易为猫提供相互可接受的替代选择。

生理节律行为

许多猫在凌晨和傍晚时都很活跃，在这些时间段里，一只猫可能会积极地想去外面探索和捕猎，跟踪发情中的母猫，或捍卫领地免受其他猫的入侵。如果宠物主人无须在黎明前起床或在工作一整天后想静静，这种情况就可能会令他们很苦恼。猫变得活跃的时间会因白天时长的变化而发生季节性变化，或由于时令变化而变得不可接受，如在夏令时，这对宠物主人来说会带来额外压力。

猫会试图通过门或窗逃出，发出叫声，在门、窗之间徘徊，或试图诱使主人让它们出门。或者它们会玩耍、跟踪、伏击宠物主人和其他家庭宠物，轻拍他们的脸，叫醒他们，爬上家具，将物品从柜台和床头柜上推落，或总体就是做出一些让人讨厌的事情。特别是年轻的猫，在晚上也可能变得活跃，因为猫整天待在环境资源不充足的家中，当宠物主人回家时，就会活跃起来。

虽然不希望发生的活动水平可能与正常行为有关，但应排除潜在的疾病原因，通过对猫进行检查和任何必要的检测，来排除疾病。甲状腺功能亢进可引起不安和发出叫声；糖尿病、炎性肠病和肾脏疾病可能是寻求外出排泄的原因。认知衰退可能引发老年猫的睡眠障碍和在夜间醒来（见第25章）。

管理

管理涉及满足猫的白天需求，制定适当的策略来吸引猫的注意力，并在早晨和晚上将猫的精力引导到合意的活动中。这可以通过丰富的环境来完成，如可用的玩具，并安排与猫进行定期游戏。

应让猫能接近各种各样的玩具（图23-1）。可通过给予食物来奖励有些猫的互动。可以使用猫每日需进食食物中的一部分或全部，还可以使用一些零食（图23-2）。当第一次引入玩具时，可将玩具留在明显的地方，让猫学会用玩具玩耍来获取食物。一旦猫能熟练得与玩具互动，就可以将玩具藏起来，让猫必须找出玩具。这将有助于满足猫的探索和捕猎需求，因此它更有可能在晚上和清晨休息。

隧道、纸板箱和纸袋等较大的物体也可满足猫的探索需求，还可将混合质地的小鼠等小玩具藏在其中，进一步鼓励猫进行探索（图23-3）。不能将有细绳的玩具留给无人看护的猫，因为有些猫可能会吃掉这些细线，变成胃肠道异物。当猫独处时，尤其是幼猫独处时，应警告宠物主人不要在门把手上悬挂玩具，因为猫可能会被绳子缠住甚至被勒死。

图23-1　各种玩具有助于在白天刺激猫，尽量减少在黎明和黄昏时发生不希望出现的活动（感谢S. Heath提供）

图23-3　隧道可为猫提供理想的躲藏场所，并可在隧道中隐藏小玩具或食物，来鼓励猫探索隧道（感谢S. Heath提供）

宠物主人需定期与猫进行互动，包括玩耍、爱抚和梳毛。这些互动不需要很长时间，但应坚持在宠物主人日常生活的同一时间点进行。特别是游戏时间会比许多宠物主人想象的要短得多。与玩具或物品玩耍大多会激发猫的捕食行为系统。捕食行为的持续时间往往最长为30分钟[1]。当玩具与猎物有相似的特征时，如比较小且毛茸茸的，可能会驱动猫去探索和玩耍该玩具，但猫很快就会习惯该玩具。如果在玩完前一个玩具的5~15分钟拿出新玩具，使用不同的玩具可以驱使猫重新开始玩耍[2]。应教育宠物主人与猫玩耍时，尊重猫的正常玩耍持续时间较短的习性，玩

图23-2　提供用来给予部分每日食物的解谜饲喂器对身体和精神刺激都是非常有益的（感谢I. Rodan提供）

耍时间可短至 1~5 分钟，但如果一只猫过早对玩具失去兴趣，则建议宠物主人更换玩具或游戏，保持猫继续参与玩耍。

自我护理行为

捕猎/捕食行为

猫天生会捕猎。给予猫足够的练习和激励，它们可变得非常精通捕猎。一项研究发现猫的猎物中有近一半是幼年动物（图 23-4）[3]。猫的捕猎行为可能会引起宠物主人不满，特别是猫会在杀死受伤的猎物前，用猎物玩耍。即使研究表明在保护野生动植物群体方面，景观管理比捕食者管理更为重要，但捕猎依然是环境保护者与猫主人之间的冲突根源[4]。

图 23-4　这只猫成功地捕获了一只小麻雀

管理

最好限制猫在宠物主人的房屋内或专门为猫建造的封闭区域内，来管理猫的捕食行为。猫的封闭区域还可保护现有猫免受危险，如汽车、犬、与其他猫打架形成脓肿、猫传染病和猫自身好奇心引发的危险。猫的封闭区域里应有休息的地方、食物、水和猫厕所，当猫在外面时，应提供玩具来丰富环境（图 23-5）。根据封闭区域的制造类型，宠物主人可以建造通过隧道和封闭桥梁相连接的模块化公园，或类似能在动物园和野生动物园区看到的大型飞鸟鸟舍的开放围栏。

图 23-5　猫围栏可让猫获得新鲜空气和感官刺激，同时避免猫捕食当地的野生动物

另一种方法是将装置连接到猫的颈圈上，以此来警告猎物猫的存在。已发明了许多装置，可能需要在个体上进行试验，以确定哪种对个体猫是有效的。有证据表明装在颈圈上的装置可帮助减少捕食行为[5,6]。表 23-1 列出了一些装置、工作原理和可用的产品。在选择这些设备时，要考虑猫的福利，并记住捕猎是猫的正常行为，有表达这种行为的能力是猫的基本需求。使用装置的目的是使捕猎无法成功，而不是阻止猫身体表达捕猎过程。

表 23-1　能阻止室外猫杀死野生动物的防捕食装置

装置	工作原理	举例
铃铛	连在颈圈上。当猫移动时发出声音，可提醒猎物。可能需要不止一个铃铛，因为一些猫会学会让一个铃铛保持安静	许多
声音装置	连在颈圈上或作为颈圈的一部分，当猫为伏击而突然向前冲去时，会发出声音（有的还会发光）	CatAlert Liberator Audio Visual 猫颈圈
灯	可将各种反光和电池供电的灯挂在或系在猫的颈圈上。闪烁的灯光会吓到猎物。反射灯依赖环境光线。需要打开电池供电的灯，才能起效	许多
防扑围兜	将大的氯丁橡前襟悬挂在颈圈上，挡在猫的胸部和前足前方，防止猫用爪子捕获猎物	猫围兜

在盆栽植物里排泄

很难让猫和室内或阳台植物和睦相处。一些猫不仅会啃咬植物（应谨慎选择无毒的植物），还会将花盆当作厕所。这通常不利植物的健康。

那么猫为什么这么做呢？一般而言，猫喜欢在柔软、松散的材质上排泄。如果猫习惯在外面排尿或排便，那么与猫砂盆相比，盆栽植物看起来更像是厕所。当猫砂盆变脏时，一些猫会转而使用盆栽植物。

管理

分两方面解决这个问题。一是使猫砂盆吸引猫，同时让盆栽植物较不吸引猫来用作厕所。猫砂盆应大一些，经常清理，还应有不止一个，应将这些猫砂盆放置在不同的位置。一个脏的猫砂盆有点像一个未冲水的厕所。除非没有其他选择且很绝望时，没有人会想要使用这样的厕所。猫砂的选择也很重要。应选用很轻、猫能很容易挖动的猫砂，但有些猫会完全不喜欢猫砂。应探索猫偏爱何种猫砂类型、猫砂量或深度和猫砂盆类型。可能也需要解决猫砂盆的数量和位置问题（见第 24 章进行了全面讨论）。应频繁清洁，使用大量热水和温和的洗洁剂，不使用除臭剂。猫不需要其猫砂盆闻起来有清新的薰衣草味道。

可能需要移走盆栽植物，让猫无法轻易接近。花盆的顶部可以装饰鹅卵石，铝箔或其他材料，让花盆变得对猫无吸引力。应对家里的所有植物都进行这样的处理，防止猫转而使用不同的植物，并且必须有合适的替代厕所可用。

攀爬行为

在进化过程中，猫既是猎物也是捕食者，因此常趋向寻找潜在的安全地方，但大多数人却未意识到猫也是猎物。宠物主人对他们的猫想要爬到高处感到沮丧，但当猫可以接近能让它们审视环境的潜在猎物和危险的地点时，它们会感到很舒适。因此，高处位置实际上是有用的，也是一种处理潜在挑战情况的应对机制和中度应激状态下的重要行为。许多猫喜欢跳上家具（图 23-6）、屋顶和 / 或树上。如果宠物主人和猫都对爬高位置和通往那里的路线无意见，那么一切都很好。当宠物主人无法接受猫所选择的位置，所选位置对猫有危险，或无法接受到达高处的路线时，就会出现问题。当猫坚持坐在厨房的操作台面上时，也会引起人们对卫生问题的关注（图 23-7）。

图 23-6　猫喜欢接近高处的有利位置。这是它们自然行为的一部分，但如果宠物主人对猫所在的位置或所用的途径不满意，就会引起关系紧张（感谢 S. Heath 提供）

管理

管理方式包括从人的角度阻止猫接近不适宜的高处位置，同时给猫提供可接受的（对于猫和人类）替代方案。将猫爬架放在猫以前会接近的长凳或架子附近，让猫在室内有可接受的爬高替代位点，无论猫何时出现在架子上，都应把它放到猫爬架上（图 23-8）。

图 23-7 当猫坚持在厨房的操作台面上休息时，会让注重卫生的宠物主人产生相当大的压力

图 23-8 猫爬架可给猫提供进入三维空间的方便方式，并让猫在宠物主人可接受的抬高位点休息。在多猫家庭中，可能有必要在多个地点放置猫爬架，以防为接近休息地点而发生冲突（感谢 Jeffrey 提供）

标记行为

标记是一种难以管理的行为。第 24 章讨论了不可接受的室内标记行为。但是，许多宠物主人发现在户外环境中的正常标记行为也是令人不愉快的。

标记是喷洒或存留尿液、粪便或其他气味作为信息，让该区域内的同种动物知道标记个体的存在[7]。动物物种会因很多原因进行标记，如进行领地标记、宣告性接受度和识别个体或群体成员[7]。猫在进行标记时，可能都有这些动机。当猫与其他猫分开时，标记中的信息和多久以前进行这些标记的信息都能让其他猫了解该猫的社交和空间关系[8]。

尿液标记

猫最常用的标记方式是使用尿液[8]，这种行为被称为喷尿。在许多动物行为医学文章中，常将该行为当作一种问题行为，但从猫的角度看，它是猫的一种正常的交流行为（第 3 章）。尽管有一些在受限野猫[8]和自由生存的野猫群体[9]上的相关研究，但对猫正常标记水平的研究依然很少。

经典的标记姿势是一只猫背靠垂直物体，垂直竖起尾巴（图 23-9）。当少量的尿液被喷洒到表面上后，猫会垂直颤抖尾巴，轻踏后爪，并半闭眼睛[10]。在水平表面上做标记时，会采用蹲下的姿势，与猫进行正常排尿相比，此时产生的

图 23-9 这只猫正采用特征性的喷尿姿势，在花园里留下尿液标记（感谢 A. Dossche 提供）

尿液量较小[11]。新喷洒的尿液标记会引起猫的极大关注，它们会反复嗅闻或表现裂唇嗅或张嘴反应（图23-10）[12]。一旦标记时间久了，猫对该标记的兴趣降低，这意味着需要定期更新标记。

图23-10 在共享的室外领域内，猫对其他猫留下的尿液标记感兴趣（感谢A. Dossche提供）

公猫会倾向比母猫做更多的标记，一项研究报道未去势公猫进行了99%的所有标记[8]。其他研究表明绝育会使公猫和母猫的喷尿行为都减少[13]。标记也随着一年时间的变化而变化，在繁殖季节（冬末到初春）会表现更多的标记行为[8]，这是因为该行为会在性行为和社交交流中发挥作用。

猫通常会在重要的社交区域进行尿液标记[11]。这些区域可能是房子的入口和出口点或1个房间或花园。猫尿的气味非常强烈，会令大多数人厌恶。宠物主人会对反复清洗尿渍感到非常苦恼（特别是如果不是自家猫制造的尿渍！）标记行为可能引发弃养，也可能引起邻里关系紧张。

管理

可能需要进行动物行为咨询来排除异常标记水平（见第24章）。如果考虑标记的位置和频率，认为室内标记在正常水平内，当可识别出家庭环境中的应激源，但由于某些原因无法消除或管理这些应激源时，建议改变家庭环境和使用抗焦虑药物来保护人类-动物的纽带。让猫去具备替代家庭环境条件的新家可能是有益的。

如果无法避免低水平的室内尿液标记，且宠物主人决定与之共处，则可通过某些管理方式来减少财产损失，同时更易进行清洗。例如，用塑料或铝箔等易于替换的一次性材料覆盖标记区域，每次弄脏后可更换这些材料。

已证实Feliway有减少喷尿行为的一些功效[14]，如果宠物主人坚持使用，会有所帮助。通常认为针对室内标记问题最有用的产品形式是扩散器装置，但也可在特定的目标位置使用喷雾产品。宠物主人应记住定期使用喷剂（第18章）。在某区域使用Feliway产品后，可观察到猫会避开该区域[11]。

减少猫间的紧张关系（与邻居的其他猫或同一家庭内的猫）也有助于减少喷尿。猫的数量稠密地区的猫主人需要组织捕捉野猫或与其他拥有猫的邻居讨论社区的分配时间。有多只猫的宠物主人需要考虑如果减少猫的数量，他们的某些猫是否会更快乐，应讨论为猫寻找新家的问题。如果要保持猫在同一个家庭内，那么有时候可能需要永久地把猫们分隔开[11,15]。

粪便标记

猫也会将粪便留在明显的区域，作为给其他猫的信号，但关于猫粪便标记的重要性和频率的研究结果多变[8]。一项研究发现猫在家中领地的核心区域排便的可能性较小（它们倾向在这些区域睡觉和抚育幼猫）[16]。猫可能会在经常出现其他猫的路径或领地边缘留下粪便。本作者认识一只会在明亮的天窗上进行粪便标记的猫，这会让家中的房间地板上产生很有趣的影子！不论是被清理走还是被暴风雨冲走，粪便都会重新出现。

磨爪标记

磨爪有两个主要的功能：一是能让猫去除前爪上变钝的外爪鞘，二是能向其他猫宣告其存在，并留下信息，避免进行更直接的交流。猫会在垂直和/或水平的表面上挠出可见的标记[8]。某一群体中的所有成年猫都会磨爪留下标记[8]。当在树木或木材上进行这类标记时，这不是一个问题。但是，一只猫若使用家具和地毯来磨尖爪子，则很快就会破坏家具和地毯。爪痕通常会沿着明确的路径出现在明显的表面上[8]。这种趋势造成宠物主人和任何拜访者都能明显看到显眼的家具的损坏。在一些家庭中,猫会通过在家具上磨爪,来有效寻求关注。

一项研究发现12月龄以上的猫很可能会去磨爪,而年轻、未绝育公猫最容易在除了磨爪柱之外的表面上磨爪[17]。

管理

需要保护受损的区域或物品。可以通过完全阻止猫接近或用猫不喜欢的材料覆盖该区域,来阻止猫磨爪。猫似乎喜欢有柔软树皮的树木(图23-11)[8],因此,可用硬的、粗糙的或感觉不舒服的材料覆盖在被用来磨爪的物体上面。已批准使用Feliway喷剂来帮助减少磨爪,可喷洒在猫正在抓挠的表面上。已发现安装Feliway扩散器有利提高家内的安全感,从而降低了标记的动机。

在某一区域喷洒精油和水的混合物,可鼓励一些猫离开该区域。柑橘类精油是最有效的。在对任何表面进行大范围喷洒之前,客户必须进行小范围测试。

在降低猫的首选区域的吸引力时,必须同时引入新的、合适的磨爪柱,可将磨爪柱放在猫的首选区域内。这让猫能把磨爪行为转移到其他地方。一项针对意大利的猫主人的调查发现,当猫能接近磨爪柱时,它们倾向使用磨爪柱[17]。应按猫的喜好设置磨爪柱的朝向(垂直或水平或两者之间),并应足够大,让猫能够进行伸展,且足够牢固,可承担猫的重量,还要放在突出的位置(图23-12)。

图23-11 在室外环境下,猫会选择在柔软的树皮等表面上磨爪(感谢A. Dossche提供)

图23-12 有不同形状和大小的磨爪装置,应根据猫的喜好量身定制。有些猫喜欢水平表面(A),而另一些猫喜欢垂直表面(B)(感谢S. Heath提供)

打斗

猫会尝试避免身体对抗,它们有详尽的沟通系统,可帮助它们尽量减少与陌生或不相容的猫发生互动(第3章)。如果发生了打斗,则往往与领地争端和冲突有关。猫常会使用回避策略来与对方保持距离。在社区和多猫家庭中,有幼猫成年或某只成年猫出现或消失时,社交系统会变得不稳定。在野外的繁殖季节时,也可能会有一定程度的社交不稳定。猫间的许多对抗行为本质上是被动的,包括用姿势和位置来发送信号,这些信号的目的是减少升级到身体打斗的风险。但是,当攻击升级时,由于成年猫缺乏有效的姑息信号,会导致双方都严重受伤的风险升高。尖锐的爪子和牙齿会刺穿皮肤并引入细菌,猫很容易因此发生脓肿[18]。猫免疫缺陷病毒和猫白血病病毒等许多严重的疾病也会通过打斗传播[19]。

管理

最重要的第一步是分开正在打斗的猫(见第26章)。如果是邻里的猫发生打斗,则更易将它们分隔开,可将猫关在主人的房屋内和/或猫的封闭区域内。在多猫家庭内发生冲突时,可能很难实现完全分离,这可能引发宠物主人和猫的应激。无论在家庭还是在社区内,猫间持续的视觉接触都会导致持续存在消极情绪状态,尽管可尽可能减少身体冲突,但会持续出现其他不希望发生的行为,如转向(或与受挫有关)攻击行为和标记行为。如果问题与邻居家的猫有关,主人需考虑阻止他们的猫接近窗户,这样它们就无法看到其他猫,同时可采取措施让那些入侵的猫不喜欢临近的房子。这可通过尽可能地将猫从房屋区域吓跑来完成;例如,用水管朝着猫的方向喷水,一直盯着它或朝它的方向前进,或者在看到它时对它喊叫,但要避免任何会伤害到其他猫的福利的互动。可在围栏上加装一些装置,阻止猫穿过围栏进入住宅区域 [如 Oscillot Cat Containment Solutions(请访问 http://oscillot.com.au/ 获得更多信息)]。还可给围栏安装塑料钉等装置,可以间隔放置这些装置,使猫无法在上面埋伏或休息,但仍允许它穿过围栏的顶部(图 23-13)。如果引发问题的是野猫,可捕获并移走它。如果是有主人的猫,则可能需要与邻居进行一些不失礼貌的讨论。要降低猫间的紧张关系,应按时间分配允许猫外出的安排。在花园中使用威慑物时,必须考虑可能会对进入花园的现居猫所产生的不利影响,且这些威慑物应不会伤害进入该区域的任何猫。

当同一家庭的猫间发生打斗时,建议是相似的(见第26章)。需进行物理分隔,当猫处于高度激发状态时,不建议坚持进行强制引见。如果是由引进了一只新的猫而引发了打斗,那么需要移开这只猫,将它关起来一段时间,然后再缓慢、逐渐地进行重新引入,首先将新猫关在一个

图 23-13 宠物主人可联合使用塑料钉(A)和围栏(B)来修改花园的围墙,防止其他猫进入花园和现住猫离开(感谢 S. Heath 提供)

房间内 1 周或更长时间，再把它移到新的房间，并允许家中的猫去探索前一个房间。这样，猫就能感受到彼此的气味，对该区域有一只新猫感到习惯。接下来可允许猫通过下方有缝隙的门碰面，以进行气味交换，或者将门稍微打开，仅允许进行气味接触，但不发生身体互动。在仔细监督下，可逐渐提高接触水平。

当同一家庭内的猫在社交上是不相容的，宠物主人必须提供足够的资源，以确保所有的社交群体能够接近独立的资源。可能需要制定接近房屋的公共区域和主人的时间分配系统；在某些情况下，将需要进行永久分隔。在这种情况下，宠物主人需要考虑所有相关猫的生活质量，最终可能需要为猫找新家。

生殖行为

猫会在一年里的白天时间延长时开始发情。这通常是从冬末到早春。在这段时间和快到这段时间的时期里，公猫会变得更加活跃，四处游荡去寻找配偶。公猫会通过叫声向母猫求爱，并通过吵闹的打斗让潜在的竞争对手离开——这些通常发生在夜间。去势公猫针对这种行为的激素水平下降，但宠物主人应意识到绝育不会让它的领地行为完全消失，一些叫声和对抗还会持续存在，特别是较晚给猫进行绝育时。

性活跃的母猫开始在区域内发出叫声或"呼叫"，向公猫宣告它们可接受交配。叫声会非常响亮。在繁殖季节，母猫每 21 天会出现一次发情周期。母猫早在 4 月龄时，就会出现第 1 个发情期，幼猫突然表现奇怪和吵闹的行为，会令许多新手宠物主人感到困惑和忧虑。很多人会根据传闻认为他们的猫处于疼痛状态。给母猫绝育能终止呼叫公猫等性行为，这是猫主人对母猫性行为的主要关注点。

当宠物主人不希望他们的繁殖期母猫进行繁殖，又不愿意使用药物时，可以让母猫与输精管切除的公猫进行交配来诱导排卵[20]。在某些情况下，在阴道中使用温度计也可诱发排卵，这样直至下一个发情周期前，呼叫行为都不会出现[20]。

玩耍行为

猫的玩耍行为往往被认为是迷人而有趣的，但当猫对主人爪牙相向时，就不是这样了。玩耍为练习捕食和自我保护等重要的生活技能提供了重要渠道[21]，若鼓励幼猫与主人的手或脚一起玩耍，这种行为往往会持续到猫的成年早期[22]。最终，宠物主人常会抱怨他们的猫伏击自己，袭击他们的腿部或其他身体部位，并进行咬和抓挠，然后跳开。幼猫会用前爪抓住抚摸它们的手，用嘴咬住手，用后爪踢手，如果宠物主人未适当回应，由于这会引发让人类受伤的风险，就会使这种行为成为问题行为。

管理

与治疗相比，预防不希望出现的、由玩耍驱动的互动要更好，所以需建议新的幼猫主人从一开始就用玩具来与幼猫玩耍。能鼓励捕猎，且远离人类的玩具是理想的。这类玩具包括钓鱼竿式玩具、自推动玩具和幼猫大小的填充玩具。应将捕猎游戏行为引导到玩具上面，如果幼猫试图与人的手或脚玩耍，则可建议宠物主人保持静止并缓慢挪走，同时引入玩具来吸引幼猫的注意力。应让幼猫能抓住玩具，并模仿猎杀过程，所以建议宠物主人不要使用激光笔，除非将激光照在幼猫可抓住的有形物体上。

不幸的是，大多数宠物主人会在鼓励幼猫玩人的手和脚后，才开始寻求帮助，许多人已开始使用惩罚性互动来阻止猫伤害自己。这可能包括喷雾瓶或空气喇叭。这种工具会引起恐惧，也会损害猫与宠物主人之间的关系。毕竟猫只是在做以前被鼓励做的事情，在这种情况下引入惩罚，会让猫感到困惑。需使用分散注意力和转向行为来处理不希望发生的玩耍行为，宠物主人需学会判读猫的身体语言，以便能识别猫何时会进行伏击。在猫的颈圈上装一个铃铛会有帮助，这样主人在家走动时，就能知道猫的行踪。也可确定常发的伏击地点，并改变环境以消除潜在的隐藏点。如有必要，宠物主人可在胳膊和腿部佩戴护具，确保他们能抵抗做出反应的诱惑。宠物主人应小心地接近任何连续出现伏击的地点，并在接近时叫猫出来。当猫出来后，就可以用玩具或其他可接受的游戏来奖励猫。

当在抚摸猫时出现问题行为时，宠物主人要确保与猫的所有互动都是奖励平静、安静的行为，一旦猫兴奋起来，应立即停止操作。宠物主人需观察兴奋增加的身体语言信号，如猫的瞳孔扩张，耳朵向后压，身体绷紧，尾巴快速摆动，身体姿势变成潜在的攻击姿势。一旦出现兴奋的迹象，宠物主人应立即停止抚摸，并不理会猫。如果猫安定下来了，那么可继续进行抚摸和给予关注。如果猫无法安定下来，那么宠物主人可使用玩具将兴奋引导到更合适的出口（见第27章）。

猫和电脑以及电子设备

许多猫会躺在电脑和其他电子设备上，包括电脑键盘（图23-14）和打印机，这对一些宠物主人来说是个问题。可能是设备非常暖和，因此对猫有吸引力，或者猫是为了引起宠物主人的注意，这与它们会坐在报纸、家庭作业和书上的原因相同。存在纽带联结的猫会花费时间与社交团体中的猫保持亲近[23]，如果它们与人类建立了社交纽带，它们会倾向待在人类的附近。

管理

管理措施包括需给猫提供可接受的休息场所，同时应保护设备。可使用计算机、键盘和打印机的遮盖物尽可能减少对这些设备的损坏，然后最重要的方法是给猫提供靠近宠物主人的替代休息位置。一些作者主张使用正面惩罚技术，如附着在喷雾器或其他噪声器上的运动检测装置，或使用在猫跳上去后，会产生电击的带电垫子。宠物主人可能觉得这些方法简单、合乎逻辑，但他们需面对引起负面情绪状态的风险，如猫的恐惧和焦虑，这可能导致问题更大的行为，因此应避免使用。没有必要使用惩罚性互动来应对猫和主人之间的正常社交纽带表现，对大多数宠物主人来说，这种社交纽带是可取的。毕竟，我们饲养宠物是为了与宠物建立纽带，并能与它们保持密切接触，而因它们表现这种行为来惩罚它们时，会损害宠物主人和猫之间的纽带。

如果猫是在利用自己的位置来寻求宠物主人的关注，那么可引导猫表现一种可让它们接受到关注的替代行为。例如，猫可以学会坐在主人身边的某个地方引起主人的关注，可在这个地方放置作为标记物的垫子或靠枕，让这个地方变得更明显。使用便携标记物时，宠物主人将标记物移动到任何正在工作或放松的地方，并可用零食和关注鼓励猫坐到标记物上，从而加强正面关联。如果在猫离开标记物时，主人能忽视它，那么猫就会知道如果它想要与主人进行互动，待在标记物上能可靠地让它得到关注。

结论

猫是能与人类建立友爱纽带的迷人动物。像生活中的所有重要关系一样，亲人并不是完美的，有时他们会做一些家人并不喜欢，但必须学会与之相处的事情。要将这种待人方式延伸应用到家庭中的猫成员上。通过从生物和行为角度理解它们的行为，猫主人可以学习接受猫行为中的一些不太合意的特征，或者找到可以鼓励猫以更可接受的替代方式表达这些特征的方法。

图23-14 许多猫会坐在或躺在不便之处。图中是动物诊所一只年幼的猫，它躺在诊室的电脑键盘上

附加资源

有关 Oscillot Cat Containment Solutions 的产品信息，请访问：http://oscillot.com.au/

参考文献

[1] Turner DC, Meister O. Hunting Behaviour of the Domestic Cat. In: Turner DC, Bateson P, eds. Domestic Cat: The Biology of its Behaviour. Cambridge, UK: Cambridge University Press; 1988:111–121.

[2] Hall SL, Bradshaw JWS, Robinson IH. Object play in adult domestic cats: the roles of habituation and disinhibition. Appl Anim Behav Sci. 2002;79:263–271.

[3] Kays RW, DeWan AA. Ecological impact of inside/outside house cats around a suburban nature preserve. Anim Conserv. 2004;7:273–283.

[4] Schneider MF. Habitat loss, fragmentation and predator impact: spatial implications for prey conservation. J Appl Ecol. 2001;38:720–735.

[5] Nelson SH, Evans AD, Bradbury RB. The efficacy of collar mounted devices in reducing the rate of predation of wildlife by domestic cats. Appl Anim Behav Sci. 2005;94:273–285.

[6] Calver M, Thomas S, Bradley S, McCutcheon H. Reducing the rate of predation on wildlife by pet cats: the efficacy and practicability of collar-mounted pounce protectors. Biol Conserv. 2007;137:341–348.

[7] Ralls K. Mammalian scent marking. Science. 1971;171:443–449.

[8] Feldman HN. Methods of scent marking in the domestic cat. Can J Zool. 1994;72:1093–1099.

[9] Natoli E, Baggio A, Pontier D. Male and female agonistic and affiliative relationships in a social group of farm cats (Felis catus L.). Behav Processes. 2001;53:137–143.

[10] Dards JL. Home ranges of feral cats in Portsmouth dockyard. Carnivore Genetics Newsletter. 1978;253:357–370.

[11] Neilson JC. Feline house soiling: elimination and marking behaviors. Vet Clin North Am. 2003;33:287–301.

[12] de Boer J. The age of olfactory cues functioning in chemocommunication among male domestic cats. Behav Processes. 1977;2:209–225.

[13] Hart BL, Cooper L. Factors related to urine spraying and fighting in prepubertally gonadectomized male and female cats. J Am Vet Med Assoc. 1984;184:1255–1258.

[14] Mills DS, White JC. Long-term follow up of the effect of a pheromone therapy on feline spraying behaviour. Vet Rec. 2000;147:746–747.

[15] Overall KL. Clinical Behavioural Medicine for Small Animals. St Louis: Mosby; 1997.

[16] Ishida Y, Shimuzu M. Influence of social rank on defecating behaviors in feral cats. J Ethol. 1998;16:15–21.

[17] Mengoli M, Mariti C, Cozzi A, et al. Scratching behaviour and its features: a questionnaire-based study in an Italian sample of domestic cats. J Feline Med Surg. 2013;15: 886–892.

[18] Souza MJ, New JC. Feline Zoonotic Diseases and Prevention of Transmission. In: Little SE, ed. The Cat: Clinical Medicine and Management. St Louis: Saunders; 2012:1090.

[19] Kennedy M, Little SE. Infectious Diseases: Viral Diseases. In: Little SE, ed. The Cat: Clinical Medicine and Management. St Louis: Saunders; 2012:1049, 1056.

[20] Little SL. Female Reproduction. In: Little SE, ed. The Cat: Clinical Medicine and Management. St Louis: Saunders; 2012:1200.

[21] Bateson P. Behavioural Development in the Cat. In: Turner DC, Bateson P, eds. The domestic cat: the biology of its behaviour. Cambridge, UK: Cambridge University Press; 2000.

[22] Horwitz DF, Nielson JC. Blackwell's Five Minute Veterinary Consult Clinical Companion: Canine and Feline Behavior. Ames, Iowa: Blackwell Publishing; 2007, pp. 141–147.

[23] Curtis TM, Knowles RJ, Crowell-Davis SL. Influence of familiarity and relatedness on proximity and allogrooming in domestic cats (Felis catus). Am J Vet Res. 2003;64: 1151–1154.

第 24 章
室内随地排泄问题

Kersti Seksel

引言

在已报道的猫行为问题里，相当大的比例是以标记和排泄为目的的室内随地排泄问题。一项研究发现在所有的宠物猫里，36.8% 的猫会表现室内随地排泄问题，12.3% 的猫有喷尿问题[1]。Blackshaw 报道在转诊至昆士兰大学的行为问题病例里，33% 的病例存在室内排泄问题[2]。在这些病例里，35% 的病例表现喷尿，19% 的病例存在排尿问题，31% 的病例存在排便问题，16% 的病例同时存在排尿和排便问题。

一项研究调查了美国、加拿大和澳大利亚 3 个行为学诊所的猫行为问题转诊病例，在 225 只猫里，58% 的猫的主要问题为室内随地排泄问题，其中 70% 的猫有排泄问题（或者不使用猫砂盆或托盘），30% 的猫有标记行为，13% 的猫同时有这两种行为问题[3]。猫被遗弃的主要原因之一就是室内随地排泄问题[4]。

决定行为的 3 个主要因素包括遗传倾向、过去经验的习得和环境。基因或遗传因素让一只动物倾向于以某种方式表现行为，会影响动物在特定时间内表达的行为。猫会通过与人、其他猫、犬或环境的每个互动来进行学习。因此，无论过去的经历是好的还是坏的，都会产生影响。猫的社会化时期为 2～7 周龄，并一直持续到 9 周龄，这是一个特别重要和敏感的学习时期。此外，猫在特定时间所处的环境或现状也会影响猫所表现的行为。

一旦排除疾病问题后，导致猫在人不可接受的位置排泄的因素通常是猫逃避猫砂盆、猫砂或猫砂盆的摆放位置（可能是间歇性的或持续性的），也可能是与现有猫砂盆的情况相比，猫更偏爱其他材质或地点（可能是通过逃避习得的）。

标记的最常见表现形式是尿液标记，起因包括疾病问题、领地竞争、诱发焦虑的情况或刺激事件。新奇的景象、声音、气味可能会引发尿液标记，特别是当这些因素来自其他猫时。当环境改变引发应激或焦虑时，可认为喷尿行为是一种适应性行为，目的是维持社交组织。

公猫和母猫、已绝育/去势的猫和未绝育的猫都会发生室内随地排泄问题，已报道所有品种的猫和所有年龄段的猫都可能发生这个问题。应区分在不可接受的位置排泄和尿液标记，这两种行为的潜在起因通常是不同的。表 24-1 总结了区分喷尿和随地排尿的方法，但不可将某个特征作为绝对的诊断工具，需要收集每个病例全面的病史。

表 24-1　喷尿和随地排尿的特征

	喷尿	随地排尿
姿势	站着、蹲下	通常为蹲下
尿液量	少量	大量
尿液的位置	通常在垂直平面上	水平平面
排尿后掩埋	很少	经常
起因	情绪——例如，与领地、敌对或激素/性欲相关	生理——排泄废物

改编自 Seksel 和 Lindeman，1998[5]

治疗行为问题需要使用到 3 种关键手段：环境管理，行为纠正，以及在某些情况下，需要使用药物和费洛蒙治疗等其他支持治疗。

行为历史

要求客户完成一份行为问卷调查是很有用的，可以帮助收集大量信息。一些行为学家偏爱在就诊前就把问卷发给客户，这样他们就能有时间思考这些问题的答案。

询问的问题应包含如下信息，并需要深入探究每个问题。

- 问题的性质是什么（即是排尿或排便问题，还是两者都有）？
- 如果是排尿问题，那么是排泄尿液在垂直表面或是水平表面，还是两者都有？
- 在猫砂盆外排尿或排便的比例是多少？（即猫是否也使用猫砂盆）
- 猫砂盆的信息：大小、带盖或不带盖、猫砂类型、猫砂盆数量、清理频率、衬层的使用。
- 一张标注食物、水、休息区域和猫砂盆位置的家庭地图。也应标注排尿和/或排便的位置，如果可能的话，标明发现尿液或粪便的时间顺序。
- 排尿和/或排便时，是否偏爱某种材质？
- 是否存在猫从不在此排尿和/或排便的某些材质或区域？
- 室内随地排泄的频率（如每天、每周等）。
- 何时开始出现室内随地排泄问题？
- 首次发现该问题后，问题的发生频率是增加还是减少了？
- 何时发生随地排泄？（如是猫主人在家或不在家，早晨或夜间等）
- 猫和猫主人的每日行程是怎样的，是否与室内随地排泄问题相关？
- 在开始出现问题时，是否有发生任何行程改变？
- 家庭内有多少只猫，它们互相之间的态度如何？猫之间是否存在敌对互动？（无论是主动的还是被动的）
- 过去的治疗和结果。

记录猫一天的生活的录像能提供更有价值的信息。如果无法获得录像，可以要求客户提供家庭环境照片，这常能补充问卷提供的信息，帮助兽医更好地辨识潜在问题（图 24-1）。

图 24-1 要求提供录像或照片可以发现以其他方式无法辨识的问题。在图中的环境里，看起来 5 个猫砂盆都能满足猫的猫砂盆数量需求，但当所有猫砂盆都排列在同一个位置时，这些猫砂盆仅起 1 个猫砂盆的作用，仅够 1 只猫使用。在这个案例里，照片还显示其他严重问题，包括托盘内的猫砂量不足，托盘大小和深度有限，以及清理频率不足。在如此情况下，猫会选择在替代位置排泄，也就不足为奇（感谢 I. Rodan 提供）

在所有的室内随地排泄案例里，用于获得病史的最有用的方法之一是要求客户提供住房的平面图，在平面图上标明排尿和/或排便的位点，同样也可提供家庭环境信息，特别是从猫的角度获得的信息。图 24-2 为一张由存在喷尿问题的猫的主人提供的住房平面图。在餐厅、客厅和厨房的排尿点分布在外围周边，这支持存在外源应激源（如邻居的猫）引发该行为的可能性。此外，猫砂盆的摆放位置不适当，放在了猫门的附近，这可能让在此居住的猫感到不安全。同时，把水碗和食碗与猫砂盆放在同一个房间且彼此挨近，这也可能使情绪压力升高。

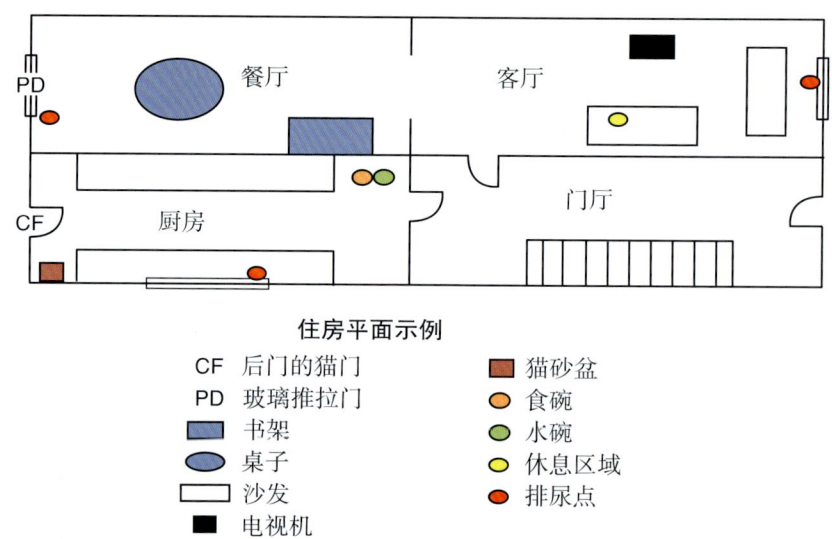

图 24-2 在调查猫的室内随地排泄问题时，房子的平面图是一种很重要的工具（感谢 S. Health 提供）

体格检查

积累的疾病问题会引发室内随地排泄。在一项针对有排泄问题的猫的回顾性调查里，60% 的猫有泌尿系统综合征（feline urologic syndrome，FUS）或下泌尿道疾病（feline lower urinary tract disease，FLUTD）的病史[5]。近几年来，人们对应激和猫特发性膀胱炎（feline idiopathic cystitis，FIC）之间的相互作用非常感兴趣，研究已经证实猫出现室内随地排泄时，FIC 是一个非常重要的鉴别诊断[6-8]。在不可接受的位置排泄也可能是疾病的一种症状，这些疾病会增加尿液量或粪便量，加重排泄时的不适感，减少控制能力，或者会引发影响精神、性格或皮层控制的问题（图 24-3）。另外，会引发行为改变的系统性疾病能改变激素状态或提高焦虑程度，从而引发标记行为。因此，应一开始就进行体格检查、血液和尿液检查，排除任何可能的疾病问题。目前，没有一种特定的诊断检测或标记物能确诊 FIC，FIC 可能是堵塞性或非堵塞性的，可表现为慢性疾病，常常复发。依据 Westropp 和 Buffington 的说法，当猫患过一次或数次 FLUTD，经全面诊断检查后，未发现病因（即无结石、泌尿道感染、肿瘤或其他生理起因）时，可确诊猫患 FIC[6]。

图 24-3 室内随地排泄常与潜在的疾病问题相关。如果积留的尿液里含有血液，就应调查可能的疾病起因（感谢 E. Wiley 提供）

若有雄性化的表现，如出现阴茎刺或充满臭味的尿液，说明可能存在激素紊乱。

鉴别诊断

室内随地排泄的主要诊断分类包括不同的疾病、位置偏好、材质偏好、厌恶猫砂、厌恶位置和标记行为。当猫排泄在垂直表面上时，通常诊断为尿液标记。但猫在水平表面排尿时，也可能是在喷尿，这就引发了问题。通过收集信息可区别室内随地排泄问题的不同动因,这些信息包括所用的位置和表面(即与喷尿时所用的是否类似),尿液量(进行标记时,尿液量通常较少),是否针对特定应激因子发生排尿,猫是否处于引发排尿频率增加的疼痛状态和猫是否使用猫砂。

在不可接受的位置排泄

首次描述这个问题时,用于描述猫不使用猫砂盆排尿的术语是不适当的排泄或如厕。近期,建议使用更正确的术语——在不可接受的位置排泄或随地排尿,因为排尿和排便本身并不是不适当的,是猫主人无法接受猫排泄的位置。

临床症状

在不可接受的位置排泄最常指在猫砂盆外排尿和/或排便,但也包含猫原本在室外位置排泄,开始在室内排尿和/或排便的情况。如果排泄量或频率以及排泄位置发生了改变,那么可能与疾病有关,应排除这些疾病因素。更常见猫排出正常量的尿液或粪便的情况,那么问题就与废物的排泄相关。在大多数情况下,猫会蹲下来排出正常量的尿液或粪便。猫通常排泄在水平表面上,排泄后猫常会抓刨砂土来掩盖排泄废物。不可接受的行为也可能是猫面对环境因子时的正常反应,例如不干净的猫砂盆,猫砂盆侧边过高而无法进入猫砂盆,房门处于关闭状态或其他阻扰因子使猫没法接近猫砂盆等。与此相似,当猫被限制在室内或邻里的猫之间关系紧张时,猫没法接近室外的排泄位置,就会排泄在不可接受的位置。

诱发因素

导致排泄在不可接受的位置的3个主要诱发因素包括疾病状态、猫砂盆问题和/或焦虑紊乱。

疾病

许多疾病会导致猫不使用猫砂盆。已报道相关的疾病包括FIC或FLUTD的其他诱因(如膀胱结石)、腹泻、便秘、与应激相关的紊乱和任何会引发多尿的疾病[9]。

猫砂盆问题

猫砂盆问题分为两大类:厌恶猫砂材质和/或猫砂盆的位置,偏好其他猫砂材质和/或猫砂盆的位置。

厌恶猫砂盆

许多原因会引发猫对猫砂盆的厌恶。如果猫将猫砂盆与某些不愉快的事件相关联,就会发展出对猫砂盆的厌恶,如猫正在使用猫砂托盘时,猫主人为了喂药、梳毛或带去看兽医,在此时抓住了猫,或者猫被家庭内的另一只宠物吓着。

它们也可能因猫砂盆的特定特征而厌恶猫砂盆,如提供的猫砂类型、猫砂的铺设厚度、猫砂盆的干净程度、猫砂盆的大小、猫砂盆的类型或猫砂盆的位置(图24-4)。

图24-4 当一只猫在猫砂盆附近排泄时,应考虑猫为何厌恶这个猫砂盆。在图中的案例里,猫砂盆是湿的,猫砂盆内没有足够的干净空间让猫排便。在这个案例里,猫砂的铺设厚度可能也不够

许多新型猫砂材质的市场卖点是针对人类的偏好,而不是猫的偏好,如玉米砂、松木砂、报纸、水晶砂和带有强烈去味剂的猫砂,大多数猫偏好不带去味剂的土砂(图24-5)。

图 24-5　目前根据人的偏好研发和推广了许多类型的猫砂，如带去味剂的水晶砂，这类产品并不是根据猫的偏好来设计。许多猫会拒绝使用这些类型的猫砂，转而选择在替代位置排泄（感谢 I. Rodan 提供）

许多猫砂盆产品对猫来说太小了，猫没法在里面进行正常地转身和抓刨（图 24-6），这是引发猫去寻找替代排泄位置的重要因素。

图 24-6　许多猫砂盆产品对成年猫来说太小了。猫砂盆应足够大，让猫能够进入、转身、抓刨和排泄（版权所有 ©iStock.com）

猫在选择排泄位置时，干净度也是一个非常重要的因素，如果猫砂盆不干净，使用了带强烈香气的猫砂，或者用于清洁猫砂盆的清洁剂过于刺鼻，猫就可能会厌恶猫砂盆。此外，如果另一只猫刚用过猫砂盆，或者有一只犬等在猫砂盆外等着吃排泄物等，可能都会导致猫偏爱排泄在其他位置（图 24-7）。

图 24-7　由于猫粮的蛋白质含量高，猫的粪便对犬的吸引力很大，许多犬会喜爱吃猫的粪便。如果犬一直在猫砂盆周围徘徊，猫可能会选择其他排泄位置（版权所有 ©iStock.com）

若猫在排尿或排便时感到疼痛（如由于便秘、关节疼痛或下泌尿道疼痛），也可能发展出对猫砂盆的厌恶。猫如果不喜欢脚趾间嵌入大或尖锐的猫砂颗粒的感觉（图 24-8），或者因脚趾间的毛发生长过多，导致猫砂黏附在脚趾间引起不适，这时猫也可能选择寻找替代的排泄位置。

图 24-8　某些猫砂会给猫的脚带来不适感。图中的结团猫砂的颗粒非常大，更易在脚趾间形成团块，特别是在长毛和多尿的猫（如糖尿病猫和接受皮下补液的猫）的脚趾间。脚趾间嵌入猫砂颗粒所引起的不适或猫砂块对敏感的脚趾造成的压力都会引发室内随地排泄（版权所有 ©iStock.com）

猫砂盆的摆放位置是决定其使用状况的关键因素。在多猫家庭内，猫砂盆的分布位置与家庭内的猫的社交团体数量的相对关系可能会引发相关问题。把所有猫砂盆紧挨着放置在同一位置时，有些猫可能无法接近这些猫砂盆。例如，一只自信的猫会坐着堵住前往猫砂盆的道路，导致较胆小的猫为避免潜在冲突，会选择在另一个位置排泄（图24-1）。猫主人可能会根据自身的便利性来选择猫砂盆的摆放位置，而不是根据猫的偏好来进行选择；例如，将猫砂盆放置在地下室，靠近嘈杂或间歇震动的设备，如洗衣机、干燥机、软水器或火炉时，猫可能会在他处寻找合适的排泄区域。

偏爱替代性材质和/或地点

有很多原因会导致猫偏好替代性材质和地点。在某些情况下，由于猫厌恶猫砂盆类型、猫砂或猫砂盆位置，会选择在某个替代位置或不同的材质上排泄，从而习得对替代位置或材质的偏好。例如，如果猫砂盆位于一个来往繁忙的位置，猫可能会寻找更隐秘的位置排泄。猫一旦找到了隐秘位置，很快便会形成对该位置的偏好。类似的，如果猫不喜欢提供给它们的猫砂材质，它们可能会选择在较软的材质上排泄，如床单、地毯，甚至是空的浴缸，且在未来都会觉得这些材质更吸引它们（图24-9）。

图24-9 一些猫会在空的浴缸内排泄（感谢J. Ley提供）

与焦虑相关的问题

引起焦虑的部分原因是脑部功能的运作方式问题，焦虑是一种疾病问题，这与引起糖尿病的原因是胰腺功能的运作方式问题类似。不同的脑部组成之间通过神经递质来传达信息，这类化学信号因子的种类繁多，对情绪反应有不同的作用效果。这些信号因子与神经受体结合，因此不同的神经递质浓度，如低水平的5-羟色胺或去甲肾上腺素，或者与神经受体的数量或功能相关的问题，会影响情绪反应。这些情绪反应接着可能引发其他脑部和机体部分的生理反应。例如，肠道和皮肤会受影响，进而引发胃肠道或皮肤问题。在脑部，这可能引发记忆新信息出现困难。结果发现，焦虑的动物会很难记住新事物。它们可能也会有瘙痒或胃部敏感问题。

患焦虑紊乱的猫或恐惧的猫在受惊吓时，可能会表现排泄行为，或者由于过于害怕，以至无法前往猫砂盆的摆放区域，从而选择在猫砂盆以外的位置排泄。

虽然目前未详细描述猫的分离焦虑症，但是这个疾病也会引发排泄问题，这常发于猫主人不在家时。发生分离焦虑症的猫会选择在与主人相关的物体上排泄，如衣物、被单、旅行箱和鞋。根据作者的经验，超过12小时的分离时间常引发这类问题；但是，也可能在猫主人回来后，立即发生这类问题。

鉴别诊断

FIC、引发FLUTD的其他原因和引发多尿的任何疾病都会引发排尿问题。与此相似，腹泻、便秘、甲状腺功能亢进或其他胃肠道问题会引发随地排便问题。但是，这些猫常会既使用猫砂盆，也使用其他排泄位置，排泄物的排泄频率或成型情况会发生改变（图24-10）。一旦解决了猫的潜在疾病问题，猫可能会继续稳定地使用猫砂盆，但是也可能已建立起对其他排泄位置的偏好，这就需要使用行为和环境纠正技术来解决这个问题。

治疗

如前所述，要鉴别标记和在不可接受的位置排泄，就需要仔细询问客户。可在客户前来就诊

图 24-10 在换粮后，图中的这只猫发生腹泻。在少于 12 小时前，已清理了一次该猫砂盆，但应考虑猫的健康状况发生变化，需要改变清理方案。在与此类似的情况下，应短期大幅提高清理频率（感谢 I. Rodan）

前，让客户填写问卷调查，这是保证能考虑到尽可能多的鉴别诊断的一种有效方法。也应要求客户提供居所的平面图（图 24-2），平面图内应包含猫砂盆、食物、水、休息的位置和客户认为不可接受的排泄位点，这能额外提供有价值的信息。

室内随地排泄问题的治疗包含 3 个关键点：解决潜在疾病、处理猫砂盆用具和情绪动机。若要尽最大可能地解决问题，应综合使用环境管理和行为纠正，在适当情况下，使用费洛蒙等药物和其他治疗措施。

疾病

除了获得全面的行为病史外，还需要进行全面的体格检查，为排除疾病起因，还应获得全血细胞计数、包含电解质情况的生化指标、尿液检查、X 线检查或其他影像检查结果。由于甲状腺功能亢进可能会引起随地排尿和排便问题，当猫年龄大于等于 7 岁时，应进行甲状腺检测，当猫年龄小于 7 岁时，如有理由怀疑甲状腺有问题，也应进行该检测。如果随地排泄问题与排尿相关，应进行尿液培养。如果确认了存在某种潜在的机体紊乱，在进行必要的行为和环境纠正时，也应给予适当的药物治疗。

处理猫砂盆用具

当出现在不可接受的位置排泄的情况时，应处理的与猫砂盆相关的因素包括两大方面：
- 增加猫主人希望猫使用区域的吸引力；
- 降低猫想要使用区域的吸引力。

要降低过去曾随地排泄的位置的吸引力，很重要的一个措施是进行适当清理，不仅应去除排泄物的物理性污渍，还应去除气味。应使用不含氨的产品来清洗随地排泄的区域，如带酶成分的洗衣粉，这类洗衣粉能降解排泄物内的蛋白质成分。通常推荐使用 10% 溶液。也推荐接着使用酒精来去除尿液残留的脂肪成分，但在进行大范围使用前，应让客户先在一个区域进行测试，保证地毯或家具不会褪色。市面上有多种可用的中和剂产品，如 Animal Odour Eliminator、Bac to Nature、Anti Icky Poo 或 Urine Off，可以在用清水清洗排泄区域后，再使用这类产品，但效果不同。

通过管理环境可以增加适当排泄位置的吸引力，让猫砂盆变得更吸引猫。

可一次进行一种猫砂和猫砂盆偏好测试，有助于确定满足个体猫的需求的最佳猫砂类型、猫砂盆类型和位置。猫非常擅长表现它们的偏好，因此可使用日记来记录猫使用每个猫砂盆的时间和频率，以及所对应的每种猫砂类型和猫砂盆位置，这能提供非常有价值的信息，有助于让猫重新使用猫砂盆。根据作者的经验，一种好的初始方法是每次提供 3 个猫砂盆的摆放位置和 3 种猫砂类型，每次持续 2 周，接着交换位置。

需处理的猫砂盆用具的重要特征有数种。

1. 干净度

猫不喜欢肮脏的猫砂盆，因此应制订适当和常规的清理方案。若使用非结团猫砂，推荐每天铲一次猫砂，每周应完全更换一次猫砂。在英国和澳大利亚，上述方案也适用于结团猫砂，但在美国（或北美）可每 2～3 周完全更换一次结团猫砂，这样的清理频率也是足够的。造成这类差异的原因可能是不同国家的猫砂产品有差异。但是，在每日铲砂后，应往猫砂盆里补充结团猫砂，保证维持足够的猫砂厚度。也必须依据猫砂盆的数量，猫对特定猫砂盆的偏好情况和是否存在相关的疾病，来修改清理方案。例如，如果一只猫患糖尿病或腹泻，就需要进行更频繁的清理（图 24-10）。如果家庭内的猫偏爱某个位置，那么就需要更频繁地清理和更换该位置的猫砂（图 24-11）。

图 24-11 在这个有两只猫的家庭内，在居所内的不同位置摆放有 3 个大的猫砂盆。但是，两只猫都偏爱这个猫砂盆，可能是因为都偏爱这个位置。图中显示的是清理 24 小时后的猫砂盆状况，说明猫主人应根据使用量的增加情况，来调整清理频率。同时应考虑猫为何不愿意使用另两处的猫砂盆。注意这个猫砂盆是适用于重达 35 磅的犬的大盆。两只猫体重均为 7～10 磅（感谢 I. Rodan 提供）

更换清洗猫砂盆的产品也有助于吸引猫，特别是在过去曾使用消毒剂或漂白剂的情况下。这类产品会非常刺鼻，因此猫会厌恶这类气味。推荐仅使用肥皂水或热水，让猫砂盆在阳光下晒干（如果无法利用阳光，就使用风干的方法）。

2. 数量和位置

必须增加猫砂盆的数量，特别是在多猫家庭内。一个好的原则是给每个猫群体或家庭一个猫砂盆，同时再额外提供一个猫砂盆。但是，不仅应考虑猫砂盆的数量，还必须将猫砂盆摆放在不同的位置（不同的房间），这样来自不同社交群体的猫都能接近猫砂盆，都有机会在单独的、受视觉保护的位置排泄。如果家庭内的所有猫决定在同一时间排泄，猫砂盆的分布应能保证它们都能分别接近某个猫砂盆，同时不需要冒险面对不熟悉或不相容的猫。一旦放置好所有猫砂盆，应记录每个猫砂盆的使用频率，帮助猫主人决定猫偏爱哪个位置和哪个位置对猫的吸引力较低。

如果猫一直在某个非常特定的位置排泄，在该位置上放置猫使用的猫砂盆，有助于引导猫重新使用猫砂盆。接着，一旦猫稳定地使用猫砂盆后，可逐步把猫砂盆移到另一个位置，每天仅将猫砂盆移动 5 厘米。

要降低猫偏爱使用区域的吸引力，可以改变不可接受的排泄位置的功能。但是，只有当猫仅在一个或两个区域排泄时，这个方法才有用。

大多数猫不会在它们进食、休息或玩耍的区域排泄，因此可更改曾随地排泄位置的功能，如在此处放置食物、猫垫和进行游戏活动。

也有人建议为了让猫重建排泄活动与合适的猫砂盆、猫砂材质的关联，可以限制猫在一个小区域内活动，但应保证该区域能满足猫所有其他行为需求。当猫开始稳定地使用猫砂盆后，逐渐允许它在更大范围内活动。在某些情况下，这个方法是很有用的，但如果是在多猫家庭内，限制猫的活动范围也就意味着要与其他猫分隔开来，这一开始有助于解决问题，但一旦重新引入其他猫，问题可能会复发。在这种情况下，可能是由猫间的紧张关系引发了排泄问题，需要进行进一步调查。

一些学者推荐用厚塑料布、铝箔或双面胶覆盖不可接受的排泄区域，这样猫就无法接近该区域，但最重要的目标应是提供替代的排泄位置，该位置应对猫有吸引力，能满足猫的基本排泄需求。应避免使用会让猫对不可接受的排泄区域感到不愉快或害怕的用具，因为这样有让猫产生负面情绪反应的风险，这会进一步恶化行为问题。

3. 猫砂盆的大小和类型

一些猫偏爱较大的区域，因此首选提供较大的猫砂盆[10]。提供对猫来说足够大的猫砂盆（至少是猫鼻尖至尾根长度的1.5倍）是有益处的。由于猫砂盆产品通常都不够大，可以使用育苗托盘或储藏箱作为猫砂盆（图24-12和图24-13）。

图24-12　大储藏箱是非常优质的猫砂盆（感谢K. Mundschenk提供）

图24-13　混泥箱大小要比猫砂盆产品的大得多，是非常好的猫砂盆（感谢K. Mundschenk提供）

一些猫偏爱在隐秘的位置排泄，因此有用的措施包括盖住猫砂盆，来提高其隐秘性。已报道的有用方法包括将纸箱放在猫砂盆上方，同时上方带有适当的开口。如果发现猫偏爱封闭性的猫砂盆，可以使用带盖的猫砂盆（图24-14）。但是，应告知猫主人带盖猫砂盆里的气味通常会更浓烈，需要更频繁清理这类猫砂盆，包括它的顶盖部分。

图24-14　一些猫偏爱带盖的猫砂盆。在带盖的猫砂盆里，排泄物的气味会更加浓烈，这意味着需要增加清理频率，同时应清洗猫砂盆的盖子（版权所有©iStock.com）

4. 猫砂的类型

给猫提供替代类型的猫砂，如结团猫砂、土砂或泥土，有助于决定猫偏爱何种类型的猫砂材质。使用混合材质有时是有效的。

Borchelt的工作成果显示猫砂的质地、颗粒性或粗糙度会影响猫对猫砂材质的偏爱[11]。猫偏爱细粉质地、不过重的猫砂，或偏爱细沙质地的材质（比较图24-8和图24-12）。

一项研究显示猫抓刨猫砂的时间和对猫砂的偏好之间存在相关性[12]，可依此判断猫对猫砂的偏好情况。

研究显示与黏土、回收纸和带pH指示的轻型可冲猫砂相比，猫更偏爱结团猫砂[11,13,14]。已发展出用于提高猫砂吸引力的猫砂添加剂，但目前仍未有发表的对照试验数据来支持它们的使用。一项研究发现带香味的猫砂是引发猫在不可接受的位置排泄的风险因素，但更近期的研究并未发现其与排泄问题的相关性[12]。因此，明智的选择是在进行偏好测试时，在不同的猫砂盆和位置使用带香味和不带香味的猫砂。

去除猫砂盆里的衬层，也有助于提高猫砂盆的吸引力。

针对偏爱浴缸和水槽等光滑表面的猫，有效的方法是使用空的猫砂盆。如果猫坚持在浴缸内排尿或排便，在浴缸底部留几英寸的水，有时有助于停止该习惯。但是，应总为猫提供另一个猫砂盆。

5. 猫砂的厚度

提供不同的猫砂厚度，有助于获得猫的相关偏好信息。当涉及排便时，足够的猫砂厚度也是一个考虑因素，猫会强烈偏好在厚度较深的猫砂上排便[15]。无论何时，都应考虑个体偏好情况，有些猫可能偏好厚度较浅的猫砂。例如，一些长毛猫可能因它们的毛发会拖入猫砂中，而偏爱较浅的材质。

处理情绪动机

在某些猫在不可接受位置排泄的案例中，猫的情绪健康和排泄行为之间存在相互作用。需要收集广泛的行为病史，决定恐惧或焦虑等负面情绪状态的来源，并纠正行为和环境，帮助增加猫的自信度，改善正面情绪反应。应解决焦虑的特定触发因子，如家庭内或邻里的猫之间的紧张关系。一些猫可能需要药物来治疗焦虑（第19章），治疗方案可能还包括使用合成费洛蒙——Feliway。第18章包含费洛蒙治疗的实际应用的详细信息。

排泄是一种生理反应，即使共同生活的人类无法接受猫所选择的排泄位置，这对猫个体来说，也是一种适当的反应。因此，惩罚绝不是针对该行为的适当反应。此外，惩罚性方法会进一步加剧焦虑，阻碍对适当、非焦虑性的行为的学习，因此在处理在不可接受的位置排泄问题时，使用该方法反而会事与愿违。

标记行为

猫在家内最常表现的不可接受的标记行为是喷尿。粪便也是一种交流工具，使用粪便进行标记称为堆粪。但是，在猫砂盆外的排便行为很少是标记行为，作为标记行为时，也远不如尿液标记常见。由于堆粪的治疗措施也是以处理潜在情绪动机为基础，与喷尿案例的处理方法相同，因此，本章涉及标记行为时，主要都与尿液标记相关。

在喷尿时，猫通常会背对一个垂直平面或物体，将尿液喷向垂直平面或物体。但是，一些猫也会在水平面上喷尿。在性方面，喷尿是一种激素引起的反应，但也可是对一种情绪状态的行为反应，领地争夺或敌对状态可能引起这类反应（第3章）。在多猫家庭内，室内标记行为常伴发明显或变相的攻击行为。尿液标记带有性作用，因此未绝育/去势的猫要比已绝育/去势猫更常表现喷尿，但已绝育/去势和未绝育/去势的公猫和母猫都会发生由情绪引发的喷尿。通常认为公猫比母猫更常表现喷尿。一项研究报道12%的去势公猫和4%的绝育母猫存在喷尿问题[16]，而另一项研究报道10%的去势公猫和5%的绝育母猫会表现喷尿行为[17]。在多猫家庭内，更常发喷尿问题，已报道在猫的数量超过10只的家庭内，至少有1只猫表现喷尿的可能性为100%[18]。

常见的喷尿位点包括家内的植物和家具等突出物品、边界处、出口处和新物品。表现喷尿行为的猫通常仍会使用猫砂盆来排尿和排便。在极少数情况下，猫会在水平表面上排尿或排便来进行标记。

已报道喷尿行为与领地、敌对遭遇、刺激度高的环境或社交刺激（如在家庭内或居所外的另一只猫的景象、声音和/或气味）相关。往家内引入新的陈设或使用电子产品时，会使家内的气味分布发生微妙变化，这也与标记行为相关。猫喷尿在家内物品上会让宠物主人感到非常沮丧，甚至还会引发危险。例如，当猫将尿液喷进插座或喷在烤面包机和水壶等电器上时，就会引发危险。

引发与焦虑相关的标记问题的触发因子为日常事务发生显著变化，如搬入新家、引入新配偶、新婴儿或新猫，也可能为更加微妙的变化，如猫主人的日常活动发生变化，或重新布置了家内已有家具。邻里的猫群体若发生变化，也可能显著影响喷尿行为。一些作者报道室内标记行为与分离相关的行为之间存在关联。

临床症状

猫进行喷尿时，通常是站立着将尿液留在垂直表面上，但它们也可能采取蹲姿，将尿液留在水平表面上。它们通常仅产生少量尿液，排尿后极少表现抓刨或掩埋的行为。

鉴别诊断

已报道在表现喷尿行为的猫里，高达30%的猫有并发疾病[19]。因此，在纠正喷尿行为时，首先应考虑可能的疾病鉴别诊断。下泌尿道疾病会导致公猫的尿道部分堵塞，迫使猫采取站立姿势来排尿，无论何时都应将这种情况视为紧急医疗情况。其他应考虑的潜在疾病包括肛门腺过满或与泌尿生殖系统相关的疾病，如结石、肾衰或膀胱炎。如果在家中发现分布在多处少量尿液，应考虑重要的鉴别诊断为猫特发性膀胱炎。

治疗/管理

在获得完整的行为病史和全面的体格检查后，可能需要进行其他检测来排除疾病因素，这些检测包括全血检查、生化、尿检和X线检查（或其他影像技术和诊断技术）。在开始任何行为纠正前，应先解决疾病问题，或至少同步进行。

对猫主人进行正常的猫行为教育（第3章和第23章）是很重要的，这样他们才能理解行为问题无法被完全消除，但通常可进行成功管理。

大多数国家的大部分家养猫都已被绝育/去势。但是，如果引发标记行为的动因与激素相关，那么在多数情况下，给猫做绝育/去势能成功解决问题。去势减少或消除未去势公猫的喷尿行为的比例能高达90%[18]，因此在这类情况下，绝育/去势是明智的首选措施。

由情绪因子引发的室内尿液标记行为的治疗或管理措施主要涉及3个方面，包括环境管理、行为纠正，以及在必要时，使用药物、费洛蒙和功能食品。

环境管理

室内尿液标记行为的诱因为猫在家庭环境内失去安全感，以及猫无法将家庭居所作为核心领地。进行环境管理的目的是将家庭环境重建为猫的核心领地，增强猫在家内的安全感。如果可能的话，应移除或最小化特定的激发焦虑的刺激物，但这在实际情况中通常很难做到。例如，要移除邻居的猫、新婴儿或新配偶，或者完全预防其他会激发焦虑的环境，如搬家等，这是不切实际的。

但是，仍有可能减轻这些应激因子的作用，推荐进行的有益措施如下。

如有可能就降低家庭内的猫只数量。有时通过隔离猫，让猫无法看到彼此，可达到所需效果。但在某些情况下，猫主人应考虑为该猫找寻新家，此时需给猫主人提供适当的咨询。

减少猫靠近门窗的机会，这样能减少猫感知到居所外部猫的景象、声音和气味，这些因素都可能增强刺激作用。也可以在窗户和玻璃门的表面涂上临时性霜状物，帮助限制接触视觉性刺激物。

改变待在室内或室外的时长。如果能接触室外，对猫可能是有益的，但应根据每个案例的具体情况来做决定。所做决定必须考虑猫对表达正常行为的需求，应能接收充足的精神和身体刺激，也需要保护猫免受邻里的猫对峙或遭遇交通事故。可考虑能带来益处的措施为给猫搭建围墙，这样猫仍被限制在猫主人的所有范围内活动，一些管辖区是强制要求这么做，而在有马路穿过的居所区，考虑到马路带来的风险，一些主人也会选择这么做。

将喷尿区域设计为核心区域，在此处放置食物、垫子和玩具，来改变该区域的功能。

消除过去喷尿所留下的气味，尿渍的气味会逐渐衰减，这可能引导猫来进行重新标记，使它留下的信号保持新鲜。应根据本章前面部分所提供的指导，来有效地清洗喷尿区域。

一些猫会满足于在猫砂盆里喷尿，猫主人对这种喷尿行为的接受度较高。猫更可能在侧边较高的猫砂盆里喷尿。有些猫在排泄时会站起来，有时会让尿液溢过猫砂盆的边缘，用这种类型的猫砂盆能有效地避免这种情况（图24-15）。

图24-15 对那些"登高者"或排尿时会抬高身体后端的猫，可以给它们提供侧边高、带简易进出门的猫砂盆（感谢D. Givin提供）

行为纠正

当猫表现安静和放松行为时，就应奖励猫。与使用食物或爱抚相比，更应使用安静的赞扬来奖励猫，因为前者可能会增加刺激水平。标记是猫的一种自然行为，该行为的作用是降低发生猫间对峙的风险。当猫在室内做标记时，惩罚它会让它感到困惑，增加焦虑和恐惧等负面情绪状态。这样做还会阻碍猫学习适当的、非焦虑性行为，因此在管理这类情况时，反而事与愿违。

药物/费洛蒙和功能食品（第18章和第19章）

在考虑使用药物时，目的是在进行行为纠正和环境管理的同时，联合使用药物来改变神经化学状况，从而降低猫的焦虑水平。

由于这些药物大多数未注册或未批准用于猫，在启动任何治疗措施前，应向客户解释潜在的副作用。很重要的一点是应使用带签字的同意书。在给予药物前，应进行完整的诊断检查，在兽医的指导下逐渐停药，永远不可突然停药。

最常用的药物是氯丙咪嗪等三环抗抑郁药（tricyclic antidepressants，TCAs）和氟西汀等选择性五羟色胺再摄取抑制剂（selective serotonin reuptake inhibitors，SSRIs）。但是，已证实在某些情况下，苯二氮类、阿扎哌隆和抗组胺药也是有用的。许多关于标记行为的研究都仔细避免使用其他可能会改变结果的同步疗法。因此，同时进行行为纠正、环境管理、使用药物和费洛蒙，甚至能获得更高水平的改善效果，并降低复发率。

氯丙咪嗪能减少喷尿行为，澳大利亚已批准使用该药[5,20-22]。在一项研究里，给25只猫进行了氯丙咪嗪治疗，剂量约为0.5毫克/（千克·天），持续至少30天。在4周内，25只猫里有20只的喷尿行为降低了75%，17只猫的喷尿行为消失或改善水平达到90%[20]。

6个月后，15只猫仍在服用药物，许多猫的服用剂量已经降低，有5只猫已成功停药[20]。另一项研究判定在启动氯丙咪嗪治疗时，最佳初始剂量为0.25～0.50毫克/千克[21]。

阿米替林的常用剂量为0.5毫克/千克，每日1次，但许多兽医反映由于该药带有苦味，很难给猫喂药。

已证实用于治疗喷尿的氟西汀有效剂量为1毫克/千克，每24小时1次[23]。在一项使用17只猫的安慰剂对照研究中，到第2周，那些接受氟西汀治疗的猫已显著减少喷尿行为，直到第7周和第8周，喷尿行为都在不断降低。有2只猫的改善水平并未达到70%，在第7周和第8周时，将剂量增加至1.5毫克/千克。停药后的复发率不同，那些在治疗前的标记行为最多的猫也最易复发[24]。总体而言，推荐初始剂量为0.5毫克/千克，每24小时1次，并评估效果。

帕罗西汀（0.25～1毫克/千克，每24小时1次）和舍曲林（0.5～1毫克/千克，每24小时1次）等其他SSRIs也被用在标签外的情况，依据传闻也获得了一些成功。

另一项研究比较了0.5毫克/（千克·天）的氯丙咪嗪和1毫克/（千克·天）的氟西汀的效果，连续给猫使用16周。当治疗时长超过8周时，有效性类似，之后有效性增加。突然停止给猫服用氟西汀后，大多数猫会复发，但如果重新给药，就能控制住该情况[23]。

已报道对55%～74%的猫，安定能有效减少喷尿，改善程度能达到75%或更高[24,25]。在一项研究中，已去势公猫的成功率更高（84%～25%）[23]。安定的有效剂量为每日0.5毫克/千克。但是，安定与部分猫的肝中毒相关，近几年来已被TCAs和SSRIs替代[26,27]。

虽然丁螺环酮的使用并不广泛，但也有报道其能减少55%的猫的喷尿行为，有33%能得到解决。治疗8周后停药，复发率为53%，而安定的复发率为75%[25]。报道使用剂量为0.5～1.0毫克/千克，每8～12小时1次[24]。

已报道赛庚啶能有效控制尿液标记，特别是公猫的尿液标记行为。但是，有一项研究发现氯丙咪嗪要比赛庚啶更有效[28]。

虽然已证实黄体酮能改善30%有标记行为的猫（50%的已去势公猫和10%的已绝育母猫）的行为，但是现如今已认为并不适合使用该药，且已过时，因为该药副作用（免疫抑制和乳腺肿瘤等）发生率高，并不能解决焦虑的潜在起因。

已报道合成的猫脸部费洛蒙的类似物——Feliway能降低74%～97%的猫的喷尿行为；但在一项研究里，仅33.3%接受治疗的家庭完全解决了喷尿问题[29,30]。已发现Feliway的一种扩散器能有效减少尿液标记。如果是由引入新猫、装修或搬移等环境变化引发了喷尿行为，应考虑将Feliway作为唯一的选择。应至少使用Feliway 2～3个月。针对多猫家庭和引入新猫时，推荐使用新产品Feliway Friends，但目前仅在美国有该产品。第18章提供关于费洛蒙治疗的更多详细信息。

除了药物和费洛蒙治疗外，目前市面上还有数种功能食品产品，这些产品含有L-茶氨酸、色氨酸和α-酪蛋白水解肽等活性成分。迄今为止，关于这些产品对解决喷尿行为的效果，仅有少数的研究或经验性报告（见第19章）。

结论

动物诊所常接收到关于室内随地排泄问题的询问，该问题是患猫的重要福利关注点。这类问题会让客户感到沮丧，会威胁宠物-主人之间的纽带关系。要成功管理这类情况，关键应鉴别疾病起因、排泄问题和标记问题，需要联合使用药物、行为病史和体检来达到上述目的。一旦准确诊断出潜在起因，进行治疗和管理时，应联合使用药物、环境和行为方法。也应提供与正常猫行为相关的客户教育，这一点相当重要。

附加资源

AAFP and ISFM Guidelines for Diagnosing and Solving – House-Soiling Behavior in Cats (2014), http://jfm. sagepub.com/content/16/7/579.full.pdf+html (Accessed March 22, 2015).

House-Soiling: Cat Owner Questionnaire, http://jfm. sagepub.com/content/suppl/2014/06/17/16.7.579. DC1/ Cat_owner_questionnaire.pdf (Accessed March 22, 2015).

House-Soiling: Take-Home Instructions for Cat Owners, http://jfm.sagepub.com/content/suppl/2014/06/17/16. 7.579.DC1/Take_home_instructions_for_cat_owners. pdf (Accessed March 22, 2015).

Feline House-Soiling: Useful Information for Cat Owners (client brochure), http://www.catvets.com/public/PDFs/ClientBrochures/HouseSoiling- WebView.pdf (Accessed March 22, 2015).

参考文献

[1] Overall KL. Clinical Behavioural Medicine for Small Animals. St Louis: Mosby; 1997, pp. 5-8.

[2] Blackshaw JK. Feline elimination problems. Anthrozoëos. 1992.5:52-56.

[3] Denenberg S, Landsberg GM, Horwitz D, Seksel K. A Comparison of Cases Referred to Behaviorists in Three Different Countries. In: Mills D, Levine E, Landsberg G, et al. Current Issues and Research in Veterinary Behavioral Medicine. Ashland: Purdue University Press; 2005.56-62.

[4] Salman MD, Hutchison J, Ruch-Gallie R, et al. Behavioral reasons for relinquishment of dogs and cats to 12 shelters. J Appl Anim Welf. 2000.2:93-106.

[5] Seksel K, Lindeman MJ. Use of clomipramine in the treat- ment of anxiety-related and obsessive-compulsive disorders in cats. Aust Vet J. 1998.76(5):317-321.

[6] Westropp JL, Buffington CA. Feline idiopathic cystitis: cur- rent understanding of pathophysiology and management. Vet Clin North Am Small Anim Pract. 2004.34:1043-1055.

[7] Cameron ME, Casey RA, Bradshaw JW, et al. A study of environmental and behavioural factors that may be associ- ated with feline idiopathic cystitis. J Small Anim Pract. 2004.45:144-147.

[8] Buffington CA. Idiopathic cystitis in domestic cats: beyond the lower urinary tract. J Vet Intern Med. 2011.25:784-796.

[9] Carney HC, Sadek TP, Curtis TM, et al. AAFP and ISFM guidelines for diagnosing and solving house-soiling behavior in cats. J Feline Med Surg. 2014.16:579-598.

[10] Neilson JC. Is Bigger Better? Litter Box Size Preference Test. New Orleans: Proceedings of ACVB/AVSAB; 2008, pp. 46-49.

[11] Borchelt PL. Cat elimination behavior problems. Vet Clin North Am Small Anim Pract. 1991;21:257-264.

[12] Sung W, Crowell-Davis SL. Elimination behavior patterns of domestic cats (Felis catus) with and without elimination behavior problems. Am J Vet Res. 2006.67:1500-1504.

[13] Neilson JC. Pearl vs. Clumping Litter Preference in a Population of Shelter Cats. In: Proceedings of AVSAB; 2001:14.

[14] Smith K, Dreschel NA. A comparison of cat preferences for litterbox substrates. Newsletter of the American Veterinary Society of Animal Behavior. 2008.30(2):6-7.

[15] Mills DS, Munster C. Litter Depth Preference in the Domestic Cat. Caloundra, Australia: Proceedings of the 4th Interna- tional Veterinary Behaviour Meeting; 2003, pp. 201-202.

[16] Hart BL. Behavioral and pharmacologic approaches to prob- lem urination in cats. Vet Clin North Am Small Anim Pract. 1996.26:651-658.

[17] Hart BL, Cooper L. Factors related to urine spraying and fighting in prepubertally gonadectomized cats. J Am Vet Med Assoc. 1984.184:1255-1258.

[18] Pryor PA, Hart BL, Bain MJ, et al. Causes of urine marking in cats and effects of environmental management on frequency of marking. J Am Vet Med Assoc. 2001.219:1709-1713.

[19] Frank DF, Erb HN, Houpt KA. Urine spraying in cats: presence of concurrent disease and effects of a pheromone treatment. J Appl Anim Behav Sci. 1999.61:263-272.

[20] Landsberg G, Wilson AL. Effects of clomipramine on cats presented for urine marking. J Am Anim Hosp Assoc. 2005.41:3-11.

[21] King JN, Steffan J, Heath SE, et al. Determination of the dos- age of clomipramine for the treatment of urine spraying in cats. J Am Vet Med Assoc. 2004.225:881-887.

[22] Hart BL, Cliff KD, Tynes VV, Bergman L. Control of urine marking by use of long-term treatment with fluox- etine or clomipramine in cats. J Am Vet Med Assoc. 2005.226:378-382.

[23] Pryor PA, Hart BL, Cliff KD, et al. Effects of a selective sero- tonin reuptake inhibitor on urine spraying behavior in cats. J Am Vet Med Assoc. 2001.219:1557-1561.

[24] Hart BL, Eckstein RA, Powell KL, et al. Effectiveness of bus- pirone on urine spraying and inappropriate urination in cats. J Am Vet Med Assoc. 1993.203:254-258.

[25] Marder A. Psychotropic drugs and behavioral therapy. Vet Clin North Am Small Anim Pract. 1991.21:329-342.

[26] Center SA, Elston TH, Rowland PH, et al. Fulminant hepatic failure associated with oral administration of diazepam in 11 cats. J Am Vet Med Assoc. 1996.209(3):618-625.

[27] Park FM. Successful treatment of hepatic failure

secondary to diazepam administration in a cat. J Feline Med Surg. 2012.14 (2):158-160.

[28] Kroll T, Houpt KA. A Comparison of Cyproheptadine and Clomipramine for the Treatment of Spraying Cats. In: Proceedings of the 3rd International Conference on Veterinarian Behavioural Medicine, Herts, UK; 2001.184-185.

[29] Ogata N, Takeuchi Y. Clinical trial of a feline pheromone analogue for feline urine marking. J Vet Med Sci. 2001;63:157-161.

[30] Mills DS, Mills CB. Evaluation of a novel method for delivering a synthetic analogue of feline facial pheromone to control urine spraying by cats. Vet Record. 2001.149:197-199.

[31] Tynes VV, Hart BL, Pryor PA, et al: Evaluation of the role of lower urinary tract disease.

第 25 章
老年猫的行为问题

Gary M. Landsberg and Sagi Denenberg

引言

随着动物医学和猫营养学的进步,同时宠物主人愿意提供负责任的和充满关爱的饲养条件,家养猫的寿命要比以前任何时候都长。过去20年里,猫的平均寿命增加约15%,如今老年猫数量约占猫群体的30%[1,2]。对猫主人和猫来说,猫的老年期都是一个充满挑战的时期。随着年龄增长,甲状腺功能亢进、肾衰、感官受损、免疫机能下降和退行性关节病(degenerative joint disease,DJD)等疼痛性疾病会变得越来越常见。发生这类健康问题时,许多疾病首先表现出的症状是行为改变,有时这甚至是唯一表现出的症状。此外,猫的应对能力开始下降,更易发生焦虑和易怒,社交互动也开始发生变化。猫的环境发生变化或疾病问题会引发或促进这类改变,但认知功能障碍综合征(cognitive dysfunction syndrome, CDS)也会引发老年宠物的多种行为变化。

要有效地管理行为变化,最佳的方法是进行早期识别和及时报告行为症状,但是许多顾客并不会与他们的兽医讨论行为变化[3]。这可能是因为顾客:

(1)不了解正常老化和异常老化之间的差异;
(2)未意识到及时报告的重要性;
(3)不了解可使用的治疗选项;
(4)认为可能会推荐安乐死[4]。

门诊兽医必须积极询问行为变化情况,教育宠物主人早期及时发现的价值,向宠物主人描述用于治疗或延缓老年宠物的许多健康、行为和福利问题的可用治疗选项。

在就诊期间评估老年猫的情况

在猫主人每次都带着老年猫前来进行健康护理拜访时,临床兽医师可以使用详细的问卷调查来发现老年猫微妙的行为变化,并专注于顾客的关注点(表25-1)。结合体格检查、实验室筛查结果与猫的疾病和行为症状,便能获得作出诊断和实施治疗策略的所需信息。许多疾病会引发或促进老年猫的行为改变(表25-2)。虽然认知功能障碍是这些变化的主要起因,第一步仍应先排除其他疾病。疼痛状况、内分泌疾病、肾脏和肝脏疾病、神经紊乱和感觉下降都可能让宠物变得困惑、易怒和表现攻击。内分泌疾病、肾脏或肝脏疾病、肌肉骨骼疾病和泌尿道疾病会引发室内随地排泄。超敏反应、神经病理性疼痛等皮肤疾病、神经疾病和肌肉疾病会引发过度舔毛或感觉过敏,而任何影响中枢神经系统(central nervous system,CNS)的疾病都会改变精神、情绪和认知状态(表25-2)。此外,由于年龄也会影响营养素的消化和吸收,潜在的营养素缺乏也可改变部分机体和行为症状[5]。

老年猫的行为问题分类

老年猫的行为问题可分为:

(1)顾客因较严重的行为问题带猫前来就诊,这些问题会影响顾客的健康和福利或猫的福利;
(2)伴随老化出现的行为变化,并不足以引起顾客关注,若不提示,顾客不会向兽医提起。

后一种是许多猫发生认知功能障碍时的早期

表 25-1　猫的认知功能筛查问卷		
宠物的名字：　　　　　年龄：　　　　日期：		
	何时开始出现症状？	评分
A：定向障碍——意识——空间感		
会被困住或无法绕过物体		
无神地盯着墙或地面		
无法发现 / 留下掉落的食物		
走向错误的门侧；走进门 / 墙壁		
无目的地发出叫声		
B：社交互动发生变化		
对爱抚的兴趣下降 / 避免接触		
问候行为下降		
需要持续接触，过度依赖，"黏人"		
与家庭内其他宠物的关系发生变化——社交减少		
与家庭内其他宠物的关系发生变化——恐惧 / 焦虑		
攻击		
・家庭成员 ＿＿＿＿；不熟悉的人 ＿＿＿＿		
・家庭宠物 ＿＿＿＿；不熟悉的宠物 ＿＿＿＿		
・其他：		
C：对刺激物的反应		
对听觉刺激物（声音）的反应下降		
对听觉刺激物的反应增强，感到恐惧、憎恶		
对视觉刺激物（景象）的反应下降		
对视觉刺激物的反应增强，感到恐惧、憎恶		
对食物 / 气味的反应下降		
D：睡眠-清醒循环；日间 / 夜间活动颠倒		
睡眠不佳 / 夜间醒来		
日间睡眠增加		
E：活动增加 / 重复 / 焦虑		
无目的地踱步 / 漫游		
叫声增加		
过度舔毛		
F：活动——冷漠 / 抑郁		
对食物 / 零食的兴趣下降		
探索 / 活动下降		
对社交互动 / 游戏的兴趣下降		
自我护理下降		
G：学习和记忆——工作、任务		
执行任务的能力下降		
对提示和技巧的反应下降		
无法学习新任务或学习缓慢（再训练）		

（续表）

表 25-1 猫的认知功能筛查问卷

宠物的名字：　　　　　年龄：　　　　日期：

	何时开始出现症状？	评分

H：学习和记忆——室内随地排泄

在前期训练的室内位置排泄
忘记猫砂盆的位置

* 兽医及其员工可使用该表来筛查患猫

改编自 Landsberg G, Hunthausen W, Ackerman L: Behavior problems of the dog and cat, ed3. St Louis, 2013, Saunders.

关键评分：0= 无　1= 轻度　2= 中度　3= 严重

表 25-2 行为症状的疾病起因

疾病	行为症状举例
神经性：	
中枢神经（颅内/颅外），特别是影响前脑的疾病，如肿瘤、CDS、边缘系统/颞侧和下丘脑；REM 睡眠紊乱	意识和对刺激物的反应改变、学习行为丢失、室内随地排泄、定向障碍、困惑、活动水平改变、时间定向障碍、发出叫声、性格改变（恐惧、焦虑）、食欲改变、睡眠周期改变、睡眠中断、攻击
抽搐（局部）：颞叶癫痫	重复行为、自体损伤障碍、性格改变（如间歇性恐惧或攻击）、战栗、颤抖、睡眠中断、感觉过敏
外周神经病变	自残、易怒/攻击、转圈、感觉过敏
感觉障碍	对刺激物的反应改变、困惑、定向障碍、易怒/攻击、发出叫声、室内随地排泄、睡眠周期变化
内分泌：	
甲状腺功能亢进	易怒、攻击、尿液标记、活动下降或增加、夜间醒来
糖尿病	情绪状态改变、易怒/攻击、焦虑、嗜睡、室内随地排泄、食欲改变
功能性卵巢和睾丸肿瘤（雄激素诱发的行为增加）	雄性：攻击、漫游、标记、性吸引、爬跨 雌性：筑窝或对物品的占有性攻击
代谢/器官功能障碍：	
肝性（包括肝性脑病）	易怒、攻击、睡眠周期改变、精神迟钝、活动下降、不安、困惑、异食癖、食欲改变
肾性	室内随地排泄、过度饮水、冷漠、易怒、叫声过多
泌尿生殖系统	室内随地排泄（尿）、多饮、夜间醒来
胃肠道	舔、多食、异食癖、室内随地排便、睡眠不安、不安
疼痛	对刺激物的反应改变、活动下降、不安/躁动、发出叫声、室内随地排泄、攻击/易怒、自体损伤、夜间醒来
皮肤	心理性脱毛、感觉过敏、其他自体损伤（啃/咬/吸/抓）

CDS，认知功能障碍综合征；REM，快速动眼

症状，随着年龄增大，认知功能障碍的发病率越高，但报告率却很低（方格25-1）[6-8]。

> **方格25-1　什么是猫的认知功能障碍综合征（CDS）？**
>
> CDS是老年猫的一种神经退行性紊乱，特征表现为认知逐渐减退，脑部病理变化逐渐增多。早期研究犬的脑部老化后，发现数种临床和病理变化与人类的阿尔兹海默病（Alzheimer disease，AD）相符。较近期的证据表明猫也有同样的状况，在脑部病理、变化的社交关系和学习、记忆能力下降方面，所发生的变化与人类的老化相似。依据最先在犬描述的临床症状集群DISHA（Disorientation, Interactions, Sleep-wake cycles, House soiling, Altered activity level）来诊断该病，即①定向障碍；②与人或其他宠物的互动改变；③睡眠-清醒周期改变；④室内随地排泄；⑤活动水平改变[6,7]。这也包含意识或对刺激物的反应下降。此外，恐惧和焦虑似乎也与认知能力下降有关[6,7]。在猫也已有相似的临床症状类别描述[6-8]。一旦识别出有这些症状，通过排除其他所有可能引发这些症状的疾病后，就确诊为CDS（表25-2）。

顾客向兽医抱怨的行为问题

收集来自3个不同的行为转诊医院的83只猫的证据后，显示最常见的问题是室内随地排泄（包括垂直面和水平面、尿液和粪便），占比73%；猫之间的攻击行为，占比10%；对人的攻击，占比10%；叫声过多和不安，占比分别为6%；过度舔毛，占比4%[6,7,9]。在3个行为转诊中心（美国的圣路易斯、澳大利亚的悉尼和加拿大的多伦多）进行的调查发现，在老年猫群体里，53%的猫有室内随地排泄问题，17%有攻击问题，17%有焦虑问题（包括叫声过多和夜间醒来），7%有重复性行为问题。在这些调查收集病例时，人们并未重视猫的CDS，应重点考虑这一点。为了进一步评估这些顾客关注的较严重问题的发生范围，在兽医信息网（Veterinary Information Network，VIN）上进行了"老年猫行为问题"和"猫的高龄期"研究，选择了最近提交的100例超过11岁的猫的情况进行分析。在这些猫里，有43只猫会在夜间吵醒主人和发出叫声，31只猫表现室内随地排泄的症状（4只表现喷尿），17只猫有定向障碍症状（漫游、踱步、盯视和不安），2只猫表现"黏人"/不断寻求关注，1只猫表现猫间的攻击和重复舔毛。最常见的疾病是甲状腺功能亢进、慢性肾病、心脏病、高血压、感觉下降（听觉、视觉）和DJD。最常报告的环境因素是伴侣猫死亡、搬家、新婴儿或家庭内出现新猫。

通过积极筛查发现行为变化

对154只年龄在11~21岁的老年猫进行调查，在进行常规健康护理拜访时，给猫主人提供行为问卷调查，要求主人报告任何行为变化[6,8]。在这些猫里，有67只猫有行为症状，19只猫被诊断出潜在的健康问题（例如肾病、甲状腺疾病）。这些疾病问题可能并非行为症状的起因，但在排除掉这些患病猫后，仍有48只猫（36%）被诊断出与CDS相符的行为症状。年龄较大的猫更常受影响，每只猫的症状也更多。在年龄超过15岁的猫里，50%的猫受影响，在年龄为11~14岁的猫里，28%的猫受影响。在年龄11~14岁的猫里，最常见的变化是社交活动发生改变，而在年龄更大的猫里，最常见的症状是过度发声和活动变化[6,8]。

诊断和治疗老年猫的行为问题

诊断老年猫的行为问题时，方法与诊断年幼猫的类似；但是，老年宠物的患病概率较高，因此兽医师应先重点排除疾病问题。事实上，猫CDS的诊断方法就是排除其他疾病和行为起因。

由于老年猫发生感觉能力下降、患有器官健康问题、内分泌疾病、疼痛、运动问题和CDS的可能性更高，因此治疗老年猫的行为问题要比年幼猫更困难，更不易成功。此外，需调整给老年猫使用的药物及其剂量，老年猫可能本身已患有疾病，发生药物副作用的可能性更高，如具备镇静效果或抗胆碱能的药产生副作用的可能性更高。因此，要获得最佳改善效果，需整合行为纠正、环境管理和药物治疗，满足每只老年猫个体的需求。

在宠物的任何年龄阶段，都可能发生老年宠物的许多行为问题，本书的其他章节已对此进行了讨论。因此，接下来的讨论将集中于需解决的老年宠物的某些特定关注点。

过度发声

当猫在不可接受的时间（如夜间或婴儿正在睡觉时）发出叫声，叫声特别大或持续时间长时，就会成为猫主人需面对的问题。（关于夜间醒来的问题，见下文。）临床兽医师应询问问题的出现时间、频率、每日发生的时间点、持续长度、声音的类型和音高，以及健康或行为的其他变化情况。此外，收集病史时，应寻找任何触发因子（如室外动物、饲喂时间、威胁情况或主人离家），是否有任何已知的健康或家庭问题与发声问题同时出现，以及猫主人对叫声的反应。任何形式的关注都会强化该行为，而即使惩罚措施在当下能减少该行为的发生，在多数情况下却仅会恶化猫的焦虑状态，无法解决潜在起因。疼痛性疾病（如DJD、胃肠道疾病、泌尿生殖道疾病、口腔/牙科疾病、神经性疾病或肿瘤）、代谢紊乱（如伴有氮质血症的慢性肾病）、包括认知功能障碍和感觉功能下降的CNS疾病和饥饿或口渴都可能导致发声增多。发声可能只是猫的焦虑状态，因健康问题（如上所述），老年宠物对环境变化的敏感度升高，对猫主人提供舒适和安全感的依赖性升高，进而会产生焦虑。在猫与主人分离时，这些都可能引发痛苦性发声。

治疗

一旦确定了发声的起因，就可启动适当的管理措施。假如已经解决了疾病问题，接下来顾客需保证猫能轻易接近所有所需资源，满足它的所有需求，包括提供适当的食物、饮水、猫砂、游戏、探索、休息和社交互动。不仅在猫频繁发声时，应在任何时间都有效地满足猫的这些需求。事实上，如果能确认引发发声的刺激物和状况，可以让猫进行丰富的活动（游戏、食物、玩具、奖励性训练或探索），作为发声的替代活动。应建议顾客奖励猫的平静和安静的行为，并消极忽视（不强化也不惩罚）发声行为。因此，假如已能有效地满足猫的所有需求，可能就需要把猫养在某个区域，在该区域内发声并不会打扰到猫主人，从而不需要给予奖励或惩罚。如果在猫发声时，立即限制其活动，当猫安静下来后，将其放出，这样也可将限制活动作为暂停措施（负面惩罚）。依据起因情况，可能需要使用镇痛药、抗焦虑药或帮助引导或维持睡眠的药物（如睡前服用苯二氮或褪黑素）。

夜间醒来

猫是晨昏性动物（在清晨和黄昏时活动），这与它们获取食物的需求（捕猎）和猎物的活动时间有关[10]。大多数家养猫会依据主人的活动模式来调节活动。但是，在猫主人尝试入睡时，有些猫会在夜间变得更加活跃。这些猫可能会吵醒主人，来获得关注或食物。另一方面，猫可能因其他原因醒来，而猫主人会通过给予食物或关注，来尝试使猫平静下来，从而强化了该行为。虽然年幼的猫也会在夜间吵醒它们的主人，但在老年猫最常见该类问题，这是由于老年猫易患CDS和许多其他作为促进因子的健康问题。当猫主人因猫的夜间醒来问题带猫前来就诊时，临床兽医师应考虑会引起疼痛、不适、困惑或不安睡眠的疾病，包括DJD、胃肠道疾病、肾病或肝病、甲状腺功能亢进等内分泌疾病和高血压。任何会增加饥饿或口渴，或会增加排尿或排便频率的疾病进程，也会促进猫在夜间醒来。感觉功能下降，特别是听力或视力下降时，可能会进一步改变猫的意识、活动、对刺激物的反应和活动日程，包括在何时和何处入睡。由于猫患CDS时，猫主人常提出的抱怨是睡眠–清醒周期和活动模式发生变化，因此在排除其他疾病后，应将CDS作为重要的诊断考虑。相反地，发现了其他疾病，并不能排除并发CDS的可能性。应全面评估病史、体格检查、血压、神经检查、疼痛评定结果、相关的实验室检测和所有其他疾病及行为症状后，才能进行确诊。应全面调查是否存在其他并发症状，这些症状会增加对其他疾病或行为起因的怀疑指数，如活动下降、活动能力下降、焦虑或躲避行为增加、需求关注的行为增加、食欲改变、猫砂盆的使用情况改变和发声增加。家庭环境或日常活动发生变化，如无法接近室外或家内的某些位置、日间活动减少、饲喂流程变化和家庭内宠物间的关系发生变化，都会降低夜间睡眠的数量、质量或时长。也应考虑启动夜间活动的因素可能与维持夜间活动的不同。猫的日程一旦发生改变，便很难改回来，因为猫会在白天睡得更多。此外，猫在夜间醒来时，主人可能会给予食物和关注，这会强化该行为。主人也可能表现生气、沮丧或施行惩罚措施，这可能会恶化猫的焦虑情况[10]。如果曾间歇性给予可感知到的奖励，随着奖励消失（移除奖励），会越来越难解决该问题。

治疗

夜间醒来的问题持续得越久，就越来越难解决。第一步应先确定和解决潜在的疾病问题。但是，有些问题是无法成功解决的，健康状况可能会继续恶化（如感觉功能下降、肾衰和肿瘤），改善效果有限（如胃肠道疾病、DJD）或者用于解决问题的药物本身可能有副作用（如类固醇）。因此，要取得让猫主人满意的改善效果，应同时使用药物和行为治疗方法，并对可获得的效果持有符合实际的期望[11]。

进行行为管理时，应先调查引发问题的可能因素，保证已有效解决诱发因素。因此，若猫在夜间醒来是为了进食，可能就需要让猫能自由采食，这样它能够在需要进食的任何时候获得食物。如果无法进行自由采食，可以改变饲喂模式，如在白天更频繁地少量多餐，睡前喂食和清晨喂食，改变日粮配方、类型或数量（如蛋白质含量、罐头 vs 干粮、营养素成分），甚至可使用自动喂食器来进行夜间喂食，这都可能是有益的[6]。如果与其他猫的关系问题、改变的家庭或日常活动引发了夜间醒来问题，那么解决这些潜在问题有助于改善夜间睡眠情况。应保证家庭和日常活动能促进夜间睡眠，包括给猫提供可轻易接近的舒适休息区域（并在猫使用该区域时，奖励它），干净的猫砂和在白天时增加刺激（如玩具、训练和关注）。如果对猫和家庭适当的话，可增加猫进入室外的机会。患 CDS 的猫可能还需要进行认知功能治疗。

室内随地排泄

在任何年龄阶段，猫最常见的行为问题是室内随地排泄。该问题包括因厌恶（如位置、材质及猫砂盆）和偏好（如位置、材质）、疾病状况（如猫特发性膀胱炎、DJD）和标记行为，而在不可接受的位置排尿或排便。其中，标记行为通常是因焦虑或过度刺激，使猫在垂直平面上喷尿。

针对老年猫的首要步骤是进行全面的体格检查，包括相关的实验室检查，如全血细胞计数、生化检查、甲状腺评估、血压测量和尿检。也可能指示需要进行影像诊断检查。排泄频率或排泄量增加、排泄疼痛、失禁或活动能力改变，都可能指示存在主要的疾病诱因。但是，即使确认和治疗了疾病问题，一些猫会因习得的逃避行为、新偏好或其他并发的健康问题，仍持续表现随地排泄行为。第 24 章提供关于室内随地排泄的进一步详细信息。若猫前期已经过训练，且无任何患病表现，应考虑存在 CDS 的可能性。患 CDS 的猫更可能无区别地选择位置排泄，因此，当猫在特定位置或避免在特定位置或表面排泄时，诊断结果是 CDS 的可能性较低。虽然老年猫不常发标记行为，但也有相关报道。潜在的疾病问题可能包括残留的睾丸或睾丸外组织发展出功能性肿瘤，从而引发标记行为，还包括会提高易怒性的疾病进程（如甲状腺功能亢进）[12]。针对任何年龄阶段的猫，诊断和治疗尿液标记的方法是一样的（见第 24 章）。

治疗

治疗随地排泄的首要步骤是管理环境，增加猫砂区域的吸引力，降低随地排泄区域的可接近性和吸引力。对老年猫特别有用的治疗选项包括增加猫砂盆的数量，可在猫随地排泄区域添设猫砂盆；让猫能更轻易地接近猫砂盆的位置和猫砂盆本身（如较低的进入侧、斜坡）；改善光亮情况或在该区域安设夜灯；更频繁地清理猫砂盆。如果猫存在视觉损伤问题，可以使用费洛蒙或熟悉的气味提示（如猫砂吸引剂、芳香疗法），帮助指引猫前往猫砂盆区域，增加该区域的吸引力。应确认诱发因素，这样才能避免遇到刺激物或解决冲突。一旦解决了老年猫的需求，那么如本书的相关章节已讨论的，可能还需要进行行为纠正和药物治疗。但是，宠物的身体和健康条件情况会限制可用的行为纠正方法和药物。

焦虑

老年猫对日常活动、家庭或环境变化的处理能力下降，甚至可能会丧失相关的能力。此外，疾病问题（如上所述）会限制猫进行所需活动的能力，让猫变得虚弱或易怒，也可能增加猫的躲避行为。感觉和运动机能受损可能会增加焦虑，改变猫对刺激物的识别或反应能力，或降低猫进行躲避的能力。已存在的焦虑不但可能会在几年内发生恶化，还可能会形成新的焦虑。猫的 CDS 是一个会让情况变得更复杂的因素，该病会影响猫的学习、适应和记忆能力。猫主人的反应若不一致（导致不可预测性和缺乏控制性），也会影响猫的焦虑状况。例如，当猫主人的反应表现为沮丧或愤怒，非有意地奖励了不希望出现的行为，或者使用惩罚来阻止不希望出现的行为（这会让年龄较大的猫产生特别大的压力）。与较年幼的猫一样，多种情况会引发老年猫的焦虑（如噪声、家庭内或所有地上出现新的人类或宠物、家庭变动），但老年猫的健康和年龄状况会让它们对变化更敏感。

治疗

管理老年猫的焦虑的方法总体上与年幼猫的相似。但是，要达到目的，猫主人需要付出更多的时间，需保持重复性、一致性和耐心。应将重点放在期望出现的行为、非焦虑行为和可接受的活动（例如社交互动和游戏）的奖励和训练上。在许多情况下，可能需要考虑使用丁螺环酮、氟西汀或苯二氮等药物[7,11]。应根据宠物的问题和健康状况选择药物。有用的措施包括单独使用猫的面部 F3 费洛蒙、α-酪蛋白水解肽、L-茶氨酸或猫抗应激日粮等天然补充剂，或与药物结合使用。认知功能治疗也可能降低与认知功能障碍相关的焦虑（下面将讨论辅助治疗、认知功能药物和补充剂）。

重复性行为

老年猫可能出现踱步、过度清理行为或过度舔毛。在夜间，某些行为可能显得更为频繁或密集，但这可能仅是因为猫主人在夜间才意识到这个问题。许多疾病问题会引发这些行为，包括神经病理性疼痛等疼痛状况、影响 CNS 的疾病进程、胃肠道紊乱和皮肤状况等。CDS 的症状包括踱步和不安增加，特别是在夜间出现这个状况时。

治疗

如果已经排除或诊断、治疗了疾病问题，但行为问题仍持续存在时，应重点解决潜在的环境或行为应激因子。当然，如果 CDS 也是问题的一部分，那么应同时解决这个问题。使用日记来记录猫的日常活动，辨别问题行为的发生状况、时间和诱发因素，可为避免这些情况或刺激物来创造机会，或者抢先让动物形成替代性、希望出现的行为。使用饲喂玩具来增加环境的丰富性，提供包括游戏和训练活动在内的探索和社交活动，帮助猫找到舒适和安全的休息区域，都有助于降低潜在的应激因子。猫主人必须避免奖励行为，如通过给猫零食或进行游戏来终止行为。也必须停止使用惩罚措施，这会增加焦虑和冲突。使用指令–奖励顺序，猫主人可让宠物执行可接受的、不相容的行为（如"过来""击掌"或"玩耍"）。通过击掌或非常轻柔地拉牵引绳，可不需给予奖励，同时又能中断行为。当猫主人并未与猫进行该活动时，应让猫一直戴着牵引绳，并立即引导猫进行替代性的、希望出现的行为。在多数情况下，可能需要使用药物和/或天然补充剂（见第19章的讨论）。

攻击

与年幼的猫出现攻击行为的原因相似，老年猫也会因这些原因而出现攻击行为。因此，首要步骤应是辨别与攻击同步发生的任何家庭变化或事变（见第26章和第27章）。健康问题会直接增加疼痛和易怒性，改变活动能力，引起感觉功能下降（如视觉、听觉）或认知功能障碍，这些都可能会改变猫的行为，如让猫表现出攻击行为，而过去在同样的情况下，猫则表现得更为消极。此外，感觉功能或活动能力下降等疾病因素会改变猫与其他猫或人进行有效交流的能力。一些老年猫可能表现已有的攻击行为恶化。

治疗

管理攻击应首先注重保证安全。应确认所有触发因素，通过避免会出现攻击的状况，来避开触发因素。有可能需要提供更多资源来减少冲突（如躲藏处、猫砂盆、蹲坐区域），或将猫与它会展现攻击的其他猫或人分隔开来。在治疗老年猫时，最重要的是应考虑猫的健康和家庭状况，建立对可取得效果的切合实际的预期。使用药物治疗潜在的健康问题和CDS，同时使用行为药物或补充剂，可能在可接受的范围内改善或控制猫的行为问题。但是，就算成功控制了疾病问题，要重建和谐关系，包括实施脱敏化和对抗条件反射作用，可能会较困难或无法实施，特别是对老年猫。第26章和第27章更详细地讨论了攻击的诊断和治疗。

认知功能障碍综合征

认知功能障碍综合征（cognitive dysfunction syndrome，CDS）是老年猫的一种神经退行性疾病，特征是与年龄相关的病理变化引发的认知能力下降，这些病理变化包括大脑萎缩、神经元丢失、脑室膨胀、与淀粉样蛋白沉积相关的损伤和脑血管损伤[6-8,11,13-17]。虽然大多数发表的猫临床综合征研究是由人和犬外推而来的，但现在有越来越多的数据支持给猫使用相似的诊断标准[6-8,11]（方格25-1）。

已报道神经病理的特征变化与临床症状同步发生。10岁以上的猫会出现β-淀粉样蛋白沉积，这与临床症状表现、反射性学习缺失和运动功能损害的出现时间有相关性[6-8,16-18]。但是，已报道6岁的猫就会发生尾状核神经元功能改变，破坏猫的处理信息能力[19]。此外，与犬的表现一致，猫的神经生理测试表现也会随着年龄增长而下降（图25-1）[6,7,11,13,20,21]。

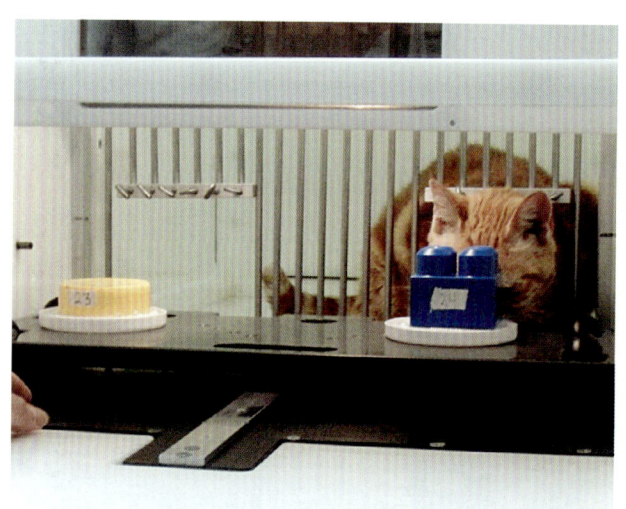

图 25-1 猫的认知功能测试用具（感谢 G. Landsberg, Cancog Technologies 提供）

当老年猫表现的症状可能指示为CDS时，应排除行为症状的任何其他诱发因素，之后才能确诊为CDS。这需要获得全面的病史信息，来决定是否有其他并发症状，需要进行体格和神经检查、感官和疼痛评估，以及任何可用于排除可能的疾病问题的实验室诊断方法。另一方面，由于面对的是老年猫，在发现存在一种疾病问题时，并不能排除并发认知功能障碍的可能性。

实验室研究

与犬相比，评估老年猫的学习和记忆能力的科学研究要少得多。一项研究发现与1～3岁的猫相比，10岁及以上的猫表现眨眼反射缺失；在老年人类和阿尔兹海默病（Alzheimer disease，AD）病患也可见相似结果[18,22]。另一项研究使用带孔纸板任务测试方法，发现年龄小于3岁、3.1～8岁和8～15岁的猫之间的学习能力并无差异，但随着年龄增长，工作记忆错误和参考记忆错误增加[23]。但是，参加测试的猫群体呈偏态分布，只有通过了初始筛选标准的猫，才能参加该研究，这就导致大量的老年猫被排除在外。最近，CanCog Technologies（cancog.com）研发了一连串认知评估测试；这些测试以认知任务为基础，这些认知任务起初是用于评估犬的认知情况[20,24,25]。在初始的习得任务中，测试者在一个食槽内放置罐头食品作为诱饵，然后用一个物品盖住食槽。一旦猫学会了移开物品来获取食物，这只猫必须接着学会辨别食物藏在两个物品中的哪一个的下方（即区分任务）（图25-1）。在每个物品下方藏有作为诱饵食物，避免动物根据气味来辨别正确的物品。下一个测试是反转任务，此时猫必须学会现在食物在前面错误的物品下方。年龄增长会影响执行功能的这种测试结果。已发现在猫的空间记忆任务（延迟非配对的摆放位置）和位置区分的反转阶段（自我中心）任务也存在相似的年龄效应[13,20,24,25]。

病理数据

针对老年猫的近期研究进展已确认老年猫的脑部变化与老年犬的相同，在某种程度上也与患早期AD的人类的脑部变化相同[6-8,14-17,26-29]。最主要的是已证实猫会发生β-淀粉样蛋白病变，该种病变是人类AD发病机制的一部分，主要在额叶和顶叶的深层皮质区域可见弥漫性的沉积斑，超过10岁的猫还会发生血管淀粉样蛋白沉积[26-29]。随着年龄增长，β-淀粉样蛋白的出现频率、沉积量和染色的强度增加[16,17,26-29]。已证实在神经元内也会发生免疫反应性tau蛋白沉积[16,27]。但是，并未证实猫会出现神经炎性斑块和成熟的神经纤维缠结，而人类则有这类情况[16,26,27]。虽然已确认β-淀粉样蛋白沉积与犬CDS的相关性，但目前仍不清楚这类关系在猫的情况[16,26-31]。

已报道猫与犬相似，也有其他与年龄相关的病变类型，包括随着年龄增长，出现神经元缺失，灰质和白质量下降，侧脑室增大，脑回变宽，神经元功能下降和梨状叶的多病灶小损伤[6-8,15,32,33]。最终，有证据表明伴随着老化，小脑功能会发生变化，这会导致老年猫的运动功能下降[6,8,14]。

一项研究使用光学显微镜和电子显微镜观察老年猫，发现老年猫的被盖核有显著的胆碱能萎缩[34]。这类变化会使快速动眼运动（rapid eye movement，REM）睡眠发生与年龄相关的变化，造成认知能力下降[34,35]。这可能呼应了认知功能障碍综合征患犬的胆碱能活动发生下降[36-38]。结合人的近期研究和上述发现，给老年动物使用抗胆碱能药物，可能会提高认知功能损害的发生风险[39]。

已证实氧化损伤增加和线粒体功能下降会降低脑部代谢，进而引发犬的AD和认知功能障碍等神经退行性紊乱，猫可能也有类似的情况[8,40-43]。随着年龄增长，线粒体功能下降，导致自由基（活性氧物质）的产生增加和清理下降，进一步破坏线粒体[40-42]。无论所用抗氧化剂的效用如何，抗氧化日粮都能改善犬的线粒体功能[43]。

另一项可能引发或恶化认知功能障碍的因素是脑血管损伤，包括β-淀粉样蛋白蓄积、脑室周围的脑部血管的微出血和梗塞[16,26-28]。疾病发展会进一步损害老年猫脑部血液循环，这些疾病会引发心输出血减少，高血压，贫血，血液黏度改变和血小板凝固性过高[6-8,11,13]。神经元特别易发生缺氧损伤。

管理猫的认知功能障碍

直至近期，大多数用于治疗猫CDS的产品

和药品主要是为犬研发和评估的。虽然有些产品标明可用于猫，但很少有证据能支持说明产品的有效性。给猫使用标明对犬有效的产品时，由于药物代谢和中毒机理存在差异，必须极其谨慎，并应进行密切监测。治疗认知功能障碍时，症状越严重，要取得显著改善就越困难；但是，使用预防性措施、行为富化和认知补充剂等进行早期介入，在神经病理变化的范围较小时，能给动物带来最大益处[13,21,43-52]。

药物治疗

目前，批准用于犬的认知功能障碍的药物有两种，但仍无批准用于猫的药物。因此，必须权衡潜在的益处和可能的风险。

司立吉林是一种单胺氧化酶B（monoamine oxidase B，MAOB）的选择性不可逆转的抑制剂，但目前未完全了解其对犬的作用模式。北美地区许可使用该药物来治疗犬CDS的临床症状。已证实司立吉林能改善实验室模型的CDS临床症状和工作记忆能力[53,54]。虽然标签上未说明可用于猫，已有报道使用剂量为每天0.5～1毫克/千克时，可对猫的CDS症状产生有益作用，得到改善的症状包括定向障碍、叫声问题和对关爱的兴趣下降[6,8,42,55]。在一项研究里，使用剂量高达10毫克/千克时，猫未发生中毒[56]。司立吉林不能与会增强5-羟色胺传递的药物一起使用，这类药物包括氟西汀等选择性血清素再吸收抑制剂（serotonin reuptake inhibitors，SSRIs）、氯丙咪嗪、曲马多、丁螺环酮等三环抗抑郁药（tricyclic antidepressants，TCAs）和大多数麻醉药。事实上，在由SSRI或TCA转为使用司立吉林时，应给犬设定2周的停药期，再启动司立吉林治疗，在猫也应使用同样的方法。

丙戊茶碱是一种黄嘌呤衍生物，可改善微循环，增加脑部和外周的供氧量。部分国家（但不包括北美）批准给犬使用该药物，当确认无其他潜在的疾病问题时，用于治疗高龄症状，包括精神迟钝、嗜睡和疲劳[57,58]。有经验性报道显示给猫每日口服两次12.5 mg的该药物也能产生效果[6,8,42]。

有证据表明老年猫的胆碱能活动下降，犬和人也有类似的发现，基于这些情况，应尽可能避免给老年猫使用抗胆碱能药物[34,36-39]。事实上，能改善胆碱传递或增加乙酰胆碱利用性药物或天然产品，可能有益于猫的CDS；但是，目前仍未确认这些药物或产品的有效性和安全性。

天然补充剂和日粮管理

考虑缺乏可用于治疗猫的认知功能障碍的药物，可能应首选标明用于猫，且经过测试的天然补充剂。此外，大多数认知补充剂的治疗策略是降低会引发脑部老化和认知能力下降的风险因素，而不是有针对性地治疗临床症状。但是，可能单一原料无法帮助维持脑部健康或减缓认知能力下降，因此需要使用综合方法来保持脑部健康；例如，使用地中海饮食或富含抗氧化剂混合物的日粮能降低阿兹海默尔病的发生风险，这些饮食富含水果、蔬菜和多不饱和脂肪酸（polyunsaturated fatty acids，PUFAs）[40,49-52]。因此，针对宠物脑部老化的日粮和补充剂成分应着重于以下成分混合物，包括能降低氧化应激效应的成分；改善线粒体功能、神经元健康和神经信号传导的成分；能改善与年龄相关的缺乏症的补充性原料；能为老化的脑部细胞提供替代性能量的成分[5,6,8,13,21,41-44,46-48,59,60]。

目前，可减缓犬CDS的发展或改善症状的日粮配方有两款。其中一款（Canine b/d，Hills Pet Nutrition，Topeka，Kan.）的配方着重于改善抗氧化防御能力，来减少氧化损伤效应。饲喂2年后，与单纯饲喂该款日粮或单纯丰富环境相比，结合使用该款日粮和丰富环境能取得更大的改善效果[46-48]。另一款日粮（Purina One Vibrant Maturity 7+）使用含中链甘油三酯的植物油来提供酮体，作为老化神经元的替代能量来源，增加脑部的PUFA含量[61,62]。但是，用于预防或治疗认知功能障碍的日粮必须考虑目标物种的特定需求，不同物种的营养需求和营养素代谢差异巨大；事实上，α-硫辛酸对猫的毒性要远高于犬[63]。

近期，雀巢普瑞纳研究团队发表了一项营养策略数据，一款针对中年和老年猫的日粮添加了鱼油、抗坏血酸、B族维生素、抗氧化剂和精氨酸。该原料混合物的研发目的是为了减缓脑部萎缩，消除与脑部老化相关的风险因子。使用的鱼油含二十二碳六烯酸（docosahexaenoic acid，DHA）和二十碳五烯酸（eicosapentaenoic acid，EPA），可纠正潜在的与年龄相关的脂肪酸缺乏，帮助预防由活性氧引发的损害，同时可能具备抗炎功效。精氨酸可提高一氧化氮合成，能改善循环和降低血压[13,64]。添加B族维生素能纠正潜在的缺乏，减少发生高半胱氨酸血症的风险[13,65]。提高抗氧化剂含量能帮助免受氧化损伤。在饲喂试验中，与饲喂对照组日粮的猫相比，饲喂试验日粮的猫在自我中心学习、区分、反转学习和习得空间记忆任务方面的表现显著较好[13]。

另一项为期30天的安慰剂-对照控制研究使用了44只猫，由Hills Pet Nutrition研发饲喂试验组的日粮，该日粮添加了包含生育酚、L-卡尼汀、维生素C、β-胡萝卜素、DHA、半胱氨酸和蛋氨酸等混合原料，用于降低自由基的产生，提高自由基的清除，减少氧化应激。与猫在8岁时的状况相比，试验组的猫活动水平显著改善[66]。

在另一项评估添加抗氧化剂和其他营养补充剂的日粮的效果试验中，给90只年龄为7~17岁的健康猫饲喂对照日粮、添加抗氧化剂（维生素B和β-胡萝卜素）的日粮或添加抗氧化剂、菊苣根粉（一种益生元）和混合Ω-3和Ω-6脂肪酸的日粮。饲喂5年后，与饲喂对照日粮的猫相比，饲喂添加抗氧化剂、菊苣根和脂肪酸日粮的猫的寿命更长，健康状况更好[67]。

Novifit（Virbac Animal Health）是一种天然的补充剂，含S-腺苷-L-蛋氨酸（S-adenosyl-L-methionine，SAMe），标明可用于猫和犬的CDS。SAMe可帮助维持细胞膜的流动性和受体功能，调节神经递质水平，增加谷胱甘肽的产生量，这能减少氧化应激[21]。此外，患AD的人类病患的SAMe水平可能不足[21,68]。一项安慰剂-对照控制试验已证实能改善认知功能障碍患犬的临床症状[69]。在比对老年猫的反转学习能力时，与对照组相比，试验组的错误率并未显著下降。但是，将猫分为顶部表现组和底部表现组后，顶部表现组的反转学习错误率显著较低，说明执行功能得到改善。这说明Novifit能改善与年龄相关的执行功能下降，但对最受影响的猫的益处较低[21]。

另两种标明用于猫的原料混合物含磷脂酰丝氨酸，该物质是细胞膜的重要组成部分，可促进神经信号传导，增强胆碱能传递[70,71]。已证实这些产品中的一种——Senilife（CEVA Animal Health）能改善实验模型和临床研究中的犬的认知功能[60,70]。除了磷脂酰丝氨酸外，补充剂还含银杏、维生素E和白藜芦醇，这些物质具备抗氧化功效，同时还添加了维生素B_6（吡哆醇），具备保护神经的功效[65,72]。虽然该产品标明可用于猫，但未有发表的研究证实其功效。第2种产品——Activait（Vet Plus Ltd）含磷脂酰丝氨酸、Ω-3脂肪酸、维生素E、维生素C、L-卡尼汀、α-硫辛酸、辅酶Q和硒，已证实与安慰剂组相比，能显著改善CDS患犬的社交互动、定向障碍和室内随地排泄问题[59]。针对猫的对应产品不含α-硫辛酸，也在市面上销售，但未评估其有效性[8]。

另一种用于老年猫的补充剂Cholodin-Fel（MVP Labs）含胆碱、磷脂酰胆碱、蛋氨酸、肌醇、维生素E、锌、硒、牛磺酸和B族维生素。在一项初步研究中，21只老年猫里，有9只表现困惑和食欲问题的猫得到改善[73]。

辅助治疗

治疗老年猫的认知功能障碍时，可能需要独立或同步给予额外的药物，来治疗特定的临床表现。当然，在开始给予行为药物的同时或之前，应治疗潜在的疾病问题，并实施行为方案。前面已说明了用司立吉林治疗CDS的禁忌证。此外，必须考虑其他潜在禁忌证和副作用，应同时考虑个体情况和老年宠物的总体情况。例如，应尽一切可能避免使用有抗胆碱能效果的药物。因此，与帕罗西汀和氯丙咪嗪等TCAs等相比，应优选氟西汀等选择性血清素再摄取抑制剂。由于丁螺环酮的副作用最小，不会引发镇静效果，适用于轻度至中度焦虑的老年猫。劳拉西泮、奥沙西泮和氯硝西泮不会产生活性中间代谢产物，因此可能对老年猫和肝功能损伤的猫更安全。可与药物治疗同步进行一些天然的治疗方法，或将其作为替代措施，可减轻焦虑或减少环境应激因子的作用，包括Feliway（猫F3面部费洛蒙，CEVA Animal Health）、Anxitane（L-苏氨酸，Virbac Animal Health）、Zylkene（α-酪蛋白水解肽，Vetoquinol）、皇家抗应激猫粮（添加了α-酪蛋白水解肽、色氨酸和B族维生素）或褪黑素。关于单个产品的更详细信息，可参考第19章）。

行为和环境管理

对犬的研究证实通过精神激发和丰富环境，不仅能改善生活质量，而且还能改善与脑部老化相关的行为症状和身体变化，或者能减缓相关状况的下降速度[43,45-47]。这与人的研究结果相一致，在那些研究中，教育、脑部锻炼和身体锻炼能延缓老年痴呆的发生。通过结合实施环境丰富和添加补充剂，能最大程度地改善犬的认知能力。丰富环境能减缓海马的神经元丢失。日粮能改善线粒体功能，但丰富环境无法对此起作用，而结合使用抗氧化剂治疗和丰富环境，能对β-淀粉样蛋白病变发挥最强的功效[43,45,74]。

虽然未评估丰富环境对猫脑部老化的作用，同时提供精神激发和身体刺激是很重要的，这样才能维持行为和身体健康[75]。但是，老年猫的活动能力、感觉功能或认知功能可能同时是有限的，或者还存在其他疾病问题（如肾病、糖尿病），这会限制它们进行全面正常日常活动的能力或欲望。因此，面对老年宠物的挑战是改变环境来维持环境的丰富度，提供适合年龄和健康状况的替代出口和丰富环境的方式。应尽可能保持环境稳定，这样才能维持环境的可预测性，减少猫的焦虑，让猫能更好地适应变化。首先，应确保充分满足猫对进食、排泄、睡眠、安全和社交的基本需求。虽然最好应尽量减少变化，但如果出现了问题，可能需要移动一个或更多的需求位置，需移动至猫更易接触或对猫更有吸引力的位置。例如，随着感觉能力下降、活动减少或慢性肾病等疾病发展，猫的排尿频率会增加，这时就需要调整猫砂的摆放位置、睡眠位置或游戏区域，帮助猫和主人更好地处理这类问题。可能需要降低蹲坐区域和休息位置的高度，或者需要增设中间攀爬层，帮助猫进行攀爬活动。应将猫砂盆移至对攀爬需求较低的位置，改善光线，增设斜坡或较低的侧面，让猫能更容易地进出猫砂盆。也可能需要增设一个更大的猫砂盆，或者在更多的位置放置更多的猫砂盆。此外，虽然用于探索的新的进食玩具和物品等新奇事物（如纸袋）能进一步丰富环境，但改变也是一种应激因子，特别是对年纪较大的动物来说。因此，应缓慢地进行改变。让猫在家庭和居所都能接受的选项内进行选择，这样能让猫控制自己的选择，选择它所喜爱的（如睡觉位置、蹲坐区域、猫砂盆、食物或玩具）[76,77]。奖励你希望猫重复的行为，预防猫表现不可接受的行为。应控制动物或人（特别是小孩）等其他潜在的应激因子，这样老年猫能有一个安静、安全的居住环境，让它们选择进行互动的时间和对象。避免使用任何类型的正面惩罚作用。在如上所述的限制条件内，应设法寻找维持或增加机体和脑部激发的方法，鼓励进行社交游戏，更频繁地使用奖励（玩具、零食）来改善交流，训练希望表现的行为。可将猫的部分食物放在智力玩具中（图25-2），或使用搜寻和发现游戏来给予食物，提供可供探索的新事物（如纸袋）和可供攀爬及蹲坐的锻炼场地。先提供丰富的环境，如果使用成功，只要猫仍对丰富环境感兴趣和有积极性，就可继续逐渐增加复杂度。

图 25-2 用于丰富环境和起激发作用的解谜食具及玩具

如果家庭或居所发生了变化,而猫无法很好地适应这些变化,或者由于猫的身体或精神健康状况问题,它再也无法成功地应对这些变化,那么最好的方法可能是将猫放在独立的房间或居所的某一部分,让它安定下来。当需要限制猫的活动时,应确保在限制区域内满足猫的所有需求,应让这些需求在该区域内合理分布(如食物、水、猫砂盆和社交互动)。在一天当中,当猫处于安定状态或会引发应激的刺激物不存在时,可重新让猫进入居所的某个部分或全部区域。但是,对于有些猫来说,长期限制它的活动空间,对它和整个家庭都是最好的选择,同时在可行的时机,缓慢、逐渐地进行一定程度的正面重新引入。第6章和第8章讨论了丰富环境和逐渐重新引入的特定详细信息。无论何时,必须首要考虑猫的生活质量,在必要的时候,也应富有同情心地帮助猫主人做出关于安乐死的决定。

参考文献

[1] Broussard JD, Peterson ME, Fox PR. Changes in clinical and laboratory findings in cats with hyperthyroidism from 1983 to 1993. J Am Vet Med Assoc. 1995.206:302-305.

[2] Venn A. Diets for geriatric patients. Vet Times. May 1992.

[3] Hill's Pet Nutrition. US marketing research summary: Omnibus study on aging pets. Topeka: Hill's Pet Nutrition; 2000.

[4] Stewart M. Reasons for contemplating euthanasia. Companion animal death: A practical and comprehensive guide for veterinary practice. Oxford: Butterworth-Heinemann; 1999.

[5] Fahey Jr. GC, Barry KA, Swanson KS. Age-related changes in nutrient utilization by companion animals. Annu Rev Nutr. 2008.28:425-445.

[6] Landsberg GM, Denenberg S, Araujo JA. Cognitive dysfunction in cats: A syndrome we used to dismiss as 'old age'. J Feline Med Surg. 2010.12:837-848.

[7] Landsberg GM, Hunthausen W, Ackerman L. The effect of aging on behavior in senior pets. In: Behavior problems of the dog and cat. ed 3. St Louis: Saunders; 2013.211-235.

[8] Gunn-Moore D, Moffat K, Christie LA, et al. Cognitive dysfunction and the neurobiology of ageing in cats. J Small Anim Pract. 2007.48:546-553.

[9] Chapman BL, Voith VL. Geriatric behavior problems not always related to age. DVM. 1987.18(3):32-39.

[10] Fitzgerald BM, Turner DC. Hunting behaviour of domestic cats and their impact on prey population. In: Turner DC, Bateson P, eds. The domestic cat: The biology of its behaviour. ed 2. Cambridge, UK: Cambridge University Press; 2000.166-171.

[11] Landsberg GM, DePorter T, Araujo JA. Management of anxiety, sleeplessness, and cognitive dysfunction in the senior pet. Vet Clin N Am Small Anim Pract. 2011.41:565-590.

[12] Doxee AL, Yager JA, Best SJ, et al. Extratesticular interstitial cell and Sertoli cell tumors in previously

neutered dogs and cats: A report of 17 cases. Can Vet J. 2006.47:763-766.

[13] Pan Y, Araujo JA, Burrows J, et al. Cognitive enhancement in middle-aged and old cats with dietary supplementation with a nutrient blend containing fish oil, B vitamins, antioxidants, and arginine. Br J Nutr. 2012.110(1):40-49.

[14] Zhang C, Hua T, Zhu Z, et al. Age-related changes of struc- tures in cerebellar cortex of cat. J Biosci. 2006.31:55-60.

[15] Dobson H, de Rivera C. Aging and imaging based neuropa- thology in the cat. Presented at Proc 2011 ACVB/AVSAB Veterinary Behavior Symposium, 2011, pp. 59-60.

[16] Gunn-Moore DA, McVee J, Bradshaw JM, et al. Ageing changes in cat brains demonstrated by β-amyloid and AT8-immunoreactive phosphorylated tau deposits. J Feline Med Surg. 2006.8:234-242.

[17] Takeuchi Y, Uetsuka K, Muruyama M, et al. Complimentary distributions of amyloid-β and neprilysin in the brains of dogs and cats. Vet Pathol. 2008.45:455-466.

[18] Harrison J, Buchwald J. Eyeblink conditioning deficits in the old cat. Neurobiol Aging. 1983;4:45-51.

[19] Levine MS, Lloyd RL, Hull CD, et al. Neurophysio- logical alterations in caudate neurons in aged cats. Brain Res. 1987.401:213-230.

[20] Milgram NW. Neuropsychological function and aging in the cat. In: Proceedings of the 15th Annual Conference on Canine Cognition and Aging; 2010, Laguna Beach.

[21] Araujo JA, Faubert ML, Brooks ML, et al. Novifit (Novi-SAMe) tablets improve executive function in aged dogs and cats: Implications for treatment of cognitive dysfunction syndrome. Int J Appl Res Vet Med. 2012.10:91-98.

[22] Solomon PR, Beal MF, Pendlebury MW. Age-related disrup-tion of classical conditioning: A models systems approach to memory disorders. Neurobiol Aging. 1988.9:535-546.

[23] McCune S, Stevenson J, Fretwell L, et al. Aging does not sig- nificantly affect performance in a spatial learning task in the domestic cat (Felis silvestris catus). Appl Anim Behav Sci. 2008.3:345-356.

[24] Christie LA, Studzinski CM, Araujo JA, et al. Age-dependent spatial learning deficits: Characterization of egocentric and allocentric spatial learning in the beagle dog. Prog Neuro- pharmacol Biol Psychiatry. 2005.29:361-369.

[25] Head E, Mehta R, Hartley J, et al. Spatial learning and mem- ory as a function of age in the dog. Behav Neurosci. 1995.109:851-858.

[26] Cummings BJ, Satou T, Head E, et al. Diffuse plaques contain C-terminal A beta 42 and not A beta 40: Evidence from cats and dogs. Neurobiol Aging. 1996.17:653-659.

[27] Head E, Moffat K, Das P, et al. Beta-amyloid deposition and tau phosphorylation in clinically characterized aged cats. Neurobiol Aging. 2005.26:749-763.

[28] Nakamura S, Nakayama H, Kiatipattanasakul W, et al. Senile plaques in very aged cats. Acta Neuropathol. 1996.91: 437-439.

[29] Brellou G, Vlemmas I, Lekkas S, et al. Immunohisto-chemical investigation of amyloid beta protein (Abeta) in the brain of aged cats. Histol Histopathol. 2005.20:725-731.

[30] Colle MA, Hauw JJ, Crespau F, et al. Vascular and parenchy- mal beta-amyloid deposition in the aging dog: Correlation with behavior. Neurobiol Aging. 2000.21:695-704.

[31] Cummings BJ, Head E, Afagh AJ, et al. Beta-amyloid accu- mulation correlates with cognitive dysfunction in the aged canine. Neurobiol Learn Mem. 1996.66:11-23.

[32] Tapp PD, Siwak CT, Gao FQ, et al. Frontal lobe volume, function, and beta-amyloid pathology in a canine model of aging. J Neurosci. 2004.24:8205-8213.

[33] Borras D, Ferrer I, Pumarola M. Age related changes in the brain of the dog. Vet Pathol. 1999.36:202-211.

[34] Zhang JH, Sampogna S, Morales FR, et al. Age-related changes in cholinergic neurons in the laterodorsal and the pedunculo-pontine tegmental nuclei of cats: A combined light and electron microscopic study. Brain Res. 2005.1052: 47-55.

[35] Chase MH. Sleep patterns in old cats. In: Chase MH, ed. Sleep disorders: basic and clinical research. New York: Spectrum Publications; 1983.445-448.

[36] Araujo JA, Nobrega JN, Raymond R, et al. Aged dogs dem- onstrate both increased sensitivity to scopolamine and decreased muscarinic receptor density. Pharmacol Biochem Behav. 2011.98:203-209.

[37] Araujo JA, Studzinski CM, Milgram NW. Further evidence for the cholinergic hypothesis of aging and dementia from the canine model of aging. Prog Psychopharmacol Biol Psychiatr. 2005.29:411-422.

[38] Pugliese M, Cangitano C, Ceccariglia S, et al. Canine cognitive dysfunction and the cerebellum: Acetylcholinesterase reduction, neuronal and glial changes. Brain Res. 2007.1139:85-94.

[39] Cai X, Campbell N, Khan B, et al. Long-term anticholinergic use and the aging brain. Alzheimers Dement. 2013.9:377-385.

[40] Sullivan PG, Brown MR. Mitochondrial aging and dysfunction in Alzheimer's disease. Prog Neuropsychopharmacol Biol Psychiatry. 2005.29:407-410.

[41] Head E, Liu J, Hagen TM, et al. Oxidative damage increases with age in a canine model of human brain aging. J Neuro- chem. 2002.82:375-381.

[42] Overall K. Assessing brain aging in cats. DVM Newsmaga- zine. October 2010.41(10):6S-9S.

[43] Head E, Nukala VN, Fenoglio KA, et al. Effects of age, die- tary, and behavioral enrichment on brain mitochondria in a canine model of human aging. Exp Neurol. 2009.220: 171-176.

[44] Pan YL. Enhancing brain function in senior dogs: A new nutritional approach. Top Companion Anim Med. 2011.26: 10-16.

[45] Siwak-Tapp CT, Head E, Muggenburg BA, et al. Region spe- cific neuron loss in the aged canine hippocampus is reduced by enrichment. Neurobiol Aging. 2008.29:39-50.

[46] Head E. Combining an antioxidant-fortified diet with behav- ioral enrichment leads to cognitive improvement and reduced brain pathology in aging canines: Strategies for healthy aging. Ann NY Acad Sci. 2007.1114:398-406.

[47] Milgram NW, Head E, Zicker SC, et al. Long-term treatment with antioxidants and a program of behavioral enrichment reduces age-dependent impairment in discrimi- nation and reversal learning in beagle dogs. Exp Gerontol. 2004.39:753-765.

[48] Araujo JA, Studzinski CM, Head E, et al. Assessment of nutritional interventions for modification of age-associated cognitive decline using a canine model of human aging. Age (Dordr). 2005.27:27-37.

[49] Scarmeas N, Stern Y, Tang MX, et al. Mediterranean diet and risk for Alzheimer's disease. Ann Neurol. 2006.59: 912-921.

[50] Joseph JA, Shukitt-Hale B, Willis DM. Grape juice, berries, and walnuts affect brain aging and behavior. J Nutr. 2009.189:1813S-1817S.

[51] Donini LM, De Felice MR, Cannella C. Nutritional status determinants and cognition in the elderly. Arch Gerontol Geriatr. 2007.44:143-153.

[52] Kidd PM. Neurodegeneration from mitochondrial insuffi- ciency: Nutrients stem cells, growth factors, and prospects for brain rebuilding through integrative management. Altern Med Rev. 2005.10:268-293.

[53] Ruehl WW, Bruyette D, DePaoli DS, et al. Canine cognitive dysfunction as a model for human age-related cognitive decline, dementia, and Alzheimer's disease: Clinical presen- tation, cognitive testing, pathology, and response to 1- deprenyl therapy. Prog Brain Res. 1995.106:217-225.

[54] Campbell S, Trettien A, Kozan B. A non-comparative open-label study evaluating the effect of selegiline hydrochloride in a clinical setting. Vet Ther. 2001.2:24-39.

[55] Landsberg G. Therapeutic options for cognitive decline in senior pets. J Am Anim Hosp Assoc. 2006.42:407-413.

[56] Ruehl WW, Griffin D, Bouchard G, et al. Effects of l-deprenyl in cats in a one-month dose escalation study. Vet Pathol. 1996.33:621.

[57] Vivitonin® MSD Animal Health [Product Insert]. August 2010.http://www.msd-animal-health.co.nz/binaries/Vivitonin_ website_label_Aug_10_tcm51-37350.pdf.

[58] Parkinson FE, Rudophi KA, Fredholm BB. Propentofylline: A nucleoside transport inhibitor with neuroprotective effects in cerebral ischemia. Gen Pharmacol. 1994.25:1053-1058.

[59] Heath SE, Barabas S, Craze PG. Nutritional supplementation in cases of canine cognitive dysfunction: A clinical trial. Appl Anim Behav Sci. 2007.105:274-283.

[60] Osella MC, Re G, Odore R, et al. Canine cognitive dysfunc- tion syndrome: Prevalence, clinical signs and treatment with a neuroprotective nutraceutical. Appl Anim Behav Sci. 2007.105:297-310.

[61] Pan Y, Larson B, Araujo JA, et al. Dietary supplementation with medium-chain TAG has long-lasting cognition-enhancing effects in aged dogs. Br J Nutr. 2010.103:1746-1754.

[62] Taha AY, Henderson ST, Burnham WM. Dietary enrichment with medium chain-triglycerides (AC-1203) elevates poly- unsaturated fatty acids in the parietal cortex of aged dogs: Implications for treating age-related cognitive decline. Neu- rochem Res. 2009.34:1619-1625.

[63] Hill AS, Werner JA, Rogers QR, et al. Lipoic acid is 10 times more toxic in cats than reported in humans, dogs

or rats. J Anim Physiol Anim Nutr. 2004.88:150-156.

[64] Dong JY, Qin LQ, Zhang Z, et al. Effect of oral L-arginine supplementation on blood pressure: A meta-analysis of ran- domized, double-blind, placebo-controlled trials. Am Heart J. 2011.162:959-965.

[65] Selhub J, Troen A, Rosenberg IH. B vitamins and the aging brain. Nutr Rev. 2010.68(2):112S-118S.

[66] Houpt KA, Levine E, Landsberg GM, et al. Antioxidant forti- fied food improves owner perceived behavior in the aging cat. Prague: Proceedings of the ESFM Feline Conference; 2007.

[67] Cupp CJ, Jean Philippe C, Kerr WW, et al. Effect of nutritional interventions on longevity of senior cats. Int J App Res Med. 2006.4:34-50.

[68] Panza F, Frisardi V, Capurso C, et al. Polyunsaturated fatty acids and S-adenosylmethionine supplementation in prede- mentia syndrome and Alzheimer's disease. Scientific World J. 2009.9:373-389.

[69] Rème CA, Dramard V, Kern L, et al. Effect of S-adenosylmethionine tablets on the reduction of age-related mental decline in dogs: A double-blind placebo-controlled trial. Vet Ther. 2008.9:69-82.

[70] Araujo JA, Landsberg GM, Milgram NW, et al. Improvement of short-term memory performance in aged beagles by a nutraceutical supplement containing phosphatidylserine, Ginkgo biloba, vitamin E and pyridoxine. Can Vet J. 2008.49:379-385.

[71] Tasakiris S, Deconstantinos G. Phosphatidylserine and cal- modulin effects on Ca21-stimulated ATPase and acetylcho- linesterase activities in the dog brain synaptosomal plasma membranes. Int J Biochem. 1985.17:1117-1119.

[72] Dakshinamurti K, Sharma SK, Geiger JD. Neuroprotective aspects of pyridoxine. Biochim Biophys Acta. 2003.1647: 225-229.

[73] Messonier SP. Cognitive disorder (senility). In: The natural health bible for dogs and cats. Roseville: Prima Publishing; 2001.56-57.

[74] Pop V, Head A, Hill MA, et al. Synergistic effects of long- term antioxidant diet and behavioral enrichment on beta- amyloid load and non-amyloidogenic processing in aged canines. J Neurosci. 2010.30:9131-9139.

[75] Buffington CA, Westropp JL, Chew DJ, et al. Clinical evalu- ation of multimodal environmental modification (MEMO) in the management of cats with idiopathic cystitis. J Feline Med Surg. 2006.8(4):261-268.

[76] McMillan FD. Maximizing quality of life in ill animals. J Am Anim Hosp Assoc. 2003.39:227-235.

[77] Hetts S, Heinke ML, Estep DQ. Behavioral wellness concepts for general practice. J Am Vet Med Assoc. 2004.225:506-513.

第 26 章
猫之间的冲突

Sarah Heath

引言

随着作为伴侣动物的猫越来越受欢迎，饲养猫的家庭数量和多猫家庭数量也越来越多。考虑到猫的自然行为，就可理解为什么这些变化可能使家养猫发生应激，以及为什么家庭中或邻居之间的猫发生冲突会是个问题。这些问题严重影响相关猫的福利，如果不处理这些问题，会产生以下4种后果中的一种后果。第一，留在同一家庭或社区的猫会持续有慢性应激，并因此出现行为和身体异常（第12章）。虽然兽医师首要考虑的问题是猫的福利，但同时也应记住主人也会发生应激。如果家中一直存在猫间的冲突这个问题，又或者因猫的冲突带来邻居之间的争吵，这会对家庭成员的情绪造成不良影响。第二，猫有可能被送往新家，英国的研究表明猫之间的冲突是家养猫被弃养和遣送回救助中心的重要原因。2009年对英国11个救助机构进行历时12个月的调研，发现6089只猫被弃养并送回救助机构，其中7%是因为行为问题，而这当中最主要的原因就是猫之间的攻击行为[1]。在美国也有类似的情况，造成弃养的第二大的行为原因就是新领养的猫无法与原有的猫很好地相处[2]。已发现弃养与家中的宠物数量和往家内引入新猫相关[2]。家内发生猫间冲突的第三种可能结果是让一只猫一直待在家外。这会严重损害家养猫的福利，因为它是家养宠物，无法良好应对野外的生活方式。第四种结果就是主人要求对宠物施行安乐死，并承担对应的情绪影响。

猫间冲突的发生率

很难获得家养猫间的冲突发生率的可靠数据，因为主人鲜少反映这个问题，许多主人会忍耐猫之间的这种冲突，而不寻求专业帮助。英国宠物行为顾问协会（Association of Pet Behaviour Counsellors, APBC）在2012年发表了一份报告，声称他们的成员发现35%前来就诊的家养猫有攻击问题，大多数是针对其他猫（26%），最主要的攻击对象是陌生猫（25%）[3]。该综述中的数据来自转诊到部分协会成员的临床病例；因此反映的数据有限，多少带有偏见。但是，其他国家的数据表明猫间的冲突对全世界的猫主人都是一个严重问题。对1991年到2001年在康奈尔大学动物行为诊所就诊的736只猫进行总结，发现25%的病例被诊断为猫之间的攻击问题[4]，在巴塞罗那动物医学学校进行的研究总结了1998年到2006年间，因行为问题就诊的336只猫，发现30%的病例存在猫之间的攻击问题[5]。

猫的社交行为作用

猫的攻击反应的发生和性质与猫在野外的社交和交流系统有关。虽然猫作为独行生物的传统观念并非完全准确，但应记住猫的大多数行为是以个体生存为基础，并且猫会独自完成进食、捕猎、休息和排泄等许多基础行为，这些行为不具有社交意义（第4章）。猫的社会组成是以相互合作、彼此有亲属关系的母猫群体为基础，在互惠互利的环境中共同生活和成功抚养幼猫。公猫常被排出在这种群体以外，它们独自生存，只在交配季节进入这些群体中。可用的资源决定猫的社交群体规模[6]，资源丰富的地区可维持相对较大的聚居群，而食物比较分散的区域只能维持小规模的群体或甚至独居的猫。存在社交群体时，这些群体倾向与外界隔绝，群体内部几乎没有敌意，但对外来入侵者的容忍度很低。一种可能的后果就是表现出明显的敌意，但进行身体攻击有发生受伤的风险，对那些没有群落结构和等级制度的动物来说[7]，最终能否得以存活是自身的责任，所以应避免会降低照顾自己能力的情况发生。因此，这类动物会利用保持距离的行为来尽可能减少明显的攻击，这些行为会将陌生动物排除在外，阻止与群体外的个体产生互动。这类信号包括姿势和声音交流、喷尿等标记行为，以及眼神接触和耳朵位置等表情交流（第3章）。

外来者成功融入现有群体的过程是非常缓慢的，新来者可能要在群体边缘生活好几周，才能逐渐成为群体中的一员[8]。

为了维持社交群体的完整性，应有可靠的方法来辨识同伴。给同伴理毛和磨蹭同伴等亲和行为称为互相理毛和互相磨蹭，这类行为可巩固关系和交换气味信号（图26-1、图26-2）。气味混合后形成这个群体的气味，这个气味能让个体确

图26-1 互相磨蹭有助维持社交群体的气味，使猫在一起时感觉更安全（感谢 A. Dossche 提供）

认群体是稳定的，在彼此亲密相处时，让个体感到放松。当发生紧张关系时，猫有一系列微妙的身体姿势和面部表情来避免身体冲突，这对避免独行猎者受伤和面对个体存活威胁是非常重要的[9]（图 26-3）。此外，猫可使用一系列叫声来进一步提高成功交流的可能性，而猫通常在迫不得已的情况下，才使用排斥反应作为行为防御策略。但是，由于社交群体并非猫的生存所必需的，所以猫的和解行为有限，更倾向于分开而非继续维持相互的关系，这导致猫的社交较为脆弱。

图 26-2　在同一个社交群体中的猫会为另一只猫舔毛，特别会舔头、颈部周围的毛，这种行为称为互相理毛（感谢 S. Ellis 提供）

图 26-3　联合使用姿势和面部表情来预防身体冲突升级（版权所有 © iStock.com）

家养环境带来的压力

在考虑对比猫的正常社交行为与家养环境的需要时，人类会无意给家养猫强加某些社交要求，这显然不符合猫本身的自然行为。猫的受欢迎度增加使得饲养多只猫的家庭越来越多。结果，猫常被迫和无血缘关系的其他个体生活在一起，共享重要资源，而且被剥夺了躲藏或逃离冲突的机会。它们也可能会生活在有大量猫的社区中，需面对与它们的猫邻居互动的挑战（图 26-4）。

猫间的紧张关系引发的疾病

近些年来，人们越来越关注应激参与特发性膀胱炎等猫常见疾病的发病机制研究。一些作者提出猫之间的紧张关系是引发这种复杂疾病的一种因素[10]，在解决这类病例时，同时纠正环境是公认的最佳方法[11]。慢性应激影响的疾病不单单为猫特发性膀胱炎，猫的情绪状态和身体疾病之间存在相互作用，这突出了需要让行为医学成为猫科动物诊所工作的一个部分。在预防和治疗猫的疾病时，应考虑的重要因素包括猫之间的冲突。为猫的福利保驾护航是兽医专业人员的职责之一，而行为健康则是其中不可或缺的关键部分（见第 2 章和第 12 章）。

预防猫之间的冲突

在预防猫之间的冲突的策略中，关键是要尽可能提高幼猫的社交技巧，让幼猫能够适应在家养环境中的生活。幼猫在 2～7 周龄，让幼猫与其他猫进行充足和适当的社交互动，可帮助猫建立适当的交流技巧，降低未来发生猫间冲突问题的风险（第 7 章）。从猫的自然社交行为来看，仅靠建立社会化并不能保证猫在家内的和谐生活。关键是应该从猫的角度选择居住同伴，并控制家里的猫数量在可达到社交相容的水平内（第 6 章）。一项研究比较了居住在家内的没有血缘关系的一对猫和居住在相同条件的猫舍里的同窝的一对猫的行为。结果发现与无血缘关系的猫相比，同一窝的猫会进行更多的身体接触，更经常互相理毛（图 26-5），也更常挨在一起进食[12]。造成这种差异的最好解释是它们在社会化时期（2～7 周龄）彼此建立紧密关系，如果猫继续

图 26-4 某些社区的猫数量增加会引发因争夺领地而起的猫间冲突。注意这两只猫如何用肢体姿势和面部表情来进行交流，避免发生身体冲突（感谢 A. Dossche 提供）

图 26-5 这两只同窝的猫常有亲密接触，而那些不属于同一个社交群体的猫则不太可能会共享一个休息区（感谢 D. Givin 提供）

生活在一起，就能终生保持这种关系。因此，建议客户可饲养同一窝的猫或尽早引入未来居住在一起的猫。

当主人要往已有猫的家庭引入一只新猫，防止发生猫之间冲突的关键就是引入新猫的过程。一项研究针对由美国当地的一家动物收容领养的猫，发现有半数的主人声称新猫到来后发生打斗（定义为抓和/或咬），并有将近一半的人在引见新猫时，会立即把猫放在一起[13]。

不论是一开始就建立了多猫家庭，还是通过引入新猫而逐步扩增，应保证所有猫都能自由和即刻获得它们的必需资源，而不用冒被其他猫攻击的危险[14]。在家里多处放置食盆、水盆和厕所，让猫对这些活动的地点有真正的选择权（第8章）。也可能需要在花园中设置厕所，但这么做有可能引发邻里猫之间的冲突。可以选择有盖的托盘作为室外公共厕所，应放在靠近房子的地方以确保安全性，或者用全年都可使用的地面凹陷作为厕所（第8章）。

提供适当的玩耍机会是建立和谐猫家庭的重要部分，有用的措施包括评估每只猫的玩耍类型，保证照顾到所有猫的需求（图26-6）。不同玩耍类型之间的矛盾会引发猫间的紧张关系，如一只高度兴奋的猫用另一只同住的猫的尾巴练习捕猎类型的玩耍。这种矛盾与年龄差异相关，一只爱玩的年轻幼猫会使无血缘关系的老年猫发生应激（图26-7）。

图26-7 一只非常爱玩的幼猫与无血缘关系的老年猫发生不适当的互动，这会引发应激和冲突（感谢 A. Dossche 提供）

为了预防邻里猫之间的攻击问题，主人最好在尝试引入新猫前，能考虑当地的猫群体密度情况，再决定是否往该社区添加另一只猫。但是，这几乎不可能发生，因为每个家庭都是根据个人因素来决定是否养一只猫，而不是考虑社区的整体情况。可采取措施来减少猫间冲突的发展风险，这包括提供室外和室内领地的安全分界，如芯片操控的猫门，并让猫接近外面世界的方式变得具有可预测性。应限制外面的猫通过视觉侵入家内，这也是有益的（图26-8），也应考虑在花园内提供高处的休息区，让猫能安全地观察自己的领地。当社区内的猫群体数量严重过多时，提供可接近的室外猫厕所可能也有所帮助（第8章）。

图26-6 提供多种玩具选择有助于预防冲突，多猫家庭要提供不同的玩耍类型（B，感谢 I. Rodan 提供；C，感谢 M. Baily 提供）

图26-8 邻里的其他猫通过视觉入侵是引发猫间冲突的重要因素（感谢 A. Dossche 提供）

往已有猫的家庭引入一只新猫

在引入新猫前,应先评估已有的猫能否接受新猫。应解决家中存在的任何应激,但不幸的是,在获得一只新猫前,宠物主人很少会联系动物诊所来获得相关建议,从而错过在该阶段获得适当建议的机会。由于未从动物行为学角度考虑,宠物主人会直接引入新猫,这会带来猫间发生激烈打斗和长期不合的风险[13]。即使未发生明显的身体冲突,猫间的紧张关系增加会导致在出现任何进一步的应激源,如邻里又多了一只猫时,就使这个问题爆发出来,并表现明显的猫间攻击和标记等其他行为问题(见第 24 章)。如果客户在早期已知相关建议,并决定引入另一只猫是适当的,那么引入新猫的方式就成为最重要的因素(第 1 章提供关于领养前咨询的更多信息)。

无论何时都应假设新来的猫不属于现有的猫社交群体,应先将新来的猫养在它自己的核心领地内。可以根据家里的面积大小选择一个房间或一块区域。在该领地内,应为新来的猫准备好所有必需资源,如猫砂盆、食物、水和多处休息及躲藏的地方,并适当布置这些资源。在美国,已建议在引入猫的过程中,使用一种以安慰性费洛蒙为基础的新产品(Feliway Friends),特别应给恐惧的猫使用(第 18 章)。应在新来猫和原住猫的区域各安装一个 F3 扩散器(Feliway,CEVA Animal Health),这样可提高熟悉感和安全感。同样要在原住猫的安全区内提供进食、喝水的多处地方,并增加可躲藏区域。可以同时使用 Feliway Friends 和 Feliway,但并非在所有国家都能买到。

应给新来的猫足够的时间,让它在家中属于自己的区域变得完全自信,可舒适地进食、休息和接近人。引入新猫的时间表完全因个体猫而定,总时间可能为数周,也可能为数月。要取得和谐关系并没有捷径可走。必须有耐心,因为在任何阶段过于匆忙都会增加产生紧张关系的风险。

引入过程的下一个阶段为交换新来猫和原住猫的气味。可以每天用布擦每只猫的脸和身侧,收集它们的气味,从而间接完成气味交换。当主人跟猫互动,如问候、饲喂或玩耍时,就可把一只猫的布给另一只猫。如果家内有多只猫,要把新来猫的气味给原住猫闻,也要让新来猫熟悉群体内不同猫的气味。应用被动方式把布呈递给猫,给它们自由调查这块布。不应强迫猫接触布块,这可能让它们感到害怕,形成对其他猫的负面关联。

多次重复给猫布块后,最终猫应会忽略这个气味或出现积极的反应。下一个阶段就是用同一块布收集所有猫的气味(原住猫和新来猫),这时不仅要让猫直接接触混合气味,还可用该布块摩擦主人的腿等猫经常磨蹭的位置。一旦所有猫都接受了这种新气味,要么忽视它,或主动去蹭布块和其他用布块标记过的物体,就可以让新猫探索、使用家里的其他地方,同时要将其他猫关在新猫无法接近的房间中。这样能让新来猫熟悉所有可躲藏和逃跑的地方,它在见其他猫时就不会感到受威胁。一旦新来猫可以自信地使用家中的资源后,就可开始进行精心管理的面对面引见过程。

刚开始进行引见时,可以用玻璃门或网筛隔离开猫,这样既可让猫看到对方,又可避免发生身体互动。用网筛是最好的,这样可以让它们闻到部分用于辨识身份的身体气味,如果无法使用网筛,也可以用固定成半开状态的门,如用钩子在顶端固定开启程度的门(图 26-9)。门打开的程度要让它们能看到彼此,但无法穿过。还可以把猫的气味擦到门或网筛上,尽可能让它们有机会闻到彼此的气味。猫可以各自在网筛两侧进行正常的日常活动,如玩耍、休息和进食,帮助它们保持正面情绪状态。应继续混合猫的气味,并将"群体气味"擦到主人身上和家中常用的标记点上。主人也应继续使用 F3 扩散器和其他环境纠正措施,尽可能使门两侧的每只猫对各自的领地感到安全。如果购买得到 Feliway Friends 扩散器,也可考虑使用。一旦猫在网筛或半开的门旁不表现攻击或恐惧行为,就可以让它们面对面接触,

第 26 章 猫之间的冲突

图 26-9 可使用部分开启的门来帮助引见猫。应用钩子在门的顶端固定门,开启的缝隙应足够小,防止另一只猫的身体进入另一只猫(们)的安全领地内。这张图片仅作理念说明,但图片里的门缝开得过大,可能让猫间发生身体互动,仅在引见过程的后期才会考虑让猫进行身体互动(感谢 A. Dossche 提供)

但应尽可能被动进行该引见过程,一定不可直接强迫它们进行互动。进行引入的目的是让它们可以共同生活,而非建立深厚、有意义的友谊。

调查猫间冲突病例

即使做好预防措施和良好管理引入过程,仍有可能出现猫间冲突问题。发生这类情况时,主人可能直接告知动物诊所,寻求解决明显冲突的方法,但也可能在治疗猫的疾病过程中,间接发现这个问题(第 12 章)。门诊兽医接诊的大多数猫间冲突病例是来自同一个家庭的猫,但当邻里的猫间发生严重的冲突时,人们的紧张情绪高涨,迫使他们急切地寻求解决方案。

攻击的分类

"攻击"这个术语被用来描述多种不同的行为反应,从发出嘶叫声、哈气声到引发受伤的身体冲突。攻击原本就是猫科动物的正常行为特征之一,所以不应用"有攻击性"这个词来形容猫

的性格。猫的自然捕猎行为顺序包括"攻击性"元素,并可通过玩耍来学习和完善这些元素。正常和适当的"攻击性"表现也会体现社交冲突,这可释放压力,避免发生身体冲突。因此,在面对行为问题时,必须确定攻击行为的动机,识别正常的猫行为元素,如捕猎、玩耍或与社交有关的攻击(图 26-10)。

图 26-10 同一个社交群体的猫之间也会表现"攻击"行为,这可能是猫在玩耍(A 和 B)或确实存在冲突。C 在表现这类互动后,猫会一起睡觉,表明它们之间的关系是正面的(感谢 J. Hynum 提供)

可根据多种方案对猫的攻击进行分类。首先要考虑的问题是攻击的动机是否正常。考虑环境

情况，正常的攻击行为表现恰当，通常是相对可控和可预测的，所以只要能在家养环境中满足猫的行为需求，这类攻击行为的预后就是良好的。疾病或不恰当的学习会引发异常的攻击行为。

从临床兽医师的角度出发，根据攻击的直接目标、动机、攻击性质、防御性质或与挫折相关的性质来定义攻击，这是最有用的分类方法。主人可能发现根据出现攻击的环境或情况来进行分类标记是有用的，但潜在动机才能决定攻击的治疗方法。

确定动机

应结合观察结果和病史确定每一个特定病例的攻击动机。可能的鉴别诊断与猫攻击人的情况相似（见第27章），包括恐惧、焦虑、与挫折有关的攻击和不恰当的玩耍。客户应准确理解猫之间的互动，准确描述在"攻击性"发生的前、中、后，猫的肢体语言、面部表情和叫声，这有助于确定攻击动机。许多客户觉得要准确描述猫的信号比较困难，因此可使用录像记录猫之间的互动过程，这是可用于诊断过程的非常有用的工具。在这个科技时代，要求客户用智能手机或平板设备拍摄录像视频再提交上来，这已不是什么难事。但是，为了做出诊断而故意引发攻击事件，这显然是不可接受的，特别存在发生严重受伤的风险时。

被动冲突的表达方式是瞪视、故作姿态和与另一只猫保持距离，但很容易忽视这些行为，如果未发现这些症状，伴随而来的肢体冲突有时会显得毫无理由和激烈（图26-11）。这种错误认知可能会导致猫被认为是"邪恶的"和"捣乱的"，在发生猫间冲突时，还会让人认为有些猫比其他猫更有"支配性"。事实是猫并非有等级制度的生物，它们的社交互动并不以统治或服从系统为基础。猫作为独立的个体单元需要通过恰当的社交信号来促进共同生存[15]。躲避行为和逃避反应是为了自保，而不是表达对其他猫的顺从。

图26-11 在多猫家庭内，不应忽视被动的对峙、长期盯视和倾向躲避其他猫靠近的表现（感谢A. Dossche提供）

图26-12 学会识别猫间紧张关系的被动信号有助于预防情况升级至身体冲突（感谢A. Dossche提供）

在英国和美国的研究表明主人非常难通过被动信号发现猫之间的紧张关系。主动攻击行为包括发出嘶叫声、挥舞爪子和将猫追赶出房间，主人能轻易识别这些行为，但主人却很少能通过盯视等被动对峙察觉到猫间的紧张关系（图26-12）。

同一家庭中的猫间攻击

即刻反应

当客户联系诊所说明家内的猫们正互相打斗时，应立即给出建议，以防止受伤和避免冲突升级。应在猫受伤前停止打斗，但必须注意不要让主人受伤。

如果可行的话，应尽早介入攻击过程，如终止威胁性眼神接触。如果太晚介入，当猫的身体处于极度紧绷状态，并准备进行攻击时，进行介入可能会加重情绪激发状态，最终引发攻击。当猫在打架时，把猫抓起来会让猫转而用极具破坏性的方式攻击人。因此，要把猫互相分隔开时，人不应直接介入，需使用间接手段（用噪声转移注意力或在猫之间放置物理屏障）。应记住恐惧、焦虑和挫折是引发攻击行为的主导因素，任何能提高紧张关系的因素都可能促进攻击。因此，不推荐使用发出噪声的罐子或水枪等惩罚措施来消解猫间的攻击性冲突。要转移猫的注意力，更好的方法是利用玩具来触发猫的捕猎行为。每天都在玩的玩具可能不足以引开它们，但使用激光笔或小鸟飞行玩具等不寻常的玩具可分散猫的注意力，引诱它们彼此分开去玩耍。如果使用激光笔，在猫与其他猫分开后，应让激光笔的激光停留在玩具或物体上。激光突然消失，未停留在可抓取的物体上，会有让猫发生沮丧的风险。

一旦猫分开后，应将它们安置在各自的领地中，在领地内放置一整套适当分布的资源（食物、水、玩具、休息区和猫砂盆）。尝试让发生冲突的猫达成和解是无用的，因为在猫的自然行为中，并没有相关机制。因此，第一步应先将不同个体或不同社交群体的个体隔离起来，当很可能发生受伤或尝试调解失败时，这点尤其重要。在详细调查过冲突的潜在起因，并做出必要的环境调整后，就可以考虑遵循引入新猫的原则进行重新引见。

调查

对任何一个猫间冲突病例，都需要监测冲突行为的发生频率和强度。主人可做好记录，以确保准确评估问题的严重程度。

如果曾经和谐的家庭发生了猫间冲突，动物诊所就应对疼痛或衰竭性疾病的可能性有所警觉，应尽快进行临床检查（图 26-13）。其他触发明显表现的猫间紧张关系的因素包括引入新猫的过程不恰当，个体猫暂时离开群体而失去群体的气味，再次返回时无法被群体识别。群体密度过大或猫群体之间不相容会引发社交压力，这种压力可能会存在一段时间，之后因家里或邻居的其他变化而激发出外显症状，如新来了一个人，家具发生变化或邻居养了一只新猫。

可能引发攻击行为的情绪动机包括恐惧、沮丧、捕猎行为或玩耍。在多猫家庭内，冲突问题常是这些原因共同作用的结果，要进行确诊，必须准确、详尽地了解病史。

图 26-13　这两只猫多年来一直表现亲和行为（A），直到年龄较大的猫患上多种疾病，包括严重的退行性关节疾病。接着每当更年轻的猫靠近它时，它就会因疼痛发出嘶叫声，只喜欢独自休息（B）

常见转向攻击，特别是当猫无法对室外的猫发动攻击时（图26-14），它只能转移注意力到家里的目标，如另一只猫。猫的玩耍常会包括演练捕猎行为，这种行为针对非生物物体时是正常的。但是，家里的其他猫会变成模拟的捕猎对象，而且捕猎玩耍是多猫家庭中引发猫间冲突的常见原因，特别是家里同时有不同年龄和品种的猫时（图26-7）。

图26-14　看到室外陌生的猫产生沮丧后，会导致室内的猫转向攻击家里的其他猫或人（版权所有 ©iStock.com）

要想处理猫之间的冲突，应全面了解猫之间的关系性质以及它们使用各自领地的方式。在诊断过程中，屋内和花园的平面图是一种重要的工具，平面图应显示进食点、猫厕所、休息区和任何其他猫会使用的资源（图26-15）。平面图也应包括休息区的信息，要明确标出每只猫穿过领地的路线，以及在室内各个房间和室内外的偏好出入口。应标记出冲突高发点，如果还有其他任何不希望出现的行为发生，如尿液标记或不可接受的排泄，也应显示在平面图中。

必须确定家中已有的社交群体，并可通过观察互相磨蹭、互相理毛和其他亲和行为的模式，如个体猫之间互相问候时会立起尾巴，来评估猫间的关系。在家庭内，常会存在几个小的社交群体和一些完全独立的猫。也可能存在会对不同群体的猫表现亲和行为的"交际猫"，该猫能被所有群体接受。这些猫对防止暴发攻击非常有帮助。除了通过观察亲和行为来判断社交和谐程度外，主人也应辨识猫间的被动"攻击"行为，如追逐和盯视，这提示派系或群体成员间存在社交冲突。主人可在7天内密切观察猫，并在行为地图上记录猫之间的互动，这是很有用的。行为互动是动态的，如果只观察猫1天或2天，可能会错过重要信息。行为地图可能会变得非常复杂，主人可用不同颜色的笔在地图上记录理毛和磨蹭等不同的行为互动。当猫之间发生互动时就划一个箭头，再次发生互动时再划一个箭头，直到7天周期结束后，箭头的总宽度就代表猫之间发生亲密互动的频率。将亲和行为和冲突行为分别记录在不同的地图上，这样可避免混淆，也更易根据所得信

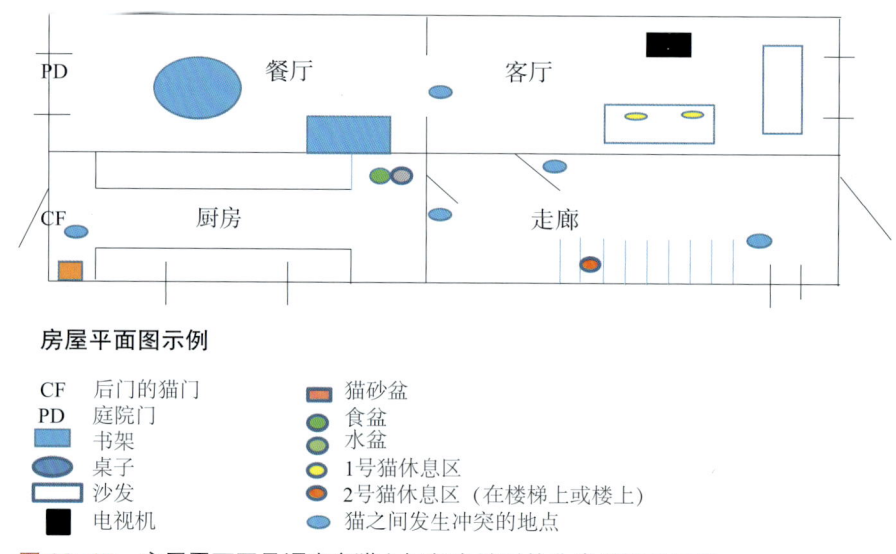

房屋平面图示例

CF　后门的猫门　　　猫砂盆
PD　庭院门　　　　　食盆
　　书架　　　　　　水盆
　　桌子　　　　　　1号猫休息区
　　沙发　　　　　　2号猫休息区（在楼梯上或楼上）
　　电视机　　　　　猫之间发生冲突的地点

图26-15　房屋平面图是调查多猫之间紧张关系的非常重要的工具

息识别社交群体（图 26-16）。

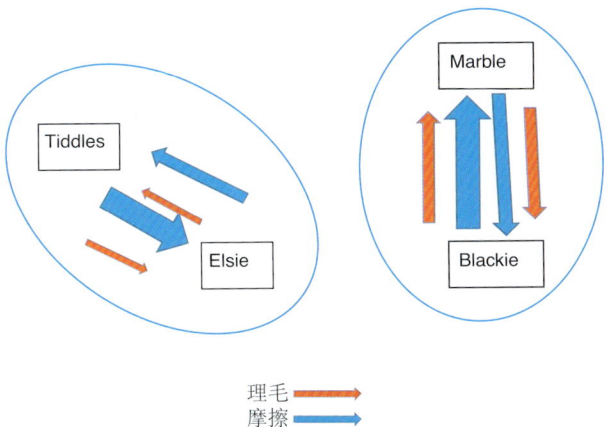

图 26-16 可使用行为地图来展示猫间的亲密和冲突行为模式。在这个简单版本的亲和行为地图中，可识别出两个明显的社交群体

介入的目的

进行行为介入的最终目的是尽可能提高猫群体内的亲和行为，并尽可能减少攻击。但是，主人必须面对现实，并尊重猫的自然行为。在许多情况下，需永久改变环境以满足猫的需求。这可能意味着需要让猫有更多的空间，更多和更丰富的资源，如果猫现在仅饲养在室内，可能还要增加室内－室外通道。一些主人可能无法满足所有猫的自然行为需求，在这种情况下，部分解决措施可能是识别那些不相容的猫，并重新安置它们，以减少猫的整体群体数量。采取这种方法时，解决方案是将猫分成几个不同的功能群体，分隔开饲养，尽管这并非主人原先所希望的，但这可能是对猫的福利最好的解决方式。有一些主人很幸运，他们有条件在家里给猫提供 2 个或更多的分隔"房间"，这也是可接受的结果。要指导主人做出正确的决定，需要深入分析和理解群体的社交动态和群体如何接近资源。凡是能提高所有猫福利的解决方案都不应被视为失败，即使猫不能继续和现在的主人住在一起。

当主人正在囤猫时，家庭内会出现非常严重的猫间冲突。动物囤积者指饲养了大量动物的人，并且该人：①无法给猫提供最低标准的营养、卫生和兽医护理；②无法对动物状况恶化（包括疾病、饥饿或死亡）和环境恶化（严重过度拥挤、极度不卫生）做出有效反应；以及③未意识到收养动物对自身及家人的健康和生活的负面影响[16]。应该谨慎和委婉地劝导那些疑似动物囤积者，如果他们仍然不愿意重新安置猫或减少数量的话，应向当地政府部门反映。不应支持动物囤积者、收养者饲养过多的猫。

处理家庭中的猫间冲突

为了尽可能使家庭恢复和谐或至少提高猫在家庭内的忍耐度，应考虑在野生或野外环境下，促使猫自发形成群体的基本因素。除了促使个体组成群体的天生（遗传或后天获得）社交倾向外，还需要有充裕的资源（食物、休息区、厕所、水），可以自由并立即获取这些生存资源的机会，以及足够的空间（包括三维空间）来避免不必要的身体互动。

处理猫间冲突的第 1 步是要决定社交群体的数量和组成。发现那些冲突的煽动者是很重要的，如果能在煽动者靠近其他猫之前就发出警示，如给猫的颈圈挂上铃铛，让其他猫能成功采取躲避行为，就有助于降低冲突。不幸的是，这种方法并不总是管用，因为一些猫会调整自身姿势来防止铃铛响。

为了建立分离、独立的核心区域，要为家内的每个社交群体提供属于它们自己的一套资源。当猫不再需要为了获得这些资源，而排队靠近敌对派系的猫时，就能让猫彼此有更大的生活独立性。让它们能选择减少待在一起的时间，使正面的被动相遇成为可能，避免为食物或空间产生竞争（图 26-17）。可以通过安装 F3 合成费洛蒙扩散器装置和新型 Feliway Friends 产品来进一步巩固核心领地的安全感。

提高空间的使用是非常关键的。猫主要通过与其他猫保持距离，来控制与其他猫的互动。许多家庭的典型情况是房间相对较小，这很难让猫

图 26-17 当不同群体的猫必须共享进食的时间和地点时，就会增加家庭内的猫间紧张关系（感谢 A. Dossche 提供）

感到安全，因为它们总是被迫彼此靠近，彼此间的距离小于它们希望保持的距离。由于它们不可能逃跑或躲避，就更可能出现排斥型防御行为。幸运的是，猫比人类和犬更擅长利用三维空间，所以以架子或猫家具的形式提供爬高处（图 26-18），可以让猫重新采用躲避和保持距离的行为。目前有非常多种猫爬架可用，需要根据家中猫的组成来进行选择。在存在猫间冲突的多猫家庭中，最好选择带有隧道而非盒子的猫爬架，以避免出现伏击问题，并确保猫爬架有舒适的休息区、吊床和观察平台。根据家里的社交群体数量，可能需要不止一个猫爬架，以避免猫为了减少应激而跳到高处后，却发现自己与不相容的猫离得很近，因为唯一的高处在仅有的一个猫爬架上。

图 26-18 提供架子或猫爬架可增加垂直空间，让猫可彼此保持距离（感谢 P. Putnam 提供）

对总被攻击性或玩耍性追逐的猫，纸盒箱和其他非常低的躲藏处可提供绝佳的逃跑路线（图 26-19）。这可让猫在逃跑时不必跑太远就有处躲藏，同时可消除被其他猫追逐的部分强化作用。但是，把盒子两端打开，形成一个隧道会更有益，这样当猫选择退缩时，不会被困住和受到惊吓。如果追逐的动机是捕猎玩耍，那么主人也需要为煽动者提供其他的玩耍机会，来满足它的需求，如鱼竿型玩具和多种小型、易移动、颜色鲜艳的玩具（图 26-20）。

图 26-19 纸盒箱或其他带高侧边的安全地方可作为避难所。同样可把盒子侧放，两头打开形成一个躲藏隧道，当问题与猫间的伏击相关时，这样也可让猫轻易逃走

虽然保证猫有足够的逃跑空间是很重要的，但同时要尽可能减少优势位置被更自信的猫占据的风险，避免其他猫在接近资源或跨区移动时受到惊吓。这类区域的示例包括猫门、门口和走廊，如果厕所或采食点等必需资源放得离这些区域很近，也会增加发生应激的可能性。

为了尽可能扩大猫的可用空间，可以考虑利用室外空间。在扩大的领地内提供更多的资源，如休息区、爬高处和厕所，能显著减少紧张关系。可使用棚屋、室外建筑和爬高处来增加可用的避难空间。一些主人不愿意让猫到室外，而且有些国家不允许猫自由游走。在这种情况下，可利用室外防逃跑围栏来增加活动空间。

除了考虑物理空间以外，还需要关注气味环境。用脸部和体侧反复标记领地中心的物体，加上相互磨蹭和相互理毛（社交伙伴之间的磨蹭和理毛），能创建强烈的安全感和身份认同感。当

图 26-20 应通过提供一系列玩具让猫有许多机会进行适当的玩耍，并定期轮换玩具，帮助猫保持兴趣（感谢 A. Dossche 提供）

不同派系的猫或个体彼此分离后，这种安全感也会消失。当人类无法在场来传递猫之间的气味（如主人去度假了），或群体之间的"交际猫"由于走丢或因病住院离开了一段时间，则以这种气味方式进行的社交信息交换会减少。重新装修房子时，也会导致家里的气味变化，剥离了环境中的气味标记。在猫重建自己的标记和交换识别身份的气味时，用 F3 扩散器（Feliway, CEVA Animal Health）可模仿环境中的面部和体侧标记效果。费洛蒙 F4（Feliway Friends, CEVA Animal Health）本应对治疗猫之间的冲突有很好的效果，但它的效果并不总是可靠的。F4 信号代表了熟悉感，但对已经历多次攻击的猫来说，它会造成对发动攻击的猫的视觉记忆和化学"熟悉"信号之间的不和谐。已发现这会触发明显的惊慌和激烈的行为反应。因此，不建议使用 F4 来治疗家庭内的猫间冲突，但在可购得该产品的国家内，可用来降低在初次碰面时，猫对陌生人或陌生动物的恐惧。也可使用新型的 Feliway Friends 产品，但在写作本文时，仅可在美国购得（第 18 章）。

在一些情况下，猫非常重视与主人的互动，那么也需要考虑把主人的陪伴当作一种资源，在提供接近食物或室外等其他关键资源方面，需改变主人的参与度。可能会因此引发问题的情况包括定时饲喂猫，且猫无法通过其他任何方式获得食物，或在由主人决定的时间，猫才可以进出房屋。如果当主人不在家的时候，猫不能获得食物或进出房间，那么当主人回来时，猫就会倾向聚集在主人周围，这就让它们在最渴望得到食物或接近户外等关键资源时，彼此靠得很近。如有可能，可让猫自由接近食碗或总含一些食物的自动喂食器，主人仅随机加满食物，这样可使猫彼此保持距离，但需考虑肥胖的风险，并据此管理猫的进食（第 13 章）。与此类似，使用芯片保护的猫门要比"人手动操作"的后门更安全。

家庭内猫间冲突的预后不仅受猫的因素影

响，如群体内的个体社交性，也受物理家庭环境能容纳的猫数量影响。人类的因素同样起了关键作用，主人应配合进行环境改造和持续维护让群体共存的条件（提供充足的资源等），同时应对最终的结果有切合实际的预期。

如果个体能承认对方是同一社交群体的一员，那么就极有可能成功解决攻击问题。有时可在猫间轮流擦上气味，也可隔离派系或个体后，接着进行重新引入，就像猫第一次被带回家一样（见前文引入新猫）。主人需要知道如果在出现问题行为前，猫间并无任何关系，那么它们之间将来也不太可能建立关系，因此，他们能期待的最好结果是猫能彼此互相容忍。在这种情况下，应考虑发展出慢性应激的可能性，并应评估缺少明显的攻击行为是与真正耐受相关，还是因为行为策略变为被动的冲突。即使在猫可忍耐的水平上，社交行为不能维持稳定或出现被动冲突而非耐受时，就需要考虑猫的福利了。可以考虑使用药物或保健品来减少负面情绪，促进社交整合，但必须与本章所述的环境调整同时进行，而不能作为环境调整的替代品。如果进行了这些调整后，冲突仍然持续发生，或者不用药物或保健品就无法维持社交行为（即便是某种程度的耐受）的话，应建议客户考虑为其中的1只或更多猫找新家。

攻击社区里的其他猫

确认社区内猫间的紧张关系

当主人需要反复处理邻里的猫间冲突导致自己的猫受伤时，可轻易发现这个问题（图 26-21）。但是，社区内的猫间冲突引发的结果不仅仅是外伤和脓肿，也必须考虑其他可能的结果，如开始出现室内随地排泄、肥胖和家内的猫间攻击等问题。社区猫间的被动紧张关系会让猫减少接近室外领地，进而引发这些行为变化（图 26-22）。这种紧张关系会导致猫不敢去室外的厕所或进行室外高能量的消耗活动。当"专横的"猫邻居闯入领地和猫的数量密度过高时，一些猫更可能待

图 26-21　出现明显的攻击行为时，很容易发现社区内的猫间冲突（感谢 A. Dossche 提供）

图 26-22　邻里的猫间紧张关系会降低猫在室外环境自由活动的能力（感谢 A. Dossche 提供）

在室内，从而使原本脆弱的室内猫关系更加紧张。当一只新来的猫打破了原有群体的稳定情况，或在当地群体中存在一只或多只完整的公猫，或社区中存在一只专横的猫时，更容易发生对邻里其他猫的攻击。当完整的母猫开始发情和争夺领地时，冲突也会达到顶峰。

理解和管理社区内的猫间冲突

为了理解和处理社区内的猫间冲突问题，猫主人需要理解猫领地的原则，并从猫的角度看待

问题。人们通常会单纯地依据自己的家庭情况，决定是否适合饲养宠物猫，但当猫生活在高密度的城市环境中时，一只新猫的到来也会影响到附近的猫。主人们最好能在往某一区域引入更多的猫前，了解当地的猫群体密度，在为猫找新家的过程中，也有责任询问关于猫将要生活的社区和家庭情况。如果一只猫在以前的家中发生过猫间冲突，尤其是曾主动闯入邻居家时，就不适合为它在猫密度很高的社区寻找新家。不幸的是，通常难以得知猫之前的行为情况。在饲养幼猫前，也要考虑类似的问题，应注意社区内的原住猫和新来猫的领地需求，这是让新来的猫顺利融入社区的关键。

猫的领地分为3个区域。核心领地必须是安全、有保障的，但其他猫在自己领地的不同区域移动时，可能会横穿家庭领域。猫也会与附近的猫共享更大的捕猎区域。共享领地的方式意味着时间共享体系对避免冲突非常重要。当猫的密度较高时，最常在家庭领域发生冲突。清晨和黄昏是易发生攻击行为的时间，这可能是因为猎物在这个时间最为活跃，对该重要资源的竞争也最为激烈，或者可能仅仅是因为更多猫会在这个时间段出来游荡，让它们更有可能碰面。领地与生存资源的可用性密切相关，所以防御领地就是在防御资源。因此，要减少领地行为和攻击，关键之一是在社区内提供充足的资源。

入侵核心领地以及威胁家内的资源不仅可能引发邻里的猫间冲突，还可能威胁家庭中的猫群体的稳定性。资源可用性和社交凝聚力之间的平衡非常微妙，如果另一只猫进入家里偷窃必需资源，如食物和休息区，将会给被入侵的家中的猫带来压力。

大多数猫都致力于防御自己现有的领地，但有一些猫喜欢占有更多的领地，会主动抢夺其他猫的领地或独占资源。这就是所谓的"专横"行为，特征是猫会定期、重复尝试抢夺其他猫的领地，包括核心领地或家庭范围，提高发生猫间冲突的风险。这些猫会进入其他猫的家里，攻击或恐吓其他猫，或留下尿液标记，导致人们误以为是家里的猫互相攻击或有室内标记问题。

未去势的公猫更容易成为专横者，因为它们寻求充足的领地，来让自己接近未绝育的母猫。大多数家养猫都被绝育了，所以社区内的猫间攻击也会减少，但如果有两只未去势的公猫彼此住得很近，那么就会大大增加发生攻击的风险。在这种情况下，攻击会非常严重，因为它们是在争取繁殖，也就是基因和进化的成功。已发现在12月龄前进行绝育，可减少88%的打斗，这说明发生公猫之间的攻击时，激素的影响比后天习得的影响更显著。需要对引发攻击的公猫进行绝育，不过预防胜于治疗，因此最好尽早对所有的猫进行绝育。当前的意见支持在4月龄或更早对母猫进行绝育，来降低意外怀孕的概率。当未去势的雄性流浪猫或野猫出现在社区中时，推荐进行捕捉、绝育和转移程序。这些猫被阉割后，有些甚至可成为很好的宠物。如果这只未去势的公猫属于当地某位居民，则必须征求主人的许可，对该公猫进行绝育。如果主人无法支付手术费用，可以寻求当地慈善机构或收容机构的赞助。在少数情况下，主人可能不愿意绝育猫。如果没有非常好的理由来支持这个决定的话，可能代表该主人并未给猫提供护理，这可让猫因福利原因被转移。

非常罕见未去势的公猫和未绝育的母猫之间的攻击，尽管当母猫还没准备好或不愿交配时，有可能发生这种情况。猫的交配过程非常吵闹，养猫新手经常会误把这个过程当作攻击。当主人反映未绝育的猫之间表现出敌意行为时，需要鉴别这是否是正常的交配行为。

繁殖状态和专横行为之间并无绝对的关联。应考虑不同品种的领地行为差异。在这一方面，杂交猫的挑战比较大，主人在往稳定的猫邻里引入新猫前，应事先做好调查。在专横猫想控制的区域内，专横猫的行为常会引发人和猫邻里的紧张关系，而这个区域范围可能会非常大。

如果在社区内发现一只"专横猫"，当地的猫主人应联合行动起来。"专横猫"的主人应暂时把猫关在室内，同时做好限制问题的措施，其他邻居应尽可能保证家里的每一个进出口都安全有保障。可能需要使用电子芯片保护的猫洞，并尽可能在视觉上保护好出入口的周围区域。在许多情况下，可以让猫以"共享时间"的方式接近室外，让猫去户外的时间可预防它们接触到彼此，从而限制攻击的发生。

除了时间共享体系外，猫主人们还可通过其他方式互相合作，来尽可能减少猫的紧张关系。在花园里为原住猫提供可让猫磨爪标记的地方，如树、篱笆桩和棚屋，并保证相邻房屋之间有缓冲区可供排尿标记，这是有益的。通过建造树上、墙上或围栏上的爬高处，可以增加猫在各自的花园中接近高处的机会，这些爬高处是背对房屋的，这样猫就可以在此处防御自己的领地，同时防止其他猫利用爬高处来窥探自己的房子。在朝向花园边缘的安全地点设置户外厕所（如下陷的托盘或沙坑），可减少对适当的厕所位置的竞争，所有当地的猫主人也可在自家内进行饲喂活动和其他环境丰富措施，这样可鼓励猫花时间待在各自的核心领地内，这也是有益的。

要让这些方法起效，显然需要人们的共同合作，住在一个社区的猫主人们可以考虑成立一个"猫俱乐部"，这样他们可以一起商量如何改善花园和家庭环境，让这些地方更适合猫生活。

结论

猫是社交性动物，但它们的社交行为与人类和犬的有很大差异。它们天生会生活在由有血缘关系的猫所组成的小群体内，并会躲避与其他猫的接触。因此，也就能理解为什么生活在家养环境中的猫会产生应激。通过关注猫的自然行为和对应调整环境，有可能获得行为学上的解决方法，有效管理多猫家庭和邻里的猫，尽可能减少应激，同时为猫间冲突提供实际的解决方案。也应挑选社交能力好的猫，再以正确的方式引入它们，以此来尽可能减少猫间的紧张关系。也应限制家庭中猫的数量，让该数量在行为学的可承受范围内，要做到这点，客户教育非常关键。当出现社交不相容的问题时，可能必须转送一只或多只猫，这对整个猫群体的福利是有益处的。当邻里的猫间出现问题时，预后慎重，因为能管理未来进入该社区的猫的机会有限。群体的每一个变化或数量增加都会进一步加大竞争和不稳定性。因此，要成功管理当地的猫数量过多问题，需要所有猫主人积极参与。

参考文献

[1] Casey RA, Vandenbussche S, Bradshaw JWS, Roberts MA. Reasons for relinquishment and return of domestic cats (Felis silvestris catus) to rescue shelters in the UK. Anthrozoos. 2009;22:347–358.

[2] Salman MD, Hutchison J, Ruch-Gallie R. Behavioral reasons for relinquishment of dogs and cats to 12 shelters. J Appl Anim Welf Sci. 2000;3:93–106.

[3] Millsopp S, Westgarth C, Barclay R, Ward M: APBC Annual Report 2012. http://www.apbc.org.uk/system/files/apbc_annual_report_2012.pdf.

[4] Bamberger M, Houpt KA. Signalment factors, comorbidity, and trends in behavior diagnoses in cats: 736 cases (1991– 2001). J Am Vet Med Assoc. 2006;229:1602–1606.

[5] Amat M, Ruiz de la Torre JL, Fatjo J, et al. Potential risk factors associated with feline behaviour problems. Appl Anim Behav Sci. 2009;121:134–139.

[6] Liberg O, Sandell M, Pontier D, Natoli E. Density, spatial organization and reproductive tactics in the domestic cat and other felids. In: Turner DC, Bateson P, eds. The domestic cat: the biology of its behaviour. ed 2. Cambridge, UK: Cambridge University Press; 2000:119–148.

[7] Bradshaw JWS, Lovett RE. Do domestic cats form hierarchies? British Small Animal Veterinary Association

Congress Scientific Proceedings; 2003, BSAVA Birmingham, UK p. 104.

[8] McDonald DW, Yamaguchi N, Kerby G. Group-living in the domestic cat: its sociobiology and epidemiology. In: Turner DC, Bateson P, eds. The domestic cat: the biology of its behaviour. Cambridge, UK: Cambridge University Press; 2000:95–118.

[9] Bradshaw JWS, Hall SL. Affiliative behaviour of related and unrelated pairs of cats in catteries: a preliminary report. Appl Anim Behav Sci. 1999;63:251–255.

[10] Cameron ME, Casey RA, Bradshaw JWS, et al. A study of environmental and behavioural factors that may be associated with feline idiopathic cystitis. J Small Anim Pract. 2004;45:144–147.

[11] Buffington CAT, Westropp JL, Chew DJ, Bolus RR. Clinical evaluation of multimodal environmental modification (MEMO) in the management of cats with idiopathic cystitis. J Feline Med Surg. 2006;8:261–268.

[12] Bradshaw JWS. The behaviour of the domestic cat. Wallingford, UK: CAB International; 1992.

[13] Levine E, Perry P, Scarlett J, Houpt K. Inter cat aggression in households following the introduction of a new cat. Appl Anim Behav Sci. 2005;90:325–326.

[14] Rochlitz I. A review of housing requirements of domestic cats (Felis silvestris catus) kept in the home. Appl Anim Behav Sci. 2005;93:97–109.

[15] Bradshaw JWS. Cat sense: the feline enigma revealed. London, UK: Penguin; 2013.

[16] Frost RO, Steketee G, Williams L. Hoarding: a community health problem. Health Soc Care Community. 2000;8:229–234.

第 27 章
猫攻击人的行为

Rachel Casey

引言

攻击主人的行为是将动物转诊至行为学专科诊所的主要原因之一，作者的未发表数据显示在就诊的猫里，约 13% 的猫是因该原因就诊[1]。在攻击行为里，会让主人需求兽医建议的常是会导致主人受伤的攻击类型（即咬伤或抓伤）。但是，猫的敌对行为还包括发出嘶叫声、哈气、猛击、"伏击"（奔向和抓住主人，并常表现为抓或咬）和用前肢抱住主人，同时用后肢"踢"主人。但是，应注意攻击本身并不算一种诊断结果。这正如跛行只是骨关节问题的一种表现，还需要其他检查才能建立疾病诊断。观察到攻击行为后，需要进一步检查确认其他潜在原因。因此，目前并没有针对猫攻击行为的"规范性"治疗计划。应根据每个个体的起因和具体情况，制定适当的治疗措施。本章的目的为介绍猫攻击人类的常见原因，并提供一些治疗措施，希望对解决这类病例有一定帮助。

猫表现攻击人行为的原因

猫表现攻击行为的原因主要有 4 种，包括当猫受到威胁时做出的攻击反应；误导性玩耍/捕猎/寻求关注反应引发的攻击；沮丧引发的攻击；疾病进程引发的攻击。以下部分将分别阐述这些攻击行为的起因。

防御反应引发的攻击

这可能是引起攻击行为的最常见原因。与所有其他物种一样，猫感知到威胁之后，会使用的"手段"之一就是攻击（图 27-1）。如果猫与人的社交经历比较少，或之前与人接触时有负面经历，就可能将人当作一种威胁。虽然猫是捕食者，但它们是小型动物，大型捕食者或其他猫也会攻击它们。它们在面对威胁时，通常会选择逃避态度，如逃跑、躲藏或者爬到高处。但是，如逃跑等其他措施失败时，便会采用攻击作为防御措施。当主人追捕猫，试图与猫互动，或当猫被限制在某个地方不能离开，如被关在动物诊所的笼子里时，就会发生攻击。此时，害怕人的猫常会尽力躲到笼子后方和蜷缩起来，避免与人进行接触（图 27-2）。如果人类继续靠近，猫的唯一选择就是通过猛击来击退威胁（图 27-3）。

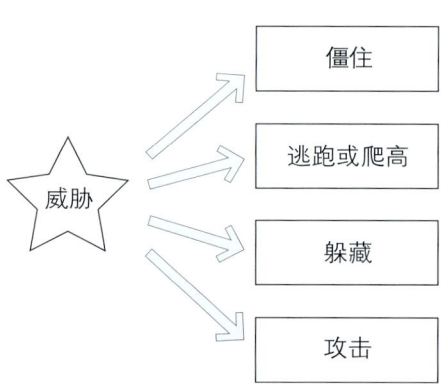

图 27-1 猫感知到威胁后的多种行为反应，包括攻击行为

关于猫的攻击行为有一项关键误解，就是如何区分猫的"防御性"攻击和"进攻性"攻击。猫表现防御性攻击时，会一边往后躲和表现恐惧或焦虑的症状，一边进行猛击；而当猫进行"进攻性"攻击时，猫会显得更自信，可能会扑向主人或从检查台面上跳起。过去认为这些症状的起源不同；但是，它们的区别仅为行为的发展阶段

第 27 章　猫攻击人的行为

图 27-2　对人感到焦虑或恐惧的猫会先退缩到笼子后方、弓背、蜷缩或试图藏起来

图 27-3　恐惧的猫被关在笼中或无法实施其他躲避策略时，常表现防御性攻击（感谢 K. Borgeat 提供）

不同，受每只动物的行为学习机会影响。要理解这点，最简单的方法是以一只关在动物诊所的笼子内，处于恐惧状态的猫为例来进行说明。社会化程度较低的猫会一直往笼子后方退缩，藏在毯子下或躲到猫砂盆里。在大多数情况下，动物诊所员工需将猫从笼内拿出来进行治疗，因此他们会将手伸进笼子，尝试抓住猫。由于猫在这种环境中无法远离人，而且猫也无处可逃，它们剩下能采取的"策略"就是通过攻击来摆脱威胁。当猫表现猛击行为时，大多数人会立刻缩回手，即使仅短暂缩回了手。这种反应会强化猫的攻击反应，如此重复进行，猫就会习得攻击在这种情况下是一种让人远离的有效"策略"。多次重复这种行为后，猫逐渐能更自信地表达这种行为，并发展出一种预期心理，认为在这种情况下通过攻击就能成功躲避威胁。因此，通过重复的学习机会，猫会发展出"进攻性"攻击，甚至会扑向人类。它们也会习得可预测威胁即将发生的多种事件，一旦发现发生威胁的预测性提示，就会更加快速地表现攻击行为。因此，当猫会"扑向"主人，且该行为表现得非常自信时，可能诱因仍包含恐惧，但它们变得更自信，却是因为攻击策略能有效消除感知到的威胁。

如果猫将主人和某种会引发猫焦虑的刺激相关联，也会使猫产生与焦虑或恐惧相关的攻击行为。最常见的案例是主人接触过其他猫后，接着接近自己的猫。甚至是来自同一家庭不熟悉的，但不是同一社交群体的猫的气味也会引发猫攻击主人。

由误导性玩耍/捕猎/寻求关注反应引发的攻击

在攻击人类的部分案例里，猫在与主人进行不恰当的游戏或互动时，会发展出攻击行为的症状。在幼猫发展出捕猎行为所需的运动反应时，幼猫的游戏行为是很重要的[1]。在野外情况下，幼猫最开始使用非活物物体进行这种"练习"，但随后母猫会引导幼猫使用母猫带回窝内的猎物进行练习[2]。因此，幼猫学会了适当的条件性线索，这些线索能激发这类行为（换句话说，它们学会向何种物体表现捕猎反应）。在家养环境下，猫主人常忍不住与他们的幼猫一起玩耍，如摇晃手指或在羽绒被下移动脚。由于猫主人的反应会起强化作用，猫主人常大笑或四处移动来更多地参与游戏时，就会让幼猫学会向人类的某些身体部位发起这类行为。虽然在猫还是幼猫时，这显然是无害的，一旦猫长成成猫，这将会变为朝向人手或人脚的不适当的玩耍/捕猎性攻击行为。由于幼猫长大后的可爱度下降，它们不得不"更努力"地获得猫主人的反应，这常会促进上述过程的发展；例如，当扑到羽绒被上不再引起猫主人的反应时，它们就会抓住从羽绒被下伸出的人脚。当人走过时，猫也可能会开始"埋伏"主人，它们会从家具后面冲出，抓住人的脚或腿，或者在人走过时拍打他们。猫主人的反应常会进一步强化这类行为，如尖叫、拉开手臂或到处跑，这会强化猫的反应，正如猎物的移动和尖叫会激发捕猎反应一样。

虽然该行为一开始是一种满足欲望（被强化）的反应，但当猫主人的反应随着时间发生变化，这常会使情况变得更复杂。一旦猫开始咬或抓，猫主人的反应常变得更具惩罚性；例如，喷水、扔垫子或对猫叫喊。这类反应变化常会让猫产生"情绪冲突"，猫在表现这类行为时，会产生混合情绪。在这种情况下，由于从幼龄时期开始，这类行为已被高度强化，猫仍常会有启动行为序列的冲动，但同时又会对结果感到焦虑。这会让这类行为变得更为极端；例如，猫冲出来后，重重地咬一口，接着跑开，再次躲起来。因此，针对由于误导性玩耍/捕猎反应而表现攻击行为的猫，使用以惩罚为基础的技术无法达到预期目标。

由于沮丧而产生的攻击反应

猫在感到沮丧时，也会发生攻击行为，但这较不常见。有时称这种行为为"转向攻击"，行为是朝向某一目标，而不是朝向沮丧的来源。当猫预期的结果未发生时，就会产生沮丧；例如，一只猫平时可跑到屋外驱赶其他猫，但由于猫门锁住了，它只能透过窗户看着其他猫，无法接触其他猫，这就会引发沮丧。在这种情况下，无法进行预期行为而引发沮丧，这会引起对猫主人或家庭内其他宠物的攻击，而这单纯是因为猫主人或其他宠物在错误的时间待在了错误的地点。那些常被关在室内的猫能看到室外的猫，却无法接近它们，此时发生沮丧的风险就升高，更常会发生这类行为。但是，应注意不仅仅室内猫会发生该种问题，这仅是说明沮丧如何发生的一个示例。

由疾病引发的攻击

攻击行为偶尔会完全由内部的疾病进程引发。在极罕见的情况下，如猫的肢体区域发生局部抽搐时，在无任何环境诱因或促进因子时，猫会自发表现攻击行为。更为常见的生理或病理变化引发焦虑或沮丧，从而影响猫发起攻击的阈值。例如，对一只猫进行操作处理时，它感到不舒适，但通常能忍受；但当它患甲状腺功能亢进或退行性关节病，再抚摸它时，它就会开始表现攻击行为（Bradshaw等[1]和第15章提供更多信息）。

预防

由焦虑、误导性捕猎/玩耍反应引发的攻击是最常见的攻击类型，通过给幼猫的主人提供适当的早期建议，可轻易预防这类攻击。要保证能给带新幼猫来诊所的每位客户提供下方总结的简单规则信息，就需要动物诊所团队在此处发挥关键作用。

预防焦虑和恐惧引发的攻击

要预防猫因焦虑或恐惧而攻击人类，关键是保证幼猫对人类的充足"社会化"。幼猫的社会化时期要早于幼犬的。幼猫一般在7周龄左右完成社会化[3]。因此，应让幼猫获得对人类的充足、适当的基础社会化，这项责任就落在繁育者或被遗弃幼猫的抚养者身上。但是，已发现直至4月龄，幼猫对人类的反应仍持续受互动影响[4]，因此让猫主人带幼猫回家后，继续进行谨慎的处理仍是很重要的。应让幼猫一直将处理措施与正面结果相关联。为了保证这一点，猫主人最好鼓励幼猫接近他们进行互动，而不是猫主人走过去抱起幼猫。让幼猫自行接近人类，可给它们提供选择是否这么做。如果人类强行进行接触，较难保证让幼猫把这种互动视为正面经历。如果幼猫或年幼的猫表现出焦虑的症状，不愿意接近人类，应鼓励猫主人立即遵循脱敏化和对抗条件反射作用（见下一部分）程序。在猫表现固定的躲避反应前更易执行这类程序，这能保证猫不发展出对人的攻击反应。

应意识到当猫在动物诊所的笼子里时，有诱发和强化猫攻击反应的风险。保证猫有机会进行替代躲避反应——躲藏尽可能减少上述风险[5,6]。推荐使用纸板箱、以特定方式摆放的毛巾、高侧边或带盖的猫垫、猫城堡（Cats Protection）或躲藏和爬高盒（图27-4）。应鼓励紧张的猫接近人来接受操作处理，而不是伸手进去抓住它们。虽然这样做短期内需要更多的耐心，但可带来长期益处，包括预防攻击的发生有利于员工的安全和猫的福利。

主人应穿上保护性衣物，如手套或鞋子，来遵循上述建议。

图 27-5 应鼓励猫主人使用"鱼竿型"玩具等远离身体的玩具与幼猫玩耍（感谢 E. Blackwell 提供）

图 27-4 让猫有机会躲藏有助于降低发生攻击的风险（感谢 M. Cannon 提供）

预防由误导性玩耍/捕猎反应引发的攻击

在动物诊所员工给予所有幼猫主人的建议中，关键是不要用身体的某部分与幼猫玩耍，如在羽绒被下移动脚。幼猫需要玩耍，但诊所员工应鼓励猫主人用玩具与幼猫玩耍，玩具应与人的身体有一定距离；例如，可使用"鱼竿型"玩具（图27-5）。如果在首次拜访诊所时，猫主人已经开始用他们的手或脚与幼猫玩耍，应建议他们在幼猫跳向手或脚时，不要做任何反应，并在其他时间让幼猫以适当的方式玩耍。如有需要，猫

预防与沮丧相关的攻击

由于与沮丧相关的攻击常发生在"碰巧的"环境下，因此很难预测这类攻击。但是，如果猫能控制它所处的环境，它就较不可能变得沮丧。保证猫有多个发泄途径来表达它的自然行为，就可达到上述目的。给猫提供躲藏、攀爬和磨爪的区域，使用解谜饲喂器和提供大量玩耍机会，可降低猫变得沮丧的风险。在多猫家庭内，应让所有猫都能轻易接近这些资源；例如，保证在每只猫或每个猫社交群体的核心领域内，猫都能利用这些资源。如果沮丧反应的特定诱发物是外面的猫或鸟，应限制猫接近窗户或玻璃门，或者保持百叶窗处于关闭状态。

鉴别不同的攻击类型

有数种不同的原因会引发猫攻击人，在每个案例里，最先面对的挑战是辨识主要起因。这不仅需要详细描述行为和发生背景，也需要获得行为发展的病史。首次表现该类行为的情况可提供关于初始激发因子的重要信息。也应调查其他因素，如在非攻击背景下，猫与猫主人和其他人的互动行为情况，也应获知猫的早期生活史，以得知社交经历的潜在影响。也应对猫进行全面的医学检查，查看它们的病史，确定是否有任何健康因素会引发行为症状。

治疗方法

攻击行为的起因不同，应使用的治疗方法不同。不同病例的具体因素不同，执行行为纠正程序时，使用的具体"工具"也不同。根据具体情况制定治疗方案，保证方案切实可用，适合猫主人的家庭环境，这是行为纠正的重要部分。以下内容提供行为纠正程序的主要组成部分，这类行为纠正程序适合引发攻击人类的大多数常见起因。

治疗焦虑和恐惧引起的攻击

治疗与恐惧相关的攻击的主要目的是让猫知道被人类操作与正面结果相关，并不具有威胁。要达到上述目的，可进行脱敏化和对抗条件作用程序。第1步是保证让猫主人停止尝试接近猫来进行互动。在形成正面关联之前，应让猫意识到猫主人不再是一个潜在的威胁。第2步是进行脱敏化和对抗条件反射作用。由于很难判读猫产生焦虑的不明显症状，进行这一步的最好方法是让猫选择是否接近猫主人来获得奖励。如果让猫选择是否接近它的主人，那么当发生互动时，很明显此时猫认为互动是正面的。若让猫主人接近猫来进行互动，他们可能无法注意到猫处于担忧状态的指示，再进行该程序时就会产生问题。

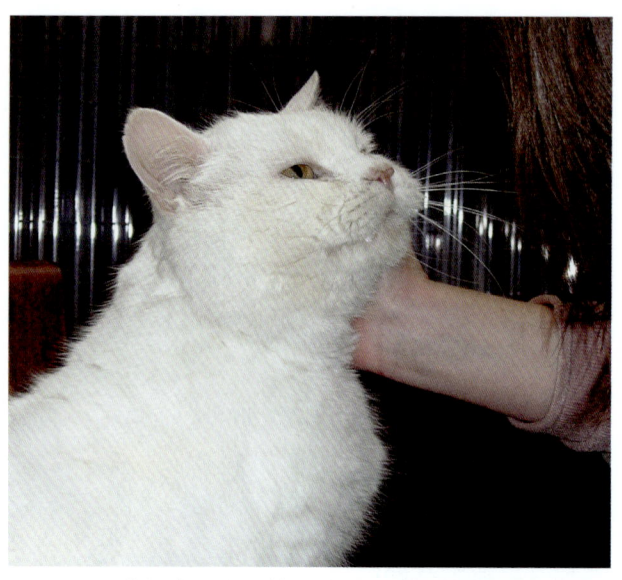

图 27-6　进行接触的脱敏化时，当猫选择接近人并处于放松状态时，第1次应仅抚摸猫1次

设计针对焦虑或恐惧的猫的脱敏化和对抗条件反射程序时，应首先确立猫能持续忍耐的互动水平。一些猫能持续忍耐的互动水平是人安静地坐在房间的另一侧看书，而另一些猫的忍耐水平可能是人摸它1次（图27-6）。其他因素会影响猫对互动的忍耐度（如其他应激因子的存在），因此常见在某些时候，猫可忍耐更高程度的接触；例如，它可能在猫主人把手伸向它时，就立即咬手，或者在忍耐数次抚摸后，才开始咬手。进行脱敏化的初始水平应低于猫能忍耐的最低互动水平。例如，当猫会在第1次和第4次抚摸之间转头和咬手时，进行脱敏化程序时，就应首先奖励猫的接近行为，接着短时抚摸1次，再发展为抚摸2次，以此方式进行下去。进行任何脱敏化和对抗条件反射程序时，目标是以猫能够忍耐的互动水平作为起点，并让猫将该种互动与正面结果相关联。正面结果可以是零食或游戏，这受个体猫对什么更感兴趣影响。一旦猫会持续接近来获得奖励，就可逐渐提高接触水平。例如，一旦猫会持续、毫不犹豫地跑向主人来获得零食，猫主人就可开始在放下零食前，把手伸向猫，接着开始轻柔地触碰猫，再给予猫零食。应缓慢地进行每个阶段，保证猫能持续忍耐一个阶段后，再进行到下一个阶段。导致这类操作程序失败的最常

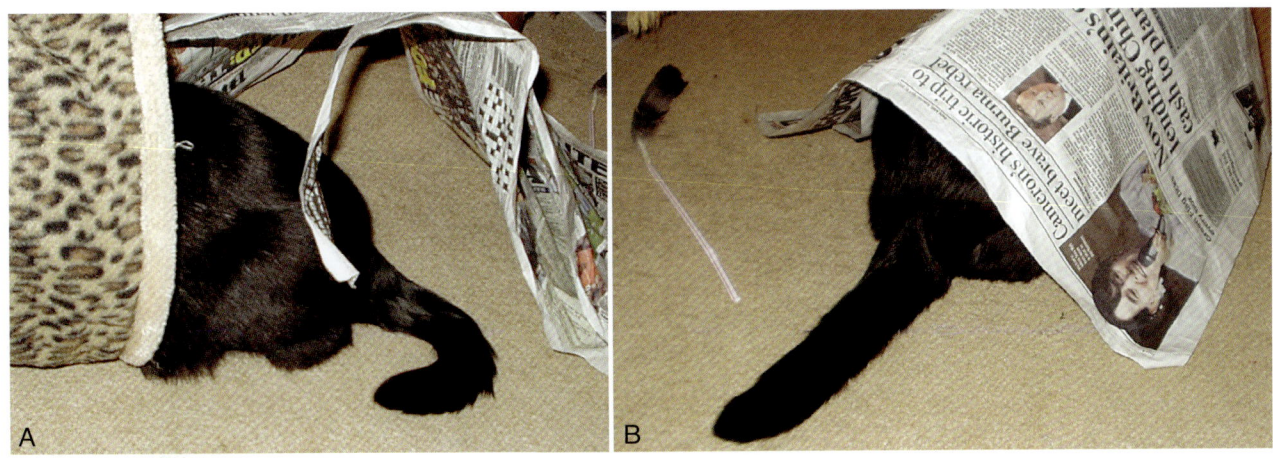

图 27-7　提供其他形式的丰富环境可以减少攻击风险，如隐藏起来的零食或鼓励独立游戏（感谢 J. Revell 提供）

见起因是猫主人尝试过快地执行程序。一旦猫对接触感到焦虑，猫主人应立即停止互动，将互动水平降回至前期可忍耐的水平。通过逐渐发展阶段的积累，猫会持续地将与人的亲密接触当作正面互动，这能消除它们攻击人类的需求。

治疗误导性玩耍/捕猎反应引起的攻击

当猫因捕猎/玩耍/寻求关注引发的攻击而被带来见动物诊所团队时，因为猫主人会惩罚它们的伏击行为，猫常已有一定程度的情绪冲突。无论如何，猫开始表现这类行为的目的是获得猫主人的反应，并将此当作奖励。因此，治疗这些猫的关键是保证它们有机会同时习得其他行为也可成功获得主人的反应，而伏击行为不再有效。在多数这类案例里，猫进行其他活动的机会有限，这恶化了猫集中对人展现这类行为的情况。在这种情况下，治疗的关键是保证猫有许多事情可做。通过进行富有想象力的环境丰富，能有多种方式来让猫表现远离猫主人的行为类型[7]。例如，使用解谜饲喂器饲喂猫或将食物藏在家里不同的位置，能把猫的兴趣引向其他活动（图 27-7）。因为猫高度珍视与人的社交接触，才会表现捕猎/玩耍/寻求关注的攻击行为，因此需要为这种互动提供更多的发泄途径，同时也需让猫进行更为独立的活动。应鼓励猫主人花时间与猫进行互动；例如，用"鱼竿型"玩具等远离身体的玩具与猫玩耍，或使用光束或激光来指引猫前往零食的隐藏处（应注意不推荐使用光束或激光来鼓励进行无特定目标的活动，特定目标一般包括玩具或零食，这样做会有引发沮丧的风险）。在进行这些游戏期间与猫说话，能改善猫的互动经历。但是，当猫正在攻击猫主人或准备这么做时，猫主人不应为了"分散注意力"而进行这类游戏。此时，若尝试让猫进行其他活动，则可能会强化伏击行为。相反地，猫主人需要确保与猫玩耍时，猫正处于放松状态，而不是正准备进行"伏击"。

猫主人能指引猫更多地进行其他活动，猫就更不可能表现"伏击"行为。但是，这并不会立即起效，至少在短期内可能仍会发生该种行为，猫主人应对此有所准备。当猫正在咬或抓猫主人时，期待猫主人仍站着不动和不做任何反应是不切实际的，因此应向猫主人强调暂时佩戴护具的重要性，这样他们才可完全站着不动和忽略猫的这类行为。应根据咬或抓的程度和被作为目标的身体部分来选择护具类型。例如，可以使用一双厚袜子、牛仔裤或骑马用的"护腿套"。在任何会发生这类攻击的情况下，猫主人都应佩戴合适的护具。猫主人也应清楚在行为发生期间，应站着完全不动和不对猫有任何反应的重要性。猫会很快习得该种行为不再受主人关注，而其他行为可以。但是，在猫学习这些与人类互动的新"规则"时，猫主人需指引猫如何顺利通过治疗程序的第 1 阶段。当家庭内某些成员对他们的猫感到特别紧张时，最好让更有自信的家庭成员来进行这类操作。对其他家庭成员来说，让猫从同一个人处学会替代行为会更容易。

在进行这种治疗方法时，不应让猫主人仅仅忽略攻击行为。这样做无益处的原因有两个。首先，若无谨慎的指导，大多数猫主人不愿意或无法执行该方法；其次，若不指引猫表现替代反应，忽略行为的方式可能会让猫感到沮丧，进而提高行为的发生率和强度。要改变这种行为，应让猫进行其他独立活动，并与主人进行全新的互动，最终产生正面结果。

总结

猫的攻击行为是一种行为症状，而不是一种诊断结果。猫会因多种原因开始攻击人类。最常见的原因是猫对与人接触感到焦虑，这引发了防御性反应。因早期与人的不适当玩耍互动会引起误导性玩耍/捕猎反应，进而引发攻击行为。沮丧或疾病也会引发攻击，但较不常见。动物诊所在预防猫的攻击方面发挥关键作用，应为繁育者和猫主人提供适当建议，教育他们如何为幼猫进行适当的社会化和如何与幼猫玩耍。当猫已发展出攻击行为时，根据情况制定行为纠正程序，常能非常成功地治疗猫的攻击行为。在这类情况下，通常不需要使用药物辅助治疗，但在很难执行行为纠正时，可能需要使用药物治疗。目前，仍没有证据证明任何非处方或不需要处方就可销售的产品能有效治疗猫对人的攻击行为。

参考文献

[1] Bradshaw JWS, Casey RA, Brown SL. The behaviour of the domestic cat. ed 2. Wallingford: CABI; 2012.

[2] Kitchener A. The natural history of wild cats. London: Christopher Helm; 1991, p. 70.

[3] Karsh EB, Tuner DC. The human-cat relationship. In: Turner DC, Bateson P, eds. The domestic cat: the biology of its behaviour. Cambridge: Cambridge University Press; 1988.159-178.

[4] Lowe SE, Bradshaw JWS. Responses of pet cats to being held by an unfamiliar person. Anthrozo€os. 2002.15:69-79.

[5] Kly K, Casey RA. Provision of hiding enrichment for domestic cats (Felis sylvestris catus) in a rescue shelter environment: Effects on behavioural measures of stress and re-homing potential. Animal Welfare. 2007.16(3):375-383.

[6] CaseyRA:You can't see me…the value of hiding enrichment for cats. https://behaviourvet.wordpress.com/2013/10/12/you- cant-see-methe-value-of-hiding-enrichment-for-cats. Published October 12, 2013. Accessed October 21, 2013.

[7] Ellis Sarah. Environmental enrichment: practical strategies for improving feline welfare. J Feline Med Surg. 2009.11 (11):901-912.

附录
宣传材料

给猫进行绝育或去势手术的益处和风险 …………………………………………………………… 406
将您的爱猫寄养在动物诊所的益处 ……………………………………………………………… 407
对猫友好的给药技术 ……………………………………………………………………………… 410
您知道吗？帮助选择一只新的猫家庭成员的有趣事实和数据 ………………………………… 412
我的猫是否感到疼痛？ …………………………………………………………………………… 413
我的猫存在慢性疼痛吗？ ………………………………………………………………………… 414
我的猫患关节炎吗？ ……………………………………………………………………………… 415
叫声过多 …………………………………………………………………………………………… 416
猫口面疼痛综合征 ………………………………………………………………………………… 417
求助！我的猫总吵醒我！怎么办？ ……………………………………………………………… 419
如何友善地给您的猫喂药：对猫友好的药物治疗 ……………………………………………… 420
给猫使用精神类药物的知情同意书 ……………………………………………………………… 421
往家庭内引入一只新猫 …………………………………………………………………………… 422
管理正常但不希望猫出现的行为 ………………………………………………………………… 424
护理您的猫的疼痛性退行性关节病（关节炎）………………………………………………… 426
我的猫是健康的——真是这样吗？ ……………………………………………………………… 427
费洛蒙治疗 ………………………………………………………………………………………… 429
与您的猫玩耍 ……………………………………………………………………………………… 430
老年猫的健康和行为：尽早发现就是最好的药物 ……………………………………………… 431
为猫布置一个家 …………………………………………………………………………………… 433
我应该领养另一只猫吗？ ………………………………………………………………………… 435
猫的生物特性与社交行为 ………………………………………………………………………… 436
训练您的猫爱上吃药 ……………………………………………………………………………… 438
让运送您的猫变得更容易 ………………………………………………………………………… 440
我们承诺尽可能减少您的猫应激 ………………………………………………………………… 442
什么是猫破牙细胞再吸收损伤？ ………………………………………………………………… 443
您的猫需要什么护理？ …………………………………………………………………………… 444
我的猫在尝试说什么？猫主人需知道的猫身体语言信息 ……………………………………… 446
当我们检查您的猫时我们能够了解什么？ ……………………………………………………… 448
您的猫何时需要住院 ……………………………………………………………………………… 451

给猫进行绝育或去势手术的益处和风险
Debra Horwitz 和 Amy Pike

本宣传材料提供的信息是为了帮助作为客户的您根据情况决定是否给您的宠物进行绝育。关于以下列出的信息点,如果您有任何问题或需要更多信息,请咨询您的兽医或技术员。

益处

- 通常可减少母猫和公猫的游荡行为。这也可减少您的宠物在游荡期间发生丢失或被交通工具撞到的发生率。
- 可以减少或消除公猫的性行为,包括针对人的行为。
- 母猫不会表现"发情"(发情期)行为和吸引公猫。
- 消除由激素引发的攻击或尿液标记/喷尿行为。
- 动物不会遭受性器官传染的疾病,包括通过性行为传播的疾病。子宫感染(子宫蓄脓)会威胁动物的生命。
- 当不存在来自卵巢和睾丸的生殖激素时,发生某些癌症的可能性降低。可完全消除发生睾丸、卵巢和子宫癌症的可能性。
- 当猫不处于性活跃状态时,猫间的打斗(伴发的伤口和脓肿)下降。
- 被绝育的宠物不会引发宠物群体数量过多的问题!

风险

所有手术都有风险,但对健康动物进行有选择性的手术时,并发症极其罕见。但是,风险包括:

- 对麻醉剂的异常反应,甚至可能引发死亡。但在麻醉期间,会对每只动物进行持续监控,使用的设备与人医类似。
- 出血。密切监视所有手术,将出血风险最小化。
- 伤口缝合处破裂或撕开。使用缝合技术,术后让猫主人遵守医嘱,在动物完全愈合前,让动物保持安静和不活跃的状态,可将这类问题的发生最小化。
- 感染。动物舔切口常引发局部感染(在切口部位)。使用特殊的颈圈可预防这种情况。有些猫会不习惯戴颈圈,当可密切监视猫时,可摘掉猫的颈圈。如果发生感染,可使用抗生素治疗。
- 虽然绝育可完全消除由激素引发的一些问题行为,但其他问题行为可能会持续存在,需要您的兽医或动物行为学家进行干预。

将您的爱猫寄养在动物诊所的益处
Ilona Rodan

当您的猫寄养在我们的诊所时,我们将每日至少监测它 2 次,并如您所愿轻柔、体贴地照顾它。如果它需要使用药物,如胰岛素或口服药物,我们也会按医嘱给予。

监控动物期间,护士会称量您的爱猫摄入的水分和食物重量,评估它的排泄习惯,并为它称量体重。如果它喜欢离开自己的"住所"去玩耍,我们会在安静的时间段(傍晚、周末或午后)安排它们到较大的房间,富有爱心并且专注地同它们玩耍或进行训练。如果在寄养期间发现任何问题,护士会告知兽医,并进行相应的检查。我们将及时通知您,为您推荐相应的治疗方案,并根据您的选择进行治疗。

您也可以为您的爱猫带来它喜欢的衬垫、小玩具或互动玩具和它喜欢的食物或特殊食物。如果您的爱猫之前没有被寄养过,我们的兽医将会与您面谈,与您讨论爱猫的正常行为和需求,并检查和评估它是否健康。有的客户希望在猫寄养期间为它们进行牙科护理或一些诊断性检查,我们也会满足这样的需求。

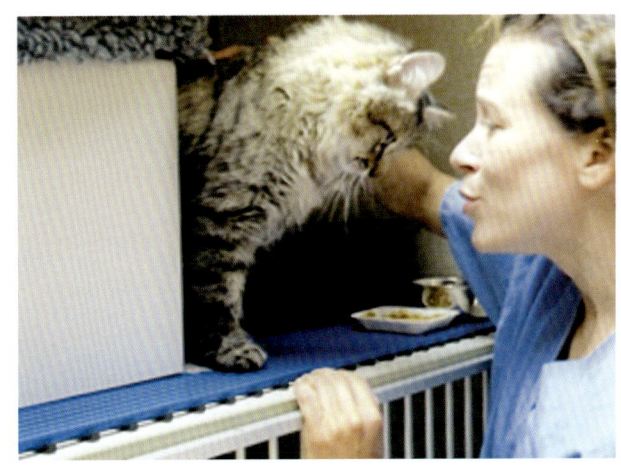

大的套间

我们的大套间足够您的爱猫进行攀爬和运动,这对动物福利非常重要。有的套间有"景观区",其他则都是房间形式,我们也为喜欢躲藏的猫提供"躲藏区域"。对那些长期寄养或喜欢在大房间玩耍的猫,我们将在安静的时间段,允许它们进入大的检查室活动。

安全的躲藏区域

躲藏区域对猫而言非常重要,它们可以自由选择是否要将自己隐藏起来。这对和我们在一起比较害怕的猫尤为重要。绝大多数第1天寄养的猫需要这样的躲藏区域,但我们会在它寄养期间,随时提供这样的服务。带上您的爱猫的小床会使它感觉更为舒适,但我们也提供许多的选择。如果您的爱猫更喜欢待在敞开的猫箱里,这也是一个不错的选择。

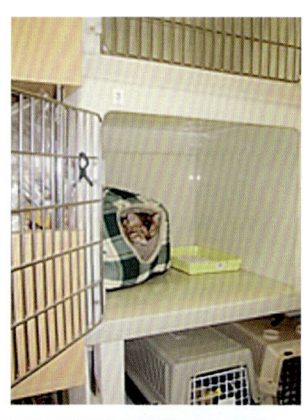

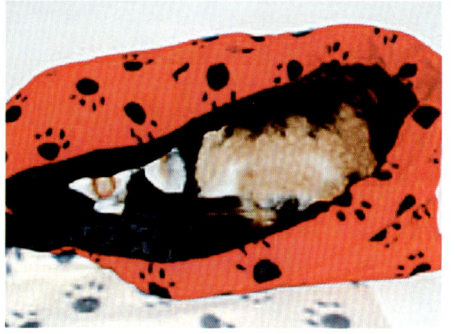

私人房间

如果您的爱猫非常害羞或过度活跃,都可根据需要拥有私人空间。

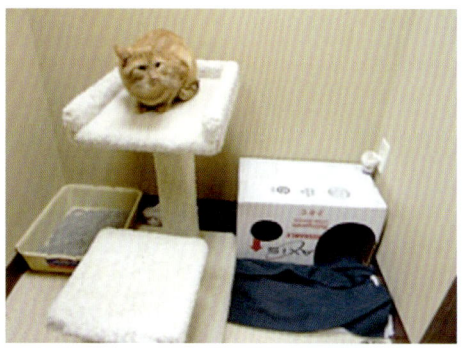

私人时间

许多猫会希望得到关注或拥有玩耍时间，我们的护士都对寄养的猫充满爱心。他们通常会在午饭和安静的时间段，给予猫咪更多的关注。

如果您有两只或多只猫咪需要寄养该怎么办？

即使互相喜欢的猫们也希望在某些时候拥有自己独处的空间。我们会根据它们的选择，给予共处或独处的房间，并观察他们共处时的行为。有时猫在离开家之后，更喜欢拥有自己的空间，我们也会满足它的需求。有时也需要短时将它们分开，以保证它们都有进食。如果您有3只或4只猫，我们将提供更大的空间或房间。如果您的猫在家中不喜欢共处，我们将会为它们提供分开的套间。

您的爱猫的舒适感和安全是我们优先考虑的问题

您可以随时联系我们咨询您的爱猫正在做什么。如果您希望定时接收您爱猫寄养期间的照片，请告知我们。如果您有任何问题，或在您离开之前想要到我们寄养部门探视，请及时联系我们，我们乐意为您服务。

对猫友好的给药技术 *

Iris Cloyd 和 Theresa DePorter

对您和您的猫来说，给猫喂药会是一个充满压力的过程。通过适当的准备、训练和耐心，给猫喂药会更容易，对每个人的压力也更小。可能仅需给猫喂几次药，也可能需终生喂药。进行身体保定和人为操作虽然不会引起所有猫的不愉快，但对大部分猫来说是不愉快的体验，这还会让您和猫的关系变得紧张，减少您的猫与您的互动，让都发生应激。在本宣传材料里，将讨论如何不使用手来给猫喂药，或以最小化您和猫的压力的方式来喂药。

如何开始

如果治疗方法允许推迟开始喂药的日期，可以先让猫适应喂药过程。首先，确认您的猫喜爱的食物或零食。在使用食物来喂药时，先只给予食物，确认猫愿意吃该食物，建立该食物的初始愉快关联。

每天遵循推荐的给药安排，在同一时间和位置给猫饲喂1次或2次不加药的零食或食物。这样可以帮助猫对食物产生例行的愉悦、可预测的关联，使喂药变得更容易。

克服对新食物的初始怀疑

对那些疑心特别重的猫，可以把食物分为3份来喂药，这有助于减少猫的担忧。首先给予3小份分开的美味零食或食物。一旦猫开始吃这3份不加药的食物，就可以开始给猫喂药。除了中间的那份食物外，这3份食物应是完全一样的，中间的那份食物应含有药物。先喂猫第1份不加药的零食，在它采食完这份食物后，立即喂第2份藏好药物的零食，接着喂第3份不加药的零食。另一种方法是使用膏状食物，按次序排列，这样猫需逐步接触和吃掉每小份食物。

在食物或零食内加药

猫罐头和肉味婴儿食品等软性食物是用于混药的理想食物。使用酥脆的花生酱（家庭内无对花生过敏的人员）会让猫很难区分药物和花生，猫无法分离药物和食物，从而鼓励猫摄入药物。猫去毛球膏、乳酪膏和沙丁鱼膏等膏状食物的适口性非常好，可很好地黏附在药片和胶囊上，让猫更难将食物上的药片舔掉，猫摄入膏体的同时提高摄入药物的可能性。

打开胶囊和压碎药物

在将药物混入食物前，可以将胶囊打开，或压碎药片，但这可能会引起其他问题。在打开胶囊或压碎药片前，应先询问您的兽医。一些药物是缓释性的，打开胶囊会改变药物的吸收方式。有些药物可以压碎后饲喂，但仅可压碎后立即饲喂才行。一些药片或胶囊含有苦味物质，用食物也无法掩盖，可能会让动物厌恶食物。如果可以将药物混入食物中，应确保观察猫是否吃进了所有食物，这样它才能吃进所有药物。

口服悬液

也可将口服悬液混入食物。最好混合口味相似的口服悬液和食物。例如，如果悬液带有肉味，最好将该悬液混入猫罐头、蛤/牡蛎汁或肉味婴儿食品（不应含洋葱或洋葱粉，会引起猫贫血）。应将带泡泡糖或樱桃味等甜味的液体药物与少量甜食混合，如稍微融化的冰激凌或生奶油。其他可用来混药的液体食物包括猫奶、不含洋葱的鸡汤和西红柿汁。

无法用食物掩盖药物

在某些紧急情况下，可能无法推迟给药时间，或者在给药时，无法同时给予食物。这时就需要给您的猫直接喂药。理想情况下，您应在喂药前练习喂药技术。先收集一些猫干粮颗粒、酥脆、软的猫零食和数片吞拿鱼肉或鸡肉。用一只手轻轻地但牢固地握住猫的头部和上颚。将另一只手的食指放在猫的嘴部开口处，即猫的鼻子正下方，下切齿正上

---

* 这是 Melissa Spooner（LVT, VTS（行为），BS, KPA-CTP，奥克兰动物转诊服务中心行为技术员布隆菲尔德山，密歇根）制定的宣传材料的修改版

方处，来打开猫的嘴部。同时用固定住猫头部的手的食指来打开猫的嘴部。一旦打开猫的嘴部，往猫的嘴里扔进一片非常美味的食物，松开起固定作用的手。首次进行上述互动后，猫可能看起来有些不安，甚至是感到疑惑，但按此方式进行数次后，猫很快就会建立针对此过程的正面关联。每次固定猫喂药和假装喂药时，应给予多种预选的零食。

实践流程如下：

第1回合：鸡肉

第2回合：奶酪

第3回合：硬的猫零食（往后可使用药片来代替硬零食）

第4回合：吞拿鱼肉

随机使用多种食物可让猫猜测接下来的食物情况，有助于让此过程保持正面、愉悦和有趣。避免使用您的猫不喜爱的零食，但应提供多种零食，教会猫接受新奇的食物。一旦掌握了用这种方式喂零食，就可开始把药物当作"零食"之一来喂猫。

您知道吗？帮助选择一只新的猫家庭成员的有趣事实和数据

Debra Horwitz 和 Amy Pike

- 目前有超过 70 种被认可的猫品种，每个品种都有独特的行为特征和身体特征。
- 国际猫协会（www.tica.org）、猫爱好者协会（www.cfa.org）和猫爱好理事会（www.gccfcats.org）等品种猫协会网站提供每个品种的详细描述和图片。
- 在购买一只猫前，有信誉的繁殖商会让您拜访他们的设施和见该猫的父母（如果在同一处）。
- 有许多特定品种的救助组织可提供待领养的猫。
- 猫的友好度受父亲的友好度影响，无论猫是否与父亲有过互动。
- 尿液标记/喷尿（留存尿液在垂直平面上）是猫的一种正常行为。
- 研究显示约 10% 的去势公猫和 5% 的绝育母猫会在家内进行尿液标记。
- 公猫会对不熟悉的人和家内拜访者更友好。
- 母猫对其他猫的攻击性更强。
- 作为兄弟姐妹的猫最可能睡在一起，并互相舔毛，这是猫喜欢对方的表现。
- 无亲属关系的猫的最佳配对为公猫/公猫，接着是公猫/母猫，最后是母猫/母猫。
- 猫的基础性格有 3 种：活跃/攻击、胆小/紧张和自信/随和。
- 应尝试匹配您的家庭内已有的猫和新成员猫的性格类型。
- 在多猫家庭内，应为每只猫提供充足的资源，避免发生猫之间攻击和行为问题。
- 您的兽医可帮助您选择适合您的家庭的猫——尽管问！

我的猫是否感到疼痛？

Sheilah Robertson

由于猫擅长掩盖它们的疼痛，要判断您的猫是否处于疼痛状态，需要做一些侦察工作。您比其他任何人都要更了解您的猫，即使有时症状不易察觉，只要仔细观察仍能有所发现。

术后或受伤后，猫都会感到疼痛。一些疾病也会引发疼痛，如疱疹病毒感染会引发眼部和嘴部疼痛性损伤，这些都是急性疼痛。记住会引起您感到疼痛的因素也会引起猫的疼痛。

您的猫是否看起来不舒服？如果您的猫一直在改变姿势，看起来像在尝试找到一种舒服的姿势，就应怀疑存在疼痛。

您的猫的行为或态度发生改变是疼痛的症状之一。如果您的猫一直是喜爱玩耍和外向的，但突然开始躲藏，不想与您进行任何互动，那么就是有问题。

其他应注意的变化包括猫的体态——如果您的猫表现弓背或紧缩，那么可能存在腹部疼痛。

猫的脸部变化可提供疼痛状态的线索。头部低垂、耳部往后压、胡须朝后、嘴部紧闭和眼睛半闭可能指示存在疼痛状态。

如果猫停止进食，说明有问题，但处于疼痛状态的猫可能会继续进食。

一只面部表现疼痛症状的猫

如果您担心您的猫可能处于疼痛状态，给您的兽医打电话。

这只猫被绝育后处于疼痛状态，表现弓背或紧缩的体态和眼睛半闭的症状

我的猫存在慢性疼痛吗？
Richard Gowan

与人类相似，年龄增加会带来不可逆转的疼痛，我们的宠物也是如此。许多主人会认为他们的动物是由于年龄的原因导致行动迟缓，但这却是由于它们的机体发生变化，为了代偿这种变化而出现的行为改变。随着猫科医学的进步，兽医也逐渐认识到许多疾病状态与慢性疼痛或折磨人的疼痛相关。

以下所列的疾病可能引起急性或慢性疼痛：
- 牙科疾病、牙龈炎、牙齿重吸收或牙齿空洞以及牙齿感染：可能会影响食欲，但许多猫能转换更舒服的方式进食。
- 退行性关节病（也称为关节炎）：会在攀爬或跳跃时，出现踌躇或行动缓慢等行为改变。
- 肿瘤：许多原因导致疼痛，如炎症和神经痛。
- 膀胱炎：常引起不适和疼痛，是引发室内随地排泄的原因。
- 皮肤和耳部疾病：引起刺激和不适。
- 胃肠炎和胰腺炎：使动物疼痛虚弱、恶心、食欲减退和体重下降。

疼痛会像影响我们那样影响猫的生理和情绪。目前，我们能更好地识别猫慢性疼痛的细微变化。这些变化包括正常行为改变，产生新的异常行为或食欲、情绪和社交改变。这些变化通常发展缓慢，较难发现。在另一些病例，更易识别疼痛来源，如创伤。但大部分病例需要全面的体格检查、实验室检查、X线检查和/或超声检查，以寻找疼痛的来源。

猫由于慢性疼痛改变的行为或日常活动包括：
- 更爱隐藏自己，花更多的时间睡觉
- 情绪改变、不开心、离群
- 异常的互动模式、睡眠－清醒模式改变
- 对主人或其他动物表现出攻击性
- 对人的操作或触摸表现出攻击性
- 不愿意玩耍和社交
- 日常活动改变
- 排泄异常、在猫砂盆外排泄

兽医和猫主人很难评估猫的疼痛程度和影响，有时只有在治疗了潜在疾病，动物恢复了原本的正常行为模式、情绪和社交活动得到改善时，才能有更准确的评估。因此在评估猫因治疗而获得的疼痛改善程度中，猫主人起着非常重要的作用。

事实上，猫主人是非常敏感的，而日常活动和社交仪式是猫活动的一部分。当这些模式发生变化时，猫主人能简单地识别出异常情况。但是，当这些因慢性疼痛而发生的变化持续数月甚至数年，那么可能就无法识别行为变化，从而未采取应对策略。动物诊所的猫预防护理项目能帮助识别微小的改变，可尽早地发现疼痛，并进行相应的管理。

我的猫患关节炎吗？
Richard Gowan

同人类一样，随着年龄的增加，猫的关节炎发病率也在上升。有研究表明90%的12岁或以上的猫患关节炎。关节炎更准确地应称为退行性关节病（degenerative joint disease, DJD），指关节内的软骨退化、功能下降的疾病。DJD会导致关节功能受损，引发疼痛。

这类疼痛常导致猫的活动改变，也会影响室内的日常生活和行为。如果您的爱猫正在经受DJD所带来的疼痛，最常见的异常就是它不再愿意跳跃，并且跳跃的能力受损。但众所周知，想要准确识别猫的疾病和衰弱非常困难，所以日常仔细地观察和定期拜访动物诊所进行检查，才能准确诊断DJD，让您的爱猫保持舒适。需要让您的兽医知道您的爱猫最近是否出现活动、行动或情绪改变，或出现了新的行为。

DJD疼痛引发的活动变化通常包括：
- 跳跃高度降低
- 跳跃次数减少
- 攀爬能力下降
- 需要借助中间点才能跳跃到喜欢的高度
- 失去了猫的优雅和敏捷
- 不愿玩玩具或与其他动物玩耍
- 很难平稳着陆，尤其是向上跳跃时
- 需要牵拉才能跳上沙发和床
- 跳跃之前较为踌躇
- 向下跳跃后，着陆时非常笨重
- 步态改变（如步态僵硬或不自然）

不常见跛行。如果您怀疑您的爱猫正在经受疼痛的关节疾病，那么首先需进行全面的检查。很可能在12岁以上的猫X线片上发现关节异常，但这并不是存在疼痛的依据。全面的健康筛查也是老年猫的家庭护理要点。有关活动性的问卷调查对监测治疗效果非常重要。

	是	可能	否
我的猫不愿意跳跃？			
我的猫只能跳跃较矮的高度？			
我的猫在上下攀爬时较为困难？			
总的来说，我的猫的活动性不如以前强			
我的猫不如以前开心			
我的猫有时会在猫砂盆外排泄			
我的猫理毛时间变短了			
我的猫好像不愿意跟我玩耍了			
我的猫不喜欢玩玩具，也不爱同别的动物玩耍			
我的猫更喜欢睡觉/不太愿意运动			

叫声过多

Gary Landsberg 和 Sagi Denenberg

管理过多或不希望出现的猫叫声

a. 使血压升高、饥饿感升高或引发疼痛的疾病问题会引起或促进猫发出过多或不希望出现的叫声。需要排除的问题包括胃肠道疾病、肾脏疾病和包括认知功能障碍等任何神经系统疾病，这仅是几个示例。因此，第1步是带您的宠物去进行完整的体检和任何必要的诊断检测，如血液和尿液检查、血压、X线检查或超声检查，来排除所有可能的疾病起因。确诊疾病后，接着可制定治疗方案。并非所有疾病都可得到解决；有些疾病能达成的最好结果可能是改善症状（如缓解关节炎引发的疼痛或用于认知功能障碍的补充剂）。但是，即使已确诊和治疗了疾病问题，一旦动物已习得某些行为，叫声过多的行为问题等仍可能持续存在。

b. 一旦排除或治疗了疾病问题，接着必须关注猫的行为。在决定改善问题所需的改变时，您所提供的病史是非常关键的。有用的信息包括家庭环境的详细情况、猫的日常活动和任何会引发应激或焦虑的社交互动情况。应解决猫的基本行为需求，保证有充足和适当的资源，包括正确的食物类型、食物量和饲喂频率；水的可利用情况；猫砂盆数量、类型和位置；舒适的睡觉区域；增加攀爬、爬高或磨爪的机会；增加您的猫喜爱的玩耍和社交互动。应避免猫不喜欢的互动（参考关于环境丰富的宣传材料）。

c. 应确认应激源（如外面的猫、嘈杂的噪声或猫觉得有威胁或会引发恐惧的任何事物），如有可能，应消除应激源。如果无法消除应激源，应尽力避开或最小化应激源的发生。例如，如果室外的猫或噪声引起您的猫发生焦虑，应考虑不让您的猫接近窗户或房间，让您的猫无法看到室外的猫或听见噪声，或者使用白噪声设备来降低某些声音的影响。

d. 由于学习对该行为的作用很大，而焦虑或不确定性会增加叫声，您应避免因叫声而惩罚猫，惩罚会增加猫的焦虑，还可能会让猫害怕您。惩罚也可能仅在您在场时，让猫停止表现该行为。也应避免在猫发出叫声时，给予零食、玩具或关注，这可能会奖励该行为。

e. 如果是老年猫或生病的猫存在叫声问题，那么在有效改善健康问题前，能取得的效果是有限的。在更易接近的位置放置食物、水、垫子和猫砂盆，提供较低的爬高区域、可帮助爬入猫床或猫砂盆的斜坡，或者沿路留下一些照明或气味，有助于那些有运动问题、关节炎或感官功能下降的猫更好地在家内穿行。这可减少因焦虑和寻求关注引起叫声过多的行为。

f. 应保证老年猫一整天都有常规的丰富活动，以满足老年猫的需求。更短、更频繁的活动对一些猫更有实际意义。可考虑增加奖励训练、游戏、食物、玩具和可探索的新奇事物。在日间和夜间激发您的猫，可能有助于猫在晚间睡得更好，减少寻求关注的行为。提供少量多餐，包括在喂食玩具内放置一些食物，可进一步帮助增加日间激发作用，在日间和夜间都进食对有些猫可能是有益的。也可考虑使用定时饲喂器，在整个日间都可喂食，甚至可在夜间喂食，来降低您作为食物来源和食物强化作用的重要性。

g. 建立常规和可预测的日常活动安排，包括您的猫对充足活动、进食和休息的所有需求。了解您的猫的活动日程，在它开始寻求关注前投入活动，这样能教会猫是按日程提供玩具、关爱和餐食，避免这些事物奖励不希望出现的行为。随着时间的推移，也可逐渐操控猫的日程，让猫在日间和夜间保持激发、活跃和清醒的状态，让它投入希望进行的活动，增加猫在夜间安睡的可能性。

h. 最后也是最重要的注意点是不要奖励任何类型的寻求关注的行为，包括发出叫声。提前满足您的猫的需求。无视寻求关注的行为，直到猫进入平静状态，必要时可直接走开。当猫处于平静状态时，可奖励游戏、玩具和零食（考虑响片训练）。如有必要，可将您的卧室外的其他地方作为猫的睡觉区域，这样当猫在夜间很活跃和发出叫声时，可以无视它。

猫口面疼痛综合征

Clare Rusbridge

什么是猫口面疼痛综合征（feline orofacial pain syndrome，FOPS）？

FOPS 是面部和舌部损毁，并有其他行为指征提示存在口腔或面部不适（如过度的舔舐或弹射动作）。表面不适和/或损毁与其他可能引起疼痛的原因不符（如牙齿萌发）。主要的临床表现集中在舌部的活动。

何种猫易患 FOPS？

FOPS 最常见于缅甸猫；但在其他品种中也可见该病，如暹罗猫、东奇尼猫、波米拉猫和家养短毛猫。任何年龄段的猫都可能患病。但是，许多患猫会在萌发恒齿时，首次出现疼痛症状。

有什么临床症状？

FOPS 患猫常出现面部和舌部的不适，常表现为过度舔舐、弹射动作或抓挠嘴部。更为严重的病例可能出现舌部和唇部损伤，需要手术修复撕裂的舌部。典型的不适通常是单侧的，且更为严重。常在猫舔毛、进食时，由于舌部运动而短时、反复出现不适感。疼痛持续数分钟至数小时，有时会引起短时间的行为焦虑。有的猫会存在持续的不适，此时出现舌部损伤的可能性更高，也可能发生厌食或食欲不振。口腔疾病和环境应激会加重该病进程，特别是牙科疾病。

FOPS 发生的原因是什么？

FOPS 同人类的三叉神经痛相似，也是一种神经病理性疼痛疾病，也就是由神经系统异常传递疼痛信号导致了疼痛的产生。三叉神经将面部和口腔部位的疼痛和触觉等感受传递给大脑。因此，患猫的这些中枢神经会出现异常。当 FOPS 患猫的神经被刺激时，常会释放异常强烈的疼痛信号。环境因素会影响神经病理性疼痛（想象如果您发生头痛，那么应激必然会使头痛更加剧烈）。能诱发 FOPS 发病的常见环境因素包括与其他猫的应激社交，如被同伴或邻居家的猫侵占自己的家或花园。参加猫展、拜访动物诊所或猫舍等外出活动都可能是诱发因素。

如何诊断 FOPS？

没有确切的诊断性检查能确诊该病，所有的诊断都以临床症状、排除其他病因和识别可能的诱发因素为基础。

1. 排除其他可能引发面部和口腔疼痛的原因

（1）临床检查。您的兽医会检查您的爱猫，以发现可能引起口腔疼痛的原因，如牙科疾病。牙科疾病会导致动物处于痛苦状态。但是 FOPS 和牙科疾病不同，FOPS 会出现异常性疼痛，并往往会引发损伤。您的兽医也可能会建议您做其他检查，如血液学检查或 X 线检查。

（2）神经学检查。尽管认为是三叉神经的异常兴奋引发 FOPS，但三叉神经的功能检查结果却是正常的。这些检查包括轻柔地触碰面部、眼部以及嘴唇，以确定动物是否有感觉。如果出现神经问题，如感觉不到触碰或无法关闭口腔，这就与 FOPS 不符。您的兽医可能还会推荐使用其他方法检查三叉神经，比如核磁共振成像技术。

2. 检查和治疗牙科疾病

大部分 FOPS 病例由牙周疾病诱发，因此尽管有时猫只表现出轻度牙龈炎，积极诊断和治疗牙周疾病仍是非常重要的。记住由于发生 FOPS 时，三叉神经会放大传导疼痛刺激，因此也不应忽视轻微的牙科疾病。猫破牙细胞再吸收病变（feline oral resorptive lesions，FORLs）可能隐藏在牙结石或肿胀的牙龈之下。FORLs 是一种牙釉质缺失、敏感牙髓暴露的疾病，患该病时非常疼痛。为了诊断该病，您的兽医会推荐进行牙齿的 X 线检查，或者可能建议转诊到牙科专家处进行检查和治疗。

3. 识别环境应激源和诱发因素

由于环境因素会影响该病的发生，因此寻找可能的诱发因素非常重要，如社交应激等。在多猫环境中，首先需确认是否存在不友好的社交环境。

需要考虑的问题包括：

（1）您的爱猫是否拥有自己的安全核心领地（如自己的猫砂盆、饮食区域或私密空间）？

（2）患猫是否可以通过窗户看到其他猫？
（3）其他猫是否可以随意进出患猫的领地？
（4）患猫是否有足够的能力保护自己的隐私？
（5）患猫是否能使用自身的自然行为策略来应对应激，如躲藏、跳跃或远离行为？

如何治疗FOPS？

治疗FOPS的主要方法包括减少动物不适、限制动物自损和识别和治疗潜在的诱发因素。

（1）避免损伤。在控制不适感前，都需要使用伊丽莎白圈和/或爪部绷带来避免动物进行自损。这是一种疼痛性疾病，因此如果不控制动物的不适，而妄图阻止动物自损，是不可能做到的。

（2）如上所述，诊断和治疗牙科疾病。

（3）识别和减少环境应激源。需要合理布局猫的5种必需生活资源：食物、水、休息区、厕所和自己领地的进出口。猫也需要自己的私密空间，以便通过躲藏或爬高来处理应激。可使用猫面部费洛蒙F3的扩散器或喷雾产品，这也能有一定帮助。

（4）减少不适感。您的兽医可能会开具一些药物来减轻动物的不适感。给轻度疼痛的动物使用美洛昔康等非甾体抗炎药和/或丁丙诺啡等阿片类药物。但这类镇痛药对神经病理性疼痛的效果可能不佳，针对这种情况，您的兽医也可能会使用某些未经批准的药物，如苯巴比妥、卡马西平、加巴喷丁或阿米替林。这类药物是抗惊厥药物或抗抑郁药物，能减少神经的异常兴奋，控制神经病理性疼痛。

苯巴比妥及类似药物有什么副作用吗？

苯巴比妥是治疗FOPS的常用药物。其他抗癫痫的药物都具有相似的副作用。苯巴比妥的使用一定不能突然中断；需要缓慢减少这类药物的用药剂量，避免出现抽搐等严重症状。

常见的剂量依赖性副作用：

（1）镇静、协调性下降和跳跃能力下降。在刚开始治疗或增加用药剂量时，可能出现这类情况。典型副作用会在2周内逐渐消失。如果没有消失或变得更为严重，兽医可能会建议减少用药剂量，或换用别的药物。

（2）饮水量、尿量和排尿次数增加。

（3）饥饿感增加。抗癫痫类药物会给猫的大脑传递需要进食的信号，尽管猫可能并不需要额外的能量。在这种情况下，动物一般会出现体重增加而且难以控制。可以考虑饲喂低能量的食物或延长动物的进食时间（如使用解谜饲喂器）。

更为严重的副作用包括肝脏损伤或血细胞异常，但极少发生。

FOPS的预后如何？

典型的FOPS是间断性的病理状态，在发病初期时更是如此。通常在牙齿萌发时，出现第1次发病，患猫发生牙周疾病时，常出现第2次发病。开始治疗后的3天内，不适感能有所缓解，治疗7天后，不适感几乎消失。治疗4周后，可开始减少用药，尤其在治疗或缓解潜在的病因后。对正在萌发恒齿的幼猫，当牙齿全部萌发后，不适感会消失。需要减少药物剂量时，应寻求兽医的建议，因为突然停用苯巴比妥会引起抽搐。不幸的是，某些患猫将一直患FOPS，无法改善症状，并且需要持续用药。除此之外，FOPS导致的难以控制的疼痛的可能性非常高，有时需要联合使用多种药物来控制。牙齿萌发时，出现过FOPS的幼猫进入老年期后，该病复发，因此预防性牙科卫生保健、维持口腔健康和预防牙周疾病非常重要。同样需要控制环境应激。必须控制家庭中其他猫的数量，以保证和谐社交，当需要引进新猫时，更应注意这点。

这类患猫或与其有血缘的猫可以繁殖吗？

FOPS是一种常染色体隐性遗传疾病。常染色体隐性遗传意味着无论是雄性还是雌性幼猫，都会表现疾病或携带相关基因。由于该病受牙科疾病或应激的影响，因此携带基因的动物不一定都会出现临床症状。除此之外，动物可能在繁殖后才出现临床症状。因此，繁育者很难选择无疾病的猫进行繁育，也希望今后有技术能快速筛查致病基因。目前，繁育者不能对已有症状的猫进行繁育，即使该症状不是持久性的。患猫繁育出的雄性和雌性幼猫也不能进一步繁育，尤其是雄性幼猫，因为它们携带的致病基因可能产生更严重的影响。

求助！我的猫总吵醒我！怎么办？

Ilona Rodan

人们都不喜欢在夜间或过早醒来，但猫会为了进食或寻求关注而吵醒人。这就像"cat-man-do"（www.youtube.com/watch?v=w0ffwDYo00Q）里的西蒙的猫那样。就算猫从未吵醒过您，您也会想看这个视频的！

人们总会忍不住起床喂猫或爱抚猫，特别是这样做能暂时解决问题，让人可回到床上睡得更久些时。但是，这样做会让您的猫建立在这些时间内保持清醒和活跃的正面强化作用，导致这类行为持久存在，您在数天、数周、数月，甚至数年内的睡眠都会受到干扰。

幸运的是，通过不向猫妥协或不强化这类行为，可打破猫的这类习惯。惩罚不起作用，但无视可起作用！以下是具体方法：

- 如果猫对着您叫或拍打您，假装您仍在睡觉。如果您的猫发出叫声，并在屋内漫步或踱步，或发出很大哀伤的叫声，您应联系兽医，因为数种疾病会导致猫发出叫声，特别是在夜间。
- 疾病问题会导致猫吵醒人。让有丰富猫科知识的兽医检查您的宠物，评估会让猫吵醒猫主人的问题（如甲状腺亢进疾病、高血压）。
- 如果您的猫并无疾病问题，那么您在睡觉时可戴上耳塞或用毛毯盖住头部。
- 不要与您的猫有任何互动，它会误解这些互动为强化行为或惩罚行为，不要给予食物，不要大叫或把猫推下床。
- 在2周内，保持以上述方式应对猫的这类行为，在大多数情况下，就可打破猫在夜间吵醒您的习惯。
- 如果您的猫在夜间确实需要进食，可以使用定时饲喂器，在夜间的某些时段自动打开，这样您不需要亲自进行夜间饲喂。

预防猫吵醒人

除非您的猫生病了，否则不要醒来就给它喂食或关注它。

- 在睡觉前与您的猫玩耍，接着饲喂它，这样您能确保您的猫并不缺乏关注或食物。
- 建立晨间的活动日程，不要让猫将您的醒来与早餐相关联。例如，先去跑步，再喂您的猫，或者在喂猫前，先洗澡和做一天的准备工作。

如果您仍有相关问题，联系您的兽医。如果问题得到解决，祝您拥有甜美的梦。

如何友善地给您的猫喂药：对猫友好的药物治疗 *

Iris Cloyd 和 Theresa DePorter

可将药片塞在美味的软性零食或食物内。但为了避免因新的活动和"隐藏的安排"而吓到您的猫，在需要给您的猫喂药前，尝试进行以下练习。这并不需要花费很长时间——每天仅需几分钟！

首先，让您的猫适应在特定的时间和地点进食小的软性零食。让这成为一种习惯。每只猫的偏好不同，因此应选择且可往里藏药片让您的猫觉得美味的食物或零食。可选的产品包括 Pill Pockets、慕斯状猫罐头、奶油干酪、生奶油和酸奶。如果您的猫有饮食限制，咨询您的兽医。可加热罐头食品来增强香味。许多猫会怀疑新的食物，但让它数次进食新的食物后，它可能会接受这类食物。

大多数猫会坚持设定好的零食时间——您会发现您的猫已经训练您！每天至少 2 次，如有可能早晨和晚上各 1 次，每次持续数分钟。仅需确保在该时间内，给予您的猫高度关注和奖励。如果您的猫喜爱抚摸或其他活动，可在该时间内进行这类互动。

起初，您应给予未藏有任何物质的零食。在每次互动期间，给予少量零食，可喂 4～6 次零食。可尝试不同的方法，有些猫喜爱从您的手里吃零食；其他猫则偏爱放在碟子上的零食。但也建议将零食放进喂药器内，这样将来万一您需要使用喂药器时，您的猫会对它感到适应（喂药器是设计用来直接往宠物嘴内打入药片的产品，这样可以使用喂药器代替人的手来固定药片）。在该阶段，仅将喂药器当作勺子使用——作为把零食伸向猫的一种方法。但应让您的猫主动走向喂药器；不要强迫您的猫接近喂药器。如果零食足够美味，一些猫会用牙齿咬住喂药器！

在进行数次上述操作后，给您的猫提供零食时，它能很快接受零食。事实上，在设定的时间内，猫甚至会主动向您跑来，此时可尝试在一些零食内混入一个猫粮颗粒。仅使用足够掩盖干粮颗粒的零食，避免猫只吃零食不吃干粮颗粒。大多数猫会发现零食内部掩藏的硬核成分，但在检查完硬核成分后，大多数猫不会在意。持续使用这个方法，直至您的猫能不经检查就快速吃掉混有干粮颗粒的零食。

如果您的猫会用牙齿咬住喂药器，往喂药器末端塞入包裹零食的干粮颗粒，在猫正在咀嚼喂药器时，轻轻推动喂药器的活塞（来把药片弹入猫的嘴内）。如果您的猫会悠闲地舔喂药器（可能会舔掉零食而留下干粮颗粒），把包裹零食的干粮颗粒装入喂药器内，再在顶端加上更美味的零食。接着当您的猫开始舔掉喂药器末端的零食时，轻轻往前推进喂药器，按压喂药器的活塞，把隐藏的干粮颗粒弹射到它的嘴内。不要忘记表扬和给予正面关注！

不单单您需要这些操作练习，您的猫也同样需要练习。如果您的猫吐出了干粮颗粒，仅需保持耐心，在下一次操作时尝试改进您的技术。对您和您的猫来说，这些练习操作应均是无压力的。当您的猫会十分迫切地进食藏在零食内的干粮颗粒时，您就能有信心无论何时，只要您有需要，就可以用药片代替藏在零食内的干粮颗粒。

当真的需要喂药时，先喂不含药片的零食，再喂用零食包裹的药片。

如果您已进行上述尝试，但您的猫仍拒绝接受药片，请咨询您的兽医其他相关选择。如果疾病状况比较紧急，可尝试带有风味的液体药物或从药房可购得的经皮吸收药物。但是，应注意经复配后，一些药物（如用于行为治疗的许多抗焦虑药）会变得不稳定，无法确定效果。在这种情况下，尝试压碎药片，并与吞拿鱼罐头或蛤罐头的汁相混合——许多猫很喜欢这类气味刺激的汁液。再次说明，如有需要应寻求兽医指导。最后，我们的目标是使用友善、温柔地给药方法，长期来看这有益于您的猫，让它拥有最佳的健康状态和舒适生活。

---

*©2015 Iris Cloyd 和 Theresa DePorter，行为医学，奥克兰动物转诊服务中心

给猫使用精神类药物的知情同意书

Theresa DePorter

猫的名字：_____ 性别：_____ 年龄：_____ 体重：_____

主人姓名：_____
主人地址：_____

您的兽医建议您的爱猫使用未经批准给猫使用的药物进行治疗。这意味着使用的药物属于"标签外用法"。这并非意味着这些药物对猫有害，只是未对猫进行安全试验。许多精神类药物已批准给人类使用，但未批准给宠物使用。

该药物，_____，可能对您的爱猫有治疗效果，因此建议使用。但不能完全保证该药物对您爱猫的疾病有效。

您的爱猫经过评估和诊断，患有以下行为异常或问题：

_____
_____
_____
_____

如同其他药物的使用一样，该药物的使用也可能有某些副作用。尽管常规情况下不常出现严重的副作用，但您的爱猫可能在使用药物后出现嗜睡、镇静或胃肠道症状等副作用。依据经验，这类副作用通常是暂时性的，当您的爱猫出现副作用表现时，请及时与我们联系，以便我们做出明智的决定。如果过量使用药物将会对动物有害，甚至导致死亡。一些罕见的副作用包括失眠、激动、颤抖或焦虑增加。

其他潜在的副作用包括：

_____
_____
_____
_____

可能与某些同时使用的药物出现药物相互作用。请将您的爱猫目前使用的药物或营养品罗列出来。当开始给予该药物后，如果您需要使用新的药物或营养品，请及时告知您的兽医师。

在使用其他药物时，应注意是否同 SSRIs 有相互作用，尤其需要避免使用曲马多和胃复安等药物。在使用精神类药物时，同时使用天然补充剂也可能发挥重要功效。这类天然补充剂包括褪黑素、St John's wort 或色氨酸。

药物：_____
剂量：_____
给药指南：_____
该药物需要给予：
每日 ☐
根据需要 ☐ _____
该药物发挥药效和产生期望效果的时间：
立即 ☐
4～6 周后 ☐
治疗效果的理想时间：_____
该药物推荐用于：
行为改良程序 ☐ 或是社交引入程序 ☐
该药物推荐：
长期使用 ☐ 或短期使用 ☐ 或根据治疗反应决定 ☐

推荐治疗起效后减少药物剂量。当停用药物之前必须通知您的兽医 ☐

开始药物治疗前推荐进行基础血液检查。至少每 6 个月进行 1 次健康检查，或当您的宠物开始治疗后直接进行健康检查。
☐ CBC
☐ 血清生化（根据年龄和健康状态）
☐ 尿检
其他相应的检查或咨询：_____

如果您对您的宠物用药有任何疑问，请立即联系我们。请通过以下方式联系您的兽医：_____

客户签名：_____ 日期：_____

往家庭内引入一只新猫
Debra Horwitz 和 Amy Pike

当准备带一只新猫回家时，提前做好计划有助于保证平稳地完成过渡。无论您是带第 1 只猫回家，还是往已有猫的家庭添加一只新猫，这些指导都可让事情进展得更顺利，有助于您的新猫朋友成功完成入户的过渡和融入。

引入的一般建议

- 在引入前的至少 72 小时，在家内各处放置 Feliway 扩散器。
- 把新猫关在一个分离的房间内，专门用来完成这只猫在您家的过渡过程。确保提供所有必需资源，包括猫砂盆、食物、水、爬架或垂直空间上的爬高区域、躲藏位置、磨爪柱和玩具。
- 如果您已有一只共同居住的猫，一开始应限制这两只猫之间的所有视觉接触（使用固体门便能做到）。当希望两只猫进行视觉接触时，可以使用纱帘门、数个婴儿安全护栏垒在一起，或者在门顶端安装挂钩，避免门被打开导致猫进行身体接触的情况。
- 如果您只有一只猫，在猫自愿的情况下，可每天让猫从过渡室内出来一段时间。每次的时间可为数小时，但应鼓励猫在每日的某段时间内回到安全的过渡室内。这对幼猫更有必要，在幼猫变得更可靠和完成训练前，猫主人不在家或睡觉时，就需要如此操作。
- 一旦新猫和已有的猫看起来处于舒适状态后，可以让门保持打开，允许新猫按它的意愿进出过渡室。也必须让已有的猫能接近安全的躲藏地点。

向已有的猫引见新猫

- 猫通过个体的气味来识别对方。因此，我们希望帮助已有的猫和新猫创建共同的气味分布。拿一块毛巾摩擦每只已有的猫，接着摩擦新猫，然后把这块毛巾放在新猫的过渡室内。下一步重复上述过程，但先摩擦新猫，接着摩擦已有的猫，然后把毛巾留在过渡室外。应集中在气味腺体的分布位置进行摩擦，如脸部、背部和尾部。可在数周内每天进行或每周进行数次上述操作。
- 在过渡室的门口区域建立玩耍区域，这样猫能与彼此玩耍。把两个玩具系到一根线、绳子或厚彩带上（假如有一只猫有进食线类的历史）。这根线应能在门下自由地往前后摆动；使用足够大的玩具，这样玩具不会通过门下滑到另一侧。
- 可给位于紧闭的门两侧的新猫和已有的猫提供高质量的零食和玩具等奖励。也可使用罐头等猫喜爱的食物来建立正面关联。但是，一旦门开到猫可以轻易看到和闻到对方，就应避免在距离很近的情况下饲喂这两只猫食物。
- 一旦新猫看起来对周边环境感到舒适后，可以把已有的猫关到另一个房间中，让新猫可以从过渡室内出来，去探索家内的其余部分。

有步骤的互动

- 应使用吊带和牵引绳、提箱、金属箱或放置婴儿的安全栏、纱网或门顶端的挂钩，来让所有猫都无法与对方有身体接触。
- 保持一定的距离，让每只猫都能够放松和感到舒适。
- 在此期间让猫进行它喜爱的活动，如玩喜爱的玩具或吃高质量的零食。
- 缩短初次互动时间，最好短于 5 分钟。
- 每日进行上述互动，当猫彼此之间感到舒适、放松，不表现攻击性（嘶叫、耳朵压扁或瞳孔扩大）时，缓慢、逐渐地缩短猫之间的距离。
- 最后一阶段是不进行身体隔离，让猫在人的监督下进行接触。一旦出现攻击性表现（嘶叫、耳朵压扁），尝试用纸板或枕头阻断视觉接触，中断互动。另一种方法是用厚的毯子轻柔地盖住其中一只猫，以此中止冲突性互动。
- 猫主人永远不应尝试接触一只被激发起攻击性的猫，猫可能会将攻击转向人，应使用毯子避免受伤。
- 如果发生了攻击，退回再进行数天的非视觉引入操作，接着再次允许进行短暂的视觉接触。
- 如果未发生攻击，在监督状态下，逐渐增加猫的接触时间，接着慢慢停止监督。
- 应建立符合实际的预期：成功地引入需要花费数月时间，一些猫会变成好朋友，而另一些猫则学会和平共处。

应安全、正面地完成所有引入过程。如果猫间发生了攻击，说明进行了过快或不适当的引入。负面互动会延缓猫融入家庭的过程。如果您不确定在发生攻击后应怎么做，咨询您的兽医或动物行为学家。

管理正常但不希望猫出现的行为

Jacqui Ley

猫会做许多令人愉快的事情。它们会发出呼噜声，大都喜欢被抚摸，喜爱玩耍，它们还喜欢与我们待在一起。但猫也可能做让与它们共同生活的人感到沮丧的事情，特别是当猫在猫砂盆外排泄或想在深夜外出时。猫的许多会引起问题的行为实际上是正常行为，但这些并不是人们希望出现的。捕猎、在夜间活跃和伏击人都是很难处理的行为，但都是正常的行为。理解猫的正常行为并进行一些改变，就能更易与猫在一起生活。

真正的家猫

家猫来源于生活在沙漠的小体型猫科动物。猫是独行捕猎者，猎物包括小型哺乳动物、鸟类、两栖动物、爬行动物和较大的昆虫。与它们的猎物相似，猫在清晨和傍晚活跃。无法简单地将猫划分为社会型或独行动物，一些猫喜爱群体生活，另一些猫则无法忍受其他猫。猫是有领地意识的动物，会通过喷尿、粪便和抓痕来标记它们的领地。年幼的猫会离开母亲的领地，不断行进直到找到一个安全的地方可以安居下来，该处会有大量的食物和潜在的配偶。

那么我们能做什么来帮助管理猫的某些较有挑战性的行为呢？

首先我们应识别正常的行为。猫并不是在表现淘气、坏脾气、邪恶或其他负面行为。相反地，它们是在尝试表达根深蒂固的行为。意识到猫想要进行这类事情后，您可以准备替代和更可接受的活动。

清晨和傍晚的玩耍时间

该时段的表现特征是在屋内到处跑，重复跳上跳下床铺，爬窗帘，碰倒架子上的物品，同时发出响亮的叫声。这些通常发生在清晨或深夜时。

管理方法：

（1）做好准备。给您的猫准备好填充食物的玩具，这样它们可以"捕食"早餐或晚餐。为了不影响您的睡眠，可使用不发声的玩具。

（2）在睡觉前让您的猫进行大量运动，让它感到疲劳。用系在绳上的玩具诱使猫进行追逐，进行接球活动（是的，一些猫会屈尊进行接球游戏）或其他游戏，这有助于您的猫消耗一些能量，特别是当它已睡了或被关了一整天时。如果您因工作了一天而感到疲倦，可以使用鱼竿型玩具，这类玩具可带给您的猫很大乐趣，同时您只需进行最小幅度的移动。

（3）如果您的猫是被限制在特定区域活动的，注意在日间您离开后它的活动情况。可给食碗挖孔，在猫的生活区域藏起食物和使用食物分发玩具，这样它必须不断移动来寻找食物。留下不需监督就可安全玩耍的玩具（如在浴缸里放一颗乒乓球），这样在您离开时，猫可以追逐和扑击玩具。

（4）教您的猫在另一个房间里睡觉。这可能与您收养一只猫的理由相悖；许多人喜欢猫与他们一起挤在床上睡。但是，如果您总被您的猫吵醒，最后你们都会变得感到沮丧。

伏击人

对许多年幼的猫来说，伏击人是一种极好的游戏，因为人（特别是儿童）会尖叫和跑开。事实上，如果人有行动或其他健康问题，这是一种极其危险的游戏。

管理方法：

（1）做好准备。年幼的猫，特别是年幼的公猫，拥有巨大的能量。移动的物体会吸引它们，它们常会返回同一个躲藏地点。因此，确认好您家内的"危险区域"。准备好一些小玩具，在您经过前扔出这些玩具，这样您的猫能追逐和扑击这些玩具。

（2）如果年幼的儿童或老年人在室内走动，而您又无法进行监督时，把您的猫关起来。限制活动并不是一种惩罚措施，因此应让猫能在限制区域内感到愉快。应确保有垫子、水、食物、玩具和厕所。

（3）见上述第2点和第3点：让您的猫有许多的有趣活动。

（4）如果您的猫有表现平静、友好的行为，可用零食进行奖励。如果扔玩具会让您的猫过于兴奋，这是一种替代措施。当您接近伏击区域时，扔下一些零食，鼓励您的猫过来收集零食。

捕猎

猫会捕猎。主人不但不好处理它们的捕猎结果，还会影响周边区域的野生动物。尽可能减少猫的捕猎行为。

管理方法：

（1）限制猫的活动区域可以预防它们捕猎，但应注意它们所处的环境状况，避免发展出其他不希望出现的行为。有许多好的猫的封闭区域设计公司，可为您的猫设计有趣和安全的封闭区域。

（2）在猫的颈圈上挂铃铛、口哨和反光片可起一定作用，但一些猫会学会应对这些装置。但这也是停止或减少捕猎成本最低的方法。

（3）在大学研究里，发现一种氯丁橡胶围嘴能预防猫捕猎，该围嘴会让猫无法往前伸爪抓取猎物。一些猫会适应佩戴围嘴（www.catbib.com.au）。

护理您的猫的疼痛性退行性关节病（关节炎）
Richard Gowan

虽然关节炎是一种无法被治愈的关节疾病，但您可进行数种治疗方法和环境改变，让您的猫生活得更舒适。猫需要能轻松地接近它们喜爱的睡觉位置和高处的爬高区域。管理它们的疼痛和进行简单的环境改变，能满足它们的需求，保证优质的生活质量。虽然注重身体结果很重要，但在评定生活质量时，猫的情绪变化和幸福状态也很重要。在判断您的猫的这些改善情况时，您是最重要的！

您可在家里进行的措施

- 把食碗和水盆放在可轻易接近的区域，避免猫需要跳高。
- 把食碗和水盆抬高放置在离地面3～4英寸的地方。
- 增设斜坡或阶梯，让猫可较易接近喜爱的睡觉区域。
- 增设中间点，来降低猫跳上跳下爬高区域或床铺的高度或费力程度。
- 提供舒适的猫垫。使用可加热的猫垫。
- 在可轻易接近的位置放置多个猫砂盆。
- 提供某侧面或多侧面较低的猫砂盆。
- 让猫定期玩耍，进行轻柔的运动，帮助维持猫的肌肉和关节强度。
- 让超重的猫进行安全范围内的减重，可改善关节功能和活动性，减少疼痛。

治疗选项

- 永远不要未经兽医允许就使用药物。对乙酰氨基酚（泰诺林）或布洛芬等人用药物会害死猫！
- 您的兽医会根据猫的情况，设计专门的治疗方案，保证您的猫尽可能感到舒适。
- 处方兽药很安全，能有效减少您的猫的关节和肌肉疼痛。
- 有多种非药物的关节炎补充剂。关于这类产品的有效性和安全性，您的兽医能为您提供最好的建议。
- 减少肥胖能减少您的猫的关节压力。为了获得安全、健康的结果，应在您的兽医的指导和监督下执行减重方案。

下方的表格有助于评估对治疗的反应。请选择3项您认为对猫的生活质量很重要的活动性行为和两项非活动性行为。活动性行为的示例是跳上床铺或玩耍；非活动性行为的示例包括舒适的睡眠、舔毛和进食。

应监督的身体活动	正常	略低于正常	比正常情况差	明显比正常情况差	再也无法进行
1.					
2.					
3.					

应监督的非活动性参数	正常	略低于正常	比正常情况差	明显比正常情况差	再也无法进行
4.					
5.					

在进行任何治疗前和开始治疗后，您应完成这些观察记录。这能帮助您的兽医评估猫对治疗的反应，理解您认为对您的猫生活质量很重要的方面。根据您的兽医的建议定期复查您的猫，这非常重要。可让您的兽医为您的猫调整药物管理方案，监控常见的老年猫疾病，建立专门针对您的猫的健康趋势评估。虽然退行性关节病是常影响老年猫的许多疾病之一，但通过适当的治疗，您的猫能获得舒适和有质量的生活。

我的猫是健康的——真是这样吗?*

Ilona Rodan

猫是迷人的动物，也是重要的家庭成员。但猫不是小型犬，更不是小体型的人！猫与人和犬不同，它们不是群居动物，而是独行捕猎者[1]。作为一种相对年轻的物种，猫的存在历史仅约10 000年，它们仍保留了许多野外祖先——非洲野猫的行为。作为独行捕猎者，当猫身体不适时，它们已适应表现得强壮和健康[2]。它们也可能不喜欢家里的其他猫，但它们极少表现争斗[3,4]。这些行为都是为了避免被猎物或其他猫伤害。虽然现在许多猫都生活在美好的家庭内，但它们仍保留了这些行为[2]。

猫主人比任何其他人都了解他们的猫，作为猫主人，您会显著影响您的猫的健康和快乐。注意本宣传材料内提到的事情，可帮助您尽早发现问题。

如果您的猫表现正常的日常活动或行为的变化，就应进行检查。Herman一直喜爱跳高和攀爬，会比最快的奥林匹克滑雪运动员更快地跑上、跑下楼梯（嗯，有可能）。它的行为发生了变化，虽然它仍会相当快地跑上楼梯，但它跑下楼梯的速度变慢了很多。它也不再去它的高处爬高区域。它的主人看到它看着爬高区域，在犹豫是否应跳上去。虽然它的主人不确认它是否仅是变老了，她带它前来进行检查。Herman被诊断出膝部和肩部患有严重的关节炎，在确保它没有其他问题后，开始进行治疗。数星期后，它的主人打电话告诉我Herman回到了它最喜爱的高处位置，当"飞奔的猫"跑上、跑下楼梯时，每个人都得让开！Herman的家庭对它恢复到他们深爱和熟知的样子，感到非常高兴。

当猫处于疼痛和生病状态时，猫的正常行为模式会有一些重要的变化，也会表现异常行为[5-9]。

正常行为的变化可能包括:
- 食欲：减少或增加。
- 舔毛：过度舔某块或多处区域的毛，或者不舔毛，导致毛结块。
- 睡觉：睡得更多或睡不好。
- 活动：减少或增加。
- 叫声：号叫，让您在夜间无法入睡，但以前从未如此；不像往常那样发出喵叫声讨要零食或食物。
- 玩耍：减少。

异常行为可能包括:
- 在猫砂盆外排泄，可能在猫砂盆边缘处或其他地方。这可能涉及尿液或粪便，或两者都涉及，但更常见仅涉及其中一种。
- 对您或其他宠物表现攻击性。可能在触碰、处理或任何时间发生攻击。
- 跳到桌台上获取人类食品，这在过去未发生过。
- 破坏家具。

要加强您对猫的健康状况的微妙变换意识，另外一种有用的方法是把您的猫的照片贴在冰箱上或者您常见到它的其他位置。每年照一张新的照片，把新照片放在前一张旁。如果您注意到照片有明显的差异，就应寻求兽医护理。我们在多年内都不会注意到微妙变化，除非这些变化就在我们的眼前。我很爱自己的猫——Watson，我会为它做任何事情，但在它去世后，我才把它的照片排列在了一起（见下一页）。Watson每天要吃9种药物，用于治疗多种疾病（它喜爱与零食一起吃药物）。不幸的是，治疗它关节炎的药物与它需要的其他药物不可同时使用。对我来说，让它离开是一个极其艰难的决定。但是，如果我早些把照片放在一起，注意到这些变化，我会更早下这个决定。

如果您注意到任何这些症状，请联系您的兽医。通常通过定期的预防性检查，可在任何症状发生前，发现潜在的肾脏、甲状腺疾病或牙科疾病，这样就可以避免这类情况的发生。结合兽医护理和您的侦察工作，可以保证您的猫获得最好的结果。Herman的家庭很高兴他们能让它更长时间地保持舒适，改善了它的生活质量。

---

*纪念她所爱的Watson

Watson,4 岁

Watson,16 岁

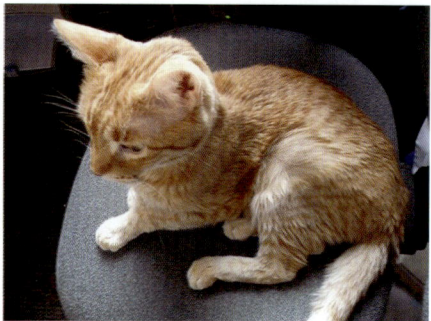

Watson,17 岁。注意与 16 岁时的 Watson 相比,它的腿部蜷曲,肌肉消耗

Watson,17.5 岁,被安乐死前

参考文献

[1] Driscoll CA, Menotti-Raymond M, Roca AL, et al. The Near Eastern origin of cat domestication. Science. 2007;317:519–523.

[2] Bradshaw JWS, Casey RA, Brown SL. The Behaviour of the Domestic Cat. 2nd ed. Wallingford: CABI Publishing; 2012.

[3] Griffin B, Hume KR. Recognition and management of stress in housed cats. In: August J, ed. Consultations in Feline Internal Medicine; vol. 5. St Louis: Elsevier; 2006:717–734.

[4] Notari L. Stress in veterinary behavioural medicine. In: Horwitz D, Mills D, eds. BSAVA Manual of Canine and Feline Behavioural Medicine. 2nd ed. Gloucester: British Small Animal Veterinary Association; 2009:136–145.

[5] Sparkes AH, Heiene R, Lascelles BD, et al. ISFM and AAFP consensus guidelines: long-term use of NSAIDs in cats. J Feline Med Surg. 2010;12:521–538.

[6] Robertson SA, Lascelles BDX. Long-term pain in cats: how much do we know about this important welfare issue? J Feline Med Surg. 2010;12:188–189.

[7] Benito J, Gruen ME, Thomson A, et al. Owner-assessed indices of quality of life in cats and the relationship to the presence of degenerative joint disease. J Feline Med Surg. 2012;14:863–870.

[8] Lascelles BDX, Hansen BD, Thomson A, et al. Evaluation of a digitally integrated accelerometer-based activity monitor for the measurement of activity in cats. Vet Anaesth Analg. 2008;35:173–183.

[9] Bennett D. Osteoarthritis in the cat: 1. How common is it and how easy to recognize. J Feline Med Surg. 2012;14:65–75.

费洛蒙治疗

Theresa DePorter

如何知道怎么给我的猫使用费洛蒙产品?

为了达到最佳效果,无论在猫处于放松状态,还是猫正在积极调查和寻找环境里的费洛蒙信息时,都应将费洛蒙产品放在猫能吸入费洛蒙的位置。有多种形式的费洛蒙产品,可用在多种位置。本指导可帮助您决定何种产品最适合您的猫、您的家和您的猫的个体行为问题。

位置

休息区域

当猫处于舒适、放松和安逸的状态时,猫会嗅闻和调查环境内的费洛蒙信息。其他猫、猫本身或商业产品都可能留下这些信息。可在您的猫睡觉、休息和感到舒适的区域放置扩散器,有益于减少猫的总体应激和焦虑。改善猫的灵活性、适应性和处理技能。必须使用有效的扩散器,需让扩散器一直插着电源,不可被家具遮蔽,让费洛蒙在环境内扩散。

标记处

猫可能会在特定位置留下标记,以此在环境内留下重要信息。这类标记的自然示例包括轻触头部、磨爪或尿液标记。在猫会表达或解读这类信息交流的位置喷洒费洛蒙或放置扩散器,可减少猫传达这类信息的倾向和需求。

形式

喷洒产品

可在休息区域、提箱内、猫垫上或新的表面或物体上,预防性地喷洒费洛蒙。可在已被进行尿液标记、头部轻触或磨爪的任何表面或材质上喷洒费洛蒙,来改变传达的费洛蒙信息。

擦拭巾

与喷洒器类似,可使用擦拭巾在特定位置存留费洛蒙。

扩散器

可在休息区域,猫感到不熟悉的新区域,猫会进行不希望出现的头部轻触、磨爪或尿液标记等区域放置扩散器。

手胶或手部喷雾剂

在与猫进行互动前,兽医专业人员可在手部使用含费洛蒙的手胶或手部喷雾剂,来减少相关的应激或焦虑。

行为问题

不希望猫出现的行为可能是正常行为,或是由应激或焦虑引发的行为。例如,磨爪是一种正常、典型的猫行为,不同个体猫之间的表现差异很大。但是,在应激、痛苦、社交互动紧张或甚至恐惧/焦虑状态下,许多猫的磨爪强度和频率增加,还会在更多的表面上磨爪。首先,考虑您的猫的问题行为是否属于正常行为,因为费洛蒙通常不可能缓解这类问题。成功减少负面情绪的程度,可根据由应激或焦虑引发的不希望出现的行为的强度、严重度和频率是否会按比例下降来评估。

案例

Lily 和 Max 是同一个家庭内相处得不好的猫。Max 会追逐 Lily,导致 Lily 躲藏在小房间内。当 Max 看到花园里的猫时,它会在前窗做出尿液标记。Max 睡在主卧里。

推荐

- 在窗户周边喷洒 Feliway
- 在主卧内放置 MultiCat 扩散器
- 在小房间内放置 Feliway 扩散器
- 在拜访兽医前,用 Feliway 擦拭提箱内部。

与您的猫玩耍

Jacqui Ley

要维持健康的体重和心智，运动和玩耍是不可或缺的。但是，在管理我们的猫的健康时，常忽略了玩耍和运动。这可能是因为猫常被留在室内或室外自由行动，也可能是因为与人和其他家庭宠物——犬相比，猫的玩耍方式有很大不同。当您了解如何让猫保持感兴趣的状态的小技巧后，就可以诱使猫来玩耍。

大多数人知道猫是高效的捕猎者，会捕猎小型啮齿动物、鸟类、两栖动物和爬行动物。猫属于伏击式捕猎者；也就是说它们会偷偷靠近猎物，再冲向猎物，尝试抓住猎物。该活动很快就会结束——要么猫抓住了猎物，要么没抓住。这与人的捕猎方式差异很大——过去，当我们捕猎时，我们会花长时间进行追踪，尝试杀死或至少弄伤猎物，会追逐猎物很长一段距离来抓住猎物。该活动可能会花费许多小时。因此，当人类玩游戏时，我们常玩时间长、重复性的游戏。这意味着当我们与猫一起玩耍时，我们倾向于想玩长时间的游戏，而猫认为好的游戏是短时、快速的。

大多数人也未意识到在猫所处的进化环境里，猫作为捕猎者，同时也是猎物。这就是为什么猫在进行一项活动前，常会停一阵子，因为猫是警觉的生物。

那么，在让猫玩耍和运动时，这些意味着什么呢？

（1）猫会进行短时、爆发式玩耍。它们会花时间考虑是否要参与游戏，但当它们玩耍时，时间很短。对大多数猫来说，进行2～5分钟的游戏，对它们已足够。

（2）它们也对与物品玩耍更感兴趣，而不是其他猫或人。

与我们的宠物猫一起玩耍时，需尊重猫的正常行为。对此，有以下建议：

（1）使用小的、带毛或带羽毛的玩具。与较大的玩具相比，猫更喜爱较小的玩具。想想小鼠的大小。

（2）每2～5分钟更换游戏或玩具，让您的猫保持投入和感兴趣的状态。

（3）把小玩具藏在爬架、架子和其他猫能接近的地方，这样产生的新奇感能鼓励猫自己玩耍物品。

（4）只留下安全的玩具让您的猫在无监督状态下玩耍。不可留下线体或尖锐的物品。也应确保好奇的猫爪和牙齿无法接触到任何电源线、窗帘或窗帘绳。

（5）玩具没必要是昂贵的。团起的纸团、纸飞机、浴缸里的乒乓球和纸箱都是非常好的玩具，同时花费很少。

（6）注意由于猫永远无法"抓住"激光，激光笔可能会引起猫的沮丧。应永远让猫"抓住"一些零食或玩具来结束游戏。

老年猫的健康和行为：尽早发现就是最好的药物

Gary M. Landsberg 和 Sagi Denenberg

随着动物医学和营养学的发展，以及负责任且专注的猫主人提供更好的护理，猫的寿命要比过去的更长。但是，要维持猫的健康和幸福状态，主人必须一直注意监控它们的健康和行为状况，一旦注意到任何变化，应及时向您的兽医报告。以下指导的目的是帮助维持您的宠物生活质量，甚至可延长宠物的寿命。

（1）密切关注您的宠物行为的任何变化，无论变化多么的微妙。当发生感觉丢失（如听力或视觉）、疼痛、疾病或认知功能障碍综合征等健康问题时，最先或仅表现的症状常是行为症状。要进行早期确诊，尽快报告您的猫的任何行为变化，这些都是不可或缺的。

（2）许多疾病可得到改善、控制或延缓疾病进程。但在出现并发症前的疾病早期阶段常是取得最佳疗效的时间。例如，仅通过饮食治疗就可延缓肾脏疾病的进程。但是，如果直到肾脏疾病晚期才对猫进行治疗，那么可能已没有可救治的健康肾脏组织。类似地，在出现并发症前，如能早期发现、诊断和治疗糖尿病及甲状腺疾病，治疗过程会更容易。因此，早期诊断提供了进行早期治疗的最佳机会。

（3）认知功能障碍相当于宠物的早期老年痴呆症。症状可能包括意识、学习和记忆能力下降，方向丢失，叫声增多，与家庭内的人类成员或其他宠物的社交行为发生改变，在夜间醒来，室内随地排泄和焦虑增加等行为变化。

（4）与其他疾病类似，通过早期干预可控制或延缓认知功能障碍，干预措施包括丰富活动、饮食治疗或认知补充剂。但是，如果脑部老化进入了晚期，损伤会过于广泛，则无法进行改善。

（5）由于疾病问题引起的一些或全部的认知功能障碍症状，需要进行检查和来诊断这些疾病，接着确定管理这些疾病的特定治疗方案。在诊断认知功能障碍时，排除疾病起因是很重要的一个步骤。

（6）疼痛会引发或促进多种行为症状，包括玩耍和社交下降，攻击行为增加。此外，疼痛的初始症状可能是正常行为发生改变或活动水平下降。目前有可用的有效治疗方法。因此，要保证早期诊断和早期干预，应向兽医报告宠物的任何行为变化，这是保证您的宠物的福利所不可或缺的。

（7）使用下方的清单来监控您宠物的健康状况，如果出现任何这些症状，应向您的兽医报告，这样可让兽医确认起因，及时启动所需的治疗。

猫认知功能问卷调查表

宠物名字：　　　年龄：　　　日期：

评分：0= 无；1= 轻度；2= 中度；3= 严重

	何时开始出现症状	评分
A：方向丢失——意识——空间方向		
—被卡住或无法绕过物体		
—呆滞地盯着墙壁或地板		
—无法找到剩下/掉落的食物		
—走到错误的门侧；走着撞上门/墙壁		
—无目的的叫声		
B：社交互动改变		
—对抚摸的兴趣下降/躲避接触		

	何时开始出现症状	评分
—问候行为减少		
—需要持续的接触、过于依赖、"黏人"		
—与家庭内其他宠物的关系发生改变——社交减少		
—与家庭内其他宠物的关系发生改变——恐惧/焦虑		
—攻击		
—针对家庭成员		
—针对不熟悉的人		
—针对家庭宠物		
—针对不熟悉的宠物		
—其他		
C：对刺激的反应		
—对听觉刺激（声音）的反应降低		
—对听觉刺激的反应增强、恐惧和厌恶增强		
—对视觉刺激（景象）的反应降低		
—对视觉刺激的反应、恐惧和厌恶增强		
—对食物/气味的反应能力下降		
D：睡眠–清醒周期；日/夜活动颠倒		
—夜间睡眠不安/醒来		
—日间睡眠增加		
E：学习和记忆——室内随地排泄		
—在家内不可接受的位置进行室内排泄		
—明显无法找到猫砂盆的位置		
F：活动增加/重复活动/焦虑		
—无目的地踱步/漫步		
—叫声增加		
—过度舔毛		
G：活动——冷漠/抑郁		
—对食物/零食的兴趣下降		
—探索/活动减少		
—对社交互动/游戏的兴趣下降		
—自我护理下降，如舔毛		
H：学习和记忆——工作、任务、指令		
—执行任务的能力下降		
—对指令和提示的反应能力下降		
—无法学习新任务或学习速度下降（再训练）		

摘编自 Landsberg G, Hunthausen W, Ackerman L: Behavior Problems of the Dog and Cat, ed 3, Philadelphia, Saunders, 2013

为猫布置一个家

Jacqui Ley

猫是好奇、爱玩的动物,它们经过进化,在花时间捕猎小型动物时,也会避免自己被捕食。现如今,在我们的家内,并不会有生物会吃掉猫,但许多因素会对猫造成伤害。为了猫自身的安全和当地野生动物的安全,越来越多的猫被限制在它们主人的家内或领地内活动。许多猫被要求与其他猫近距离共同生活,而它们可能喜爱或不喜爱其他猫。

一旦您了解了猫需要什么,为您的猫来布置您的家就不再那么困难。

猫是领地动物。它们有点像一般的青少年——它们喜爱有自己的空间,在那个空间里它们感到安全。对猫(而不是青少年)来说,这个空间需要有猫垫、观察处、厕所、食物和水。该空间称为猫的家或核心领域,猫不会与其他猫分享该空间,除非它们已形成牢固的社交纽带。猫会使用和与其他猫分享家内或领地内的其他区域。每只猫都有它们希望与其他猫和人待在一起的偏好时长。

猫也需要有事可做。干坐在家里是很无聊的——特别是如果您无法使用Facebook时。有些说法提到,在被限制活动区域的猫里,慢性无聊是引发猫肥胖的一个因素。猫已进化为会寻找、追踪和捕猎猎物,因此它们需要每天活动至少一小会儿。

那么可以做的事情如下。

(1)意识到您的猫或猫们能忍受和享受其他猫陪伴的能力不同。在给您的家庭添加新猫前,应考虑这点。您可能想要很多猫,但您的猫或猫们可能确实在目前的状况内感到快乐。

(2)观察您的猫,确认哪些猫已建立纽带关系;谁与谁能相处;谁与谁需要分开。使用下方的表格来确认您的猫之间的纽带行为。这类猫能形成社交群体,可以分享核心领地。您也可能发现您的一只猫会在群体间来回。对那些需要限制活动区域的猫来说,这只猫是非常有用的陪伴伙伴。

(3)每只猫或形成纽带的猫群体需要有它们自己的领地。只有这些猫可以进入该领地,所有其他猫不可进入。这意味着不同的猫可接近家内的不同房间,或者猫们会自己在大房间内进行划分。如果您的家总充斥着许多猫间的冲突、室内随地排泄或喷尿问题,您可能希望考虑永久分开您的一些猫,来帮助管理这些问题。如果猫感到压力非常大,最好的措施是为一只猫或更多的猫找新家。

(4)给您的猫提供充足的资源,确保资源在家内合理分布。这意味着需要更多的饲喂点、水站、厕所设施、睡觉和休息区域及房间的出口。通过增加猫可利用的资源,让它们可以避开对方,从而避免发生冲突。

(5)当家庭内有不止一只猫时,常发室内随地排泄问题。起因可能是每只猫没有足够适当的猫砂盆,或者其他猫在阻止一只猫或更多的猫使用猫砂盆。在家内多处放置猫砂盆确实有助于解决这个问题,确保猫砂盆有第2个出口(也就是说,有一个后门)也有助于解决这个问题。最后,应注意猫砂盆的干净度。没人喜欢肮脏的厕所,尤其是猫。

(6)如果您的猫无法很好地相处,可以为家内和院子里的公共区域建立时间–分享安排机制。这模仿了野外猫群的处理方式,让您可以与每只猫或猫群体都有时间相处。猫可能已建立起一个处理系统。如果一只猫或某个群体的猫待在公共区域,其他群体的猫会在自己的核心领地活动,或者在室外等其他地方活动。每只猫都能使用该区域,只是使用时间不同。

(7)如果您有一只猫会给其他猫的生活带来很大的麻烦,可以给这只猫戴上铃铛。其他猫能听到这只猫接近,就会离开,尽可能减少发生冲突的可能性。

(8)给您的猫提供玩具、爬架、纸箱和隧道,以及其他您的猫能玩耍的有趣、好玩的事物。可通过改变这些事物,如将玩具、乒乓球和零食藏在里面,让您的猫或猫们捕猎它们的食物。它们会享受这个过程,聪明地使用易于清洗的食物分发玩具,可让您在日常活动中增设这一活动。

(9)每天花费一定的时间来做您的猫喜爱的事情。这可能是一起玩游戏、梳毛、抚摸或仅仅是待在一起。这并非全部为了我们自己——我们需要做猫也喜爱的事情。

当我们邀请猫进入我们的家,我们需要确保我们为猫提供了它们健康生活所需的事物。小的改变能帮助您的猫或猫们过上更充足的生活。

行为	描述	会做这些的猫是……
表现问候行为	再次见面时会快速接近对方，尾巴竖起，可能会发出问候颤音。互相闻鼻子和磨蹭	
互相舔毛	互相舔对方。一只猫可能会主要进行舔毛，但有时双方都会互舔对方	
互相磨蹭	互相磨蹭对方。可能互相磨蹭身体的某些部分或全身	
一起睡觉	互相蜷缩或交缠着睡觉，或一只睡在另一只的上方。一直保持亲密接触	
花时间待在一起	通常已建立纽带关系的猫会出现在同一个区域，可能一起坐着或躺着，或一起到处行走。它们可能会形成团队工作，来吓走入侵的猫	

我应该领养另一只猫吗？

Debra Horwitz 和 Amy Pike

对宠物主人来说，往家庭内引入新猫是一个令人兴奋的时刻，但如果家庭情况和组成无法支持引入新猫，这个过程会让猫主人、已有的猫和新猫遭受应激。以下问卷调查能帮助您决定您的家庭环境是否能够支持引入一只新的猫朋友。

如果针对以下大多数条款，您能够回答"是"，那么对您的家庭来说，应很欢迎加入新猫。

在带回家一只新猫前，应与您的兽医或动物行为学家深入讨论任何答案为"否"的问题。在现有的情况下，通过改变或调节，仍可能有利于带回一只新猫。

	是	否
根据我家的布局情况，在完成适当的引入前，我能将新猫与已有的猫进行物理隔离		
我每天有时间进行适当的引入工作		
我能够花费至少连续数周或数月推进逐步引入过程		
我有时间关注、护理和训练另一只猫		
我能够在房内各处分散放置猫砂盆，包括多层房子里的所有楼层		
我愿意和有能力根据家里的猫只数量来提供猫砂盆，并能额外再加一个猫砂盆（N+1准则）或可能提供更多		
在领养前的数周，我能在家里的各处插上多个Feliway扩散器		
如有需要，我愿意尝试不同材质的猫砂类型		
我愿意或者我已在家中各处放置多个饲喂点和水盆		
我能在家中提供多处垂直空间作为猫休息蹲坐区域，满足已有的猫和新猫的需求		
我有足够大的空间，能让每只猫都有自由的核心区域，如有需要，每只猫都有可远离其他猫的地方		
我愿意为所有猫提供大量玩具和丰富活动		
我能为每只猫提供足够的躲藏位置，让它们都有自己的躲藏位置		
我愿意让每只猫戴上可快速松开的带铃铛的颈圈，这样猫能够听到另一只猫接近		
我目前没有会攻击其他猫的猫		
如果我有一只害羞/胆小的猫，我不计划收养活跃/攻击的猫		
如果我有一只老年猫，我不计划收养高度精力充沛或喧闹的猫		
我愿意接受如果引入新猫不顺利，我需要将家庭内的每只猫与另一只猫进行永久性物理隔离		

猫的生物特性与社交行为

Jacqui Ley

您可能已被告知猫是独行生物,会将您的付出视为理所当然,几乎不给予您回报。猫被描绘成不喜爱其他猫的独行动物,会充满攻击性,很难接触。这是否正确呢?与许多事情一样,这些想法仅是部分正确,但绝不是所有情况都如此。通过理解猫的生活方式和社交行为,您会更欣赏您的猫朋友。

无法将猫划分为绝对的社交动物或独行动物,因为它们的生活方式类型分布广泛,既能独自生活,也能生活在高密度群体内。

猫:并非独行动物,但也不是真的社交动物

猫会捕猎小型动物,猎物包括小鼠、老鼠、小鸟、蜥蜴、蛙类和鱼等小型动物。猎物通常仅能满足猫一餐的量。猫也是伏击式捕食者。它们偷偷靠近猎物,然后扑击猎物。这意味着猫是独自捕食的,因此大部分时间都是独行。这导致人们认为猫是独行动物。

除了作为捕食者外,猫也是领地性动物。这意味着它们有一个生活和捕食的区域,会防御这块区域,不让其他猫进入。它们无法忍受非亲属关系的猫或不熟悉的猫,因此它们通常无法快速接受一只新猫进入它们的家。食物、水、休息区域和潜在配偶的可利用情况决定了领地的大小。生活在野外的猫有非常大的领地,但与人一起生活的猫通常有非常小的领地,它们的资源集中在该领地内。虽然领地很小,猫仍需防御领地,确保它们能接近资源。

猫给人的印象是它们是独行动物,但当您看到它们与人和有亲属关系的猫互动时,您就不会这么认为。它们会嗅闻其他猫的鼻子,互相磨蹭,或者磨蹭人的腿。猫会给与它们建立纽带关系的其他猫舔毛。研究显示猫能够独自生活,也能与其他猫一起生活,但它们并不像犬或人那样是真正的社交动物。本质区别是猫的存活并不需要社交接触,因此当发生冲突时,它们没有可修复关系的行为。

与犬和儿童不同,猫不喜欢有猫拜访,它们不喜欢与其他人的猫见面。

猫生活在母系社会里,最可能形成纽带关系的猫群体由母亲和它们的雌性幼猫组成。有亲属关系的猫之间也会形成纽带关系,或者在幼龄阶段就一起被抚养长大的猫个体之间也能形成纽带。虽然在遗传上,母猫更易与其他猫进行社交,但如果环境条件正确,去势公猫和绝育母猫也能形成社交纽带。如果您正计划收养不止一只猫,那么来自同一窝的一双幼猫最有可能形成社交纽带,当然,它们越早开始生活在一起,它们将来和谐共处的可能性越大。

在由无亲属关系的猫形成的多猫家庭内,也可能建立好的社交纽带,但您应做好思想准备,也可能无法形成社交纽带。如果家庭内的猫未形成纽带关系,它们需要能分别接近食物、水、厕所、休息区域和它们的主人。在多处放置食物、水和厕所,能完成上述安排。分时机制可让一只猫(或某个猫群体)接近一个共同区域一段时间,再把这只猫限制在其他区域,让另一只猫(或某个猫群体)接近共同区域,这样就可让猫都能接近猫主人和家内的共享区域。这种方法模仿了猫在自然环境中的组织方式。也应记住猫是独行进食者,虽然猫们之间相处得非常好,但它们仍会享受单独进食的机会。

幼猫在生命的早期阶段会进行社交,但从 8 周龄开始,它们的社交玩耍减少,更多地进行物品玩耍。这是因为它们需要集中学习最重要的技能——捕猎食物。当猫在 2 岁和 3 岁达到社交成熟后,它们对社交游戏的兴趣几乎可忽略不计。因此,当您的猫对与您、它的兄弟姐妹或共同居住的猫一起玩耍的兴趣略微下降时,不要感到吃惊,应通过按抚(磨蹭)猫和给您的猫梳毛,让它在您的腿上或旁边休息和睡觉,以及与它说话,来鼓励猫维持与您的社交互动。记住应终生鼓励猫玩耍物体,因此应购入一些适当的猫玩具,继续享受与您的猫伴侣的玩耍时间。

猫的社交行为

您是如何辨识您的猫是否互相建立纽带关系或者与您建立纽带关系?在猫的世界里,亲密关系的特征是猫之间存在肢体接触。舔毛和互相磨蹭属于亲和行为,相互建立纽带关系的猫会花时间近距离相处或互相紧密接触。您可能发现您的猫会挤在同

一张床上，互相缠绕在一起，会数次互相舔毛。您也可能发现每当您坐下时，您的猫会坐在或躺在您的腿上，或者触碰您。当您（或您的猫）回到家中时，您的猫可能会迎接您，并发出颤音，竖着尾巴接近您。您的猫接着可能嗅闻您，用它的身体轻撞和磨蹭您的腿。对社交纽带行为做出反应，有助于强化猫之间和猫与人之间的纽带关系。

辨识出猫何时建立了纽带关系和何时未建立纽带关系，有助于您了解哪些猫可被关在一起，需要分隔哪些猫。

猫是一种神奇的动物，拒绝轻易地被人类进行分类。它们是独行捕食者和领地动物，但它们却不是独行动物。它们能建立社交纽带，但当纽带破裂时，却缺乏修复纽带的行为。辨识出猫间和针对人的社交纽带行为，有助于管理猫，让它们感到安全，这样您能最有效地发挥与您的宠物关系的作用。

训练您的猫爱上吃药

Ilona Rodan

猫主人会遇到的最大问题之一就是他们的猫需要吃药。您可能已看过兽医和技术员喂猫吃药，这看起来似乎很容易。但当您在家进行尝试时，您的猫可能变得害怕，会跑开或躲藏，还会挣扎。如果它们感到非常恐惧，还会意外抓伤或咬伤您。您无法想象每天如何进行这个活动，无论是需短期还是长期喂药。好消息是喂药并不需要成为一种挑战！

学会给予口服药是一个很重要的步骤。幸运的是，当您治疗您的猫时，使用一些技巧仍可维持您和您的猫的美妙关系。事实上，对我和我的猫来说，这已成为一天里最有趣的事情！

最简单的方法是找到一种您的猫确实喜爱的零食或食物，将药物与其混合，或把药物藏在里面。作为强迫您的猫服药的替代措施，将药物当作"零食"，会让服药变成一个有趣的过程。如果您的猫不需要服药，这仍是开始进行的好时机。按下述方式，开始每日给予一个零食。如有可能，给所有的猫吃零食，因为如果其他猫没有吃零食，会让猫起疑心！

作者按由易到难的顺序列出了可用于隐藏药物的"零食"：

- Pill Pockets（有数种不同的口味，但我的患猫们最喜爱鸡肉味）
- 罐头食品或喜跃猫罐足以隐藏粉状或磨碎的药片（一些药片是苦的，因此这种方法可能不适用于某些药物。确保向您的兽医进行确认）
- 罐头里的奶酪：Cheez Whiz、Easy cheese 或其他
- Pill 膏或 Pill 掩盖膏
- 其他任何您的猫喜爱进食的无毒性食品（对猫有毒的食品包括洋葱或洋葱粉、葡萄或提子和巧克力）
- 吞拿鱼片

需给固执或过敏的猫进行给药前训练

一些猫永远不吃藏有药物的食品，其他一些猫则会食物过敏，无法进食这些美味的零食。好消息是只要奖励猫非常希望获得的奖励，就能很容易地训练猫。

一开始先用猫喜爱的零食或食物训练猫坐下，把零食或食物拿到接近猫的鼻子的位置，再慢慢地移到猫的头上方。当猫抬头时，身体底部就往下移动。当猫的身体底部往下移动时，平静地说"坐下"，并立即奖励猫零食。这样每天进行1次或2次，直到您的猫学会将"坐下"与坐下的行为相关联。永远要保持耐心，不要过于频繁地进行该过程，否则您的猫会怀疑您的行为。

下一步是安静、平静地从猫的侧面或后方走向猫，按摩您的猫的脸部或口鼻处。给它一块零食。

如果您的猫不感兴趣，第2天再次进行，直至这变成一种日常过程。如果您已给您的猫刷牙，下一步会很容易。握住猫的口鼻处，并稍微打开猫的嘴巴。给它一块零食。下一步是环绕固定住您的猫——我喜爱的方法是让它们待在地面上，脸背对着我，但把它的后躯轻轻固定在我的腿间，以这种方式来固定它们。再次奖励这个行为。另一种选择是用毛巾来裹住您的猫。第1个视频展现了这个过程。如果仍有问题，记住总应给您的猫一块零食。

图片和视频能更清楚地展现这个过程，以下是一些好的建议：

- 如何给猫喂药

https://www.youtube.com/watch?v=KFeF-x7akWs

- 给猫喂口服药

http://www.vetmed.wsu.edu/ClientED/cat_meds.aspx

- 给猫的眼睛进行检查和给药

http://www.vetmed.wsu.edu/ClientED/cat_eyes.aspx

- 给猫的耳朵进行检查和给药

http://www.vetmed.wsu.edu/ClientED/cat_ears.aspx

- 如何给猫喂药，一个猫诊所，日耳曼墩，马里兰州

https://www.youtube.com/watch?v=MWKUTxtiJ5U

依据猫或猫自身的健康状况，一些猫主人可能仍需面对挑战。可供选择的方法包括让技术员来给您的猫喂药，或者您带猫让兽医喂药。如果您仍遇到问题，请立即联系您的兽医获知其他选择。

让运送您的猫变得更容易
Martha Cannon

使用不同类型的提箱会有区别吗?

市面上有多种提箱。在买提箱时，要确保它的设计最适用于您、您的猫和您的兽医，应考虑几个事项。

提箱应具备的事项

- 通过大的固定夹能移开顶部的提箱。有时在检查期间，猫能待在提箱内，这能让猫感到安全。

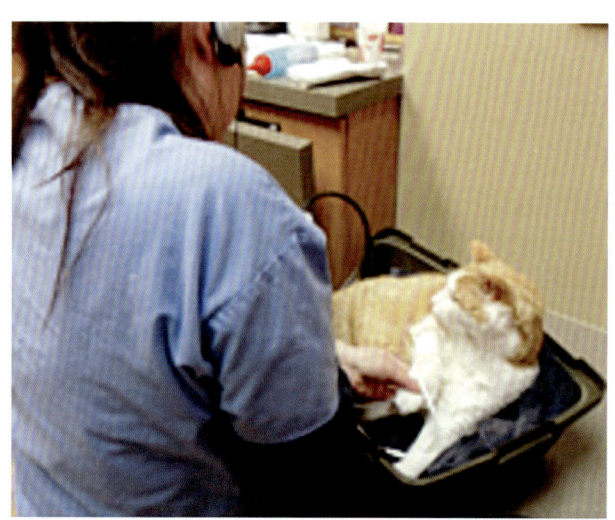

- 顶部带有大开口，侧面有额外的开口。将猫提出或放入提箱时，"顶部进出"要容易得多。

- 底部为硬托盘——如果发生了排泄"意外"，更易清理。

应避免提箱出现的事项

- 用小的固定扣固定可提起的顶部；它们很容易破损或丢失。
- 前端开口很小或前端开口的铰链连接处接近中央位置；当开口打开时，猫会被困在开口后方！
- 柳条篮；如果猫在里面排泄，会非常难清理。

选项

一些猫喜欢网格，这样它们能看到外面。其他猫喜欢将自己缩在黑暗中。如果您想要知道您的猫是何种类型的旅行者，可以借一个可在中间处打开的硬侧面的提箱，接着借一个带网格的提箱，可覆盖或不覆盖提箱，看您的猫喜爱哪个。您可以从认识的猫主人或您的动物诊所借来这些提箱。

其他重要提示

- 使用尿失禁衬垫或"幼犬尿垫"来保持提箱干净！
- Feliway 喷剂——一种镇静费洛蒙。可询问我们进一步的建议。

让您的猫进入提箱

- 让提箱在您的家内保持可见和可接近的状态，在提箱内放零食，有助于训练您的猫认为提箱是一个安全的地方。
- 理想情况下，应让您的猫自愿进入提箱，但如果您需要把猫移入或移出提箱，记住慎重进行，不要让您的猫变得警觉。

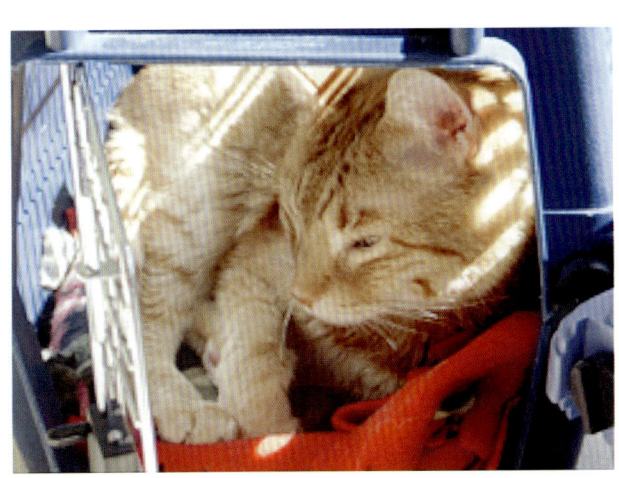

调整适应行车过程

- 当带着您的猫开车时，应一直让猫待在提箱内或其他受保护的容器内。用安全带固定提箱，或者把提箱放在表面平坦的地面上。这对您和您的猫来说都更安全。
- 为了让您的猫在行驶的车内感到更舒适，带着猫去动物诊所以外的地方！
- 一开始先进行较短的旅程，再逐渐延长行车时间。
- 由于猫最好在空腹时出门，在出门前的数小时内不要喂猫食物。
- 每次成功完成行车旅程后，奖励您的猫正面关注和零食。

愉快的动物诊所行

- 要让您的猫感到在家里一样，可一起带上猫喜爱的零食和玩具。
- 在家里时，练习常规护理工作，如梳毛、剪指甲和刷牙，抚摸猫的脸部、耳朵、脚和尾巴。这有助于您的猫适应动物诊所和任何所需的家庭护理。
- 可拜访动物诊所但不进行检查或检测程序，如仅给猫称体重。这可让诊所员工以不具威胁性的方式与您的猫进行互动。
- 在出发前约 15 分钟，在您的猫的提箱内喷洒或擦拭费洛蒙（Feliway），这能让它们感到更放松。

我们承诺尽可能减少您的猫应激

Eliza Sundahl

感谢您来到我们的诊所！您可能会发现与您以前的经历相比，我们对待您的猫拜访诊所的方式有所不同。我们意识到当猫来见兽医时，它们可能会感到害怕，我们会在您拜访期间，使用数种方法来减少您的猫的焦虑。

从猫的角度考虑，要优化拜访诊所的经历，需理解一些基础原则。我们知道与成猫相比，幼猫更能忍受经历新事物和处理改变。年幼的动物（人也是如此）似乎并不会对出乎预期的事物感到太大的压力。但是，随着您的猫年纪变大，改变它们所处的位置和发生在它们周边的事物，会让它们产生极大的焦虑。它们通过眼睛和耳朵获得周边环境的信号，但它们的嗅觉也是一种非常重要的信号系统。事实上，猫的嗅觉是如此重要，以致许多行为学家说"猫会穿过气味组成的云彩"，在它们的世界里，气味构成了另一个维度。当您是一只既是捕食者也是其他动物的猎物的小动物时，您的稳定环境发生改变，通常意味着您需要注意麻烦或威胁的出现。拜访动物诊所也是一种显著的变化，对一只猫也是一种极大的挑战。

与人一样，猫会对充满压力的环境做出一系列反应。一些人会比其他人更能处理挑战和出乎预期的事情。猫也是一样。猫通常会寻找躲藏的地方，这样它们可以不被看到。一只自信的猫可能觉得它能处理该种状况，不会表现任何焦虑行为。在接触其他猫时，猫可能会僵住，不会有太大的移动或反应。应记住这些猫确实仍感到害怕。一些猫会舔自己或显得坐立不安，以此来安慰自己。正如一些人在应激状态下会比其他人更可能表现猛烈抨击行为，猫在耗尽处理机制后，常会变得有攻击性。在动物诊所时，允许猫待在隐蔽的地方，或用玩具或零食来吸引它们的注意力，可帮助避免猫发生恐惧升级。

在减少您的猫在拜访诊所时的压力方面，您能发挥很重要的作用。我们会给您资料，资料提供了您如何准备拜访行程，以此来帮助您的猫。例如，选择正确类型的提箱是非常重要的。被拖进、推进或摔出提箱会让猫感到非常害怕，这会在拜访行程的一开始，就让猫处于恐惧激发状态。当我们可以移开硬侧面提箱的顶部，进行大多数检查时，您的猫都能躲藏在毛巾下方。允许猫以这种方式进行处理，可以预防它们进入更恐惧和更具攻击性的状态。

可使用其他技术来让您的猫更好地应对拜访动物诊所这一过程。我们的医生和员工已学习了这些技术，会使用这些技术来让您的猫在拜访期间尽可能地感到舒适。我们希望这也能让您的拜访变得更舒适。

什么是猫破牙细胞再吸收损伤？*

A.J. Tsugawa

猫破牙细胞再吸收损伤（Feline odontoclastic resorption lesions，FORL）是 4 岁以上的猫常发（20%～75%）的牙科疾病。发生该病时，起源于骨髓或脾脏的破牙细胞移行并黏附在齿根的外表面（一部分齿槽内的牙齿），并使齿根表面发生再吸收（即破坏）。正常情况下，破牙细胞是一种与恒齿萌发前的乳齿更换过程有关的细胞。虽然未清楚了解起因，这种细胞在成年猫仍保持活性。随着时间过去，齿根完全被破坏，在疾病的晚期阶段，仅存牙冠（牙龈上方的牙齿）或一部分牙冠。很多猫的末期患齿可表现为缺齿。

早前 FORL 被误认为是猫的蛀牙。我们现在知道蛀牙和 FORL 是明显不同的疾病。蛀牙由细菌引起，虽然还不清楚 FORL 的真正病因，但它不是细菌性疾病。已经针对这种疾病的多种潜在病因进行了调查，但时至今日，该病的真正原因仍是个谜，而它也是当前兽医牙科学领域中的研究热点之一。

FORL 的临床症状是什么？

常通过临床症状确定 FORL 患猫，主要临床症状包括齿"晃动"、进食/咀嚼时敏感（即食物掉落或喜欢用嘴的一侧咀嚼）。患 FORL 的动物也可能大量流涎。这提示存在显著的口腔疼痛。在检查时，兽医应确认是否存在缺齿或牙齿是否缺失一部分牙冠。缺少一部分牙冠的部位常可见齿龈覆盖缺失区域，牙冠上可见红斑。无法通过肉眼检查来辨认存在早期 FORL 的牙齿，因为该病位于齿根表面，只能通过 X 线检查证明。出现症状的猫通常具有部分牙冠缺失的牙齿，此处病变过程已超出了齿根表面。尽管眼观病变的临床表现非常严重，但猫的其他行为模式仍未受到影响，包括进食、体重增加及表现出满足感。

需要做什么检查？

只有涉及牙冠的晚期病变容易通过临床检查确诊，必须通过牙科 X 线检查诊断其余病变。由于受到该病影响的猫的比例较高，在给 4 岁以上的猫洗牙时，推荐使用牙科 X 线检查进行筛查检测。

需要什么治疗？

人们相信 FORL 对猫是一种疼痛性疾病，应当治疗确诊的患猫。该病的主要治疗方法是拔除患齿。在人们认为 FORL 与蛀牙相同时，会填充牙冠上的病变或缺损，这与人的蛀牙处理措施类似。随着对疾病的进一步研究，并对填补的牙齿的患猫进行了随访后，已了解到尽管努力去填补病变牙齿，但仍会继续发生再吸收。

在拔牙和截断牙冠时，故意保留齿根是当前唯一可接受的治疗方法。后者指用牙钻去除患齿的牙冠；将再吸收的齿根包埋在骨骼中，使其继续完全吸收。牙冠截断术可缓解疾病的临床症状，因为去除了牙齿暴露、敏感的部分。不过仅在患齿有相应的 X 线表现，并存在严重齿根再吸收时，才可使用该操作。很难或不可能拔除发生严重齿根再吸收的牙齿，而尝试过度拔牙，会显著破坏周围骨骼。

预后

拔除患齿或进行牙冠截断术的预后良好，但患猫总倾向发展出其他病变。建议每年随访 1 次，进行 FORL 筛查。

---

*来自 Tsugawa AJ: Feline odontoclastic resorption lesions (FORLs). In: Ettinger SJ, Feldman EC, editors: Textbook of Veterinary Internal Medicine, ed 7, St Louis, 2011, Elsevier

您的猫需要什么护理？

Ilona Rodan

猫是深受喜爱的宠物和家庭成员。它们带给我们欢笑，是有趣和友爱的动物，也是数百万人的奇妙的伴侣。不幸的是，在过去的 20 年里，猫接受到的兽医护理已下降。这并不是因为人们不爱猫，而是因为以下原因：

- 认为猫是自给自足的动物，这是不正确的。见"生病的 10 种细微症状"。
- 缺乏猫需要医疗护理的意识——在过去数年内，甚至室内猫的疾病问题和寄生虫问题的发生率都出现升高[1]。
- 免费或成本低的领养让人们误以为拥有宠物的成本很低。
- 拜访动物诊所时，猫和猫主人会伴发应激。

猫并不是自给自足的动物，它们生病的症状十分细微，主要体现为正常行为发生变化。

生病的 10 种细微症状
1. 不适当的排泄 *
2. 互动发生变化
3. 活动发生变化
4. 睡觉习惯发生变化
5. 采食和饮水发生变化
6. 无法解释的体重减轻或增加
7. 舔毛行为发生变化
8. 应激的症状
9. 叫声发生变化
10. 口臭

* 更适当的说法是"室内随地排泄"
James Richard 和 Ilona Rodan 为 Boehringer Ingelheim 制定。

由于猫擅长掩盖疾病，当猫被带去兽医处就诊时，疾病状况常比犬的要严重。同时，许多兽医更喜欢与犬一起工作，认为猫疾病的诊断和治疗更有挑战性[2]。

您能为您的猫做得最好的事情就是发现疾病的微妙症状，尽早寻求兽医护理。此外，还需找到擅长通过全面的病史和猫的体格检查结果，来寻找疾病线索的兽医。您可以通过搜寻美国的猫友好型诊所 * 或其他国家的猫友好型诊所 ** 和 / 或经资格认证的猫科兽医，来为您的猫找到一名好的兽医。也应确保找到了解猫的行为的兽医，因为许多行为问题是由猫的应激或疾病、对猫的误解引起的，这常导致猫被遗弃和 / 或安乐死。

让猫终生保持健康

猫的健康护理目标是预防疾病，发现疼痛和疾病的早期症状。这是您和您的兽医之间的团队工作。应考虑您的猫的年龄、生命阶段、品种、个体特征、家庭环境和家庭内的其他宠物。

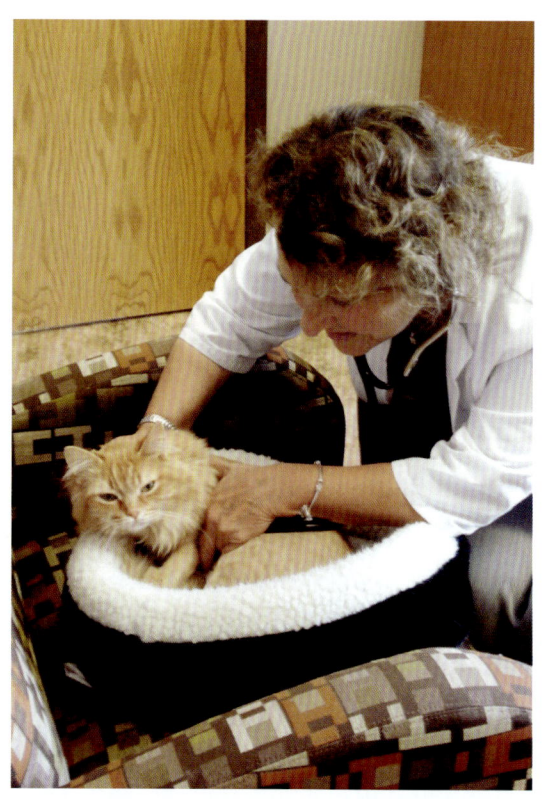

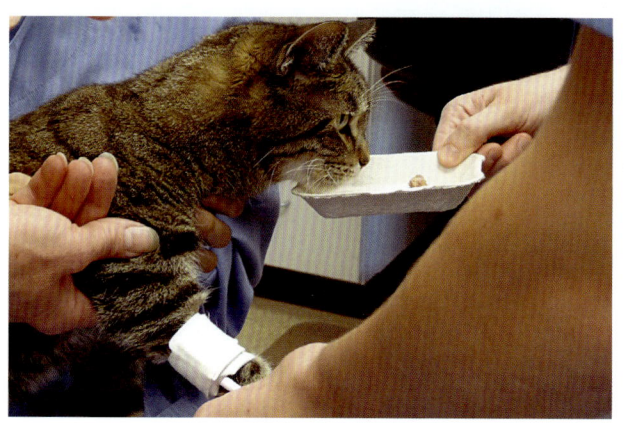

- 检查和常规健康筛查
  - 应每 6～12 个月进行一次，因为猫在生病和发生疼痛时的症状十分细微，而健康状况会很快发生变化，同时很难发现症状。
  - 对老年猫（7 岁和更老）和那些患有慢性疾病的猫，推荐至少每 6 个月进行一次。
  - 常规健康筛查能发现许多外表健康的猫的疾病[3]。
- 进行行为咨询以预防和治疗行为问题
  - 请让我们了解你们关注的问题。
- 体重管理和营养咨询。
  - 美国 58% 的猫超重或肥胖。
- 口腔健康
  - 到 3 岁时，80% 的猫有牙科疾病。
- 寄生虫控制
  - 应给所有猫进行寄生虫控制，即使是完全室内饲养的猫也会染上寄生虫。
- 疫苗
  - 我们的诊所会根据您的猫的需求制订针对个体的疫苗方案。
- 病毒检测
  - 幼猫需要检测猫白血病病毒和猫免疫缺陷病毒，根据一些猫的生活类型，需要更频繁地检测这些病毒。
- 芯片

结合兽医护理和家庭护理，许多猫能活到接近 20 岁或 20 多岁。在进行动物诊所常规拜访的间隔期，如果有任何变化，无论变化多么微妙，以及如果您有任何关于您的猫的行为问题，都可以联系我们，这对您的猫有益处。我们欢迎您的问题，并为能帮您照顾您的完美宠物感到骄傲！

附加资源

＊美国猫诊所协会里的猫友好诊所，http://catfriendlypractice.catvets.com/

＊＊国际猫护理里的猫友好诊所，http://www.icatcare.org/cat-campaigns/cat-friendly-clinic

参考文献

[1] Banfield Pet Hospital. State of pet health 2011 report, vol 1. Portland, Ore: Banfield Pet Hospital; 2011.

[2] Bayer Healthcare/American Association of Feline Practitioners. Veterinary Care Usage Study III: feline findings. http://www.bayerdvm.com/show.aspx/news-release-bvcus-iii-feline-findings, Accessed June 6, 2015.

[3] Paepe D, Verjans G, Duchateau L, et al. Routine health screening: findings in apparently healthy middle-aged and old cats. J Feline Med Surg. 2013;15:8–19.

我的猫在尝试说什么？猫主人需知道的猫身体语言信息

Jacqui Ley

交流并不容易，当另一方是其他物种时，交流甚至会变得更困难！理解猫的交流方式可让您与您的猫生活变得更和谐。与我们类似，猫使用数种不同的交流方式。它们可能使用身体来即刻告诉我们一些信息，使用声音来长距离传达信息，或使用爪痕、尿液标记和粪便来留下持续时间长的信息。本宣传材料将提供一些猫的身体信号内容，猫使用这类信号来交流它们的需求和它们的感受。

交流信号并不如书本或甚至本宣传材料所描述的那么简单。这是由于个体可能会使用不止一种类型的信号来传达信息。它们会使用身体，并结合叫声来让信息更明确，由于交流是动态的，信息发送方会根据信息接收方接收到的信号，来改变发送的信号。如果您想更了解您的猫，最好的方法是花时间观察猫，学习不同信号组合的意义。

猫使用身体的所有部分来交流它们的感受。猫无法像我们一样说话，但通过观察它的身体语言，您能够获知猫正在想什么的信息。要了解猫的情绪状态，需要考虑猫的身体姿势、耳朵的朝向、尾巴的高度和活动及眼睛内瞳孔的大小。在下文，对猫如何使用身体来发送信息进行了描述，接着简要描述了它们如何结合使用信号来传达更明确的信息。

猫的身体语言

体态

总体而言，当猫感到恐惧时，会将它们的身体压向地面。友好或自信的猫接近时，它们的体态会表现更为放松的状态。猫想吓走另一只猫或人时，会往上弓背，站得尽可能高，来让自己看起来更大、更可怕。这是典型的"万圣节猫"体态，您可能已在明信片和装饰物上看到。

尾巴

猫的尾巴能很好地体现猫的情绪。处于放松状态的猫的尾巴会与它的背部持平。一只自信的猫或当猫问候熟悉的人或猫（或犬）时通常会垂直竖起尾巴。当猫脾气变差，特别是在接受处理时，猫会左右甩动它的尾巴。这种尾巴运动方式与犬的摇尾方式有很大不同。应避开正剧烈甩动尾巴的猫。

耳朵

总体而言，猫的耳朵是竖起或笔直立起的，耳朵的位置发生变化能很好地体现猫对什么感兴趣和猫的情绪状态。对长毛品种（长毛猫）或折耳品种，要看清耳朵的位置变化比较困难，但也适用同样的规则。当猫集中注意力在某人或某事物上时，它们的耳朵会保持朝前。当猫感到不确定或有点焦虑时，会把耳朵旋向侧面。猫处于疼痛状态时也会如此表现。当猫处于攻击状态时，会把耳朵向后压扁，紧贴头骨，这样就无法看到它们的耳朵。猫还有一项令人嫉妒的能力，它们能分别旋转它们的耳朵，如果有事物引起它们的注意或者它们正尝试同时监控环境内的多个方面时，就会这么做。

眼睛

猫的眼睛非常大，一些品种经选育后会有像宝石一样金色、绿色和蓝色的眼睛。猫的眼睛除了非常美丽外，还能在昏暗的光线下看见事物，细缝型的瞳孔（眼睛的黑色部分）能切断更亮的光线，让猫在日间也能看见。在昏暗的光线下，猫的瞳孔会打开，几乎充满眼睛。瞳孔的大小也体现了猫的激发水平。猫的激发水平越高，瞳孔变得越大。当猫防御自身、感到害怕、捕猎或玩耍时，都处于激发状态。除非有疾病问题导致瞳孔一直处于扩张状态，瞳孔的大小能告诉我们猫并非出于放松和休息的状态。但是，瞳孔的大小无法体现让猫处于激发状态的情绪动机。

毛发

猫能够蓬起它的毛发，以此来吓走其他猫、人或其他动物。蓬起毛发或竖毛会让猫看起来更大。

位置

猫也会通过在环境内所处的位置来发送信息。一只猫对另一只猫的活动感到不高兴时，会阻碍另一只猫接近资源，如猫砂盆、房子或喜爱的睡觉区域。

复合信号

我们都知道交流并不简单。有些信号并没有特异性；例如，瞳孔放大只能告诉我们猫处于激发状态，但无法告诉我们猫是处于玩耍情绪或是攻击情绪。其他信号则可能不被接收到；通过紧闭的窗户对另一只猫号叫就不如体态、耳朵位置和尾巴位置传达的信息多。要确保信息传达出去，可能需同时传达数种信号。猫使用身体语言和叫声来表达它们的感受和意图。若能解读这些复合信号，您就能知道何时可接近您的猫，何时应让它独自待着。

问候行为

当猫认识正接近的猫、人或犬时，它们可能发出表达问候的喵叫声或颤音。它们常会垂直竖起尾巴，其他时候尾巴则是放在较低的位置。一旦猫走近认识的个体，它会嗅闻另一方，常会轻撞另一方，也就是用它的颊部气味腺来磨蹭另一只猫或人。猫这么做是为了将它的气味混入认识个体的气味，以此来更新群体气味。

中立行为

处于放松状态的猫会看向另一只猫或人，然后以类似眨眼的动作眯上眼睛。这表明它并不抗拒被靠近。相反地，当猫对社交接触不感兴趣，但并不感到害怕时，会将头转开。在这两种情况下，猫都不接近另一方。

增加距离的行为

结合使用一些信号能传达"走开"的信息。这类信息能增加猫之间或其他个体之间的距离，特别是猫无法离开该区域或处于自己的领地中时。

处于攻击方的猫会先盯视与它对立的个体。它可能会接近另一个个体，一旦靠近后，开始发出低沉的咆哮声。猫的尾巴可能位于身体高度线上，左右甩动。它的耳朵可能转向侧面。如果另一方不离开，猫可能会进一步表现出攻击行为。或者如果威胁行为未起效，猫可能会决定最好撤退，而不是冒险进行打斗。

处于不确定状态的猫可能会使用防御性威胁，来尝试脱离困境。当让猫感到害怕的某些事物或某人接近猫时，猫会发出嘶叫声，并蹲伏下来。如果具备威胁的个体不停下，猫会站起来，背部向上弓起，尾巴向下弯曲。它可能会压扁耳朵，让耳朵紧贴头骨，并把全身的毛都蓬起。这会让猫看起来有实际大小的两倍大。如果你未预料到这点时，看起来会相当可怕！

如果相遇发展为打斗，猫会用前爪来拍打，如发生扭斗，猫会结合使用前爪来抓住对方，用后腿进行抓伤，用牙齿来咬。猫可能会发出非常大的叫声，也就是尖叫声或痛苦的哭叫声。如果一只猫跑开了，另一只猫可能会继续追它，或者可能待在打斗发生的位置，花时间来轻触物体，留下重要的气味信号，若另一只猫回来的话，这可起警告作用。

猫的交流是复杂的。需要花时间来学习您的猫在尝试交流什么，但这并不是不可能的。用于观察猫的时间并不会被浪费掉，您将能学会它们是如何交流和如何进行互动的。

当我们检查您的猫时我们能够了解什么？*

Martha Cannon

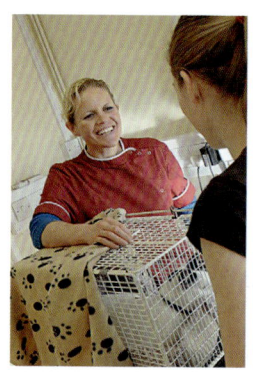 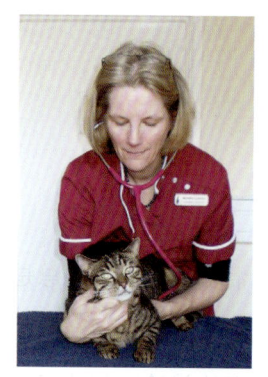 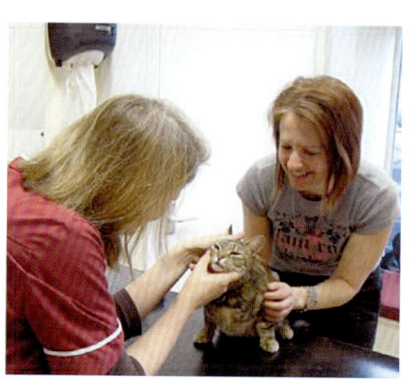 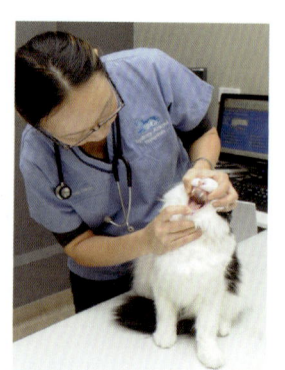

猫不能告诉我们它哪里疼或为什么感觉不好。因此我们不得不做一些检查工作，来将线索拼凑在一起，并找出问题。您比任何人都了解您的猫，因此我们会询问您，以从您这里获得尽可能多的信息，这些信息有关它们的健康、任何生病的症状以及行为上的任何变化，这有助于告诉我们它们是否感觉良好、快乐或是否存在问题。之后我们会进行体格检查来得到更多信息，并寻找隐藏的问题。

*该材料已经进行过改编，并获得了牛津猫科医院的允许

检查

检查包括两部分："非接触"和"按摩"检查。

非接触检查

当您和您的猫进入房间后，兽医开始从远距离对猫进行评估。我们会在与您打招呼时进行这步操作；与此同时您告诉我们您的猫在家中表现如何。

您和您的猫可能并不知道正在做这步检查，但我们是在观察猫的呼吸方式、坐姿、站姿和行走方法；猫如何对新环境和听到的噪声做出反应。

我们在观察什么

举止：猫是否警觉并对周围感兴趣？如果不是，是否是因病情严重而无法正常反应，或因感觉疼痛？或是否因它无法正常看或听？

休息：当猫坐在提箱中，或在屋内休息时，我们会看它的坐姿是否自然。它是否过轻或过重，被毛是否有正常的光泽？呼吸杂音、频率或力度是否增加？猫的眼睛和鼻子是否清洁，耳部是否竖起，面部是否对称？

活动：我们鼓励猫在室内来回走动。这有助于猫感到放松，但这也是"非接触"检查很有价值的部分。

猫是否跛行或无力？它的尾巴是否保持在正常位置？它能不能找到周围的路或是否存在视力或协调问题？它是否想要探索或寻找藏身处，或因病得过重或虚弱而不想移动？

接触检查

这由对主要身体系统的从头至脚的简单检查开

始,之后再针对有问题的部位做更详细的检查:

头部和颈部:耳部、眼睛和鼻部是否干净?眼部应当为白色的地方是否为白色,瞳孔是否对称并对光有反应?眼部的后方看起来是否正常?口腔内侧和眼睑是否为健康的粉色?呼吸的气味是否异常?(比平时严重!)、牙齿和齿龈是否干净和健康?

颈部的淋巴结大小是否正常,轻触咽喉时是否存在疼痛;这样做是否会引发咳嗽或干呕?

我们还会仔细感觉老年猫的颈部,来检查是否存在甲状腺增大。

皮肤和被毛:被毛是否光泽没有"皮屑"?被毛下是否有脱毛区或结痂?被毛中是否有提示有跳蚤的深黑色颗粒?

胸部:我们会检查猫的呼吸是否加快或比正常的吃力。之后我们会用听诊器听心脏和肺部,但如果猫发出呼噜声,我们将无法听到任何有用的声音!

心脏节拍应规律,速率为每分钟120～180次。每次的心搏动都有被细微暂停分开的两个声音。心杂音是一种无力的声音,夹在两个心音之间,提示心脏内的血流紊乱。

肺音较弱,但在胸部的所有部位都能刚好听到。较大的肺音提示支气管炎、肺炎或心衰。缺少肺音意味着肺和胸壁之间有东西,可能是液体、组织或游离气体,但无论是什么,它们都不该出现在这个位置。

腹部:当我们检查猫的腹部时,我们可以感觉到较大的内部器官的轮廓——肝脏、肾脏、脾脏、小肠和膀胱。我们可以检查每个器官是否处于正确位置,并能够确认任何位置的内部疼痛。我们还会感受整个腹腔来确定是否存在团块,这可能提示癌症。

警告:如果您的猫过重,那么我们将无法感觉到所有这些情况。

我们能够提供什么帮助?

大多数猫不爱去动物诊所,它们也不喜欢被检查。我们了解这点,并总是尝试减轻它们的应激:

很小的事情就能产生极大不同

我们的就诊时间比标准就诊时间更长,这样可让您的猫有时间适应我们,同时我们能花少量的额外时间,对您的猫进行非常仔细的操作处理。

走出:我们鼓励您的猫自己走出提箱,或者我们会取下提箱的一部分,这样就不需要将您的猫拖出它的安全区。

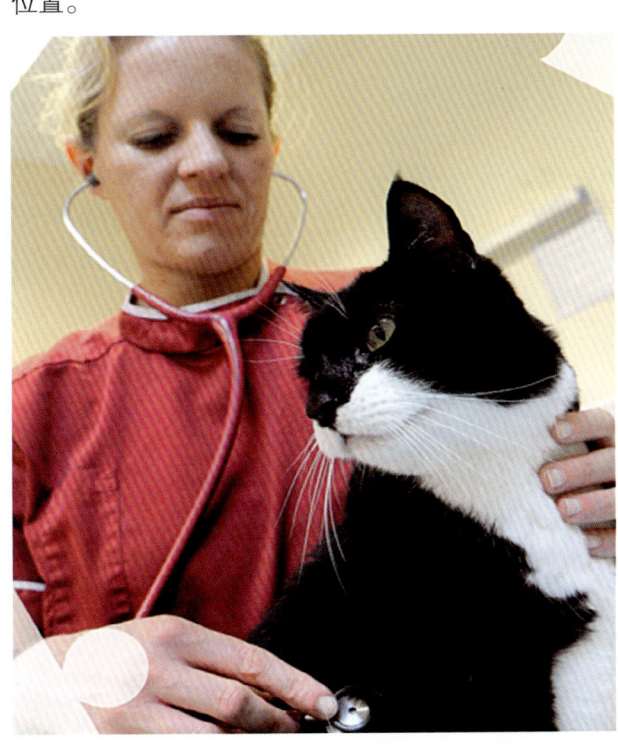

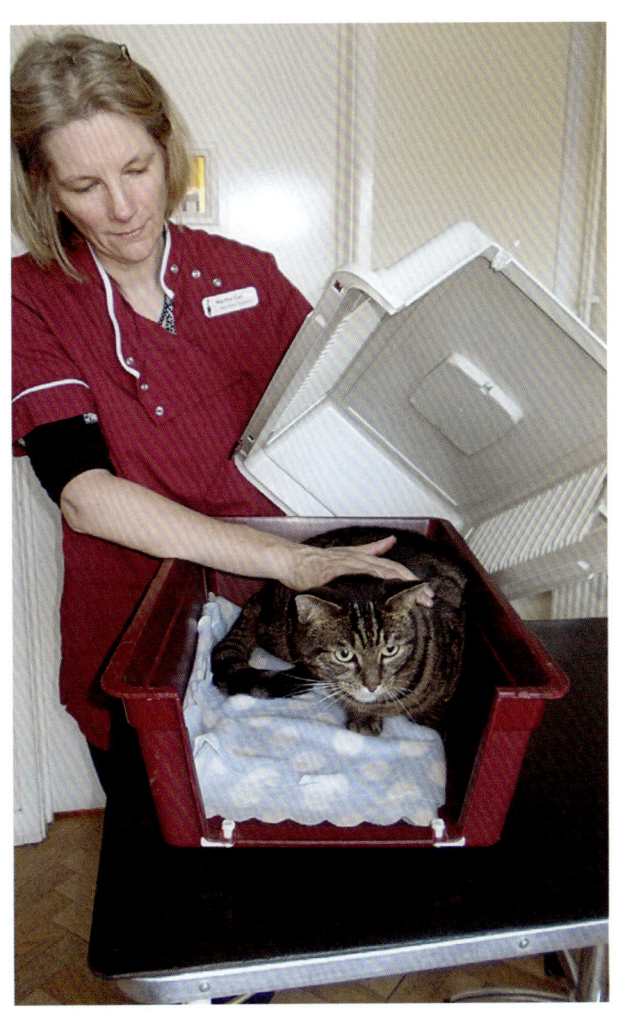

在室内：我们允许您的猫有时间探索检查室，如果猫在桌面上太紧张，我们会在窗台上、地面上或您的膝盖上（如果这样做让您和您的猫感觉舒适）检查您的猫。

检查：猫不喜欢被盯视，所以我们尽可能做到使您的猫不面向我们，而当我们需要看它的脸时，我们会从侧面而不是正面去看它。

我们会尽可能避免做让猫感到不舒适的事情，因此我们只会在进行完初步外部检查后，判定有必要时，才会检查猫的耳朵内部。类似地，我们只在猫的行为提示存在高烧时，才会为猫测量体温，并且我们会使用能够找到的最细、最快、最舒适的体温计进行测量！

您的猫何时需要住院

Ilona Rodan

我们明白让您的猫住院会使您心烦意乱，担心猫是否会好转和猫离家后的表现。我们会努力帮您的猫好转，这样它就能尽快回家，在住院期间还会对它进行相应的医治，并采取使它舒适的轻柔护理，提供舒适的环境。

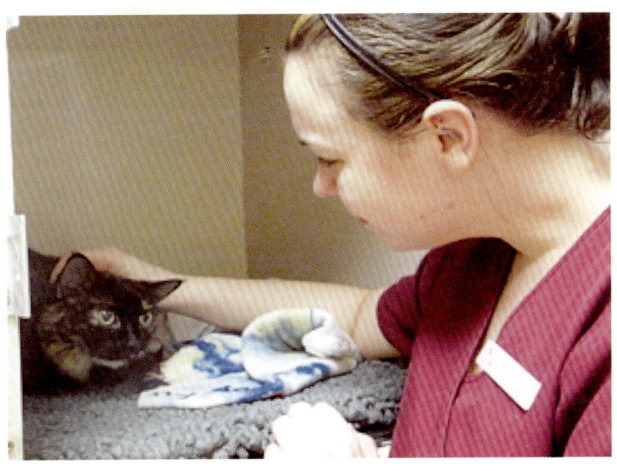

我们的动物诊所有住院病房，里面拥有您的猫所需的一切：可用来休息的舒适的床、为胆小的猫准备的隐藏区域。这里还会提供新鲜的食物和饮水以及干净的猫砂盆，每天至少更换 2 次。我们确保环境尽可能安静和舒适，并尽力为猫提供同一位护理人员，使猫更容易熟悉。在从麻醉中苏醒的猫能安全地进行更大范围的活动前，会让它住在舒适、温暖、安全的笼子中。

熟悉感能帮助猫感到安全，我们欢迎您带来猫最喜欢的猫床或毯子、食物和小玩具。同样也很欢迎您来看您的猫。很多猫在主人来探视时表现得更好，我们会在常规工作时间中为您提供探视权。

您的猫是否应当住院？

在我们的动物诊所里，我们发现多数猫在熟悉的家庭环境中会表现得更好。我们以门诊病例的形式治疗了许多患猫，但有时患猫需进行医疗观察，或需接受无法在家进行，需在兽医临床进行的治疗时，则需要住院。我们会考虑以下几点：

- 疾病状况的严重程度
- 是否能在家中进行同样的治疗
- 猫对住院的反应如何

如果住院对您的猫最有利，那么将会建议猫住院。这些情况包括麻醉、需要静脉输液来治疗严重脱水或低血压、治疗低体温、呼吸困难以及监测生命相关指标（如心率）。

很多动物诊所喜欢让患病动物住院到能够开始进食。通常会给犬采取这种办法。不过，某些猫在动物诊所时是决不会进食的，因此我们会建议让它们及早出院，并根据兽医对不同患病动物的判断，要求您在第 2 天或更长时间后带猫来复查。

如果您的猫需在门诊下班后，进行紧急护理或重症监护，我们会建议您将猫带到与我们工作关系较为密切的 24 小时护理机构。

满足您的猫需求的猫专用病房

我们的动物诊所有猫专用病房，推荐给猫使用这种病房，防止因听到、闻到或看到犬而引发恐惧。如果猫看到不熟悉的猫也会受到惊吓，我们会提供独立的空间，让猫看不到其他猫。我们会时刻注意，使您的猫尽可能感到舒适。可以给焦虑或叫声很大的猫提供私人房间。

温暖对住院动物非常重要。传统的不锈钢笼是冰冷的，且有很大噪声。在我们的设施里，我们会提供具有层压板表面的笼子，并在里面放置柔软而温暖的垫料。您的猫将会有空间接触以下资源：

- 舒适的垫料
- 如有需要，会有可躲藏的空间——这在不熟

悉的环境中非常重要，可以防止发生恐惧，并能提供一个安全、安静的空间用来休息
- 如果身体情况允许跳跃或攀爬时，会有垂直空间
- 食物
- 饮水
- 猫砂盆

为您和您的猫提供支持

您的猫会在尽可能舒适和温馨的环境中得到最佳的护理。我们欢迎您到这里来看一看您的猫会待在什么样的地方，并在工作时间对它进行探视。记住，当您的猫有了来自家中的熟悉物品时，它会感到最为舒适——您可随意带来猫的床、毛毯以及它喜欢的玩具或食物。

会有一位兽医每天至少为您提供1次猫的最新生活情况，也欢迎您在其他时间点致电或邮件联系我们的技术员，要求提供猫的最新情况。就像您一样，我们只想为您的猫提供最好的服务。